教育部高等学校电子信息类专业教学指导委员会规划教材

高等学校电子信息类专业系列教材

计算电磁学的数值方法

（第2版）

吕英华 编著

清华大学出版社

北京

内 容 简 介

本书全面介绍计算电磁学领域中的常用数值计算方法,着重阐述了计算科学方法的理论基础和工程应用,突出如何应用数值建模来分析和解决电磁工程问题,并给出解决问题的思路、方法和步骤。全书涵盖数值计算、泛函分析、计算机和算法结构、软件编程和电磁工程建模等方面的内容,共分为10章。第1章主要介绍电磁工程建模的数值方法和建模过程;第2章主要介绍并行计算机与并行算法的基本原理;第3章主要介绍蒙特卡罗法的基本原理及应用、伪随机数和随机变量的抽样等;第4章主要介绍有限差分法的基本原理、有限差分格式的建立和实现、有限差分法基本应用等;第5章主要介绍时域有限差分法的基本原理和差分格式、吸收边界条件、总场-散射场区连接边界条件、近场-远场转换等;第6章主要介绍泛函分析概述和变分原理;第7章主要介绍有限元法的基本原理和应用、非齐次边界条件下的变分问题;第8章主要介绍矩量法的基本原理和应用;第9章主要介绍射线跟踪法的基本原理、跟踪过程和基本应用;第10章主要介绍课程设计案例,包括以上各章计算电磁学方法的编程实例和典型应用等。

本书是在作者多年教学实践经验的基础上编写的,可以作为电子科学与技术、电子信息、通信工程等专业高年级本科生或研究生的教材,也可供从事电磁场与微波技术、应用物理学、生物医学工程及电子机械工程等领域工作的人员参考。

图书在版编目(CIP)数据

计算电磁学的数值方法/吕英华编著. —2 版. —北京:清华大学出版社,2023.4
高等学校电子信息类专业系列教材
ISBN 978-7-302-63086-9

Ⅰ.①计…　Ⅱ.①吕…　Ⅲ.①电磁计算－数值计算－高等学校－教材　Ⅳ.①TM15

中国国家版本馆 CIP 数据核字(2023)第 045009 号

责任编辑:崔　彤
封面设计:李召霞
责任校对:李建庄
责任印制:朱雨萌

出版发行:清华大学出版社
　　　　网　　　址:http://www.tup.com.cn,http://www.wqbook.com
　　　　地　　　址:北京清华大学学研大厦 A 座　　　　　　邮　　编:100084
　　　　社 总 机:010-83470000　　　　　　　　　　　　邮　　购:010-62786544
　　　　投稿与读者服务:010-62776969,c-service@tup.tsinghua.edu.cn
　　　　质量反馈:010-62772015,zhiliang@tup.tsinghua.edu.cn
　　　　课件下载:http://www.tup.com.cn,010-83470236
印 装 者:三河市铭诚印务有限公司
经　　销:全国新华书店
开　　本:185mm×260mm　　　　　印　　张:31.5　　　　字　　数:805 千字
版　　次:2006 年 6 月第 1 版　　2023 年 5 月第 2 版　　印　　次:2023 年 5 月第 1 次印刷
印　　数:1～1500
定　　价:89.00 元

产品编号:098906-01

序
FOREWORD

我国电子信息产业占工业总体比重已经超过 10%。电子信息产业在工业经济中的支撑作用凸显，更加促进了信息化和工业化的高层次深度融合。随着移动互联网、云计算、物联网、大数据和石墨烯等新兴产业的爆发式增长，电子信息产业的发展呈现了新的特点，电子信息产业的人才培养面临着新的挑战。

（1）随着控制、通信、人机交互和网络互联等新兴电子信息技术的不断发展，传统工业设备融合了大量最新的电子信息技术，它们一起构成了庞大而复杂的系统，派生出大量新兴的电子信息技术应用需求。这些"系统级"的应用需求，迫切要求具有系统级设计能力的电子信息技术人才。

（2）电子信息系统设备的功能越来越复杂，系统的集成度越来越高。因此，要求未来的设计者应该具备更扎实的理论基础知识和更宽广的专业视野。未来电子信息系统的设计越来越要求软件和硬件的协同规划、协同设计和协同调试。

（3）新兴电子信息技术的发展依赖于半导体产业的不断推动，半导体厂商为设计者提供了越来越丰富的生态资源，系统集成厂商的全方位配合又加速了这种生态资源的进一步完善。半导体厂商和系统集成厂商所建立的这种生态系统，为未来的设计者提供了更加便捷却又必须依赖的设计资源。

教育部 2020 年颁布了新版《高等学校本科专业目录》，将电子信息类专业进行了整合，为各高校建立系统化的人才培养体系，培养具有扎实理论基础和宽广专业技能的、兼顾"基础"和"系统"的高层次电子信息人才给出了指引。

传统的电子信息学科专业课程体系呈现"自底向上"的特点，这种课程体系偏重对底层元器件的分析与设计，较少涉及系统级的集成与设计。近年来，国内很多高校对电子信息类专业课程体系进行了大力度的改革，这些改革顺应时代潮流，从系统集成的角度，更加科学合理地构建了课程体系。

为了进一步提高普通高校电子信息类专业教育与教学质量，推动教育与教学高质量发展，教育部高等学校电子信息类专业教学指导委员会开展了"高等学校电子信息类专业课程体系"的立项研究工作，并启动了《高等学校电子信息类专业系列教材》（教育部高等学校电子信息类专业教学指导委员会规划教材）的建设工作。其目的是推进高等教育内涵式发展，提高教学水平，满足高等学校对电子信息类专业人才培养、教学改革与课程改革的需要。

本系列教材定位于高等学校电子信息类专业的专业课程，适用于电子信息类的电子信息工程、电子科学与技术、通信工程、微电子科学与工程、光电信息科学与工程、信息工程及其相近专业。经过编审委员会与众多高校多次沟通，初步拟定分批次建设约 100 门核心课程教材。本系列教材将力求在保证基础的前提下，突出技术的先进性和科学的前沿性，体现创新教学和工程实践教学；将重视系统集成思想在教学中的体现，鼓励推陈出新，采用"自顶向下"的方法编写教材；将注重反映优秀的教学改革成果，推广优秀的教学经验与理念。

为了保证本系列教材的科学性、系统性及编写质量，本系列教材设立顾问委员会及编审委员会。顾问委员会由教指委高级顾问、特约高级顾问和国家级教学名师担任，编审委员会由教育部高等学校电子信息类专业教学指导委员会委员和一线教学名师组成。同时，清华大学出版社为本系列教材配置优秀的编辑团队，力求高水准出版。本系列教材的建设，不仅有众多高校教师参与，也有大量知名的电子信息类企业支持。在此，谨向参与本系列教材策划、组织、编写与出版的广大教师、企业代表及出版人员致以诚挚的感谢，并殷切希望本系列教材在我国高等学校电子信息类专业人才培养与课程体系建设中发挥切实的作用。

吕志伟 教授

前 言
FOREWORD

笔者 1962 年考入北京大学技术物理系,由于众所周知的原因,直到 1968 年年底毕业分配到大连通信电缆厂。1978 年中国恢复了研究生招生,笔者考入北京邮电学院(今北京邮电大学),于 1981 年和 1988 年分别获得硕士学位和博士学位,毕业后留校任教。感谢叶培大院士以学术超前的眼光,决定开设"计算电磁学数值方法"课程,这是当时中国高等教育课程的一枝独秀。叶培大院士指定笔者编写并讲授这门电磁场与微波技术专业的博士研究生必修数理基础课程。

经过两年准备,笔者于 1990 年秋季学期开启了第一次授课,一直到 2019 年。1991 年 1月,笔者受教育部派遣为高级访问学者赴美国,有幸被美国 Syracuse 大学接收,师从被学术界称为电磁场矩量法之父的著名科学家哈林登(R. F. Harrington)教授进行矩量法及其在电磁散射、孔缝耦合等方面的研究。半年后又进入美国东北部并行计算中心(NPAC)参加了著名并行计算机科学家杰弗瑞·福克斯(Geoffrey Fox)教授的研究团队,参加美国国家 HPCC 计划研究,进行电磁散射接收与成像及并行计算方法研究。在 NPAC,笔者进行有关 Timing 研究时,使用了当时最先进的并行计算机,包括 CM2、CM5、n-Cube、iPSC/860、IBM 6000 等十几种非商业用途的并行计算机。这段经历给笔者留下了深刻的印象,笔者相信,并行计算的基础是计算科学的数值方法。在此期间,美国教育界正在热衷于讨论计算机科学与计算科学的从属关系。人们最终达成了一致意见:计算科学是在应用数学、计算机科学的基础上与各门科学交叉出来的独立的交叉学科。

在后来的教学和科研中,常常有人问起计算科学的数值方法在数学体系中的地位和合法性问题,为了讲清楚这个问题,笔者结合 20 世纪科学家,特别是莱布尼茨、希尔伯特、弗雷格、哥德尔、图灵、诺特尔等人奠定数学及科学数学化基础的工作,本书在第 1 章中修订补充了 1.1节和 1.2 节。

为了适应计算科学在通信、工业控制、航天等领域的需求,本书在修订中对第 3 章做了较多的补充,阐述了笔者在防雷研究中应用蒙特卡罗法的成果及如何根据存在性定理针对实际问题构建概率密度函数的方法;补充了布朗运动与古典位势之间的数学关系;补充了 3.8 节阐述移动通信系统仿真中的蒙特卡罗法。

对 8.1 节修订补充了适用于各种积分方法的截断误差产生的数值色散的分析和处理方法。另外,修改了基于反应技术的方程。

此外,对第 4~7 章进行了仔细审阅,修改了第 1 版中的印刷错误以及一些不严谨的语句。

第 2 版编著工作中张洪欣教授做出了很多贡献,他在笔者指导下获得博士学位后留校任教,主要从事电磁场与电磁波、电磁兼容、电磁信息安全和脑机接口等方面的教学和研究工作,承担"计算电磁学中的数值方法""电磁场与电磁波""电磁兼容原理""生物医学电子学"等多门课程的教学工作;主持省部级以上教改项目 5 项,发表教改论文 10 多篇,主持出版了北京市优质本科教材和新形态教材，开发了 FDTD 电磁分析仿真设计软件包用于仿真实践和研究生教学。张洪欣教授是国家级一流本科专业负责人，曾获得北京市第十五届教学名师奖、北京邮电大学教学名师奖、优秀研究生导师奖等荣誉称号。2010 年以来，张洪欣教授和笔者共同主持北京邮电大学的"计算电磁学中的数值方法"课程教学和科研工作，积累了丰富的教学经验和成果。2022 年，"计算电磁学中的数值方法"被评为北京市研究生思政示范课程，《计算电磁学的数值方法》被确定为课程建设教材。

张洪欣教授在第 2 版编著工作中做了很多修改工作，特别是在第 1 章补充了计算电磁学常用方法及软件简介；在第 2 章补充了我国高性能计算机的发展概况；在第 5 章补充了总场-散射场区连接边界条件和周期性边界条件；全面重新编写了第 9 章的射线跟踪法；另外，对一些参考文献进行了修订。

吕英华

2023 年 3 月

第1版前言
FOREWORD

现有的教材可以分成"计算方法"和"电磁场数值计算"两大类别。"计算方法"教材的内容侧重于计算方法的基本原理与方法,属于大学理科教材,可以用于工科研究生使用。其内容主要是数值计算和数值处理的基本方法,主要的内容和训练仍然是有限差分法的范畴,距离计算电磁学和计算物理学的实际需要差距很大。"电磁场数值计算"结合电磁工程的需要阐述了电磁场数值计算中常用的几种方法,可用于电磁场类专业的研究生使用。其内容主要是关于定量分析各类工程电磁学问题所需要的算法及实施过程。该类教材包括了数值积分法、有限差分法、有限元法、矩量法、边界元法等方法,但是对各种方法的数理基础阐述深度不够,而且仍然是基于数值计算方法的,其内容在结合电磁场理论、计算机科学和计算数学方面显得不足,没有满足应用计算机实现对真实世界的模拟和理解的研究需要,没有提供针对工程设计和实现的新的思维和试验方法,没有反映已经形成的独立的交叉科学——计算科学的精神和内容。因此,电磁专业的读者学习之后只能模仿教科书的方法而不能创新,应用数学或计算机专业的读者由于不很清楚电磁学理论和电磁工程而无法应用书中的方法解决电磁学实际问题。实际上,计算电磁学是 20 世纪 90 年代在电磁学、计算数学和计算机科学的基础上产生的新的基于近代计算机平台的交叉科学,创造了对世界的模拟和理解的新的途径,创造了新的思维和试验方法。为了满足计算电磁学乃至计算科学发展和应用的需求,笔者产生了编写本教材的想法,尽管教材内容很不完善,甚至存在某些错误,但是作者期望能在新的思路上编写出反映交叉科学特点的教材。

本书把计算电磁学作为独立的交叉科学。在此方针指导下,书中尽量介绍使用计算数学及近代数学工具,结合计算机科学方法和过程,目标明确地指向电磁学理论及应用的需要。书的结构尽量吸收国内外一些优秀的计算物理学方法和电磁计算方法书籍的写法,以电磁工程应用为目的,加强电磁学原理的近代数学表述和数学物理方法论的内容;按照计算电磁学中的数值方法分类,专题阐述各类工程电磁学问题所需要的算法及实施过程。书中在突出阐述计算电磁学的数值方法的同时,还特别强调和具体阐述了处理电磁学问题由连续的物理空间映射到分立的数值空间时所产生的变化的物理含意和产生的影响;强调计算电磁学的数值方法及实施过程的特点以及每一步骤的物理概念;突出了把近代计算机及计算机网络技术应用到电磁学问题进行数值建模时所需要的知识结构和创新的概念。笔者认为,只有这样才能够把计算科学方法与实际的物理问题和实际的工程问题结合起来,才能真正地应用计算机工具探索世界,才能获得新知识。希望本书能满足从事计算电磁学学习和研究的人员的需求,能对从事计算物理学研究工作的读者有一定的参考价值。

计算科学包括计算物理学、计算化学、计算电磁学等,已经成长为独立的交叉科学,显然,作为这门新的交叉科学的应用数学基础应当是计算科学的数值方法。由于计算科学的数值方法对新交叉科学的成熟非常重要，所以，笔者力图把本书写成理论与应用并重、兼顾教学与科研开发的需要、兼顾计算电磁学特点与其他科学需要的精品图书。由于笔者的水平和精力有限，本书难免会有错误和不足之处，欢迎广大读者批评指正。

吕英华

于北京邮电大学

2006 年 3 月

目 录
CONTENTS

电磁工程建模与计算电磁学

1.1　计算科学的数学基础

20 世纪对人类影响最大的事件就是计算机的诞生和计算科学的发展。计算机开创了人类认识和理解世界的新途径,提供了新的思维和试验方法。然而,能否正确地应用计算机认识和理解世界,取决于是否掌握了计算科学,只有应用计算科学的数值方法才能正确地把自然科学规律转化为计算机的操作程序。

《计算电磁学的数值方法》将以电磁学为"道具",研究具有普遍意义的计算科学数值方法,涉及几乎全部计算科学数值方法的内容。掌握了计算电磁学的数值方法就能全面掌握针对各门科学和各种工程问题进行数值建模和数值分析的方法,也就能掌握如何应用已有的严格数学表达的科学规律将求解的未知问题转化为数值模型,再转变为图灵"通用计算机"等价的计算机工作程序。

计算科学包括计算物理学、计算化学、计算电磁学等分支,计算科学最早出现在美国布什政府的五年国家科学研究计划(HPCC)。该计划针对人类面临的重大问题进行计算密集型挑战性研究,该计划的实施促进了计算科学的发展。计算科学是以科学、计算数学和计算机科学为基础的直接应用计算机进行科学现象和科技工程设计研究的交叉科学。以计算电磁学为例,人类只凭肉眼是看不见电磁波的,只能采用推导公式的方法获得结果,再凭想象力描述电磁波的行为,进而理解所获得的理论结果的实际效应。进入 21 世纪以来,人们普遍采用计算电磁学方法来求解电磁学和电磁工程问题,不但能获得精确的参数,还能在计算机屏幕上通过动画"看见"电磁波的过程。应用计算机求解电磁问题,首先要针对实际问题把电磁学理论应用到具体的电磁问题中,再经数学分析和推导之后,采用图灵的通用计算机模型进一步将电磁学理论的分析转化为完全等价的计算机算法。获得数值结果后,再把数值结果进行计算机的后处理,把得到的数值解映射回物理空间,就可以在计算机上将电磁波的全过程以视觉图像的方式显示出来。以这样的方式,不但能求解电磁学问题,还可以在计算机上进行仿真试验。人们应用计算科学方法在几乎所有的科学技术领域中都取得了不同凡响的成果。正如美国总统咨询委员会 2006 年在报告中称:计算科学确保我们在世界科学和技术发展方面赢得胜利!

计算机和计算科学的巨大成功引起人们对如下问题的思考。

(1)计算机已经用来求解和仿真各种现象和过程,甚至能仿真宇宙大爆炸、星体的形成和运行、生物细胞或病毒的形成和变化等,还能求解无法用理论表达的现象和过程,完全超出了自然人的能力,这些计算机的应用有科学基础吗,可信吗?

（2）计算机物理实体中工作的只是 0 和 1 这两个数码，但是计算机的输入和输出却包含着丰富的数学、物理、化学等科学含义，那么计算机只凭 0 和 1 这两个数码及其组合又怎样等价于要仿真的对象和相应的科学规律呢？根据计算科学方法编制的计算机程序又是怎样保证计算结果正确性的？归根结底，计算机是如何将发生在现实世界中的复杂过程映射到只有 0 和 1 的数值世界中并求解的？

如下面的阐述，这些根本性问题实际上已经得到了解决。

1.1.1　数学及科学数学化基础的确立

经过 20 世纪全世界科学家，特别是莱布尼茨、希尔伯特、弗雷格、哥德尔、图灵、诺特尔等人和相关科学家的研究工作，一直到 20 世纪后期才奠定了数学及科学数学化的基础，并且奠定了数理逻辑和自然科学规律等价关系的基础。

18 世纪末，人类最伟大的智者都认为，数学自然是支配一切的真理，毋庸怀疑。但是，此后一场工业革命的创新浪潮席卷了全欧洲，引发了经济革命、政治革命和文化革命。经济的发展引发了工业革命的浪潮，工业革命的浪潮又促进了科学和文化的革命性变化和发展。科学在 19 世纪的第二、三次工业革命浪潮中发挥的重要作用，引起了人们对科学的普遍重视（参见《时间地图，大历史导论》）。特别是，许多新的工业发展、天文观测、牛顿力学的发展推动着数学的发展和科学的数学化。康德说，在任何特定的理论中，只有其中包含数学的部分才是真正的科学。特别是伟大的科学家艾萨克·牛顿的研究工作创造了一套新的科学思想方法，深化了科学数学化的进程。牛顿采纳了伽利略的提议，根据天文观测，去寻求数学描述而不是物理解释。牛顿把开普勒、伽利略、惠更斯的大量实验和理论成果融汇起来，而且将数学描述和推导置于所有科学描述和语言之前，然后才是发现结果的物理解释（参见《自然哲学的数学原理（1687 年）》）。牛顿根据数学描述提出了万有引力，但是根本无法用已有的物理原理解释，而后续的观测和实验却证明了万有引力的存在。牛顿仅仅靠数学描述就使得他达成了自然科学史上的无与伦比的贡献，他的贡献证明了科学所做的就是牺牲物理上的可解释性而得到数学上的可描述性和可预测性。人们基于大自然是数学化的理念，认为数学研究的目的就是要获得更多的自然规律，数学的真理性是不能怀疑的。科学家把数学广泛地应用于大自然的观测和研究中取得了巨大的成功，还在物理观测实现前就成功地预测到了结果。人们津津乐道于哈雷彗星回归的预言、戏剧性的海王星的发现、光的波粒二象性、流体力学方程、麦克斯韦方程等。在这些科学理论的确立和新的科学领域的出现中，数学定律都起着关键的作用。与此同时，各种新的数学分支也在大自然研究和观测需要的驱动下诞生和发展，人们认为"只要能成功地应用"就具有了自然合理性。例如，拉普拉斯变换、费马原理、最小作用原理、变分法等都是先用起来，成功地应用之后，数学家才进行相应的系统化和理论化。18 世纪的人们极大地发展了数学和数学科学，尤其是伯努利家族、欧拉、达兰贝尔、拉格朗日、拉普拉斯等，在对自然科学进行数学探索中，科学家还创建出了一些新的数学分支，例如常微分方程、偏微分方程、微分几何、变分法、无穷级数及复变函数。这些数学分支不仅被作为真理接受而且也确实成为探索大自然的强有力工具。许多新的数学领域也发展出来了，例如非欧几何、四元数等，科学家还根据需要毫不犹豫地应用了分数、整数、负数、无理数、实数、虚数、复数、对数等。此外，科学家还根据科学的需要和"实际上能起作用就正确"的理念，比较"随意"地创造了许多的数学概念和运算方法，如海伦公式、丢番图代数、无穷小量、无限求和、无穷数列、极限、微积分、微分方程、微分几何、复变函数等。数学应用的成功使得人们一方面神化了数学理论，另一方面也对数学的自然合理性的理念产生了过度的神化和迷信。

自然科学的深入发展提出的挑战以及人们对数学重要作用的思考,促使人们开始更加严格地考查数学科学本身的基础是否是自然天成的。随之而来的是一些科学家用大量的观察事实挑战了数学支配一切的信念,说明了数学不是一个真理体系,数学中没有作为现实世界普遍法则意义上的真理。科学的进一步发展挑战了已有的数学基础,迫使人们认识到,数学原理也是来源于经验的并且不能肯定它们的先验真实性,自然法则是人的描述而不是上帝的命令。这使得所有领域中的真理都被数学并不是一个真理体系的认识所动摇,也使得人们考虑,必须重新考查并牢固地建立数学大厦的基础。后来人们发现,19 世纪任何一门数学在逻辑上都是得不到保证的。实数系、无穷数集、代数学、非欧几何和射线几何等,它们要么逻辑不完善,要么根本没有。微积分及其分析扩展在缺乏实数和代数逻辑基础的情况下任意使用,而且在导数、积分、无穷级数中,一些概念也急需澄清。那时的数学几乎没有一样东西是建立在牢固基础上的。

1.1.2 智能计算基础的确立

谈到逻辑,人们常常想到哲学,然而并非只有哲学,实际上任何智能活动都离不开逻辑和逻辑推理(演算)。最早的逻辑推理模式是亚里士多德(Aristotle)提出的,如图 1.1 所示。

亚里士多德提出,建模的每一步都应该基于已经证明正确的数学和物理原理,并且能解释观测或实验得到的客观事实。亚里士多德提出的逻辑推理模式在 2000 年以后引起了科学家莱布尼茨的极大关注,他特别对亚里士多德把概念分成固定的"范畴"的理念很感兴趣。莱布尼茨在深入思考了亚里士多德思想之后,产生了一个奇思妙想:能否制定一个特殊的"字母表",也就是创建一个思维符号系统,这样人们仅凭符号演算就可以进行逻辑推理和判断了。1673 年,莱布尼茨设计了一台能够执行四种算数基本运算的机器,1674 年,莱布尼茨描述了一种能够解代数方程的机器,后来又为一种机械装置写了相应的逻辑推理运算。莱布尼茨的工作开创了把推理归结为演算并且用机器实现的方向。莱布尼茨是那个时代的最伟大哲人之一,在许多领域都做出了伟大的贡献。莱布尼茨曾梦想能够把人的理性还原为计算,莱布尼茨的梦想是:发明一种普遍适用的符号系统,一种真正能涵盖人类全部思想领域的自然符号系统,能对符号背后的概念进行选择分类处理,制定演绎规则对这些符号进行操作,即"推理演算"。莱布尼茨认为,世界上的事物,无论是自然的还是超自然的,都是由一个统一规则相互关联着的,而且可以通过理性的方法发现这些关联。

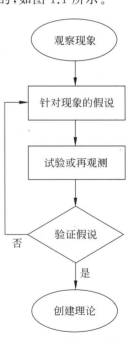

图 1.1　逻辑推理模式

乔治·布尔把代数方法用于微分算子并且提出逻辑关系可以表示为一种代数,他证明了逻辑演绎可以成为数学的一个分支,即布尔代数。乔治·布尔的伟大成就是证明了逻辑演绎可以成为数学的一个分支。

戈特洛布·弗雷格的工作对逻辑学发展极其重要,他提出了把普通数学中的一切演绎推理全包括在内的第一个完备的逻辑体系。弗雷格在 1879 年出版了《概念文字》,这是非常重要的一部逻辑学著作。弗雷格发明了一种仿算术语言构造的纯思维的形式语言和形式句法,例如∀∃∈⊂⊃≡∧∨◊,有些符号今天依然在广泛使用。弗雷格用精确的语法规则或句法规则构造出形式化的人工语言,这些规则仅仅与符号排列的样式有关,这就使得把逻辑推理表示为机械演算成为可能。但是当时数学发展背景的局限性使得弗雷格逻辑存在着局限性。首先,弗雷格逻辑当时仅限于逻辑和数学领域,还不能自动地包括科学与哲学中的一切真理。其次,弗雷格逻辑会使得一般问题的演绎变得很长、很复杂,而且没有给出能否从给定的前提中推出所要结论的判定和计算步骤。此外,格奥尔格·康托尔研究了无穷数集的逻辑,创造了对角线方法,在集合论方面做出了奠基性的工作。

　　1900年,在巴黎举行的第二届国际数学大会上,希尔伯特提出了他认为是数学发展中最重要的23个问题,呼吁数学界注意一些尚未解决的关系到数学基础的问题,他的论述调动了科学家、数学家、哲学家的广泛关注和努力重建这个摇摇欲坠的数学和科学大厦基础的热情。在建立现代数学基础的过程中,库尔特·哥德尔(Kurt Gödel,1909—1978)的工作具有奠基性的意义。那时,希尔伯特提出了数学与逻辑学都可以通过一种形式符号语言发展出来的希尔伯特纲领,其关键是算数的一致性或一阶逻辑的完备性问题。很快,一阶逻辑的完备性就由哥德尔在1930年的博士论文中的一阶谓词演算的完整性的成果所证明。一阶谓词演算是现代形式逻辑的基础,一阶逻辑的公式用变量代替谓词。哥德尔在博士论文中证明了弗雷格的规则是完备的,也就是弗雷格规则可以保证"有了前提就可以用一阶逻辑符号,用弗雷格规则逻辑演绎出结论和计算程序"。

　　但是,几乎同年哥德尔又证明了初等数论的不完全性定理。哥德尔指出,对符号背后的概念进行选择分类时产生了根本性的悖论问题。例如,埃庇米尼得斯悖论:"这句话是假话",这句话不可能是真,因为若真,此话本身是真而与此话的意思相悖;这句话也不可能是假,因为若假,则此话的意思就是"此话是真而非假"就与此话的字面意思相悖。显然不管怎样回答,答案都会导致矛盾! 同样的还有罗素悖论:the least integer not nameable in fewer than nineteen syllables。上面的既真又假的表述,显然都说明数学在集合分类上出了问题。

　　哥德尔的不完备性定理证明:无论人们怎样设计有效且有用的证明规则,用初等数论的简单概念来构造一个句子,都可以证明这个句子既是真的又是假的! 对于任何一个特定的形式系统,都会有数学问题超越它,都会导向一个更强的系统才能够解答这个"既是真的又是假的"的不可判定问题,但是新的系统又还会产生新的不可判定问题。哥德尔的不完备性定理导致了一个强弱的等级系统,每个较强的系统都可以解决较弱系统遗留下来的问题。哥德尔的证明应用了层次理论,也叫递归数论或递归论技术,是发展数学理论分支的不可或缺的工具。后人总结说,"学会用更强的系统来解决棘手问题",这个逻辑方法是哥德尔和图灵等数学家留给人类的伟大遗产。

　　哥德尔另一个伟大发现是连续统假设和选择公理的一致性。选择公理说明,假设有很多集合,这些集合互相没有交集又都非空,那么一定存在一个集合,是由已有的每个集合都贡献一个元素组成的新集合。哥德尔的定理证明了选择公理可以加入集合论的公理中而不会引起矛盾。而连续统假设是,任何无限多的客体,它们或者可以通过给每个客体分配一个不同的整数而得以穷尽,或者可以通过给每个客体分配一个不同的实数而得以穷尽。所以,哥德尔的连续统假设和选择公理的一致性定理证明:连续统假设,无论是简单版还是广义版,都可以加入集合论的公理中而不会引起矛盾。显然,微积分、概率空间、函数空间、无穷集等一系列重要的数学分支都找到了坚实的数学基础。

　　图灵在1936年发表了著名的《论可计算的数》,奠定了整个计算机科学与相关数学和哲学的基础。图灵的工作是基础性的：逻辑、代数、概率论。当时,美国普林斯顿的数学家、逻辑学家阿伦佐·丘奇就评论图灵文章中的发明为"图灵机",并且断言图灵机就是最强的计算装置,人们称之为"丘奇-图灵论题"(Thesis)。这是个论题不是定理,只是一个论断,没办法用数学证明。该论题的证据是所有已知的计算装置在可计算性上都是等价的。从实践上看,人类想出来的所有计算装置,例如丘奇朗姆达演算、Post 系统、哥德尔递归函数、乔姆斯基发明形式句法后提出的 0 型文法等,都与图灵机等价,而图灵机也清楚地解释了图灵所说的计算和实验之间的关系。所以,从某种意义上看,丘奇-图灵论题只能例示却不能证明,这恰恰是唯心论和唯物论的鸿沟。丘奇-图灵论题是整个计算机理论和人工智能以及若干潜在新科学的起点。

　　实际上,希尔伯特提出的 23 个问题掀起了一场用数学来证明数学本身合理性的运动,从此时到阿兰·图灵对计算本性的发现,数学家不但夯实了数学和逻辑学的基础,而且哥德尔和图灵研究的互动,奠定了机器、程序、数据和数学的等价性,使得逻辑和计算机科学之间发生了广泛而持续的相互作用,而且今天还在不断加强。正是这个等价性确保了物理学、生物学、化学等近代科学通过数学和计算成为真正意义上的科学理论。人们必须基于数学分析来表达通过实验和观测获得的科学规律,也可以直接通过数学和逻辑学预测科学规律,这些工作也说明了数学、逻辑学和科学都是源于自然存在规律的不同表达而已。既然已经证明了图灵机与数学证明上具有逻辑推理的等价性,而且图灵机采用的是实际的机器计算,也就说明了实体的图灵机及其"扩展机"可以等价构成自然逻辑体和演算系统,不同的是自然逻辑体分别映射着多样性的实体事物,而演算系统则是逻辑学系统。后来,图灵和冯·诺依曼把计算机和人脑进行了比较,他们猜想,人们有那么多思维模式,能做各种各样的事情,是因为人脑中嵌入了一台"通用计算机"。抛开各种猜想,实际上,逻辑为计算机科学提供了一种统一的基础框架和建立模型的工具,并且产生了几乎深入所有科学技术领域的计算科学和人工智能科学。

　　图灵一生最重要的工作是提出了两个重要的论题：第一,丘奇-图灵论题,就是说图灵机是最强的形式系统,任何人类发明的计算装置在可计算性上都同图灵机等价;第二,人的智能并不比机器强,即图灵测试,如果把人和机器放在两个黑盒子里,如果不能区分,那么机器就是有智能的。哥德尔对第一个论题的认可,实际上就是肯定了任何人类发明的计算装置,包括科学数字化方法,都具有坚实的数理基础。1950 年,图灵发表了《计算及其与智能》(*Computing Machinery and Intelligence*),进一步提出了图灵测试、机器学习、遗传算法和强化学习。

　　然而还有一件尚未得到足够关注的事,在重建数学科学大厦基础过程中,哥德尔和图灵在不经意间奠定了数学及科学的数字化工作的数理基础。哥德尔和图灵并没有见过面,但是他们的工作却好像合作地论证了同一个论题,就是逻辑推理与机器推理的等效性,也就奠基了人工智能的理论基础。图灵最初受菜谱做菜的启发,想象出如何用机械装置按规则执行逻辑操作来实现逻辑推理或演绎。图灵应用图灵机模型证明了哥德尔的不可判定定理,得到了哥德尔的认可。图灵按照人的计算过程抽取了其中的本质内容,提出了"通用计算机"或图灵机。图灵机是一种纯数学模型,也就是,基于图灵机的概念通过算法程序就可以进行逻辑推演的、算术的、代数的或任何数学分支的计算。图灵证明了机器、程序和数据这三个范畴不是完全分离的。图灵还采用康托尔的对角线方法用图灵机推导出了哥德尔的不可判定性问题,图灵实际上证明了机器推理与逻辑推理的等效性。图灵的博士论文研究了哥德尔的不可判定定理导致的系统分层结构,改进了图灵机模型,使之可以采用中断程序寻求外部信息来完成程序。图灵在丘奇提出的 lambda 演算概念的基础上证明了其与递归函数等价,丘奇由此提出"丘奇论题",但哥德尔并不信服。直到图灵提出图灵机,哥德尔才完全信服了丘奇论题,因而丘奇论题也改为丘奇-图灵论题。按照哥德尔的说法,图灵机是最令人信服的最强的形式系统。逻辑为计算和科学提供了统一的基础框架和建立模型的工具,而计算机只是实现逻辑的一种工具。

《时代》杂志 1999 年评价 20 世纪 20 位科学家时,写道:所有的计算机(智能设备)都是基于图灵在 20 世纪 40 年代所提出的通用计算机概念的基本结构发展的"冯·诺依曼机"变化来的。因此,谈起计算机和计算科学,以及科学的数字化,必须从图灵的贡献开始。

图灵猜想:人是自然的,人的大脑应该就是图灵机,因此可以采用通用计算机模型揭示人类大脑具有强大能力的秘密。图灵认为,人与计算机交流的语言就构成了一种符号逻辑系统。推理和计算之间具有真正深刻的关联,用数进行估计,本身就是一种推理形式,人们所做的大量的推理都可以看成一种计算。如果把人和客观存在一起看作一部计算机系统,那么人就是中央处理器,而人的大脑就是个图灵机似的部件。

1.2　计算科学概述

人类探索自然的工具是数学和逻辑,常常采用微元分析、泛函分析、归纳推演、观测或试验的方法进行。但是观测或试验的方法都受时、空等客观条件限制。计算机发明之后,就可以利用计算机来进行逻辑分析了,采用计算机的计算科学方法可以进行能够容纳整个世界的任何事物的"想象"和"思想试验"。1.1 节阐述了建立坚实的计算科学方法的数学和逻辑基础的过程并且说明了数学、逻辑与机器推理的等效性,阐明了机器推理与递归函数等价性。图灵证明了机器、程序和数据这三个范畴是图灵机模型不可分离的组成部分,改进的图灵机模型可以通过中断程序寻求外部信息来克服哥德尔的不可判定定理而且可以实现系统分层结构。机器推理与递归函数等价性使得我们可以采用把实际的逻辑关系分解为可还原的多个部分逻辑体的分层结构,于是就可以逐步进行"推理演算",再根据反复观测、修改和再分析,采用中断程序操作来实现任何事物的逻辑推理、归纳和计算,这些思想和成果实际上奠定了人工智能的数学基础框架。

1.2.1　计算科学方法简介

人们把计算科学建模形象化为借助计算机"想象"问题。人们进行科学"想象"时必须基于该科学领域的理论规律,要依据科学原理的解析数学表达建立数值模型来进行"想象"。这种机器推理实际上是在计算机上进行逻辑符号推理和运算的过程,那么首先就要保证在计算机上的符号逻辑和算法不违反解析数学表达的自然定律,也就是要保证自然定律到数值空间的映射不出现错误,这是计算科学方法要解决的重要问题。

各领域的理论研究通常是针对典型的理想条件进行的,目的是发现物理现象的规律性。因此,理论只代表了该现象中变量之间的逻辑关系,是自然界的逻辑模型,而自然界的逻辑关系必须用数学才能精确表达,例如麦克斯韦方程组。但是自然的需要探索的问题总是具有多个因素和复杂的逻辑,常常无法采用物理理论和数学公式直接得到精确的结果。通过数学建模分析得到理论的数学模型,就得到了自然逻辑到数学的映射。于是,就需要采用分解和综合的逻辑方法(还原论)逼近真实,然后把这个逻辑关系等价为数值逻辑关系,再转变为图灵机上的操作程序并获得数值结果。那么,怎样进行上述的计算科学过程才能保证计算机仿真得到的结果与理论分析(假设能一直进行下去)得到的一样正确?结论就是数值仿真模型和过程要符合自然逻辑和数学理论。

　　逻辑关系的分解和还原是计算科学方法的核心,其中既有数学和逻辑问题又有各科学领域独特表述方法的问题。在应用计算机"想象"的时候,实际上是在数值空间中采用映射和符号表达的形式逻辑层面对相应的自然现象和实际问题进行的猜想。科学的"想象"需要依据自然逻辑,不同于文学的想象,只是自然世界的影子,因此得到的数值结果的正确度就取决于数值模型的可用性,取决于是否正确应用了数值分析方法。正确的数值计算方法都来源于数学分析和自然逻辑,因此计算科学数值方法的水平就取决于编程者的计算科学方法、数学和逻辑分析能力。可以猜想,客观上存在着一个统一的"自然逻辑",而计算和逻辑推理是"同一个硬币的两面",是同一件事物的不同表现形式,是同一个客观存在的映射。因此,科学领域的理论规律与计算机上进行符号逻辑推理和运算的一致性就成为关键了。不管是物理学、生物学、化学等科学,还是通过数学分析推导或通过实验和观测获得的科学规律都来源于自然存在,而数学、逻辑学和科学规律都是人类的创造,是对自然世界的同源映射而已。保证计算科学方法的正确性就是关键,所以只要保证数学到机器推理的等效性就一定能保证科学领域的理论规律与计算机上进行符号逻辑推理和运算的一致性和正确性。

　　人类探索自然,首先要对自然现象进行观测,然后用数学严格地表述成自然规律,也就是要把该现象中存在的自然逻辑关系萃取出来,构建出客观存在的"自然逻辑体"。例如,库仑定律就是通过自然定律表现的电荷作用的逻辑体。理论规律虽然是针对典型的理想条件下的情形得到的,但是科学理论中的定律却不仅仅表达了参数计算的定量关系,更重要的是构建了自然现象中相应的"自然逻辑体"。所以针对实际问题,重要的是根据相应的科学理论构建问题中的逻辑结构。在构建问题逻辑结构时,重要的是针对实际问题正确地把问题逻辑关系分解为可还原的多个部分逻辑问题,这样就可以把一个复杂问题分层次地简化为一些简单的问题和复杂的逻辑关系。在把问题进行逻辑分解的过程中,首先要决定最小逻辑单元,它是维持该科学问题性质不变的最小的逻辑单元,可以称为"逻辑原子"。然后再根据自然逻辑体中的逻辑关系将总问题转化为多个"逻辑分子"、"逻辑分子团"和"逻辑体"。这个过程主要采用"还原论方法"进行,也就是每一步都要保证逻辑分割的可还原性,包括具体科学原理要求的可还原性和数学的可还原性。还要保证切分出来的局部单元上的与整体区域上的物理的和数学的协调性、一致性和收敛性,不允许存在超出物理原理的分割。如果进行了不当的切分、计算和数值处理,就可能产生新的不存在的"规律",而且还常常被编程者忽略。例如,空间和时间的不当切分就会出现超光速的假象。最后还应能够把数值分析的数值解中的物理意义挖掘出来,要针对计算机计算的数值结果进行列表、曲线和图像等方式的分析,再结合相应的科学原理还原出其中包含的物理特性和规律。

　　计算机上的数值空间是离散的、有限大小的,物理定律映射到这样的数值空间会遭受不同程度的畸变导致错误的结果。数值空间的畸变程度取决于数值空间的构造,以及研究问题在数值空间中的数值结构。这些都需要具体问题具体分析。因此,决不能用购买软件包的权威性代替数值模型的正确性。所有的计算科学方法都应该是基于该问题的理论和数学分析方法的,为此,要把理论和数学分析进行到极致,然后才是数值模型和计算机的计算过程。

　　计算科学方法的形式系统可以一般性地用图1.2说明。

　　采用计算科学方法解决实际问题时,通常需要经过以下6个基本步骤。

1. 分析问题

　　人们分析问题的方法差异较大,所以通常要用团队讨论的方式辅助并且进行针对性的观测、取证等环节。其中,找到主要矛盾、主要环节并确定解决问题的流程框架是关键的环节。

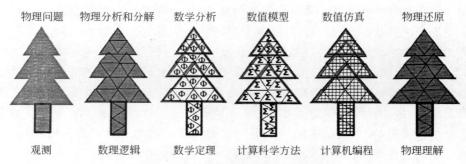

图 1.2　计算科学方法的形式系统

分析问题时,容易忽略一些细节、缺乏精确的数据支撑或盲目地照搬已有论文方法的主观猜测,这些都会导致错误。建议采用 1.1 节科学推理模式进行并形成行动计划。

2. 问题的科学分析和分解

首先一定要确定实际问题所属学科的领域,确定问题所涉及的具体的科学原理;然后开始问题的分析和分解,要依据实际问题的科学原理把问题的逻辑关系分解成多个逻辑部件,要决定最小逻辑单元、逻辑体的结构及逻辑关系。分析时主要采用还原论方法,要能保证分割的可还原性,包括具体科学原理和逻辑的可还原性和数学的可还原性。

3. 数学分析

根据科学领域选择对应的数学方法进行数理逻辑分析和推导,尽量对问题进行数学推导直到无法再进行解析数学推导为止,只要能够进行数学推导就不要把问题交给数值分析,随便地把问题交给计算机软件包去解决,没有不出问题的。

4. 建立基于计算机的数值模型

前面已经阐述了计算科学方法的主要工作是在符合数理逻辑和数学理论的基础上建立数值仿真模型和编制运算过程。各门计算科学都已经形成了一些普遍通用的计算方法,计算电磁学数值方法是最具有代表性的计算科学数值方法,主要有蒙特卡罗法(Monte Carlo method,MC),有限差分法(Finite Difference method,FD),时域有限差分法(Finite-Difference Time Domain method,FDTD),有限元法(Finite-Element Method,FEM),矩量法(Method of Moments,MoM),传输线法(Transmission Line Method,TLM),几何射线法(Geometric Theory of Diffraction,GTD),多极子法(Multiple Multipole Method,MMP),混合法(Hybrid method,例如 MoM-GTD、MoM-FDTD),等等,还有其他一些算法,例如神经元网络算法等。在选择数值方法进行数值建模时,问题的结构、工作频率、电气长度等因素非常重要,本书后面章节有进一步的阐述。

5. 数值结果分析

数值结果分析实际上是要根据物理定律,把数值结果映射到物理空间,还原出问题的物理解答。数值结果分析要根据数值模型与物理模型的对应关系,用图形、表格、拟合公式等方式将计算机计算的数值结果转换成物理结果,可以看成是计算机数值过程的逆过程。但是分析数据结果的过程与分析问题的过程差异很大,前者可以直接根据已有的理论进行,后者则具有知识发现的过程,需要根据大量的仿真数据给出具体的物理规律和图像,包括误差和置信度等内容。有时看到一篇科学计算的论文,方法也很好,论题也很有意义,但是最后的结论让读者很失望,其结论是不做计算机仿真就可以猜测出来的平庸结论。人们不禁怀疑该论文工作的真实性,实际上可能是作者忽略了分析数据结果的工作,或者缺乏分析数据结果的能力。"行百里者半九十",不管是哪一种情况,都是不可原谅的缺憾。

1.2.2　计算科学数值模型是真实世界的映射

前面阐述了计算机物理实体中工作的只是 0 和 1 这两个数码,而计算机输入和输出却对应着丰富的数学、物理、化学等科学含义,也就是,计算机把所研究的对象(包括科学逻辑和物理实体)都变成了由 0 和 1 组成的数字及其组合。那么按照上述过程和计算科学规则变成的计算机程序能否保证得到的结果是现实世界中存在的复杂过程的解答? 也就是如何保证现实世界到计算机数字空间映射的真实性。

1. 计算科学数值方法概述

最常见的计算科学数值方法主要有 MC、FD、FDTD、FEM、MoM、TLM、GTD、MMP 等方法,它们基于不同的解析数学领域,对应着不同的数值方法。

应用有限差分法(FD)进行数值化开始于微元分析建立的解析数学模型,通常是微分方程。首先,根据科学原理应用微元分析建立微分方程并进行数学推导,尽量发挥解析数学的功能,直到无法再进行数学解析推导并获得微分方程为止。然后,进入有限差分法的数值处理阶段,对微分、积分进行差分转换,将微分方程转换为对应的差分格式,建立数值模型。最后,采用计算机语言把数值模型进行编程处理。已经有很多计算机软件包,可以直接采用,也可以用作子程序调用。

有限元法(FEM)首先要针对求解问题进行泛函分析,目标是找到相应的变分问题,然后推导出尤拉方程或相应的积分方程。采用有限元法将泛函极值问题转换为求解线性方程组问题。矩量法(MoM)首先要建立对应的算子方程,然后选择基函数和检验函数,采用函数展开逼近的方式对算子方程离散化并推导出广义导纳矩阵,最后求解得到矩阵方程,得到问题的解答。

时域有限差分法(FDTD)与上述方法完全不同,它直接由麦克斯韦方程组出发,把一切求解的过程都融入数值过程中。因此,每一步都要按照电磁学理念和规律进行,可以看成是对电磁波直接进行模拟仿真研究。

计算科学中构建的数值空间与我们看见的物理空间大不相同。下面简单介绍几个主要的计算电磁数值方法:MC、FD、FDTD、FEM、MoM。

1) 蒙特卡罗法(MC)的数值空间

蒙特卡罗法数值空间可以形象地用图 1.3 说明,它是由有限多个"伪随机数"构成的,当我们按照问题的概率分布选取数值时,得到的数值是(0,1)区间上均等机会出现的数随机。蒙特

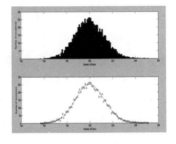

图 1.3　蒙特卡罗法的数值空间

卡罗法数值空间及算法有点像"大草原上的一匹野马"以随机的方式（例如正态分布）吃草。人为地只能建立大小有限的"草场"，其中"草"的生长状态是随机的。蒙特卡罗法数值空间中的随机数不是真正随机的而是"伪随机"的，只能在这个有限大小的"草场"内是各自不同且随机的。蒙特卡罗法数值空间的容量和质量决定了蒙特卡罗法的成功与否，例如我们要仿真一个2.4G的移动信道的管理算法，如果蒙特卡罗法数值空间只有一千万个伪随机数，这个仿真结果一定是不可信的。

2）有限差分法（FD）的数值空间

有限差分法的数值空间可以形象地用图1.4说明，它是一个编织网状的数值空间。该数

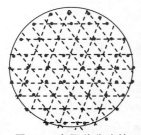

图1.4　有限差分法的数值空间

值空间是待求解的微分方程的解空间，由步长均等的网格组成。有限差分法（FD）的求解过程有点像青蛙的行为，一跳一跳地，只有网格交点处的数值是来源于微分方程转换的差分格式的近似解。其他镂空处的数值都是应用线性插值法等数学近似方式获得的顺延解或猜测解，在没有任何信息可以利用的情况下，顺延解或猜测解是最合理的解答。

3）时域有限差分法（FDTD）的数值空间

时域有限差分法的数值空间可以形象地用图1.5说明，它是一个由正方形的Yee单元空间网格体构成的数值空间，其中的Yee单元具有电磁场微元的量化关系。该数值空间是待求的麦克斯韦方程的解空间，由分区均匀的动态的Yee单元网格组成。时域有限差分法的数值空间类似于有限差分法数值空间，只是把镂空的网格换成了Yee单元体。时域有限差分法的求解过程有点像接力赛跑运动员的行为，一段一段地传递。

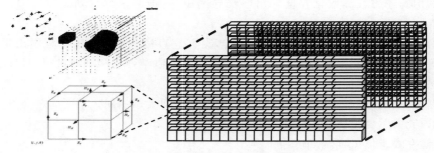

图1.5　时域有限差分法的数值空间

4）有限元法（FEM）的数值空间

有限元法的数值空间可以形象地用图1.6说明，该数值空间是一个求解问题的解空间，是有限多个单元体组成的数值集合体。有限元法首先把连续的区域分割成有限多个形状任意的单元体，尽管这种分割与有限差分法的网格切分不同，但是仍然只有网格交点处的数值是来源于研究问题的近似解，其他空间处的数值都是应用插值函数获得的研究问题的小单元平均意义上的近似解，是采用分片插值函数求得的整体意义上的泛函极值解，是一种积分近似解。

5）矩量法（MoM）的数值空间

矩量法的数值空间（见图1.7）是逼近函数线性组合对应的数值空间，是由源函数的展开函数和检验函数系数组成的集合，是泛函变分的"里茨-伽辽金"（Ritz-Galerkin）法形成的数域集

合。变分问题是在无穷维的函数空间上求泛函极小值,主要采用"里茨-伽辽金"法把无穷维空间上的变分问题转换为有限维空间上的变分问题。其中,里茨法基于能量法,伽辽金法基于虚功原理,两者最后导出的求解过程和近似解完全相同。矩量法切分的是有源区间(并非全空间)的源函数 f,把算子方程 $Lf=g$ 的定义空间切分为 N 维子空间上的近似函数 $f \approx f^N = \sum_{n=1}^{N} \alpha_n \beta_n$。从物理图像上看,就是把原来连续的有源函数分割为有限个子源,再求出子源的解,待求函数的解就是由这些子源按照算子方程产生的结果总和。

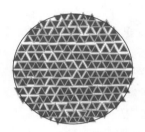

图 1.6　有限元法的数值空间

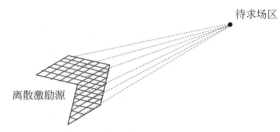

图 1.7　矩量法的数值空间

上面阐述的只是各种数值方法建立的数值空间与我们看见的物理空间的主要差别,针对实际问题还有更多的差别,要根据问题的物理特性分析。

2. 数学是所有科学的通用语言

科学定律是人类认识自然界的表达,是来自人类精神的创造,不等于事物本身的真正形态。它们可能是来源于今天、昨天和明天,来源于这里、那里,但是这些科学定律必须具有普遍的适用性。科学定律的普遍适用性也说明了人类的观察和认识都来源于自然界的映射,也说明了人类认识和表述自然规律采用了统一的"科学语言"。

研究表明,人类的语言能力对人类进化和发展起到了关键的作用。基因科学研究发现,人类与黑猩猩的 DNA 差异非常小,但是人类的智能和黑猩猩相比却具有天壤之别。《时间地图:大历史导论》认为,人类得益于人类创造的具有严格的开放性语法的语言,这就使得人类可以用极少数量的语言要素表达近乎无限多的含义。人类的语言允许更为精确和有效的知识传递,能够更为精确地分享信息、创造知识、共享资源,并且因而具有了与动物学习有本质不同的"集体学习能力"。特别是人类创造了符号语言,这就使人类可以用符号把具体的东西抽象化、浓缩和储存大量信息。符号语言构建了更大的概念结构,获得了把具体东西抽象化以及积累、储藏信息和知识的能力,具有了思考过去和想象未来的能力。

同样的分析也适用于人类的科学技术和智能行为的发展过程,人类社会的科学技术发展主要得益于数学和逻辑的符号语言。科学和技术必须是精准的,数学和逻辑的符号语言的完备性、一致性、精确性,使其成为任何其他表述系统所不能替代的科学技术领域的通用语言。伽利略说:"如果不理解它的语言,没有人能够读懂宇宙这本伟大的书,它的语言就是数学。"爱因斯坦在《纽约时报》上写了一篇悼念艾米·诺特尔的文章,他说:"纯数学是一种逻辑理念的诗篇,它寻求的是以简单的逻辑和统一的形式,把最大可能的形式关系圈汇集起来的最一般的操作观念。"可以想象,人们正是在这种实现逻辑美的努力中发现了那些更为深入、更透彻的理解自然定律所必需的精神法则。尼克的《哲学评书》中也简述了《维特根斯坦剑桥数学基础讲义》(1939)中图灵在课堂上发问及维特根斯坦回答的精彩片段,其中有关于"悖论"的、"实验vs计算"的、"证明复杂性"的、"机器能思维吗"的内容。特别是文中关于"证明复杂性"的对话中关于数学本质的对话，现在仍然值得我们深思。部分对话摘录如下。

维特："数学命题都是没有时间因素的，而其他命题（如物理命题）则是有时间因素的。"

图灵："那，当我说'这个命题很难证明'时，这有时间因素吗？"

维特："这句话可以有时间因素，也可以没有时间因素。如果没有时间因素，这句话就是一个数学命题。你说的那个命题可以有一个度量，比如证明的那个命题的长度，证明的步数等，比如那个证明需要六十步。但你那句话也可以有时间因素，比如，'我现在喝高了，我不能证明那个命题'，那么这句话就不是数学命题。"

本书后面阐述宇宙中的守恒量和守恒定律时，将说明能量守恒定律说明能量是不随时间变化的作用量。笔者认为，从维特阐述的"数学命题都是没有时间因素的"这个意义上看，数学就是"不随时间变化的命题"描述的语言，是表述一切能量形态和过程的通用语言。现在科学界都确信我们所在的宇宙是有起点的，是一次大爆炸产生的，宇宙在 $t=10^{-4}$ 秒之前只有能量没有物质，我们现在看到的宇宙是由 $t=10^{-4}$ 秒到 4 分钟之间发生的事件定型的。只有数学才是"读懂宇宙这本伟大的书"的语言，以这种语言表述宇宙的"精神法则"应该几乎是从宇宙一开始建立时就与物质运动是"如影随形"一样伴随着的并且是宇宙运动留下的不被时间磨灭的痕迹。也许这种精神法则可以被称为是一种"能量信息"的存在，它们在大自然的最大域中与能量是同源的客观存在。总之，宇宙是有规律的，遵循着同一的自然法则，数学就是描述宇宙变化的通用语言。

3. "还原论"是计算电磁学分析问题的基本方法

自然现象具有一定的规律性或者是由自然逻辑支配的，但是发现其规律性却要通过动态的、真实的、有效的逻辑推理和归纳的方法。前面阐述了哥德尔的不可判定定理必然导致系统的分层结构，导致了推理与递归函数的等价性。从数学基础上讲，推理与递归函数的等价性建立了还原论的逻辑基础，因为它确立了研究问题的可分性和可还原性的数学基础。作为联系物理定律和物理现象的逻辑方法，还原论认为：多数的物理系统都能通过其部分的行为及其相互作用加以解释，只要各部分解释合成的总结果能够符合并还原观察到的自然现象，对应的自然逻辑就是正确的。正如霍金谈时间本性时说："物理理论只不过是一种数学模型，询问它是否和实际存在相对应是毫无意义的，人们所寻求的是其预言应与观察一致。"还原论既然来源于自然逻辑，就一定是科学建模的逻辑，也应该是计算科学方法的逻辑基础。应用还原论方法就可以把各种形态的复杂问题分解成较简单的部分问题，还原论加上因果关系就能把每一时刻的物理状态连接起来，就可以还原物理学、化学、生物学、天体物理学等领域的动态过程，再通过观测和试验证明，就能还原出已经过去的物理事件。例如，在计算机上模拟宇宙大爆炸的过程，推测出已经成为历史的宇宙初期的场景。

还原论方法存在着无法逾越的局限性。还原论方法的可还原性假设本身就具有一定的先验性，事物通常存在着大数量的多种关联，因此只有选对了问题的主导因素施行还原论方法，才不至于陷入过度的复杂过程中，才具有可操作性。然而，在问题解决之前，问题的主导因素常常并不是很清晰，只能通过猜测和尝试才能获得。此外，因为还原论方法是推理的，是按照形式逻辑一步一步推出来的，因而缺乏整体的、归纳的、类比的、模糊逻辑的功能。

采用还原论方法分析问题具有一定的先验性和主观性还表现在还原论方法认为我们所在的世界是个集合的实体运动过程，其过程和组成都是线性可分的、简单的、可还原的过程。因此，不能包括那些不可还原的复杂过程，例如生命体是具有自己规则的独立自主组织系统，其复杂度和随机性都超出了还原论的范畴。

总之,采用还原论方法得到的数值结果不能只依靠自身的过程判断是否还原了本来的物理真实,计算科学方法获得的数值结果必须通过试验来验证,当然也可以利用他人检验过的结果获得间接验证,但是不能等同于实验验证。

4. 构建符合基本物理学框架的数值空间

在原则上,物理问题的分解和综合过程只要依据问题的物理意义和自然规律进行,就不会违背基本物理学框架。但是,借助数学方法构建具体的数值空间的过程,本质上就是把真实的世界及其规律向计算机创造的数值世界映射的过程。从物理意义上看,这个映射过程就是把连续的物理空间切割成许多小单元空间的替代过程。然而在构建数值空间时,人们却常常忽略了这种处理方法所带来的物理意义的变化,忽略了必须保持物理学基本框架不变的要求。下面就几个主要问题进行一些简单的讨论。

1)"时空"的数值化

首先我们假设现实世界,除掉黑洞等特殊情况,在一定范围内,空间自身都具有平滑、连续和均匀的特性。在建立数值空间时,由于数学定律中没有时间的因素,任意的时空切分在数学规则上都是允许的。但是在物理中,"时空"是最基本的、最关键的因素,自然界的规律要求不可随意切割。1908 年 9 月,赫尔曼·闵可夫斯基宣布了他关于空间和时间本性的新发现,认为空间和时间本身都没有独立的意义,只有两者的结合才能保持一个独立的实体。宇宙是由一种绝对的时空结构构成的而且是一种独立于参照系的存在。宇宙中只有一个唯一的绝对时空,时间和空间的卷曲必然表现为闵可夫斯基单独的、唯一的、绝对时空的一种曲率,时空中的事件类似于空间中的一个点,时空中任意两个事件之间存在着一个绝对的间隔。笔者认为,能量是独立于时间和空间变化的宇宙参量,相应地只能用不包含时间因素的数学语言描述。因此,数学语言描述的是运动或能量变化留下的不被时空磨灭的痕迹,而光速表达的是宇宙初创时留下的时空结构的最大比例,光子是最小的时空结构体。

在计算电磁学中,"空间和时间的结合构成了独立的实体绝对时空"的观念在时域有限差分(FDTD)法中表现得最为明显,特别是 FDTD 的时空切分直接决定了数值结果的真实性。在 FDTD 法中,时空切分条件称为数值稳定条件,也称为 courant 条件,courant 条件给出了时间步长与空间步长的关系。courant 条件实质上要求时间步长不得大于电磁波传播一个空间步长所需的时间,否则就会出现大于光速的运动,违反了广义相对论的基本理论框架,直接破坏了因果关系。同样,在非色散媒质中,在 Yee 单元网格空间中也会产生虚假的色散现象。此色散不是物理真实的,是虚假的,是由于数值化处理中网格抽样的间隔性产生的。由于时域电磁波与单色电磁波不同,包含着连续频谱的单色电磁波,时域电磁波在 Yee 单元网格中传播时就表现了不同的速度。而且构建 Yee 单元网格就是对空间抽样,按信号处理原则就必须满足奈奎斯特抽样准则,抽样准则要求抽样间隔至少要满足 $\lambda = 2\Delta x$,即要求在一个波长(对应时间为周期)中至少要有两个抽样。由于时域波是由单色波群组成的,单色波成分都有自己特定的波长,但是 Yee 单元网格的空间步长却是固定的,于是有的波列的波长恰为空间步长的整倍数并满足奈奎斯特抽样准则,但是有的波长并非为步长的整倍数,还可能不满足奈奎斯特抽样准则。这样一来,计算机中的电磁波按照数值空间步长的传播比起实际物理空间中电磁波就出现了偏差,包括速度和方向都出现了变化,如果不加分析就认同计算机计算的结果,就会导致很大的偏差甚至错误的结果。

2)不变量与计算科学的积分方法

考虑一个自然界的基本问题:处于不同观察位置的物理学家眼中的物理现象是否相同?

例如，正立的与45°角的观察者看到的物理规律是否相同，显然因为物理规律与观察者无关，他们观察到的结果当然是相同的。同样，物理世界存在着许多不变量，例如能量守恒、光速恒定等。如果把镜子放在物理现象前，只是通过镜子来观察这个物理现象，人们希望知道从镜子中观察到的物理过程是否违反了我们直接观察时得到的自然定律。如果不违反，就称支配这一物理过程的物理定律是一成不变的。实际上，人们观察世界需要采用不同的视角：局部变化的、整体恒定的等。人们采用局部观点观察物理过程时，需要集中于局部的物理关系去寻求运动方程，但是在全局观点上观察物理过程时，就要在全局的物理关系中分析问题，此时要发现的是整体的守恒量的特性，对于同样的物理过程，局部的和全局的观察结果应该是一致的、相容的。最能说明全局观点的是关于光线路径的费马原理，它说明了光线是沿着光程最短的路径传输的。有趣的是，光线并不是按着微分逻辑由局部的边条件、局部受力、局部材质来决定的，而是沿着只有从整体上才能看得清楚的"光程最短的路径"行走的。

费马原理的简洁和精准启发人们在更广泛的领域寻找类似的原理代替牛顿定律。皮埃尔·路易斯·莫里·德·莫碧图易斯（Pierre Louis Moreau de Maupertuis，1698—1759）、约瑟夫·路易斯（Joseph Louis）、科蒙特·德·拉格朗日（Joseph-Louis Comte de Lagrange，1736—1813）等发现了最小作用量原理，也就是如果给每个经历指定一个被称为"作用量"的数，作用量原理说：粒子的实际经历是作用量最小的那一个。现代物理学证明了作用量原理适用于整个宇宙，自牛顿以来的所有物理学理论都可以用作用量语言表述，如果能找到一个公式算出物体在任意经历下的作用量，就完全把握了物体的运动情况。而且采用作用量的公式会使物理过程的描述变得更加简洁和精巧，例如麦克斯韦的四个电磁学方程就可以用一个简单的作用量公式表述。基础物理学研究发现，运动方程可以很复杂，可以有很多个，但是对应的作用量公式只有一个。于是，整个世界就可以用单个作用量的组合来描述，每当物理学家掌握了物理学的新领域，就在描述这个世界的作用量公式中加上一个描述这个新领域的项。而作用量是一些分离项的累加，显然基础物理学家的工作就是要修补这个世界的作用量。因此，根据作用量原理就能够精确地给出"物理实在的结构"。

研究局部变化关系时，我们关注的是自变量和因变量的函数关系，关注的是某一时刻和下一时刻的物理量差异，在计算电磁学数值方法中称其为微分方法，描述物理量变化的方程称为运动方程。但是，自然界常常并不是局部的，而是整体呈现的。例如，局部的运动可能并不一定是能量守恒的，但是在足够大的系统中能量一定是守恒的。又如，在原子核领域，人们不关心也无法关心电子任何时刻在原子中的位置和速度，测不准原理也不允许我们同时获得这些信息，但是原子核体系却可以用能级等参数来描写其性质和变化。总体看，自然界不是局部的而是整体的，都是不变量在支配着。在计算科学数值方法中，以全局观点建立数值模型的方法称为积分方法，有限元法和矩量法是计算电磁学数值方法中的积分方法，是从整体角度建立数值模型的方法。有限元法的自变量是函数，结果是数值，有限元法是寻求泛函变分极值的方法。矩量法中算子的自变量和结果都是函数。矩量法是在函数空间采用加权剩余法寻求具有最小差函数结果的变分问题。总之，计算电磁学的积分方法都是实现最小作用原理的数值方法，只不过有限元法寻求的是最小作用量的解，而矩量法寻求的是最小差函数或最小剩余函数的解。前者的数值模型是用插值函数将泛函极值问题转换为求解线性方程组问题的方式来求解的，后者的数字模型是选择基函数和检验函数采用函数逼近的方式对算子方程离散化，推导出广义导纳矩阵和矩阵方程来求解的。

3）数值空间与对称性原理

数值空间和数值结构的对称性是十分重要的。直观地看,对物理空间和实体结构进行数值化处理时,充分利用实体结构的对称性质既可以使数值模型具有简洁之美又可以节省计算资源,提高计算效率。但是,从根本上分析,保证数值空间和模型的对称性(不仅仅是形状的对称)具有深刻的物理含义。

数学家阿玛丽·艾米·诺特尔(Amalie Emmy Noether)提出了著名的诺特尔定理。诺特尔定理告诉我们:作用量必定具有相应的对称性。作用量的不变性曾经表达为守恒量和守恒定律,例如能量守恒定律说明能量是不随时间变化的作用量,动量守恒定律说明动量是空间平移不变的作用量,角动量守恒定律说明角动量是空间旋转不变的作用量,等等。许多研究都说明,物理世界是协变的、具有对称性的作用量结构体。诺特尔定理解决了如何决定守恒量的问题,也就是,如果知道所有给定的作用量保持不变的对称变换,就立即可以知道应该有多少个守恒定律。诺特尔定理说明,作用量的每一种连续的对称性都将有一个守恒量与之对应,对称和守恒事实上是联系在一起的。也就是,只要观察到一个守恒量,自然设计中就必定含有一个与之对应的连续对称性。对称性是物理世界所固有的特性,进行与这种对称性相应的变换,作用量是保持不变的。爱因斯坦宣称,对称性能够制约作用量的形式。

一般地,对称应包括作用量不变性和变换性两方面,也就是应该具有物理定律的不变性,还要给出不同场合下支持物理定律不变性的变换。人们发现,作用量在洛伦兹变换下是保持不变的。爱因斯坦引入了洛伦兹变换作为时空不变性的变换,也就是,新的时间 t' 与原时间 t 和空间 x、y、z 都有关系,于是发现了狭义相对论和广义相对论。狄拉克1929年发现薛定谔方程并不具有洛伦兹不变性,于是他对薛定谔方程进行了修改,使之具有了洛伦兹不变性,然而修改后的方程的解比起修改前的方程的解多了一倍。狄拉克坚信对称性原理或洛伦兹不变性,他宣称存在与电子对称的带正电荷的正电子。三年以后,物理学家卡尔·安德森用实验发现了正电子。这些事实说明,一种对称性的发现要比一种特定现象的发现的意义重大得多,也说明了类似于旋转不变性和洛伦兹不变性的作用量不变性统治着整个物理世界,人类需要用对称概念重新审视科学。

因此,计算科学在建立数值空间时不仅要利用结构的对称性,更重要的是还要保证物理上的对称性,要保持研究问题在数值空间的运动过程和逻辑,不破坏物理定律中的不变性。在计算电磁学数值方法中,建立数值模型的过程一定要保证物理世界对称性不变。但是,问题常常发生在细节中。笔者曾经审读过一篇专业论文,论文作者用长方体代替正方体构造了 Yee 单元和 Yee 单元网格。该文章认为这样可以获得许多实施计算的"优势"。然而,该文章用长方体代替正方体构造了 Yee 单元和 Yee 单元网格,等于篡改了麦克斯韦方程,从理论上就根本站不住脚,更不会有计算电磁学的创新了。

4）数值空间与广义协变性

人们通过观测发现,物理世界的结构必定是相同的、确定的,这种确定性表现的并不是运动方程不变,而是表现为协变性:方程两边都以同样的方式变化,方程依然成立,即物理量的相互关系不变。也就是,方程两边都会以同样的方式变化,而不是保持不变。尽管所涉及的物理量都变了,但是它们之间的结构关系仍然不变。广义协变性是一个非常严格的要求,假设有坐标 (t',x',y',z') 是由坐标 (t,x,y,z) 经过变换(所有可能的变换方式)得到的坐标,那么由 (t,x,y,z) 到 (t',x',y',z') 的坐标变换就称为广义变换。而如果物理定律在广义坐标变换下仍然保留它们的结构形式,就称该广义坐标变换具有广义协变性。发现具有广义协变性的变换是物理学的根本任务之一。

科学史上对称概念引发的革命不胜枚举。爱因斯坦的狭义相对论实质上就是把洛伦兹不变性强加给了物理学，因为洛伦兹不变性断言两个做匀速运动的观察者会感受同样的物理现象。爱因斯坦的广义相对论实质上就是把广义协变性强加给了物理学。广义协变性用于物理学，是说做加速运动的观察者可以把观察到的物理现象的差异归结为是由一个引力场引起的，因此两者之间可以通过广义协变性标志它的对称性或不变性。

人们发现，对称性或广义协变性对物理学具有重要指导性意义，最初爱因斯坦是通过总结时间与空间的、电与磁的实验事实抽取对称性的，其过程往往很艰难和费时，而采用了诺特尔定理就使得人们可以从广义协变性中抽取对称性，采用广义协变性分析就可以简单地从数学分析中获得对称性和不变量，就可以采用数学分析的方法发现作用量及守恒定律。人们还发现，洛伦兹变换的不变性表达了广义协变性，实际上表达了一种普遍的对称性。

在广义协变性的意义上，诺特尔定理说明，尽管物理规律可以有多种描述方法，但是大自然的方式很可能是由总体到局部的方式安排的，不同于局部细节到总体的方式。在总体到局部的研究中，就要涉及坐标变换，就要采用具有广义协变性的坐标变换，否则就可能改变了作用量在洛伦兹变换下保持不变的特性，改变了守恒量的守恒特性。在计算电磁学中，积分方法是一种"总体到局部的方式"，其数学基础是泛函分析和算子分析。许多区域性的物理问题也必须基于泛函和算子理论等数学理论，对应的计算科学的数值方法就要采用计算科学方法中的积分方法。

在将相应的物理问题转换为计算科学方法中的积分方法时，它们都应该是具有广义协变性的坐标变换，例如有限元法中的自然坐标和等参数单元的选取，矩量法中展开基函数和检验函数的选取，本质上都是广义协变性的坐标变换问题，一定要满足相应的物理与数学的协调条件。在计算科学方法中常常采用坐标变换的处理方法，应用有限元法、矩量法时，特别是在积分方法中总要涉及局域坐标与总体坐标变换的处理环节，涉及全局坐标和局域坐标变换，甚至涉及函数空间的变换。在进行坐标变换处理时，实际上还赋予了更广泛的物理含义，笔者在相应章节中介绍的方法是普遍认定的不违背广义协变性的处理方法。例如，有限元法坐标变换中的自然坐标、等参数单元的处理中不仅要保持有限单元到全局域坐标的位置和数量的一致性，还要协调物理参量与数学变换的协调性，考虑有限单元边界上物理参量的不变性或最小偏差及变化规律连续性的要求。在矩量法中，要求的函数解是与算子解函数差异最小的函数，所以矩量法要建立不同于有限元法的坐标体系，矩量法中选择的展开函数和检验函数就是在建立算子的定义域和值域的 N 维子空间坐标的基函数，这些空间的函数基必须由算子的性质决定。展开函数和检验函数分别属于算子 L 和相应的伴随算子 L^a 决定的空间，要保证展开函数和检验函数的数量、函数性质的一致性以及算子的性质对源函数域和解函数域的要求。在矩量法中，伽略金法是很方便也是严格的方法。伽略金法采用检验函数与基函数为同一个函数，保证了自伴算子条件下能获得范数最小的差函数的近似解，在希尔伯特变换的意义下，显然是最佳的逼近解。

1.3　电磁工程建模的数值方法

计算电磁学在电磁工程中有重要的应用，是进行计算机模拟的主要工具。电磁工程问题的研究和设计要以麦克斯韦方程为基础，此外还要使用一些基本的定理，例如互易定理、等效定理、唯一感应定理、线性、对称性等。以电磁兼容问题为例,通常包括三方面的问题：输入电磁场的作用,被影响设备的敏感性,描述由电磁干扰源到被干扰设备的传播和耦合函数。在实际的电磁兼容工程中,首先要分析干扰源的特性以及如何产生电磁场,分析干扰电磁波是如何产生电磁耦合作用并影响敏感设备的。在解决电磁兼容工程问题时,主要困难不在电磁学的物理原理方面,而在于如何正确应用这些原理建立满足实际问题需要的复杂的边界条件、介质和干扰源分布的符合工程实际的电磁模型。

电磁作用机制可以采用理论分析和数值分析两种方法进行研究,对于电磁工程问题一般需要将理论分析和数值分析的方法结合起来。在采用数值分析方法时,最常采用的方法有两类。

1. 积分方程法

当关心的物理量是一些"作用量"(如电压、电流、电荷、电感、电容和电磁能)时,通常涉及电磁场强度的积分,要采用积分方程法。电磁场的积分方法需要求解格林函数(Green's function),格林函数解与问题的类型密切相关。电磁工程问题的电磁拓扑逻辑比较复杂,得到适合的格林函数并非易事,总需要较多的理论分析并且要结合计算电磁学方法进行。采用积分方程法时,处理干扰源和边界条件总是数值分析和建模的关键,分析的目标是得到满足问题需要的积分算子,而格林函数通常为积分核的一部分。

2. 微分方程法

当问题归结为电磁场强度时,就可以由麦克斯韦方程出发得到相应的差分方程,其理论分析过程通常比积分方法概念简单些,但数值处理的实现要比积分方程难得多。主要原因有以下几点。

(1) 微分算子是局域算子,而积分算子是全局性算子。

(2) 微分算子能灵活处理介质的不均匀、非线性、时变的情形。

(3) 积分方程法隐含着格林函数选定后的辐射条件和其他条件。

3. 电磁工程数值方法实施的几个问题

针对电磁工程问题,采用的数值化方法不同,将导致数值模型中的数据量不同,因而决定了计算机的运算工作量不同,开销不同。特别是对那些有时间要求的计算电磁学应用,例如,雷达定位、导弹防御系统等应用,数值模型效率是第一重要的指标。概略地讲,数值分析中积分方法与微分方法的数值效率比较可以用表 1.1 进行说明。

表 1.1　数值分析中积分方法与微分方法的数值效率比较

数值处理内容	微分形式	积分形式
场传播方程	麦克斯韦方程组的旋度方程	格林函数
无穷远处边界处理(辐射条件)	采用局域或全局的"后项"处理,近似计算向外的传播	对格林函数进行处理
电磁场对物体的作用	用场在网格上的值得到台阶、片、线或其他边界近似方法	用物体边界路径上的场的数值求解,需要曲线、面积分
取样要求： 空间样点数(ΔL 为空间步长) 时间步数(δt 为时间步长)	$N_x \propto \left(\dfrac{L}{\Delta L}\right)^D$ $N_t \propto \left(\dfrac{L}{\Delta L}\right) \approx \dfrac{CT}{\delta t}$	$N_x \propto \left(\dfrac{L}{\Delta L}\right)^{D-1}$ $N_t \propto \left(\dfrac{L}{\Delta L}\right) \approx \dfrac{CT}{\delta t}$

续表

数值处理内容	微 分 形 式	积 分 形 式
激励源抽样点数	$N_{rhs} \propto \left(\dfrac{L}{\Delta L}\right)$ L 和 D 为问题尺度和维数	$N_{rhs} \propto \left(\dfrac{L}{\Delta L}\right)$ T 为观测时间
求得最高阶项 $\left(\dfrac{L}{\Delta L}\right)$ 需要的运行时间（其中 T_ω 为频域时间，T_t 为时域显式格式时间，T_t' 为时域隐式格式时间）	$T_\omega \propto N_x^{2(D-1)/D+1} = \left(\dfrac{L}{\Delta L}\right)^{3D-2}$ $T_t \propto N_x N_t N_{rhs} = \left(\dfrac{L}{\Delta L}\right)^{D+1+r}$ $T_t' \propto \begin{cases} N^{2(D-1)/D+1} = \left(\dfrac{L}{\Delta L}\right)^{3D-2}, & D=2,3 \\ N_x N_t N_{rhs} = \left(\dfrac{L}{\Delta L}\right)^{2+r}, & D=1 \end{cases}$ $0 \leqslant r \leqslant 1$	$T_\omega \propto N_x^3 = \left(\dfrac{L}{\Delta L}\right)^{3(D-1)}$ $T_t \propto N_x^2 N_t N_{rhs} = \left(\dfrac{L}{\Delta L}\right)^{2D-1+r}$ $0 \leqslant r \leqslant 1$ $T_t' \propto N_x^3 = \left(\dfrac{L}{\Delta L}\right)^{3D-1}$

常用的计算电磁学的数值方法主要有有限差分法、时域有限差分法（FDTD）、有限元法（FEM）、矩量法（MoM）、多极子法（MMP）、几何光学绕射法（GTD）、物理光学绕射法（PTD）和传输线法（TLM）等，表 1.2 对其中部分方法进行了简单的比较。

表 1.2　部分计算电磁学的数值方法比较

性　能	MoM	GTD/PTD	MMP	FDTD	FEM	TLM
适用求解的问题	天线建模、线建模和表面结构、导线结构的问题	大电尺寸结构的范围（相对于λ）的应用	直接计算，不需要中间步骤	可以直接进行求解麦克斯韦方程处理	电的和物体几何尺寸的特性可分开定义和处理	所有的场分量可以在同一点进行计算
数值建模特点	可以对任意结构形状的物体上的电流结构建模	在高频散射问题中非常有效，例如雷达散射截面问题	—	不需要存储空间形状参数	可以克服 FDTD 中必需的阶梯建模空间问题	可用于非均匀媒质建模和分析
适于计算电磁场的区域	辐射条件允许求解在辐射物体外的任何地点的 $\boldsymbol{E}$ 场和 $\boldsymbol{H}$ 场	满足远区平面波近似的空间，节省计算机资源	—	很容易对非均匀媒质的场问题建模	适于分析复杂结构，对内部 EM 问题建模很有效	适于分析复杂结构，对内表面域建模很有效
适于研究的问题	计算天线参数、输入阻抗、增益、雷达问题	—	—	对内部复杂介质问题可以有效地进行建模	可以对非均匀媒质问题建模	比 FDTD 有较小的数值色散误差
数值建模中存在的问题	对内部区域建模问题困难大	几乎不提供有关天线参数的信息	场强以外的其他参数必须再行计算	对无边界问题需要吸收边界条件处理	对无边界问题需要对边界进行建模	比 FDTD 使用更多的计算资源

续表

性能	MoM	GTD/PTD	MMP	FDTD	FEM	TLM
计算机实现时遇到的问题	在非均匀媒质中会遇到困难,要用大量的内部资源,所以通常只用于低频问题	只在高频有效,不能提供任何电流分布的情况	计算密集型,占用的计算量和内存都很大,使用者必须熟悉多极子理论	计算密集型,有数值色散误差,内存量大	计算密集型,处理开放区域内的封闭面上的未知场点问题难	带宽受色散误差限制,不能解围绕散射体和需要大空间的问题
计算场强以外的其他物理量的能力	—	只能计算远区场	—	计算场传播和电流分布等参数很困难	—	同 FDTD

选用什么数值方法主要取决于所研究的问题,应该仔细分析涉及的电磁信号的波长和波形、结构尺寸、要求的电学量的性质等。各种计算电磁学的数值方法都有自己的特点和擅长分析的问题,采取一种方法分析所有的问题是不明智的,电磁工程建模和计算电磁学是问题依赖性质的,应该采取具体问题具体分析的方针。

建立电磁工程模型是进行计算电磁学分析的第一步,也是最根本的保证,其一般性的过程可以用图1.8描述。进行电磁工程建模首先要对电磁工程中的电磁过程有透彻的理解和分析;其次要对实际电磁工程涉及的因素进行排查,要把主要因素选出来;然后建立量化描述体系,定义输入和输出量;最后建立电磁工程问题模型。

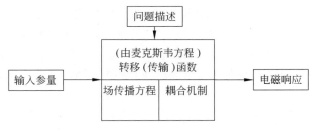

图 1.8　电磁工程建模的一般过程

进行电磁工程问题分析所经历的一般过程可以表示为图1.9所示的情形。除了图1.9中确定性问题的情形之外,还有非线性问题和随机性问题。非线性问题和随机性问题要靠蒙特卡罗法求解,由于在计算机平台上进行的试验具有一定的客观性,所以该类方法在物理、化学、电信协议开发和生物工程研究等方面有广泛的应用,本书将在相应的章节中阐述。

在进行电磁工程问题的数值建模时,首先就要根据问题的性质选择理论分析到数值分析的转折点。一般来说应该尽量采用理论研究直到无法进行为止,而在转向数值分析时就涉及由真实的连续的物理空间向计算机上虚拟的离散的空间映射。人们习惯认为在映射时相关的物理定律可以无条件使用,而在实际上,连续的物理空间上的物理规律只有在满足一定条件时才能在计算机上虚拟的离散的空间上成立。积分方法与微分方法相比,在连续物理空间向计算机上的离散空间映射时的物理规律的"保真特性"方面有一定的优势。

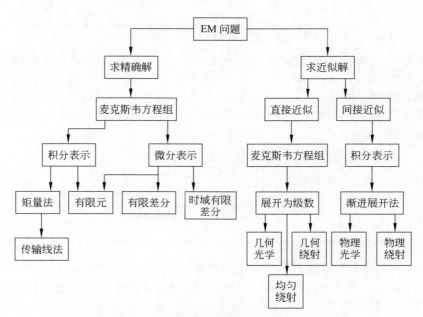

图 1.9   电磁工程问题分析时所经历的一般过程

通常，解决一个电磁学或电磁工程问题时，首先要对研究的问题进行原理或理论性的理解。为了做到对客观事实的正确理解，必须要在电磁理论的角度全面把握的同时对理论模型有全面系统的理解，如关于天线、传输线、空腔和孔缝的基本理论和样板模型。在理论性的杂志上（如 *IEEE Trans.* 等）可以找到实际问题所需要的样板研究（benchmark）。然后，要站在函数空间的高度把数值模拟作为一种空间映射，在各种数值模拟量的数学和物理含义的基础上把握映射时出现的数学和物理变化。其次，要在理论分析的基础上进行数值分析建模。再次，要在计算机平台上实现电磁工程或物理现象的模拟。最后是对获得的结果进行解释，也就是要由计算机上的数值空间还原回真正的物理问题中，否则，其他人无法使用你的数值分析结果。

综上所述，涉及数值分析的有至少四个层次的研究工作，即编程、算法、计算电磁学方法的实现以及数值分析建模。计算电磁学的数值方法课程把内容主要集中在计算电磁学方法的实现以及数值分析建模方面，但是却要涉及数学分析、计算数学、泛函分析、计算机结构、算法结构、计算机软件和电磁工程建模等方面的知识，是交叉面很宽或边缘性很强的学科。所以，有些内容十分抽象，有些涉及专门的电磁工程知识。因为编程和计算方法是学习计算电磁学中的数值方法的前修课程，所以从教材内容上看并没有许多编程的阐述。但是本门课程的特点是实践性，如果不真正做一个实际的数值分析程序就不能掌握数值建模和数值分析的方法和其中的奥妙。因此，读者在学习时至少要针对其中一种方法做一个实际的电磁工程问题的数值分析练习。

1.4   计算电磁学常用方法及软件

1.4.1   计算电磁学常用方法

目前计算电磁学中有很多不同的数值算法，如有限差分法、时域有限差分法、时域有限积分法、有限元法、矩量法、边界元法、谱域法、传输线法、模式匹配法、横向谐振法、嵌入式积分法、射线跟踪法和解析法等。其中，频域数值算法主要有有限元法、矩量法、有限差分法、边界元法和传输线法。时域数值算法主要有时域有限差分法、时域有限积分法和射线跟踪法。

计算电磁学方法又可以分为解析法、半解析法和数值方法。数值方法又可以分为零阶、一阶、二阶和高阶方法。依照解析程度，由低到高的次序为时域有限差分法、传输线法、时域有限积分法、有限元法、矩量法、边界元法、谱域法、模式匹配法、横向谐振法和解析法。通常，依照结果的准确度，由高到低的次序为解析法、半解析法、数值方法。而数值方法依照结果的准确度由高到低的次序为高阶、二阶、一阶和零阶。

时域有限差分法、有限积分法、有限元法、矩量法、传输线法为典型的计算电磁学数值方法。通常，边界元法、谱域法、模式匹配法、横向谐振法等均具有较高的分辨率的派生方法简述如下。

时域有限差分法的基本思想是用中心差商代替场量对时间和空间的一阶偏微商，通过在时域递推模拟波的传播过程得出场分布。时域有限差分法直接离散时域波动方程，不需要任何形式的导出方程，故不会因为数学模型而限制其应用范围。其差分格式中包含有介质的参量，只需赋予各网格相应的参量，就能模拟各种复杂的结构，这是时域有限差分法的一个突出优点。另外，由于时域有限差分法采用步进法进行计算，故能很容易地实现各种复杂时域宽带信号的模拟，而且可以非常方便地获得空间某一点的时域信号波形。

时域有限积分法通过对麦克斯韦方程组的积分形式进行离散化而得到数值解。首先定义一个有限的计算域，将需要求解的对象封闭在计算域中，再创建一个合适的网格分割策略将该计算域划分成许多小的网格单元。以正交六面体网格系统为例，主网格的剖分视图在软件中是可视化的，但是亚网格的设置是不可见的，它们被设置为与主网格正交，麦克斯韦方程组的空间离散化正是在这两组相互正交的网格上进行的。

有限元法是一种求解偏微分方程边值问题近似解的数值技术，它通过变分方法，使得误差函数达到最小值并产生稳定解。它将求解域看成由许多称为有限元的小的互连子域组成，对每一单元假定一个合适的（较简单的）近似解，然后推导求解这个域中的满足条件（如结构的平衡条件），从而得到问题的近似解。类比于连接多段微小直线逼近圆的思想，有限元法包含了一切可能的方法，这些方法将许多被称为有限元的小区域上的简单方程联系起来，并用其去估计更大区域上的复杂方程。由于大多数实际问题难以得到准确解，而有限元法不仅计算精度高，而且能适应各种复杂形状，因而成为行之有效的工程分析手段。

矩量法的本质是数值拟合，是计算电磁学领域最经典的算法之一。矩量法首先把泛函方程用基函数展开，然后通过检验函数确保得到很小的展开误差，从而将一个泛函方程转换为对线性代数方程组的求解；矩量法将积分方程转换为差分方程，或将积分方程中的积分转换为有限求和，从而建立代数方程组。矩量法本身并不是计算电磁学领域的专属方法，但自从被引入计算电磁学后，由于其较高的计算精度和对任意形状三维目标良好的适应性而被广泛应用。在电磁问题的分析过程中，矩量法通过基函数分解和权函数检验两个过程将连续的矢量积分方程转换为离散的标量代数方程，从而使得难以通过解析手段求解的电磁积分方程可以通过数值求解手段获得其数值解。

边界元法是在有限元法之后发展起来的一种较精确有效的工程数值分析方法，又称边界积分方程-边界元法。它以定义在边界上的边界积分方程为控制方程，通过对边界分元插值离散，转换为代数方程组求解。它与基于偏微分方程的区域解法相比，降低了问题的维数和自由度数，边界的离散也比区域的离散方便得多，可用较简单的单元准确地模拟边界形状，最终得到阶数较低的线性代数方程组。又由于它利用微分算子的解析基本解作为边界积分方程的核函数，因而具有解析与数值相结合的特点，通常具有较高的精度。特别是对于边界变量变化梯度较大的问题，如应力集中问题，或边界变量出现奇异性的裂纹问题，边界元法被公认为比有限元法更加精确高效。边界元法特别便于处理无限域及半无限域问题。边界元法的主要缺点是它的应用范围以存在相应微分算子的基本解为前提，对于非均匀介质等问题难以应用，故其适用范围远不如有限元法广泛，而且通常由它建立的求解代数方程组的系数阵是非对称满阵，对解题规模产生较大限制。对一般的非线性问题，由于在方程中会出现域内积分项，从而部分抵消了边界元法只要离散边界的优点。

谱域法是借助傅里叶变换将电磁场边值问题转换为在（空间）谱域中求解的方法之一，适用于分层结构的边值问题。谱域法沿平行于分层界面的坐标量作傅里叶变换，使偏微分方程降维成常微分方程，使分层界面上的边界条件简化为对应的变换积分（值）。对于分层界面为介质-导体混合结构的情况（如微带线中导带所在的基片表面），谱域法绕过了该界面条件不适合直接用分离变量法求解的困难，从该常微分方程边值问题的谱函数解出发，经傅里叶反变换得出原边值问题中电磁场（位函数）的解。谱域法仅适用于符合下列条件的分层边值问题：介质只沿一维有分层变化，沿另外二维无界或受导体边界限制；场域内只有平行于分层界面的零厚度导体片；导体片的几何形状应该在场域边界所适合的正交坐标系中是可分离变量的。

传输线法是网络法的一种，将介质置入测试系统适当位置作为单端口或双端口网络，通过测量网络的 S 参数来得到材料的介电常数，适合于测量高损耗的液体材料。在材料测试中，传输线法主要有自由空间法、微带线法、波导法及同轴线法等。传输线法在微波频率下测量液体介电常数有易于实现、测量频带宽的优点，可以有效地测量液体介电常数与频率之间的关系。传输线法也能够用来求解非线性系统，起初被应用到电子电路系统的求解中，之后被应用到有限元求解中，成为一种求解非线性静态场的新方法。由于传输线法在计算效率方面有许多优点，因而被应用到非线性的有限元计算中。

模式匹配法（MM 法）是基于严格的场理论的半解析法，是分析波导问题的传统方法。模式匹配法考虑高次模的相互影响，应用正交函数集对场的切向分量进行展开，在不连续处匹配场切向分量，最终求解广义散射矩阵。相比于纯粹的数值分析方法，模式匹配法计算速度更快、精度更高。理论上，模式可以是连续谱，但由于数值求解精度的限制，通常要求横向模式是离散谱。模式匹配法在分析横向膜片和纵向插片过程中，阶梯处窗口数增加会造成广义多端口网络端口数增加，对应的广义散射矩阵阶数增加，大大增加了计算的难度。模式匹配法最适用于波导空腔、高 Q 值且在某一维上具有一定均匀性的结构。而有限元法通用性好，适用于任何形状的结构，但是对于高 Q 值空腔滤波器设计，模式匹配法就远优于有限元法。

横向谐振法是一种受电路谐振原理启示而建立起来的方法，当主要兴趣在波导的传输特性而不在其场分布时，这一方法最为便捷。横向谐振是指当工作波长等于截止波长时，沿纵向无电磁能量传输，当波导无耗时，电磁波在横向传输，来回反射而产生谐振。横向谐振法的基本原理是先把每层均匀介质等效为一节传输线，它们具有各自的传输常数和特性阻抗；然后把层间交界面等效为各节传输线的连接点；令该横向等效传输线上任一点的上视阻抗与下视阻抗之和为零，从而得到其本征方程。

嵌入式积分法是一种基于时域有限差分法的新技术，它克服了传统时域有限差分法在模拟弯曲金属界面和介质界面时的梯形误差,避免精度损失,能够保持算法的精度和效率,解决了因共形时域有限差分法稳定性要求而导致时间步长降低的效率问题,从而大幅度提高仿真效率,降低内存消耗,带来更精准的仿真结果。在确保同等精度的情况下,嵌入式积分法的计算速度更快。

射线跟踪法是以几何光学(GO)与几何一致性绕射理论(UTD)为基础的电磁场场强预测算法。射线跟踪法分为发射射线法(SBR)与镜像法(Image)。其中,发射射线法由于其穷举性而不能给出绕射射线的一般算法,而且精度上一般不如镜像法精确,但是镜像法不能给出电磁波到达角时延序列等信息。射线跟踪法与其他电磁场场强计算方法(例如有限时域差分(FDTD)算法、矩量法(MoM)等)相比,算法相对简单,但是需要对划分的射线进行合理的模型选择,否则很难达到要求的精度。

随着计算电磁学在工程领域的广泛应用,商用电磁分析软件越来越多,操作界面智能化,设计人员可以更加方便、直观地进行滤波器设计、天线设计、目标电磁特性分析等,下面介绍几种典型和常用的电磁计算软件。

1.4.2 计算电磁学常用软件

1. HFSS

HFSS 是 Ansys 公司推出的商业化的三维结构电磁场仿真软件。HFSS 以有限元法为主,提供了一种简洁直观的用户设计接口、精确自适应的场求解器,能计算任意形状三维无源结构的 S 参数和全波电磁场。

HFSS 可分析整个电磁场问题,包括反射损耗、衰减、辐射和耦合等,被广泛地应用于航空、航天、电子、半导体、计算机、网络、传播、通信等多个领域,有助于高效地设计各种高频结构和程序,包括射频和微波部件、天线阵、高速互连结构、电真空器件、滤波器、连接器、IC 封装和印制电路板等。使用 HFSS 可以计算基本电磁场数值解和开边界问题、近远场辐射问题、端口特征阻抗和传输常数、S 参数、结构的本征模或谐振解。

2. CST

CST 是德国 Computer Simulation Technology 公司推出的一款以有限积分法为主的高频三维电磁场仿真软件,是面向 3D 电磁、电路、温度和结构应力设计工程师的一款全面、精确、集成度高的专业仿真软件包,广泛应用于移动通信、无线通信(蓝牙系统)、信号集成和电磁兼容等领域。

CST 仿真软件包含的主要模块有 CST 微波工作室、CST 设计工作室、CST 电磁工作室以及马飞亚。CST 微波工作室是专门用于高频领域电磁分析和设计的软件,它是一款无源微波器件和天线的仿真软件,可以仿真耦合器、滤波器、环流器、隔离器、谐振腔、平面结构、连接器、电磁兼容、IC 封装、各类天线及天线阵列,能够给出 S 参数、天线方向图、增益等结果。CST 微波工作室集成有 7 个时域和频域全波算法:时域有限积分、频域有限积分、频域有限元、模式降阶、矩量法、多层快速多极子、本征模。支持 TL 和 MOR SPICE 提取;支持各类二维和三维格式的导入甚至 HFSS 格式;支持 PBA 六面体网格、四面体网格和表面三角网格;内嵌 EMC 国际标准,通过 FCC 认可的 SAR 计算。其 CAD 文件的导入功能及 SPICE 参量的提取增强了设计的可能性并缩短了设计时间。另外,由于 CST 微波工作室的开放性体系结构能为其他仿真软件提供链接,可以使 CST 微波工作室与其他设计环境相集成。

3. 以矩量法为主的微波软件

1）Microwave Office

Microwave Office(MWO)是 AWR 公司推出的微波 EDA 软件，为微波平面电路设计提供了完整、快速和精确的求解方案。

MWO 通过两个仿真器对微波平面电路进行模拟和仿真。对于由集总组件构成的电路，用电路的方法来处理较为简便。MWO 采用 EMSight 仿真器处理任何多层平面结构的三维电磁场问题。设有 VoltaireXL 仿真器来处理集总组件构成的微波平面电路问题，而对于由具体的微带几何图形构成的分布参数微波平面电路则采用场的方法使之更为有效。VoltaireXL 仿真器内设一个组件库，在建立电路模型时，可以调出微波电路所用的组件，其中无源器件有电感、电阻、电容、谐振电路、微带线、带状线、同轴线等，非线性器件有双极晶体管、场效应晶体管、二极管等。EMSight 仿真器是一个三维电磁场模拟程序包，可用于平面高频电路和天线结构的分析。特点是把修正谱域矩量法与直观的窗口图形用户接口（GUI）技术结合起来，大大加快了计算速度。MWO 可以分析射频集成电路（RFIC）、微波单片集成电路（MMIC）、微带贴片天线和高速印制电路板（PCB）等电路的电气特性。

2）ADS

Advanced Design System(ADS)是 Agilent 公司推出的微波电路和通信系统仿真软件，主要应用于射频和微波电路的设计、通信系统的设计、DSP 设计和向量仿真。其功能强大，仿真手段丰富多样，可实现包括时域和频域、数字与模拟、线性与非线性、噪声等多种仿真分析手段，并可对设计结果进行成品率分析与优化，从而大大提高了复杂电路的设计效率，是优秀的微波电路、系统信号链路的设计工具。

ADS 电子设计自动化功能十分强大，包含时域电路仿真（SPICE-like Simulation）、频域电路仿真（Harmonic Balance、Linear Analysis）、三维电磁仿真（EM Simulation）、通信系统仿真（Communication System Simulation）和数字信号处理仿真（DSP Simulation）设计；支持射频和系统设计工程师开发所有类型的 RF 设计，从简单到复杂，从离散的射频/微波模块到用于通信和航天/国防的集成 MMIC，是当今大学和研究所普遍采用的微波/射频电路和通信系统仿真软件。

3）Ansys Designer

Ansys Designer 是 Ansys 公司推出的微波电路和通信系统仿真软件，它采用了最新的窗口技术，是第一个将高频电路系统、版图和电磁场仿真工具无缝地集成到同一个环境的设计工具，具有独有的"按需求解"技术，能够根据需要选择求解器，从而实现对设计过程的完全控制。

Ansys Designer 实现了"所见即所得"的自动化版图功能，版图与原理图自动同步，大大提高了版图设计效率。同时，Ansys 还能方便地与其他设计软件集成到一起，并可以和测试仪器连接，完成各种设计任务，如频率合成器、锁相环、通信系统、雷达系统、放大器、混频器、滤波器、移相器、功率分配器、合成器和微带天线等。ANSYS Designer RF 为射频集成电路（RFICs）、单片微波集成电路（MIMICs）、片上系统（SoC）设计提供了一个理想的环境。该软件具有先进的功能，如先进的谐波平衡求解器，同时具有在用户界面中直接使用 ANSYS HFSS 或 ANSYS Planar EM 的功能，主要应用于射频和微波电路的设计、通信系统的设计、电路板和模块设计、部件设计等。

4）Zeland IE3D

Zeland IE3D 是一款用于 3D 结构的电磁场仿真优化工具，利用矩量法求解积分形式的麦克斯韦方程组,属于全波电磁仿真分析软件。同时针对特定问题,Zeland IE3D 又开发了 Fast EM、AIMS 等快速算法功能,进一步提高了计算速度,减少计算时间。

Zeland IE3D 基于其核心技术及优化算法,已经成为 MMIC、RFIC、LTCC、SI、PACKAGE、HTS、SOP、SIP、IC 互联等微波电路以及 RFID 天线、基站天线、微带天线设计的一种标准仿真分析工具,可以解决多层介质环境下的三维金属结构的电流分布问题。IE3D 可分为 MGRID、MODUA 和 PATTERNVIEW 三部分;MGRID 为 IE3D 的前处理套件,功能有建立电路结构、设定基板与金属材料的参数和设定模拟仿真参数;MODUA 是 IE3D 的核心执行套件,可执行电磁场的模拟仿真计算、性能参数(Smith 圆图、S 参数等)计算和执行参数优化计算;PATTERNVIEW 是 IE3D 的后处理套件,可以将仿真计算结果、电磁场的分布以等高线或向量场的形式显示出来。IE3D 仿真结果包括 S 参数、Y 参数、Z 参数、VWSR、RLC 等效电路、电流分布、近场分布和辐射方向图、方向性、效率和 RCS 等;应用范围主要是微波射频电路、多层印制电路板、平面微带天线的分析与设计。

5) Sonnet

Sonnet 是一种基于矩量法的电磁仿真软件,针对当前三维平面电路和天线设计的挑战,尤其是微波、毫米波领域高精度和高可靠性的需求,提供面向 3D 平面高频电路系统设计以及在微波、毫米波领域和电磁兼容/电磁干扰设计的 EDA 工具,目前已经成为世界上优秀的单层、多层平面电路和天线设计的商业软件。

Sonnet TM 可应用于平面高频电磁场分析,频率从 1MHz 到几千吉赫。主要的应用有微带匹配网络、微带电路、微带滤波器、带状线电路、带状线滤波器、过孔(层的连接或接地)、耦合线分析、PCB 电路分析、PCB 干扰分析、桥式螺线电感器、平面高温超导电路分析、毫米波集成电路(MMIC)设计和分析、混合匹配的电路分析、HDI 和 LTCC 转换、单层或多层传输线的精确分析、多层平面电路分析、单层或多层平面天线分析、平面天线阵分析、平面耦合孔的分析等。

6) FEKO

FEKO 是 EMSS 公司旗下的一款强大的三维全波电磁仿真软件,是一个把矩量法推向市场的商业软件,常用于复杂形状三维物体的电磁场分析。FEKO 采用混合算法可求解含高度非均匀介质电大尺寸问题,使得精确分析电大问题成为可能。

FEKO 从严格的电磁场积分方程出发,以经典的矩量法为基础,采用了多层快速多级子(MLFMM)算法,在保持精度的前提下大大提高了计算效率。FEKO 还混合了有限元法,能更精确地处理多层电介质、生物体吸收率的问题。FEKO 采用基于高阶基函数(HOBF)的矩量法,支持采用大尺寸三角形单元来精确计算模型的电流分布,在保证精度的同时减少所需要的内存,缩短计算时间;FEKO 还包含丰富的高频计算方法,如物理光学法(PO)、大面元物理光学法(Large element PO)、几何光学法(GO)、一致性几何绕射理论(UTD)等,能够利用较少的资源快速求解超电大尺寸问题。基于强大的求解器,FEKO 软件在电磁仿真分析领域尤其是电大尺寸问题的分析方面优势突出,从而非常适合于分析天线设计、雷达散射截面(RCS)、开域辐射、电磁兼容中的各类电磁场问题。

FEKO 通常处理问题的方法是:对于电小结构的天线等电磁场问题,FEKO 采用完全的矩量法进行分析,保证了结果的高精度。对于具有电小与电大尺寸混合的结构,FEKO 既可以采用高效的基于矩量法的多层快速多极子法,又可以将问题分解后选用合适的混合方法(如用矩量法、多层快速多级子分析电小结构部分,而用高频方法分析电大结构部分),从而保证了高精度和高效率的完美结合，在处理电大尺寸问题如天线设计、RCS 计算等方面，其速度和精度均具有强大优势。FEKO 可以针对不同的具体问题选取不同的方法来进行快速精确的仿真分析，使得应用更加灵活，适用范围更广泛，突破了单一数值计算方法只能局限于某一类电磁问题的限制。

4. XFDTD

XFDTD 是 Remcom 公司推出的基于时域有限差分法的三维全波电磁场仿真软件。时域有限差分法是直接对麦克斯韦方程的微分形式进行离散的时域方法，适合解决宽频瞬态问题，如雷电脉冲、HIRF 电磁脉冲等，以及各类材料问题、复杂精细结构和电大尺寸的天线及阵列设计，电中小尺寸的天线布局问题等。

XFDTD 是集时域有限差分法、一致性绕射理论（UTD）、几何绕射理论（GTD）、射线跟踪模型（SBR/ER）等电磁数值计算方法的三维电磁仿真软件包。用户接口友好、计算准确；但 XFDTD 本身没有优化功能，需要通过第三方软件 Engineous 完成优化。该软件最早用于仿真蜂窝电话，长于手机天线和 SAR 计算。现在广泛用于无线、微波电路、雷达散射计算、化学、光学、陆基警戒雷达和生物组织仿真等。

5. Wireless Insite

Wireless Insite 是一套运用射线跟踪（ray tracing）算法，可以应用于分析个别现场的无线电波传播与无线通信系统工作特性的仿真软件。Wireless Insite 能够在 Windows 和 Linux 平台上运作，可以在复杂的大型地理区域、市区，或是比较小的室内环境，或是这些条件混合的环境进行电磁波传播路径及通信系统各频道工作特性的仿真与预测。

Wireless Insite 可以对复杂电磁环境进行仿真预测分析，针对任意频段提供精确的计算结果。它基于 UTD/GTD 理论，采用射线跟踪方法建立传播模型，使用了一些计算机图形的方法加速模型的建立和处理，采用的算法包括 2D、3D 以及快速 3D 算法，根据散射的特性及与物体相关的反射、透射系数评估电场、磁场，通过将电场与具体的天线模式相结合来计算路径损耗、到达时间及到达角度等，并支持 GPU 加速计算技术，同时提供 API 给用户进行二次开发。对于新一代的 5G/MIMO 等应用 Wireless Insite 亦提供支持，用户可以建立包含 MIMO 功能的发射/接收站点在模型里进行仿真，并求得 H-Matrix 等输出。Wireless Insite 主要用于对城市、郊区、室内等规则区域，山脉、植被区等非规则地形，机场、大型舰船等复杂平台的电磁环境预测分析。

6. ZWSim-EM

中望电磁仿真软件（ZWSim-EM）是国产自主计算机辅助工程（CAE）软件，如图 1.10 所示，在 CAE 领域积累了 EIT 算法、迭代法求解器、特征值求解器、基于 Delaunay 与前沿推进法的网格剖分技术、基于几何模型与结果的自适应网格技术等底层核心技术，为打造多学科、多物理场景仿真应用解决方案奠定了坚实的基础。ZWSim-EM 采用先进的 EIT 算法，有效克服了传统时域有限差分法在模拟弯曲金属界面和介质界面时的梯形误差问题，能够准确模拟任意曲面金属及多层薄介质片，且具有速度快、精度高、内存消耗少、计算量低等优点。

ZWSim-EM 2021 不仅具备强大的建模能力和清晰的工作流程，还与三维 CAD 平台软件中望 3D 高度结合，真正实现了建模与仿真一体化。ZWSim-EM 适合求解天线/天线阵列、雷达、微波器件、电磁兼容/电磁干扰、高速互联 SI、电磁传播和散射等，以及任意结构电大宽带的电磁问题，帮助企业用户对产品进行快速准确的电磁性能分析，包括 S 参数、远场、电磁兼容/电磁干扰、信号完整性分析等,从而节省产品设计时间和成本,提高开发效率。

图 1.10　中望电磁仿真软件

第2章 并行计算机与并行算法的基本原理

2.1　并行计算机的基本结构

2.1.1　并行化是数值计算的必然趋势

并行性或并发性是客观世界的自然状态,冯·诺依曼计算机结构的根本性缺陷决定了单计算机在运算速度、精度和内存空间等方面存在无法逾越的局限性,可以归纳为如下几点。

1. 物理局限

随着计算机的全面应用,人们对计算机的能力提出了更高的要求。首先,要求更高的运算速度。其次,多媒体、智能软件等方面的计算机功能除了要求更高的运算速度之外,还要求更大的内存空间和存储功能。尽管内存需求与具体的建模技术等因素有关,但是在一定精度下描述物理现象时存在着最小内存要求,因此人们正在大力发展大容量的快速的存储器。存储过程也需要时间,至少有读写周期,所以计算机的内存能力不但有大小问题,也有速度问题。实际上,计算机的计算和内存操作的速度不可能无限制地增长,存在着最终的极限值。这种局限主要源于以下两方面物理极限。

(1) 速度极限。

光速是这个世界的极限速度,根据相对论原理,任何运动速度都不会超过光的传播速度。对实际情况而言,由于物质结构等原因,在远远小于光速时就达到了速度极限。

(2) 物理尺寸限制。

减小芯片内结构的物理尺寸也可以节省操作时间,但在现实世界中,长度也存在极限。当物理尺度小于 10^{-15} m 时,相应的空间将失去上下左右的空间特性;实际上只要空间达到原子范围,一切运动将由量子效应决定,在量子空间中由于测不准原理,人们无法同时确定速度和位移,无法在这样的尺寸下建造冯·诺依曼计算机。

由于以上物理原因,冯·诺依曼计算机运算速度无法进一步提高,对于更快要求的计算必须寻求新的解决途径。

2. 算法对内存的需求

各种算法的发展,对内存的需求大大增加,专家学者估计对内存的需求将以指数规律增长。例如,普遍使用的有限元算法运行时就需要大量的内存空间,当内存不够而需要使用磁盘存储时,就要花费大量的读取时间,配备大量的附加设备。因而在冯·诺依曼机上,许多实际问题由于内存的限制而无法用计算机去求解。

此外,自然界许多问题的逻辑拓扑结构含有大量的并行结构,需要采用并行处理,例如具有独立元素的矩阵、广播方式的通信、多维随机数生成等。一方面在设计计算机算法时采用并行算法更为合理,运算速度更快,另一方面也会使许多性能得到根本的改善。例如,蒙特卡罗法中采用并行算法产生的伪随机数的最大容量大幅度增长。

3. 经济因素

性能价格比最佳是主导消费走向的原则,对计算机来讲也是如此。若有一件计算任务依工作量来考虑,可以由一台超大型机来完成,也可以用 10 台微机来完成,那么买 10 台微机比买一台超大型机要便宜很多。一般来讲,一台大型计算机的最高处理速度可达到相当于一台微机最高处理速度的 10 倍,但价格却在数千倍以上。现在,各种微机价格呈指数规律下降,但性能却直逼工作站,大有取而代之的趋势。在这种情况下,用多台微机代替一台超大型计算机时所获得的经济优势就更加突出。由于并行计算机已形成完全成熟的市场,并行计算机性能价格比就更加优越。例如,SP-2 并行计算机不但性能价格比高,而且还具有很好的可升级性,结点机越多,SP-2 并行计算机的性能越高,有了钱可以再添置更多的结点机,具有可升级性,这是传统计算机不具有的优点。

4. 大规模集成电路的发展

并行计算机是大规模集成电路发展的必然结果。1980 年,Intel 8086 芯片大约包含了 59 000 个晶体管。到 1992 年,Alpha Risc 芯片则包含 1 680 000 个晶体管,大约 10 年时间提高了三十多倍。再加之时钟改善(流水线结构等),这种芯片大约比 8086-8087 芯片对的速度提高一千多倍。RISC 芯片特征尺寸为 $0.75\mu m$,特征长度大小直接标志着在单位尺寸芯片上所能集成的晶体管的个数。1992 年,美国 Intel 公司推出了包含有 250 万个晶体管的 i860/XP,生产的芯片特征尺寸达到了 $0.36\mu m$,而且很快就采用了 $0.25\mu m$ 工艺。到 1999 年,世界最先进水平已经达到特征尺寸 $0.18\mu m$。同时,基片的尺寸还在不断减小,$0.18\mu m$ 的特征长度意味着,可在一块尺寸为 $2cm \times 2cm$ 的芯片上集成多个 CPU。现在,已经实现了 28nm、14nm 技术,其结果是,今后买到的许多计算机的 CPU 芯片,出厂时就是多 CPU 的。2019 年,AMD 宣布了 Ryzen 3900X CPU 芯片的设计,其台式 PC 处理器采用台积电制造的两款 7nm 芯片,以及由 GlobalFoundries 制造的一款 14nm 芯片。将来,由微机、工作站、大型机到游戏机都将是并行的结构。

5. 并行计算机的发展

并行计算机的发展水平标志着国家产业信息化和综合国力的水平。美国的信息基础设施建设,形象地说是信息高速公路的建设,在老布什总统执政期间已经开始,称为 HPCC(High Performance Computing and Communication)计划,其目标集中在计算密集型的应用方面,当时美国的科技发展的方针就是以大规模并行计算机和并行计算应用为主。到克林顿总统执政期间,美国把科技攻关计划由 HPCC 转向为 NII,目标转向集中解决信息密集型的课题并以建设信息高速网为主。这并非是放弃了原有的科技攻关计划,而是因为前半部分关于并行计算的研究计划已基本完成。在 HPCC 计划中最突出的目标有两个,一个是超级并行计算机的研制,另一个是关系国计民生甚至是人类的重大挑战性课题的并行计算技术的研究,例如全球变暖问题等。计算机能力代表了人类探索自然的能力,代表了科学水平,代表了工业水平,代表了工业和国防现代化的能力。其情形可以用下围棋来比喻,超一流棋手能轻而易举地战胜业余棋手,还可以一人同时对阵若干人。这就是说,超大规模信息处理能力不等于小信息处理能力的代数和,因此不论衡量国家的科技发展、工业能力、经济发展和国防能力的任何方面,信息处理能力都是重要的标志。现在,先进的生产力已经由耗能型转变为节能的信息型,每 1 亿美元产值需要的代表能量消耗的标准煤的万吨数在不断下降，产品的信息含量不断增加，要在经济市场的竞争中获胜，就必须不断提高产品的信息含量。因此，国家和民族的信息处理能力是立足于世界民族之林的基础。基于这样的原因，发展并行计算机和并行计算技术已成为全世界各国各民族奋斗的方向。

我国高性能计算机的发展起步于 20 世纪 60 年代后期，自主研制了大型计算机，如 150、905、718 和 DJS260 等；1970—1980 年，我国研制了向量机和多处理机，其典型代表机器有 757、银河 1 号和 2 号等，它们采用 1～4 个 CPU，俗称亿次机器；20 世纪 80 年代以后，我国研制了对称多处理机（SMP）、大规模并行机（MPP）和工作站群（COW），其典型代表有曙光 1 号、曙光-1000/1000、曙光 YH-3 和曙光-2000 等，它们采用 4～128 个 CPU，俗称百亿次机器；我国于 1999 年正式推出了千亿次高性能计算机。曙光 1 号并行计算机是 1993 年我国自主研制的第一台用微处理器芯片（88100 微处理器）构成的全对称紧耦合共享存储多处理机系统（SMP），最大支持 16 个 CPU（4 CPU 共享存储为一结点主板，4 个主板通过 VME 总线连接），系统外设采用 SCSI 设备，系统峰值定点速度为每秒 6.4 亿，主存容量最大为 768MB，在对称式体系结构、操作系统核心代码并行化和支持细粒度并行的多线程技术等方面实现了一系列的技术突破。2008 年，我国自主研发制造的百万亿次超级计算机曙光-5000 研制成功，标志着中国成为继美国之后第二个能制造和应用超百万亿次商用高性能计算机的国家，也表明我国生产、应用、维护高性能计算机的能力达到世界先进水平。曙光-6000 是我国首台过千万亿次的超级计算机系统，整体系统共采用了 2500 多颗八核龙芯 3B 处理器。曙光 7000 是新一代超级计算机系统，从处理器、高速通信网络、大规模存储系统、系统软件到应用软件等全面采用自主技术，安全可控。

根据 2014 年的排名，在高性能计算方面，中国天河二号连续第三次位列世界第一，理论峰值达 54902.4TFlop/s。而神威"太湖之光"超级计算机曾连续获得四届冠军，该系统全部使用中国自主知识产权的处理器芯片，2020 年峰值（R_{max}）达 93015TFlop/s。

下面将开始进行并行计算技术的讨论，所有内容都是从使用者关心的角度安排的，因此就牺牲了一些理论的系统性和严格性，如果希望系统地学习并行计算的算法和并行计算机的系统结构，可阅读参考文献中列出的有关资料。

2.1.2　并行计算机的系统结构

在讨论并行计算技术之前，必须了解计算机的基本结构，这是因为并行计算机应用方法与传统计算机的应用方法有本质上的不同，计算机系统结构的不同决定了并行编程与冯·诺依曼计算机编程方法的侧重点、成功与否的衡量方法都不同。由于并行计算机是在冯·诺依曼计算机的基础上发展起来的，首先需要了解冯·诺依曼计算机的基本结构和运行机制并分析其操作和运行的特点。

1. 冯·诺依曼计算机

冯·诺依曼计算机是 1945 年为计算导弹的弹道及曼哈顿工程问题而设计的计算机结构，采用了存储程序计算机方案，并且沿用至今，如图 2.1 所示。简而言之，冯·诺依曼计算机有如下特点。

（1）采用存储程序的方式，程序和数据放在同一存储器中。

（2）存储器是按地址的线性编址构造的一维结构，每个单元的维数都是固定的。

（3）指令由操作码和地址码组成，操作码指明操作的类型，地址码指明操作数的地址。

（4）通过执行指令直接发出控制信号控制计算机的操作。指令在存储器中按执行顺序存放，由指令计数器指明要执行的指令所在的单元地址。

（5）计算机以运算器为中心，输入输出设备与存储器间的数据传送都经过运算器。

（6）采用二进制数据。

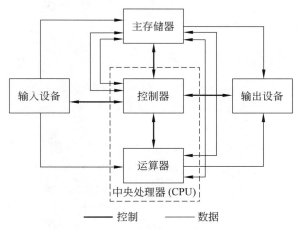

图 2.1　冯·诺依曼计算机结构

2. 并行计算机系统组成

现代计算机是一种包括硬件、软件系统、指令系统、应用程序和用户接口的集成系统，如图 2.2 所示。

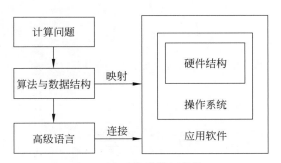

图 2.2　现代计算机结构

在应用计算机系统时要进行如下工作。

（1）进行计算科学建模——其本质是将连续的计算转换为计算机可以执行的数值计算，并在计算得到的数值结果中发现数据结果中包含的物理规律。

（2）制定算法与数据结构——并行算法的开发需要物理学家、计算机科学家、专业工作者和计算机程序设计人员共同开发。

（3）配置硬件资源——处理器＋存储器＋外围设备构成硬件核心，特别是数据传送机制决定了并行开销和计算机工作效率。

（4）装载操作系统——有效的操作系统能管理用户程序执行过程中的资源分配和再分配，例如 UNIX、Math/OS 内容、OSF/I 等。

（5）实际计算的映射——是算法结构与硬件结构相匹配的双向过程，算法与数据结构相匹配的双向过程，包括算法与数据结构到机器结构的映射，以及处理机调度、存储器映像、处理器间的通信。

（6）并行语言——建立适合并行计算技术和并行计算机结构的高级计算机语言,应该考虑语言的执行效率、可移植性、与现有顺序计算机语言的兼容性、并行性的表达和编程的简便性。

（7）并行计算编译器——有三种途径发展并行编译器,即预处理程序、预编译器、并行化编译器。

2.1.3 并行计算机系统结构分类

通行的计算机系统结构分类采用 Flynn 分类法（产生于 1972 年）,该法将计算机分成 SISD（Single-Instruction Single-Data stream）、SIMD（Single-Instruction Multiple-Data stream）、MISD（Multiple-Instruction Single-Data stream）和 MIMD（Multiple-Instruction Multiple-Data stream）四类,其中 SISD、SIMD 和 MIMD 的总体结构分别如图 2.3～图 2.5 所示。

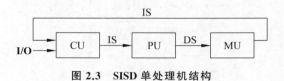

图 2.3　SISD 单处理机结构

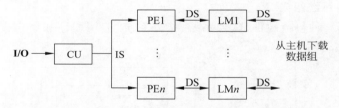

图 2.4　带分布式存储器的 SIMD 并行计算机结构

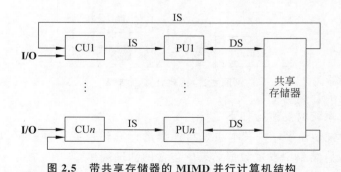

图 2.5　带共享存储器的 MIMD 并行计算机结构

图 2.3～图 2.5 中,CU 表示控制部件,PU 表示处理部件,MU 表示存储部件,IS 表示指令流,DS 表示数据流,PE 表示处理单元,LM 表示本地存储器。

真正意义上的并行机是那些以 MIMD 模式执行程序的计算机,通常还可以分成两大类:共享存储型多处理机和消息传递型多计算机,其主要差别在于存储器共享机制和处理机间通信机制不同。实际的并行计算机有多计算机系统和多处理机系统,两者不同,多处理机系统中的处理机通过公共存储器的共享变量实现互相通信,而多计算机系统的每个计算机结点有一个与其他结点相互独立的本地存储器,处理机之间的通信通过结点间的消息传递来实现。下面简单介绍几种典型的并行计算机的结点机和存储器的不同结构。

1. 共享存储型多处理机

共享存储型处理机有均匀存储器(Uniform Memory Access,UMA)存取(如图 2.6 所示)、非均匀存储器(Nonuniform Memory Access,NUMA)存取和只用高速缓存的存储器(Cache-Only Memory Access,COMA)三种结构,区别在于存储器和外围资源如何共享或分布。

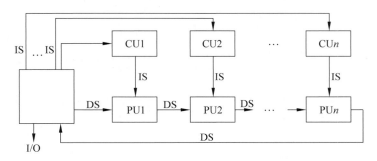

图 2.6　搏动式阵列结构 MISD 计算机

1) UMA 存取结构模型

UMA 存取结构模型如图 2.7 所示。

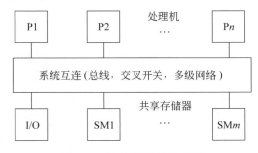

图 2.7　UMA 存取结构模型

特点如下。

(1) 物理存储器为所有处理机共享。

(2) 所有处理机对所有存储器具有相同的存取时间。

(3) 高度资源共享成为紧耦合系统。

(4) 所有处理机都能同样访问所有外设时成为对称多处理机。

(5) 不对称处理机中,只有一台或一组处理机是可执行的,执行处理机或多处理机(MP)能执行系统并操纵 I/O,其余的处理机没有 I/O 能力,因而成为附属处理机(AP)。

2) NUMA 存取结构模型

NUMA 存取结构模型如图 2.8 所示。

特点如下。

(1) 访问时间随存储字的位置不同而变化。

(2) 其共享存储器物理上是分布在所有处理机的本地存储器上的,但是可以被所有处理机访问。

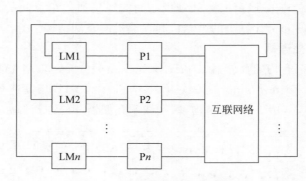

图 2.8　NUMA 存取结构模型

（3）存储器访问随模式不同而速度不同，最快的是本地存储器访问，其次是全局存储器访问，最慢的是远程存储器访问。

3）COMA 存取结构模型

COMA 存取结构模型如图 2.9 所示。

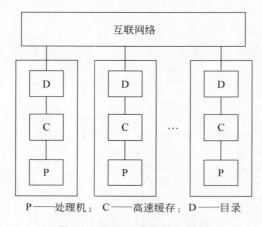

P——处理机；　C——高速缓存；　D——目录

图 2.9　COMA 存取结构模型

特点如下。

（1）只用高速缓存的多处理机。

（2）远程高速缓存访问借助于分布高速缓存目录。

2. 分布存储型多计算机——消息传递型多计算机系统

分布存储型多计算机结构如图 2.10 所示。

特点如下。

（1）多个结点机通过消息传递网络互相连接而成。

（2）每个结点机由处理机、本地存储器和 I/O 或磁盘等外围设备组成自治式的计算机。

（3）消息传递网络提供结点之间的点到点静态连接。

（4）所有本地存储器是自用的，只有本地处理机才能访问。

（5）现代多处理机用硬件寻径器来传送消息。计算机结点与寻径器相连，边界上的寻径器与 I/O 和外围设备连接，任何两结点间的消息传递会涉及一连串的寻径器和通道。

（6）拓扑结构有环形、树形、网格、环网、超立方体、带环立方体；通信模式有一对一、广播、

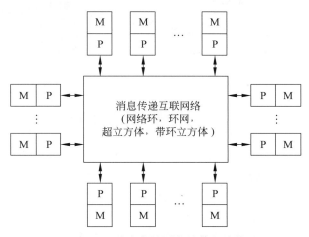

图 2.10 分布存储型多计算机结构

置换、选播（multicast）等。

3. 并行计算机系统结构沿革简介

并行计算机系统结构经历了许多改变并且还在不断地发生变化。从并行计算机结构上看，可以认为已经历了至少三代机型的变化，简单总结如下。

第一代并行计算机（1983—1987 年）基于处理机板技术，采用超立方结构和软件控制的消息交换方法。

第二代并行计算机（1988—1992 年）采用网络连接的系统结构、硬件消息寻址，是中粒度的分布计算软件环境（例如 Intel paragon 等）。

第三代并行计算机（1993—1997 年）属于细粒多计算机系统。例如 Mosaic，可以将处理机和通信工具在同一 VLSI 芯片上实现。

实际上，多处理机与多计算机之间的界限已变得越来越模糊，它们的区别最终可能逐渐消失。此外，人们正在研究新型的计算机，如光计算机、DNA 计算机等。不管新技术革命将经历怎样的过程，可以肯定地说，计算机仍然是人们探索自然和社会的主要工具，新型的计算机将层出不穷而且一定是并行结构的计算机。

2.1.4 计算机程序性能的系统属性

当计算机执行一个给定的程序时，衡量其性能的最简单的办法是用解题时间来量度，其中包括磁盘与存储空间、输入与输出操作、编译时间、操作系统开销和 CPU 时间等。为了尽量获得高的计算性能，应尽量减少所有这些时间因素，为实现这个目标，一方面需要建造高性能的计算机，另一方面也需要使用计算机的人熟练掌握并行计算技术，建立高性能的适于并行计算的数值模型并编写出高性能的并行计算程序。

下面将介绍能反映计算机使用性能的几种常用的描述程序性能的系统属性参数。

1. 时钟频率和 CPI

时钟是一切数字设备的心脏，数字计算机的 CPU 也是由一个恒定周期为 τ（通常以 ns 为单位）的时钟驱动的，时钟周期的倒数是时钟频率，即 $f=\dfrac{1}{\tau}$，通常以 MHz 为单位。

程序的规模是由它的指令数 I_c，即程序要执行的机器指令数来决定的。执行不同类型的机器指令所需要的时钟周期数也不同。所以,执行一条指令的周期数(CPI)就成为衡量执行每条指令所需时间的重要参量。对指令系统来讲,指令形式是各种各样的,不同的指令需要花费不同的周期数,所以需要知道指令在程序中出现的频度并由此计算所有指令类型的平均 CPI。

2. 性能因子

设执行程序所需的 CPU 时间为 T,以(s/程序)为单位表示,可以按下式计算:

$$T = I_c \times CPI \times \tau \tag{2.1.1}$$

式中,I_c 为指令的条数,CPI 为平均指令周期数,τ 为周期时间。

可以将 CPI 再进一步细分解。执行一条指令一般需要经历取指令、译码、取操作数、执行和存储结果等过程。其中只有译码和执行两步是在 CPU 中完成的,其余的三个操作都需要访问存储器,因而还要增加访问存储的时间开销。

首先,完成一次存储器访问所需要的时间定义为存储周期。设存储周期与处理机周期或 CPU 时间之比为 k,k 值与存储器技术及所用的处理机与存储器的互连方法有关。因而,CPI 等于完成指令所需的周期数加存储周期数。一条指令的执行过程可能包括 m 次访问存储器,m 与指令的类型有关。例如,一条指令的执行通常需要进行一次取指令、二次取操作数、一次存储结果的过程。根据以上情况,可以将执行程序所需的 CPU 时间 T 细分成由 5 种性能因子表示的形式:

$$T = I_c \times (p + m \times k) \times \tau \tag{2.1.2}$$

式中,p 为指令译码和执行所需的处理机周期数,m 为所需的存储器访问次数,k 为存储周期与处理机周期之比,I_c 为指令的条数,τ 为处理机时钟周期。

3. 系统属性与性能的关系

以上 5 种计算机的操作性能因子与计算机的 4 种系统属性有关,即指令系统结构、编译技术、CPU 实现和控制技术、高速缓存与存储层次结构。两者的关系可以用表 2.1 表示。

表 2.1 5 种计算机的操作性能因子与计算机的 4 种系统属性的相关性

系统属性	性能因子				
	指令条数 (I_c)	平均周期/指令 CPI			处理机周期 (T)
		处理机周期数/指令(P)	存储器访问次数/指令(m)	存储器访问时延(K)	
指令系统结构	Y	Y			
编译技术	Y	Y	Y		
处理机实现和控制技术		Y			Y
高速缓存和存储器层次结构				Y	Y

注:Y 为存在相关性。

下面采用上述定义的 CPU 时间分析和计算计算机处理程序所具有的执行速率。

4. MIPS 速率

设 C 为执行已知程序所需要的时钟周期总数,则该程序所需要的 CPU 时间为

$$T = C \times \tau = C/f \tag{2.1.3}$$

而一条指令的平均周期数为 CPI,对这个程序来讲为 $CPI = C/I_c$,则有

$$T = I_c CPI/f \tag{2.1.4}$$

处理机的速率通常以 10^6 个指令/s(简写为 MIPS)为单位来衡量,即定义单位时间(秒)内平均能执行的指令个数是 MIPS。

$$MIPS = \frac{I_c}{T \times 10^6} = \frac{f}{CPI \times 10^6} = \frac{f \times I_c}{C \times 10^6} \tag{2.1.5}$$

一台计算机的 MIPS 与时钟速率成正比,与指令平均周期数 CPI 成反比。

5. 吞吐率

系统的吞吐率 W_s 是指计算机系统在单位时间内能执行多少个程序,吞吐率的单位为程序数/s。在多道程序系统中,系统吞吐率低于 CPU 吞吐率 W_p,而 CPU 吞吐率定义为

$$W_p = \frac{f}{I_c \times CPI} = \frac{1}{T} \quad \text{或} \quad W_p = MIPS \times 10^6/I_c \tag{2.1.6}$$

W_p 的单位为程序数/s。

CPU 吞吐率取决于 MIPS 和程序的平均长度 I_c,它表明单计算机处理器每秒钟能执行多少个程序。通常有 $W_s < W_p$,因为执行程序或进行分时操作时会产生额外的系统开销。例如,WAX11/780 是复杂指令系统计算机(CISC),时钟频率为 5MHz,处理性能为 1MIPS,IBMRS/6000 是精简指令系统计算机(RISI),时钟为 25MHz,性能为 18MIPS。

2.2 程序逻辑拓扑和计算机数据通信网络拓扑的基本特性

并行计算机与传统的顺序计算机(冯·诺依曼计算机)不同在于应用计算机时的编程方法不同。顺序计算机编程时不必考虑计算机内部数据传输方式,因为计算机运行时各种资源的调用只能按预先设定的程序顺序执行。但是在并行计算机的情况下,编程人员必须把程序逻辑关系和计算机网络拓扑特性紧密结合才能编出高效率的并行计算程序。为此,本节将介绍一些与程序逻辑和计算机数据通信网络拓扑特性有关的问题。

在进行并行计算编程之前,首先要分析编程算法中的并行性因素,了解并行计算机内的数据通信网络的拓扑特性,以便安排数据的传递方式,减小通信开销。

2.2.1 并行性分析

存在并行执行的条件是相互无关。例如,几个程序段要并行执行,就必须保证这几个程序段相互无关。为了解程序的相关性,下面先介绍数据、指令的相关性。

1. 数据的相关性

计算机中的数据可以总结为 5 种数据相关性,如图 2.11~图 2.14 所示。

1) 流相关

若从 S1 到 S2 的指向存在执行通路,且 S1 至少有一个输出为 S2 的一个输入,则语句 S2 与语句 S1 流相关。

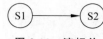

图 2.11　流相关

2）反相关

若程序中语句 S2 紧接着 S1,而且 S2 的输出与 S1 的输入重叠,则 S2 与语句 S1 反相关,即 S2 的输出为 S1 的输入。

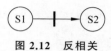

图 2.12　反相关

3）输出相关

若两条语句能产生同一输出变量,则为输出相关。

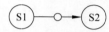

图 2.13　输出相关

4）I/O 相关

当两条 I/O 语句都引用同一文件时,则称为 I/O 相关。例如,向同一设备同时进行读写。

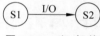

图 2.14　I/O 相关

5）未知相关

两条语句之间的相关关系不能确定时称为未知相关。

通常用一张相关图表示数据和指令的相关性。相关图的结点对应程序语句(指令),而标有不同标记的有向边则表示语句之间的有序关系。分析相关图就知道什么地方有并行化和向量化的机会。

例 2.1　4 条指令的代码段 S1、S2、S3 和 S4,如图 2.15 所示。

把上述指令关系画出来就得到图 2.15 所示的相关图,可以利用该图分析哪一步可以并行执行。

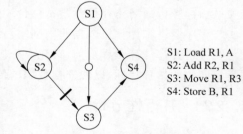

S1: Load R1, A
S2: Add R2, R1
S3: Move R1, R3
S4: Store B, R1

图 2.15　程序的数据相关举例

2. 控制相关

语句执行次序在运行前会有不能确定的情况。例如,在 FORTRAN 语言中 IF 语句的控制相关性会使正在进行的并行性中止。因此,为了开发更好的并行性,必须采用编译技术克服控制相关发生的问题。下面举例说明控制相关的概念。

有控制相关的程序语句为

```
DO 10 I = 1,N
    IF (A(I-1).EQ.0) A(I) = 0
10 Continue
```

无控制相关的程序语句为

```
DO 20 I = 1,N
    A(I) = C(I)
    IF (A(I).LT.O) A(I) = 0
20 Continue
```

上面例子中前者的 IF 走向取决于前一次 A 的计算结果,而后者则无此依赖关系。

3. 资源相关

资源相关与系统正在进行的工作无关,但是与并行事件利用共享外部资源时发生的冲突情况有关。通常在讨论资源相关问题时,应明确指出资源相关的内容。例如,对使用算术逻辑单元(Arithmetic Logic Unit,ALU)资源冲突的情形,称为 ALU 相关。又例如,涉及工作存储器资源的冲突称为存储器相关。

4. Bernstein 条件

1966 年,Bernstein 提出了一种判断是否可以并行处理的条件,满足这种条件集合,两程序段可以并行执行。不同处理级别上的程序段抽样相对应的软件实体称为进程。Bernstein 条件可以表述如下。

全部输入变量集合 I_i:进程 P_i 的输入集合 I_i 定义为执行的进程所需的变量集合。

输出条件 O_i:由进程 P_i 执行后所产生的全部输出变量组成。

若两个进程为 P_1 和 P_2,输入集合为 I_1 和 I_2,输出集合为 O_1 和 O_2 时,如果可以并行运行,则可表示为 $P_1 /\!/ P_2$。进程 P_1 与 P_2 可以并行运算需要满足下面条件:

$$I_1 \bigcap O_2 = \varnothing$$
$$I_2 \bigcap O_1 = \varnothing$$
$$O_1 \bigcap O_2 = \varnothing$$

称为 Bernstein 条件。在 Bernstein 条件中,并行性关系(用 $/\!/$ 表示)是可以交换的,不是传递的。$/\!/$ 不是一种等效关系,$P_i /\!/ P_j /\!/ P_k$ 隐含着结合性,实际上当 $P_i \bigcap P_j \neq \varnothing$ 时并不妨碍 P_i 和 P_j 之间的并行性。Bernstein 条件可以解释为,只要两个进程具有流不相关、反不相关、输出不相关的性质就能并行执行。一般地说,n 个进程之间违反 $3n(n-1)/2$ 个 Bernstein 条件中的任何一个或多个条件时,都会使全部或部分并行性的开发无法进行。当有 k 个进程时,进程集合 $P_1, P_2, \cdots, P_k$ 中,当且仅当所有的 $i \neq j$ 时都有 $P_i /\!/ P_j$ 时才能够并行执行,即 $P_1 /\!/ P_2 /\!/ P_3 /\!/ \cdots /\!/ P_k$。

下面是一个进程集合的例题。

例 2.2　5 个进程分别为 P_1:C = D × E;P_2:M = G + C;P_3:A = B + C;P_4:C = L + M 和 P_5:F = G/E。5 个进程的相关关系可以表示为图 2.16。

资源相关问题通常与器件性能有密切关系。设所选用器件功能为每个时间步执行一条语句,则 5 个进程需用 5 步顺序完成。若所选用的器件每个时间步可以实现两个加法,则 5 个进程只需要用 3 步并行完成,这两种情形可以用图 2.17 和图 2.18 的电路来实现。

若两个进程违反 Bernstein 条件的三个条件中任何

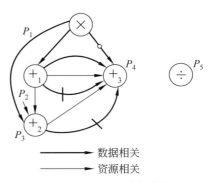

图 2.16　例 2.2 的相关图

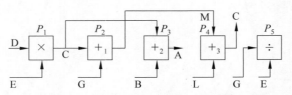

图 2.17 选用的器件一个时间步执行一条语句

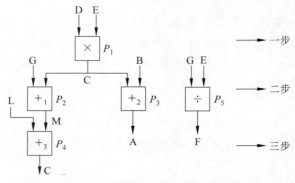

图 2.18 选用的器件一个时间步可以实现两个加法

一个或多个，就无法并行地执行。

5. 并行性和调度

在制定并行算法时所要解决的主要问题是根据已有的并行计算机硬件和软件系统结构发展出能够满足科学计算逻辑结构要求的包括对数据、资源和通信进行最佳调度的算法。为此，需要介绍一些最基本的知识。

1）软件和硬件并行性适配问题

硬件并行性用每个机器周期能执行的指令条数来表示。若处理机每个机器周期执行 K 条指令，则称它为 K 发射（K-issue）处理机。传统处理机为 1 周期 1 个指令或多周期 1 个指令，统称为单发射处理机。现代处理机 1 周期可发出 2 个或多个指令。例如，Intel i960 CA 为 3 发射处理机，即 1 个时钟周期可以执行包括运算指令、存储指令和转移指令的 3 条指令。IBM RISC/System 6000 为 4 发射机，即 1 个时钟周期可以执行运算、存储、浮点数和转移 4 条指令。由 n 台 K 发射处理机构成的多处理机最多可同时运行 nK 条指令线程。

软硬件并行性失配问题是常见的失误。软件并行性是由程序的控制和数据的相关性决定的，其中数据并行性提供的开发潜力最大。在编制并行计算程序时，要对进程控制的并发性、数据的并行处理进行恰当地调度，采用的方法要依具体问题决定。下面通过举例说明并行性失配问题。设想用 2 个单发射处理机 P1 和 P2 组成一个双处理机系统，其进程可以用图 2.19 表示，需要 6 步完成。但是如果采用 2 个双发射处理机 P1 和 P2 组成一个双处理

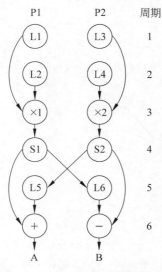

图 2.19 用 2 个单发射处理机组成
一个双处理机系统

机系统,其进程可以用图 2.20 表示。当处理机都是既能存储又能计算的双发射处理机时,则只需要 3 步就能完成,进程安排如图 2.20(a)所示;但是当双发射处理机是只能有一个加载操作和一个运算操作能并行执行的双发射处理机时,则需要 7 步才能完成,进程安排如图 2.20(b)所示。这个例子说明,软硬件并行性失配问题可以严重降低计算效率。

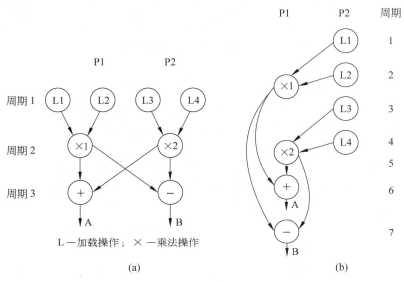

图 2.20　软硬件并行性适配

图 2.20(a)的调度过程中有 8 个操作用了 3 个周期,平均软件并行性为 2.67 指令/周期,而图 2.20(b)所示的调度过程,其中有 4 个加载操作,但硬件同时只能有一个加载操作和一个运算操作,故需 7 步(周期)才能完成,有 8 个操作用了 7 个周期,平均软件并行性为 1.14 指令/周期。而图 2.19 中,使用 2 个单发射处理机完成该进程时,由于插入了 2 个存储操作 S1 和 S2,插入 2 个加载操作 L5 和 L6,必然增加了运算时间,这是为了采用共享存储器实现处理机间通信所必须增加的通信开销。

2)程序划分和调度

程序也有调度问题,进行程序调度时主要考虑的是并行计算机的硬件体系结构。为了分析程序的调度规划首先要将程序按并行度分类,为此要将程序进行分解。按照编程语言的逻辑,每个程序总存在着不可进一步分解的最小单元,可以称为颗粒或原子。颗粒规模(grain size)或粒度(granularity)是衡量软件进程所含计算量的尺度。最简单的测量方法是数一下一个颗粒(程序段)中的指令数目。颗粒规模一般用细、中、粗来描述。细粒度为指令级或语句级的进程,典型的情况一般包含的指令数小于 20 条,称为细粒度。开发细粒度并行性可借助于优化编译器进行。

典型的循环包含的指令不到 500 条,若在连续迭代中并不相关,就可以在流水线、SIMD 或 MIMD 机上锁步执行,通常称为向量处理。向量处理主要采用向量化编译器在循环级进行开发,仍可以认为是细粒度。

过程级与任务级包括子程序和协同程序,相对应的程序所包含的指令小于 2000 条,颗粒规模是中粒度的。

子程序级与作业级的粒度规模一般为几千条指令。这一级的并行性应由算法设计者或程序员开发。目前，还没有开发中粒度或粗粒度并行效果较好的编译器。

在单个作业级的程序中可以有高达数万条指令，是粗粒度计算。并行性一般由加载程序和操作系统来处理。

一般来说，粒度越细并行性潜力越大，通信和调度的开销也越大，但大规模并行性常常是在细粒度上开发的，例如数据并行性的开发。总结来说，细粒度并行性常常在指令级或循环级上借助于并行化或向量化编译器来开发。任务或作业步级中粒度并行性的开发要求程序员和编译器协同发挥作用。开发程序级的粗粒度并行性则主要取决于高效的操作系统和所用算法的效率。

通信时延是由机器系统结构、实现技术和通信方式决定的。例如，存储器的时延随着存储器的容量增大而增加，因而要想不超过存取时延的容许水平，存储器就不能无限增大。

通信规模是由所用算法和系统结构决定的。常见的通信模式有置换、广播、选播和会议（多对多）通信等类型。

在并行程序设计中针对粒度的组合和调度问题，围绕两个基本目标展开。

（1）将一个程序划分为并行分支、并行程序模块和并行微任务或粒度，以便获得尽可能短的运行时间。

（2）在计算中获得最佳的并行粒度。粒度确定和调度优化过程一般包括 4 个基本步骤。

第一步：构造粒度程序图。

第二步：调度细粒度运算。

第三步：进行粒度组合，粒度组合的原则是用细粒度获得较高的并行度。然后分析，如果可能加大粒度，可将多个细粒度结点组成粗粒度结点，以便消除一些不必要的通信时延并降低总的调度开销。此时，单个粗粒度结点中的相邻细粒度操作是分派给同一处理机执行的，因此同一粗粒度结点中的细粒度操作之间的内部时延可以忽略不计，产生通信延时的主要原因将是处理机间的延时。

第四步：在组合图基础上产生并行调度方案。

2.2.2　系统互连结构

系统互连结构是进行数据和调度通信的硬件基础，也决定了计算机的硬件拓扑结构，决定了计算机系统适合于解怎样一类问题。下面仅介绍最基本的一些概念，以便应用者在进行并行编程时理解并编写适合于该类并行计算机逻辑的高效率程序。

1. 网络参数

这些参数用于估算系统复杂性、通信效率和网络价格。

1）网络规模（network size）

当网络是由有向或无向边连接的有限个结点的图表示时，图中的结点数称为网络规模。

2）结点度 d（node degree）

在单向通道的情况下，进入结点的通道数定义为入度（in degree），从结点出来的通道数则称为出度（out degree），结点度为两者之和。结点度反映了结点所需要的 I/O 端口数，也反映了结点的价格。

3）网络直径 D（diameter）

网络中任意两点间最短路径的最大值为网络直径。路径长度用遍历的链路数来度量，这是说明网络通信性能的一个指标，即网络直径应尽可能小。

4）等分宽度 b（channel bisection width）

当某一网络被分割成相等的两半时，沿切口的最小边的（通道）个数，称为通道等分宽度。对通信网而言，每条边相当于一条线宽为 W 位的通道，于是线等分宽度就是 $B=b\times W$，参数 B 反映了网络的布线密度。当 B 一定时，通道宽度为 $W=B/b$，所以等分宽度是能说明最大通信带宽的一个参数。

5）通道长度

通道长度即结点间的线长，该参数影响通道上传输信号的时延、时钟扭斜和功率。

2. 数据寻址网络

数据寻址网络用来完成处理机间数据交换寻址功能。寻址网络可以是静态的也可以是动态的。在多级网络的情况下，数据寻址是通过消息传递来实现的。寻址功能较强将有利于减少数据交换所需的时间，因而能显著地改善系统的功能。

常见的数据寻址有移数（shifting）、循环（rotation）、置换（一对一）、广播（一对全体）、选播（多对多）、个人通信（一对多）、均匀洗牌交换等，下面将逐一介绍。

1）置换

在有 n 个对象的情况中，可能有 $n!$ 种置换，整个置换的集合形成一个与复合运算有关的置换群。可以用轮换方法来描述置换功能。例如，(a,b,c) 是以置换映射 $a\to b,b\to c,c\to a$ 表示的，其循环周期 $\pi=3$，在硬件层面可以用交叉开关实现置换。当 n 比较大时，置换速度常常决定了数据寻址网络的功能。

2）均匀洗牌交换

均匀洗牌交换是 Harold Stone 于 1971 年为并行处理应用提出的一种特殊置换功能。依这种方法对 $n=2^k$ 对象均匀洗牌，可以用 K 位二进制数来表示定义域中的各个对象。

3）立方寻址功能

有三种寻址功能，即根据最底位寻址、根据中间位寻址、根据最高位寻址。

4）网络性能

影响网络性能的因素如下。

（1）功能特性：如支持数据寻址、中断处理、同步请求等。

（2）网络时延：单位数量的消息通过网络传送时最坏情况下的时间延迟。

（3）带宽：通过网络的最大数据传输率，用 Mb/s 作单位。

（4）硬件复杂性：导线、开关、连接器、仲裁和接口逻辑等的造价。

（5）可扩展性：模块具备模块化可扩展的能力。

3. 静态连接网络

静态连接网络指那些一旦构成就固定不变的网络，通常有如下几种网络拓扑结构。

1）线性阵列

线性阵列是一维网络，其中的 N 个结点用 $N-1$ 个链路连成一行，如图 2.21 所示。

线性阵列网络参数：内部结点度为 2，端结点度为 1，直径为 $N-1$，等分宽度 $b=1$。

2）环和带弦环

环和带弦环网络结构如图 2.22 所示。

环和带弦环网络参数为：结点度为 2，双向环直径为 $N/2$，单向环直径为 N。当网络增加 n 条附加弦联络时，增加的链路越多，结点度越高，网络的直径就越小。

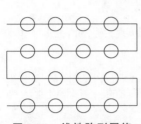

图 2.21　线性阵列网络

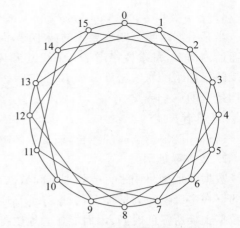

图 2.22　环和带弦环网络结构

3）循环移数网络

循环移数网络结构如图 2.23 所示。

循环移数网络是在每个结点到与其距离为 2 的整数幂的结点之间增加一条附加链路构成的网络。网络的参数为：循环移数网络结点数 $N=16=2^n$，直径为 $n/2$，结点度为 $d=2n-1$。

4）全连接网络

全连接网络是所有的结点相互都有连接的网络。

5）树形和星形

二叉树网络结构如图 2.24 所示。

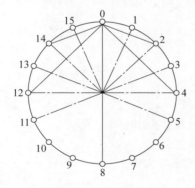

图 2.23　循环移数网络

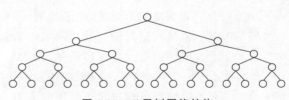

图 2.24　二叉树网络结构

星形网络结构如图 2.25 所示。

二叉胖树网络（为解决通向根结点的瓶颈问题）结构如图 2.26 所示。

6）网格形和环形网络

当 $N=n^k$ 时，K 维网络中内部结点度为 $2K$，网络直径为 $K(n-1)$，n 为每边或每维的结点个数。网络结构如图 2.27～图 2.29 所示。

环形网络在 ILLIAC IV、MPP、DAP、Intel Paragon 等机型中都有应用。

7）搏动式阵列

搏动式阵列可在多个方向上使数据处理变成流水线方式工作，如 Intel iWARP 系统，网络

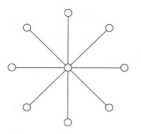

图 2.25 星形网络结构

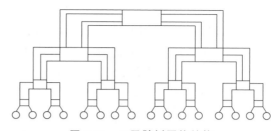

图 2.26 二叉胖树网络结构

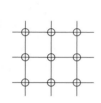

图 2.27 网格形网络结构

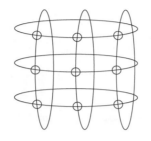

图 2.28 环形网络结构

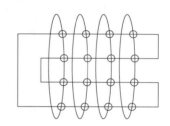

图 2.29 ILLIAC 网络结构

结构如图 2.30 所示。

8）超立方体

超立方体是一种二元 n-立方体结构，目前用得很广，如 IPSC、nCUBE、CM-2 等系统。超立方体网络结构如图 2.31 所示。

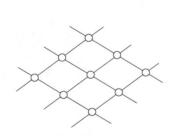

图 2.30 搏动式阵列网络结构

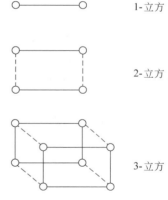

图 2.31 超立方网络结构

n-立方体是由 $N=2^n$ 个结点构成的 n 维立方体结构，其中每维都有两个结点，因而结点度等于 n，直径也等于 n。由于结点度随维数增加，因而超立方结构并非完全可扩展，这是 20 世纪 80 年代普遍采用的结构。由于缺乏可扩展性以及难以组成高维超立方体，所以现在超立方结构逐步被其他结构所取代，如 CM-5 采用胖树结构。Intel Paragon 则选用了二维网格结构（前身为超立方）。

拓扑等效已在许多网络结构之间得到证明，因而一种结构能在未来的系统中继续生存下去就必须具备能够模块化增长的性能，以便能够高效地组装起来并具备可扩展性。

9）带环立方体

带环立方体将 n-立方体的每个结点都用 n 个结点的环来代替,就构成了带环 n-立方体结构（n-CCC），网络结构如图 2.32 所示。构成带环 n-立方体结构时,结点机芯片只要求有 3 个输出端口就可以了。但对组成超立方结构而言则要求结点机芯片的输出端口数与维数相同,实现较困难,因此带环立方体结构是对超立方体结构的改进。

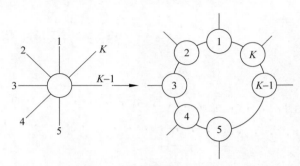

图 2.32　带环超立方结构和超立方结构的结点度比较

带环超立方结构是采用从超立方体改进的方法构造的,也就是将立方体的角结点（顶点）用一个结点环来代替。例如,K 维超立方体的每个顶角用 K 个结点的环取代,则一个 K 立方体可演变为 $n = K \times 2^K$ 个结点的 K-CCC 带环 K 立方体。

n-CCC 是一个有 $N = 2^n$ 结点的带环超立方体,可以由较低维的 K-立方体组成（即 $2^n = K \times 2^k$），其直径为 $2K$，结果是增大了网络规模、降低了结点度,使结点度恒等于 3 且与维数无关。

例如,对一个 $n = 6$，$K = 4$ 的情形,$N = 64$ 时,CCC 可用 4 结点代替 4 立方体的 16 个顶点组成,则产生的 4-CCC 网络具有 64 个结点。所以,具有 64 个结点的体系若选用超立方体则需要 $64 = 2^6 = 2^n$ 即 6-立方体组成,而选用 K-CCC 结构则只需要选 $K = 4$，即只需要 4 立方体结构就能实现。两种网络结构参数为：4-CCC 直径为 $2K = 8$，结点度 3；6-超立方体直径 $n = 6$，结点度 6。因此,若允许一定时延,则 K-CCC 结构是一种构造可扩展系统的较好结构。

10）K 元 n-立方体网络

环形、网格形、环网形、二元 n-立方体（超立方体）和 Ω 网络都可归为 K 元 n-立方体网络系列的拓扑同构体。这里的 n 是立方体的维数,K 是基数或沿每个方向的结点个数。因此,K 元 n-立方体网络的总的结点数 N 为

$$N = K^n（或 K = \sqrt[n]{N}，n = \log_K N）$$

K 元 n-立方体的结点可以用基数为 K 的 n 位地址 $A = a_0 a_1 a_2 \cdots a_n$ 来表示,其中 a_i 为第 i 维结点的位置。1990 年,Willian Dally 证明了 K 元 n-立方体网络的许多重要特性,特别是证明了建造计算机网络的价格取决于连线数量而不是所需的开关元件数。通常,在线等分为常数的前提下,宽通道低维数的网络与窄通道高维数的网络相比,其时延较低,冲突数少,吞吐量较大。

11）网络吞吐量

网络吞吐量是单位时间内网络能处理的信息总量。一般情况下,估算网络的最大吞吐量的方法是计算网络的总容量,计算网络中能同时容纳的信息总量。一般来说,网络的最大吞吐量是其容量的一部分。

静态网络特性可以简单总结为表 2.2。

表 2.2　静态网络特性

网络类型	结点度 d	网络直径 D	链路数 L	等分宽度 B	对称性	网 络 规 模
线性阵列	2	$N-1$	$N-1$	1	非	N 个结点
* 环形	2	$\lfloor N/2 \rfloor$	N	2	是	N 个结点
全连接	$N-1$	1	$N(N-1)/2$	$(N/2)^2$	是	N 个结点
二叉树	3	$2(h-1)$	$N-1$	1	非	树高 $h=\lceil \log_2 N \rceil$
星形	$N-1$	2	$N-1$	$\lfloor N/2 \rfloor$	非	N 个结点
* 2D 网络	4	$2(r-1)$	$2N-2r$	r	非	$r\times r$ 网格 $r=\sqrt{N}$
* ILLIAC 网	4	$r-1$	$2N$	$2r$	非	与 $r=\sqrt{N}$ 的带弦环等效
* 2D 环网	4	$2\lfloor r/2 \rfloor$	$2N$	$2r$	是	$r\times r$ 环网 $r=\sqrt{N}$
超立方体	n	n	$nN/2$	$N/2$	是	N 个结点 $n=\log_2 N$（维数）
* CCC	3	$2K-1+\lfloor K/2 \rfloor$	$3N/2$	$N(2k)$	是	$N=K\times 2^k$ 个结点环长 $K\geqslant 3$
* K 元 n-立方体	$2n$	$n\lfloor K/2 \rfloor$	nN	$2K^{n-1}$	是	$N=K^n$ 个结点

注：标示 * 符号的项是有可能采用来建造未来的 MPP 系统的结构,$\lceil X \rceil$ 代表不小于 X 的整数,$\lfloor X \rfloor$ 代表不大于 X 的整数。

总结如下。

（1）结点度小于 4 是比较理想的。

（2）全连接与星形网络结点度太高,超立方体的结点度随 $n=\log_2 N$ 值增大,N 大时其结点度也太高。

（3）网络直径可以变化很大,但随硬件寻址技术不断革新,直径长度带来的问题并不大,在高程度流水线操作下,任意两结点间的通信时延几乎是固定不变的。

（4）链路数影响网络价格。

（5）等分宽度将影响网络带宽。

（6）对称性会影响可扩展性和寻址效率。

（7）网络总价格随结点度 d 和链路数 L 增大而上升。

4. 动态连接网络

为了达到多用或通用的目的,需要采用动态网络进行计算机数据传输。动态连接网络是沿着连接通路使用开关与仲裁器来提供动态连接特性的,因而,动态连接网络能根据程序要求实现所有的通信模式。常用的有总线系统、多级互连网络（MIN）、交叉开关网络,随着性能变优,价格也相应增高。

1）数字总线

总线用于源和目的之间的连接,一个周期只处理一次业务的数字总线称为多个功能模块间的争用总线（contention bus）。描写该类总线的重要特性的参数有总线仲裁、中断处理、一致性协议和总线事物的处理等。目前著名的争用总线有 VME 总线、IEEE Futurebus 和 cell-bus 等总线结构。图 2.33 给出 Sequent Symmetry S1 的总线结构。

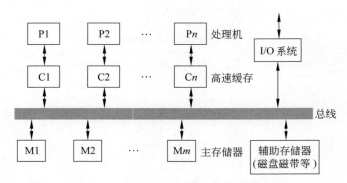

图 2.33　Sequent Symmetry S1 的总线结构

2）开关模块

一个 $a \times b$ 的开关模块有 a 个输入端口和 b 个输出端口。开关模块允许一对一和一对多映射，但不允许多对一的映射。一对一映射（置换）称为 $n \times n$ 交叉开关，可以实现 $n!$ 种置换连接，有 n^n 个合法状态。

3）多级互连网络（MIN）

多级网络使用了多级开关，其中每一级都用多个 $a \times b$ 开关，相邻各级开关之间都有固定的级间连接，图 2.34 表示了多级开关的结构。开关模块和级间连接（ISC）模式不同可以构成各种类型的多级网络。目前，MIMD 和 SIMD 机都使用了多级网络。

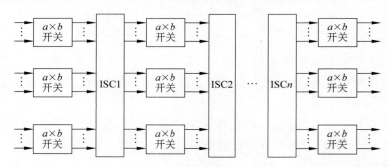

图 2.34　多级开关的结构

4）交叉开关网络

交叉开关网络的带宽和互连性最好。像电话交换机一样，交叉开关能在源和目的地之间形成动态连接，每个交叉开关源和目的地之间形成了一条专用连接通路，开关状态可根据程序的要求动态设置。

（1）总线造价最低，但可用带宽较窄，容易产生故障。

（2）交叉开关的硬件复杂性高，取决于通信链路数 n，复杂度正比于 n^2。交叉开关的硬件造价最高，但带宽和寻径性能最好，对较小规模的网络是一种理想选择。

（3）多级网络是前两者的折中方案，主要优点在于采用模块结构，因而可扩展性好，但时延随网络的级数 $n = \log_2 N$ 上升，随网络的级数增高，开关复杂性和价格都增加。

表 2.3 总结了动态网络的一般特性。

表 2.3 动态网络的一般特性

网络特性	总线系统	多级网络	交叉开关
单位数据传送的最小时延	恒定	$O(\log_k n)$	恒定
每台处理机的带宽	$O(w/n)$ 至 $O(w)$	$O(w)$ 至 $O(nw)$	$O(w)$ 至 $O(nw)$
连线复杂性	$O(w)$	$O(nw\log_k n)$	$O(n^2 w)$
开关复杂性	$O(n)$	$O(n\log_k n)$	$O(n^2)$
连接特性和寻径性能	一次只能一对一	只要网络不阻塞,可实现某些置换和广播	全置换,一次一个
典型计算机	Symmetry S1 Encore Multimax	BBN TC-2000 IBM RP3	Cray Y-MP/816 Fujitsu Vpp500
评注	总线上假定有 n 台处理机,总线宽度为 w 位	$n\times n$ MIN 采用 $K\times K$ 开关,其线宽为 w 位	假定 $n\times n$ 交叉开关的线宽为 w 位

2.3 并行性能描述与度量

本节将讨论构成并行计算机和应用并行计算机的几个关键问题,特别要集中讨论两个问题,一是如何衡量使用并行机时的计算性能,即比单机有多大的改善,二是讨论可度量并行机性能的一些参数、加速比、可扩展性原理等。

2.3.1 描述及度量并行性能的指标

下面的讨论中不考虑通信时延和资源有限制的情况,有限制条件的情况下并行性能和并行计算所获得的加速度等性能指标可以在本节内容的基础上进一步讨论。

1. 并行度

并行度反映了软件并行性与硬件并行性相互匹配的程度。并行计算机执行一个并行计算程序时可以在执行过程的不同时间范围内使用不同数目的处理机,因此可以把每个时间范围内用来执行程序的处理机的数目称为并行度,用 DOP 表示。

从上述的定义可以看出,DOP 每时每刻都在变化,是一个离散的时间函数并且 DOP 的值只取非负整数。将 DOP 对时间的关系画成的时间函数曲线称为一个给定程序的并行性分布图。程序的并行性分布图与计算机算法结构、程序优化、资源利用率和运行时的条件有关。DOP 是在具有无限数量可用的处理机和各种资源都不受限制的条件下确定的,因此实际计算机的并行度总是达不到 DOP 值。在处理机数量有限的计算机系统中,当 DOP 超过系统中最大的可用处理机数量时,程序的一些并行分支就必须成块地顺序执行,这就使实际的计算机系统的并行度小于 DOP。

2. 平均并行性

在不同时间段,由于程序的要求,所能达到的并行度也不同,而且每时每刻 DOP 都在变化,因此在讨论完成整个程序或工作的并行性时需要采用平均并行性进行比较。设有一部由 n 台同构处理机组成的并行计算机,其分布图中最大并行性为 m,假设满足理想并行条件,即 $n\gg m$。由于 t 时刻有 i 台处理机忙碌时 DOP$=i$,那么计算机完成的总工作量 w 应当与分布图中曲线下的面积成正比,即

$$w = \Delta \int_{t_1}^{t_2} \mathrm{DOP}(t)\,\mathrm{d}t \tag{2.3.1}$$

在离散化情况下采用求和,即

$$w = \Delta \sum_{i=1}^{m} i \times t_i \tag{2.3.2}$$

式中,Δ 为单台处理机的计算能力,Δ 用 MIPS 或 MFLOPS 来估算。t_i 是维持 DOP$=i$ 时的时间总量。于是计算机的总执行时间(elapsed time)为

$$\sum_{i=1}^{m} t_i = t_2 - t_1 \tag{2.3.3}$$

平均并行性 A 可以定义为

$$A = \frac{1}{t_2 - t_1} \int_{t_1}^{t_2} \mathrm{DOP}(t)\,\mathrm{d}t \tag{2.3.4}$$

式(2.3.4)的离散形式可以写为

$$A = \left(\sum_{i=1}^{m} i \times t_i\right) \Big/ \left(\sum_{i=1}^{m} t_i\right) \tag{2.3.5}$$

显然有

$$w = A\Delta(t_2 - t_1) \tag{2.3.6}$$

图 2.35 是某一算法的并行度分布图,并行度最大时 $m=8$,时间间隔为 $t_1=2, t_2=23$,则平均并行性为

$$A = \frac{1\times3 + 2\times2 + 3\times4 + 4\times(1+3) + 5\times3 + 8\times5}{3+2+4+4+3+5} = \frac{90}{21} = 4.29$$

总工作负载:$w = A\Delta(t_2 - t_1)$。

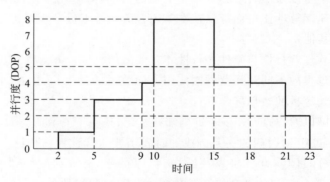

图 2.35　某一算法的并行度分布图

3. 有效并行性及渐进加速比

通常,在工程设计和科学计算的程序中,由于数据并行度 DOP 是比较高的,在理想的环境中计算密集型的代码每个时钟可并发执行 500～3500 个算术运算。但 David Wall 在 1991 年指出,计算机现实的代码指令集并行性很小,其权限仅为 5～7,如果硬件平衡性较好,则在超标量处理机上可维持每个周期执行 2～5.8 条指令。这些因素都影响并行性的开发,在实际程序中,获得的并行性都达不到 DOP 值,计算机实际能达到的并行度称为有效并行性,与实际的问题和计算机结构都有关系,尽管如此,还是应该预先估算提高有效并行性时能够达到的最好的数值,也就是讨论渐进加速比的概念。

把运行工作量按照 DOP 分解时，DOP$=i$ 的工作量 w_i 可写为

$$w_i = i \Delta t_i \tag{2.3.7}$$

$$w = \sum_{i=1}^{m} w_i \tag{2.3.8}$$

在单机上顺序执行时，完成 w_i 的时间为

$$t_i(1) = w_i / \Delta \tag{2.3.9}$$

在 k 台处理机上，完成 w_i 的运行时间为

$$t_i(k) = w_i / k\Delta \tag{2.3.10}$$

当有无穷多台处理机可用时，会由于代码并行性限制而不能发挥无穷多台处理机的全部能力，只能发挥其中的 i 台机的能力，由于 DOP$(i)=i$，超出 i 的部分处理机被闲置在一旁，对并行计算无贡献，因而有无穷多台处理机时完成 w_i 的时间应为

$$t_i(\infty) = w_i / i\Delta, \quad 1 \leqslant i \leqslant m \tag{2.3.11}$$

于是整个响应时间为

$$T(1) = \sum_{i=1}^{m} t_i(1) = \sum_{i=1}^{m} \frac{w_i}{\Delta} \tag{2.3.12}$$

$$T(\infty) = \sum_{i=1}^{m} t_i(\infty) = \sum_{i=1}^{m} \frac{w_i}{i\Delta} \tag{2.3.13}$$

渐进加速比 S_∞ 定义为理想情况下有无限资源可用时的最大加速比，即

$$S_\infty = \frac{T(1)}{T(\infty)} = \frac{\displaystyle\sum_{i=1}^{m} w_i}{\displaystyle\sum_{i=1}^{m} \frac{w_i}{i}} = A \tag{2.3.14}$$

由式（2.3.14）可知，$S_\infty = A$，也就是渐进加速比等于平均并行性 A。一般情况下，并行计算一定会有通信开销和其他系统开销，实际的渐进加速比总要小于或等于平均并行性 A，也就是有 $S_\infty \leqslant A$ 的关系。

4. 调和平均性能及调和平均值加速比

对每个具体程序来讲，并行性都是不相同的。当一台并行计算机通过大量的不同模式的程序运行时，计算机所显示的平均性能就与人为因素关系较小，显然此时的平均性能对描述计算机的固有特性具有很大意义，可以使不同结构的并行计算机具有可比性。因此称这种性能称为调和平均性能，经常采用的调和平均性能有如下几种。

1）算术平均性能

设 $\{R_i\}$ 为程序 $i=1,2,\cdots,m$ 的执行速率，则可定义平均值执行速率为

$$R_a = \sum_{i=1}^{m} R_i / m \tag{2.3.15}$$

这里，实际上是假定 m 个程序都处于同等地位，也就是认为程序为均等加权值 $1/m$ 时得到的。如果以 $\pi = \{f_i, i=1,2,\cdots,m\}$ 分布进行加权，就得到加权算术均值执行速率。

$$R_a^* = \sum_{i=1}^{m} (f_i R_i) \tag{2.3.16}$$

算术均值执行速率与执行时间倒数之和成正比，而不是与执行时间之和成正比。所以，算术均值执行速率并不能代表程序实际执行时真正消耗的时间。

2）几何均值性能

m 个程序的几何均值执行速率定义为

$$R_g = \prod_{i=1}^{m} R_i^{1/m} \tag{2.3.17}$$

若用 $\pi = \{ f_i \mid i = 1, 2, \cdots, m \}$ 分布加权来定义加权几何均值执行速率（weighted geometric mean execution rate），则有加权几何均值执行速率为

$$R_g^* = \prod_{i=1}^{m} R_i^{f_i} \tag{2.3.18}$$

几何均值执行速率并不是全部实际性能之和，并且与总时间没有倒数关系。

3）调和均值性能

由于用算术和几何均值性能作度量时都存在不足之处，因此人们发展了一种基于执行时间的度量，称为调和均值性能。设程序的每条指令平均执行时间都是 $T_i = 1/R_i$，则具有 m 条指令的程序的每条指令执行时间的算术均值为

$$T_a = \frac{1}{m} \sum_{i=1}^{m} T_i = \frac{1}{m} \sum_{i=1}^{m} \frac{1}{R_i} \tag{2.3.19}$$

因此该程序的调和均值执行速率就可以用 $R_h = 1/T_a$ 来表示：

$$R_h = \frac{m}{\sum_{i=1}^{m} \dfrac{1}{R_i}} \tag{2.3.20}$$

当采用 $\pi = \{ f_i \mid i = 1, 2, \cdots, m \}$ 分布加权时，可以得到加权调和均值执行速率（weighted harmonic mean execution rate），定义为

$$R_h^* = \frac{1}{\sum_{i=1}^{m} \dfrac{f_i}{R_i}} \tag{2.3.21}$$

这样定义的调和均值性能表达式和总的执行时间与总操作数之比相对应，是比较接近实际性能的度量方式。

4）调和均值加速比

设程序在一个具有 n 台处理机的计算机系统上运行，程序运行中，不同的时间有不同数量的处理机参加运算。当程序调用 i 台处理机时，就称为程序以模式 i 运行，相应的运行速率则用来代表 i 台处理机的群体速率。理想情况下，i 台处理机的运算速度为 1 台机的 i 倍。设 $T_1 = \dfrac{1}{R_1} = 1$ 并且设程序以加权分布 $\pi = \{ f_i \mid i = 1, 2, \cdots, n \}$ 的 n 种执行模式运行，则加权调和均值加速比定义为

$$S = \frac{T_1}{T^*} = \frac{1}{\sum_{i=1}^{n} \dfrac{f_i}{R_i}} \tag{2.3.22}$$

式中，$T^* = \dfrac{1}{R_h^*}$ 是对 n 种执行模式的加权算术均值定义的执行时间。在对具体问题进行分析时，可以对上式采取不同形式的分布进行加权，例如采用下述的分布：

$$\pi_1 = \left(\frac{1}{n}, \frac{1}{n}, \cdots, \frac{1}{n} \right), \quad \pi_2 = \left(\frac{1}{s}, \frac{2}{s}, \cdots, \frac{n}{s} \right), \quad \pi_3 = \left(\frac{n}{s}, \frac{n-1}{s}, \cdots, \frac{1}{s} \right)$$

式中，$s = \sum_{i=1}^{n} i$。采用 π_1 加权与 n 种模式的均匀分布相对应，采用 π_2 加权对于分析运算中使

用较多处理机的情况有利,采用 π_3 加权有利于分析使用较少处理机的情况。理想情况下,加速比曲线应当是仰角为 45° 的直线。

5)Amdahl 定律

利用式(2.3.22)可以推论出很著名的 Amdahl 定律。在式(2.3.22)中,设 $R_i=i$,并且取加权分布为 $(\alpha,0,0,\cdots,0,1-\alpha)$,即 $i\neq1,i\neq n$ 时权 $w_i=0$。此时,实际上只有两种运行模式,或者使用一台处理机纯粹按顺序计算的模式执行,或者使用 n 台处理机完全并行执行,其概率分别为 α 和 $1-\alpha$ 而无中间选择。将加权分布代入式(2.3.22),得

$$S_n = \frac{n}{1+(n-1)\alpha} \tag{2.3.23}$$

那么当 $n\to\infty$ 时,$S_\infty=1/\alpha$,也就是说,在上述加权假设条件下,不管采用多少台处理机完全并行执行,所能得到的最好的加速比也只能是 $1/\alpha$。在这样的情形下:

(1)$\alpha=0.01,n=256$ 时,才能达到加速比 74。

(2)$\alpha=0.1,n=256$ 时,只能达到 10 左右的加速比。

(3)$\alpha=0.9,n=256\sim1024$ 时,只能达到比 1 稍大一点的加速比。

所以,人们称 α 为顺序瓶颈因子。

Amdahl 定律给并行处理描绘了一幅非常暗淡和悲观的情景。Amdahl 定律告诉我们,只要存在顺序运行因子 α,系统性能就不可能很高。后面还会通过进一步讨论说明 Amdahl 定律的局限性。

2.3.2 评价并行计算性能的参数

Ruby Lee 在 1980 年定义了几种评价并行计算性能的参数,下面进行简单讨论。

1. 系统效率

设 $T(n)$ 是用单位时间步数表示的执行时间,则加速比因子可定义为

$$S(n) = T(1)/T(n) \tag{2.3.24}$$

具有 n 台处理机的并行计算机系统的效率可定义为

$$E(n) = \frac{S(n)}{n} = \frac{T(1)}{nT(n)}$$

因为 n 台处理机在极限的情况下只能加速 n 倍,所以系统效率实质上是实际加速度与理想加速度之比。由于 $1\leqslant S(n)\leqslant n$,则有

$$\frac{1}{n} \leqslant E(n) \leqslant 1 \tag{2.3.25}$$

2. 冗余度和利用率

设 $O(n)$ 为一个具有 n 台处理机的并行机系统所完成的总的单操作数。设单处理机时,$O(1)=T(1)$,则计算的冗余度(redundancy)为

$$R(n) = \frac{O(n)}{O(1)} \tag{2.3.26}$$

这个比值描述了软件并行性和硬件并行性之间的匹配程度,一般来讲,$1\leqslant R(n)\leqslant n$,因此并行计算中的系统利用率(system utilization)为

$$U(n) = R(n)E(n) = \frac{O(n)}{O(1)} \cdot \frac{T(1)}{nT(n)} = \frac{O(n)}{nT(n)} \tag{2.3.27}$$

系统效率 $E(n)$ 表示实际加速和理想加速之比,而冗余度 $R(n)$ 则表示由于并行化增加了

多少操作步。它们之间有如下关系：

$$\frac{1}{n} \leqslant E(n) \leqslant R(n) \leqslant 1, \quad 1 \leqslant R(n) \leqslant \frac{1}{E(n)} \leqslant n \tag{2.3.28}$$

系统利用率 $U(n)$ 则是并行程序在执行过程中资源（如处理机、存储器等）的利用率，它用保持忙碌状态的资源与总资源的百分比来表示，也就是百分之多少的资源在运行中是忙碌的。

3. 并行性质量

并行性质量用来衡量并行计算的好坏，在计算机上进行运算时，总是期望加速比大、效率高、冗余度小。因此可定义并行性的质量为

$$Q(n) = \frac{S(n)E(n)}{R(n)} = \frac{T(1)}{T(n)} \cdot \frac{T(1)}{nT(n)} \bigg/ \frac{O(n)}{O(1)} = \frac{T^3(1)}{nT^2(n)O(n)} \tag{2.3.29}$$

最好情况时，$E(n) \rightarrow 1, R(n) \rightarrow 1$ 则 $Q(n)$ 的上限即为加速比 $S(n)$。

总之，以上几种性能分别从不同的侧面衡量并行计算特性。加速比 $S(n)$ 用来表示并行计算的速度增益程度，$E(n)$ 用来衡量多台处理机所完成的总工作量的有用部分有多大；$R(n)$ 用来衡量由于并行计算产生的工作负载增加的程度；$U(n)$ 用来描述并行计算过程中资源被利用的程度；而质量 $Q(n)$ 则是由 $S(n)$、$E(n)$、$R(n)$ 综合在一起来评价计算机系统并行计算性能的综合指标。

4. 并行计算机性能的测量标准

工业界通常采用一些标准方法测量并行计算机的性能，这些测量方法可以用来比较各种计算机的性能，其中有 MFLOPS、MIPS、KLIPS、Dhrystone、Whestone 等。大多数商用计算机的性能常用峰值 MIPS 速率或峰值 MFLOPS 速率作为标志。但实际上，真正的基准程序或评价程序在运行时只能获得峰值的部分性能。

重大挑战性课题要求我们能提供 1Teraflops 计算能力、1Terabyte 主存储器和 1Terabyte/s I/O 带宽的计算机，称为 3T 性能的计算能力。其中 Tera-表示百亿，称为太拉。

前面已定义，MIPS 是峰值的每秒指令数，MFLOPS 是峰值的每秒浮点运算次数（浮点运算峰值速率），也有人用 GIPS 表示，是 MIPS 的 10^3 倍，而 TIPS 或 TFLOPS 又是 GIPS 的 10^3 倍。MIPS 速率往往与指令系统相关，采用不同时钟周期和不同指令系统对处理机进行比较是不完全公平的。MIPS 和 MFLOPS 速率是不能简单转换的，因为它们测量的是不同的操作内容。对于联机事务处理的应用，要求对大量较简单的事务进行快速的交互处理，它们一般由大型数据库来支持。因此联机事务处理计算机的吞吐量常用每秒处理的事务数（Transactions Per Second, TPS）来量度。商用计算机应该设计成 TPS 速率较高，TPS 值超过 100 时就可以认为其事务处理速度是相当快的。人工智能应用中强调逻辑推理能力，通常用 KLIPS 来表示人工智能机的推理能力，KLIPS 指每秒所能进行的以千为单位的逻辑推理的次数，好的可达 400KLIPS 以上，每个逻辑推理操作大约为 100 条汇编指令，因而 4KLIPS 等价于 40MIPS，但是逻辑推理为符号运算，与一般情况不同。

2.4 并行计算的可扩展性原理

可扩展性原理是建造并行机和实现并行计算的非常重要的原理，本节将介绍这一原理及相关的问题。

2.4.1 并行计算机应用模式

并行计算机(简称并行机)的应用模式主要是指工作负载和机器规模的关系。

工作负载对机器规模的变化关系可有 4 种模式：常数、亚线性、线性、指数，这 4 种模式中并行机的效率完全不同，其情形如图 2.36 和图 2.37 所示。在 α 模式下，由于负载大小不变，当处理机增多时，通信等环节的开销增大，并行计算的效率必然迅速下降。在 γ 模式下，工作负载与机器规模呈线性关系，也就是问题的规模有线性可扩展性。这种情况可以使效率保持在一定要求的水平，因此应该尽量使应用模式成为 γ 模式的线性情形，若达不到 γ 模式的线性特性，则可以选 β 模式代表的亚线性的特性。图 2.36 中 θ 代表的指数模式说明系统的可扩展性很差，在这种情形中问题的规模会随并行度增加而猛增，达到指数增长的速度，会超过存储器或 I/O 的限制值，是一种不可取的模式。这些情形中，模式不同，工作效率也不同，α 模式是 Amdahl 定律描述的情形。

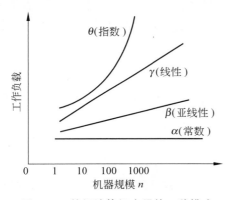

图 2.36 并行计算机应用的 4 种模式

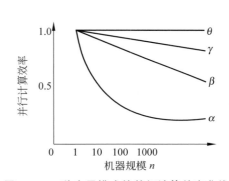

图 2.37 4 种应用模式的并行计算效率曲线

基于上述讨论可以给出 3 种实际上可以应用的并行机的运行模式。第一种为固定负载模式(fixed-load model)，这种情形对应于 α 曲线下的区域，由于负载恒定，此时效率最差，而且达到某一数值之后，由于通信开销的限制，多处理机间的通信开销太大，就使计算机规模达到某一值后，实际上变得无法运行了。第二种为固定时间模式，在这种模型中，要求程序的执行时间不变。这种情形与 γ 曲线相对应。第三种为固定存储器容量模型，此时存储器有数量界限，取决于主存储器和磁盘的容量。并行机的效率曲线一般介于 γ 模式与 θ 模式之间。上述的并行计算机应用的 4 种模式对应的效率曲线分界的情形可以用图 2.38 表示。

2.4.2 并行算法的可扩展性

在实际情况下，一种算法只有在实际机器上实现时所花费的价格合适才是实际可用的。本节要讨论的就是如何实现可用的并行算法的基本原理。

1. 恒定效率及恒定效率函数

用 ω 表示算法的工作负载，显然 ω 随 $O(s)$ 而增长。其中，s 表示计算问题的规模，$O(s)$ 为实现这个问题的总单元操作数。设 h 为实现算法过程中必须投入的总通信开销，通常表示为 $h = h(s,n)$。那么，在给定并行计算机上实现并行算法的效率可表示为

$$E = \frac{\omega(s)}{\omega(s) + h(s,n)} \tag{2.4.1}$$

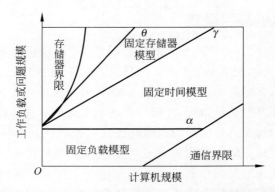

图 2.38   并行计算机应用的 4 种模式对应的效率曲线

式中，ω 是对求解问题有用的工作，h 是不得不付出的完成同步和通信所需要的开销。

为了保持恒定的效率，就必须使 ω 和 h 之间的相对增长速率达到一定的关系，若能使开销 h 的增长比工作负载 ω 增长慢，则对一定规模的机器而言，效率会随问题规模的增大而提高。由式(2.4.1)，有

$$E = \frac{1}{\left[1 + \dfrac{h(s,n)}{\omega(s)}\right]}$$

因此

$$\omega(s) = \frac{E}{1-E} \times h(s,n) \tag{2.4.2}$$

由式(2.4.2)可知，假如 E 固定，则 $C = \dfrac{E}{1-E}$ 就是一个常数，可以定义恒定效率函数为

$$f_E(n) = C \times h(s,n) \tag{2.4.3}$$

因此，如果工作负载 $\omega(s)$ 与 $f_E(n)$ 增长速度一样，则已知的算法结构就能使效率保持恒定。

2. 加速比性能定律

1）固定负载加速比

在固定负载的假设条件下可以得到 Amdahl 定律，此时加速比因子受顺序瓶颈限制而存在最大限度，下面假设有 n 台处理机执行固定的工作量 W_i，讨论两种典型的情形。

(1) 当 DOP$=i>n$ 时，已有 n 台处理机全部投入执行工作量 W_i，执行时间为

$$t_i(n) = \frac{W_i}{i\Delta}\left\lceil \frac{i}{n} \right\rceil \tag{2.4.4}$$

则响应时间为

$$T(n) = \sum_{i=1}^{m} \frac{W_i}{i\Delta}\left\lceil \frac{i}{n} \right\rceil \tag{2.4.5}$$

(2) 当 $i<n$ 时，因为计算机资源足够，则 $t_i(n) = t_i(\infty) = \dfrac{W_i}{i\Delta}$。此时，如果均等分配工作，每台计算机都不会满负荷，因此在有固定负载的情形中，加速比因子为

$$S_n = \frac{T(1)}{T(n)} = \frac{\sum_{i=1}^{m} W_i}{\sum_{i=1}^{m} \frac{W_i}{i} \left\lceil \frac{i}{n} \right\rceil} \tag{2.4.6}$$

在使用 n 台处理机时，需要访问存储器、总线或网络通信，就存在开销，就需要开销和时延。设 $Q(n)$ 为 n 台处理机系统的总的开销，则式(2.4.6)可以改写为

$$S_n = \frac{T(1)}{T(n)+Q(n)} = \frac{\sum_{i=1}^{m} W_i}{\sum_{i=1}^{m} \frac{W_i}{i} \left\lceil \frac{i}{n} \right\rceil + Q(n)} \tag{2.4.7}$$

设有 n 台处理机时只有 DOP$=1$ 或 n 两种运行模式，则有

$$S_n = \frac{W_1 + W_n}{W_1 + W_n/n}$$

当令 $W_1 = \alpha$，$W_n = 1-\alpha$ 时，上式即成为

$$S_n = \frac{n}{1+(n-1)\alpha} \tag{2.4.8}$$

式(2.4.8)就是 Amdahl 定律，表明由于程序中顺序执行的部分不随机器规模 n 改变，但并行部分却要由 n 台处理机均匀分配执行，因此虽然能缩短时间，但随着并行部分所花的时间的缩短，顺序执行的部分所花的时间在总时间中所占的比例越来越大，因此计算机的运行性能最终还是主要由顺序部分来决定。当 n 增大时，并行执行部分所花的时间 $T_n \rightarrow 0$，但顺序执行的部分所花时间 T_1 却并不改变，$S_n \rightarrow 1/\alpha$，其加速比趋于常数。

2) 顺序瓶颈

在式(2.4.8)中，若令 $\alpha=0$，则加速比 $S_n=n$；若令 $\alpha=1$，则 $S_n=1$ 其加速比最小；当 $n \rightarrow \infty$ 时，则 $S_n \rightarrow 1/\alpha$ 其加速比趋于常数。因此，尽管顺序代码可能占很小比例，但最终还是由于顺序计算的工作量不变，使得总体性能不可能超过 $1/\alpha$，所以定义 α 为程序的顺序瓶颈。顺序瓶颈不能采用增加系统的处理机数目的方法来解决，这是因为问题中代码事实上存在顺序部分。这样的模型给人们造成关于并行处理的悲观印象，认为并行计算好像是多个厨师共同烹饪一盘菜只会将事情搞坏，但这只是错误的理解。

3) 固定时间加速比

求解某些问题时，计算精度是关键的指标，称为精度决定性问题(accuracy-critical problem)。例如，求解电磁场问题时，当采用有限元法或矩量法时，如果网络切分得很粗，则求出的结果精度很差，当网格切分细的时候求出的结果精度很高。在实际上，有些空间点的电磁场变化很突然，如果要求在这些电磁场变化剧烈的点上也能求得很好的结果就需要进行密集的网格切分。因此，这类问题的规模是可以变化的，解决这种问题的关键并不在于节省总的花费时间，完全可以将总计算时间固定在某一个能接受的水准上，这是一类工作量可扩展的问题。这种关键是要获得准确结果的问题则成为固定时间加速比的问题，该模型最早是由 Gustafson 提出的，下面将以定量的形式表述。

设 m' 为问题规模扩展后的最大的 DOP，W_i' 为 DOP$=i$ 时问题规模扩展后的工作负载。显然在问题中有 $W_i' > W_i$、$2 \leqslant i \leqslant m'$ 和 $W_1' = W_1$ 的关系，因为有一部分处理机的工作负载没有变化。在固定时间加速比中有

$$T(1) = T'(n)$$

式中，$T'(n)$为规模扩展后的执行时间，$T(1)$为问题规模扩展前原来的执行时间。因此有

$$\sum_{i=1}^{m} t_i = \sum_{i=1}^{m} \frac{W'_i}{i} \left\lceil \frac{i}{n} \right\rceil + Q(n) \tag{2.4.9}$$

则固定时间加速比问题的加速比 S'_n 为

$$S'_n = \frac{\displaystyle\sum_{i=1}^{m'} W'_i}{\displaystyle\sum_{i=1}^{m'} \frac{W'_i}{i} \left\lceil \frac{i}{n} \right\rceil + Q(n)} = \frac{\displaystyle\sum_{i=1}^{m'} W'_i}{\displaystyle\sum_{i=1}^{m} W_i} \tag{2.4.10}$$

4）Gustafson 定律

设 $Q(n) = 0$，也就是此时的计算机或者以顺序计算方式运行（只有一台处理机工作）或以完全并行的方式运行（所有的处理机都均等地工作），则式（2.4.10）可写为

$$S'_n = \frac{\displaystyle\sum_{i=1}^{m'} W'_i}{\displaystyle\sum_{i=1}^{m} W_i} = \frac{W'_1 + W'_n}{W_1 + W_n} = \frac{W_1 + nW_n}{W_1 + W_n} \tag{2.4.11}$$

式中，$W'_n = nW_n$。根据假设的条件，固定时间条件可以定量地表达为

$$W_1 + W_n = W'_1 + \frac{W'_n}{n}$$

设总工作量为 1，即 $W_1 + W_n = 1$，而必须顺序计算的工作量 W_1 始终为常量。设 $W_1 = \alpha$，则显然能并行计算的工作量为 $W_n = 1 - \alpha$。将 W_1 和 W_n 的数值代入式（2.4.11）得

$$S'_n = \frac{\alpha + n(1-\alpha)}{\alpha + (1-\alpha)} = n - \alpha(n-1) \tag{2.4.12}$$

从式（2.4.12）可以看出，这种情况下，顺序计算部分不再成为瓶颈，程序计算的特性不再遵从 Amdahl 定律而是服从式（2.4.12）表达的 Gustafson 定律，也就是说固定时间加速比问题的并行效率可以无限制地提高。Amdahl 定律和 Gustafson 定律给出的关于并行处理的完全相反的描述，两者都是理想条件下的理论探索，实际问题的情形通常是混合型的。当然，问题的类型取决于问题本身的性质和具体的科学规律性，但是也在很大程度上取决于使用并行计算机的人如何将自然科学问题进行离散化并映射到并行计算机构成的空间中。

5）固定存储容量加速比

大型科学计算或工程计算常常需要较大的存储空间，许多应用受限于计算机的存储空间（memory bound）而不是受限于 CPU 的处理能力，当然也可能受限于计算机的 I/O 能力。对分布式存储型多计算机系统来说，虽然每个结点的本地存储器比较小，但增加结点机的个数同时也增大了整个系统的存储能力。现在，换一个角度思考，例如认为增加结点机的个数首要的效应就是增加了系统的内存，也就是着眼于解决内存空间不够而限制了求解需要较大的存储空间的科学计算或工程计算的情形。下面讨论中假设结点机的存储器容量一定，在计算中需要通过增加结点机来增加系统存储能力而实现进一步扩大求解问题的规模时所能获得的效率提高的情形，这就是固定存储容量的模型。在这种情况下，虽然存储空间有限但却期望能求解尽可能大的问题，同时假设当工作负载可扩展时，并不要求所花的计算时间不变。

设 M 是一个给定程序对存储器的要求，w 为相应的工作负载，两者实际上是相互关联的，所以可以写成

$$W = g(M) \quad \text{或} \quad M = g^{-1}(W)$$

显然当只有一个结点机工作时,对存储能力的要求为 $g^{-1}\left(\sum_{i=1}^{m}W_i\right)$。又设 $W=\sum_{i=1}^{m}W_i$ 为单个结点机顺序执行该程序时的工作负载,而采用 n 个结点机执行时的可扩展的工作负载为 $W^*=\sum_{i=1}^{m^*}W_i^*$。当采用有 n 个结点机的并行计算机计算时,固定存储容量加速比定义为

$$S_n^* = \frac{\sum_{i=1}^{m^*}W_i^*}{\sum_{i=1}^{m^*}\frac{W_i^*}{i}\left\lceil\frac{i}{n}\right\rceil + Q(n)} \tag{2.4.13}$$

现在讨论一种典型情况:程序的计算只存在单个处理机上的顺序处理和在 n 个结点机上完全并行执行两种计算模式。此时,式(2.4.13)可写为

$$S_n' = \frac{W_1^* + W_n^*}{W_1^* + W_n^*/n} = \frac{W_1 + G(n)W_n}{W_1 + G(n)W_n/n} \tag{2.4.14}$$

获得上述加速度还需两个假设:

(1) 所有存储器集合都能形成全局的地址空间(共享分布存储器);

(2) 所有存储器都已用于求解可扩展的工作负载。

在固定存储容量加速比模式中,存储容量的扩大与工作负载的增加量是相互关联的,通常可以表达为

$$W_n^* = g^*(n,M)$$

式中,n 表示结点机的个数,M 表示由于结点机增多而得到的存储容量的增加。设函数 $g^*(n,M)$ 呈简单的线性关系,即

$$g^*(n,M) = G(n)g(M) = G(n)W_n$$

式中,$W_n=g(M)$ 是由于存储容量增加后对应的工作负载,$g^*(n,M)$ 是线性同构函数。$G(n)$ 反映了存储容量增加 n 倍时工作负载的增加量。根据假设,当结点机的个数 $i\neq1$ 或 $i\neq n$ 时,$W_i=0$ 且 $G(i)=0$,所以由式(2.4.14)可以发现,当 $G(n)$ 取不同数值时对应着前面分析过的几种典型情况。

(1) $G(n)=1$ 相当于问题规模固定的情形。

(2) $G(n)=n$ 相当于固定执行时间的 Gustafson 情形。

(3) $G(n)>n$ 相当于计算工作负载增加比存储器增长快的情形。

2.4.3　根据性能价格比决定计算机系统的规模

前面提到,在可扩展性分析中,计算机造价 c 和程序设计开销对应用来说是同等重要的,而性能价格比则是在一定预算下完成计算的最终约束条件。因此,一种算法只有在实际计算机上实现的价格合适才被认为是有效的。现在从性能价格比最优的角度讨论计算机系统规模的选取和设计。

设通信与计算过程相互并不重叠,则并行计算机执行某一程序的时间为

$$T_{conc}(N) = \frac{T_{seq}}{N}(1 + f_c) \tag{2.4.15}$$

式中,$T_{conc}(N)$ 表示具有 N 个结点机的并行机所需要的执行程序的时间,T_{seq} 表示单个计算机执行顺序程序所需时间,f_c 表示通信开销或并行开销所占份额。当只有通信开销时,有

$$f_c = \frac{T_{comm}}{T_{calc}}$$

因而加速度为

$$S(N) = \frac{T_{seq}}{T_{conc}} = \frac{N}{1 + f_c} \qquad (2.4.16)$$

效率为

$$\varepsilon = \frac{S(N)}{N} = \frac{1}{1 + f_c} \approx 1 - f_c, \quad f_c \ll 1 \qquad (2.4.17)$$

式 (2.4.15) 中，并行开销为 f_c（为简化讨论，认为只有通信开销），可以用拓扑网络的维数 d 及机器硬件参数来表示。设 t_{calc} 表示结点机完成一次标准运算所需要花费的时间，t_{comm} 表示两个硬件的连接之间传送一字节所需花费的时间，那么有

$$f_c \sim \frac{C}{n^{\frac{1}{d}}} \frac{t_{comm}}{t_{calt}} = \frac{\beta}{n^{\frac{1}{d}}} \qquad (2.4.18)$$

式中，n 代表间隔距离的粒度或问题中每个结点机上进行运算的元素个数。于是有

$$T_{conc}(N,n) = \frac{T_{seq}}{N}\left(1 + \frac{\beta}{n^{\frac{1}{d}}}\right) \qquad (2.4.19)$$

式中，β 为机器硬件结构决定的参数，即

$$\beta \sim c\left(\frac{t_{comm}}{t_{calt}}\right)$$

定义计算机的租用花费或整机造价函数为 C，则 C 可以表示为

$$C = cost(N,n) = N(n + \delta) \cdot const \qquad (2.4.20)$$

这里假设每个结点机都是由存储器和通信接口组成的，其造价或租用花费正比于总的结点机的个数 N，括号中的 n 代表问题的粒度或每个结点机所应承担的元素个数，它的物理意义代表有针对性地建造或租用计算机时根据应用求解的问题所应给每个结点机配置的内存储器的容量和通信机构。这一项之所以重要，是因为内存造价在整机造价中占有主要的份额。δ 则代表其余器件所需的花费（例子的分析是基于 20 世纪 90 年代初的市场价格的比例，并不一定适合目前的市场情况，今天的价格变化很大，但讨论问题的原则不变）。定义归一化性能价格比乘积 TC 为

$$TC = \frac{T_{conc}(N,n)cost(N,n)}{T_{seq}(n) \cdot \delta} = \left(1 + \frac{n}{\delta}\right)\left(1 + \frac{\beta}{n^{\frac{1}{d}}}\right) \qquad (2.4.21)$$

式中，TC 与结点机的个数 N 无关，只与粒度尺寸 n 有关。现在来求取最佳值：

$$\frac{d(TC)}{dn} = 0$$

得

$$n^{1+\frac{1}{d}} + \beta\left(1 - \frac{1}{d}\right)n = \frac{\delta\beta}{d} \qquad (2.4.22)$$

当 n 比较大时，有

$$n \sim \left(\frac{\delta\beta}{d}\right)^{\frac{d}{d+1}} \qquad (2.4.23)$$

这个结果表明：

（1）结点机内存增加时，计算机造价也增加；

（2）内存增大时，通信可减小，可使加速度增大，机器灵活些，所以实际设计的内存都要比式(2.4.22)中计算的结果要稍大一些。

下面简单举例说明如何依据性能价格比最优原则选择使用或建造并行计算机。

例 2.3 设 Caltech Mark 型超立方并行计算机中，$\delta = 10\ 000$，内存为 10MB，造价或租金有大约一半是花在内存上的。假设用有限元法计算问题，切分网络的大小为 $1000 \times 1000 = 10^6$，则按上面推导的公式计算的结果表明，大约在 $n \approx 400$ 的地方使 TC 获最小值，此时相当于 $N \times n = 10^6$，$n = 400$，则 $N = 2500$，即建造有 2500 个结点机的并行机的性能价格比最优。建造并行计算机时 TC 与结点机个数 N 的关系如图 2.39 所示。

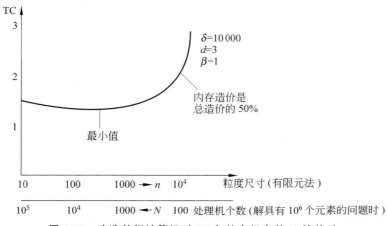

图 2.39　建造并行计算机时 TC 与结点机个数 N 的关系

上述简单讨论说明了考虑性能价格比因素在决定计算机系统性能指标时的评价方法。当然在实际建造或租用计算机时所涉及的问题要比例 2.3 的情形复杂得多，但例 2.3 至少说明了应该针对所要解决的问题选择特定结构的并行计算机，以便寻求性能价格比最优，而不能盲目追求结点机个数多、内存大或速度快。

2.4.4　并行计算机软件概述

1. 并行计算机语言

有两种方式解决并行计算机的编程语言问题：创造新的并行计算机编程语言或者利用已有的计算机编程语言。

历史上曾有人创造了一种全新的并行计算机的编程语言 OCCAM，但发现存在很多问题。首先是它并不能完全适用于描述自然界的并行性；其次是用户已有的编程经验都是关于顺序计算机的，而且许多已有的计算机程序都是用原来语言编写的，很难改变；最后是已有的并行机语言虽然并不十分完善但却很好用，没有必要全部推翻另行安排。

目前，人们主要采用的方法是在顺序计算机语言的基础上增加并行性描述部分，例如采用 FORTRAN、C 加消息传递（message passing）语言。

基于上述原因，人们还是选择了在已有的基础上增加并行性描述部分，突出其实现并行性方面的语句的功能，特别是增加一些实现并行性的功能语句，简而言之就是采用语言扩展的办法。近年来，人们在这方面做了许多研究工作，实现了 HPF 和 MPI 等并行编程语言。

人们用 FORTRAN 90 代替了 FORTRAN 77,扩展了原来的 FORTRAN 编程语言,但是 FORTRAN 90 仍然是顺序计算机的语言,只是增加和突出了矩阵运算等功能。此外,人们又发展出了 FORTRAN 77D,最后发展出 FORTRAN D 就是现在的 HPF,其关系如图 2.40 所示。

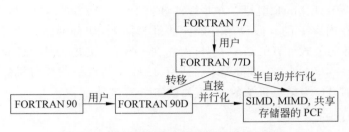

图 2.40　基于顺序计算机语言的并行机语言

2. 并行优化编译器

一般的源代码都采用高级语言编写,因此编译器已成为必不可少的软件支持。编译器的任务是进行程序优化和生成并行性代码,通常由下述 3 个主要部分组成：流分析、优化和代码生成,如图 2.41 所示,下面进行简单解释。

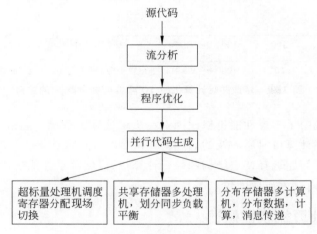

图 2.41　并行优化编译器

流分析的主要功能是确定源代码中的数据和控制相关性。一般来说,其工作是在超标量或 VLSI 处理机上开发指令级的并行性。在 SIMD 型并行机、向量机或搏动机上主要是开发循环级的并行性。在多处理机、多计算机上或工作站网络上主要是开发任务级的并行性。

程序优化的主要功能常常是在同一种语言中将代码转换成与之等效而且更好的形式,这些转换与具体的机器无关,但总依赖机器结构,优化的最终目标是使代码执行速度达到最高。

并行代码生成通常涉及从一种描述到另一种称之为中间形式描述的转换,通常一定要选择一种代码模型作为中间形式。代码生成与所用的指令调度策略是紧密联系在一起的。

3. 计算机复杂系统的时空特性

计算机作为复杂系统,在运行时具有自己的时空复杂性,如图 2.42 所示。

另外,实际问题也是一个复杂系统,描述实际问题的程序的逻辑结构可以用物理结构来类比。例如,不可再分的逻辑单元可认为是"原子",一个进程可看成"分子",一个子程序级的关

图 2.42 计算机复杂系统的时空特性

系可看成一个"物质团",我们研究的总的问题在逻辑上都与物理世界的对象相对应。这些分解的单元之间存在各种逻辑相关,可以画出关系图或相关图。这种图也有一种时空结构,必须与上面给的计算机的时空结构一致才能获得最佳的操作性能。这两者若失配,就产生了编程和运行的难易程度变化,通常有如图 2.43 所示的最简单的匹配关系。

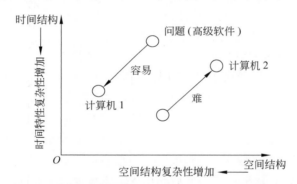

图 2.43 计算机系统的时空特性与实际问题的程序结构的逻辑复杂度的匹配关系

由复杂问题结构向简单软硬结构上映射十分困难,反之则比较容易。所以,既要开发并行性,又要选择恰当的计算机软、硬件结构。

## 第 3 章

蒙特卡罗法

蒙特卡罗法正式出现在 20 世纪 40 年代,但实际上其起源可上溯到 17 世纪。蒙特卡罗法的发展大体上经历了三个阶段。

蒙特卡罗法的第一阶段主要发展直接仿真的方法,也就是对具有随机性质的问题进行直接仿真,没有形成一种普遍的和有效的解决实际问题的方法。这段时间主要的成果是发现和论证随机变量的统计性质和对随机变量进行定量分析的理论与方法。

蒙特卡罗法的第二阶段主要发展了数学仿真方法,是蒙特卡罗法真正确立的阶段。数学仿真方法就是针对具体的随机性质问题,把对随机现象进行直接仿真改为用数学方法进行仿真求得解答。例如,18 世纪用随机投针法计算 π 值,1889 年研究了随机游动问题,1908 年著名统计学家 Gossett 推导了 t 分布和一种 χ^2 分布,1928 年 Courant、Friedrichs 和 Lewy 讨论了二维和三维布朗运动。这种方法显然比直接仿真法有很多优越性。

蒙特卡罗法的第三阶段主要发展了拟仿真方法,该方法使蒙特卡罗法得到迅速发展和广泛应用。为了更加有效地解决实际问题,可以人为地将原来的随机现象变为另一种与原问题答案有一定关系的人为的"随机现象",然后利用人为随机现象与原问题答案间的关系,再利用计算机仿真方法得到原问题的解答,拟仿真方法的关键就是建立替代的人为随机现象。拟仿真方法使蒙特卡罗法进入了迅速发展的阶段,可以说,没有拟仿真方法就没有蒙特卡罗法的应用和发展。

现在,蒙特卡罗法仍然在进一步的发展中,特别是随着非线性物理学的发展、混沌现象、生命科学和经济学的深入研究,蒙特卡罗法已经成为必备的定量分析研究的工具和仿真模拟的理论基础。蒙特卡罗法学习的意义已经大大超出计算电磁学的领域。

3.1 蒙特卡罗法的基本原理

在自然界有相当多的物理量是具有一定程度不确定性的量。实际上,任何物理现象都是在不断变动中的,环境因素也在不断地变化,就必然具有随机性。随机的物理量可以用概率论和随机过程的理论研究和表达。但是,有些物理量,例如分形、混沌等非线性过程的参量,根本无法用解析式表达而必须用计算机经不断的迭代和产生随机参量才能获得解答。目前,处理这类问题最有效的方法就是计算机模拟,采用的工具就是蒙特卡罗法。从工程设计的角度,如果不考虑物理量的不确定性就不会得到成功的、可靠的工程解决方案。

从科学的角度看,随机现象总是伴随着确定的物理规律,当改换角度看同一物理现象时,确定的物理现象的背景很可能是随机现象。例如,加热封闭空间中的气体,温度和气压满足热力学定律是确定不变的,但是从分子运动的角度理解加热封闭空间中的气体现象时,我们看到的是大量的随机运动的分子,热力学规律不过是大量分子随机运动的统计结果。从自然哲学的角度看,确定性与随机性是互为依存的同一运动的两方面,只看运动的确定性或者说只看运动的随机性都是不完全的,都曲解了运动的本来面目。因此,本章的内容除了要介绍蒙特卡罗法的基本原理和基本处理方法,还希望读者能够牢固地建立起基于随机性的理解和分析各种现象的能力。如果读者能够主动地站在随机性的角度观察和理解世界,将能够看到同以往完全不同的非常奇妙的图景,将能够发掘出随机现象中的确定性和规律性,将能够解释以前认为是不可理解的、匪夷所思的现象。

在具体介绍蒙特卡罗法之前,笔者首先要强调,进行计算机模拟并不是最终的目的,计算机模拟只是工具,一定要解决实际提出的工程和理论问题。因此,计算机模拟完成之后,还必须回到原来提出的问题去,要对计算机模拟的结果进行分析研究并回到现实世界去,给出对现实问题和现象的物理解释,否则其他人无法使用所得出的数值分析结果。这个过程的难度和重要意义不亚于计算机模拟的全部工作,中国有句古语:行百里者半九十,说的就是这种情形,最后的十里没有完成或没有走对,前面的九十里就毫无意义。在学习蒙特卡罗法时,这一点尤其重要,拟仿真方法实际上是采用已有的随机模型的样板解决实际的问题,得到的解答就必须回到原来的问题对得到的结果作出合理的物理解释。

3.1.1 蒙特卡罗法的基本过程

随机变量的全体称为总体,随机变量总数称为容量,容量可以是无限也可以是有限的。当某个随机变量与存在的另一个随机变量之间有一定的函数关系时,可以定义后一个随机变量为统计量。但随机变量本身并无确定的规律可循,又不可能每次都对所有的随机变量进行研究。因此,为了研究随机变量之间的函数关系,为了在有限范围内研究在无限统计分析时才具有的规律性,就必须首先构成样本空间。

在随机变量总体中抽出一定数量的个体来进行观测的过程称为抽样。抽样要采用科学的方法使抽出来的个体能反映总体的统计或随机性质,反映以总体为单位时参与物理变化的情况。例如,一棵树可以是一片森林的抽样,但是树叶就不是森林的科学抽样,一片森林对调节地球或区域的生态有作用但是却无法讨论一棵树对生态的作用。

设随机变量总体为 Ω,在保证条件无任何变化的情况下对随机变量 Ω 进行 n 次重复独立观测,得到的结果称为 n 次简单随机抽样,n 次抽样所得的结果记为 $\zeta = (\xi_1, \xi_2, \cdots, \xi_n)$,称为来自总体 Ω 的随机样本,抽样次数 n 称为样本容量。

样本应该尽可能多地反映出随机变量总体的特性,即每个 ζ_i 都具有随机变量总体的特征,也就是 ζ_i 与 Ω 具有相同的随机分布。此外,每次抽样都要保证是独立进行的,互不影响,即 $(\xi_1, \xi_2, \cdots, \xi_n) = \zeta_i$ 是相互独立的随机变量。

定义 3.1.1 如果随机变量 $(\xi_1, \xi_2, \cdots, \xi_n) = \zeta_i$ 相互独立,并且每一个 ζ 与总体 Ω 有相同的概率分布,则随机变量 $(\xi_1, \xi_2, \cdots, \xi_n) = \zeta_i$ 称为总体 Ω 的容量为 n 的样本。

抽样之后的量 ζ_i,仍是独立的随机变量,但 $\xi_1, \xi_2, \cdots, \xi_n$ 则具有确切的数值。此时,ζ_i 可以代表 Ω 参加函数运算,并且由此定义出一类由随机变量的样本产生的随机变量,即统计量。

定义 3.1.2 设 $\zeta_i = (\xi_1, \xi_2, \cdots, \xi_n)$ 是总体 Ω 的一个样本,$G(\xi_1, \xi_2, \cdots, \xi_n)$ 是样本 $\zeta_i = (\xi_1, \xi_2, \cdots, \xi_n)$ 的一个函数,则称 $G(\xi_1, \xi_2, \cdots, \xi_n)$ 为一个统计量。因为 G 是随机变量 ξ_1,

$\xi_2, \cdots, \xi_n$ 的函数，所以统计量也是一个随机变量，也有自己的概率分布，称为抽样分布。求抽样分布是数理统计的基本问题之一。

设 $X = (x_1, x_2, \cdots, x_n)$ 是来自该统计结果的一个样本，样本的均值及方差与随机变量的均值及方差有如下的关系。

设 $(x_1, x_2, \cdots, x_n)$ 是来自正态分布 $N(\mu, \sigma^2)$ 的一个样本，μ 和 σ^2 是未知的，现在要用样本来求取 μ 和 σ^2 的近似值。

定义样本均值为

$$\bar{x} = \frac{1}{n} \sum_{i=1}^{n} x_i$$

样本方差为

$$S_n^2 = \frac{1}{n} \sum_{i=1}^{n} (x_i - \bar{x})^2$$

设 $\mathrm{E}(\bar{x}) = \mu$，即样本均值 $\bar{x}$ 是原随机变量 μ 的无偏估值。由于样本方差的均值为

$$\mathrm{E}(S_n^2) = \frac{\sigma^2}{n} \mathrm{E}\left(\frac{nS_n^2}{\sigma^2}\right) = \frac{n-1}{n} \sigma^2 \tag{3.1.1}$$

所以，S_n^2 并不是原随机变量方差 σ^2 的无偏估值。但是对 S_n^2 略加修正即可写为

$$S^2 = \frac{1}{n-1} \sum_{i=1}^{n} (x_i - \bar{x})^2 \tag{3.1.2}$$

S^2 就是原随机变量方差 σ^2 的无偏估值。当 n 趋于无穷大时 S_n^2 趋于 S^2，因此称 S_n^2 称为 σ^2 的渐进无偏估计。通常使用时，由于样本容量不够大，使用 S_n^2 会使得过小估计 σ^2，因此实际中采用 S^2 的比较多。

蒙特卡罗法应用时首先要构成一个概率空间，然后在该概率空间中确定一个依赖随机变量 X，其分布函数为 $F(x)$ 的统计量 $g(x)$，使得 $g(x)$ 的数学期望

$$\mathrm{E}(g) = \int g(x) \mathrm{d}F(x) \tag{3.1.3}$$

正好等于所要求取的值 G，式(3.1.3)中 $F(x)$ 是 x 的分布函数。最后，产生随机变量 x 的简单子样 $x_1, x_2, \cdots, x_N$，取其相应的统计量 $g(x_1), g(x_2), \cdots, g(x_N)$ 的算术平均值 $\hat{G}_N$ 为统计量 $g(x)$ 的无偏估值，作为 $G(\xi_i)$ 的近似估计。令

$$\hat{G}_N = \frac{1}{N} \sum_{n=1}^{N} g(x_n) \tag{3.1.4}$$

若用 $\hat{G}_N(X)$ 表示对 $G(\xi_i)$ 的估计量，则 $\mathrm{E}_\xi(\hat{G}_N(X)) = G(X)$ 称为 $G(\xi_i)$ 的无偏估计。实际上不可能进行无穷次实验获得渐近无偏估计 $G(X)$，因此一般使用渐进无偏估计作为 $G(X)$ 的近似估计。

显然，蒙特卡罗法应用的关键是要人为地确定一个统计量，使其数学期望正好等于所要求的值，称这样的统计量为无偏估计量。

蒙特卡罗法的最低要求：能确定一个与计算步数 N 有关的无偏估计量 $\hat{G}_N$ 使得当 $N \to \infty$ 时，$\hat{G}_N(X)$ 依概率收敛于所要求的值 $G(X)$，即对任意小的 $\varepsilon > 0$，有

$$\lim_{N \to \infty} P(|\hat{G}_N - G| < \varepsilon) = 1 \tag{3.1.5}$$

式中，$P(*)$ 表示事件 $*$ 的概率。

蒙特卡罗法可以用来解决两类问题。

第一类是确定性问题,例如,计算重积分、求逆矩阵、解线性代数方程组、解积分方程、解偏微分方程的边值问题、计算微分算子特征值等。

第二类是随机性问题,例如,中子扩散问题、运筹学的库存问题、随机服务系统中的排队问题、信息和传输的算法、随机游动问题、动物生态竞争问题、传染病蔓延问题等。

解第一类问题时要假设一个概率事件作为拟仿真建模,使概率事件的统计结果就是要求的值。首先,构成一个概率空间,也就是建立一个相应于所要求解问题的概率模型,使所要求的解就是建立概率模型的某一随机变量的数学期望值。然后,在该概率空间中确定一个随机变量 x 和这个随机变量的统计量 $g(x)$,并对 $g(x)$ 进行抽样和试验。通常在计算机上试验时,要按 x 的分布函数 $F(x)$ 抽取随机变量 x 的简单子样 $x_1, x_2, \cdots, x_N$。最后,这个统计量的数学期望值 $E(g)$ 的近似值或估计量 $g(x_1), g(x_2), \cdots, g(x_N)$ 的算术平均值

$$\hat{G}_N = \frac{1}{n} \sum_{n=1}^{N} g(x_n) \tag{3.1.6}$$

就是要求的解 G。

求解第二类问题时,通常没有或很难求得确定的表达式,一般都采用直接模拟的方法,即根据实际问题的随机性用计算机进行抽样,再对试验得到的随机变量值进行统计平均,求得所要的结果。

从以上两种问题可看出,蒙特卡罗法最关键的一步是确定一个概率空间中的统计量,即使相应的无偏估计量的数学期望恰好等于所求的值。

3.1.2　蒙特卡罗法的基本问题

使用蒙特卡罗法一般要讨论如下一些基本问题,这些是不同于其他计算方法之处。

1. 蒙特卡罗法的收敛性

蒙特卡罗法尽管可以进行相当多次的抽样,但是总不能达到无穷多次,因此通常用 G 的近似估计值 $\hat{G}_N$ 代替数学期望值 G。这就有个收敛的问题,因此蒙特卡罗法的最基本要求是能确定这样一个与计算步数 N 有关的统计估计值 $\hat{G}_N$,使当 $N \to \infty$ 时,$\hat{G}_N \to$ 期望值 G。

蒙特卡罗法的近似估值 $\hat{G}_N$ 依概率 1 收敛于 G,即

$$P\left(\lim_{n \to \infty} \hat{G}_N = G\right) = 1 \tag{3.1.7}$$

要满足这一点,无偏估计量 $g(x)$ 的均值应满足

$$E(|g|) = \int |g(x)| \, dF(x) < +\infty \tag{3.1.8}$$

的条件,也就是要求这个无偏估计量的绝对数学期望值存在,式中 $F(x)$ 为 x 的分布函数。

收敛速度:如果无偏估计量满足条件 $E(|g|^r) = \int |g(x)|^r dF(x) < +\infty$,其中 $1 \leqslant r \leqslant 2$,则有

$$P\left(\lim_{N \to \infty} N^{\frac{r-1}{r}} (\hat{G}_N - G) = 0\right) = 1 \tag{3.1.9}$$

$\hat{G}_N$ 依概率 1 收敛于 G 的速度为 $N^{\frac{1-r}{r}}$,因为使分式 $(1-r)/r$ 取得最大值的 r 为 2,所以收敛速度不会超过 $N^{-0.5}$。

2. 蒙特卡罗法的误差

根据中心极限定理,只要所确定的无偏估计量具有有限的不等于零的方差 σ^2,则对于任意非负的 X 值均有

$$\lim_{N \to \infty} P\left(\frac{\sqrt{N}}{\sigma} \mid \hat{G}_N - G \mid < X \right) = \frac{1}{\sqrt{2\pi}} \int_{-X}^{X} \mathrm{e}^{-\frac{t^2}{2}} \, \mathrm{d}t$$

当 N 足够大时，有

$$P\left(\mid \hat{G}_N - G \mid < \frac{X\sigma}{\sqrt{N}} \right) \approx \frac{1}{\sqrt{2\pi}} \int_{-X}^{X} \mathrm{e}^{-\frac{t^2}{2}} \, \mathrm{d}t = 1 - \alpha \tag{3.1.10}$$

$1-\alpha$ 称为置信水平，α 称为置信度，式（3.1.10）说明发生事件 $\mid \hat{G}_n - G \mid < (X\sigma / \sqrt{N})$ 的概率由问题要求确定的置信水平决定。实际上可以由问题的要求得到 $1-\alpha$，再按正态分布确定 X，则可以由 X 求出真实值与估值的偏差为 $\mid \hat{G}_n - G \mid < (X\sigma / \sqrt{N})$。为计算方便，通常取置信水平为 $0.5, 0.95, 0.997$ 对应的 X 为 $0.6745, 1.96, 3$。置信度与正态分布取值区间关系如表 3.1 所示。

表 3.1　置信度与正态分布取值区间关系

α	0.0063	0.0027	0.0455	0.134	0.3173	0.617	0.50	0.05	0.02	0.01
X	4	3	2	1.5	1	0.5	0.6745	1.9600	2.3263	2.5758

3. 蒙特卡罗法的费用

根据上述讨论，设问题要求误差为 ε，置信水平为 $1-\alpha$，则可以利用正态积分表确定 X，再由置信水平和 $(X\sigma / \sqrt{N}) \leqslant \varepsilon$ 确定 N。也就是要求误差小于 ε 时，就必须要求样本容量 N 为

$$N \geqslant \left(\frac{X\sigma}{\varepsilon} \right)^2 \tag{3.1.11}$$

设每计算一次无偏估计量所需的费用为 C，则误差为 ε 的蒙特卡罗法总花费为

$$N_C \approx \left(\frac{X\sigma}{\varepsilon} \right)^2 C = \left(\frac{X}{\varepsilon} \right)^2 \sigma^2 C \propto \sigma^2 C \tag{3.1.12}$$

即蒙特卡罗法的费用与无偏估计量方差 σ^2、费用 C 的乘积 $\sigma^2 C$ 成正比。在同一置信水平下，$\sigma^2 C$ 值越小就表示该方法越好。

3.1.3　蒙特卡罗法的特点

蒙特卡罗法有如下几个特点。

（1）收敛速度与问题维数无关。由式（3.1.12）可以看出，当置信水平确定之后，蒙特卡罗法的误差由无偏估计量的方差 σ^2 和样本容量 N 唯一确定。因此，蒙特卡罗法的收敛速度与问题的维数无关，维数变化只是引起一次观察所需要的花费 C 的大小变化。

（2）受问题条件限制的影响不大。采用蒙特卡罗法求积分问题或边值问题时，一旦确定了拟仿真的概率模型边界条件和区域形状只影响概率事件的判决，问题的区域形状的限制对蒙特卡罗法影响不大，不会明显增加问题的难度和计算花费。

（3）不必进行离散化处理。一般计算方法都首先要把问题进行离散化，进行区域切分要确定网格，网格一旦确定后，问题只能针对网格结点上的值展开，网格以外点的值只能采用插值方法近似求得。蒙特卡罗法完全不同，蒙特卡罗法不需要进行任何离散化处理，其计算针对连续变化的量。这一优点可使蒙特卡罗法更加适用于高维问题，使精度进一步增加，可以节省大量存储单元，对建立蒙特卡罗通用程序很有利。

（4）蒙特卡罗法是一种直接解决问题的方法。特别是那些具有随机性质的问题，蒙特卡

罗法可以直接建立随机模型并在计算机上实现针对求解问题的随机过程的实验,因此是一种试验方法,是一种可靠的客观的方法,其结果常作为标准去衡量其他方法的正确性。

(5) 误差容易确定。一般计算方法要估计计算结果与真值的误差是十分困难的事,计算结果的误差与离散方法、计算机的有效位等因素都有关。而蒙特卡罗法的误差则只与 X、N、σ 有关,X 由置信度确定,N 为试验次数,σ 可以通过 $\hat{G}_N$ 来给出:

$$\hat{\sigma}_N \approx \left[\frac{1}{N} \sum_{n=1}^{N} g^2(x_n) - \hat{G}_N^2 \right]^{\frac{1}{2}} \tag{3.1.13}$$

由式(3.1.13)可知,蒙特卡罗法的误差很容易确定。

(6) 蒙特卡罗法的缺点是对小维数的问题不如其他方法好,求得的结果一般都比真实值低。

3.1.4 蒙特卡罗法待研究的若干问题

1. 随机数

具有均匀分布的总体中所产生的简单子样称为随机数序列,每一个体称为随机数。伪随机数则是由数学递推公式所产生的随机数。

产生伪随机数的方法有平方取中法、乘同余方法和乘加同余方法等。后两者很好地解决了出现周期性的问题,但是仍然有许多需要研究的问题。例如,20 世纪 60 年代初人们提出了伪随机数序列的独立性问题。

2. 已知分布的随机抽样

冯·诺依曼早在 1951 年就完成了随机抽样的基本理论,1954 年 Kahn 对冯·诺依曼的理论系统进行了补充研究并扩充了部分方法,但是此后在随机抽样的基本原理方面几乎没有什么进展,特别是如何将原理用于若干重要分布的随机抽样得到理想的随机抽样方法的研究。

3. 非归一问题的随机抽样

有些问题分布是已知的但不是归一的,其抽样方法是 1953 年由 Metropolis 确定的,但这种方法有很大的缺点,特别对连续型分布的情况,需要提出更加理想的抽样方法。

4. 蒙特卡罗法的基本技巧

蒙特卡罗法的基本技巧主要是讨论如何确定合适的无偏估计量使它相应的 σ^2 尽量小的技巧。蒙特卡罗法的基本技巧随问题不同而变化,随着具体问题的应用的迅速增长,需要应用者进一步发展各种不同类型的应用方法。

5. 蒙特卡罗法的并行化计算方法

略。

3.1.5 随机变量的基本规律

1. 随机变量

如果每次试验的结果都可以用 ξ 来表示,ξ 为实数而且对任意实数 X,"$\xi < X$"事件的发生有着确定的概率,则称 ξ 为随机变量。

事件 $\xi < X$ 对应的概率分布为 $P\{\xi < X\} = F(x)$,其中的随机变量可以是离散随机变量,也可以是连续随机变量。连续随机变量 ξ 可以用概率分布函数或概率分布密度 $p(z)$ 来描写,概率分布函数 $F(x)$ 可以表示为

$$F(x) = \int_{-\infty}^{x} p(z)\mathrm{d}z \tag{3.1.14}$$

表示随机变量 ξ 出现在 z 到 $z+\mathrm{d}z$ 范围内的概率为 $p(z)\mathrm{d}z$，其中 $p(z)$ 称为随机变量 ξ 的分布密度函数，有如下性质：

$$\begin{cases} p(z) \geqslant 0 \\ \int_{-\infty}^{\infty} p(z)\mathrm{d}z = 1 \\ P\{a \leqslant \xi \leqslant b\} = F(b) - F(a) = \int_{a}^{b} p(z)\mathrm{d}z \end{cases} \tag{3.1.15}$$

2. 数学期望值

数学期望值定义为随机变量出现概率最大的值，用 E 表示，即

$$E(\xi) = \int_{-\infty}^{\infty} X\mathrm{d}F(x) = \int_{-\infty}^{\infty} Xp(x)\mathrm{d}x \tag{3.1.16}$$

若 $F_\xi(x)$ 是 ξ 的分布函数，$f(x)$ 是连续函数，则有

$$E(f(\xi)) = \int_{-\infty}^{\infty} f(x)\mathrm{d}F_\xi(x) = \int_{-\infty}^{\infty} f(x)p(x)\mathrm{d}x$$

3. 方差

方差表示随机变量值偏离数学期望值的特性，定义为

$$D(\xi) = E(\xi - E(\xi))^2 = \int_{-\infty}^{\infty} (\xi - E(\xi))^2 \mathrm{d}F_\xi(x) \tag{3.1.17}$$

$$D(\xi) = E(\xi^2) - (E(\xi))^2 \tag{3.1.18}$$

4. 特征函数

设随机变量 ξ 的分布函数为 $F(x)$，则称 $e^{it\xi}$ 的数学期望 $f(t) = E(e^{it\xi}) = \int e^{itx}\mathrm{d}F(x)$ 为 ξ 的特征函数。

唯一性定理：分布函数由特征函数唯一决定，两者有一一对应关系。

5. 中心极限定理

无论单个随机变量的分布如何，大量的独立随机变量之和总是满足正态分布的，称为高斯分布，该分布可以由给定的数学期望值和方差完全确定下来，其分布密度函数为

$$f(x) = \frac{1}{\sigma\sqrt{2\pi}}\exp\left[-\frac{(x-\mu)^2}{2\sigma^2}\right] \tag{3.1.19}$$

6. 分布函数的基本性质

(1) 单调不减：若 $x_1 < x_2$ 则 $F(x_1) \leqslant F(x_2)$。

(2) 定义 $F(-\infty) = \lim_{x\to-\infty} F(x)$，$F(+\infty) = \lim_{x\to+\infty} F(x)$，则有 $F(-\infty)=0$，$F(+\infty)=1$。

(3) 左连续：对于 $-\infty < x_0 < +\infty$，有 $\lim_{x\to x_0-0} F(x) = F(x_0)$。

这三条基本性质不但是分布函数要满足的必要条件，也构成随机变量分布函数的充要条件。下面用符号 $N(\mu,\sigma^2)$ 表示正态分布的概率函数，其概率密度函数为

$$p(x) = \frac{1}{\sqrt{2\pi}\sigma}\exp\left\{-\frac{(x-\mu)^2}{2\sigma^2}\right\}$$

式中，$\sigma > 0$。

7. 随机变量序列的收敛性

1）依分布收敛

设随机变量 $\xi_n(n=1,2,\cdots)$ 和随机变量 ξ 的分布函数分别为 $F_n(x)(n=1,2,\cdots)$ 和 $F(x)$，若 $F(x)$ 的所有连续点 x 上都有 $\lim\limits_{n\to\infty}F_n(x)=F(x)$，则称随机变量序列 $\{\xi_n\}$ 依分布收敛于随机变量 ξ，简记为 $\xi_n\xrightarrow{L}\xi$。

2）依概率收敛

若对任意给定的 $\varepsilon>0$ 有 $\lim\limits_{n\to\infty}P\{|\xi_n-\xi|<\varepsilon\}=1$ 或 $\lim\limits_{n\to\infty}P\{|\xi_n-\xi|\geqslant\varepsilon\}=0$，则称随机变量序列 $\{\xi_n\}$ 依概率收敛于随机变量 ξ，简记为 $\xi_n\xrightarrow{P}\xi$。

3）r 阶收敛

若有 $E|\xi|^r<\infty$ 和 $E|\xi_n|^r<\infty$，且 $\lim\limits_{n\to\infty}E|\xi_n-\xi|^r=0(r>0,n=1,2,\cdots)$，则称随机变量序列 $\{\xi_n\}$ 为依 r 阶收敛于随机变量 ξ，简记为 $\xi_n\xrightarrow{r}\xi$，$r=1$ 时称 $\{\xi_n\}$ 为平均收敛，$r=2$ 时称 $\{\xi_n\}$ 为均方收敛。

4）依概率 1 收敛

若有 $P\{\omega:\lim\limits_{n\to\infty}\xi_n(\omega)=\xi(\omega)\}=1$，简记为 $P\{\lim\limits_{n\to\infty}\xi_n=\xi\}=1$，则称随机变量序列 $\{\xi_n\}$ 以概率 1（或几乎处处）收敛于随机变量 ξ，记为 $\xi_n\xrightarrow{a.e}\xi$。

上述的几种收敛之间的关系可以用图 3.1 形象化表示，其中由左向右依次满足包含关系。

图 3.1 几种收敛的关系

5）切比雪夫（Чебыщев）不等式

设随机变量 ξ 的方差 $D\xi$ 为有限值，则对任意的 $\varepsilon>0$，有

$$P\{|\xi-E\xi|\geqslant\varepsilon\}\leqslant\frac{D\xi}{\varepsilon^2}\quad\text{或}\quad P\{|\xi-E\xi|<\varepsilon\}\geqslant1-\frac{D\xi}{\varepsilon^2}$$

3.1.6 大数定律及中心极限定理的一般形式

1. 大数定律

设 $\{\xi_n\}$ 是随机变量序列，若存在常数序列 $\{a_n\}$ 对任给的 $\varepsilon>0$，有

$$\lim\limits_{n\to\infty}P\left\{\left|\frac{1}{n}\sum_{k=1}^{n}\xi_k-a_n\right|<\varepsilon\right\}=1$$

则称随机变量序列 $\{\xi_n\}$ 服从大数定律。

3 个常用的大数定律形式如下所述。

1）伯努利（Bernoulli）大数定律

n 重独立试验中事件 A 出现的频率 $\dfrac{\nu_n}{n}$ 依概率收敛于事件 A 在每次试验中出现的概率 p $(0<p<1)$，即对任给的 $\varepsilon>0$，有 $\lim\limits_{n\to\infty}P\left\{\left|\dfrac{\nu_n}{n}-p\right|<\varepsilon\right\}=1$。

伯努利大数定律以数学形式表达了随机事件出现的频率的稳定性，即当 n 很大时，事件 A 发生的频率以很大的概率趋向于每次试验中出现的概率，即 $\dfrac{\nu_n}{n} \rightarrow p(A) = p$。

2）切比雪夫大数定律

设 $\{\xi_n\}$ 是相互独立的随机变量序列，又有 $D\xi_n \leqslant C$，C 为常数，$n = 1, 2, \cdots$，则对任意的 $\varepsilon > 0$，有 $\lim\limits_{n \rightarrow \infty} P\left\{\left| \dfrac{1}{n} \sum\limits_{k=1}^{n} \xi_k - \dfrac{1}{n} \sum\limits_{k=1}^{n} E\xi_k \right| < \varepsilon \right\} = 1$。

3）辛钦（Хинчин）大数定律

设 $\{\xi_n\}$ 是相互独立同分布的随机变量序列，且有有限的数学期望 $E\xi_n = \mu$，$n = 1, 2, \cdots$，则对任意的 $\varepsilon > 0$，有

$$\lim_{n \rightarrow \infty} P\left\{\left| \frac{1}{n} \sum_{k=1}^{n} \xi_k - \mu \right| < \varepsilon \right\} = 1 \quad 即 \quad \frac{1}{n} \sum_{k=1}^{n} \xi_k \xrightarrow{p} \mu$$

辛钦大数定律可理解为：对一个随机变量 ξ 在进行 n 次重复独立观测时，得到的算术平均 $\dfrac{1}{n} \sum\limits_{k=1}^{n} \xi_k$ 在 n 很大时会以很大的概率接近一个常数，即接近数学期望值。

2. 中心极限定理

设相互独立的随机变量序列 $\{\xi_n\}$ 有有限的数学期望 $E\xi_n$ 与方差 $D\xi_n > 0 (n = 1, 2, \cdots)$，并设 $\eta_n = \dfrac{\sum\limits_{k=1}^{n} \xi_k - \sum\limits_{k=1}^{n} E\xi_k}{\sqrt{\sum\limits_{k=1}^{n} D\xi_k}}$，则 η_n 称为 $\{\xi_n\}$ 前 n 项和的标准化（规范化），中心极限定理就是要寻找 $\{\xi_n\}$ 满足什么条件时，η_n 的渐近分布是标准正态分布，即

$$\lim_{n \rightarrow \infty} P\{\eta_n < x\} = \int_{-\infty}^{x} \frac{1}{\sqrt{2\pi}} e^{-\frac{t^2}{2}} dt \tag{3.1.20}$$

3.1.7　4个常见的中心极限定理

1. 勒维-林德伯格（Lévy-Lindeberg）中心极限定理

设 $\{\xi_n\}$ 是相互独立、同分布的随机变量序列，且有有限的数学期望与方差 $E\xi_n = \mu$，$D\xi_n = \sigma^2 > 0 (n = 1, 2, \cdots)$，则对任意的实数 x，有

$$\lim_{n \rightarrow \infty} P\left\{ \frac{\sum\limits_{k=1}^{n} \xi_k - n\mu}{\sigma/\sqrt{n}} < x \right\} = \int_{-\infty}^{x} \frac{1}{\sqrt{2\pi}} e^{-\frac{t^2}{2}} dt \tag{3.1.21}$$

或

$$\frac{\sum\limits_{k=1}^{n} \xi_k - E\left(\sum\limits_{k=1}^{n} \xi_k\right)}{\sqrt{D\left(\sum\limits_{k=1}^{n} \xi_k\right)}} \xrightarrow{L} N(0, 1), \quad n \rightarrow \infty \tag{3.1.22}$$

或

$$\frac{\dfrac{1}{n} \sum\limits_{k=1}^{n} \xi_k - \mu}{\sigma/\sqrt{n}} \xrightarrow{L} N(0, 1), \quad n \rightarrow \infty \tag{3.1.23}$$

这个定理表明：当 n 充分大时，$\dfrac{1}{n}\sum\limits_{k=1}^{n}\xi_k$ 近似服从正态分布 $N\left(\mu,\dfrac{\sigma^2}{n}\right)$。

2. 棣莫弗-拉普拉斯（De Moivre-Laplace）中心极限定理

设 $\{\xi_n\}$ 是相互独立同分布的随机变量序列，且 $\xi_n \sim B(1,p)(0<p<1,n=1,2,\cdots)$，则对任意实数 x，有

$$\lim_{n\to\infty}P\left\{\frac{\sum\limits_{k=1}^{n}\xi_k-np}{\sqrt{np(1-p)}}<x\right\}=\int_{-\infty}^{x}\frac{1}{\sqrt{2\pi}}\mathrm{e}^{-\frac{t^2}{2}}\mathrm{d}t \tag{3.1.24}$$

式（3.1.24）常常等价地表达如下：设 ν_n 表示 n 重独立试验中事件 A 出现的次数，$p(0<p<1)$ 是事件 A 在每次试验中出现的概率，则对任意区间 $[a,b)$，有

$$\lim_{n\to\infty}P\left\{a\leqslant\frac{V_n-np}{\sqrt{np(1-p)}}<b\right\}=\int_{a}^{b}\frac{1}{\sqrt{2\pi}}\mathrm{e}^{-\frac{t^2}{2}}\mathrm{d}t \tag{3.1.25}$$

此处，$B(n,p)$ 为二项分布，$\mathrm{E}\xi=np$，$\mathrm{D}\xi=np(1-p)$。

3. 李雅普诺夫中心极限定理

设 $\{\xi_n\}$ 是相互独立的随机变量序列，如果对某个 $\delta>0$ 有 $0<\mathrm{E}|\xi_k-\mathrm{E}\xi_k|^{2+\delta}<\infty$，$k=1,2,\cdots$，且满足条件 $\lim\limits_{n\to\infty}\dfrac{1}{B_n^{2+\delta}}\sum\limits_{k=1}^{n}\mathrm{E}|\xi_k-\mathrm{E}\xi_k|^{2+\delta}=0$，其中 $B_n=\sqrt{\sum\limits_{k=1}^{n}\mathrm{D}\xi_k}$，则对任意实数 x，有

$$\lim_{n\to\infty}P\left\{\frac{\sum\limits_{k=1}^{n}\xi_k-\sum\limits_{k=1}^{n}\mathrm{E}\xi_k}{B_n}<x\right\}=\int_{-\infty}^{x}\frac{1}{\sqrt{2\pi}}\mathrm{e}^{-\frac{t^2}{2}}\mathrm{d}t \tag{3.1.26}$$

4. 林德伯格中心极限定理

设 $\{\xi_n\}$ 是独立随机变量序列，且有有限的方差 $\mathrm{D}\xi_n>0$，$n=1,2,\cdots$，如果对任意实数 $\tau>0$ 满足条件

$$\lim_{n\to\infty}\frac{1}{B_n^2}\sum_{k=1}^{n}\int_{|x-\mathrm{E}\xi_k|>\tau B_n}|x-\mathrm{E}\xi_k|^2\mathrm{d}F_k(x)=0$$

式中，$B_n=\sqrt{\sum\limits_{k=1}^{n}\mathrm{D}\xi_n}$，$F_k(x)$ 是 ξ_k 的分布函数，则对任意函数 x，有

$$\lim_{n\to\infty}P\left\{\frac{\sum\limits_{k=1}^{n}\xi_k-\sum\limits_{k=1}^{n}\mathrm{E}\xi_k}{B_n}<x\right\}=\int_{-\infty}^{x}\frac{1}{\sqrt{2\pi}}\mathrm{e}^{-\frac{t^2}{2}}\mathrm{d}t \tag{3.1.27}$$

此定理可解释为：若一个随机变量是由大量相互独立的随机因素的影响所造成的，而每一个别因素在总影响中所起的作用都不是很大，则这种随机变量通常都服从或近似服从正态分布。

大数法则和中心极限定理是蒙特卡罗法的基础，应该通过各种形式的表述和应用来加深理解。

3.1.8　几种常见的概率模型和分布

常见的概率模型（以下简称为概型）和分布有以下 15 种。

1. 伯努利概型——二项分布

$$F(x)=P(\mu<x)=\sum_{K<x}C_n^K p^K q^{n-K},\quad q=1-p \tag{3.1.28}$$

2. 泊松（Poisson）分布

$$F(x) = \sum_{K < x} \frac{(\lambda t)^K}{K!} e^{-\lambda t} \tag{3.1.29}$$

式中，λ 为常数，在电信科学中泊松分布可以用来表示单位时间内 K 次呼叫的占线率。

3. 均匀分布

令 Beta 分布中 $a = b = 1$，即得均匀分布

$$F(x) = \begin{cases} 0, & x < a \\ \dfrac{x-a}{b-a}, & a \leqslant x \leqslant b \\ 1, & x > b \end{cases} \tag{3.1.30}$$

4. 正态分布

$$F(x) = \frac{1}{\sqrt{2\pi}\sigma} \int_{-\infty}^{x} e^{-\frac{(t-\mu)^2}{2\sigma^2}} dt \tag{3.1.31}$$

5. 指数分布

$$F(x) = \begin{cases} 0, & x < 0 \\ 1 - e^{-\lambda x}, & x \leqslant 0 \end{cases} \tag{3.1.32}$$

6. Gamma 分布

Gamma 分布是用如下概率密度表示的概率分布，记为 $\mathrm{Ga}(\alpha, \lambda)$。

$$p(x; \alpha, \lambda) = \frac{\lambda^\alpha}{\Gamma(\alpha)} x^{\alpha-1} e^{-\lambda x} \tag{3.1.33}$$

7. Beta 分布

Beta 分布是用如下概率密度表示的概率分布，记为 $\mathrm{Be}(a, b)$，其中 a、b 是两个正值参数。

$$p(a; a, b) = \frac{\Gamma(a+b)}{\Gamma(a)\Gamma(b)} x^{a-1}(1-x)^{b-1} \tag{3.1.34}$$

8. t 分布

t 分布是用如下概率密度表示的概率分布，记为 $t(\alpha)$，其中 α 是正实数。

$$p(x, \alpha) = \frac{\Gamma\left(\dfrac{\alpha+1}{2}\right)}{\sqrt{\alpha\pi}\,\Gamma\left(\dfrac{\alpha}{2}\right)} \left(1 + \frac{x^2}{\alpha}\right)^{\frac{-(\alpha+1)}{2}} \tag{3.1.35}$$

9. z 分布

z 分布是用如下概率密度表示的概率分布，记为 $z(a, b)$，其中 a、b 是两个正值参数。

$$p(x; a, b) = \frac{\Gamma(a+b)}{\Gamma(a)\Gamma(b)} \frac{x^{a-1}}{(1+x)^{a+b}} \tag{3.1.36}$$

10. χ^2 分布

在 Gamma 分布中，令 $\alpha = n/2$，$\lambda = 1/2$，即得自由度为 n 的 χ^2 分布，记为 $\chi^2(n)$。

$$p(x; \alpha, \lambda) = \frac{1}{2^{n/2}\Gamma(n/2)} x^{\frac{n}{2}-1} e^{-\frac{x}{2}}, \quad x > 0 \tag{3.1.37}$$

11. 指数分布

在 Gamma 分布中，令 $\alpha = 1$，即得指数分布，记为 $\exp(\lambda)$。

$$p(x; \lambda) = \lambda e^{-\lambda x}, \quad x > 0 \tag{3.1.38}$$

12. 反余弦分布

在 Beta 分布中,令 $a=b=1/2$,即得反余弦分布。

13. 多项分布

$$P(X_1=n_1,\cdots,X_r=n_r)=\frac{n!}{n_1!\cdots n_r!}p_1^{n_1}\cdots p_r^{n_r} \tag{3.1.39}$$

14. 非中心 Gamma 分布

非中心 Gamma 分布是如下概率密度表示的概率分布,记为 $\mathrm{Ga}(\alpha,\lambda,\gamma)$。

$$p(x;\alpha,\lambda,\gamma)=\frac{\mathrm{e}^{-\gamma}\gamma^m}{m!}P_G(x;\alpha+m,\lambda) \tag{3.1.40}$$

15. 非中心 t 分布

非中心 t 分布是用如下概率密度表示的概率分布,记为 $t(n,\gamma)$,其中 γ 是非负实数。

$$p(x,n,\gamma)=\frac{n^{\frac{n}{2}}\mathrm{e}^{-\frac{r^2}{2}}}{\sqrt{\pi}\,\Gamma\left(\frac{n}{2}\right)(n+x^2)^{\frac{n+1}{2}}}\sum_{m=0}^{\infty}\Gamma\left(\frac{m+n+1}{2}\right)\frac{\lambda^m}{m!!}\left(\frac{\sqrt{2}\,x}{\sqrt{n+x^2}}\right)^m \tag{3.1.41}$$

3.1.9　蒙特卡罗法简单应用举例

为了有一个直观的基本概念,举例如下。

例 3.1　Buffon 投针试验求 π 的近似值(1777 年)。

平面上有相距 $2a$ 的两条平行线,向这一平面随机投放一个长为 $2l$ 的针,设 $a>l>0$,针的中点用 M 表示,y 是中点 M 与最近一条平行线的距离,ϕ 是针与平行线的交角。显然有如下的条件(参见图 3.2)。

(1) $0\leq y\leq a$,$0\leq\phi\leq\pi$;

(2) 针与平行线相交的充要条件为 $y\leq l\sin\phi$,于是,针与平行线相交概率为

$$p=\frac{1}{\pi a}\int_0^\pi\int_0^{l\sin\phi}\mathrm{d}y\,\mathrm{d}\phi=\frac{1}{\pi a}\int_0^\pi l\sin\phi\,\mathrm{d}\phi=\frac{2l}{\pi a} \tag{3.1.42}$$

此处,y 的变化范围是由 0 到 a,ϕ 则只能由 0 变到 π,ϕ 和 y 变化范围扫过的总面积为 πa,总的概率为 1,参见图 3.3,则所有可能发生的事件的总值为 πa,而投针与平行线相交的概率面积为 $\int_0^\pi\int_0^{l\sin\phi}\mathrm{d}y\,\mathrm{d}\phi$。用 N 表示投针的次数,ν 是针与平行线相交的次数。当试验次数足够多时,相交概率为 $p=\nu/N$,由式(3.1.42)有 $\dfrac{\nu}{N}\approx\dfrac{2l}{\pi a}$,于是有 $\pi\approx\dfrac{2lN}{a\nu}$ 的关系。

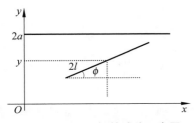

图 3.2　**Buffon 投针试验示意图**

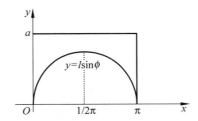

图 3.3　投针试验中针与线相交概率

Buffon 投针试验可以编计算机程序进行计算。Wolf 在 1853 年取 $a=45,l=36,N=$

5000 进行试验时,得到 $v=2532$,计算出的 π 值为 3.1596。表 3.2 列出一些试验结果。

表 3.2 历史上投针试验获得的 π 的近似值

试 验 者	时 间	针长(l/a)	投针次数	相交次数	π 的估计值
Wolf	1850 年	0.80	5000	2532	3.159 56
Smith	1855 年	0.60	3204	1218	3.156 65
Fox	1884 年	0.75	1030	489	3.159 51
Lazzarini	1925 年	0.83	3408	1808	3.141 592 92

实际上,该试验的精度并不高。设 $l=a$,则 $p=2/\pi$,由中心极限定理可知：当试验次数为 n 时,如果要求置信度为 0.95,同时要求 π 的估计值达到小数点后三位有效数字,则试验次数 n 应该达到 8.87×10^5,显然表 3.2 中 Lazzarini 的结果纯属巧合(该结果接近祖冲之的密率 355/113)。

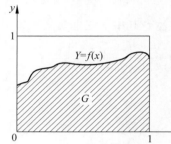

图 3.4 随机投点求积分值

例 3.2 见图 3.4,求定积分值 $I = \int_0^1 f(x)\mathrm{d}x$。

设 $f(x)$ 是 $[0,1]$ 上的连续函数且 $0 \leqslant f(x) \leqslant 1$,那么当向正方形 $[1,1]$ 内均匀投点 (ξ, η) 时,随机点落入曲线 $y=f(x)$ 下面的概率就是要求的积分值。

$$P_r\{y \leqslant f(x)\} = \int_0^1 \int_0^{f(x)} \mathrm{d}y\,\mathrm{d}x = \int_0^1 f(x)\mathrm{d}x = I$$

例 3.3 应用泊松过程估算地面移动设备雷击概率。

(1) 泊松分布与二项分布。

泊松分布源于二项分布,因为泊松分布是某段时间间隔或某个给定区域内发生的结果是否达到了某个数量,本质上还是达到与没达到的选择。二项分布为

$$P\{y=k\} = \binom{n}{k} p^k q^{n-k} \quad p+q=1 \quad k=0,1,2,\cdots,n$$

实际情况中,当 p 或 q 很小,而试验次数 n 很大时,$n \to \infty$, $p \to 0$,两者是同级的无限大/小,所以 $np \to \lambda$,一定趋于一个常数 λ。设试验时间无限长,每次试验的间隔时间为 Δ,在区间 Δ 中发生 k 次呼叫的概率满足如下的二项分布：

$$p_n(k) = \frac{n!}{(n-k)!\,k!} p^k (1-p)^{n-k} \quad k=0,1,2,\cdots,n$$

泊松定理可推导出二项分布的极限分布。

泊松定理如下：如果 $n \to \infty$ $p \to 0$,$np \to \lambda$,则有

$$\frac{n!}{(n-k)!\,k!} p^k (1-p)^{n-k} \xrightarrow[n \to \infty]{} \mathrm{e}^{-\lambda} \frac{\lambda^k}{k!} \quad k=0,1,2,\cdots$$

(2) 首次发生的小概率事件的泊松分布。

把泊松定理应用于 p 很小,而试验次数 n 很大时的二项分布问题中,也就是用于随机泊松点的问题：随机放置 n 个点到 $(-T/2, T/2)$ 区间并且用 $P\{k$ 在 t_a 内$\}$ 表示这些点中的 k 个将落在 (t_1, t_2) 内的概率。设问题要考虑的区间长度为 $t_a = t_2 - t_1$,$p = t_a/T$,则在 $n \gg 1$ 并且 $t_a = t_2 - t_1 \ll T$ 时,有

$$P\{k \text{ 在 } t_a \text{ 内}\} \approx e^{-\frac{nt_a}{T}} \frac{\left(\dfrac{nt_a}{T}\right)^k}{k!} = e^{-\lambda t_a} \frac{(\lambda t_a)^k}{k!}$$

用 X 表示在一个泊松试验中得到的某个随机变量结果的数量,称为泊松随机变量,在公式中表示为 $X > x$,其概率分布为泊松分布,结果的均值为 $\mu = \lambda t$,t 是具体的时间、距离、面积或体积;λ 是结果的发生率,表示在单位时间、长度、面积或体积内得到结果的平均数量。某段时间间隔或某个给定区域内某事件发生的次数满足泊松分布:

$$p(x;\lambda t) = \frac{e^{-\lambda t}(\lambda t)^x}{x!} \quad x = 0,1,2,\cdots$$

其中,$X(x)$ 表示在给定的时间间隔或指定的区域 t 内结果的发生数量;X 为泊松随机变量;λ 是在单位时间、长度、面积或体积内得到结果的平均数量。

例如,一个试验中,$1\mu s$ 内通过计数器的平均辐射粒子数为 4 个。在某个 $1\mu s$ 中有 6 个辐射粒子通过计数器的概率是多少?

按所给条件知道,$x = 6$,$\mu = \lambda t = 4$,有

$$p(6;4) = \frac{e^{-4}4^6}{6!} = \sum_{x=0}^{6} p(x;4) - \sum_{x=0}^{5} p(x;4) = 0.889\,3 - 0.785\,1 = 0.104\,2$$

又例如,在 12 小时内,有 180 个电话随机打来,问 4 小时中打入电话数介于 50~70 个的概率有多大?此时 $p = 4/12$,$x = 180$,$k = 50 \sim 70$。

泊松分布为离散分布,用来计算在某时间间隔或空间范围内一定数目的泊松事件发生的概率,就变成了连续分布的泊松问题。在很多应用中,时间或空间可以是随机变量,而泊松分布是一个单参数的分布,参数 λ 可以理解为单位时间内事件发生的平均数目。

在许多情况下,更关心的是问题中的事件发生没发生,可以等价地考虑首次发生该事件的时间是否落在我们关心的时间或区间段内。当我们考虑描述事件首次发生所需要的等待时间的随机变量时,可以研究在时间 t 时,事件还没有发生时的概率,于是互补的概率问题是只要发生事件的概率。于是,有

(首次发生事件所需要的等待时间的概率)= 1 - (只要发生事件的概率)

泊松事件首达时刻,即在某段时间间隔或某个给定区域内还没有发生概率事件的概率等价于发生所有事件的概率,即

$$P(X \geqslant 1) = = 1 - p(0;\lambda t) = 1 - \frac{e^{-\lambda t}(\lambda t)^0}{0!} = 1 - e^{-\lambda t} = e^{-\lambda t}$$

(3)根据问题条件构建概率密度函数。

为了构造移动设备雷击概率函数,首先要回顾一下构建概率函数的理论。针对随便选取或构造的一些函数,怎么判断它是否为概率函数?从数学上讲,应该满足随机函数的存在性定理。

存在性定理:给定一个函数 $f(x)$ 或它的积分 $F(x) = \displaystyle\int_{-\infty}^{x} f(u)\,du$,如果要求能够构造一个随机变量 x 和一个随机试验,具有分布密度函数 $f(x)$ 或分布函数 $F(x)$,则要求该函数必须具有如下性质:函数 $f(x)$ 或分布函数 $F(x)$ 必须是非负的并且在 $(-\infty, +\infty)$ 上的积分 $F(x) = 1$;$F(x)$ 必须是右连续的,并且当 x 从 $-\infty$ 增加到 ∞ 时,函数 $f(x)$ 必须单调地从 0 增加到 1。

在构建关于随机变量的概率分布函数时,其均值是最重要的信息,因为这是无限次概率试

验得到的必然性的结果。对于泊松概率分布来讲，其均值为 $\mu = \lambda t$，

没有事件发生时 $x = 0$，泊松分布变成指数分布，则 x 的累积分布为

$$P = 1 - e^{-\lambda x} = e^{-\lambda x}$$

指数分布函数：如果随机变量 x 的概率密度函数为 $f_x(x) = \begin{cases} \lambda e^{-\lambda x}, & x \geqslant 0 \\ 0, & \text{其他} \end{cases}$，则称随机变量 x 是服从具有参数 λ 的指数分布。如果在互不相交的区间上事件发生是相互独立的，例如电话呼叫的到达时间、公共汽车到达一个车站的时间或类似的事件的等待时间，都可以用指数分布来描述。

因此，在构建移动设备雷击概率函数时，首先要合理地假设其数学期望值或均值。在我们的问题中，讨论的是近地面发生的雷击事件，尽管描述车辆、公路、雷云的参数复杂各异，但是有意义的最主要的是地面物体的引雷面积。因此，取地面移动目标的等效静止区域面积与雷云区行车路线决定的公路的面积之比作为发生雷击概率的均值 $\mu = \lambda t$。定义概率 p_{em} 主要由处于雷云区的公路的总的引雷面积和移动目标的等效静止引雷面积决定。

设移动目标的等效静止区域面积为 σ_{em}；雷云区的行车路线的公路总面积的下确界，也就是公路的总建筑面积，仍然用 σ_{cm} 表示；用 σ'_{cm} 表示由移动出发点到发生雷击点的公路的总建筑面积；公路的总长度用 L_{cm} 表示；由移动出发点到发生雷击点的公路的总长度用 L'_{cm} 表示；移动目标的等效静止引雷面积用 σ_{em} 表示，而移动目标的等效静止引雷面的长度用则 L_{em} 表示。

从实际情况考虑，公路的宽度与移动车辆的宽度有一定的比例关系，例如两车道、四车道、六车道等。假设最简单公路情况，也就是两车道的情况，就可以把公路宽度 D 设为移动车辆的 2 倍。根据地面物体引雷面与高度的关系，考虑车辆比地面有一定的高度，所以可以忽略这个差异，则有

$$\sigma_{em} = L_{em} \times d_{车宽} \cong L_{em} \times D \tag{3.1.43}$$

$$\sigma_{cm} = L_{cm} \times D \tag{3.1.44}$$

在我们的问题中，λ 是事件的发生率或均值，可以认为 λ 等于移动目标的等效静止区域面积与雷云区的行车路线的公路总面积之比，也就是公路的总长度与移动目标的等效静止引雷长度之比，即 $\lambda = \dfrac{L_{em}}{L_{cm}}$。

问题中，首次发生雷击事件的位置是不确定的随机数，就是近地面发生的雷击地面移动设备事件中的随机变量 x。不管雷击发生在何处，都属于地面移动目标的"首次发生雷击"这个事件，设 L'_{cm} 是"首次发生雷击"的随机位置，就可以把随机变量 x 用 $x = \dfrac{L_{em}}{L'_{cm}}$ 表示。

经过推导得到

$$p_{em} = \left(\frac{L_{em}}{L_{cm}}\right) e^{-\frac{L_{em}}{L_{cm}}x} = \lambda e^{-\frac{L_{em}}{L_{cm}}\left(1 - \frac{L_{em}}{L'_{cm}}\right)} \rightarrow \lambda e^{-\lambda \frac{1}{1-x}} = \lambda e^{-\lambda(x + x^2 + x^3 + \cdots)} \approx \lambda e^{-\lambda x}$$

在这个概率表达式中，选取 $e^{-\frac{L_{em}}{L_{cm}}\left(1 - \frac{L_{em}}{L_{cm}}\right)}$ 是为了使概率函数满足存在性定理的要求：$F(x)$ 必须是右连续的，并且当 x 从 $-\infty$ 增加到 ∞ 时，函数 $f(x)$ 必须单调地从 0 增加到 1。

当 $L'_{cm} = L_{em}$ 时，由于公路非常短，不可能发生雷击，分母为 0，则 $e^{-\infty} = 0$；当 L_{cm} 为无穷长时，表示公路非常长，其上移动的车辆一定会遭受雷击，也就是 $e^{-\frac{L_{em}}{L_{cm}}} \rightarrow e^{-\frac{L_{em}}{\infty}} = e^0 = 1$。综上所

述,我们设计的首次发生雷击事件概率函数符合存在性定理的要求条件。

设 $\lambda = \dfrac{L_{em}}{L_{cm}}$,而首次发生雷击事件的位置 L'_{cm} 是不确定的随机数,但是不管发生在何处,都属于地面移动目标的"首次发生雷击"这个事件,设 $x = \dfrac{L_{em}}{L'_{cm}}$,有

$$\mathrm{e}^{-\dfrac{L_{em}}{L_{cm}\left(1-\dfrac{L_{em}}{L'_{cm}}\right)}} \to \mathrm{e}^{-\left(\dfrac{L_{em}}{L_{cm}}\right)\dfrac{1}{1-x}} = \mathrm{e}^{-\left(\dfrac{L_{em}}{L_{cm}}\right)(x+x^2+x^3+\cdots)} \to \mathrm{e}^{-\left(\dfrac{L_{em}}{L_{cm}}\right)x} = \mathrm{e}^{-\lambda x}$$

以典型数值为例,设地面移动目标长度的线度 $L_{移动目标}$ 为 $10\sim20\mathrm{m}$,再加上地面移动目标运动产生的等效长度 $40\sim60\mathrm{m}$,设移动目标等效静止引雷长度 L_{em} 为 $50\sim80\mathrm{m}$。选取行驶的公路长度为 $1\mathrm{km}$,按此数据计算可得到 p_{em} 为 $0.047\,5\sim0.078\,4$,p_{em} 随着等效静止引雷长度和公路长度取值的不同而变化。

根据上述演算,大型运输车运输中被雷击是个小概率事件。但是,这个举例只是配合教学的简单情况,实际情况中,雷云高度、厚度、云-地温度差决定的雷云带电量,以及运输货物的易燃易爆性质等因素都对结果产生很大影响,并不能得出大型运输车运输中被雷击是小概率事件的结论。

3.2 伪随机数

3.2.1 简单子样

产生随机数是执行蒙特卡罗法的基本条件,通常用随机数序列的方法实现。具有单位均匀分布的总体中所产生的简单子样称为随机数序列,其中每一个体称为随机数。

简单子样指的是这样的随机子样 $\{x_n\}_{n=1}^N = \{x_1,\cdots,x_N\}$,它们之间相互独立,对于任意的 x 和所有的 $n=1,2,\cdots,N$,满足

$$P(x < x_n < x + \mathrm{d}x) = f(x)\mathrm{d}x \tag{3.2.1}$$

简单子样的性质如下。

(1) 对于任意的统计量 $g(x)$,$\{g(x_n)\}_{n=1}^N$ 具有同一分布且相互独立,数学期望均等于

$$G = \mathrm{E}(g) = \int g(x)\mathrm{d}F(x) = \int g(x)f(x)\mathrm{d}x \tag{3.2.2}$$

$F(x)$ 与 $f(x)$ 分别为随机变量 ξ 的分布函数和分布密度函数。

(2) 只要 $\mathrm{E}(|g|) = \int |g(x)| f(x)\mathrm{d}x$ 存在,则蒙特卡罗近似估计值 $\hat{G}_N^S = \dfrac{1}{N}\sum_{n=1}^N g(x_n)$ 便依概率 1 收敛于 G。

(3) 只要统计量 $g(x)$ 的方差 σ^2 存在,且异于 0,则 $\sqrt{N}\,|\,\hat{G}_N^S - G\,|/\sigma$ 就渐进于正态分布。

3.2.2 随机数与伪随机数

前面提到,由具有已知分布的总体中产生的简单子样在蒙特卡罗法的问题中占有非常重要的地位。形式多样的简单子样可以按照一定的规则利用基础的随机变量产生,显然最合适的基础随机变量是单位均匀分布的随机变量,就如同可以用黑点在白纸上构造出任意形状的图案的情形一样。在蒙特卡罗法中,把这种分布的简单子样作为基础量来看待,而针对其他分布产生简单子样时,就把这种具有单位均匀分布的随机变量看成已知条件。通常人们采用随

机数作为计算机上的单位均匀分布的随机变量。因此,生产随机数成为应用蒙特卡罗法的大前提。

1. 随机数

均匀分布也称为矩形分布,其中最基本的是单位均匀分布,其密度函数为 $f(x)=1(0\leqslant x\leqslant 1)$,而从具有单位均匀分布的总体中产生的简单子样 $x_1,x_2,\cdots,x_N$ 称为随机数序列,其中的每一个体称为随机数,并且用 $\xi_1,\xi_2,\cdots,\xi_N$ 等符号表示。

2. 随机数的性质

设随机数 $\xi_1,\xi_2,\cdots$ 是相互独立的具有相同单位均匀分布的随机变量序列,则对任意自然数 S,由 S 个随机数所组成的 S 维空间上的点 $(\xi_{n+1},\xi_{n+2},\cdots,\xi_{n+s})$ 也在 S 维空间的单位方体 G_s 上均匀分布,也就是对于任意小的 $a_i,0\leqslant a_i\leqslant 1,i=1,2,\cdots,s$,有下式成立:

$$P(\xi_{n+i}\leqslant a_i,i=1,2,\cdots,s)=\prod_{i=1}^{s}a_i \tag{3.2.3}$$

客观上存在许多真正的随机变量,因而用物理的方法产生随机数应当不成问题。例如,可以用放射性同位素的衰变来产生随机数。1942 年,RAND 公司就是以随机脉冲源,用电子旋转轮产生随机数表的,但要产生又快又准的随机数是很困难的。例如,1975—1978年,Frigerio 做了一个高分率的计数器,每小时能产生 6000 个 31 位的真随机数。但是,随机过程一去不复返,而且设备的维修费用昂贵,显然产生的随机数的数量少而且慢。

3. 伪随机数

由于采用真随机数遇到困难,人们普遍用数学方法产生随机数,但这种随机数是由递推公式和初值推出的,也就不满足随机数相互独立的要求。由于计算机所能表示的[0,1]上的数量是有限多个,而随机数又由递推公式产生,所以就会出现周期现象。因此,一般称用数学方法产生的随机数为伪随机数。

尽管存在这些问题,但在一定范围的应用中,只要这些伪随机数序列能通过一系列的统计检验,如均匀性和独立性的检验,就可以把它当作随机数来使用。伪随机数的应用范围与伪随机数的总体大小有直接关系,在应用中伪随机数的数量应能满足所设概率模型和问题精度的要求。实际上,随机数无边无际变化的性质总是体现在有限逼近的过程中。

4. 伪随机数的最大容量

由伪随机数组成的子样有一个最大限度,超出这个限度将出现周期循环现象,则从伪随机数的初始值开始到出现循环现象为止所产生的伪随机数的个数称为伪随机数的最大容量。

3.2.3 产生伪随机数的几种方法

1. 平方取中法

这是最早的一种方法,由冯·诺依曼提出,是历史上第一个产生伪随机数的方法。

以十进制为例,平方取中法是把一个 $2s$ 位的十进制数自乘,去头截尾保留中间的 $2s$ 位数字,再用 10^{2s} 来除使结果落在[0,1]区间,得到的结果就是[0,1]上的伪随机数,平方取中法可用公式表示为

$$X_{n+1}\equiv[10^{-s}X_n^2](\bmod 10^{2s})$$

十进制:
$$\xi_{n+1}=\frac{X_{n+1}}{10^{2s}} \tag{3.2.4}$$

$$X_{n+1} \equiv [2^{-s} X_n^2] \pmod{2^{2s}}$$

二进制：

$$\xi_{n+1} = \frac{X_{n+1}}{2^{2s}} \qquad (3.2.5)$$

式中，用 10^{-s} 乘 X_n^2 表示"截尾"，$(\bmod\, 10^{2s})$ 运算表示"去头"，$A \bmod (N)$ 表示取余运算，即 A 除以 N 所剩的余数，$[*]$ 符号（方括号）表示取整运算，取不超过"$*$"的最大整数。

与此类似，Forsythe 提出类似的方法如下：

$$X_{n+2} \equiv [2^{-s} X_n X_{n+1}] \pmod{2^{2s}}$$

$$\xi_{n+2} = \frac{X_{n+2}}{2^{2s}} \qquad (3.2.6)$$

平方取中法的最大容量随初值的不同而变化，情形非常复杂。

练习题：取十进制数，用平方取中法产生伪随机数序列并比较序列长度，找到周期发生部位（建议数字：$2s = 4$，$X_0 = 1111$ 和 $X_0 = 6400$）。

当用数学方法产生伪随机数时，如果计算的伪随机数产生了零值或产生了重复的元素，则伪随机数序列中断，并决定了此随机数最大序列长度。平方取中法缺点很多，现已很少采用，目前使用比较多的是乘同余法和乘加同余法。

2. 加同余法

任取两个数作为初值，用下面的公式产生后续随机数：

$$X_{n+2} \equiv X_n + X_{n+1} \pmod{M}$$

$$\xi_{n+2} = \frac{X_{n+2}}{M} \qquad (3.2.7)$$

当采用 $X_1 = X_2 = 1$ 时，所产生的序列就是著名的斐波那契(Fibonacci)数列，该数列在生物等多种学科中有广泛的应用。一般性地讨论加同余法的最大容量很困难，但是当取 $M = 2^s$ 时，该随机序列的最大容量为 $3 \times 2^{s-1}$。

3. 乘同余法

乘同余法是 Lehmer 首先提出的。其方法为：对任意取定的初值再用式(3.2.8)决定后续随机数。

$$\begin{cases} X_{n+1} \equiv a X_n \pmod{M} \\ \xi_{n+1} = \dfrac{X_{n+1}}{M} \end{cases} \qquad (3.2.8)$$

式中，a 为选定的常数，在式中最好取 X_1 为 $4q+1$ 型的数，q 为任意整数，a 取 5^{2K+1} 型的数，K 是使 5^{2K+1} 达到计算机允许的最大奇数时所确定的数。

其最大容量主要取决于产生周期的时刻，与 a 的取值有关，通常与初值 X_1 的选取无关，与 M 的具体值关系不大，但一般要取 X_1 与 M 为互素数。

4. 乘加同余法

乘加同余法由 Rotenbery 提出，其方法如下：对任意初值 X_1，由下式确定伪随机数。

$$X_{n+1} \equiv a X_n + c \pmod{M}$$

$$\xi_{n+1} = \frac{X_{n+1}}{M}, \quad a, c \text{ 为常数} \qquad (3.2.9)$$

乘子 a 为小于模 M 的正整数，c 为非负整数，常选为 0。当 $c = 0$、M 取素数、a 是 M 的一个原根时用乘同余法产生的随机数的周期为 $M-1$，而 M 通常取为 $M = 2^{31} - 1$，$a = 16\,087$ 或

630 360 016。当取 $M=2^K$、K 为整数、a 为模 8 余 3 或 5 的整数时所产生的随机数周期为 2^{K-2}。

1968 年，Marsaglia 从理论上指出乘同余法的缺点是：给定长度 K，设 $(\xi_{i1},\xi_{i2},\cdots,\xi_{ik})$ 为乘同余法所产生的随机数空间上的一点，这些点的分布具有栅格结构，也就是，这些点落在具有确定数量的等距离的平行超平面上，也就是说是有规律的，破坏了应有的随机性。

5. 移位寄存器法——Tausworthe 法

一般形式为

$$\begin{cases} \boldsymbol{\beta}_j = \boldsymbol{\beta}_0 x \boldsymbol{T}_j \\ \xi_j = \sum_{k=1}^{n} b_{(j-1)\times n+k} x 2^{k-1}, \quad j=1,2,\cdots \end{cases} \tag{3.2.10}$$

式中，$b_j \in Z$（Z 表示只含数 0 和 1 的二元有限域），$\boldsymbol{\beta}_j = (b_{1,j},b_{2,j},\cdots,b_{n,j})$ 是 $1\times n$ 的二进制矩阵。

$$\boldsymbol{T} = (\boldsymbol{I}+\boldsymbol{R}^s)(\boldsymbol{I}+\boldsymbol{L}^t)$$

$$\boldsymbol{I} = \begin{bmatrix} 1 & 0 & 0 & \cdots & 0 \\ 0 & 1 & 0 & \cdots & 0 \\ 0 & 0 & 1 & \cdots & 0 \\ \vdots & \vdots & \vdots & \ddots & \vdots \\ 0 & 0 & 0 & \cdots & 1 \end{bmatrix}_{n\times n} \quad \boldsymbol{R} = \begin{bmatrix} 0 & 1 & 0 & \cdots & 0 \\ 0 & 0 & 1 & \cdots & 0 \\ \vdots & \vdots & \vdots & \ddots & \vdots \\ 0 & 0 & 0 & \cdots & 1 \\ 0 & 0 & 0 & \cdots & 0 \end{bmatrix}_{n\times n}$$

$$\boldsymbol{L} = \begin{bmatrix} 0 & 0 & \cdots & 0 & 0 \\ 1 & 0 & \cdots & 0 & 0 \\ 0 & 1 & \cdots & 0 & 0 \\ \vdots & \vdots & \ddots & \vdots & \vdots \\ 0 & 0 & \cdots & 1 & 0 \end{bmatrix}_{n\times n}$$

t 为整数，$\boldsymbol{I}$、$\boldsymbol{R}$、$\boldsymbol{L}$ 为 $n\times n$ 矩阵。

移位寄存器法产生的伪随机数周期为 2^{n-1}，但这种伪随机数发生器可能具有严重的高位序列相关性。

6. 斐波那契法

该法的一般形式为 $X_i = (X_{i-p} \otimes X_{i-q}) \bmod 2^m$，其中 $\otimes$ 是一种运算操作，可以定义为加、减、乘、逻辑异或（p、q 为延迟步，且 $p>q$）。

斐波那契法最大的优点是可以直接进行浮点运算，而不像其他算法需要经整数转换。

7. 混合法

混合法于 1965 年由 Donald 和 Marsaglia 提出，该方法将两个或三个乘同余方法简单组合。步骤如下。

(1) 给出两个单独的乘同余发生器：

$$\begin{cases} X_i = (\alpha X_{i-1}) \bmod M_x \\ Y_i = (\beta Y_{i-1}) \bmod M_y \end{cases}$$

(2) 组合规则：

$$\begin{cases} Z_i = X_i \otimes Y_i = \begin{cases} X_i - Y_i + M_x - 1, & X_i - Y_i \leqslant 1 \\ X_i - Y_i, & \text{其他} \end{cases} \\ \xi_i = Z_i/M_x, & i=1,2,3,\cdots \end{cases}$$

如果取 $\alpha=40\ 014,\beta=40\ 692,M_x=2\ 147\ 483\ 563,M_y=2\ 147\ 483\ 399$,产生的随机数周期为 $(M_x-1)(M_y-1)/2$。

8. 复杂组合法

复杂组合法于 1990 年由 Marsaglia、Zaman 和 Tsang 设计。

基本思想:采用斐波那契序列和乘同余方法设置初值,再利用一个简单的算术序列和斐波那契序列给出随机数。步骤如下。

(1) 产生初始种子序列 $\{Y_n\}\{Z_n\}\{b_n\}$:

$$Y_n=Y_{n-3}*Y_{n-2}*Y_{n-1}\ \mathrm{mod}\ 179$$

$$Z_n=53*I_{n-1}\ \mathrm{mod}\ 169$$

$$b_n=\begin{cases}0, & Y_n*Z_0\ \mathrm{mod}\ 64<32\\ 1, & 其他\end{cases}$$

初值 Y_0,Y_1,Y_2 为 $[1,178]$ 区间内的任意整数,不能同时全为 1;初值 Z_0 为 $[0,168]$ 区间的任意整数。由此产生 $M\times N$ 个 b_i,即 $i=1,2,\cdots,M\times N$。M 表示所需的种子数,N 为二进制小数的位数。把种子转换为实型数:

$$X_i=\sum_{j=1}^{N}b_{(i-1)*N+j}*2^{-j},\quad i=1,2,\cdots,M$$

(2) 产生简单算术序列 $\{C_n\}$:

$$C_n=C_{n-1}\otimes d=\begin{cases}C_{n-1}-d, & C_{n-1}\geqslant d\\ C_{n-1}-d+e, & 其他\end{cases}$$

式中,d 等于任意整数除以 2^N 所得的数,e 等于对小于 2^N 的最大素数除以 2^N 所得的数,C_0 等于任意整数除以 2^N 所得的数,序列 $\{C_n\}$ 的周期为小于 2^N 的最大素数。

(3) 斐波那契序列及组合规则。

斐波那契序列为

$$X_n=X_{n-i_p}\otimes X_{n-j_p}$$

定义运算 $\otimes$ 为

$$X\otimes Y=\begin{cases}x-y, & x\geqslant y\\ x-y+1, & 其他\end{cases}$$

(4) 组合产生随机数序列 $\{U_n\}$:

$$U_n=X_n\otimes C_n$$

这种方法产生的伪随机数序列有很长的周期且能通过各种统计检验,如果对(3)的斐波那契序列稍做改进即可得到周期更长的伪随机数序列。

3.2.4　伪随机数的检验

只有经过一系列检验,所产生的伪随机数序列才能作为随机数使用。重要的检验内容简述如下。

1. 均匀性检验

一般伪随机数序列可表示为 $\{\xi_n\}_{n=1}^{N}$,均匀偏度定义为

$$\Delta(N)=\sup_{0\leqslant x\leqslant 1}\left|\frac{1}{N}\sum_{n=1}^{N}\eta(\xi_n<X)-X\right| \tag{3.2.11}$$

$\eta(*)$ 运算表示当 "$*$" 成立时 $\eta(*)=1$，否则为 0，$\Delta(N)$ 越小越好。

2. 伪随机数的独立性

检验独立性比检验均匀性困难得多，独立性检验方法主要有顺序相关方法、对分布方法、三排列方法、独立偏度法、均匀偏度法等。

例如，在顺序相关方法中，间距为 δ 的两个伪随机数的相关系数为

$$\rho(0,1) = \frac{\frac{1}{N}\sum_{n=1}^{N}\xi_n\xi_{n+\delta} - \left(\frac{1}{N}\sum_{n=1}^{N}\xi_n\right)^2}{\frac{1}{N}\sum_{n=1}^{N}\xi_n^2 - \left(\frac{1}{N}\sum_{n=1}^{N}\xi_n\right)^2} \tag{3.2.12}$$

3. 统计检验

统计检验很重要，任何一个伪随机数是否可用作随机数，除定性分析方法之外，最终还要靠统计检验。

除上述几种之外，还有伪随机数分布规律检验、χ^2 检验、Kolmogorov-Smirnov 检验、Gap 检验、谱检验、频率检验、OPSO 检验、Birthday-Spacings 检验、矩检验等。

对使用的伪随机数序列选择哪一种检验方法，不仅取决于产生伪随机数的方法而且取决于用伪随机数要解决的问题的需要。例如，一维积分问题中均匀性很重要，而随机游动问题中独立性很重要。

3.3 随机变量的抽样

讨论由已知分布的总体中产生简单子样的方法。用 $X_1, X_2, \cdots, X_N$ 表示容量为 N 的简单子样，已知分布函数 $F(x)$ 的分布密度函数为 $f(x)$，则相应的简单子样中的个体表示为 X_F 或 X_f。需要强调的是，随机数与随机变量的简单子样在数学处理上有根本的区别，随机数的产生方法依据的数学公式是近似意义上的，是半经验性的；而随机变量的抽样方法却是有严格的理论依据的，是精确的。随机变量抽样的任务是用数学方法实现对任意已知的随机变量取样，产生满足需要分布的随机变量的简单子样。下面将讨论几种常用的随机变量抽样方法。

3.3.1 直接抽样方法

直接抽样就是按照抽样的定义直接进行的抽样。

离散随机变量的情形：

$$X_n = \inf_{F(t)\geq\xi_n} t, \quad n=1,2,\cdots,N \tag{3.3.1}$$

连续随机变量的情形：

$$X_F = \inf_{F(t)\geq\xi} t, \quad \xi \text{ 为随机变量} \tag{3.3.2}$$

式（3.3.1）和式（3.3.2）的含意可以解释为：X_F 等于满足 $F(t)\geq\xi$ 的自变量的下确界；X_n 为具有分布函数 $F(t)$ 的大于或等于 ξ_n 的最小的 t，也就是说，具有分布 $F(x)$ 而且其分布概率大于或等于 ξ_n。

1. 离散随机变量的抽样方法

随机变量 η 在跳跃点 $X_1, X_2, \cdots$ 上有概率 $P_1, P_2, \cdots$，其分布函数为

$$F(x) = \sum_{X_i\leq X} P_i, \quad \sum P_i = 1$$

抽样方法如下。

若有 $F(X_{n-1})\leqslant\xi\leqslant F(X_n)$，即 $\sum\limits_{X_i\leqslant X_{n-1}}P_i<\xi\leqslant\sum\limits_{X_i\leqslant X_n}P_i$，则 $X_F=X_n$。或者如果 $\sum\limits_{i=1}^{n-1}P_i<\xi\leqslant\sum\limits_{i=1}^{n}P_i$，则 $X_F=n$。

抽样步骤如下。

(1) 获得 $[0,1]$ 区间的随机数 ξ；

(2) 计算满足 $\sum\limits_{X_i\leqslant X_{n-1}}P_i<\xi\leqslant\sum\limits_{X_i\leqslant X_n}P_i$ 的 X_n。

2. 连续随机变量的抽样方法

设分布函数为 $F(x)=\int_{-\infty}^{x}f(t)\mathrm{d}t$，且存在反函数 $F^{-1}(x)$，则随机变量的抽样为

$$X_F=F^{-1}(\xi) \tag{3.3.3}$$

所需的抽样应该是满足 $\xi\leqslant X$ 的样本，概率按随机分布 F 的抽样 X_F 按定义应该满足 ξ 小于 X 的概率分布等于随机分布 $F(x)$，根据概率论知，满足 $\xi\leqslant X$ 的事件的概率为

$$P\{X_F\leqslant X\}=P\{F^{-1}(\xi)\leqslant X\}=P\{\xi\leqslant F(x)\}=\int_0^{F(x)}\mathrm{d}x=F(x)$$

由于式(3.3.3)的原因，连续随机变量的直接抽样法也称为反函数法。

3. 举例

1）二项分布的随机抽样

二项分布可以表示为

$$P(X=n)=P_n=C_N^n P^n(1-P)^{N-n} \tag{3.3.4}$$

设已经有任意随机数 ξ，而且已经找到 n 满足 $\sum\limits_{i=0}^{n-1}P_i<\xi\leqslant\sum\limits_{i=0}^{n}P_i$ 的要求，则二项分布的随机抽样为 $X_F=n$。

2）泊松分布的随机抽样

当 $t=1$ 时，泊松分布可以表示为

$$P(X=n)=P_n=\mathrm{e}^{-\lambda}\frac{\lambda^n}{n!} \tag{3.3.5}$$

设已经有任意随机数 ξ，而且已经找到 n 满足

$$\sum_{i=0}^{n-1}\frac{\lambda^i}{i!}<\mathrm{e}^\lambda\xi\leqslant\sum_{i=0}^{n}\frac{\lambda^i}{i!}$$

此时，相应泊松分布的随机抽样为 $X_F=n$。

3）β 分布的随机抽样

β 分布可以表示为

$$f(x)=\frac{(N+1)!}{n!(N-n)!}X^n(1-X)^{N-n},\quad 0\leqslant X\leqslant1 \tag{3.3.6}$$

现在只讨论 $N=n=1$ 时 $f(x)=2x$ 的情况。首先由分布密度求出分布函数为

$$F(x)=\int_{-\infty}^{x}f(t)\mathrm{d}t=\int_0^x 2t\,\mathrm{d}t=x^2$$

设已经有任意随机数 ξ，则 β 分布的随机抽样为

$$X_f=F^{-1}(\xi)=\sqrt{\xi} \tag{3.3.7}$$

4）指数分布的随机抽样

指数分布可以表示为

$$f(x) = \begin{cases} \lambda e^{-\lambda t}, & \lambda > 0, x \geqslant 0 \\ 0, & \text{其他} \end{cases} \tag{3.3.8}$$

由分布密度求出分布函数为

$$F(x) = \int_{-\infty}^{x} f(t) \, dt = \int_{0}^{x} \lambda e^{-\lambda t} \, dt = 1 - e^{-\lambda x}$$

设已经有任意随机数 ξ，则指数分布的随机抽样为

$$X_f = -\frac{1}{\lambda} \ln \xi \tag{3.3.9}$$

在式（3.3.9）的推导中利用了 $1 - e^{-\lambda x}$ 与 $e^{-\lambda x}$ 具有相同随机分布的事实。

5）倒数分布的随机抽样

倒数分布可以表示为

$$f(x) = \frac{1}{\ln \alpha} \cdot \frac{1}{x}, \quad 1 \leqslant x \leqslant \alpha \tag{3.3.10}$$

由分布密度函数求出分布函数为

$$F(x) = \int_{-\infty}^{x} f(t) \, dt = \int_{1}^{x} \frac{1}{\ln \alpha} \frac{1}{t} \, dt = \frac{\ln x}{\ln \alpha}$$

设已经有任意随机数 ξ，而且已经找到 x 满足

$$\frac{\ln x}{\ln \alpha} \geqslant \xi$$

则倒数分布的随机抽样为

$$X_f = e^{\xi \ln \alpha} \tag{3.3.11}$$

6）散射方位角余弦分布的随机抽样

粒子输运问题的散射方位角分布可表示为

$$f(x) = \frac{1}{\pi} \frac{1}{\sqrt{1 - x^2}}, \quad -1 \leqslant x \leqslant 1 \tag{3.3.12}$$

由分布密度求出分布函数为

$$F(x) = \frac{1}{\pi} \int_{-\infty}^{x} \frac{1}{\sqrt{1 - t^2}} \, dt = \frac{1}{\pi} \int_{-1}^{x} \frac{1}{\sqrt{1 - t^2}} \, dt$$

$$= \frac{1}{\pi} \arccos t \,\Big|_{-1}^{x} = \frac{1}{2\pi} \arccos t \,\Big|_{0}^{x}$$

设已经有任意随机数 ξ，而且已经找到 x 满足

$$\frac{1}{2\pi} \arccos t \,\Big|_{0}^{x} \geqslant \xi$$

则散射方位角余弦分布的随机抽样为

$$X_f = \cos 2\pi \xi \tag{3.3.13}$$

此处应注意，式中的 $\arccos t$ 的自变量取值范围为 $-1 \sim +1$，主值范围为 $0 \sim \pi$；而随机数的变化范围为 $0 \sim 1$，故此有两倍之差。

3.3.2 舍选抽样方法

直接抽样方法有许多问题，一是有时求不出反函数，二是抽样的计算量大，抽样代价高。

因此，需要发展新的方法，舍选抽样方法是最常用的方法之一。

1. 舍选抽样的一般形式

假设待求随机抽样的分布密度函数为 $f(x)$，并且可以找到一个已知的二维分布密度函数 $f_0(x,y)$。在应用中，找到 $f_0(x,y)$ 是实现舍选抽样方法的关键。任意选取一个函数 $H(x)$ 使得待求分布密度函数可表达为

$$f(x) = \frac{\int_{-\infty}^{H(x)} f_0(x,y)\mathrm{d}y}{\int_{-\infty}^{\infty}\int_{-\infty}^{H(x)} f_0(x,y)\mathrm{d}y\mathrm{d}x} \tag{3.3.14}$$

则舍选抽样为

$$\tag{3.3.15}$$

就是要验证选中者是否满足要求的分布，下面计算 $[x, x+\mathrm{d}x]$ 区间中选中者出现的概率：

$$P\{X \leqslant X_f < X + \mathrm{d}x\} = P\{X \leqslant X_{f0} < X + \mathrm{d}x \mid Y_{f0} \leqslant H(X_{f0})\}$$

$$= \frac{P\{X \leqslant X_{f0} < X + \mathrm{d}x, Y_{f0} \leqslant H(X_{f0})\}}{P\{Y_{f0} \leqslant H(X_{f0})\}}$$

$$= \frac{\int_{-\infty}^{H(x)} f_0(x,y)\mathrm{d}y}{\int_{-\infty}^{\infty}\int_{-\infty}^{H(x)} f_0(x,y)\mathrm{d}y\mathrm{d}x} = f(x)$$

显然抽得的样本满足分布密度要求。

可以证明，舍选抽样的抽样效率为

$$E = \int_{-\infty}^{\infty}\int_{-\infty}^{H(x)} f_0(x,y)\mathrm{d}y\mathrm{d}x = \frac{1}{M(b-a)} \tag{3.3.16}$$

舍选抽样的抽样效率是很重要的参数，如果经过许多轮的计算只得到很少的样本，该方法在实际上就不能得到应用。

2. 简单分布舍选函数——第一类舍选法

设 $f(x)$ 为待求抽样的分布密度函数，x 定义在区间 $[a,b]$ 上，$f(x)$ 是有界函数，而且 $M = \sup\limits_{x \in [a,b]} f(x)$，取 $f_0(x,y)$ 为均匀分布，由于 $a \leqslant x \leqslant b$，$0 \leqslant y \leqslant M$ 的关系，取

$$f_0(x,y) = \frac{1}{M(b-a)}$$

令 $H(x) = f(x)$，则由式（3.3.15），有

$$\tag{3.3.17}$$

此处，可以验证，当取 $H(x) = f(x)$ 时，式（3.3.14）成立。

显然，由 $x \in [a,b]$，$\xi_1 \in [0,1]$ 可以推出 $X_{f_0} = a + (b-a)\xi_1$ 落在区间 $[a,b]$；由 $y \in [0,M]$，$\xi_2 \in [0,1]$ 可以推出 $Y_{f_0} = M\xi_2$ 落在区间 $[0,M]$。由式（3.3.16）可以求出此类抽样的效率为

$$E = \frac{1}{M(b-a)} \qquad (3.3.18)$$

例 3.4 关于 β-分布的抽样。

参考 3.3.6 节的 β-分布，取 $N = n$，得到 β-分布的特例 $f(x) = 2x$。先求出待求抽样的分布密度函数的最大值 M，即 $M = \sup\limits_{x \in [0,1]} 2x = 2$，$H(x) = f(x) = 2x$，取 $f_0(x,y) = \dfrac{1}{M(b-a)} = \dfrac{1}{2}$，则有

$$\begin{array}{c} \boxed{} \\ \downarrow \\ \xi_2 \leqslant \xi_1 \; \boxed{\text{否}} \\ \downarrow \text{是} \\ X_f = \xi_1 \end{array} \qquad (3.3.19)$$

抽样效率 $E = 1/2(1-0) = 0.5$。实际上，因为 ξ_1、ξ_2 可以任意选择，所以可将上面的抽样公式改为

$$X_f = \max(\xi_1, \xi_2) \qquad (3.3.20)$$

此时，其抽样效率为 1。

推广： 当

$$f(x) = \begin{cases} nx^{n-1}, & x \in [0,1] \\ 0, & \text{其他} \end{cases}, \qquad n = 0,1,2,\cdots$$

抽样公式为

$$X_f = \max\{\xi_1, \xi_2, \cdots, \xi_n\}$$

3. 乘分布的舍选抽样方法——第二类舍选方法

设密度函数可以写成为式（3.3.21）的形式，其中 $f_1(x)$ 为任意已知分布密度的函数。

$$f(x) = H(x)f_1(x) \qquad (3.3.21)$$

设 $M = \sup\limits_{x \in X} H(x)$，选

$$f_0(x,y) = \frac{f_1(x)}{M}, \quad x \in X, \; 0 \leqslant y \leqslant M \qquad (3.3.22)$$

则由式（3.3.15），有

$$\begin{array}{c} \boxed{} \\ \downarrow \\ M\xi \leqslant H(X_{f_1}) \; \boxed{\text{否}} \\ \downarrow \text{是} \\ X_f = X_{f_1} \end{array} \qquad (3.3.23)$$

抽样效率为 $E = 1/M$。同样由于 $\xi \in [0,1]$，又有 $y \in [0,M]$，可以推出 $Y_{f_0} = M\xi_2$ 落在区间 $[0,M]$ 中。

例 3.5 倒数分布的舍选抽样。

已知倒数分布密度函数可以写成

$$f(x) = \frac{1}{\ln a} \frac{1}{x}, \quad x \in [1,a]$$

取

$$f_i(x) = \frac{1}{i\left(a^{\frac{1}{i}}-1\right)}\frac{x^{\frac{1}{i}}}{x}, \quad i \text{ 为整数}$$

则分布函数为

$$F_i(x) = \int_1^x \frac{t^{\frac{1-i}{i}}\mathrm{d}t}{i\left(a^{\frac{1}{i}}-1\right)} = \frac{x^{\frac{1}{i}}-1}{a^{\frac{1}{i}}-1}$$

按直接抽样方法的倒数分布的抽样为

$$X_{f_i} = \left[\left(a^{\frac{1}{i}}-1\right)\xi+1\right]^i$$

按舍选抽样时,按式(3.3.22)选

$$f_1(x) = f_i(x)$$

于是有

$$H(x) = \frac{f(x)}{f_1(x)} = \frac{\dfrac{1}{\ln a}\dfrac{1}{x}}{\dfrac{1}{i\left(a^{\frac{1}{i}}-1\right)} \cdot \dfrac{x^{\frac{1}{i}}}{x}} = \frac{i\left(a^{\frac{1}{i}}-1\right)}{\ln a}x^{-\frac{1}{i}}$$

$$M = \sup H(x) = \frac{i\left(a^{\frac{1}{i}}-1\right)}{\ln a}, \quad x=1 \text{ 时 } H(x) \text{ 值最大}$$

由式(3.3.22)有倒数分布的抽样为

$$\frac{i(a^{\frac{1}{i}}-1)}{\ln a}\xi_1 \leqslant \frac{i(a^{\frac{1}{i}}-1)}{\ln a}\left\{\left[\left(a^{\frac{1}{i}}-1\right)\xi_2+1\right]^i\right\}^{-\frac{1}{i}} \quad \boxed{\text{否}}$$

$$\downarrow \text{是}$$

$$X_f = \left[\left(a^{\frac{1}{i}}-1\right)\xi_2+1\right]^i$$

改写为

$$\xi_1\left[\left(a^{\frac{1}{i}}-1\right)\xi_2+1\right]^{i\frac{1}{i}} \leqslant 1 \quad \boxed{\text{否}}$$

$$\downarrow \text{是} \tag{3.3.24}$$

$$X_f = \left[\left(a^{\frac{1}{i}}-1\right)\xi_2+1\right]^i$$

该方法的抽样效率为

$$E = \frac{1}{M} = \frac{\ln a}{i\left(a^{\frac{1}{i}}-1\right)}$$

显然 i 越大效率越高,通常取 $i=2^n$。

例 3.6 标准正态分布的舍选抽样。

标准正态分布的分布密度函数可写成

$$f(x) = \sqrt{\frac{1}{2\pi}}\exp\left(-\frac{x^2}{2}\right)$$

选取 $f_1(x) = \dfrac{1}{2}e^{-|x|}$，则

$$H(x) = \sqrt{\frac{2}{\pi}} \exp\left(-\frac{x^2}{2} + |x|\right), \quad 0 < x < \infty$$

计算最大值

$$M = \sup H(x) = \sqrt{\frac{2}{\pi}}e^{\frac{1}{2}}, \quad x = 1 \text{ 时得最大值}$$

f_1 的抽样函数为

$$X_{f_1} = \ln 2\xi_2$$

由式(3.3.23)，有

$$
\begin{array}{c}
X_{f_1} \longrightarrow \boxed{} \\
\downarrow \\
\sqrt{\dfrac{2}{\pi}}e^{\frac{1}{2}} \cdot \xi_1 \leqslant \sqrt{\dfrac{2}{\pi}}e^{-\frac{1}{2}x_{f_1}^2 + x_{f_1}} \quad \boxed{否} \\
\downarrow 是 \\
X_f = X_{f_1} = \ln 2\xi_2
\end{array}
$$

改写为

$$
\begin{array}{c}
\boxed{} \longleftarrow X_{f_1} \\
\downarrow \\
\xi_1 \leqslant e^{-\frac{1}{2}[X_{f_1}^2 - 2X_{f_1} + 1]} = e^{-\frac{1}{2}[X_{f_1} - 1]^2} \quad \boxed{否} \\
\downarrow 是 \\
X_f = X_{f_1}
\end{array}
$$

两边取对数，得最终的抽样公式为

$$
\begin{array}{c}
\downarrow \\
X_{f_1} = \ln 2\xi_2 \\
\downarrow \\
(X_{f_1} - 1)^2 \leqslant -2\ln\xi_1 \quad \boxed{否} \\
\downarrow 是 \\
X_f = X_{f_1} = \ln 2\xi_2
\end{array}
\qquad (3.3.25)
$$

其抽样效率为

$$E = \frac{1}{M} = \sqrt{\frac{\pi}{2}} \cdot e^{-\frac{1}{2}} \approx 0.760$$

例 3.7 用舍选方法进行麦克斯韦分布抽样。

麦克斯韦分布的分布密度函数可写成

$$f(x) = \frac{2\beta^{\frac{3}{2}}}{\sqrt{\pi}}\sqrt{x}\,e^{-\beta x}, \quad x \geqslant 0$$

选取

$$f_1(x) = \frac{2}{3}\beta\exp(-2\beta x/3)$$

则有

$$H(x) = \frac{2\beta^{\frac{1}{2}}}{\sqrt{\pi}}\sqrt{x}\,\exp\left(-\frac{1}{3}\beta x\right), \quad x \geqslant 0$$

用直接抽样方法求得 $f_1(x)$ 的抽样为

$$X_{f1} = -\frac{3}{2\beta}\ln\xi_1$$

在求 $f_1(x)$ 的抽样时，可以不考虑 $f_1(x)$ 中的常数 $\frac{2}{3}\cdot\beta$，因为常数不影响抽样值。再求 $H(x)$ 的最大值，为

$$M = \frac{3\sqrt{3}}{\sqrt{2\pi}}\mathrm{e}^{-\frac{1}{2}}$$

为求 $H(x)$ 的最大值，可以先求取令 $H'(x) = \frac{3\beta^{\frac{1}{2}}}{\sqrt{\pi}}\exp\left(-\frac{1}{3}\beta x\right)\left(\frac{1}{2}\frac{1}{\sqrt{x}} - \frac{1}{3}\beta\sqrt{x}\right) = 0$ 的 值。即极值点为 $X_{\max} = \frac{3}{2\beta}$，并将 $X_{\max}$ 代入 $H(x)$ 得到 $M = \frac{3\sqrt{3}}{\sqrt{2\pi}}\mathrm{e}^{-\frac{1}{2}}$。

根据乘分布舍选法，有

$$M\xi_2 \leqslant \frac{3\beta^{\frac{1}{2}}}{\sqrt{\pi}}\sqrt{X_{f_1}}\,\mathrm{e}^{-\frac{1}{3}\beta X_{f_1}} \quad \boxed{否}$$

$$\downarrow 是$$

$$X_f = X_{f_1}$$

化简：将 $M\xi_2 \leqslant \frac{3\beta^{\frac{1}{2}}}{\sqrt{\pi}}\sqrt{X_{f_1}}\,\mathrm{e}^{-\frac{1}{3}\beta X_{f1}}$ 的两边取平方得 $M^2\xi_2^2 \leqslant \frac{9\beta}{\pi}X_{f_1}\mathrm{e}^{-\frac{2}{3}\beta X_{f1}}$，代入 $M = \sqrt{\frac{27}{2\pi\mathrm{e}}}$ 和 $X_{f1} = -\frac{3}{2\beta}\ln\xi_1$，得 $\frac{27}{2\pi\mathrm{e}}\xi_2^2 \leqslant \frac{9\beta}{\pi}\left(-\frac{3}{2\beta}\ln\xi_1\right)\xi_1$，即 $\xi_2^2 \leqslant -\xi_1\ln\xi_1\cdot\mathrm{e}$，再代入舍选式得最 终的抽样公式：

$$\xi_1, \xi_2$$

$$\xi_2^2 \leqslant -\mathrm{e}\xi_1\ln\xi_1 \quad \boxed{否}$$

$$\downarrow 是$$

$$X_f = X_{f_1} = -\frac{3}{2\beta}\ln\xi_1$$

(3.3.26)

效率

$$E = \frac{1}{M} = \sqrt{\frac{2\pi\mathrm{e}}{27}} \approx 0.795$$

在上面的抽样过程中，选取 $f_1(x) = \frac{2}{3}\beta\exp(-2\beta x/3)$ 是非常关键的一步。

3.3.3 复合抽样方法

复合分布可以定义为：随机变量 x 的概率分布与另一随机变量 y 相关。其分布密度函数的一般形式为

$$f(x) = \int_{-\infty}^{+\infty} f_2(x \mid y) \mathrm{d}F_1(y)$$

当复合分布为离散变量时，分布密度函数可以写为

$$P\{A \mid B\} = \frac{P\{AB\}}{P\{B\}}$$

与复合分布有关的最重要的公式为巴叶斯公式，巴叶斯公式表达为，若

$$B = \bigcup_{i=1}^{\infty} BA_i$$

则

$$P\{A_i \mid B\} = \frac{P\{A_i\}P\{B \mid A_i\}}{\displaystyle\sum_{j=1}^{\infty} P\{A_j\}P\{B \mid A_j\}}$$

当随机变量为连续分布时，可以设 ξ 的分布函数为 $F_1(x)$，η 的分布函数为 $F_2(y)$，于是有

$$f_1(x) = \int_{-\infty}^{+\infty} \phi(x \mid y) \mathrm{d}F_2(y), \quad F_1(x) = \int_{-\infty}^{+\infty} \Phi(x \mid y) \mathrm{d}F_2(y)$$

$\phi(x|y)$ 与 $\Phi(x|y)$ 分别是相应的分布密度函数和分布函数。

1. 复合抽样的一般形式

设有复合分布

$$f(x) = \int_{-\infty}^{+\infty} f_2(x \mid y) \mathrm{d}F_1(y)$$

于是，相应的复合抽样为

$$X_f = X_{f_2(X|Y_{F_1})} \tag{3.3.27}$$

$X_{f_2(X|Y_{F_1})}$ 可由分布 $f_2(X|Y_{F_1})$ 的抽样确定，Y_{F_1} 由分布 $F_1(y)$ 的抽样确定。

下面计算该抽样的分布密度：

$$P(x < X_f \leqslant x + \mathrm{d}x) = P(x < X_{f_2(X|Y_{F_1})} \leqslant x + \mathrm{d}x)$$
$$= \left[\int_{-\infty}^{+\infty} f_2(x \mid y) \mathrm{d}F_1(y)\right] \mathrm{d}x$$
$$= f(x) \mathrm{d}x$$

显然说明了该抽样的分布满足 $f(x)$。

2. 加分布的复合抽样

加分布的密度函数为

$$f(x) = \sum_{n=1}^{\infty} P_n f_n(x)$$

式中

$$P_n \geqslant 0 \text{ 且} \sum_{n=1}^{\infty} P_n = 1$$

$f_n(x)$ 是与 n 有关的分布密度函数。

由式(3.3.27),有

$$F_1(y) = \sum_{x>n} P_n$$

式中,n 等价于 y。由直接抽样法

$$f_2(x \mid y) = \phi(x \mid y) = f_n(x)$$

则若有

$$\sum_{i=1}^{n-1} P_i < \xi \leqslant \sum_{i=1}^{n} P_i$$

成立,则 $F_1(y)$ 的抽样为

$$Y_{F_1} = n$$

于是,加分布的密度函数的抽样为

$$X_f = X_{f_2(X|Y_{F_1})} = X_{f_2(X|n)} = X_{f_n}$$

即

$$X_f = X_{f_n}$$

具体的抽样步骤如下。

(1) 产生随机数 ξ 且求得对应的 n。

(2) 由 n 找到对应的 $f_n(x)$,并得抽样 X_{f_n}。

(3) 所求抽样 $X_f = X_{f_n}$。

例 3.8　求均匀带电球壳的分布密度函数的抽样,均匀带电球壳的尺寸如图 3.5 所示。

首先求均匀带电球壳的分布密度函数。对于均匀带电球壳的情形,电荷分布为

$$F_\rho = \frac{4\pi}{3}(r^3 - R_0^3) \Big/ \left[\frac{4\pi}{3}(R_1^3 - R_0^3) \right]$$

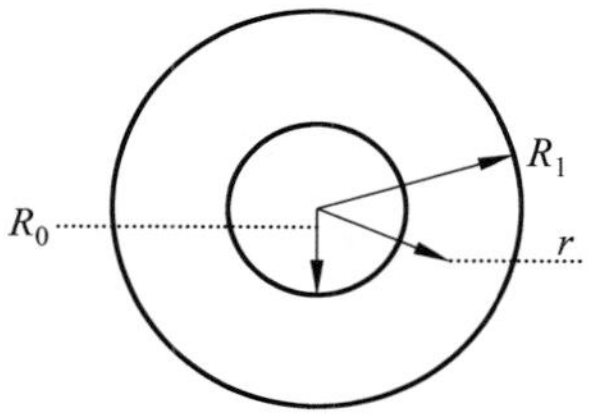

则分布密度函数为

$$f_\rho = 3r^2 / (R_1^3 - R_0^3)$$

该分布的直接抽样结果为

图 3.5　均匀带电球壳

$$X_f = \left[(R_1^3 - R_0^3)\xi + R_0^3 \right]^{\frac{1}{3}}$$

其运算量相当大,要计算 3 次方根。下面采用复合抽样方法。

首先,引入变换 $r = (R_1 - R_0)x + R_0$,即 $x = (r - R_0)/(R_1 - R_0)$,则分布密度函数可变化为

$$\begin{aligned}
\rho &= \frac{3}{R_1^3 - R_0^3}[(R_1 - R_0)x + R_0]^2 \\
&= \frac{3}{R_1^3 - R_0^3}[(R_1 - R_0)^2 x^2 + 2R_0(R_1 - R_0)x + R_0^2] \\
&= \frac{3(R_1 - R_0)}{\lambda}\left[x + \frac{R_0}{R_1 - R_0} \right]^2 \\
&= \frac{3(R_1 - R_0)}{\lambda}x^2 + \frac{6R_0}{\lambda}x + \frac{3R_0^2}{\lambda(R_1 - R_0)}
\end{aligned}$$

式中,$\lambda = R_1^2 + R_1 R_0 + R_0^2$,两边乘 $(R_1 - R_0)$ 时仍然保持具有相同的概率,即

$$\rho'(x) = \rho(x) \cdot (R_1 - R_0)$$

$$= \frac{(R_1-R_0)^2}{\lambda}3x^2 + \frac{3R_0(R_1-R_0)}{\lambda}\cdot 2x + \frac{3}{\lambda}R_0^2$$

此时,显然有 $\sum P_n = 1$。令

$$f_1=1, \quad f_2=2x, \quad f_3=3x^2$$

$$P_1=\frac{(R_1-R_0)^2}{\lambda}, \quad P_2=\frac{3R_0(R_1-R_0)}{\lambda}, \quad P_3=\frac{3}{\lambda}R_0^2$$

则对应的分布函数分别为

$$F_1=\frac{3}{\lambda}R_0^2, \quad F_2=\frac{3R_0(R_1-R_0)}{\lambda}+\frac{3}{\lambda}R_0^2=\frac{3R_0R_1}{\lambda}, \quad F_3=1$$

舍选法为

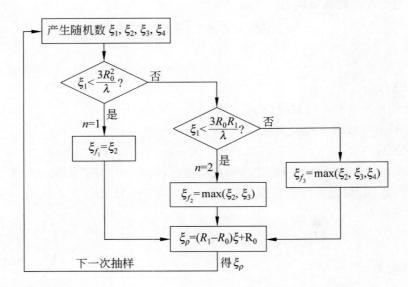

3. 复合舍选抽样方法

设有呈如下分布形式的条件分布：

$$f(x)=\int_{-\infty}^{+\infty}H(x,y)f_2(x\mid y)\mathrm{d}F_1(y) \tag{3.3.28}$$

式中,$H(x,y)\geqslant 0$,$f_2(x|y)$是与 y 有关的条件分布密度函数,根据式(3.3.23)有

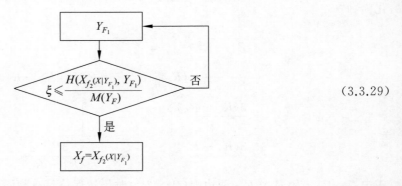

$$\tag{3.3.29}$$

式中,$M(y)$ 为 $H(x,y)$ 的上确界,即 $H(x,y)\leqslant M(y)$,或表示为 $M(y)=\sup\limits_{x\in Z}H(x,y)$ 对任意 $y\in Y$ 成立。抽样效率为

$$E = \int_{-\infty}^{+\infty} \frac{1}{M(y)} \mathrm{d}F_1(y)$$

3.3.4　近似抽样方法

近似抽样方法有 3 种主要形式。

1. 近似分布函数密度

一般的做法是采用近似分布函数 $f_a(x)$ 代替待求分布密度函数 $f(x)$，即 $f_a(x) \approx f(x)$，再对 $f_a(x)$ 抽样得 ξ_{f_a}，并且认为 $\xi_f = \xi_{f_a}$。常见的有阶梯近似和线性近似等。阶梯近似和线性近似的基本处理方法就是将原密度函数分解为多个阶梯函数和线性函数之和的形式，见图 3.6 和图 3.7。下面给出近似公式和相应的图像。

阶梯近似：

$$f_a(x) = \int_{x_{i-1}}^{x_i} f(x)\mathrm{d}x, \quad x \in (x_{i-1}, x_i) \tag{3.3.30}$$

线性近似：

$$f_a(x) = C\left\{ f_{i-1} + \frac{x - x_{i-1}}{x_i - x_{i-1}}(f_i - f_{i-1}) \right\} \tag{3.3.31}$$

式中，C 为归一化因子；$x_0, x_1, x_2, \cdots, x_n$ 为任意分点；$f_0, f_1, f_2, \cdots, f_n$ 为相应的分布密度函数。

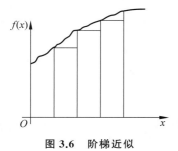

图 3.6　阶梯近似　　　　　　　　图 3.7　线性近似

2. 反函数近似

用近似的 $F_a^{-1}(x)$ 代替 $F^{-1}(x)$；$X_F \approx X_{F_a}$ 是针对直接抽样的近似方法。

3. 渐近分布

将分布密度函数展开成收敛的渐近函数，即 $f = \lim\limits_{n \to \infty} f_n$。用 f_n 抽样，当 n 足够大时，有 $f_n \to f \Rightarrow X_{f_n} \to X_f$。

3.3.5　变换抽样方法

1. 变换抽样方法原理

设 X 服从 $f_1(x)$ 的分布，存在一一对应变换 $y = \phi(x)$，即 $x = \phi^{-1}(y) = \psi(y)$，设 $y = \phi(x)$ 有非零连续的导数，该变换确定了 y 的一个新的随机变量，满足如下分布：

$$f(y) = f_1(\psi(y)) \mid \psi'(y) \mid \tag{3.3.32}$$

式中，$f_1(x)$ 分布是选定的已知的容易求得抽样的随机分布函数；$y = \phi(x)$ 是人为找到的；$f(y)$ 是待求抽样的分布。于是根据式(3.3.32)可以制定新的抽样方法，即变换抽样法。具体步骤如下：

（1）求已知分布 $f_1(x)$ 函数的抽样得 X_{f_1}；

（2）通过变换关系 $Y_f=\phi(X_{f_1})$，求出对 $f(y)$ 的抽样 Y_f。

当选取 $f_1(x)$ 为均匀分布时，这个抽样方法就是直接抽样方法。

2. 随机变量的和、差、积、商分布

已知有 $f_0(x,y)$，显然有 $f(x)=\int_{-\infty}^{+\infty}f_0(x,y)\mathrm{d}y$。

当 $z=x+y$ 时，$f(z)=\int_{-\infty}^{+\infty}f_0(x,z-x)\mathrm{d}x$。

证明　令 $y=z-x$，取 $f_1(y)=\int_{-\infty}^{+\infty}f_0(x,y)\mathrm{d}x$。

令 $z=\phi(y)=x+y$，反函数 $y=\phi^{-1}(z)=\psi(z)=z-x$。则由式(3.3.32)，有 $\psi'(z)=1$，且

$$f(z)=f_1(\psi(z))\psi'(z)=\int_{-\infty}^{+\infty}f_0(z-x,x)\mathrm{d}x \tag{3.3.33}$$

式中，$\psi(z)=y$。因而，对随机变量 x 与 y 的和产生的随机变量 z 的抽样，可依式(3.3.33)进行。

当 $z=y-x$ 时，有

$$f(z)=\int_{-\infty}^{+\infty}f_0(x,z+x)\mathrm{d}x \tag{3.3.34}$$

当 $z=xy$ 时，有

$$f(z)=\int_{-\infty}^{+\infty}\frac{1}{|x|}f_0(x,z/x)\mathrm{d}x \tag{3.3.35}$$

当 $z=y/x$ 时，有

$$f(z)=\int_{-\infty}^{+\infty}|x|f_0(x,xz)\mathrm{d}x \tag{3.3.36}$$

3. 随机变量的最大与最小

设 X、Y 相互独立，服从分布 $f_1(x)$ 和 $f_2(y)$，两者的最大与最小关系也是随机的，抽样可按新的随机变量 z 的分布进行。

新的随机变量 $z=\max\{x,y\}$ 服从分布：

$$f(z)=f_1(z)F_2(z)+f_2(z)F_1(z) \tag{3.3.37}$$

随机变量 $z=\min\{x,y\}$ 服从分布：

$$f(z)=f_1(z)+f_2(z)-f_1(z)F_2(z)-f_2(z)F_1(z) \tag{3.3.38}$$

4. 二维变换抽样方法

设已知 u、v 的联合分布 $g(u,v)$，其一一对应的变换为

$$\begin{cases}x=g_1(u,v)\\y=g_2(u,v)\end{cases}$$

并且由此决定的反变换为

$$\begin{cases}u=h_1(x,y)\\v=h_2(x,y)\end{cases}$$

式中，x、y 也是随机变量，并由变换关系决定了一个新的分布为

$$f(x,y)=g[h_1(x,y),h_2(x,y)]|J| \tag{3.3.39}$$

式中，$|J|$ 为雅可比行列式：

$$|J| = \begin{vmatrix} \dfrac{\partial u}{\partial x} & \dfrac{\partial u}{\partial y} \\[2mm] \dfrac{\partial v}{\partial x} & \dfrac{\partial v}{\partial y} \end{vmatrix}$$

利用式(3.3.39)进行抽样是指如下的情况：当要求满足 $f(x,y)$ 分布的抽样会遇到很大的困难时，如果能够找到一个已知的满足 $g(u,v)$ 分布的随机变量而且容易求取抽样，那么就可以再寻求一组变换函数 $h_1(x,y)$ 和 $h_2(x,y)$，并且利用 $g(x,y)$ 求得 $f(x,y)$ 抽样。下面将举例说明该方法。

例 3.9 正态分布的抽样。

正态分布的密度函数表示为

$$N(u,\sigma^2) = f(x) = \frac{1}{\sqrt{2\pi}}\,\frac{1}{\sigma}\exp\left\{-\frac{(x-u)^2}{2\sigma^2}\right\}$$

下面只讨论 $N(0,1) = \dfrac{1}{\sqrt{2\pi}}\exp\left\{-\dfrac{x^2}{2}\right\}$ 的情况。

方法一：

引入一个与标准正态随机变量 x 独立同分布的随机变量 y，则 x、y 的联合分布密度函数为

$$f(x,y) = \frac{1}{2\pi}\mathrm{e}^{-(x^2+y^2)/2}$$

引入变换：$x = r\cos\theta, y = r\sin\theta$，其中 $0 \leqslant r < \infty, 0 \leqslant \theta \leqslant 2\pi$，$r$ 和 θ 是两个容易抽样的独立随机变量。由于变换关系的雅可比行列式为

$$J = \begin{vmatrix} \dfrac{\partial x}{\partial r} & \dfrac{\partial x}{\partial \theta} \\[2mm] \dfrac{\partial y}{\partial r} & \dfrac{\partial y}{\partial \theta} \end{vmatrix} = r$$

则 r 和 θ 的联合分布密度函数为

$$f(r,\theta) = \frac{r}{2\pi}\mathrm{e}^{-r^2/2}$$

由于 r 和 θ 相互独立,其分布密度函数分别为

$$f_1(r) = r\mathrm{e}^{-r^2/2}$$

$$f_2(\theta) = \frac{1}{2\pi}$$

对 r 和 θ 分别利用直接抽样

$$r = \sqrt{-2\ln\xi_1}, \qquad \theta = 2\pi\xi_2$$

从而得到一对服从标准正态分布的随机变量 x 和 y 的抽样为

$$X_f = \sqrt{-2\ln\xi_1} \cdot \cos(2\pi\xi_2)$$

$$Y_f = \sqrt{-2\ln\xi_1} \cdot \sin(2\pi\xi_2)$$

上面的任一式都可以作为单个随机变量标准正态分布的样本值。对一般正态分布密度函数 $N(\mu,\sigma^2)$ 抽样,其抽样结果为

$$\widetilde{X}_f = \mu + \sigma \cdot X_f$$

$$\widetilde{Y}_f = \mu + \sigma \cdot Y_f$$

这就是博克斯(Box)和米勒(Muller)方法。

方法二：

设 u、v 是两个独立的在 $[0,1]$ 区间均匀分布的随机数，显然，它们的联合分布密度函数为 $g(u,v)=1$，将它们作如下变换：

$$x = \sqrt{-2\ln u} \cdot \cos(2\pi v)$$

$$y = \sqrt{-2\ln u} \cdot \sin(2\pi v)$$

则有反变换：

$$u = \mathrm{e}^{-(x^2+y^2)/2}$$

$$v = \frac{1}{2\pi}\arctan\left(\frac{y}{x}\right)$$

对应的雅可比行列式为

$$J = \begin{vmatrix} \dfrac{\partial u}{\partial x} & \dfrac{\partial u}{\partial y} \\ \dfrac{\partial v}{\partial x} & \dfrac{\partial v}{\partial y} \end{vmatrix} = \frac{1}{2\pi}\mathrm{e}^{-(x^2+y^2)/2}$$

则根据变换抽样，x、y 的联合分布密度为

$$f(x,y) = 1 \cdot |J| = \frac{1}{2\pi}\mathrm{e}^{-(x^2+y^2)/2} = \frac{1}{\sqrt{2\pi}}\mathrm{e}^{-x^2/2} \cdot \frac{1}{\sqrt{2\pi}}\mathrm{e}^{-y^2/2} = f(x) \cdot f(y)$$

由于 x 和 y 独立，所以 $f(x)$ 和 $f(y)$ 均为正态分布的高斯函数。

Marsaglia 和 Brag 提出利用极坐标法产生正态分布的随机变量，由于这种方法不需要计算三角函数，因此其运算速度比博克斯和米勒方法大约快 30%。

前面已经说明，因为 $g(u,v)=1$，该分布函数为常数，其抽样 u、v 就是随机数。于是，抽样算法可以设计如下：

(1) 取 $[0,1]$ 上均匀分布的随机数 u、v；

(2) 计算 $W = (2u-1)^2 + (2v-1)^2$；

(3) 当 $W > 1$ 时，回到第(1)步，否则进行下面的步骤；

(4) 计算 $z = \left[-2\dfrac{\ln w}{w}\right]^{\frac{1}{2}}$；

(5) 取 $x = uz$，$y = vz$ 得正态分布抽样。

3.3.6 若干重要分布的抽样

1. β-分布

$$f(x) = \frac{(N+1)!}{n!(N-n)!}x^n(1-x)^{N-n}, \quad 0 \leqslant x \leqslant 1, \quad N \geqslant n, N, n \text{ 为整数}$$

抽样方法：产生 $N+1$ 个随机数 $\xi_1, \xi_2, \cdots, \xi_{N+1}$，依大小重新排列，得 $\xi_1' \leqslant \xi_2' \leqslant \cdots \leqslant \xi_{N+1}'$，则抽样为

$$X_f = \xi_{N+1}' \tag{3.3.40}$$

2. Γ-分布

$$f(x) = \frac{a^n}{(n-1)!} x^{n-1} \mathrm{e}^{-ax}, \quad x \geqslant 0, \quad a > 0, \quad n \text{ 为自然数}$$

抽样方法：

$$X_f = -\frac{1}{a}\ln(\xi_1 \times \xi_2 \times \cdots \times \xi_n) \tag{3.3.41}$$

3. Cauchy 分布

$$f(x) = \begin{cases} \dfrac{1}{\pi} \dfrac{\lambda}{\lambda^2 + (x-\mu)^2}, & \lambda > 0 \\[3mm] \dfrac{1}{\pi} \dfrac{1}{1+x^2}, & \lambda = 1, \quad \mu = 0 \end{cases}$$

抽样函数：

$$X_f = \tan 2\pi\xi \tag{3.3.42}$$

更高效方法为

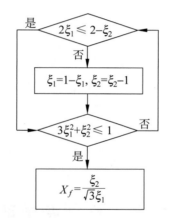

效率：

$$E = \frac{\pi}{2\sqrt{3}} \approx 0.907$$

4. χ^2 分布

$$f(x) = \frac{1}{2^{\frac{n}{2}} \Gamma\left(\dfrac{n}{2}\right)} x^{\frac{n}{2}-1} \mathrm{e}^{-\frac{x}{2}}, \quad x > 0$$

抽样方法：

$$X_f = \sum_{i=1}^{n} x_i^2 \tag{3.3.43}$$

式中，$x_1, x_2, \cdots, x_n$ 是由正态分布 $f(x) = \sqrt{\dfrac{1}{2\pi}} \mathrm{e}^{-\frac{x^2}{2}}$ 的抽样确定的抽样值。

5. t-分布

$$f(x) = \frac{\Gamma\left(\dfrac{n+1}{2}\right)}{\sqrt{n\pi}\,\Gamma\left(\dfrac{n}{2}\right)} \left(1 + \frac{x^2}{n}\right)^{-\frac{n+1}{2}}$$

抽样方法：

$$X_f = \frac{\overline{x}}{S}\sqrt{n} \tag{3.3.44}$$

式中，$\overline{x} = \sum\limits_{i=1}^{n+1} \frac{x_i}{n+1}$；$S = \sum\limits_{i=1}^{n+1} \frac{(x_i - \overline{x})^2}{n+1}$，$x_1, x_2, \cdots, x_n$ 为正态分布的 n 个独立抽样值。

6. 散射方位角余弦分布

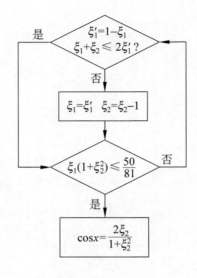

效率：

$$E = \frac{25\pi}{81} \approx 0.970$$

3.4 蒙特卡罗法在确定性问题中的应用

蒙特卡罗法可以用来解确定性问题和随机问题。其中，确定性问题包括线性及非线性代数方程组、逆矩阵、积分方程、椭圆形差分方程的边值问题、线性算子的特征值、重积分等；随机问题包括随机服务系统、中子输运过程、生物生态、随机游动、分形生长等。本节集中讨论蒙特卡罗法在确定性问题中的主要应用方法。

3.4.1 求解线性代数方程

矩阵函数就是自变量为矩阵的函数，其运算的基本规则与普通函数类似。

在矩阵求逆的应用中，有

$$(A^{-1})_{ij} = \sum_{k=0}^{\infty} (B^k)_{ij}$$

式中，变量 A、B 是矩阵，其背后是矩阵函数的理论，现在补充两个基本定理。

（1）设 $A \in C^{n \times n}$，如果 A 的谱半径 $\rho(A)$ 的值在纯量 z 的幂级数 $\sum\limits_{k=0}^{\infty} (kz^k)$ 的收敛圆内，那么幂级数 $\sum\limits_{k=0}^{\infty} (c_k z^k)$ 绝对收敛，如果 A 的特征值 Φ 有一个在幂级数的收敛圆外，则幂级数

$\sum\limits_{k=0}^{\infty}(c_kz^k)$ 发散。

（2）不论 $A\in C^{n\times n}$ 是何矩阵,矩阵级数有展开式：

$$A^2=A\times A$$

$$e^A=E+\frac{A}{1!}+\frac{A^2}{2!}+\cdots+\frac{A^k}{k!}+$$

$$\sin A=E-\frac{A^3}{3!}+\frac{A^5}{5!}+\cdots+\frac{A^{2k+1}}{(2k+1)!}+$$

$$e^{At}=E+\frac{At}{1!}+\frac{A^2t^2}{2!}+\cdots+\frac{A^kt^k}{k!}+\cdots=\begin{pmatrix}e^{\lambda_1t} & 0 & \cdots & 0 \\ 0 & e^{\lambda_1t} & \cdots & 0 \\ \vdots & \vdots & \ddots & \vdots \\ 0 & 0 & \cdots & e^{\lambda_1t}\end{pmatrix}$$

设所讨论的线性代数方程为

$$AX=b$$

设矩阵 $A=E-B$,并且设矩阵特征值的模$|\lambda_i|<1$,则有

$$(E-B)X=b,\quad X-BX=b,\quad X=b+BX$$

式中,BX 为修正项。进行如下迭代：

$$\begin{cases}X^{(1)}=b \\ X^{(2)}=b+BX^{(1)}=b+Bb \\ \quad\vdots \\ X^{(k)}=b+BX^{(k-1)}=b+Bb+B^2b+\cdots+B^{k-2}b+B^{k-1}b\end{cases}$$

设 B 的元素为 b_{ij},X 的元素为 X_m,b 的元素为 b_m,则迭代式决定的 X_m 可以写为

$$X_m=b_m+\sum_{i_1}b_{mi_1}b_{i_1}+\sum_{i_1i_2}b_{mi_1}b_{i_1i_2}b_{i_2}+\cdots+\sum_{i_1i_2\cdots i_k}b_{mi_1}b_{i_1i_2}\cdots b_{i_{k-1}i_k}b_{i_k}+\cdots$$

为把 X_m 作为某一概型的数学期望值,把每一项分解为概率和随机取值两部分,令

$$b_{mj}=f_{mj}\cdot p_{mj},\quad b_m=f_m\cdot p_m$$

式中,$0\leqslant p_{mj}<1$,且当 $b_{mj}=0$ 时,$f_{mj}=0$;$0\leqslant p_m<1$,当 $b_m=0$ 时,$p_m=0$。

若满足全概率条件 $p_m+\sum\limits_{j=1}^{n}p_{mj}=1$($n$ 为向量维数),则上式改写为

$$X_m=f_mp_m+\sum_{i_1}f_{mi_1}p_{mi_1}p_{i_1}f_{i_1}+\cdots+\sum_{i_1i_2\cdots i_k}f_{mi_1}f_{i_1i_2}\cdots f_{i_{k-1}i_k}f_{i_k}p_{mi_1}p_{i_1i_2}\cdots p_{i_{k-1}i_k}p_{i_k}+\cdots$$

利用上述的分析结果可以建立如下概率模型。

有 n 个口袋(对应 n 维线性方程组),每个口袋中有 $n+1$ 个物理条件相同、标号不同的球。从第 m 个口袋中取出第 j 个球的概率为 p_{mj},取出第 $n+1$ 个球的概率为 p_m。

（1）从第 m 个口袋开始,从任一口袋中取出一球,设取得球的标号为 i_1 的球。

（2）再从 i_1 个口袋任取一球,设标号为 i_2。

（3）如此下去,直到从某一口袋中取得第 $n+1$ 号球为止。

定义取球次序函数为 ρ_m,同时定义随机变量 η,即

$$\rho_m:\{依次从第 m,i_1,i_2,\cdots,i_k 个口袋中取球,从第 i_k 个口袋中取得 n+1\}$$

$$\eta=v(\rho_m)=f_{mi_1}\cdot f_{i_1i_2}\cdot\cdots\cdot f_{i_{k-1}i_k}\cdot f_{i_k}$$

可以证明,η 的数学期望值就是所求的线性方程解的第 m 个元素,即 $E(\eta)=X_m$,而且该过程

是一种具有吸收态的马尔可夫链。在所设的条件下，有限步数就结束摸球的概率等于1，即总可在有限步数后摸到第 $n+1$ 号球。

3.4.2 矩阵求逆

设有满秩阵 $\boldsymbol{A}$、$\boldsymbol{B}=(\boldsymbol{E}-\boldsymbol{A})$，$\boldsymbol{B}$ 的所有特征值都小于1（如果 $\boldsymbol{B}$ 的特征值大于1，总可以简单地用矩阵的标量运算处理，使 $\boldsymbol{B}$ 的所有特征值都小于1）。

$$\boldsymbol{A}^{-1}=(\boldsymbol{E}-\boldsymbol{B})^{-1}=\boldsymbol{E}+\boldsymbol{B}+\boldsymbol{B}^2+\cdots=\sum_{k=0}^{\infty}\boldsymbol{B}^k \tag{3.4.1}$$

将式（3.4.1）展开为 $(\boldsymbol{A}^{-1})_{ij}=\sum\limits_{k=0}^{\infty}(\boldsymbol{B}^k)_{ij}$ 的矩阵元素的关系，然后把 $\boldsymbol{B}$ 的元素 b_{ij} 表示成概率

$$b_{ij}=f_{ij}p_{ij}, \quad p_{ij}\geqslant 0 \text{ 且} \sum_{j=1}^{n}p_{ij}<1 \tag{3.4.2}$$

利用上述的分析结果可以建立如下概率模型。

令点 $1,2,\cdots,n$ 为随机游动区域，质点由 i 点开始游动，按规定的概率 p_{ij} 逐点运动，在某一点停止，停止概率为 $p_k=1-\sum\limits_{j=1}^{n}p_{kj}$。当游动结束时对逆矩阵元 $(\boldsymbol{A}^{-1})_{ij}$ 记分。如果 $k\neq j$，记分为0，即 $G_{ij}=0$；如果 $k=j$，记分为 $G_{ij}=F(\rho_{ij})p_j^{-1}$。随机游动的路径函数为 $\rho_{ij}: i\to i_1\to i_2\to\cdots\to i_{j-1}\to i_j$，表示出质点游动的路径和次序，由下式可求得游动所到点取值为

$$F(\rho_{ij})=f_{ii_1}\cdot f_{i_1i_2}\cdot f_{i_2i_3}\cdot\cdots\cdot f_{i_{k-1}j}$$

于是，逆矩阵的元素为

$$(\boldsymbol{A}^{-1})_{ij}=E(G_{ij}) \tag{3.4.3}$$

3.4.3 求解线性积分方程

设有积分方程

$$f(x)=g(x)+\int K(x,y)f(y)\mathrm{d}y \tag{3.4.4}$$

其积分核满足

$$\|K(x,y)\|=\sup_x\left(\int|K(x,y)|\mathrm{d}y\right)<1$$

采用随机游动方法，令

$$K(x,y)=p(x,y)v(x,y)$$

且令 $\begin{cases}p(x,y)\geqslant 0\\ \int p(x,y)\mathrm{d}y\leqslant 1\end{cases}$ 为转移分布，$p(x)=1-\int p(x,y)\mathrm{d}y\geqslant 0$ 为停止分布，可以设计如下的随机过程。

(1) 由 $x=x_0$ 出发并令 $l=0$；

(2) 对任意 $l\geqslant 0$ 产生随机数 ξ，若 $\xi\leqslant p(X_l)$ 则游动停止；

(3) 否则由 X_l 按分布 $\dfrac{p(X_l,X_{l+1})}{1-p(X_l)}$ 抽样得 X_{l+1}，再重复(2)；

(4) 在 $K+1$ 步游动终止，得到一个状态序列 $\rho(X=X_0,X_1,X_2,\cdots,X_k)$；

(5) 因为 $v(x,y)=K(x,y)/p(x,y)$，有

$$\begin{cases} V_m(\rho) = v(x,x_1)v(x_1,x_2)\cdots v(x_{m-1},x_m) \\ X(\rho) = V_K(\rho)g(x_K)/p(x_K) \end{cases} \tag{3.4.5}$$

（6）试验足够多次，可以求得积分方程 $f(x) = E\{X(\rho)\}$。

3.4.4　积分运算

蒙特卡罗法通常在维数≥3的高维积分时使用，下面的单维情况用于讲述原理。

1. 单元积分，随机投点法

1）随机投点法（一）

设有积分 $I = \int_a^b g(x)\mathrm{d}x$，其中 $g(x)$ 满足 $g(x) \geq 0$，以及 $\int_{-\infty}^{\infty} g(x)\mathrm{d}x = 1$，则此时 I 可以看成概率积分，即看成取值在 $[a,b]$ 的随机变量 η 的概率。此时的概率即为曲线下面积，由此可以求得积分值。因此，可以采用如下的随机投点法。

（1）产生服从给定分布 $g(x)$ 的随机数 X_i；

（2）检查 X_i 是否落入积分区间，即检查 $a \leq X_i < b$ 是否成立；

（3）N 次试验后，X_i 落入积分区间 m 次，则 $\bar{I} = \dfrac{m}{N}$。

一般要预处理，使 $g'(x)$ 处理后满足非负归一要求。

2）随机投点法（二）

设 $g(x) \in [0,1]$ 为连续函数，且 $0 \leq g(x) \leq 1$，则积分 $I = \int_0^1 g(x)\mathrm{d}x$ 的值等于 $g(x)$ 曲线下面积，如图 3.8 所示。向方形域投点，则落入曲线下的概率为

$$P\{y \leq g(x)\} = \int_0^1 \int_0^{g(x)} \mathrm{d}y\mathrm{d}x = \int_0^1 g(x)\mathrm{d}x = I$$

试验方法如下。

（1）产生两个随机数 ξ_1,ξ_2 作为随机点的坐标 (x_i,y_i)。

（2）检验 (x_i,y_i) 是否落入 G 内。若 $y_i \leq g(x_i)$，则点落入阴影区，记录落入 G 内一次。

（3）N 次试验有 m 次落入 G 内，则 $I = \dfrac{M}{N}$。

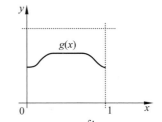

图 3.8　积分 $I = \int_0^1 g(x)\mathrm{d}x$ 的值等于 $g(x)$ 曲线下面积

2. 平均值法

任取一组相互独立的同分布随机变量 $\{\eta_i\}$，分布密度为 $f(x), x \in [a,b]$。又设被积函数为 $g(x)$，则可构成下面新的随机变量：

$$g^*(x) = \frac{g(x)}{f(x)} \tag{3.4.6}$$

式中，$g^*(x)$ 为无偏统计量，它的算数平均值为

$$Eg^*(\eta_i) = \int_a^b g^*(x)f(x)\mathrm{d}x = \int_a^b g(x)\mathrm{d}x = I$$

显然有

$$P\left[\lim_{N \to \infty} \frac{1}{N}\sum_{i=1}^{N} g^*(\eta_i) = I\right] = 1$$

经有限次试验后得到均值：

$$\bar{I} = \frac{1}{N} \sum_{i=1}^{N} g^*(\eta_i) \qquad (3.4.7)$$

上述的算法要求 $f(x)$ 满足：

(1) 当 $g(x) \neq 0, x \in [a,b]$ 时，$f(x) \neq 0$（不全为 0）。

(2) $\int_a^b f(x) \mathrm{d}x = 1$。

于是，可以把原积分等价为

$$I = \int_a^b g(x) \mathrm{d}x = \int_a^b g^*(x) f(x) \mathrm{d}x$$

其中

$$g^*(x) = \begin{cases} \dfrac{g(x)}{f(x)}, & f(x) \neq 0 \\ 0, & f(x) = 0 \end{cases} \qquad (3.4.8)$$

试验方法如下：

(1) 产生服从分布 $f(x)$ 的随机变量 $x_i (i=1,2,\cdots,N)$。

(2) 计算均值 $\bar{I} = \dfrac{1}{N} \sum_{i=1}^{N} g^*(x_i)$。

当 a、b 为有限值时，可取 $f(x)$ 为均匀分布，即

$$f(x) = \begin{cases} \dfrac{1}{b-a}, & a \leqslant x \leqslant b \\ 0, & 其他 \end{cases} \qquad (3.4.9)$$

则积分为

$$I = \int_a^b g^*(x) f(x) \mathrm{d}x = \int_a^b g^*(x) \frac{1}{b-a} \mathrm{d}x$$

其中

$$g^*(x) = g(x)(b-a) \qquad (3.4.10)$$

试验方法如下：

(1) 产生 $[a,b]$ 上均匀分布的随机变量 $\eta_i (i=1,2,\cdots)$。

(2) 计算 $\bar{I} = \dfrac{1}{N} \sum_{i=1}^{N} g^*(x_i) = \dfrac{b-a}{N} \sum_{i=1}^{N} g(x_i)$。 $\qquad (3.4.11)$

(3) 求 $\bar{\sigma}^2$。

$$\bar{\sigma} = \left\{ \frac{1}{N} \sum_{i=1}^{N} g^2(x_i) - \left[\frac{1}{N} \sum g(x_i) \right]^2 \right\}^{\frac{1}{2}} \qquad (3.4.12)$$

$$I = \bar{I} \pm \frac{X\bar{\sigma}}{\sqrt{N}} \qquad (3.4.13)$$

例 3.10 求 $I = \int_0^1 \mathrm{e}^{x-1} \mathrm{d}x$（该积分的准确值为 $I = 0.632$）。

(1) 采用随机投点法得 $\bar{I} = \dfrac{M}{N} = 0.6$，$\bar{\sigma}^2 = 0.012$，$I = 0.60 \pm 0.08$；

(2) 采用平均值法得 $\bar{I} = \dfrac{1}{N} \sum g(\xi_i) = 0.638$，$\bar{\sigma}^2 = 0.0020$，$I = 0.638 \pm 0.004$。显然，平均值法要比随机投点法精度高。

3. 计算多重积分的随机投点法

设有高维积分：

$$I = \int_{\Omega_0} \cdots \int g(x_1, x_2, \cdots, x_s) dx_1 dx_2 \cdots dx_s$$

式中，Ω_0 为 S 维单位立方体 $\{0 \leqslant x_i \leqslant 1, i=1,2,\cdots,S\}$，且在 Ω_0 上有 $0 \leqslant g(x_1, x_2, \cdots, x_s) \leqslant 1$。可以把上面的积分看成 $S+1$ 维立方体 $[\Omega_0, g(x_1, x_2, \cdots, x_s)]$ 的体积：

$$I = \int_{\Omega_0} \cdots \iint_0^{g(x_1, x_2, \cdots, x_s)} dz dx_1 dx_2 \cdots dx_s$$

试验方法如下：

(1) 产生 $S+1$ 个随机数 $\xi_i (i=1,2,\cdots,S)$ 和 η。

(2) 构造 $S+1$ 维随机向量 $\boldsymbol{\xi} = (\xi_1, \xi_2, \cdots, \xi_s, \eta)$。

(3) 检验 $\boldsymbol{\xi}$ 是否落入 V 中，即 $\eta \leqslant g(\xi_1, \xi_2, \cdots, \xi_n)$ 是否成立。

(4) 取 N 个随机向量，其中 m 个通过检验，则有 $I \sim \bar{I} = \dfrac{m}{N}$。

4. 计算多重积分的平均值法

设有高维积分：

$$I = \int_{\Omega_0} \cdots \int g(x_1, x_2, \cdots, x_s) dx_1 dx_2 \cdots dx_s$$

Ω_0 上的概率密度函数为 $f(x_1, x_2, \cdots, x_s)$，并且设 $(x_1, x_2, \cdots, x_s) \in \Omega_0$，当 $g(x_1, x_2, \cdots, x_s) \neq 0$ 且 $f(x_1, x_2, \cdots, x_s) \neq 0$ 时，有

$$g^*(x_1, x_2, \cdots, x_s) = \begin{cases} \dfrac{g(x_1, x_2, \cdots, x_s)}{f(x_1, x_2, \cdots, x_s)}, & f(x_1, x_2, \cdots, x_s) \neq 0 \\ 0, & f(x_1, x_2, \cdots, x_s) = 0 \end{cases} \tag{3.4.14}$$

则 $I = \int_{\Omega_0} \cdots \int g^*(x_1, x_2, \cdots, x_s) \cdot f(x_1, x_2, \cdots, x_s) dx_1 dx_2 \cdots dx_s = E[g^*(x_1, x_2, \cdots, x_s)]$。

试验方法如下：

(1) 抽取服从分布 $f(x_1, x_2, \cdots, x_s)$ 的 N 个随机向量 $(x_{i1}, x_{i2}, \cdots, x_{is})$，$i=1,2,\cdots,N$。

(2) 计算 $g^*(x_{i1}, x_{i2}, \cdots, x_{is})$，$I \sim \bar{I} = \dfrac{1}{N} \sum_{i=1}^{N} g^*(x_{i1}, x_{i2}, \cdots, x_{is})$。

特别地，当选 $f(x_1, x_2, \cdots, x_s)$ 为 Ω_0 上均匀分布的随机变量时，有

$$f(x_1, x_2, \cdots, x_s) = \begin{cases} \dfrac{1}{V_s}, & (x_1, x_2, \cdots, x_s) \in \Omega_0 \\ 0, & (x_1, x_2, \cdots, x_s) \notin \Omega_0 \end{cases} \tag{3.4.15}$$

式中，V_s 为 Ω_0 体积，则有

$$g^*(x_1, x_2, \cdots, x_s) = V_s g(x_1, x_2, \cdots, x_s) \tag{3.4.16}$$

$$I \sim \bar{I} = \dfrac{V_s}{N} \sum_{i=1}^{N} g(x_{i1}, x_{i2}, \cdots, x_{is})$$

$$\tag{3.4.17}$$

$$\sqrt{\bar{\sigma}^2} = \left[\dfrac{1}{N} \sum g^{*2} - \left(\dfrac{\sum g^*}{N} \right)^2 \right]^{\frac{1}{2}}$$

蒙特卡罗法中多重积分的误差为 $O(N^{-\frac{1}{2}})$，与积分维数无关。

3.5　蒙特卡罗法在随机问题中的应用

在已有的资料和文献中对随机服务系统和中子输运过程的模拟有很多论述和很规范的做法，此处就不再花费更多的篇幅。下面将集中讨论在生物生态、随机游动、分形生长等问题中如何使用蒙特卡罗法。

3.5.1　布朗运动

1827 年，植物学家布朗发现，悬浮在液体里的微小颗粒沿非常不规则的轨道运动，这是微粒间的分子碰撞的结果。1923 年，Wiener 提出一个严格的数学模型，表现的随机性质与布朗运动中观察到的类似，它的轨迹具有分形外貌。该数学模型可以简单叙述如下：一条轨迹可以用函数 $f: \mathbf{R} \rightarrow \mathbf{R}^n$ 来描述，即设 $f(t)$ 是 t 时刻粒子的位置函数，如果对给定的任意一个时间 t 粒子的位置函数落入 $\mathbf{R}$ 内，则 $\mathbf{R}$ 定义为 $f(t)$ 的值域，若有 n 个 t 就有 n 个位置函数的集合落入空间 $\mathbf{R}^n$ 内，则 $\mathbf{R}^n$ 就定义为 $f(t_1), f(t_2), \cdots, f(t_n)$ 的联合空间。对 $f(t)$ 可以从两个角度来理解：

（1）可以认为 $f([t_1, t_2]) = \{f(t) : t_1 \leqslant t \leqslant t_2\}$ 是空间 $\mathbf{R}^n$ 的子集，而 t 仅仅是参量，即 t_1, $t_2, \cdots, t_n$。

（2）认为 f 的图形 $\mathrm{graph} f = \{(t, f(t)) : t_1 \leqslant t \leqslant t_2\}$ 是 f 随时间变化的一个记录。

上述的布朗轨道或布朗图都是分形。我们的任务是在函数空间中定义一个概率测度，使可能发生的轨道能模拟物理上观测到的布朗运动。

一维的布朗运动定义如下：考虑在实直线上随机跳动的粒子。假设在很小时间间隔 τ 内，粒子随机向左或向右跳跃一个小直线距离 δ。$X_\tau(t)$ 表示粒子在时刻 t 的位置，则在时刻 $k\tau$，粒子的位置为 $X_\tau(k\tau)$，则有

$$X_\tau((k+1)\tau) = \begin{cases} X_\tau(K\tau) + \delta \\ X_\tau(K\tau) - \delta \end{cases}$$

在一维情况下，只有两个方向，其情况类似于窄胡同中行走的醉汉的情形。在 0 时刻，$k = 0$，$k\tau = 0$，粒子从原点开始运动，则 t 时刻粒子位置由随机变量 X_τ 描写为

$$X_\tau(t) = \delta(Y_1 + Y_2 + \cdots + Y_{\left[\frac{t}{\tau}\right]}) \tag{3.5.1}$$

$Y_1, Y_2, \cdots$ 为独立的随机变量，用来描述每一步粒子的随机运动，每个 Y 都有同样的分布，分别以概率 $1/2$ 取数值为 $+1$ 和 -1。步长 δ 和时间间隔 τ 都为任意取定的值，实际上可以把步长 δ 规范为 $\delta = \sqrt{\tau}$，也就是可以通过时间间隔来量化空间步长。由中心极限定理可知，对固定的时间 t，当 τ 很小时，Y_i 的均值为 0，方差为 1，则 $X_\tau(t)$ 也该服从正态分布 $N(0, t)$，$X_\tau(t)$ 向左右机会均等，最大偏差为 $n\tau = t$；同时当 $X_\tau(t)$ 和某个增量 h 是充分小时，$X_\tau(t+n) - X_\tau(t)$ 也服从均值为 0 方差为 h 的正态分布 $N(0, h)$。此时，取 $0 \leqslant t_1 \leqslant t_2 \leqslant \cdots \leqslant t_{2m}$，则增量 $X_\tau(t_2) - X_\tau(t_1), X_\tau(t_4) - X_\tau(t_3), \cdots, X_\tau(t_{2m}) - X_\tau(t_{2m-1})$ 是相对独立的随机变量。依以上分析可知，可以定义布朗运动是随机游动 $X_\tau(t)$ 当时间间隔 $\tau \rightarrow 0$ 时的极限。

定义布朗运动或 Wiener 过程为随机过程，它满足：

（1）以概率 1 有 $X(0) = 0$（过程从原点开始），$X(t)$ 为 t 的连续函数；

（2）对任意 $t \geqslant 0$ 和 $h \geqslant 0$，增量 $X(t+h) - X(t)$ 服从均值为 0 方差为 h 的正态分布，即

$$P(X(t+h)-X(t)\leqslant X)=\frac{1}{\sqrt{2\pi h}}\int_{-\infty}^{x}\exp\left(\frac{-u^2}{2h}\right)\mathrm{d}u \tag{3.5.2}$$

(3) 若 $0\leqslant t_1\leqslant t_2\leqslant\cdots\leqslant t_{2m}$，增量 $X_\tau(t_2)-X_\tau(t_1),X_\tau(t_4)-X_\tau(t_3),\cdots,X_\tau(t_{2m})-X_\tau(t_{2m-1})$ 相互独立(实际上此条可由上两条推出)。

可以证明，满足上述过程的随机函数是存在的，可以在计算机上构造布朗运动。下面介绍两种用计算机构造布朗样本的方法。

1. 随机游动逼近

按照 $X_\tau(t)=\sqrt{\tau}(Y_1+Y_2+\cdots+Y_{[\frac{t}{\tau}]})$，将其中的 Y_i 取 $+1$ 或 -1，数值由掷硬币方式决定，$i\in[1,m]$，只要 m 充分大，$\tau\ll t$，就可以由

$$X_\tau(t)=\sqrt{\tau}(Y_1+\cdots+Y_{[\frac{t}{\tau}]}) \tag{3.5.3}$$

给出布朗样本函数逼近。

2. 随机中点移动

取整数 j 为步数，取 k 值为 $0\leqslant k\leqslant 2^j$ 的奇数；取跳跃的时间 $t=k2^{-j}$。设 $j=0,X(0)=0$，从均值为 0、方差为 1 的正态抽样中随机选取 $X(1)$；下一步再从均值为 $1/2\cdot(X(0)+X(1))$，方差为 $1/2$ 的正态分布中选取 $X(1/2)$；再用同样方法选出 $X(1/4)$ 和 $X(3/4)$，如此下去。在第 j 步，对于奇数 k，从具有均值为 $\frac{1}{2}(X((k-1)2^{-j})+X((k+1)2^{-j}))$、方差为 2^{-j} 的正态分布中随机选取 $X(k2^{-j})$。设 X 是连续的，则 X 被完全确定。

该过程决定了 $X(t)$ 在所有二进制点 $t=k2^{-j}$ 的值，很容易将上述定义和方法从一维推广到 n 维，从 $\mathbf{R}$ 空间推广到 $\mathbf{R}^n$ 空间。

在 $\mathbf{R}^n$ 上定义布朗运动：若每个坐标分量都是独立的一维布朗运动，即 $X_i(t)$ 为一维的布朗运动，而且对任意的时间集 $t_1,t_2,\cdots,t_n$ 和空间集 $X(t_1),X(t_2),\cdots,X(t_n)$ 都满足相互独立性，此时就称 $\mathbf{X}(t)=(X(t_1),X(t_2),\cdots,X(t_n))$ 给出了 $\mathbf{X}:[0,\infty]\to\mathbf{R}^n$ 为某个概率空间上的 n 维布朗运动。例如，在水面上常见的是 $\mathbf{R}^2$ 中的布朗运动。

n 维布朗运动是各向同性的，它在每个方向上都具有同样的特征。当将布朗轨道上的点向分量坐标上投影时，在每一分量上都得到同样的一维布朗运动分布。

在 $P(\mathbf{X}(t+h)-\mathbf{X}(t)\leqslant \mathbf{x})=\frac{1}{\sqrt{2\pi h}}\int_{-\infty}^{x}\mathrm{e}^{-\frac{u^2}{2h}}\mathrm{d}u$ 中，用 rh 代替 h，用 $r^{\frac{1}{2}}x$ 替代 x，则有

$$P(\mathbf{X}(t+rh)-\mathbf{X}(t)\leqslant \mathbf{x})=\frac{1}{\sqrt{2\pi hr}}\int_{-\infty}^{x\sqrt{r}}\mathrm{e}^{-\frac{u^2}{2rh}}\mathrm{d}u$$

$$\xrightarrow{\diamond u_1=\frac{u}{\sqrt{r}}}\frac{1}{\sqrt{2\pi hr}}\int_{-\infty}^{x}\mathrm{e}^{-\frac{u_1^2}{2h}}\sqrt{r}\,\mathrm{d}u_1=\frac{1}{\sqrt{2\pi h}}\int_{-\infty}^{x}\mathrm{e}^{-\frac{u_1^2}{2h}}\mathrm{d}u$$

即

$$P(X_i(t+h)-x_i(t)\leqslant X_i)=P(X_i(r(t+h))-X_i(rt)\leqslant r^{-\frac{1}{2}}x_i) \tag{3.5.4}$$

上面的推导说明了 $\mathbf{X}(t)$ 与 $r^{-\frac{1}{2}}\mathbf{X}(rt)$ 有相同的分布，所以，可以用系数 r 改变时间间隔，用系数 $r^{-\frac{1}{2}}$ 改变空间尺度，得到的过程与原来的过程完全相同。布朗轨道是统计自相似的，即 $\mathbf{X}(t)\sim\mathbf{X}(rt)$。$n$ 维布朗运动可表达为

$$P(\boldsymbol{X}(t+h) - \boldsymbol{X}(t) \in \boldsymbol{E}) = \prod_{i=1}^{n} \left[\frac{1}{\sqrt{2\pi h}} \int_{a_i}^{b_i} \mathrm{e}^{-\frac{x_i^2}{2h}} \mathrm{d}x_i \right]$$

$$= \frac{1}{\sqrt{2\pi h}} \int_{E} \mathrm{e}^{-\frac{|x|^2}{2h}} \mathrm{d}x$$

式中，$\boldsymbol{X} = (X_1, X_2, \cdots, X_{t_n})$，$\boldsymbol{E}$ 为 $[a_1, b_1] \times [a_2, b_2] \times \cdots \times [a_n, b_n]$ 的矩阵。

3.5.2　随机游动问题

1905 年，Pearson 提出如下问题：一个醉汉由一电线杆以等步长向随机方向走 N 步，问能走多远？该问题是典型的随机游动问题（random walk problem），实际上物理、生物、社会学、薛定谔方程等许多问题都可以用随机游动方法求解。

下面介绍一维随机游动。

设向右移动的概率为 P，向左移动的概率为 $q = 1 - P$，整个过程中向右 n_r 次向左 n_l 次，最终物体距原点的距离为

$$x = (n_r - n_l)l$$

显然

$$x \in [-Nl, Nl] \quad N = n_r + n_l$$

求均值：

$$\mathrm{E}\{x_n\} = \sum_{-Nl}^{Nl} x P_N(x) = (p - q)Nl$$

$$\mathrm{E}\{x_n\} = \sum_{-Nl}^{Nl} x P_N(x) = (p - q)Nl$$

下面是一个一维随机游动的程序，初始学习者可以输入计算机编制一个练习程序。

```
PROGRAM random_walk !Moute Carlo Simulation of Random walk d = 1
DIM prob( - 64 to 64)
CALL initial (p,N,ntrial)
FOR itrial = 1 to ntrial
    CALL walk(x,p,N)
    CALL data(x,xcum,x2cum,prob)          ! collect data after N steps
NEXT itrial
CALL average(N,ntrial,xcum,x2cum,prob)
END

SUB initial(p,N,ntrial)
RANDOMIZE
LET ntrial = 100                          ! number of trials
LET p = 0.5                               ! probability of step to the right
INPUT prompt "number of steps = ":N
END SUB

SUB walk(x,p,N)
    LET x = 0                             ! initial position for each trial
    FOR   istep = 1 to N
        IF rnd< = p then
            LET x = x + 1
        ELSE
```

```
                LET x = x - 1
            END IF
            NEXT istep
    END SUB
    SUB data(x,xcum,x2cum,prob())
        LET xcum = xcum + x
        LET x2cum = x2cum + x * x
        LET prob(x) = prob(x) + 1
    END SUB

    SUB average(N,ntrial.xcum,x2cum,prob())    ! average valuers for N - step walk
        LET norm = 1/ntrial
        LET xbar = xcum * norm
        LET x2bar = x2cum * norm
        FOR x = - N to N
            LET prob(x) = prob(x) * norm
            IF prob(x)>0 then print x,prob(x)
        NEXT x
        LET variance = x2bar - xbar * xbar
        LET sigma = sqr(varience)
        PRINT "mean displacement = ";xbar
        PRINT "sigma = ";sigma
    END SUB
```

有关二维随机游动问题,将在 3.6 节中介绍。

3.6 分形的数学基础

3.6.1 自相似性和分形

在自然界可观察到自发形成的各种有序结构,其中有一大类具有自相似性,特别是具有自我复制能力的生命体更是充满了自相似性的结构。自相似性是指一个系统中具有某种结构或过程的特征,从不同的空间尺度或时间尺度来看都是相似的,或者其局域性质或局域结构与整体类似。于是,人们定义:组成部分以某种方式与整体相似的形体称为分形。

这种自相似系统或结构的一些定量性质不会因为放大或缩小操作而变化,也就是具有伸缩对称性,即这些性质不随其外部的表现形式而变化。这些性质通常从本质上表达了系统的特性,分形维数是其中最重要的一个。

由于一些分形,如 Koch 曲线,是按一定的数学法生成的,因而具有严格的自相似性,称为有规分形。还有一些情形,其相似性不是严格的自相似性,而是在统计意义下是自相似的,称为无规分形。分形结构具有标度不变性(又称伸缩不变性),即观察分形时不论将其放大或缩小,它的形态、复杂程度、不规则性等特性都不会发生变化。形象地讲,当用放大镜来观察分形时,不管放大倍数如何变化,看到的情形都是一样的。

对于表面分形(surface fractal),可以用下式来描述:

$$S \sim R^{D_s} \tag{3.6.1}$$

式中,S 为表面积,D_s 为表面分形维数(surface fractal dimension)。一个致密的平整表面的 $D_s = 2$,而对于分形表面来讲,D_s 可以为 $2 \sim 3$ 的非整数。Koch 曲线是严格的数学模型,在整个空间中其基本几何特性严格保持不变,都具有标度不变性。但许多实际的分形体的标度不变性只在一定的范围内适用,通常把标度不变性适用的空间称为该分形物体的无标度空间,例如云的投影只在 $0.1 \sim 10^5 \, \text{km}^2$ 的范围内具有自相似性,维数为 1.35,在此范围之外就不是分形了。描述这种分形的几何学不是欧几里得几何学,它与欧几里得（以下称欧氏）几何相比主要有 3 个不同点。

（1）研究没有特征长度的图形,即不存在某一固定长度的光滑面或线,或者说研究具有标度不变性的几何图形。

（2）研究具有非整数维数的物体。

（3）研究中无法用数学公式表达而只能用迭代语言来表达几何体的形状。

3.6.2　分形的数学基础

1. 分形维数

欧氏几何是研究规整的几何图形的,例如点、直线、面积和体积。按照式(3.6.1),点的维数是 0,线的维数是 1,面积的维数为 2,体积维数为 3,此时的物理意义与我们习惯上的是一致的。例如,长度为 l 的线,围成的面积为 l^2,构成的体积为 l^3;半径为 r 的圆,围成的球面积为 $4\pi r^2$,构成的球体积为 $\frac{4}{3}\pi r^3$。在物理学中,维数与自由度是一致的。例如,在直线上运动的点用一个坐标即可描写,故直线运动的自由度为一维;平面上的点必须用两个坐标才能描写,故平面运动的点的自由度为二维;立体中运动的点则必须 3 个坐标描写,故自由度为三维。但欧氏几何中物体的维数都是整数维的,如果遇到图 3.9 所示的三次 Koch 曲线,其几何的和物理的概念就与习惯上的不同,曲线上的点的位置无法用一个参数表达。实际上,这类情况具有普遍意义,在实际生活中可以找到许多类似于图 3.9 的 Koch 曲线的情形。

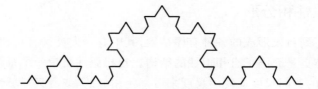

图 3.9　三次 Koch 曲线

这类曲线是分形几何体,其上的点是无法用整数维数描述的。图 3.9 中的三次 Koch 曲线上的点就无法用一个参数决定点的位置,三次 Koch 曲线的维数是 1.261 8,其维数不再是整数而是分数,此时的分形维数与欧氏几何体的维数意义已经不同了,也不能简单地用自由度的概念来考虑,而必须重新定义。下面将考虑如何定义分形维数。

2. δ-覆盖

在 n 维欧氏空间中,为了能够定量分析各种空间的尺度关系,需要制定一种度量方法,δ-覆盖就是其中的一种。直观地说就是用某种固定大小的子集比较要测量的空间。

δ-覆盖定义如下:如果 U 为 n 维欧氏空间 $\mathbf{R}^n$ 中任意非空子集,U 的直径可以定义为

$$|U| = \sup\{|x - y| : x, y \in U\} \tag{3.6.2}$$

它表示 U 内任意两点之间距离的最大值。设 $\{U_i\}$ 为可数(或有限)个直径不超过 δ 的集构成的覆盖 F 的集类,即 $F \subset \bigcup_{i=1}^{\infty} U_i$,且对每个 i 都有 $0 < U_i \leqslant \delta$,则称 $\{U_i\}$ 为 F 的一个 δ-覆盖。

3. 豪斯道夫测度

波恩大学数学家 Hausdorff 在 1919 年从测度的角度引入了 Hausdorff 维数。为介绍该维数的概念,先介绍 Hausdorff 测度。

设 F 为 $\mathbf{R}^n$ 中的任意子集,S 为非负数,那么对任意的 $\delta>0$,可以定义

$$\mathscr{H}_\delta^S(F)=\inf\left\{\sum_{i=1}^\infty |U_i|^S:\{U_i\}\text{ 为 }F\text{ 的 }\delta\text{-覆盖}\right\} \tag{3.6.3}$$

当 δ 减小时,能覆盖 F 的集类也减小,当 $\delta\to0$ 时,$\mathscr{H}_\delta^S(F)$ 将趋向一个极限值,记为

$$\mathscr{H}^S(F)=\lim_{\delta\to0}\mathscr{H}_\delta^S(F) \tag{3.6.4}$$

则 $\mathscr{H}^S(F)$ 称为 F 的 S 维 Hausdorff 测度。

1) Hausdorff 测度的基本性质

(1) 若 Φ 为空集合,则

$$\mathscr{H}^S(\Phi)=0 \tag{3.6.5}$$

(2) 若 $E\subset F$(E 包含于 F 内),则

$$\mathscr{H}^S(E)\leqslant\mathscr{H}^S(F) \tag{3.6.6}$$

(3) 若 $\{F_i\}$ 为任意可数的不相交的波雷尔集序列,则有

$$\mathscr{H}^S\left(\bigcup_{i=1}^\infty F_i\right)=\sum_{i=1}^\infty\mathscr{H}^S(F_i) \tag{3.6.7}$$

(4) 可以证明 $\mathbf{R}^n$ 中任意子集的 n 维 Hausdorff 测度与 n 维勒贝格(Lebesgue)测度只相差一常数倍数,即

$$\mathscr{H}^n(F)=C_n V_0|^n(F) \tag{3.6.8}$$

式中,C_n 是直径为 1 的 n 维球的体积。

$$C_n=\frac{\pi^{\frac{1}{2}n}}{2^n\left(\frac{1}{2}n\right)!} \tag{3.6.9}$$

(5) $\mathbf{R}^n$ 中"好的"光滑低维子集 F 的 Hausdorff 测度为

$$\mathscr{H}^0(F)=F\text{ 中点的数目}$$

$$\mathscr{H}^1(F)=l\text{ 等于 }F\text{ 曲线的长度}$$

$$\mathscr{H}^2(F)=\frac{1}{4}\pi\times\mathrm{area}(F)$$

$$\mathscr{H}^3(F)=\frac{1}{6}\pi\times V_0|(F)$$

若 F 为 $\mathbf{R}^n$ 中光滑的 m 维子流形(经典意义下 F 等于 m 维曲面),则有

$$\mathscr{H}^m(F)=C_m V_0|^m(F) \tag{3.6.10}$$

(6) 当比例放大 λ 倍时,S 维的 Hausdorff 测度放大 λ^S 倍。

下面讨论 Hausdorff 维数的概念。

从式(3.6.3)可知,对于任意给定的集 F 和数 $\delta<1$,$\mathscr{H}_\delta^S(F)$ 关于 S 是不增的,所以对于式(3.6.4)定义的 F 的 δ-覆盖,当 $t<S$ 时,有

$$\sum_{i=1}^\infty |U_i|^t\leqslant\delta^{t-S}\sum_{i=1}^\infty |U_i|^S \tag{3.6.11}$$

把式（3.6.11）取下确界，得

$$\mathscr{H}_\delta^t(F) \leqslant \delta^{t-s} \mathscr{H}_\delta^s(F) \tag{3.6.12}$$

由式（3.6.12），如果令 $\delta \to 0$，则当 $\mathscr{H}^s(F) < \infty$ 时，有

$$\lim_{\delta \to 0} \mathscr{H}_\delta^t(F) \leqslant \lim_{\delta \to 0} \delta^{t-s} \mathscr{H}_\delta^s(F) = 0$$

于是当 $t > s$ 时，有 $\mathscr{H}^t(F) = 0$；反过来当 $t < s$ 时，同样可知有 $\mathscr{H}^t(F) = \infty$。这说明存在 S 的一个临界点，使得 F 的测度由无穷值突然"跳跃"到零值。这个临界值称为 F 的 Hausdorff 维数，记为 $\text{Dim}_H F$，简记为 $D_H(F)$ 或 D_H。用数学表达方式可定义 Hausdorff 维数为

$$D_H = \inf\{S: \mathscr{H}^s(F) = 0\} = \sup\{s: \mathscr{H}^s(F) = \infty\} \tag{3.6.13}$$

显然有

$$\mathscr{H}^s(F) = \begin{cases} \infty, & S < D_H \\ 0, & S > D_H \end{cases} \tag{3.6.14}$$

若 $S = D_H$，F 中的 $\mathscr{H}^s(F)$ 满足

$$0 < \mathscr{H}^s(F) < \infty \tag{3.6.15}$$

关联的波雷尔集称为 S-集。

2）Hausdorff 维数的性质

（1）开集维：若 $F \subset \mathbf{R}^n$ 为开集，因 F 包含一个 n 维体积的球，所以有

$$D_H = n \tag{3.6.16}$$

（2）光滑集维：若 F 为 $\mathbf{R}^n$ 中光滑（即连续可微）m 维流形（m 维曲面），则

$$D_H = m \tag{3.6.17}$$

当光滑曲线维数为 1 时，光滑流形曲面维数为 2。

（3）调性：若 $E \subset F$，则有

$$D_H E < D_H F \tag{3.6.18}$$

（4）可数稳定性：若 $F_1, F_2, \cdots$ 为一可数序列，则有

$$D_H \left(\bigcup_{i=1}^\infty F_i \right) = \sup_{0 \leqslant i < \infty} \{D_H F_i\} \tag{3.6.19}$$

（5）可数集维：若 F 是可数集，则

$$D_H F = 0 \tag{3.6.20}$$

（6）豪斯道夫-贝塞科维奇维数（Hausdorff-Besivovitch dimension）：对任一有确定维数的几何体，若用与它相同维数的"尺"去度量，可得到一确定的数值 N；若用低于它的维数的"尺"去度量，结果为无穷大；若用高于它的维数的"尺"去度量，结果为 0。这个事实可以表达为

$$N(r) \sim r^{-D_H} \tag{3.6.21}$$

将式（3.6.21）取对数，得

$$D_H = \frac{\ln N(r)}{\ln\left(\dfrac{1}{r}\right)} \tag{3.6.22}$$

式（3.6.22）中的 D_H 可称为豪斯道夫-贝塞科维奇维数，其值可以为整数也可以为分数。

例如，Koch 曲线，其基本单元由 4 段等长的线段构成，每段的长度为 $1/3$，则 $N = 4$，$r = 1/3$。于是有 $D_H = \dfrac{\ln 4}{\ln 3} = 1.2618$。由直线三分裂产生三次 Koch 曲线的基本单元的过程如

图 3.10 所示。

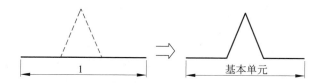

图 3.10　直线三分裂产生三次 Koch 曲线的基本单元的过程

4. 其他分形维数的定义

1）豪斯道夫-贝塞科维奇维数 D_H

它与 Hausdorff 维数完全相同：

$$D_H = \lim_{\delta \to 0} \frac{\ln N(\delta)}{\ln\left(\frac{1}{\delta}\right)} \tag{3.6.23}$$

式中，$N(\delta)$ 表示 δ-覆盖 $\{U_i\}$ 的个数，也称为覆盖维数和量规维数。

2）信息维数 D_i

设 P_i 表示分形集的元素属于覆盖 U_i 中的概率，则信息维数为

$$D_i = \lim_{\delta \to 0} \frac{\sum_{i=1}^{N} P_i \ln P_i}{\ln \delta} \tag{3.6.24}$$

在等概率 $P=1/N(\delta)$ 时，信息维数等于 Hausdorff 维数。D_i 也称为信息量的维数。

3）关联维数 D_g

关联维数 D_g 由 Grass、Berger 和 Procaccia 在 1983 年提出，表达如下：若分形中任取的两点之间的距离为 δ，则定义关联函数 $C(\delta)$ 的关联维数为

$$D_g = \lim_{\delta \to 0} \frac{\ln C(\delta)}{\ln\left(\frac{1}{\delta}\right)} \tag{3.6.25}$$

式中，$C(\delta) = \frac{1}{N^2} \sum_{i,j=1}^{N} H(\delta - |x_i - x_j|) = \sum_{i=1}^{N} P_i^2$ 或 $C(\delta) = \langle P(x)P(x+\delta) \rangle$。

4）相似维数 D_S

设分形整体 S 由 N 个非重叠的部分 $S_1, S_2, S_3, \cdots, S_N$ 组成，如果每部分 S_i 经过放大 $1/r_i$ 倍后，可以与 S 全等（$0<r_i<1, i=1,2,\cdots,N$）并且如果 r_i 全等，即 $r_i=r$，则相似维数定义为

$$D_S = \frac{\ln N}{\ln\left(\frac{1}{r}\right)} \tag{3.6.26}$$

如果 r_i 并不全等，则相似维数定义为

$$\sum_{i=1}^{N} r_i^{D_S} = 1 \tag{3.6.27}$$

例如，不等分两标度 (r_1, r_2) 康托尔分集，$r_1^{D_S} + r_2^{D_S} = 1$，当 $r_1=0.25, r_2=0.4$ 时，可以求得 $D_S = 0.6110$。

5）容量维数 D_C

设要考虑的图形是 n 维的欧氏空间 $\mathbf{R}^n$ 中的有界集合，当用半径为 ε 的 d 维球覆盖该集合时，若 $N(\varepsilon)$ 是最少需要的球的个数，则容量维数 D_C 可定义为

$$D_C = \lim_{\varepsilon \to 0} \frac{\ln N(\varepsilon)}{\ln\left(\dfrac{1}{\varepsilon}\right)} \tag{3.6.28}$$

实际上，$\ln N(\varepsilon) \approx -D_C \ln \varepsilon$。

一般情况下，有

$$D_C \geqslant D_H \tag{3.6.29}$$

此外，还有谱维数 $\widetilde{D}$、填充维数 D_P、分配维数 D_d、Lyapunov 维数 D_l、集团维数、微分维数、布里格维数、模糊维数、广义维数等。但最基本的是前面详细论述的 5 种维数。定义这些分形维数是为了方便不同类型问题的讨论和建模。

3.6.3 限制性扩散凝聚分形生长的模拟

气体放电、电解沉积、溅射凝聚、粉性指延、水溶液结晶都可以用限制性的扩散凝聚（Diffusion-Limited Aggregation，DLA）生长模型研究。DLA 模型是分形理论中最受人们重视的生长模型之一。DLA 可以用蒙特卡罗模拟研究。

1. DLA 凝聚的蒙特卡罗模拟原理

布朗运动与古典位势之间存在着普遍的数学关系，近年来有学者进一步研究了一般马尔可夫过程与现代位势理论之间的联系。限于篇幅，本节仅介绍布朗运动与古典位势的关系。

布朗运动与狄利克雷问题：因为 $d(d \geqslant 2)$ 维的布朗运动与拉普拉斯算子 $\Delta = \sum\limits_{i=1}^{d} \dfrac{\partial^2}{\partial x_i^2}$ 有密切联系，于是狄利克雷问题可以用概率方法求解。二维狄利克雷问题可以用数学表达为：设 D 为有界区域，它的边界 ∂D 充分光滑，在 ∂D 上给定连续函数 $g(x)$，求拉普拉斯方程 $\Delta h = 0$ 在区域内的唯一解，使其满足边界条件 $g(x) = h(x), x \in \partial D$（$h(x)$ 要在 D 的闭包 $\overline{D}$ 上连续）。

记 D 的补集为 D^c，设 $X(t)$ 为布朗运动，对于任何 $x \in \partial D$，令 $\tau_x = \inf\{t > 0 : x + X(t) \in D^c\}$ 是从 x 点出发的布朗运动的粒子首达 D^c 的时刻，$x + X(\tau_x)$ 是粒子首达 D^c 的点，则 $h(x) = Eg(x + X(\tau_x))$ $(x \in D)$ 就是上述狄利克雷问题的唯一解。

P.Mea.Kin 给出了二维点阵有限扩散凝聚的蒙特卡罗模拟。蒙特卡罗模拟实际上反映了自然界中许多生长过程受非局域参量的空间分布的控制，如近邻之外的较远点的影响。在自然界中的扩散可分类为无规扩散，满足 Fick 定律：

$$\begin{cases} \boldsymbol{J} = -D\,\boldsymbol{\nabla}\phi \\ \dfrac{\partial \phi}{\partial t} = -\boldsymbol{\nabla} \cdot \boldsymbol{J} = D\Delta\phi \end{cases} \tag{3.6.30}$$

式中，ϕ 为粒子浓度，$\boldsymbol{J}$ 是扩散流量，D 是扩散系数。

Witten 和 Sander 证明，DLA 生长相当于在边界条件和初始条件为式（3.6.31）的式（3.6.30）的解。

$$\begin{cases} \dfrac{\partial \phi}{\partial t} = 0 \\ \phi = \begin{cases} 0, & \text{在 DLA 凝聚体上} \\ 1, & \text{在无限远处} \end{cases} \end{cases} \tag{3.6.31}$$

由 Fick 定律得到式(3.6.30)的动态离散解,并且在周界上第 i 点的法向生长率或速度为 $u_i=|n\cdot J|=D|\nabla_n\Phi|_i$,$n$ 为周界 i 点的法向单位向量。可以证明,Fick 定律在 DLA 边界条件式(3.6.31)下变为拉普拉斯方程 $\Delta\Phi=0$,此时,扩散速度应理解为个别粒子的随机运动,速度可以写为 $u_i=Dn\cdot\nabla u+p$,其中 p 为随机运动的概率。

2. 各向同性 DLA 凝聚

计算机模拟是研究 DLA 的主要方法。一种有限制的 DLA 模拟可以按如下方法进行。

有限制的 DLA 模拟可以用图 3.11 说明,在圆上有一随机点释放粒子,粒子做随机游动直到它离开这个圆或者达到已涂黑的正方形的相邻正方形 b 处。这个模型以小正方形格子为基础。从一个代表阴极的被涂黑的小正方形开始,以它为中心作一个大圆,在圆周上的一个随机点(小方格)上随机释放一个粒子在圆内做布朗运动,一直到这个粒子离开了这个圆或到达涂黑了的正方形相邻的正方形(灰色正方形)为止。于是所到达的这个正方形也被涂成黑色。经过多次后,多个正方形构成的涂黑连通集就是从初始正方形向外生长。通常为方便,设粒子做随机游动,它分别以 $1/4$ 的概率向左、右、上、下移动。

一般 DLA 模型的生长过程参见图 3.12,模拟如下。

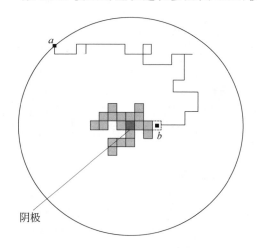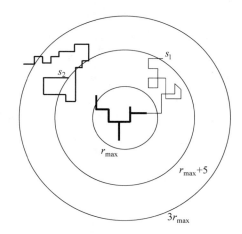

图 3.11 有限制的 DLA 模拟　　图 3.12 一般 DLA 模型的生长过程

选取 400×400 的正方点阵,在中央设置一个固定的粒子称为"种子"。开始时,在平面的边缘上随机产生一个粒子,该粒子以布朗运动方式在平面上做无规运动。粒子有两种前途:

(1) 与种子相碰并附着于种子上形成粒子簇,再随机产生一个粒子,继续做无规运动;

(2) 运动到平面的边缘上,停止运动并消失,或根据周期边界条件从另一侧边界继续做无规运动。如此运动,直到最后在点阵中央形成一个树枝状的凝聚体。

T.A.Witten 和 L.M.Sander 在 1981 年用此模型研究悬浮在溶液或大气中的金属粉末、火山灰、烟尘等微粒的无规则凝聚过程。他们取得了 3600 个半径为 4nm 的微粒,让它们在二维方形点阵和三角形点阵上无规则扩散,得到了树枝状凝聚结构。

在进行上述 DLA 模拟时,要确切地定义"黏附在聚集体上"和"粒子消失"的具体的量限。在 Witten 和 Sander 的研究中,粒子来自比已有的凝聚体最大半径 $r_{\max}$ 稍大的圆周上,如 $r_{\max}+5$ 点阵,其运动规则为:如果粒子运动向外超过一定范围,如 $3r_{\max}$,就取消该粒子,下一个粒子开始扩散运动。在具体问题中,参加随机运动的粒子总数可以达到几千到几万个,由于 DLA

生长的分形凝聚体都满足标度不变性和自相似性，分形维数都等于 1.67。进行模拟时，参量设置有如下几个。

（1）运动粒子与不动粒子之间的距离为多大时它停止运动并黏附在聚集体上成为不动的粒子，一般分为最近邻、次近邻、相接触 3 种。

（2）运动粒子黏附在聚集体上的概率。

（3）扩散步长。

（4）聚集体中心数目，称为种子数。

（5）黏附在聚集体上的粒子脱离聚集体的概率。

（6）表面张力的影响。

大量模拟实验表明，DLA 凝聚体只要尺度足够大，其分形维数与有无点阵或点阵为三角形、正方形、六边形等类型无关。另外，为了缩短计算时间，在运动粒子离二维平面中心的距离大于 $r_{max}+10$ 个点阵单位时，可以把步长临时加大到每步 2 个点阵单位。当距离大于 $r_{max}+n\times10$ 个点阵时，可将步长加大到 2^n 个点阵单位。这样加大步长模拟与步长不变时结果非常相似，不会影响模拟精度。

3. 各向异性 DLA 凝聚

最简单的是二维单轴各向异性黏附生长。其生长过程规定，首先在围绕粒子簇的圆周上任选一点，从该点放入一个粒子，随机行走。此时，若粒子离簇中心超过 200 个粒子的长度就取消该粒子，再发一个新粒子。如果该格点的最近格点是已被占据的，则它就被黏附在那里，然后再放进一个粒子。如果没有被黏附，此模型规则规定 x 方向是容易生长的方向，Y 方向为不容易生长的方向，此时应在 Y 方向上设置一个小于 1 的黏附概率，例如，x 方向黏附概率为 1，Y 方向黏附概率为 1/3。这就获得了单轴各向异性的 DLA 凝聚模式。

3.6.4　复杂生物形态的模拟

1. Mandelbrot 集

研究由 $f_c(z)=z^2+c$ 的多项式生成的 Julia 集，Julia 集是法国数学家 Gaston Julia 和 Pierre Fatou 在第一次世界大战中养伤时研究复变函数 $z_{k+1}=z_k^2+c$ 获得的。IBM 公司的研究人员通过迭代获得很多生物形态图。他的迭代方法与 Mandelbrot 的完全相同，即将前一次迭代运算输出结果作为接下来迭代的输入，但迭代函数不同，有 $z=z^5+c$，$z=z^2+z^5+c$，$z=\sin(z)+e^2+c$，$z=\sin(z)+z^2+c$ 等。按这样的思路，Dawkins 设计了称为 Watchmaker 的复杂程序，该程序用鼠标控制进化过程，程序产生的每棵树的形态都由 16 个基因控制。由它可以产生许多生物形态，使人们能模拟生物的进化过程。人们试图通过这些模拟找到下面问题的解答：像生命这么复杂的机构是否能通过随机事件的组合而产生。

不论是自然界中的个体分形形态，还是数学方法产生的分形图案，都有无穷嵌套、细分再细分的自相似的几何结构。换言之，谈到分形，事实上是开始了一个动态过程。从这个意义上说，分形反映了结构的进化和生长过程，不仅刻画了静止不变的形态，更重要的是给出了进化的动力学机制。植物不断生长出新枝和新根。同样，山脉的几何学形状是以往造山运动和侵蚀等过程自然形成的，现在和今后还会不断变化，造山运动也可以用分形来研究。

2. L 系统模拟自然景观

L 系统是林德梅叶（Lindenmayer）于 1968 年为模拟生物形态而设计的，实际上是字符串重写系统。字符串可以解释成曲线（或者更准确地说，称作图形），于是只要能生成字符串，就能生成图形。用这种方法能够生成许多经典的分形,也可以模拟植物形态,特别是能很好地表达植物的分枝结构。

1) 系统的构图原理

最初实现的 L 系统是一个三元式,$L=\langle G,W,P\rangle$,用以表示所需构造的对象。其中,G 是一个字符集,由"F""["""]""＋""－－"等字符组成,用来解释字符的图形命令;W 是起始符号元,用以确定字符串的起始状态,$W\in G$;P 是生成规则集。L 系统输出字符的算法,按照 G 中的字符命令进行,此外还需对 L 系统的状态、位置和方向(角度)定义。

用符号元构成机器,最先生成字符串 W,其中的每个字符又按规则集给出的字符串的替换规则进行字符串的替代,产生新一代的字符串,这样循环往复,直至产生最后一代的字符串。

2) 应用 L 系统生成经典的分形

首先用 L 系统描述 Koch 曲线,得到 L 系统的原表达式为

$$L=\langle G,W,P\rangle \tag{3.6.32}$$

然后根据构图特点,定义如下命令:

F——当前方向向前走一步;

[——将系统的当前状态压栈保存;

]——将栈中状态弹出,即恢复系统的原来状态;

＋——由当前方向逆时针转 δ 角;

－——由当前方向顺时针转 δ 角。

式(3.6.32)中,$G=\{F,+,-,[,]\}$,$W=F$,$\delta=\pi/3$,$P=\{F\to F+F-F+F,+\to+,-\to-,[\to[;]\to]\}$。

3) 应用随机 L 系统生成形态逼真的自然景物

从模拟自然景物的效果上说,用上述方法得到的图形尚嫌呆板。在保留某种植物主要特征的前提下,为了产生细节上的不同变化使生成的植物图形更加生动逼真,需要引入随机性。随机的 L 系统是有序的四元素集。其表达式为

$$L=\langle G,W,P,\pi\rangle \tag{3.6.33}$$

式中,G、W 的意义均与三元式的相同,其中字符的意义均与前述相同。这里 P 为随机的生成规则集,π 为函数,且有

$$\sum_{i=1}^{n}\pi(P_i)=1$$

4) 采用随机 L 系统生成海岸线

$$G=\{F,+,-,[,]\} \tag{3.6.34}$$

$W=F$;

$\pi(P_1)$

P_1: $F\to F+F-F+F$;

$\pi(P_2)$

P_2: $F\to F-F++F-F$;

这里取 $\pi(P_i)=\pi(P_2)=1/2$,这样的随机 L 系统使植物的基本拓扑结构及其几何性质发生变化,且这种变化是随机的。

5）采用随机 L 系统生成植物树木

采用随机 L 系统生成的植物树木见图 3.13。这里取 $\pi(P_i)=1/3$，则 $\pi(P_1)+\pi(P_2)+\pi(P_3)=1$。

$$G=\{F,+,-,[,]\}$$

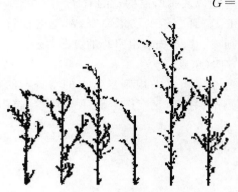

图 3.13　采用随机 L 系统生成的树木

在图 3.13 中：

$W=F$；

$\pi(P_1)$

P_1：$F\rightarrow F[+F]F[-F]F$；

$\pi(P_2)$

P_2：$F\rightarrow F[+F]F[-F[+F]]$；

$\pi(P_3)$

P_3：$F\rightarrow FF[-F+F+F]+[+F-F-F]$；

应用分形 L 系统理论模拟植物形态与生长过程，是计算机图形学的研究范畴，20 世纪 90 年代该系统理论已被列入人工生命的研究范畴。L 系统以其高度简洁性和多级结构，描述植物树木的生长和增殖过程的形态和结构特征，提供了行之有效的理论与方法。但目前 L 系统也存在一定的局限性，如 L 系统的字符串，既不能提供植物分枝的长度，也不能提供三维拓扑信息。因此，L 系统在实用中还必须进一步充实和发展，才能更好地描述现实世界的三维植物树木。下面给出编程的实例，读者可以在计算机上体会一下生成人工生命形态的乐趣，也可以把人工生成的 L 分形系统与自然对比，看看哪些存在，哪些不存在，并思考为什么。

下面是生成"果园"的源程序：

```
# include<graphics.h>
# include<stdlib.h>
# include<conio.h>
# include<math.h>
# include<stdio.h>
# define PI 3.1415926
# define count 15

void initialgraph(void)
{
    int gdriver,gmode;
    gdriver = DETECT;
    initgraph(&gdriver,&gmode," ");
}

void main(void)
{
    int type,x0,y0,dx,dy,MAXy,col;
    long int i,itn;
    float a,b,c,dt,sx,sy,x,y,z,newx,newy,newz,x1,y1;
    float alpha,beta,gama,DTR;
    initialgraph();
    DTR = PI/180.0;
    a = 10.0;
    b = 28.0;
```

```
        c = 2.666667;
        dt = 0.005;
        sx = 7;
        sy = 3.5;
        printf("input angle(alpha,beta,gama):");
        scanf("%f%f%f",&alpha,&beta,&gama);
        alpha = alpha * DTR;
        beta = beta * DTR;
        gama = gama * DTR;
        x0 = 250;
        y0 = 100;
        MAXy = getmaxy();
        printf("input number of iterations:");
        scanf("%ld",&itn);
        printf("input color:");
        scanf("%d",&col);
        printf("input display type--1(x,y) 2(x,z) 3(y,z) 4(x,y,z):");
        scanf("%d",&type);
        x = y = z = 1.0;
        for(i = 0;i<itn;i++)
        {
            newx = x + a * (y - x) * dt;
            newy = y + (b * x - y - x * z) * dt;
            newz = z + (x * y - c * z) * dt;
            x = newx;
            y = newy;
            z = newz;
            if(i>count)
            {
                switch(4)
                {
                    case 1:x1 = newx; y1 = newy; break;
                    case 2:x1 = newx; y1 = newz; break;
                    case 3:x1 = newy; y1 = newz; break;
                    case 4:x1 = newx * cos(alpha) + newy * cos(beta) + newz * cos(gama);
                            y1 = newx * sin(alpha) + newy * sin(beta) + newz * sin(gama);
                            break;
                    default:   exit(0);
                }
                dx = (int)(sx * x1 + x0);
                dy = (int)(sy * y1 + y0);
                putpixel(dx,MAXy - dy,col);
                delay(100);
            }
        }
}
```

生成 Lorenze 吸引子的源程序：

```
#include "graphics.h"
#include "math.h"
#include "conio.h"
#include "stdio.h"
#include "stdlib.h"
#define count 15
int k1,k2,dx,dy,MAXy;
long int itn,m,n;
```

```
float total1,total2,rn1,rn2,x1,x2,newx1,newx2,y1,y2,newy1,newy2;
float a1[4] = {0.000,0.750,0.577,0.433};
float b1[4] = {0.0150,0.0150,0.2750, − 0.275};
float c1[4] = {0.000,0.000, − 0.30,0.275};
float d1[4] = {0.400,0.751,0.577,0.433};
float e1[4] = {0.000,0.000,0.000,0.000};
float f1[4] = {0.000,0.175,0.080,0.110};
float p1[4] = {0.21,0.35,0.22,0.22};
float a2[2] = {0.780,0.697};
float b2[2] = { − 0.010, − 0.010};
float c2[2] = {0.070,0.070};
float d2[2] = {0.750,0.760};
float e2[2] = { − 0.22,0.521};
float f2[2] = {0.357,0.267};
float p2[2] = {0.59,0.41};

main()
{
  int gdriver = DETECT,gmode;
  initgraph(&gdriver,&gmode," ");
  getch();
  MAXy = getmaxy();
  x1 = 0.0;   y1 = 0.0;
  for(n = 0;n<10000;n ++ )
   {
     rn1 = random(32767)/32767.0;
     total1 = p1[0];
     k1 = 0;
     while(total1<rn1)
     {
       k1 ++ ;
       total1 + = p1[k1];
     }
     newx1 = a1[k1] * x1 + b1[k1] * y1 + e1[k1];
     newy1 = c1[k1] * x1 + d1[k1] * y1 + f1[k1];
     x1 = newx1;
     y1 = newy1;
     if(n>count)
     {
       dx = (int)(200 + 200 * x1);
       dy = (int)(100 + 200 * y1);
       putpixel(dx,MAXy − dy,n);
       x2 = x1;
       y2 = y1;
       for(m = 0;m<10;m ++ )
   {
       rn2 = random(32767)/32767.0;
       total2 = p2[0];
       k2 = 0;
       while(total2<rn2)
       {
         k2 ++ ;
         total2 + = p2[k2];
       }
       newx2 = a2[k2] * x2 + b2[k2] * y2 + e2[k2];
```

```
            newy2 = c2[k2] * x2 + d2[k2] * y2 + f2[k2];
            x2 = newx2;
            y2 = newy2;
            dx = (int)(200 + 200 * x2);
            dy = (int)(100 + 200 * y2);
            putpixel(dx,MAXy - dy,2);
            delay(50);
            }
        }
    }
}
```

3.7　雷达检测的蒙特卡罗仿真

3.7.1　蒙特卡罗仿真原理

发射机发射信号,接收机收到经环境影响和环境反射后的雷达信号,并且由环境影响和环境反射后的接收信号确定目标参数。雷达检测就是要从这些被环境影响的观测信号中判断是否存在雷达目标信号。雷达检测系统可以用图 3.14 说明。

图 3.14　雷达检测系统框图

图 3.14 中,信号 S 可以表示为 $S=(s_1,s_2,\cdots,s_N)$,干扰为 $X=(x_1,x_2,\cdots,x_N)$。在无信号时,系统的输出为 H_0 的概率密度 $P_0(x)$;当有信号时,系统的输出为 H_1 的概率密度为 $P_s(x)$;既有信号又有干扰时,系统输出为 H_1 的概率密度为 $P_1(x,s)$。输入要经信号处理机进行变换 $Z=f(x,s)$ 构成检测统计量,然后将经信号处理机处理后的信号 Z 与门限 L 相比并进行检测判断:若 $Z>L$ 则接收 H_1,判断为有目标信号;若 $Z\leqslant L$ 则接收 H_0,判断为无目标信号。

3.7.2　蒙特卡罗仿真法

设目标是固定的常值 S,当只考虑背景杂波时,认为噪声 x 服从韦伯分布,干扰的概率密度为

$$p(x)=\frac{\alpha}{\beta}\left(\frac{x}{\beta}\right)^{l-1}\exp\left[-\left(\frac{x}{\beta}\right)^l\right],\quad x\geqslant 0 \tag{3.7.1}$$

式中,α 为形状参数,β 为比例参数。设信号处理机仅做线性处理,且门限值 L 为常值。

为仿真雷达检测过程,需要产生雷达目标信号和杂波的随机数列,并且再从它们产生模拟真实接收的信号,即信号加杂波的随机数列。将所产生的模拟信号加杂波的随机数列与门限 L 比较,作出检测判断。将产生模拟信号加杂波的随机数列与门限 L 比较,经 N 次试验后有 M 次超过门限,则待求雷达检测概率 $P_d=M/N$。模拟雷达背景噪声韦伯分布的 $p(x)$ 抽样值为 $X=\beta(-\ln\xi)^{\frac{1}{l}}$,$\xi$ 为 $(0,1]$ 区间的随机数。为便于计算信号-杂波中值比,可将 β 用中值 X_m 代替,即 $X=X_m(-\ln\xi/\ln2)^{1/l}$。产生真实雷达模拟信号时,信号与杂波要按正交通道法叠

加,如图 3.15 所示。设雷达目标信号为 S,杂波(背景噪声)为 x,则模拟的真实信号为

$$S_X = [(x\cos\phi + S)^2 + (x\sin\phi)^2]^{\frac{1}{2}} \tag{3.7.2}$$

式中,ϕ 为 $[0,2\pi]$ 内均匀分布的随机相角,可以取 $\phi = 2\pi\xi$,则有

$$S_X = [(x\cos2\pi\xi + S)^2 + (x\sin2\pi\xi)^2]^{\frac{1}{2}} \tag{3.7.3}$$

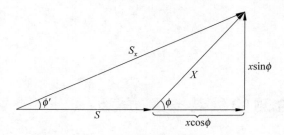

图 3.15　信号与杂波的正交通道法叠加

　　下面是该雷达检测的蒙特卡罗仿真程序,读者可以在计算机上建立一个雷达检测系统,并且可以试验一下,同样目标在不同规律的背景噪声下,采用不同的雷达检测信号时,具有怎样的雷达检测规律。

　　C 语言程序为

```
# include <math.h>
# include <stdio.h>
# include <stdlib.h>
# define PI 3.1415926535
int main(int argc,char * argv[])
{
 if(argc! = 2)
 {
    printf("\n 参数出错");
    printf("\n 文件名参数(信号幅值)");
    return 1;
 }
int i,m = 0,n,aseed = 0;
double threshold,pd,signal,signal_and_clutter,clutter_random,clutter_middle,random0_1,alpha;
/ * threshold: 检测门限;pd: 检测概率;signal: 模拟雷达信号随机数;clutter_middle: 杂波中值;
signal_and_clutter: 模拟信号加杂波随机数;random0_1;[0,1]区间的均匀随机数;alpha: 韦伯分布形
状参数 * /
    //以下参数需要输入
    threshold = 4.72;
    n = 10000;
    clutter_middle = 1.0;
    alpha = 1.2;
    for(i = 0;i<n;i ++ )
    {
        random0_1 = rand() * 1.0/RAND_MAX;
        clutter_random = clutter_middle * pow( - log(random0_1)/log(2),1/alpha);
        random0_1 = rand() * 2 * PI/RAND_MAX;
        signal_and_clutter = sqrt(
            (clutter_random * cos(random0_1) + signal) * (clutter_random * cos(random0_1)
            signal) + clutter_random * sin(random0_1) * clutter_random * sin(random0_1));
        if((signal_and_clutter)>threshold;m ++ )
    }
```

```
pd = m * 1.0/n;
    printf("\n仿真试验的次数是：% 5d",n);
    printf("\n雷达的目标信号是：% 12.4f",signal);
    printf("\n雷达的检测概率是：% 12.4f\n",pd);
    return 0;
}
```

当雷达的杂波参数 $X_m=1$，$\alpha=1.2$，检测门限 $L=4.72$ 时，运行上述程序，取实验次数 $N=10\,000$，得出不同目标信号幅值下的检测概率如表 3.3 所示。

表 3.3　不同目标信号幅值下的检测概率

目标信号幅值	3.9811	4.4587	5.0119	5.5349	6.1739	>6.1739
检 测 概 率	0.2394	0.3951	0.6978	0.8460	0.9341	0.9852

3.8　移动通信系统仿真中的蒙特卡罗法

移动通信系统运行在干扰和带宽受限的环境中，信道是开放的、动态的，具有时变性和随机性；终端是移动的、动态变化的，接入和退出是随机的，因此网络是动态变化的。因此，信道是系统中需要进行精确建模的最复杂的部分，除了移动信号本身还要加上信道噪声，通常采用加性高斯白噪声构成 AWGN 信道，这些都必须采用蒙特卡罗法仿真。

3.8.1　移动通信系统仿真设计过程

用计算机对移动通信系统进行仿真是深入精确地理解系统特性的必要过程，特别是因为实际的移动通信系统都是难以解析处理的通信系统，一个好的仿真系统就如同在实验室做实验一样地实现一个移动通信系统及其运行过程。移动通信系统是复杂的、难以解析处理的系统，通常采用半解析方法进行，也就是采用把解析和仿真以一种便于快速仿真的方式结合起来的方法。简单的移动通信系统如图 3.16 所示。

尽管物理规律可以有多种描述方法，但是大自然的方式很可能是以由总体到局部的方式安排的，不同于局部细节到总体的方式。移动通信系统的建立也是由总体到局部的，因此建立移动通信系统仿真模型时，也是由全体到局部的。但是因为移动通信系统的物理系统是基础平台，而硬件系统的设计通常是由基础到全局的。所以，移动通信系统的设计是从系统级开始的，填入系统级设计细节，包括整个系统级的，再向下到子系统级，最后到元件级的组装。构造移动通信系统模型仿真数值模型，首先要构造底层，对物理系统进行建模和分析，描述物理系统或设备的输入输出关系。最先是元件级，然后把元件组装成子系统，最后才用子系统构成整个系统。开发仿真系统时也要采用由全局到底层的方式进行，从具有高抽象程度的系统级仿真实现开始，接下来是越来越详细的子系统级元件的模型和仿真实现，把元件和子系统级的测量特性加入仿真模型中。物理模型通常表示为数学形式，要采用计算电磁学方法构建符合物理模型的数值模型。总之，通俗地说，上述过程就是设计系统指标和结构，填写并实现局部设计内容，编写程序的过程。

模型中包括确定性模型和随机仿真模型两种类型。确定性模型通常以方程或方程组的形式给出，可以依照各种计算电磁学数值方法包括蒙特卡罗法进行，而随机仿真模型只能采用蒙特卡罗法进行，可以采用已有的商用软件包作为子程序调用。各种公开文献和出版物中也附

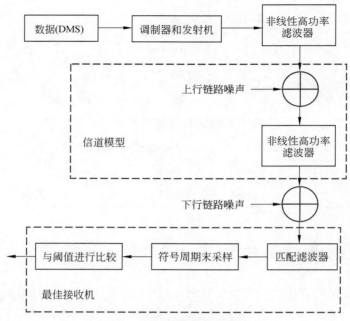

图 3.16　简单的移动通信系统

有许多用 MATLAB 代码编写的源代码与数据。

　　作为一种人类创造的符号语言，MATLAB 代码经过多年的开放性（至少是在教育领域）的使用已经成为计算科学界的一种通用语言了，这不仅仅是开发者的成果，更是人们多年的坚持和共同努力结果。没有全世界科学技术工作者多年不弃不舍的坚持和卓有成效的应用或者人们选择了其他代码，MATLAB 代码就不可能成为全世界计算科学领域的一种公共语言，其社会价值已经远远超出了商业市场的意义。

3.8.2　移动通信系统性能与预算匹配设计

　　移动通信系统设计开始于系统描述，例如定位、可能性、市场预期等，还要分析用户要求和对系统性能的期望。这些描述和分析要落实到具体指标，包括吞吐率、差错率、中断概率，以及带宽、网络功能、功率、重量、复杂度/成本、系统预期工作的信道、可升级性和系统生命周期及其他约束条件。特别是要确定采用的调制方式、编码与均衡技术等给出一组"A 级指标"的参数值，例如功率、带宽和调制指数。

　　在系统设计的最初阶段，整体目标是确定系统拓扑结构和参数值，以便同时满足性能目标和上述约束条件。通信系统性能保证主要考虑信噪比 SNR 或等价 E_b/N_0 和通信链路中所有元件引入的总失真。信噪比可以通过链路预算过程来决定，链路预算通常采用表格形式，以数值定义所有系统的增益和损耗，不仅仅是关于信号的还包括噪声的。功率计算包括发送功率、功率增益和损耗，例如传输损耗、天线增益、路径损耗、放大器噪声、电缆损耗、滤波器的噪声系数等。链路预算确定了仿真系统进行性能估计所需要的 S/N 或 E_b/N_0 的范围。在进行链路预算时，可以按理想元件计算，考虑到实际元器件会产生非理想特性，设计时要增加一项"实际损耗"来弥补。设计中，如果链路预算不封闭或不平衡，就要修改"A 级指标"、损耗指标甚至系统结构，重新制定链路预算并重新进行这个过程直到链路预算封闭或平衡并且具有充分的裕量为止。

3.8.3　移动通信系统设计流程及其他

1. 设计流程

通信技术已经很成熟，人们开发了很多软件包并且也得到了广泛的应用。这些商用的通信系统软件包的基本框架雷同，包括建模器、模型库、仿真核、后处理器等基本部件。不管使用哪一种软件产品，建立仿真系统的第一步就是建立子系统端到端的仿真模型。

建立仿真模型可以使用通用的编程语言编写合适的代码，也可以使用图形建模器。Simulink 是一种相对简单的使用图形建模器的仿真软件包。一种通信系统工程设计流程如图 3.17 所示。

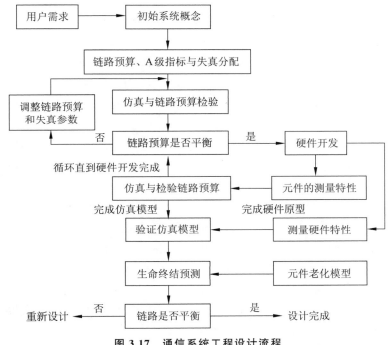

图 3.17　通信系统工程设计流程

上述内容主要参考了著作 *Principles of communication systems simulation with wireless applications*，该书也有相应的中文翻译本，建议有条件的读者直接阅读英文原版。

2. 关键元件的仿真与系统测试

关键元件的仿真与测试是系统设计的重要内容，需要根据仿真系统的链路预算确定。设计中总是有一些新信号处理算法和软硬件技术，因此难免会出现系统性的风险或不确定性。如果一些新的算法和硬件已经实现，就要在实际工作条件下进行测试并且将测量特性代入该元件的仿真模型。如果一些新的算法和硬件是待研发的元器件，就可以把这些元器件的仿真模型，通常采用 DSP、使用 VHDL 等硬件描述语言实现硬件开发到仿真系统的接口，加入仿真系统得到系统性能和链路预算，以便决定待研发元器件对系统性能的影响。如果使用待研发元器件进行仿真检验，链路预算是平衡的而且性能可以达到预定目标，就可以开始对这个关键元器件进行硬件开发了，否则就需要重新设计，调整元器件参数或者修改链路预算。出于成本和系统性能均衡的考虑，通过仿真系统进行系统性能和链路预算的仿真检验是十分必要的，既检验了链路预算的变化又检验了新的（包括更新替代的）关键元器件的投入带来的链路预算得失，从而决定是否要进行新的算法和硬件的开发或替代。

3. 其他

通信系统仿真的基本内容是处理波形和符号，包括模拟波形采样值。通常在建立仿真模型之后完成两方面的任务：分析特定的波形在通信系统中产生的输出波形；输入多种波形或分析波形作用，优化设计参数或系统性能指标。为此建议考虑如下几点。

（1）建立了移动通信系统仿真模型之后，要分析某个特定波形在通信系统中产生的输出波形。

（2）采用各种波形仿真，分析性能并进行波形参数的优化，进行移动通信系统指标的优化设计。

移动通信系统具有很高的复杂性，因此在仿真的实施中需要采用直接仿真方法和拟仿真方法相结合的方法灵活处理，有如下建议。

（1）关键是如何产生输入波形或激励信号的采样值。

（2）信号、噪声、干扰都是随机过程，要利用随机信号发生器产生。

（3）简化和近似是建立仿真模型时常用的方法。最常用的简化方法有时不变（稳态）性质和线性化分析。信道之所以假设为"准静态"，是因为传送符号率为每秒数百万符号，而大气变化约为几分钟到数小时，仿真的参数例如 BER 约为 10^3 量级，要确定 BER 瞬时差错率则只需要几千个符号。因为传送符号率每秒有百万个符号，所对应的实际信号只相当于毫秒量级。而在这个时间间隔内，信道参数实际上保持恒定的时间至少可以达到几分钟。所以可以认为此时仿真的是个"静态过程"。

（4）建立功能模块使之能完成某一特定信号的处理功能。确定性的低通信号可以通过傅里叶变换获得或进行建模，而随机信号则要用功率谱密度进行建模。

（5）采样率按理论应该为低通信号或系统带宽的 2 倍。但是实际情况总是已经具有了一定的带宽。那么针对实际的模拟信号或系统的 3dB 带宽就取其 8～16 倍进行。针对实际的数字信号系统，采样率取符号率的 8～16 倍进行。增加采样率可以减小折叠噪声、滤波器频率畸变及非线性产生的带宽扩展。

（6）仿真模型只按时间先后次序排列，考虑到输入波形采样及依照确定性函数产生的输出波形的采样值，可以不考虑其他因素。

随机信号源的建模对整个系统仿真很重要，假设已经获得了系统仿真模型，则激励源或输入波形的随机建模就很重要，有如下要点。

（1）一般情况下，可以假设信息承载波形及噪声和干扰可以建模为平稳随机过程。

（2）平稳随机过程可以采用多维概率分布来表示，但是遇到的困难是很难产生任意的多维分布的抽样。所以，常常采用平稳高斯过程近似。而高斯过程完全可以由二阶分布的均值和自相关函数来描述，应用时应将非高斯过程的指标限制为二维分布。

（3）可以采用等效原理，即假设一个输入随机过程 $X(t)$ 经过 n 个模块，在第 n 个模块处的输出的信号为 $Y(t)$，如果能够采取某种方法导出 $Y(t)$ 的特征，那么第 n 个模块之后的所有后续处理都可以直接在该处简单地采用插入一个表示 $Y(t)$ 采样值的序列来进行，而无须再处理 $X(t)$ 经过 n 个模块的采样及仿真。当 $X(t)$ 为高斯过程而且各个模块都是线性时，则 $Y(t)$ 也是高斯过程，而且 $Y(t)$ 的参数也可以解析地推导或通过仿真 $X(t)$ 经过 n 个模块的过程得到。但是,当 $X(t)$ 为任意分布或非线性时,就很难解析地得到 $Y(t)$ 的特性,就只能采用仿真方法来估计得到的 $Y(t)$ 的特性估值。

(4)可以采用等效过程的方法表示相位噪声及同步子系统产生的定时和相位抖动。

(5)同一个通信系统中会有许多不同带宽要求或许多"时间常数"差别很大的随机现象,可以如下处理。

① 对于相差几个数量级的问题进行切分,可以把切分后的部分仿真系统看成慢过程的数值不变的过程,就不必对慢过程进行采样处理了,只需要处理快过程的采样和仿真。这种方法常常用于仿真慢衰落信道下的通信系统的性能。

② 采用多速率采样方法。通常用于带宽只相差一到两个数量级的情况,在处理中要采用与带宽一致的不同速率采样,使采样数与各自过程的带宽成正比。

## 第 4 章

有限差分法

有限差分法是一种微分方法,是历史悠久、理论完整的数值分析方法。尽管各种新的数值分析方法不断出现,但是有限差分法仍然是广泛使用的一种数值方法。由有限差分法派生出来的时域有限差分法(Finite Difference Time Domain,FDTD)正在各个领域中广泛地发展应用,已经成为计算电磁学的主要方法,但是时域有限差分法的基本数值处理方法与有限差分法同源,将有限差分法成熟的处理方法用于时域有限差分法将会使之更加完善。本章将重点阐述有限差分法的基本原理、边界条件处理、场域切分、微分方程数值化、迭代法、收敛及误差、高阶多元差分方程等内容。

4.1 有限差分法基础

4.1.1 有限差分法的基本概念

用差分代替微分,是有限差分法的基本出发点。这一点是由微分原理保证的,当自变量的差分趋于零时,差分就变成了微分,即当 $h \to 0$ 时,$\Delta x \to \mathrm{d}x$。有限差分法的一般过程是:首先要推导出微分方程;其次用规则网格切割定义域使之既相邻又不重叠,然后再构造对应的差分格式;最后计算求解并给出物理解释。用规则网格切割定义域是获得高效率差分格式的重要环节,定义域划分网格主要是为了获得网格交叉产生的结点。有限差分法进行处理和所获得的数值都是结点上的数值,形象地说,有限差分法的数值空间是纱窗样的结构,表达的运动和过程是跳跃着行进的。有限差分法的结点就定义为网格的交点并且可以分为正则结点和非正则结点两类,结点及邻点都在定义域内的结点为正则结点,而非正则结点是指有的相邻结点处在定义域外。需要说明的是,确定 Δx 的大小是有限差分法成败的关键之一。Δx 的极限尺寸是由所研究的物理过程来决定的,Δx 的合法性主要决定于当用 Δx 代替 $\mathrm{d}x$ 时对所研究的物理过程是否影响不大,换言之,Δx 的极限尺寸由物理因素决定。在电磁波问题中,Δx 的极限尺寸与电磁波的波长和电磁边界的尺寸有关。

现在先定义差分格式,包括自变量的差分格式和函数的差分格式。

自变量的差分:

$$\begin{cases} \Delta x = \dfrac{(x_i + h) + x_i}{2} = x_i + \dfrac{h}{2}, & \text{一阶向前差分} \\[3mm] \nabla x = \dfrac{x_i + (x_i - h)}{2} = x_i - \dfrac{h}{2}, & \text{一阶向后差分} \\[3mm] \delta x = \dfrac{\left(x_i + \dfrac{h}{2}\right) + \left(x_i - \dfrac{h}{2}\right)}{2} = x_i, & \text{一阶中心差分} \end{cases} \quad (4.1.1)$$

函数的差分：

$$\begin{cases} \Delta f = f(x_i + h) - f(x_i), & \text{一阶向前差分} \\[2mm] \nabla f = f(x_i) - f(x_i - h), & \text{一阶向后差分} \\[2mm] \delta f = f\left(x_i + \dfrac{h}{2}\right) - f\left(x_i - \dfrac{h}{2}\right), & \text{一阶中心差分} \end{cases} \quad (4.1.2)$$

下面讨论显式一阶微分方程的解法。

4.1.2 欧拉近似

1. 基本欧拉近似法

欧拉近似法在函数图上就是用折线代替曲线，如图 4.1 所示，故也称折线法。设有初值问题：

$$\begin{cases} \dfrac{\mathrm{d}y}{\mathrm{d}x} = f(x, y) \\[2mm] y(x = x_0) = y_0 \end{cases} \quad (4.1.3)$$

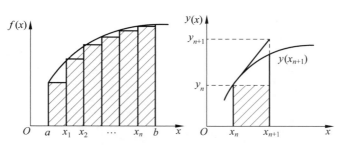

图 4.1 欧拉近似法示意图

首先在自变量区间 $[a, b]$ 上，以步长 $\Delta x = h$ 进行分割，所获得的结点的坐标为

$$x_0 = a < x_1 < x_2 \cdots < x_n < x_{n+1} = b$$

然后由函数的一阶向前差分格式求得微商的差分格式为

$$f(x_n, y_n) = \frac{\mathrm{d}y}{\mathrm{d}x}\bigg|_{\substack{x = x_n \\ y = y_n}} = \frac{y(x_n + h) - y(x_n)}{h}$$

$$y_n \approx y(x_n), \qquad y_{n+1} \approx y(x_{n+1})$$

于是，微分方程式(4.1.3)就近似为差分方程：

$$\begin{cases} y_{n+1} \approx y_n + h f(x_n, y_n) \\[2mm] x_n = x_0 + nh \end{cases} \quad (4.1.4)$$

从解析函数分析的角度，可以用泰勒展开的方法由微分方程获得相应的差分方程，即

$$y(x_{n+1}) = y(x_n) + y'(x_n)\Delta x + \frac{1}{2!}y''(x_n)(\Delta x)^2 + \cdots$$

$$= y(x_n) + f(x_n,y_n)h + O(h^2)$$

$$y_{n+1} = y_n + f(x_n,y_n)h + O(h^2) \tag{4.1.5}$$

由于式（4.1.5）是精确的数学关系，比较式（4.1.4）可知，欧拉近似法的误差量级为 $O(h^2)$，也就是说该法只有一阶精度。欧拉近似法简单，但精度低，而且随 x 增加产生累积效应，误差会越来越大，因此只能用于区间不大、精度要求不高的场合。

2. 用于偏导数的情况

物理函数为多变元时会出现偏导数，此时需要先固定一个自变量，则相应的差商如下：

一阶向前差商：

$$f_x \approx \frac{f(x_0+h,y_0) - f(x_0,y_0)}{h} = \frac{\Delta_x f(x_0,y_0)}{\Delta x_0} \tag{4.1.6}$$

一阶向后差商：

$$f_x \approx \frac{f(x_0,y_0) - f(x_0-h,y_0)}{h} = \frac{\mathbf{\nabla}_x f(x_0,y_0)}{\Delta x_0} \tag{4.1.7}$$

一阶中心差商：

$$f_x \approx \frac{f\left(x_0+\frac{h}{2},y_0\right) - f\left(x_0-\frac{h}{2},y_0\right)}{h} = \frac{\delta_x f(x_0,y_0)}{\Delta x_0} \tag{4.1.8}$$

同样可以把一阶差商作为函数，并在此基础上再求一阶差商得到二阶差商格式，其中最常选用的是二阶中心差商：

$$\begin{cases} f_{xx} \approx \frac{1}{h^2}[f(x_0+h,y_0) - 2f(x_0,y_0) + f(x_0-h,y_0)] \\ f_{yy} \approx \frac{1}{h^2}[f(x_0,y_0+h) - 2f(x_0,y_0) + f(x_0,y_0-h)] \\ f_{xy} \approx \frac{1}{h^2}\left[f\left(x_0+\frac{h}{2},y_0+\frac{h}{2}\right) - f\left(x_0+\frac{h}{2},y_0-\frac{h}{2}\right) - \\ \qquad f\left(x_0-\frac{h}{2},y_0+\frac{h}{2}\right) + f\left(x_0-\frac{h}{2},y_0-\frac{h}{2}\right)\right] \end{cases} \tag{4.1.9}$$

例 4.1 求 $-\left[\dfrac{\partial^2}{\partial x^2}\phi(x,y) + \dfrac{\partial^2}{\partial y^2}\phi(x,y)\right] = f(x,y)$ 的中心差商逼近。

解：首先令 $\phi_{ij} = \phi(x_i,y_j)$，$\phi_{i+1,j} = \phi(x_i+h,y_j)$，$\phi_{i,j+1} = \phi(x_i,y_j+h)$，代入微分方程，得

$$\frac{-\phi_{i+1,j} + 2\phi_{ij} - \phi_{i-1,j}}{\Delta x^2} + \frac{-\phi_{i,j+1} + 2\phi_{ij} - \phi_{i,j-1}}{\Delta y^2} = f(x_i,y_j) \tag{4.1.10}$$

4.1.3 梯形法则和龙格-库塔法

1. 梯形法则

为改善数值分析的精度，需要从积分学角度重新研究欧拉法。设微分方程为

$$\begin{cases} \dfrac{\mathrm{d}y}{\mathrm{d}x} = f(x,y), \\ y(a) = S, \end{cases} \quad x \in [a,b]$$

将该微分方程式两边积分,得

$$y(x_1) = y_0 + \int_{x_0}^{x_1} f(t, y(t)) \mathrm{d}t$$

该积分式中由于 $y(x)$ 是未知函数而无法解析的积分,需要用近似法估算。根据积分的定义,积分值等于函数曲线下的面积,而函数曲线与平行于坐标轴的线段构成曲边梯形,由于无法精确求取曲边梯形的面积,在曲边长度很小时就可以采用直线近似,此时有一种选择是采用矩形来近似曲边梯形,如图 4.2 所示。矩形的面积等于

$$f(x_0, y(x_0)) \cdot (x_1 - x_0)$$

则有

$$y(x_1) \approx y_0 + f(x_0, y(x_0)) \cdot (x_1 - x_0)$$

$$y_1 \approx y(x_1) \approx y_0 + h_0 f(x_0, y_0)$$

于是,得到欧拉近似

$$\begin{cases} y_{n+1} \approx y_n + h_n f(x_n, y_n) \\ h_n = x_{n+1} - x_n \end{cases} \tag{4.1.11}$$

根据上述讨论得知,改善数值分析精度的关键是精确近似曲边梯形的面积。实际上,用直线代替函数曲线时还有另一种选择,也就是选函数曲线的端点连线代替函数曲线。此时,就得到了用于代替曲边梯形的直边梯形,如图 4.3 所示。显然,采用直边梯形近似曲边梯形计算的面积更加接近于曲边梯形的面积。当采用梯形面积近似时,梯形面积为

$$S = (x_1 - x_0) \frac{f(x_0, y_0) + f(x_1, y_1)}{2}$$

则有

$$y_1 \approx y_0 + S_{梯形} = y_0 + \frac{h_0}{2} [f(x_0, y_0) + f(x_1, y_1)]$$

推广得

$$y_{n+1} \approx y_n + \frac{h_n}{2} [f(x_n, y_n) + f(x_{n+1}, y_{n+1})] \tag{4.1.12}$$

式(4.1.12)称为梯形近似法,又称改进的欧拉折线法,改进后的误差为 $O(h^3)$。

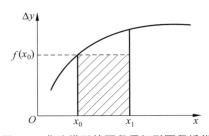

图 4.2 曲边梯形的面积用矩形面积近似

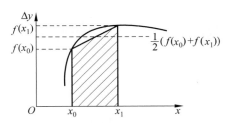

图 4.3 梯形近似示意图

为了严格地从数学分析的角度建立梯形近似法的基础,下面将推证:改进的欧拉折线法的截断误差比欧拉折线法的截断误差小一个数量级。

为此,首先定义截断误差为

$$T = (y(x_{n+1}) - y_{n+1})_{y(x_n) = y_n}$$

因此,改进前欧拉折线法的截断误差为

$$T_1 = y(x_{n+1}) - \left\{ y(x_n) + \frac{h}{2} f[x_n, y(x_n)] \right\} \tag{4.1.13}$$

改进的欧拉折线法的截断误差为

$$T_2 = y(x_{n+1}) - \left\{ y(x_n) + \frac{h}{2} [f(x_n, y(x_n)) + f(x_{n+1}, y(x_{n+1}))] \right\}$$

由泰勒展开，在 x_{n+1} 点

$$y(x_{n+1}) = y(x_n) + h y'(x_n) + \frac{h^2}{2} y''(x_n) + O(h^3)$$

在 x_n 点

$$y(x_n) = y(x_{n+1}) - h y'(x_{n+1}) + \frac{h^2}{2} y''(x_{n+1}) + O(h^3)$$

两式相减，得

$$2y(x_{n+1}) - 2y(x_n) - h[y'(x_n) + y'(x_{n+1})] - \frac{h^2}{2}[y''(x_n) - y''(x_{n+1})] - O(h^3) = 0$$

因为 $x_{n+1} = x_n + h$，用函数展开有

$$y''(x_{n+1} = x_n + h) = y''(x_n) + O(h)$$

所以有

$$\frac{h^2}{2}[y''(x_n) - y''(x_{n+1})] = \frac{h^2}{2} O(h) \approx O(h^3)$$

于是有

$$2y(x_{n+1}) - 2y(x_n) - h[y'(x_n) + y'(x_{n+1})] - O(h^3) = 0$$

则有

$$T_2 = y(x_{n+1}) - y(x_n) - \frac{h}{2} \{f[x_n, y(x_n)] + f[x_{n+1}, y(x_{n+1})]\} = O(h^3) \tag{4.1.14}$$

由前面的推证可知，改进的欧拉折线法的截断误差 T_2 为 $O(h^3)$，比欧拉法的截断误差 T_1（等于 $O(h^2)$）小一个数量级。

例 4.2 $\begin{cases} \dfrac{\mathrm{d}y}{\mathrm{d}x} = y \\ y\mid_{x=0} = 1 \end{cases}$，求 $x = 0.01$ 的近似值。

解：取 $h = 0.01$，取改进欧拉折线法公式为

$$y_1 = y_0 + \frac{h}{2} [f(x_0, y_0) + f(x_1, y_1)]$$

因为 $f(x, y) = y$，则 $y_1 = y_0 + \dfrac{h}{2}(y_0 + y_1)$，于是有 $y_1 = y_0 \dfrac{1 + \dfrac{h}{2}}{1 - \dfrac{h}{2}}$，即

$$y_1 = y_0 \left(1 + \frac{h}{2}\right) \left[1 + \frac{h}{2} + \frac{h^2}{4} + \left(\frac{h}{2}\right)^3 + \cdots\right]$$

留下 h^2 项，忽略 h^3 项，得

$$y_1 = y_0 \left[\left(1 + \frac{h}{2}\right)^2 + \left(\frac{h}{2}\right)^2\right] = (1.010\,025 + 0.000\,025) = 1.010\,05$$

采用直接求解时，$y = \mathrm{e}^x$，则 $y(0.01) = \mathrm{e}^{0.01} = 1.010\,05\cdots$，可知数值计算的精度很高。

在改进的欧拉折线法中,从计算式可以看出,两边都包含第 $n+1$ 步递推产生的未知值,实际上无法一般地进行求解,为此通常需要采用"预估值-校正法":先用欧拉折线法迭代一次得到第 $n+1$ 步的未知值的预估值,然后再用改进的欧拉折线法计算。该方法的截断误差仍然为 $T_{n+1}=O(h^3)$。"预估值-校正法"的计算公式表示如下:

$$\begin{cases} \overline{y}_{n+1}=y_n+hf(x_n,y_n) & (\text{称为预估值,由尤拉法求出}) \\ y_{n+1}=y_n+\dfrac{h}{2}[f(x_n,y_n)+f(x_{n+1},\overline{y}_{n+1})] & (\text{校正值}) \end{cases} \tag{4.1.15}$$

2. 龙格-库塔法(Runge-Kutta)

一般的梯形法要采用多步迭代才能够得到要求精度的积分值,即

$$\begin{cases} y_{n+1}^{[0]}=y_n+hf(x_n,y_n) \\ y_{n+1}^{[s+1]}=y_n+\dfrac{h}{2}[f(x_n,y_n)+f(x_{n+1},y_{n+1}^{[s]})], & s=0,1,2,\cdots \end{cases} \tag{4.1.16}$$

当迭代 s 步时,如果有 $\left| y_{n+1}^{[s+1]}-y_{n+1}^{[s]} \right|<\varepsilon$ 成立,就认为获得了所要求精度的积分。

预估-校正法可以根据梯形迭代法,只一次即得到截断误差为 $O(h^3)$ 结果,当期望一步能达到 R 阶精度,也就是要采用显式单步方法使截断误差达到 $O(h^{R+1})$ 时,就发展出龙格-库塔法。首先对龙格-库塔法进行数学描述。

龙格-库塔法:选取与函数 f 无关又与步数 n 无关的常数

$$\alpha_2,\beta_{21},\alpha_3,\beta_{31},\beta_{32},\cdots,\alpha_r,\beta_{r1},\beta_{r2},\beta_{r3},\cdots,\beta_{r,r-1} \quad \text{及} \quad \omega_1,\omega_2,\cdots,\omega_r$$

并且用这些常数依次算得

$$\begin{cases} K_1=hf(x_n,y_n) \\ K_2=hf(x_n+\alpha_2 h,y_n+\beta_{21}K_1) \\ K_3=hf(x_n+\alpha_3 h,y_n+\beta_{31}K_1+\beta_{32}K_2) \\ \quad\quad\vdots \\ K_r=hf(x_n+\alpha_r h,y_n+\beta_{r1}K_1+\beta_{r2}K_2+\cdots+\beta_{r,r-1}K_{r-1}) \end{cases} \tag{4.1.17}$$

然后,把它们的线性组合

$$\overline{K}=\omega_1 K_1+\omega_2 K_2+\cdots+\omega_r K_r$$

作为 y_n 到 y_{n+1} 的增量,得到结点 $n+1$ 处的结果

$$y_{n+1}=y_n+\overline{K}=y_n+\omega_1 K_1+\omega_2 K_2+\cdots+\omega_r K_r \tag{4.1.18}$$

龙格-库塔法的关键是决定式中的常数,可按如下方法进行。

把式(4.1.18)右端在 (x_n,y_n) 处做泰勒展开,再重新按 h 幂整理得

$$y_{n+1}=y_n+\gamma_1 h+\frac{1}{2!}\gamma_2 h^2+\frac{1}{3!}\gamma_3 h^3+\frac{1}{4!}\gamma_4 h^4+\cdots \tag{4.1.19}$$

再把微分方程的解 $y=y(x)$ 也在 $x=x_n$ 点展开

$$y(x_n+h)=y(x_n)+f_n h+\frac{1}{2!}f_n' h^2+\frac{1}{3!}f_n'' h^3+\frac{1}{4!}f_n''' h^4+\cdots \tag{4.1.20}$$

选取 $\alpha_i,\omega_i,\beta_i$ 使式(4.1.20)与式(4.1.19)有尽可能多的项重合,即使得

$$\gamma_1=f_n, \quad \gamma_2=f_n', \quad \gamma_3=f_n'', \quad \gamma_4=f_n''',\cdots$$

如果该等式的关系能够一直维持到第 m 阶仍能成立,即

$$\gamma_j = f_n^{(j-1)}, \quad j = 1, 2, 3, \cdots, m$$

但当 $j = m + 1$ 时不再成立，就称式(4.1.17)为 m 阶的龙格-库塔法。现在，通过求取二阶龙格-库塔法的系数为例说明如何求取龙格-库塔法的系数，同时也说明为什么龙格-库塔法可以一步就能够求得采用梯形迭代法需要多步才能得到的精度的积分结果。首先写出二阶龙格-库塔法的形式解：

$$\begin{cases} y_{n+1} = y_n + R_1 K_1 + R_2 K_2 \\ K_1 = h f(x_n, y_n) \\ K_2 = h f(x_n + ah, y_n + bK_1) \end{cases} \tag{4.1.21}$$

设 $y(x_n) = y_n$（也就是假设第 n 步为精确值），下面将式(4.1.21)在点 (x_n, y_n) 展开。首先展开 K_2，即

$$K_2 = h \left\{ f(x_n, y_n) + ah \frac{\partial f}{\partial x} + bK_1 \frac{\partial f}{\partial y} + \frac{1}{2} \left(ah \frac{\partial}{\partial x} + bK_1 \frac{\partial}{\partial y} \right)^2 f + \cdots \right\}$$

$$= h \left\{ f(x_n, y_n) + ah \frac{\partial f}{\partial x} + bK_1 \frac{\partial f}{\partial y} + O(h^2) \right\} \tag{4.1.22}$$

将式(4.1.22)代入式(4.1.21)，得

$$y_{n+1} = y_n + R_1 h f(x_n, y_n) + R_2 h f(x_n, y_n) + h^2 \left[aR_2 \frac{\partial f}{\partial x} + bR_2 f(x_n, y_n) \frac{\partial f}{\partial y} \right] + O(h^3)$$

$$= y_n + h(R_1 + R_2) y_n' + h^2 \left(aR_2 \frac{\partial f}{\partial x} + bR_2 y_n' \frac{\partial f}{\partial y} \right) + O(h^3) \tag{4.1.23}$$

把 $y(x_{n+1})$ 进行泰勒展开，有

$$y(x_{n+1}) = y_n + hy_n' + \frac{h^2}{2!} y_n'' + O(h^3) \tag{4.1.24}$$

比较式(4.1.24)与式(4.1.23)并忽略 $O(h^3)$ 以上的项，得

$$\begin{cases} R_1 + R_2 = 1 \\ aR_2 \frac{\partial f}{\partial x} + bR_2 y' \frac{\partial f}{\partial y} = \frac{1}{2} y'' \end{cases}$$

在这组方程中，在第二式中仍然隐含着可以利用的条件，为此需要将 y' 和 y'' 的关系找出来。把 y' 看成新函数，y'' 就可以通过对 y' 求一阶全微商的方法求出，即

$$y'' = \frac{\partial(y')}{\partial x} = \frac{\partial}{\partial x} (f(x, y)) = \frac{\partial f}{\partial x} + y' \frac{\partial f}{\partial y}$$

代入方程组，第二式变为

$$aR_2 \frac{\partial f}{\partial x} + bR_2 y' \frac{\partial f}{\partial y} = \frac{1}{2} \left(\frac{\partial f}{\partial x} + y' \frac{\partial f}{\partial y} \right)$$

因 $\frac{\partial f}{\partial x}$ 和 $\frac{\partial f}{\partial y}$ 都是区间上 x、y 的独立函数，具有任意性，所以要保证上面的等式在区间上成立，必要条件是函数项前面的系数对应相等，即

$$aR_2 = bR_2 = \frac{1}{2}$$

最终得到方程组

$$\begin{cases} R_1 + R_2 = 1 \\ aR_2 = bR_2 = \dfrac{1}{2} \end{cases}$$

这是个不定方程,也就是方程的变量数多于方程个数,因而方程的答案有多个,甚至有无穷多个。由方程组求出的第一组结果为 $R_1 = R_2 = 1/2, a = b = 1$,代入式(4.1.20),有

$$\begin{cases} y_{n+1} = y_n + \dfrac{K_1}{2} + \dfrac{K_2}{2} \\ K_1 = hf(x_n, y_n) \\ K_2 = hf(x_n + h, y_n + K_1) \end{cases} \quad (\text{预估-校正法})$$

方程组求出的第二组结果为 $R_1 = 0, R_2 = 1, a = b = \dfrac{1}{2}$,代入式(4.1.20),有二阶龙格-库塔公式:

$$\begin{cases} y_{n+1} = y_n + K_2 \\ K_1 = hf(x_n, y_n) \\ K_2 = hf\left(x_n + \dfrac{h}{2}, y_n + \dfrac{1}{2}K_1\right) \end{cases} \quad (4.1.25)$$

依上述同样方法可得三阶龙格-库塔公式:

$$\begin{cases} y_{n+1} = y_n + \dfrac{1}{6}(K_1 + 4K_2 + K_3) \\ K_1 = hf(x_n, y_n) \\ K_2 = hf\left(x_n + \dfrac{h}{2}, y_n + \dfrac{1}{2}K_1\right) \\ K_3 = hf(x_n + h, y_n - K_1 + 2K_2) \\ y(x_{n+1}) - y_{n+1} = O(h^4) \end{cases} \quad (4.1.26)$$

四阶龙格-库塔公式:

$$\begin{cases} y_{n+1} = y_n + \dfrac{1}{6}(K_1 + 2K_2 + 2K_3 + K_4) \\ K_1 = hf(x_n, y_n) \\ K_2 = hf\left(x_n + \dfrac{h}{2}, y_n + \dfrac{1}{2}K_1\right) \\ K_3 = hf\left(x_n + \dfrac{h}{2}, y_n + \dfrac{1}{2}K_2\right) \\ K_4 = hf(x_n + h, y_n + K_3) \\ y(x_{n+1}) - y_{n+1} = O(h^5) \end{cases} \quad (4.1.27)$$

多维一阶常微分方程也可以用多维龙格-库塔公式求解,例如为了求 m 维的一阶常微分方程的龙格-库塔公式,设 m 维的一阶常微分方程为

$$\begin{cases} y_i' = f_i(x, y_1, y_2, \cdots, y_m) \\ y_i(x_0) = y_{i0} \end{cases} \quad (4.1.28)$$

则可以求出四阶龙格-库塔公式为

$$\begin{cases} y_{i,n+1} = y_{i,n} + \dfrac{1}{6}(K_{i1} + 2K_{i2} + 2K_{i3} + K_{i4}) \\[2mm] K_{i1} = hf_i(x_n, y_{1n}, y_{2n}, \cdots, y_{mn}) \\[2mm] K_{i2} = hf_i\left(x_n + \dfrac{h}{2}, y_{1n} + \dfrac{1}{2}K_{11}, y_{2n} + \dfrac{1}{2}K_{21}, \cdots, y_{mn} + \dfrac{1}{2}K_{m1}\right) \\[2mm] K_{i3} = hf_i\left(x_n + \dfrac{h}{2}, y_{1n} + \dfrac{1}{2}K_{12}, y_{2n} + \dfrac{1}{2}K_{22}, \cdots, y_{mn} + \dfrac{1}{2}K_{m2}\right) \\[2mm] K_{i4} = hf_i\left(x_n + h, y_{1n} + K_{13}, y_{2n} + K_{23}, \cdots, y_{mn} + \dfrac{1}{2}K_{m3}\right) \end{cases} \quad (4.1.29)$$

若函数光滑且有高阶导数,则采用龙格-库塔方法比较理想,否则就不如采用欧拉法,因为欧拉法简单、物理意义明确,但是精度不高。

例 4.3 用龙格-库塔方法求解:

$$\begin{cases} \dfrac{\mathrm{d}y}{\mathrm{d}x} = y - \dfrac{2x}{y} \\[2mm] y\big|_{x=0} = 1 \end{cases}$$

解:取步长 $h = 0.2$,代入式(4.1.24),有

$$K_1 = 0.2\left(y_n - \frac{2x_n}{y_n}\right), \quad K_2 = 0.2\left(y_n + \frac{K_1}{2} - \frac{2(x_n + 0.1)}{y_n + \dfrac{K_1}{2}}\right)$$

$$K_3 = 0.2\left(y_n + \frac{K_2}{2} - \frac{2(x_n + 0.1)}{y_n + \dfrac{K_2}{2}}\right), \quad K_4 = 0.2\left(y_n + K_3 - \frac{2(x_n + 0.2)}{y_n + K_3}\right)$$

$$y_{n+1} = y_n + \frac{1}{6}(K_1 + 2K_2 + 2K_3 + K_4)$$

该方程的精确解为 $y(x) = \sqrt{1 + 2x}$,精确解和数值解结果比较如表 4.1 所示。

表 4.1 精确解和数值解结果比较

x_n	0	0.2	0.4	0.8	1.0
y_n	1	1.183 23	1.341 67	1.612 51	1.732 14
$y(x_n)$	1	1.183 22	1.341 64	1.612 45	1.732 05

4.2 二维泊松方程和拉普拉斯方程的有限差分法

泊松方程在物理中是用来描述稳定场的状态的,写为

$$\mathbf{\nabla}^2 \phi = f \quad (4.2.1)$$

相应的边界条件有 3 类:

(1) $\phi\big|_G = g(p)$,第一类边界条件(狄利克雷问题)。 $\quad (4.2.2)$

(2) $\dfrac{\partial \phi}{\partial n}\bigg|_G = g(p)$,第二类边界条件(诺埃曼问题)。 $\quad (4.2.3)$

(3) $\phi\big|_G + g_1(p)\dfrac{\partial \phi}{\partial n}\bigg|_G = g_2(p)$,第三类边界条件(拉宾问题)。 $\quad (4.2.4)$

介质不连续处还要增加连接条件：

$$\begin{cases} \phi_1 \big|_G = \phi_2 \big|_G \\ \varepsilon_1 \dfrac{\partial \phi}{\partial n}\bigg|_G - \varepsilon_2 \dfrac{\partial \phi}{\partial n}\bigg|_G = \sigma \end{cases} \qquad (4.2.5)$$

式中，G 为区域边界，p 为边界上的点，n 为边界的法向单位向量。

4.2.1 建立差分格式

建立二维泊松方程和拉普拉斯方程的差分格式时，首先要离散化定义域，通常用规则网络，如三角形、矩形、正方形、多角形等进行切割，产生的网格交点称为结点，小网格单元称为元素。然后用有限差分法把结点上的偏导数表达出来。为此，以 ϕ_0 代表中心点的电位值，ϕ_1，ϕ_2，ϕ_3，ϕ_4 代表结点 1，2，3，4 上的待求电位值，所形成的差分网格的结点坐标如图 4.4 所示。最后采用自变量和函数的基本差分格式经数学处理形成二维泊松方程和拉普拉斯方程的差分格式。

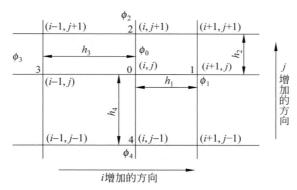

图 4.4 差分网格的结点坐标

1. 一阶偏导数的差分表达式

形成一阶偏导数的差分格式，实际上可以有两种方式，第一种是直接转换方式，取

$$\begin{cases} \left(\dfrac{\partial \phi}{\partial x}\right)_0 \approx \dfrac{\phi_1 - \phi_0}{h_1} + O(h^2) \\ \left(\dfrac{\partial \phi}{\partial x}\right)_0 \approx \dfrac{\phi_0 - \phi_3}{h_3} + O(h^2) \end{cases} \qquad (4.2.6)$$

显然，选式(4.2.6)两个式子中的哪一个代替 $\dfrac{\partial \phi}{\partial x}$ 都会引起较大的误差。因此，第二种是待定系数的方式，目的是使差分格式误差最小。将 $\phi_1 - \phi_0$ 和 $\phi_3 - \phi_0$ 展开成级数：

$$\alpha(\phi_1 - \phi_0) + \beta(\phi_3 - \phi_0) = \left(\dfrac{\partial \phi}{\partial x}\right)_0 (\alpha h_1 - \beta h_3) + \dfrac{1}{2!}\dfrac{\partial^2 \phi}{\partial x^2}(\alpha h_1^2 + \beta h_3^2) + \cdots$$

$$(4.2.7)$$

忽略式(4.2.7)中 h^3 以上的高次幂的项，并且令 $\left(\dfrac{\partial^2 \phi}{\partial x^2}\right)_0$ 项的系数为零，这样处理可以保证得到的差分格式的误差为 h^3 量级。由 $\left(\dfrac{\partial^2 \phi}{\partial x^2}\right)_0$ 项的系数为零的条件，有

$$\alpha h_1^2 + \beta h_3^2 = 0 \Rightarrow \alpha = -\frac{h_3^2}{h_1^2}\beta \tag{4.2.8}$$

满足式(4.2.8)的条件时，由式(4.2.7)可以求出

$$\left(\frac{\partial \phi}{\partial x}\right)_0 \approx \frac{\alpha(\phi_1 - \phi_0) + \beta(\phi_3 - \phi_0)}{\alpha h_1 - \beta h_3} = \frac{h_3^2(\phi_1 - \phi_0) - h_1^2(\phi_3 - \phi_0)}{h_1 h_3(h_1 + h_3)} \tag{4.2.9}$$

式(4.2.9)忽略的是 h^3 以上的项，因此式(4.2.9)具有精度 $O(h^3)$，即

$$\left(\frac{\partial \phi}{\partial x}\right)_0 \approx \frac{\phi_1 - \phi_3}{2h_x} + O(h^3) \tag{4.2.10}$$

2. 二阶偏导数的差分表达式

仍然从式(4.2.7)出发，忽略 h^3 以上的项，且令一阶偏导数 $\left(\frac{\partial \phi}{\partial x}\right)_0$ 的系数为 0，即

$$\alpha h_1 - \beta h_3 = 0$$

可以求得

$$\alpha = \frac{h_3}{h_1}\beta \tag{4.2.11}$$

将式(4.2.11)代入式(4.2.7)，得到二阶偏导数的差分表达式

$$\left(\frac{\partial^2 \phi}{\partial x^2}\right)_0 \approx 2\frac{\alpha(\phi_1 - \phi_0) + \beta(\phi_3 - \phi_0)}{\alpha h_1^2 + \beta h_3^2} = 2\frac{h_3(\phi_1 - \phi_0) + h_1(\phi_3 - \phi_0)}{h_1 h_3(h_1 + h_3)} + O(h^3) \tag{4.2.12}$$

当取等步长时，$h_1 = h_3 = h_x$，有

$$\left(\frac{\partial^2 \phi}{\partial x^2}\right)_0 = \frac{\phi_1 - 2\phi_0 + \phi_3}{h_x^2} + O(h^3) \tag{4.2.13}$$

同样可求得

$$\left(\frac{\partial^2 \phi}{\partial y^2}\right)_0 = 2\frac{h_4(\phi_2 - \phi_0) + h_2(\phi_4 - \phi_0)}{h_2 h_4(h_2 + h_4)} + O(h^3) \tag{4.2.14}$$

当 $h_1 = h_3 = h_y$ 时，有

$$\left(\frac{\partial^2 \phi}{\partial y^2}\right)_0 = \frac{\phi_2 - 2\phi_0 + \phi_4}{h_y^2} + O(h^3) \tag{4.2.15}$$

将式(4.2.12)和式(4.2.14)代入泊松方程 $\nabla^2 \phi = \frac{\partial^2 \phi}{\partial x^2} + \frac{\partial^2 \phi}{\partial y^2} = f(x)$，得

$$2\left[\frac{h_3(\phi_1 - \phi_0) + h_1(\phi_3 - \phi_0)}{h_1 h_3(h_1 + h_3)} + \frac{h_4(\phi_2 - \phi_0) + h_2(\phi_4 - \phi_0)}{h_2 h_4(h_2 + h_4)}\right] = f(x_0, y_0) \tag{4.2.16}$$

取等步长时，$h_1 = h_3 = h_x$，　$h_1 = h_3 = h_y$，有

$$\frac{\phi_1 - 2\phi_0 + \phi_3}{h_x^2} + \frac{\phi_2 - 2\phi_0 + \phi_4}{h_y^2} = f(x_0, y_0) = f_0 \tag{4.2.17}$$

对任意结点 (i,j)，二维泊松方程的差分格式为

$$\frac{1}{h_x^2}(\phi_{i+1,j} - 2\phi_{i,j} + \phi_{i-1,j}) + \frac{1}{h_y^2}(\phi_{i,j+1} - 2\phi_{i,j} + \phi_{i,j-1}) = f(x_i, y_j) = f_{i,j} \tag{4.2.18}$$

式(4.2.18)称为"五点格式"或"菱形格式"。当 $h_x = h_y$ 时，有

$$\phi_{i+1,j} + \phi_{i-1,j} + \phi_{i,j+1} + \phi_{i,j-1} - 4\phi_{i,j} = h^2 f_{i,j} \tag{4.2.19}$$

令式(4.2.19)中的 $f_{ij}=0$，就得到拉普拉斯方程的差分格式为

$$\phi_{i+1,j} + \phi_{i-1,j} + \phi_{i,j+1} + \phi_{i,j-1} - 4\phi_{i,j} = 0 \qquad (4.2.20)$$

4.2.2　不同介质分界面上连接条件的离散方法和差分格式

1. 有不同介质的平面分界的情形

设分界面处建立了图4.5中所示的坐标系，并且设A区有电磁源，满足泊松方程：

$$\mathbf{V}^2 A_a = -W_a = -\mu_a\mu_0 J \qquad (4.2.21)$$

B区无电磁源，满足拉普拉斯方程：

$$\mathbf{V}^2 A_b = 0 \qquad (4.2.22)$$

当取均等步长时，由式(4.2.19)和式(4.2.20)有

A区：

$$A_{a1} + A_{a2} + A_{a3} + A_{a4} - 4A_{a0} + h^2 W_a = 0$$
$$(4.2.23)$$

B区：

$$A_{b1} + A_{b2} + A_{b3} + A_{b4} - 4A_{b0} = 0 \qquad (4.2.24)$$

图4.5　分界面处建立的坐标系

在式(4.2.23)和式(4.2.24)中，A_{a1} 和 A_{b3} 为虚构点，因为结点1不在A区，结点3不在B区，它们都超出了各自方程的有效区间，处理的方法是利用边界条件消去此虚构点。

根据磁矢量位连续的条件，有

$$A_{a2} = A_{b2} = A_2, \quad A_{a4} = A_{b4} = A_4 \qquad (4.2.25)$$

再根据磁场的法向边界条件，有

$$\frac{1}{\mu_a}(A_{a1} - A_{a3}) = \frac{1}{\mu_b}(A_{b1} - A_{b3}) \qquad (4.2.26)$$

设方程的边界条件为

$$A_a = A_b \mid_{p\in\sum} \qquad \frac{1}{\mu_a}\left(\frac{\partial A_a}{\partial n}\right) = \frac{1}{\mu_b}\left(\frac{\partial A_b}{\partial n}\right)\Bigg|_{p\in\sum}$$

由式(4.2.23)～式(4.2.26)消去 A_{a1} 和 A_{b3}，得

$$A_{b1}\frac{2}{1+R} + A_2 + A_{a3}\frac{2R}{1+R} + A_4 - 4A_0 + \frac{R}{1+R}h^2 W_a = 0 \qquad (4.2.27)$$

式中，$R = \frac{\mu_b}{\mu_a}$。若 $\mu_a = \mu_b$，则 $R=1$，式(4.2.27)又回到了五点格式

$$A_{b1} + A_2 + A_{a3} + A_4 - 4A_0 + \frac{1}{2}h^2 W_a = 0 \qquad (4.2.28)$$

比较式(4.2.23)和式(4.2.28)，可以发现式(4.2.28)的 $h^2 W_a$ 项前多了系数 $1/2$，这是因只有一半空间有电磁源，所以激励源的项为 $1/2$。若 a 区磁导率为无限大，则 $R=0$，有

$$2A_{b1} + A_2 + A_4 - 4A_0 = 0 \qquad (4.2.29)$$

2. 边界不平行于网格，但是边界无拐点的情形

对角线边界这种情形可以用图4.6中的坐标表示。对于图4.6的情形可以有两种方法处理。第一种方法是把边界旋转，即将边界点及垂直边界的点 p,q,r,s 旋转到以 $\sqrt{2}h$ 为步长的网格 p',q',r',s' 中去，利用已导出的矩形网格求出边界点方程，得

$$A_{b2}\frac{2}{1+R}+A_2+A_{a3}\frac{2R}{1+R}+A_4-4A_0+\frac{R}{1+R}h^2W_a=0$$

该处理方法相当于用$\sqrt{2}h$替代h，利用式(4.2.27)得

$$A_{bp}\frac{2}{1+R}+A_q+A_{ar}\frac{2R}{1+R}+A_s-4A_0+\frac{2R}{1+R}h^2W_a=0 \tag{4.2.30}$$

但这样处理后，精度变为$(\sqrt{2}h)^n$，比原来的精度h^n低。

第二种方法是采用边界条件重新推导。将结点1,2连线，取中点为x，将结点3,4连线，取中点为y，如图4.7所示。在介质A区满足泊松方程，B区满足拉普拉斯方程。

A区：

$$A_{a1}+A_{a2}+A_{a3}+A_{a4}-4A_0+h^2W_a=0$$

B区：

$$A_{b1}+A_{b2}+A_{b3}+A_{b4}-4A_0=0$$

边界条件为

$$\frac{1}{\mu_a}(A_{ax}-A_{ay})=\frac{1}{\mu_b}(A_{bx}-A_{by})$$

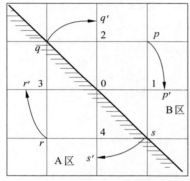

图 4.6　第一种方法处理对角线边界

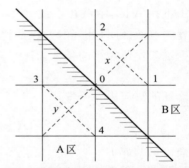

图 4.7　第二种方法处理对角线边界

中点为x和y点的磁标量位可以用网格结点的磁标量位替换为

$$A_{ax}=\frac{1}{2}(A_{a1}+A_{a2})$$

$$A_{ay}=\frac{1}{2}(A_{a3}+A_{a4})$$

$$A_{bx}=\frac{1}{2}(A_{b1}+A_{b2})$$

$$A_{by}=\frac{1}{2}(A_{b3}+A_{b4})$$

利用这些方程消去虚拟项和未知项就得到边界的差分格式：

$$2(A_{b1}+A_{b2})+2R(A_{a3}+A_{a4})-4(1+R)A_0+Rh^2W_a=0 \tag{4.2.31}$$

3. 边界平行于网格，但有拐点的情形

如图4.8所示，3,4,0点为边界上的点，此时各点都有双重性，没有纯粹属于A区不属于B区的结点，这是与前面完全不同的，即此时无法引入虚构点。引入辅助线$\overline{OQ}$、$\overline{OR}$、$\overline{ON}$和$\overline{OP}$。此时，$\overline{OP}$与$\overline{ON}$构成的夹角为角α，$\overline{OQ}$与$\overline{OR}$构成的夹角为角β。首先分析夹角α和夹

角 **β** 在夹角边的位置改变时,差分方程和边界条件的变化情况。

（1）令 α 在 $0.5\pi < \alpha < 1.5\pi$ 之间变化。

在此区间 α 不跨越真实的边界点 3 和 4,α 变化时,两种介质交界面落在角 α 边上。也就是假设了虚构介质区。α 在 $0.5\pi < \alpha < 1.5\pi$ 之间变化时,显然不会引起原方程的变化。

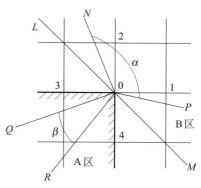

图 4.8　有拐点的平行边界

（2）令 β 在 $0 < \beta < 0.5\pi$ 之间变化。

β 变化时不跨越媒质边界点 1、2、3、4,β 变化时两种媒质的交界面落在角度的边界。显然,β 在 $0 < \beta < 0.5\pi$ 之间变化时,也不会引起原方程的变化。这种情况是由于有限差分网格空间的特点形成的。

现在针对两种情形分别讨论 α 和 β 变化时等效的边界条件。

（1）当 β 角的边决定边界时,β 在 $0 \sim 0.5\pi$ 范围变化时,不会引起原方程的变化,所以可以取 β 在 $0 \sim 0.5\pi$ 内的任何角度,因此可以取 β 小于 0.5π 的情形,此时 1,2,3,4 点都在 B 区媒质中(设为空气),此时满足 B 区的拉普拉斯方程

$$A_{b1} + A_{b2} + A_{b3} + A_{b4} - 4A_0 = 0 \qquad (4.2.32)$$

（2）当 α 角的边决定两种媒质交界时,当 α 在 $0.5\pi < \alpha < 1.5\pi$ 变化时,显然不会引起原方程的变化,此时 α 可以取特殊的值,当取 $\alpha = \pi$ 时,α 角的边线为对角线 $\overline{LM}$。当两介质以 $\overline{LM}$ 分界时,满足对角线边界条件

$$A_{b1} + A_{b2} + R(A_{a3} + A_{a4}) - 2(1+R)A_0 + \frac{1}{2}Rh^2W_a = 0 \qquad (4.2.33)$$

式(4.2.32)为空间只有 B 区媒质的边界条件的差分格式结果,式(4.2.33)为空间的一半充满 A 区媒质的情形下边界条件的差分格式。两者的平均则相当于 1/4 空间充满 A 区媒质,就是问题中角形区充满 A 区媒质的情形。取 $\frac{1}{2} \times$[式(4.2.32)+式(4.2.33)],得

$$A_{b1} + A_{b2} + \frac{1}{2}(1+R)(A_3 + A_4) - (3+R)A_0 + \frac{1}{4}Rh^2W_a = 0 \qquad (4.2.34)$$

式(4.2.34)就是直角形边界时的角形区域边界条件的差分格式,推导式(4.2.34)时使用了边界连续的条件,即 $A_{a3} = A_{b3} = A_3$,$A_{b4} = A_4$。

4. 网格成对角线边界时的角形区域边界

网格成对角线边界时的角形区域边界可以用图 4.9 表示,其边界结点的差分格式完全可以用边界平行于网格但有拐点的情形的处理方法同样处理,结果如下:

$$A_{b1} + \frac{1}{2}(1+R)A_3 + \frac{1}{4}(3+R)(A_{b2} + A_{b4}) - (3+R)A_0 + \frac{1}{4}Rh^2W_a = 0 \qquad (4.2.35)$$

5. 与结点不重合的边界

当边界与结点不重合时(见图 4.10),可以应用不等间距差分格式(式(4.2.16))直接求得。由

$$\mathbf{V}^2\phi = 2\left[\frac{h_3(\phi_1 - \phi_0) + h_1(\phi_3 - \phi_0)}{h_1 h_3(h_1 + h_3)} + \frac{h_4(\phi_2 - \phi_0) + h_2(\phi_4 - \phi_0)}{h_2 h_4(h_2 + h_4)}\right] = f_0$$

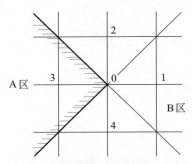

图 4.9　网格成对角线边界时的角形区域边界

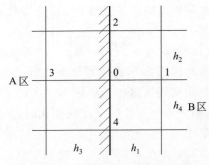

图 4.10　与结点不重合的边界

并且取比例系数 h_1, h_2, h_3, h_4 表示网格长度相对标准网格长度 h 的比例，式(4.2.16)改写为

$$h_1 = ph, \quad h_2 = h, \quad h_3 = qh, \quad h_4 = h$$

$$\phi_1 \frac{2}{p(p+q)} + \phi_2 + \phi_3 \frac{2}{q(p+q)} + \phi_4 - 2\phi_0 \left(1 + \frac{1}{pq}\right) - h^2 f_0 = 0$$

式中包含虚元 ϕ_{b3} 和 ϕ_{a1}，利用边界条件和不等间距差分格式消去虚元 ϕ_{b3} 和 ϕ_{a1} 后，得

$$\phi_{b1} \frac{2}{p(p+pR)} + \phi_2 + \phi_{a3} \frac{2R}{q(q+pR)} + \phi_4 - 2\phi_0 \left(1 + \frac{1}{pq}\right) - \frac{Rh^2 f_0 p}{q+pR} = 0 \qquad (4.2.36)$$

式(4.2.36)就是与结点不重合的边界结点的差分格式。

6. 曲线边界的情形

曲线边界可以用图 4.11 表示，对于不同类型的边界处理方法也不同。

1）第一类边界条件

第一类边界条件给定了待求场在边界上的数值，可以表达为

$$\phi \big|_{\sum} = g(p)$$

可以采用 3 种方法处理。

（1）直接转移法：取最靠近 0 点的边界结点上的函数值作为 0 点的函数值。例如，取 $\phi_0 \approx \phi_1$。

（2）线性插值法：为了尽量提高精度，要选择最靠近 0 点的那一个方向上的边界点，若 x 方向最靠近 0 点，则取

$$\phi_0 = \frac{h\phi_1 + h_1\phi_3}{h + h_1} \qquad (4.2.37)$$

若 y 方向最靠近 0 点，则取

$$\phi_0 = \frac{h\phi_2 + h_2\phi_4}{h + h_2} \qquad (4.2.38)$$

图 4.11　曲线边界

这种方法的精度为 $O(h^2)$。

（3）双向插值法：此时相当于在边界上插入一个局部的不均等步长的网络。小网格内的步长关系为 $h_1 = \alpha h, h_2 = \beta h, h_3 = h_4 = h$，把这个步长关系代入普遍的差分格式(4.2.16)中得

$$\frac{1}{\alpha(1+\alpha)}\phi_1 + \frac{1}{\beta(1+\beta)}\phi_2 + \frac{1}{1+\alpha}\phi_3 + \frac{1}{1+\beta}\phi_4 - \left(\frac{1}{\alpha} + \frac{1}{\beta}\right)\phi_0 = \frac{1}{2}h^2 f_0 \quad (4.2.39)$$

2) 第二类边界条件

$$\left(\frac{\partial \phi}{\partial n}+\alpha \phi\right)\Big|_{G}=g \tag{4.2.40}$$

当 $\alpha=0$ 时得第二类边界条件,否则为第三类边界条件。过 0 点向边界 G 作垂线 $\overline{PQ}$ 交边界于 Q 点,令 $\overline{OP}=ah$,$\overline{PR}=bh$,$\overline{VP}=ch$,如图 4.12 所示。

图 4.12 中,0 结点与 P 结点间满足差分格式

$$\frac{\phi_0-\phi_P}{ah}=\left(\frac{\partial \phi}{\partial n}\right)_0+O(h) \tag{4.2.41}$$

图 4.12 中,P 点不是网格结点,P 点的电位值需要由 V 和 R 点的值用插值方法求出

$$\phi_P=b\phi_V+c\phi_R+O(h^2)$$

代入式(4.2.41)并利用关系 $\left(\frac{\partial \phi}{\partial n}\right)_0=\left(\frac{\partial \phi}{\partial n}\right)_Q+O(h)$ 得

$$\frac{1}{ah}(\phi_0-b\phi_v-c\phi_R)=\left(\frac{\partial \phi}{\partial n}\right)_Q+O(h) \tag{4.2.42}$$

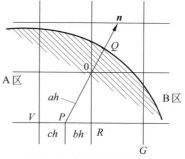

图 4.12　第二类边界条件

由边界条件,有 $\left(\frac{\partial \phi}{\partial n}\right)_G=-\alpha\phi|_G+g$,代入式(4.2.42),因 $Q\in G$,得第二类边界条件的差分格式为

$$\frac{1}{ah}(\phi_0-b\phi_v-c\phi_R)+\alpha(Q)\phi_G=g(Q) \tag{4.2.43}$$

4.2.3　其他形式的网格及边界条件

下面给出一些其他网格形式下的泊松方程和边界条件的差分格式的结果以备使用时参考。

1. 正三角形六点式

如图 4.13 所示,结点的坐标为

$$P_1(x+h,y), \quad P_2\left(x+\frac{h}{2},y+\frac{\sqrt{3}h}{2}\right), \quad P_3\left(x-\frac{h}{2},y+\frac{\sqrt{3}h}{2}\right)$$

$$P_4(x-h,y), \quad P_5\left(x-\frac{h}{2},y-\frac{\sqrt{3}h}{2}\right), \quad P_6\left(x+\frac{h}{2},y-\frac{\sqrt{3}h}{2}\right)$$

差分格式为

$$\frac{2}{3h^2}(\phi_1+\phi_2+\phi_3+\phi_4+\phi_5+\phi_6-6\phi_0)=\begin{cases}\rho, & \text{泊松方程} \\ 0, & \text{拉普拉斯方程}\end{cases} \tag{4.2.44}$$

2. 六边形三点式

结点坐标如图 4.14 所示。结点坐标为

$$P_1\left(x+\frac{h}{2},y+\frac{\sqrt{3}h}{2}\right), \quad P_2(x-h,y), \quad P_3\left(x+\frac{h}{2},y-\frac{\sqrt{3}h}{2}\right) \tag{4.2.45}$$

差分格式为

$$\frac{4}{3h^2}(\phi_1+\phi_2+\phi_3-3\phi_0)=\begin{cases}\rho, & \text{泊松方程} \\ 0, & \text{拉普拉斯方程}\end{cases} \tag{4.2.46}$$

3. 正方形九点式

结点坐标如图 4.15 所示。差分格式为

$$\frac{1}{6h^2}\left[4(\phi_1+\phi_2+\phi_3+\phi_4+\phi_5+\phi_6+\phi_7+\phi_8-20\phi_0)\right]=\begin{cases}\rho, & \text{泊松方程}\\ 0, & \text{拉普拉斯方程}\end{cases}$$

$$(4.2.47)$$

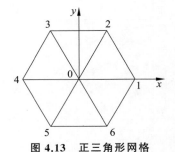

图 4.13 正三角形网格

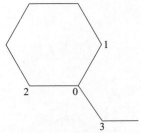

图 4.14 六边形三点式

图 4.15 正方形九点式

4. 直角坐标系拉普拉斯方程媒质边界的差分格式

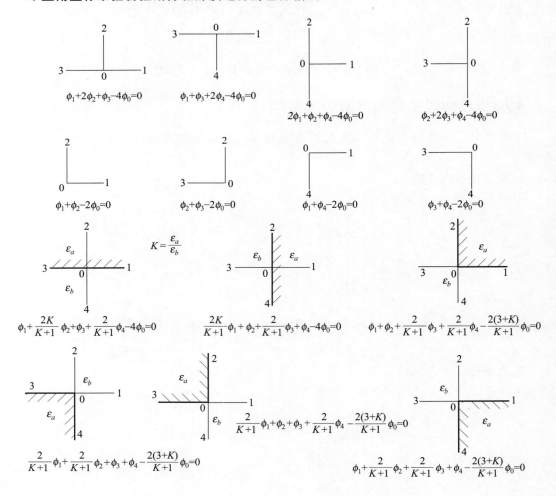

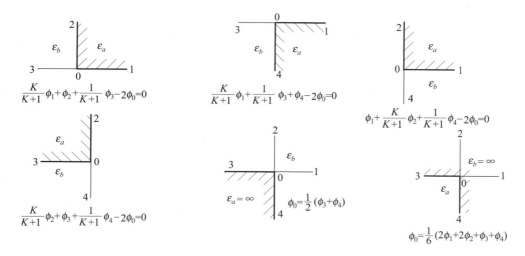

$$\frac{K}{K+1}\phi_1+\phi_2+\frac{1}{K+1}\phi_3-2\phi_0=0$$

$$\frac{K}{K+1}\phi_1+\frac{1}{K+1}\phi_3+\phi_4-2\phi_0=0$$

$$\phi_1+\frac{K}{K+1}\phi_2+\frac{1}{K+1}\phi_4-2\phi_0=0$$

$$\frac{K}{K+1}\phi_2+\phi_3+\frac{1}{K+1}\phi_4-2\phi_0=0$$

$$\phi_0=\frac{1}{2}(\phi_3+\phi_4)$$

$$\phi_0=\frac{1}{6}(2\phi_1+2\phi_2+\phi_3+\phi_4)$$

4.3 超松弛迭代法与有限差分法

4.3.1 有限差分法求解的一般过程

1. 流程

有限差分法求解的流程如图 4.16 所示。

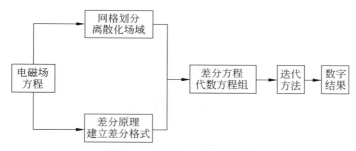

图 4.16 有限差分求解的流程

2. 编程框图

有限差分求解的编程框图如图 4.17 所示。

3. 五点差分格式

以静电场的电位函数为例导出五点差分格式。如图 4.18 所示,在一个边界为 S 的二维区域内,设电位满足第一类边界条件,即 $\varphi(r)\big|_S=u_1(S)$,电位函数 $\varphi(x,y)$ 满足泊松方程或者拉普拉斯方程。

将求解区域沿 x、y 轴划分成许多正方形网格,网格线的交点称为结点,相邻网格之间的距离 h 称为步长。用 $\varphi_{i,j}$ 表示结点 (x_i,y_j) 处的电位值,并用二维函数的泰勒公式展开。则与结点 (x_i,y_j) 在 x 方向直接相邻的结点上的电位值表示为

$$\varphi_{i-1,j}=\varphi(x_i-h,y_j)$$

$$=\varphi_{i,j}-h\frac{\partial\varphi}{\partial x}\bigg|_{i,j}+\frac{h^2}{2}\frac{\partial^2\varphi}{\partial x^2}\bigg|_{i,j}-L_1$$

$$\varphi_{i+1,j}=\varphi(x_i+h,y_j)$$

$$= \varphi_{i,j} + h \left.\frac{\partial \varphi}{\partial x}\right|_{i,j} + \frac{h^2}{2} \left.\frac{\partial^2 \varphi}{\partial x^2}\right|_{i,j} + L_1$$

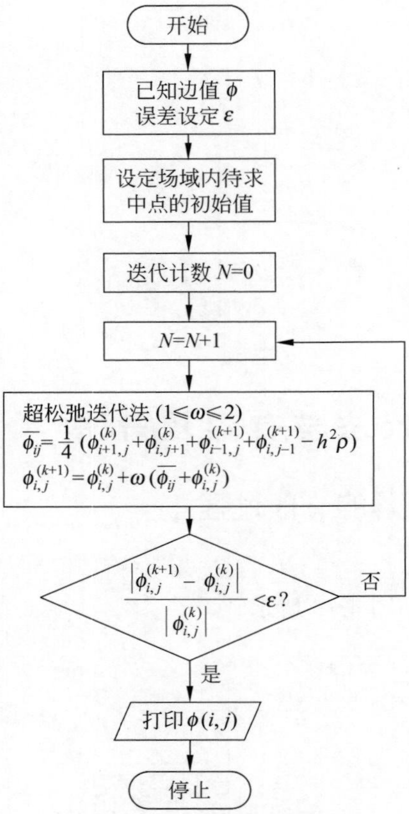

```
开始
```

```
已知边值 φ̄
误差设定 ε
```

```
设定场域内待求
中点的初始值
```

```
迭代计数 N=0
```

```
N=N+1
```

```
超松弛迭代法 (1≤ω≤2)
φ̄ᵢⱼ = ¼ (φ⁽ᵏ⁾ᵢ₊₁,ⱼ + φ⁽ᵏ⁾ᵢ,ⱼ₊₁ + φ⁽ᵏ⁺¹⁾ᵢ₋₁,ⱼ + φ⁽ᵏ⁺¹⁾ᵢ,ⱼ₋₁ - h²ρ)
φ⁽ᵏ⁺¹⁾ᵢ,ⱼ = φ⁽ᵏ⁾ᵢ,ⱼ + ω (φ̄ᵢⱼ + φ⁽ᵏ⁾ᵢ,ⱼ)
```

$$\frac{\left|\phi_{i,j}^{(k+1)} - \phi_{i,j}^{(k)}\right|}{\left|\phi_{i,j}^{(k)}\right|} < \varepsilon ?$$ 否

是

```
打印 φ(i,j)
```

```
停止
```

图 4.17   有限差分求解的编程框图

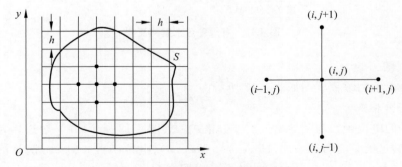

图 4.18   求解域的正方形网格划分

其中，L_1 为高次项。将以上两式相加，并略去 h^2 以上的高阶项，得

$$\left.\frac{\partial^2 \varphi}{\partial x^2}\right|_{i,j} = \frac{\varphi_{i-1,j} + \varphi_{i+1,j} - 2\varphi_{i,j}}{h^2} \tag{4.3.1}$$

同理，与结点 (x_i, y_j) 在 y 方向直接相邻的结点上的电位值表示为

$$\varphi_{i,j-1} = \varphi(x_i, y_j - h) = \varphi_{i,j} - h \left.\frac{\partial \varphi}{\partial y}\right|_{i,j} + \frac{h^2}{2} \left.\frac{\partial^2 \varphi}{\partial y^2}\right|_{i,j} - L_2$$

$$\varphi_{i,j+1} = \varphi(x_i, y_j + h) = \varphi_{i,j} + h\left.\frac{\partial \varphi}{\partial y}\right|_{i,j} + \frac{h^2}{2}\left.\frac{\partial^2 \varphi}{\partial y^2}\right|_{i,j} + L_2$$

其中，L_2 为高次项。将以上两式相加，并略去 h^2 以上的高阶项，得

$$\left.\frac{\partial^2 \varphi}{\partial y^2}\right|_{i,j} = \frac{\varphi_{i,j-1} + \varphi_{i,j+1} - 2\varphi_{i,j}}{h^2} \tag{4.3.2}$$

如果 (x_i, y_j) 处无源分布，将式(4.3.1)和式(4.3.2)代入拉普拉斯方程 $\dfrac{\partial^2 \varphi}{\partial x^2} + \dfrac{\partial^2 \varphi}{\partial y^2} = 0$，得

$$\varphi_{i,j} = \frac{1}{4}(\varphi_{i-1,j} + \varphi_{i,j-1} + \varphi_{i+1,j} + \varphi_{i,j+1}) \tag{4.3.3}$$

式(4.3.3)即为结点 (x_i, y_j) 处位函数的拉普拉斯方程的五点差分格式，它将求解域内无源分布的任一结点的位函数用其直接相邻的 4 个结点上的位函数的平均值表示。

如果 (x_i, y_j) 处有源分布，将式(4.3.1)和式(4.3.2)代入泊松方程 $\dfrac{\partial^2 \varphi}{\partial x^2} + \dfrac{\partial^2 \varphi}{\partial y^2} = -\dfrac{\rho_s}{\varepsilon_0}$，得

$$\varphi_{i,j} = \frac{1}{4}\left(\varphi_{i-1,j} + \varphi_{i,j-1} + \varphi_{i+1,j} + \varphi_{i,j+1} + \frac{\rho_s}{\varepsilon_0}h^2\right) \tag{4.3.4}$$

式(4.3.4)即为结点 (x_i, y_j) 处位函数的泊松方程的五点差分格式，它将求解域内有源分布的任一结点的位函数用其直接相邻的 4 个结点上的位函数的平均值和分布源密度表示。

对求解域内每个结点的位函数都按照式(4.3.3)或式(4.3.4)作类似处理，就可以得到联立的差分方程组。将已知边界条件离散化成边界结点上的已知数值，则即可求解整个求解域的场。如果边界正好落在网格结点上，可以对这些结点直接赋予边界值；如果边界不落在网格结点上，可以通过近似处理的方法，例如将最靠近边界的结点作为边界结点赋值。

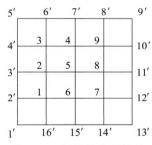

图 4.19　例题的分区编号

为了说明具体的编程实现方法，下面采用有限差分法和用人工计算的方式求解式(4.2.21)所表示的泊松方程问题，原微分方程为 $\nabla^2 \boldsymbol{A} = -\boldsymbol{W} = -\mu\mu_0\boldsymbol{J}$。将区域切分为 4×4 的网格，取步长为 h 并采用五点差分格式，列出各结点的差分方程，如图 4.19 所示。

内点方程：

$$A_6 + A_2 + A_2' + A_{16}' - 4A_1 + h^2w = 0, \text{点 1 方程}$$
$$A_5 + A_3 + A_1 + A_3' - 4A_2 + h^2w = 0, \text{点 2 方程}$$
$$A_6' + A_4' + A_4 + A_2 - 4A_3 + h^2w = 0, \text{点 3 方程}$$
$$A_7' + A_9 + A_3 + A_5 - 4A_4 + h^2w = 0, \text{点 4 方程}$$
$$A_4 + A_8 + A_2 + A_6 - 4A_5 + h^2w = 0, \text{点 5 方程}$$
$$A_5 + A_{15}' + A_7 + A_1 - 4A_6 + h^2w = 0, \text{点 6 方程}$$
$$A_6 + A_{12}' + A_8 + A_{14}' - 4A_7 + h^2w = 0, \text{点 7 方程}$$
$$A_5 + A_{11}' + A_9 + A_7 - 4A_8 + h^2w = 0, \text{点 8 方程}$$
$$A_8' + A_8 + A_4 + A_{10}' - 4A_9 + h^2w = 0, \text{点 9 方程}$$

整理为矩阵方程，得 $\boldsymbol{Mu} = \boldsymbol{V}$ 的形式。解线性方程组，就可以求得各点的磁标量位。

$$\begin{pmatrix} -4 & 1 & 0 & 0 & 0 & 1 & 0 & 0 & 0 \\ 1 & -4 & 1 & 0 & 1 & 0 & 0 & 0 & 0 \\ 0 & 1 & -4 & 1 & 0 & 0 & 0 & 0 & 0 \\ 0 & 0 & 1 & -4 & 1 & 0 & 0 & 0 & 1 \\ 0 & 1 & 0 & 1 & -4 & 1 & 0 & 1 & 0 \\ 1 & 0 & 0 & 0 & 1 & -4 & 1 & 0 & 0 \\ 0 & 0 & 0 & 0 & 0 & 1 & -4 & -1 & 0 \\ 0 & 0 & 0 & 0 & 0 & 0 & 1 & -4 & 1 \\ 0 & 0 & 0 & 1 & 0 & 0 & 0 & 1 & -4 \end{pmatrix} \begin{pmatrix} A_1 \\ A_2 \\ A_3 \\ A_4 \\ A_5 \\ A_6 \\ A_7 \\ A_8 \\ A_9 \end{pmatrix} = - \begin{pmatrix} A'_2 + A'_{16} + h^2 w \\ A'_3 + h^2 w \\ A'_6 + A'_4 + h^2 w \\ A'_7 + h^2 w \\ h^2 w \\ A'_{15} + h^2 w \\ A'_{12} + A'_{14} + h^2 w \\ A'_{11} + h^2 w \\ A'_8 + A'_{10} + h^2 w \end{pmatrix}$$

分析有限差分法得到的线性方程组，能发现如下特点。

（1）系数矩阵 M 是大型稀疏矩阵，只有为数不多的元素不为零，M 的阶取决于精度。

（2）矩阵 M 可以为正定的、对称的，对称性取决于边界条件，边界与结点不重合时，M 的对称性被破坏。

在实施有限差分法求数值解时，耗费较多时间的是求解线性方程组的过程。为了高效率精确地实施有限差分法，下面介绍一种高效的迭代求解方法。

4.3.2　超松弛迭代法

处理大型稀疏矩阵通常采用超松弛迭代法。为了介绍超松弛迭代法的原理，首先介绍松弛算法的一般原理。该法的基础为余数的概念。

1. 松弛算法

设有五点格式的泊松方程

$$A_1 + A_2 + A_3 + A_4 - 4A_0 - h^2 f_0 = 0$$

式中，A_0 为待求值，但此时 A_1, A_2, A_3, A_4 也为未知量。首先任选 A_1, A_2, A_3, A_4 和 A_0 的数值代入五点格式的泊松方程。一般来说，结果可以一般地表示如下：

$$\Delta = A_1 + A_2 + A_3 + A_4 - 4A_0 - h^2 f_0 = \begin{cases} 0 \\ R_0 \end{cases} \tag{4.3.5}$$

此时有两种可能：一种情况，右边为零，即 $\Delta = 0$，满足五点格式的差分方程；另一种情况，右边为 R_0，即 $\Delta = R_0$，不满足五点格式的差分方程，R_0 称为差分方程在 0 点的余数。当只有一个差分方程时，$\Delta = 0$ 就意味着所取的 A_1, A_2, A_3, A_4, A_0 恰为方程的解。但是，对于五点格式的泊松方程的情况，在自变量定义域内有很多结点，每个结点都对应一个差分方程，只有所有点的差分方程余数为零，才找到了真正的泊松方程的解。只要能使区域中各点的余数都很小，一般情况下，此时各结点余数和也很小，且余数尽量均匀分布，那么就认为得到了满足精度的近似解。

松弛法就是使方程有规则地朝余数 R_0 减小的方向简化，直到 $|R_0| < \varepsilon$，于是各结点的值与精确解偏差很小，通常满足下述条件就可认为得到了要求的近似解。

（1）余数值降到该点的位平均值的 0.1%，即 $R_0 \approx 0.1\% \phi_0$。

（2）所有余数的代数和与各点余数同数量级，即 $\sum_i R_i \sim R_i$。

（3）余数均匀混合并遍及整个区域，包括符号与数值。

2. 点松弛

所谓点松弛就是采用逐点松弛的方法进行求解。下面通过图 4.20 的例子说明点松弛原理。图 4.20 中的中间结点与近邻结点的关系满足式(4.3.5)的关系。当任选 A_0 值代入后得到余数 R_0，为了使余数降为零，显然只要将 0 点值 R_0 降低为原来的 1/4。当只考虑一个结点的情况时，用式(4.3.5)计算的余数为零。图 4.20 中按式(4.3.5)表达的余数的逻辑关系为

$$A_1 + A_2 + A_3 + A_4 - 4A_0 - h^2 f_0 = R_0$$

$$A_1 + A_2 + A_3 + A_4 - 4A_0' - h^2 f_0 = 0$$

$$A_0' = A_0 + \frac{R_0}{4}$$

虽然 0 点值满足了方程，但邻结点的余数却增加了 $R_0/4$，例如考虑邻结点 1，参见图 4.21，由式(4.3.5)，有

$$A_0 + A_2' + A_1' + A_4' - 4A_1 - h^2 f_0 = R_1$$

$$A_0' + A_2' + A_1' + A_4' - 4A_1 - h^2 f_0 = R_1 + \frac{R_0}{4}$$

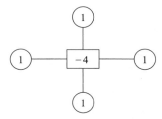

图 4.20　点松弛原理图

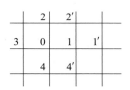

图 4.21　邻点与原点的松弛关系

同样由于 0 点的位值降低了 $R_0/4$，而邻近点 1，2，3，4 点的位值都增加余数 $R_0/4$，可以理解为 0 点的余数减少了 R_0，周围各点的余数就增加了 $R_0/4$，由于其总和仍为 R_0，也就是余数 R_0 由 0 点向四周结点扩散了，扩散情况取决于差分方程的关系，$A_1，A_2，A_3，A_4$ 的系数都为 1，所以是均匀扩散。

余数的改变与强加项 $h^2 f_0$ 无关。显然，近邻的 4 个点分担了原来的余数 R_0，每个点得到 1/4。于是距离 0 点越远，包围 0 点周界上点的数量就越多，每点分担原来的余数 R_0 的份额就越小，其情形很像水池中投石引起的扰动传播。此余数的扩散不能改变边界值，所以通过这种方法可以使各结点余数的总水平下降。采用这种点松弛方法可在每个阶段都首先考虑余数最大的点，并使该点余数为 0。以下举例说明。

（1）把内点置 0，见图 4.22。

（2）计算各点余数：

$$R_a = 0 + 10 + 0 + 0 - 4 \times 0 = 10$$

$$R_b = 20 + 0 + 0 + 0 - 4 \times 0 = 20$$

$$R_c = 0 + 90 + 50 + 0 - 4 \times 0 = 140$$

$$R_d = 80 + 0 + 0 + 0 - 4 \times 0 = 80$$

$$R_e = 0$$

$$R_f = 0$$

$$R_g = 10$$

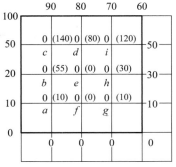

图 4.22　第（1）步的数值关系

$$R_h = 30$$
$$R_i = 120$$

（3）取余数最大的点，改变该点的位值，使该点的余数为 0。例中，取 c 点，使 $\phi'_c = \phi_c + 140/4 = \phi_c + 35 = 35$。

（4）计算各点余数 $R_c = 0, R_b = 55, R_d = 115$。

（5）选 d 点，使 $\phi'_d = \phi_d + 115/4 = 115/4 \approx 29$。

（6）计算各点余数。此时，$R_d = -1$。

（7）如此反复得最终结果，如图 4.23 所示。

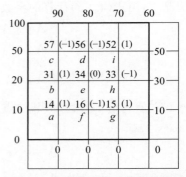

图 4.23　点松弛多次后的数值关系

3. 增加松弛速度的方法

为了加快松弛的速度，可以采取两种措施。第一，改变点松弛的幅度，采用欠松弛或超松弛；第二，组成包括 n 个点的联立松弛，采用行松弛或块松弛。此外，灵活处置，巧妙设定初始值都会达到节省大量时间的效果。

1）改变松弛的幅度

超松弛：当结点位值的改变能使该点的余数反转正负号时就称为超松弛。

欠松弛：若结点位值的改变不足以使该点的余数降为零或反号，则称欠松弛。

例如，在点松弛的例子中（见图 4.22），R_c 松弛后使 R'_c 降为 0，即 $R_c = 0, R_b = 55, R_d = 115$。但第二次又需要进行针对 d 点的松弛，之后又会使 c 点的余数上升为 29。所以如果第一次就将 R_c 松弛后使 R'_c 变为负值，第二次针对 d 松弛时，c 点的余数就上升很小，就可以大大加快松弛的速度。通常可以按如下的规律选择应该用超松弛还是欠松弛：余数符号相同的点采用超松弛，余数符号相反的点采用欠松弛。

2）行松弛和块松弛

图 4.24 表示了连成行或块的结点同时松弛的情况，此时的方法称为行松弛或块松弛。

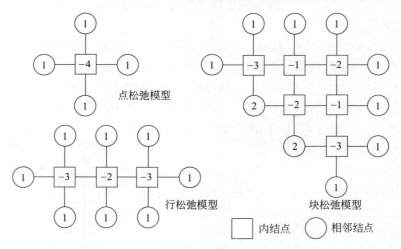

图 4.24　连成行或块的结点同时松弛的情况

点松弛、行松弛和块松弛 3 种松弛方法的松弛数值关系可以互相折算，有如下规律。

（1）行或块的内结点上，余数的改变等于 $n-4$，n 是与该结点直接相连的块内结点总数。

（2）相邻结点的余数改变等于该结点直接相连的块内结点的总数。

（3）块内结点的余数变化等于直接相邻的块外结点余数的总变化。

例 4.4　设块内有 15 个结点，用方块表示，块外有 16 个结点，用圆圈表示。当块内结点的位值每点变化 -1 时，则总变化为 -20，此时块外结点的总变化恰好也为 20，其情形如图 4.25 所示。

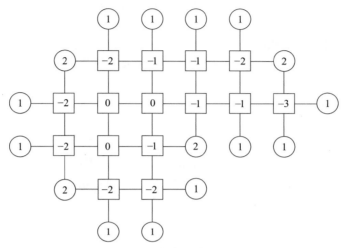

图 4.25　15 结点块松弛的数值关系

此时，若前一块内所有结点的位函数余数之和为 60，则可以取

$$\Delta\phi_i = \frac{R}{20} = \frac{60}{20} = 3, \quad i = 1, 2, \cdots, K$$

然后令块内每个结点的电位都变化 $\Delta\phi_i = 3$，则

$$R = \sum_i^K (\phi_{i1} + \phi_{i2} + \phi_{i3} + \phi_{i4} - 4\phi_{i0} - h^2 f_0) = 60$$

$$R' = \sum_i^K (\phi_{i1} + \phi_{i2} + \phi_{i3} + \phi_{i4} - 4(\phi_{i0} - \Delta\phi_i) - h^2 f_0)$$

$$= \sum_i^K (\phi_{i1} + \phi_{i2} + \phi_{i3} + \phi_{i4} - 4\phi_{i0} - h^2 f_0) + \sum_i^K 4\Delta\phi_i$$

$$= R - 60 = 0$$

即此时块内结点的总余数变为 0，但块外的结点余数的改变也为 60，余数扩散到块外。

4. 逐次超松弛法

在解差分方程组时，通常有两种解法，即"直接法"和"间接法"，间接法就是迭代法。当矩阵为稀疏矩阵时，若使用通常的方法，如高斯消元法，计算中，稀疏矩阵的零元素将被非零元素取代，得到的矩阵比稀疏矩阵元素增多，内存加大，故不能采用。当采用适当方法时，既可保持矩阵的稀疏性，又会使计算节省内存且快速。

科学家们发展了许多方法解决求解具有稀疏系数矩阵的大型差分方程组，其中最优的就是超松弛迭代法（Successive Over-Relaxation，SOR），也称 Liebman 外推法。为了说明超松弛迭代法原理，需要首先介绍雅可比法和高斯-赛德尔法。

1) 雅可比法

雅可比（Jacobi）法又称 Richardson 法或联立位移法，就是要使迭代值能精确满足前一次各点的电位值所表示的差分方程。仍以泊松方程为例，雅可比法的迭代公式为

$$\phi_{i,j}^{n+1} = \frac{1}{4}(\phi_{i+1,j}^{n} + \phi_{i,j+1}^{n} + \phi_{i-1,j}^{n} + \phi_{i,j-1}^{n} - h^2 f_0) \qquad (4.3.6)$$

此法的收敛性太差，而且要存储第 n 次和第 $n+1$ 次全部数值，占用内存太多。

2) 高斯-赛德尔法

此法基于对雅可比法的修改，即每步都尽量采用最新算出的位值，每次都用计算出的新值替换旧值，因此只需存储一组完整的数值集合。收敛速度也比雅可比法快一倍，但此法速度仍较慢。高斯-赛德尔法的迭代公式为

$$\phi_{i,j}^{n+1} = \frac{1}{4}(\phi_{i+1,j}^{n} + \phi_{i,j+1}^{n} + \phi_{i-1,j}^{n+1} + \phi_{i,j-1}^{n+1} - h^2 f_0)$$

3) 逐次超松弛迭代法

逐次超松弛迭代法是由 Frankel 和 Young 各自独立提出的。该方法的核心是借助因子 ω 改善高斯-赛德尔法，逐次超松弛迭代法的迭代公式为：电位值的新值＝旧值＋ω×高斯-赛德尔法，即

$$\phi_{i,j}^{n+1} = \phi_{i,j}^{n} + \frac{\omega}{4}(\phi_{i+1,j}^{n} + \phi_{i,j+1}^{n} + \phi_{i-1,j}^{n+1} + \phi_{i,j-1}^{n+1} - h^2 f_0)$$

其实，逐次超松弛迭代法是高斯-赛德尔法的推广，当取 $\omega=1$ 时，就回到了高斯-赛德尔法。逐次超松弛迭代法的收敛速度要比高斯-赛德尔法快得多。例如，一个 20 结点正方形上的狄利克雷问题，采用 SOR 法 70 次精度可达到 10^{-10}，而达到同样的精度采用高斯-赛德尔法时则需要 840 次迭代。试验表明，当 $\omega \geqslant 2$ 时，迭代过程变得十分不稳定。因此，ω 值只能取在 $1 \sim 2$ 之间，并且可以使收敛速度提高，其中存在一个最佳值 ω_b 会使得收敛速度最高。当选不同的 ω 时，逐次超松弛迭代法具有不同的收敛速度，所以，决定超松弛程度的收敛因子或松弛因子是使用逐次超松弛迭代法的关键。

4) 收敛因子与收敛性的关系

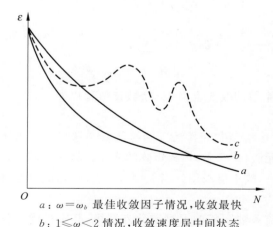

一个稳定的收敛过程，降低任意结点最大误差到预定误差 ε 所需要的迭代次数 N 由下式决定：

$$N \approx -F\ln\varepsilon$$

式中，F 为渐近收敛速度，是边界形状、边界条件、结点数、差分方程形式收敛因子的函数。图 4.26 表示了迭代次数、计算精度和收敛因子的关系，即 $N-\varepsilon$ 随 ω 的变化关系。

从理论上讲，最佳收敛因子 ω_b 仅在线性矩阵方程 $\boldsymbol{A}\boldsymbol{x}=\boldsymbol{b}$ 的系数矩阵为某些特殊类型时才有理论公式（参见《现代应用数学手册》计算方法分册），没有普遍适用的理论公式。当 $\boldsymbol{A}$ 为对称正定矩阵且具有对角线占优的形式时，其数值与雅可比迭代矩阵的谱半径有关。一般来

$a:\omega=\omega_b$ 最佳收敛因子情况，收敛最快

$b:1 \leqslant \omega < 2$ 情况，收敛速度居中间状态

$c:\omega \leqslant 2$ 的情况，ω 过高引起振荡

图 4.26　收敛因子影响收敛性的变化关系

说,可采用简单试算的方法,也就是说,取不同的松弛因子,从同一初始量出发,用 SOR 迭代同样次数(不应太少),比较结果选取精度最高的或余数最小的为最佳松弛因子。

采用逐次超松弛迭代法时,以下经验具有参考价值。

(1)迭代次数粗略地与网格点数的平方根成正比。

(2)方形类和简单边界形状比狭长气隙类的边界条件问题的收敛性好。

(3)同样条件下,(狄利克雷)第一类边界条件比第二类和第三类边界条件问题的收敛性好。

(4)ω 太高时容易发生振荡情况。

(5)正方形第一类边界条件时,可取

$$\omega_b = \frac{2}{1+\sin\left(\dfrac{\pi}{L}\right)}$$

式中,$L+1$ 为每边结点数;矩形第一类边条件时,可取

$$\omega_b = 2 - \sqrt{2\left(\frac{1}{L^2}+\frac{1}{m^2}\right)}\pi$$

式中,$L+1$ 和 $m+1$ 分别为两个边的结点数。

4.3.3　有限差分法的收敛性和稳定性

针对一般情形讨论时,理论上很复杂,由于单步法较简单同时结论又具有普遍性,所以下面仅就单步法进行探讨。单步法是利用 x_n 及 $y(x_n)$ 的近似值一步就可以确定 x_{n+1} 处的 $y(x_{n+1})$ 的近似值的方法,例如尤拉折线法、龙格-库塔法、泰勒展开法等。单步法的一般形式可以表示为

$$y_{n+1} = y_n + h\psi(x_n, y_n, h) \tag{4.3.7}$$

单步法的截断误差为

$$d_n(h) = y(x_{n+1}) - y(x_n) - h\psi(x_n, y(x_n), h), \quad a \leqslant x \leqslant b, \quad 0 \leqslant h \leqslant h_0 \tag{4.3.8}$$

一般来说,单步法的截断误差可以用泰勒展开来估算,若单步法的截断误差能写成

$$|d_n(h)| \leqslant Dh^{K+1}, \quad D>0, \quad K \text{ 为整数且} >0 \tag{4.3.9}$$

则该方法称为 K 阶方法。可以证明,如果存在与 h 和 n 都有关的非负常数 h_0、正数 D 和非负正数 K 使得式(4.3.9)成立,则有如下收敛定理:

设推算公式(4.3.7)中的 $\psi(x,y,h)$ 在 $a \leqslant x \leqslant b, o \leqslant h \leqslant h_0, -\infty < y < \infty$ 上连续,并且该区域上关于 y 满足利普希茨(Lipschitz)条件:

$$|\psi(x,y,h) - \psi(x,z,h)| \leqslant L|y-z| \tag{4.3.10}$$

而且其截断误差 $d_n(h)$ 满足不等式(4.3.9),则推算式(4.3.7)的计算误差可用下式估计:

$$|y(x_{n+1}) - y_{n+1}| \leqslant \begin{cases} Dh^K \cdot \dfrac{e^{L(b-a)}-1}{L} + e^{L(b-a)}|y(a)-y_0|, & L>0 \\ |y(a)-y_0| + D(b-a)h^K, & L=0 \end{cases} \tag{4.3.11}$$

式中,$h = [(x_{n+1}-a)/(n+1)] \leqslant h_0$ 是由式(4.3.7)得到的 $y(x_{n+1})$ 的近似值,L 为非负常数。

有限差分法的稳定性一般是指具体计算时步骤中出现的误差对结果的影响,也就是要研究实际计算平台、计算环境下能否可靠实现该差分推算公式。

稳定性与步长大小有绝对关系，太大或太小都不行，会使得计算结果具有很大的分散性。只有既收敛又稳定的算法才是真正反映物理过程的算法。

4.4 轴对称场的差分格式与蒙特卡罗法应用

4.4.1 轴对称场的差分格式

球、柱、螺线管、回转体等形状的问题都可归结为平面轴对称场的计算。下面将以解泊松方程的情况为例阐述轴对称场的差分格式的推导和求解时所遇到的特殊问题。

设泊松方程表达如下：

$$\mathbf{V}^2\phi = \frac{\partial^2\phi}{\partial r^2} + \frac{1}{r}\frac{\partial\phi}{\partial r} + \frac{\partial^2\phi}{\partial z^2} = f \tag{4.4.1}$$

进行如图 4.27 所示的区间切割，然后利用任意步长的差分格式：

$$\phi_0\left[\frac{2}{h_1 h_4} + \frac{1}{h_1 h_3}\left(2 + \frac{h_3 - h_1}{r_0}\right)\right] = \frac{1}{h_1(h_1 + h_3)}\left(2 + \frac{h_3}{r_0}\right)\phi_1 + \frac{2}{h_2(h_2 + h_4)}\phi_2 +$$
$$\frac{1}{h_3(h_1 + h_3)}\left(2 - \frac{h_1}{r_0}\right)\phi_3 + \frac{2}{h_4(h_2 + h_4)}\phi_4 - f_0$$

当取等步长时，$h_1 = h_2 = h_3 = h_4 = h$ 简化为

$$\left(1 + \frac{h}{2r_0}\right)\phi_1 + \phi_2 + \left(1 - \frac{h}{2r_0}\right)\phi_3 + \phi_4 - 4\phi_0 = h^2 f_0 \tag{4.4.2}$$

相应的高斯-赛德尔公式为

$$\phi_{i,j}^{(n+1)} = \frac{1}{4}\left[\left(1 + \frac{1}{2i}\right)\phi_{i+1,j}^{(n)} + \phi_{i,j+1}^n + \left(1 - \frac{1}{2i}\right)\phi_{i-1,j}^{n+1} + \phi_{i,j-1}^{n+1} - h^2 f\right] \tag{4.4.3}$$

请读者试着推导出 $r_0 = 0$ 时的差分格式。

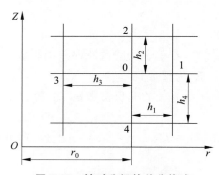

图 4.27　轴对称场的差分格式

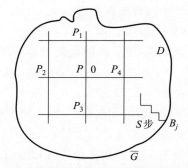

图 4.28　应用蒙特卡罗法时将封闭区域离散化

4.4.2 蒙特卡罗法应用

采用蒙特卡罗法比采用 SOR 法的精度和效率都差，但是为了开拓思路只进行简单的介绍。采用蒙特卡罗法首先仍然要按有限差分法对区间进行切分，如图 4.28 所示。步骤如下：

（1）将封闭区域离散化，并得到相应的差分方程，例如

$$\phi_0 = \frac{1}{4}(\phi_1 + \phi_2 + \phi_3 + \phi_4 - h^2 f_0)$$

（2）建立概率模型，把 1/4 解释为由 0 点向 1 号、2 号、3 号和 4 号位转移的概率。

（3）验证相应的概率。

从域内待求点 P 出发，按已知概率随机游动，游动到边界上某点 B_j 停止，概率为 $p(P, B_j) = \frac{1}{4} \sum_i p(P_i, B_j)$。当 P 处于边界时，规定

$$\begin{cases} p(P, B_j) = 1, & P = B_j \\ p(P, B_j) = 0, & P \neq B_j \end{cases}$$

边界上 B_j 点的位值已知为 $V(B_j)$，由 P 点游动 S 步到达 B_j 点，则

$$T = V(B_j) + \sum_{i=0}^{s-1} \frac{1}{4} h^2 f_i$$

f_i 是所经过点的（包括起始点，但不包括边界点）相应的电荷密度或电流密度。

试验重复 N 次，ϕ 点电位值为 T 的平均值 $\phi_P = \sum_{n=1}^{N} \frac{T_n}{N}$。

4.5　抛物型和双曲型偏微分方程的有限差分法

4.5.1　抛物型偏微分方程的有限差分法

抛物型偏微分方程在物理上是描写传导、扩散等非平衡过程的。下面考虑第一类边值问题

$$\begin{cases} Lu \equiv \dfrac{\partial u}{\partial t} - a^2 \dfrac{\partial^2 u}{\partial x^2} = 0, & 0 < x < L, \quad 0 < t < T \\ u \mid_{t=0} = \phi(x), & 0 < x < L, \quad \text{初始条件} \\ u \mid_{x=0} = u_1(t), \quad u \mid_{x=l} = u_2(t), & 0 < t < T, \quad \text{边界条件} \end{cases} \tag{4.5.1}$$

式中，$\phi(x)$, $u_1(t)$, $u_2(t)$ 都是已知的连续函数，并满足相容性条件

$$\phi(0) = u_1(0), \quad \phi(L) = u_2(0) \tag{4.5.2}$$

首先要建立离散化网格，对于一维的抛物型和双曲型偏微分方程，通常采用与 t 和 x 坐标轴相平行的二族的直线进行切割，如图 4.29 所示。

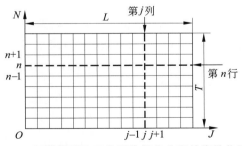

图 4.29　解抛物型和双曲型偏微分方程的离散化网格

$$\begin{cases} x = x_j = jh, & j = 0, 1, 2, \cdots, J \\ t = t_n = n\tau, & n = 0, 1, 2, \cdots, N \end{cases} \tag{4.5.3}$$

矩形网格元素 $G_{n\tau}$，空间步长 $h = \dfrac{L}{J}$，时间步长 $\tau = \dfrac{T}{N}$，在 $t = t_n$ 直线上的全部结点

$\{(x_j,t_n)\big|_{j=0,1,2,\cdots,J}\}$ 称为差分网格的第 n 层。

1. 最简单的显式差分格式

设待求的解 $u(x,t)$ 足够光滑并用符号 u_j^n，$\left(\dfrac{\partial u}{\partial t}\right)_j^n$，$\left(\dfrac{\partial^2 u}{\partial x^2}\right)_j^n$ 分别表示函数 u 及偏导数 $u(x,t)$，$\dfrac{\partial u(x,t)}{\partial t}$，$\dfrac{\partial^2 u(x,t)}{\partial x^2}$ 在 $t=n\tau$，$x=jh$ 处的值。上标 n 代表该结点处在第 n 层，下标 j 代表该结点处在第 j 列。采用泰勒展开的"逐项逼近法"，有

$$\begin{cases}\dfrac{u(x_j,t_{n+1})-u(x_j,t_n)}{\tau}=\left(\dfrac{\partial u}{\partial t}\right)_j^n+\dfrac{\tau}{2}\dfrac{\partial^2 u}{\partial t^2}(x_j,t_n+\theta_1\tau)\\ \dfrac{u(x_{j+1},t_n)-2u(x_j,t_n)+u(x_{j-1},t_n)}{h^2}=\left(\dfrac{\partial^2 u}{\partial x^2}\right)_j^n+\dfrac{h^2}{12}\dfrac{\partial^4 u}{\partial x^4}(x_j+\theta_2 h,t_n)\end{cases}\tag{4.5.4}$$

式中，$0<\theta_1<1,-1<\theta_2<1$。将式(4.5.4)代入式(4.5.1)并略去截断误差项，得

$$\dfrac{U_j^{n+1}-U_j^n}{\tau}-a^2\dfrac{U_{j+1}^n-2U_j^n+U_{j-1}^n}{h^2}=0,\quad j=1,2,\cdots,J-1\tag{4.5.5}$$

改写为

$$U_j^{n+1}=rU_{j+1}^n+(1-2r)U_j^n+rU_{j-1}^n,\quad j=1,2,\cdots,J-1\tag{4.5.6}$$

式(4.5.6)就是抛物型偏微分方程(4.5.1)的显式差分格式，式中 $r=\dfrac{a^2\tau}{h^2}$。

再将初始条件离散化

$$U_j^0=\phi(x_j),\quad j=1,2,\cdots,J-1$$

在左端点有关系

$$U_0^n=u_1(n\tau)$$

在右端点有关系

$$U_J^n=u_2(n\tau)\tag{4.5.7}$$

由于分层的结构，相关的相邻结点值已知，由图4.29可知，显式格式中，第 $n+1$ 层内任意结点值可以由第 n 层的三个相邻结点处的值来决定，即 U_j^{n+1} 可由 $U_{j+1}^n,U_j^n,U_{j-1}^n$ 的数值来决定，则可以按照 t 变量的方向逐层求解，解的误差为 $O(\tau+h^2)$。U_j^{n+1} 全部处在差分格式的左端，而右端的项全部是前一时间步已求得的数值。

2. 最简单的隐式格式

出于稳定性的考虑，显式格式要求时间与空间网格化满足一定的关系，通常时间步长较小，因此会大大增加计算量。为解决这个两难问题，下面将推导新的差分格式。首先，对时间微商采用向后差商格式处理，即在 (x_j,t_{n+1}) 点，令 $t_n=t_{n+1}-\tau$

$$\dfrac{u(x_j,t_{n+1})-u(x_j,t_n)}{\tau}=\left(\dfrac{\partial u}{\partial t}\right)_j^{n+1}-\dfrac{\tau}{2}\dfrac{\partial^2 u}{\partial t^2}(x_j,t_{n+1}-\theta_1\tau)\tag{4.5.8}$$

$$\dfrac{u(x_{j+1},t_{n+1})-2u(x_j,t_{n+1})+u(x_{j-1},t_{n+1})}{h^2}=\left(\dfrac{\partial^2 u}{\partial x^2}\right)_j^{n+1}+\dfrac{h^2}{12}\dfrac{\partial^4 u}{\partial x^4}(x_j+\theta_2 h,t_{n+1})\tag{4.5.9}$$

将式(4.5.8)和式(4.5.9)代入式(4.5.1)，略去截断误差，得

$$\dfrac{U_j^{n+1}-U_j^n}{\tau}-a^2\dfrac{U_{j+1}^{n+1}-2U_j^{n+1}+U_{j-1}^{n+1}}{h^2}=0,\quad j=1,2,\cdots,J-1\tag{4.5.10}$$

整理得

$$\begin{cases} -rU_{j-1}^{n+1} + (1+2r)U_j^{n+1} - rU_{j+1}^{n+1} = U_j^n \\ U_j^0 = \phi(x_j) \\ U_0^n = u_1(n\tau), \quad n=1,2,\cdots,N \\ U_J^n = u_2(n\tau), \quad j=1,2,\cdots,J-1 \end{cases} \quad (4.5.11)$$

式(4.5.11)的误差为 $O(\tau+h^2)$。式(4.5.11)是关于 $n+1$ 层上未知量的联立方程组,未知量为 $U_1^{n+1},U_2^{n+1},\cdots,U_{J-1}^{n+1}$,它不再是显式格式,需要求解线性方程组,故称为隐式格式。隐式格式的最大优点是无条件稳定。

3. 六点对称格式

显式格式与隐式格式结合起来,可构成精度更高的格式,设有参量 θ 和 $1-\theta(0 \leqslant \theta \leqslant 1)$,用参量将显式格式和隐式格式按 θ 比例混合起来,即 $\theta \times$ 式(4.5.5)$+(1-\theta) \times$ 式(4.5.10),得

$$\begin{cases} \dfrac{U_j^{n+1} - U_j^n}{\tau} = \theta a^2 \dfrac{U_{j+1}^{n+1} - 2U_j^{n+1} + U_{j-1}^{n+1}}{h^2} + (1-\theta)a^2 \dfrac{U_{j+1}^n - 2U_j^n + U_{j-1}^n}{h^2} \\ U_j^0 = \phi(x_j), \quad j=1,2,\cdots,J-1 \\ U_0^n = u_1(n\tau), \quad n=1,2,\cdots,N \\ U_J^n = u_2(n\tau) \end{cases} \quad (4.5.12)$$

此方程表达了 n 和 $n+1$ 层两层上相邻 6 个结点的函数值关系,故称为六点差分格式。取 $\theta=1/2$ 时就得到六点对称差分格式:

$$\frac{U_j^{n+1} - U_j^n}{\tau} = \frac{a^2}{2h^2}(U_{j+1}^{n+1} - 2U_j^{n+1} + U_{j-1}^{n+1} + U_{j+1}^n - 2U_j^n + U_{j-1}^n) \quad (4.5.13)$$

下面将证明该算法的误差为 $O(\tau^2+h^2)$。

证明　将 $u(x,t)$ 在 $(x_j,t_{n+1/2})$ 点作中心差商,有

$$\frac{U(x_j,t_{n+1}) - U(x_j,t_n)}{\tau} = \left(\frac{\partial u}{\partial t}\right)_j^{n+\frac{1}{2}} + O(\tau^2) \quad (4.5.14)$$

同样将 $\dfrac{\partial^2 u}{\partial x^2}$ 在 $t=n+1/2$ 时以 $\dfrac{\tau}{2}$ 步长展开,得

$$\left(\frac{\partial^2 u}{\partial x^2}\right)_j^{n+1} = \left(\frac{\partial^2 u}{\partial x^2}\right)_j^{n+\frac{1}{2}} + \frac{\tau}{2}\left(\frac{\partial^3 u}{\partial x^2 \partial t}\right)_j^{n+\frac{1}{2}} + \frac{\tau^2}{8}\left(\frac{\partial^4 u}{\partial x^2 \partial t^2}\right)_j^{n+\frac{1}{2}} + O(\tau^3)$$

$$\left(\frac{\partial^2 u}{\partial x^2}\right)_j^n = \left(\frac{\partial^2 u}{\partial x^2}\right)_j^{n+\frac{1}{2}} - \frac{\tau}{2}\left(\frac{\partial^3 u}{\partial x^2 \partial t}\right)_j^{n+\frac{1}{2}} + \frac{\tau^2}{8}\left(\frac{\partial^4 u}{\partial x^2 \partial t^2}\right)_j^{n+\frac{1}{2}} + O(\tau^3)$$

将两式相加得

$$\left(\frac{\partial^2 u}{\partial x^2}\right)_j^{n+\frac{1}{2}} = \frac{1}{2}\left(\frac{\partial^2 u}{\partial x^2}\right)_j^{n+1} + \frac{1}{2}\left(\frac{\partial^2 u}{\partial x^2}\right)_j^n + O(\tau^2) \quad (4.5.15)$$

由式(4.5.4) 可知

$$\left(\frac{\partial^2 u}{\partial x^2}\right)_j^{n+1} = \frac{u_{j+1}^{n+1} - 2u_j^{n+1} + u_{j-1}^{n+1}}{h^2} + O(h^2)$$

$$\left(\frac{\partial^2 u}{\partial x^2}\right)_j^n = \frac{u_{j+1}^n - 2u_j^n + u_{j-1}^n}{h^2} + O(h^2)$$

将此两关系代入式(4.5.15),有

$$\left(\frac{\partial^2 u}{\partial x^2}\right)_j^{n+\frac{1}{2}} = \frac{1}{2h^2}(u_{j+1}^{n+1} - 2u_j^{n+1} + u_{j-1}^{n+1} + u_{j+1}^n - 2u_j^n + u_{j-1}^n) + O(h^2+\tau^2) \quad (4.5.16)$$

由基本方程有

$$\left(\frac{\partial u}{\partial t}\right)_j^{n+\frac{1}{2}} = a^2 \left(\frac{\partial^2 u}{\partial x^2}\right)_j^{n+\frac{1}{2}}$$

把式（4.5.14）和式（4.5.16）代入此方程,有

$$u_j^{n+1} - u_j^n = \frac{a^2 \tau}{2h^2}(u_{j+1}^{n+1} - 2u_j^{n+1} + u_{j-1}^{n+1} + u_{j+1}^n - 2u_j^n + u_{j-1}^n) + O(h^2 + \tau^2)$$

$$u_j^{n+1} - u_j^n = \frac{r}{2}(u_{j+1}^{n+1} - 2u_j^{n+1} + u_{j-1}^{n+1} + u_{j+1}^n - 2u_j^n + u_{j-1}^n) + O(h^2 + \tau^2)$$

整理得

$$\begin{cases} -\frac{r}{2}u_{j+1}^{n+1} + (1+r)u_j^{n+1} - \frac{r}{2}u_{j-1}^{n+1} = \frac{r}{2}u_{j+1}^n + (1-r)u_j^n + \frac{r}{2}u_{j-1}^n + O(h^2 + \tau^2) \\ U_j^0 = \phi(x_j), \quad j = 1,2,\cdots,J-1 \\ U_0^n = u_1(n\tau), \quad n = 1,2,\cdots,N \\ U_j^n = u_2(n\tau), \quad r = \frac{a^2 \tau}{h^2} \end{cases}$$

$$(4.5.17)$$

此式就是六点格式,比较式（4.5.13）可知,六点格式的时间精度比前两种格式提高一个量级。

4. 一般线性抛物型微分方程

一般线性抛物型微分方程可以一般性地表达如下：

$$\begin{cases} L_{x,t}u \equiv \frac{\partial u}{\partial t} - a(x,t)\frac{\partial^2 u}{\partial x^2} - 2b(x,t)\frac{\partial u}{\partial x} + c(x,t)u = d(x,t) \\ u|_{t=0} = \phi(x), \quad 0 < x < L \\ u|_{x=0} = u_1(t), \quad 0 \leqslant t \leqslant T \\ u|_{x=L} = u_2(t), \quad a(x,t) > 0 \end{cases}$$

$$(4.5.18)$$

采用的差分网格与前面相同,对 t 采用插值法处理,即

$$U(x_j, t_n + \theta\tau) \equiv U_j^{n+\theta} \equiv \theta U_j^{n+1} + (1-\theta)U_j^n \qquad (4.5.19)$$

取

$$\begin{cases} \frac{\partial u}{\partial x}(x_j, t_n + \theta\tau) \approx \frac{1}{2h}[u(x_{j+1}, t_n + \theta\tau) - u(x_{j-1}, t_n + \theta\tau)] \\ \frac{\partial^2 u}{\partial x^2}(x_j, t_n + \theta\tau) \approx \frac{1}{h^2}[u(x_{j+1}, t_n + \theta\tau) - 2u(x_j, t_n + \theta\tau) + u(x_{j-1}, t_n + \theta\tau)] \\ \frac{\partial u}{\partial x}(x_j, t_n) \approx \frac{1}{\tau}[u(x_j, t_{n+1}) - u(x_j, t_n)] \end{cases}$$

将此式代入式（4.5.18）,得

$$\begin{aligned} \tau L_{h,\tau}[U(x_j, t_n + \theta\tau)] &\equiv U_j^{n+1} - U_j^n - ra_j^{n+\theta}(U_{j+1}^{n+\theta} - 2U_j^{n+\theta} + U_{j-1}^{n+\theta}) - \\ &\quad hrb_j^{n+\theta}(U_{j+1}^{n+\theta} - U_{j-1}^{n+\theta}) + \tau C_j^{n+\theta}U_j^{n+\theta} \\ &= \tau d_j^{n+\theta} \end{aligned}$$

$$(4.5.20)$$

式中, $r = \tau/h^2$。方程的离散化的初条件与边界条件与式（4.5.17）的相同。把式（4.5.19）用于式（4.5.20）,可以证明：

(1) $\theta = 0$ 时,由式（4.5.20）可以解出 U_j^{n+1} 的显式方程。

(2) $\theta \neq 0$ 时,由 $\alpha_j U_{j+1}^{n+1} - \beta_j U_j^{n+1} + \gamma_j U_{j-1}^{n+1} = S_j^n$ 形式的联立方程得隐式方程。

5. 差分格式的稳定性和收敛性

举例说明显式差分格式的稳定性和收敛性。设有如下微分方程：

$$\begin{cases} L(u) \equiv \dfrac{\partial u}{\partial t} - \dfrac{\partial^2 u}{\partial x^2} = 0, & 0 < x < \pi, \quad 0 < t \\ u\mid_{t=0} = \phi(x), & 0 < x < \pi \\ u\mid_{x=0} = u_{x=\pi} = 0, & 0 \leqslant t \end{cases} \qquad \phi(x) = \begin{cases} x, & 0 \leqslant x \leqslant \dfrac{\pi}{2} \\ \pi - x, & \dfrac{\pi}{2} < x \leqslant \pi \end{cases}$$

取步长 $h = \dfrac{\pi}{20}$，时间步长 τ 取两种数值，分别为 $r = \dfrac{\tau}{h^2} = \dfrac{5}{11}$ 和 $r = \dfrac{\tau}{h^2} = \dfrac{5}{9}$，显式格式为

$$\begin{cases} \dfrac{U_j^{n+1} - U_j^n}{\tau} - \dfrac{U_{j+1}^n - 2U_j^n + U_{j-1}^n}{h^2} = 0, & j = 1, 2, \cdots, J \\ U_j^0 = \phi(jh), \quad x = jh, & j = 1, 2, \cdots, J \\ U_0^n = U_J^n = 0, \quad t = n\tau, & n = 1, 2, \cdots, N \end{cases}$$

计算结果画在图 4.30 中，可以看出，初值围绕 $U_j^0 = \phi(jh)$ 做微小变动时，差分解也发生微小变动，如图 4.30(a)所示，则称该差分格式为稳定的；反之，若差分格式不能控制误差的增长，如图 4.30(b)～(d)所示，则称该差分格式为不稳定格式。

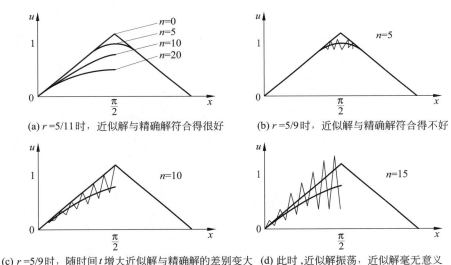

(a) $r = 5/11$ 时，近似解与精确解符合得很好　(b) $r = 5/9$ 时，近似解与精确解符合得不好

(c) $r = 5/9$ 时，随时间 t 增大近似解与精确解的差别变大　(d) 此时，近似解振荡，近似解毫无意义

图 4.30　差分格式的稳定性和收敛性举例

差分格式的稳定性可用"ε-图"法研究，对类似例子中的简单差分格式，可以证明该差分格式稳定的充分必要条件是 r 满足条件 $r \leqslant \dfrac{1}{2}$。此处，r 相当于时间步长与空间步长要满足的一定关系，实际上相当于要满足客观上的因果关系。例如，在一定速度下，必须是当波动到达研究点时，研究点的场值才能发生变化。

可以证明隐式差分格式是无条件稳定的。

差分格式的收敛性要回答的是当 $\tau \to 0$，$h \to 0$ 时，差分解是否收敛于原问题的解。一般性地讨论这个问题需要许多数学基础，超出本书的内容，下面仅给出一些有关的定理。

设边值问题式(4.5.1)的解 $u(x, y)$ 在区域 $G(0 \leqslant x \leqslant L, 0 \leqslant t \leqslant T)$ 中存在且连续，而且存

在有界的偏导数 $\frac{\partial^2 u}{\partial t^2}, \frac{\partial^4 u}{\partial x^4}$，则差分格式式（4.5.11）的解 U 收敛于边值问题的解 u。当 $r \leqslant 1/2$ 时，差分格式式（4.5.6）也是收敛的，六点格式式（4.5.17）也是收敛的。可以证明，对一般抛物型偏微分方程的差分格式，只要网络宽度满足条件

$$\begin{cases} 1 + \theta\tau c(x,t) > 0 \\ a(x,t) - h \mid b(x,t) \mid \geqslant 0 \\ 1 - (1-\theta)[2ra(x,t) + \tau c(x,t)] \geqslant 0 \end{cases} \tag{4.5.21}$$

差分格式式（4.5.20）的解就是唯一的、稳定的且收敛的。而且当 $\theta = 1/2$ 时，计算误差为 $O(\tau^2) + O(h^2)$，其收敛速度比 $\theta \neq 1/2$ 时快。

4.5.2 双曲型偏微分方程的有限差分法

双曲型偏微分方程的一般形式可以表达为

$$\begin{cases} \dfrac{\partial^2 u}{\partial t^2} - a^2 \dfrac{\partial^2 u}{\partial x^2} = 0, & 0 < x < L, \quad 0 < t < T \\ u(x,0) = \phi(x), & 0 < x < L \\ \dfrac{\partial u}{\partial t}(x,0) = \psi(x), & 0 < x < L \\ u(0,t) = u_1(t), & 0 < t < T \\ u(L,t) = u_2(t), & 0 < t < T \end{cases} \tag{4.5.22}$$

取矩形网络且在网点 (x_j, t_n) 取如下二阶中心差商：

$$\frac{u(x_j, t_{n+1}) - 2u(x_j, t_n) + u(x_j, t_{n-1})}{\tau^2} = \left(\frac{\partial^2 u}{\partial t^2}\right)_j^n + O(\tau^2)$$

$$\frac{u(x_{j+1}, t_n) - 2u(x_j, t_n) + u(x_{j-1}, t_n)}{h^2} = \left(\frac{\partial^2 u}{\partial x^2}\right)_j^n + O(h^2)$$

代入式（4.5.22），得有限差分格式

$$\frac{U_j^{n+1} - 2U_j^n + U_j^{n-1}}{\tau^2} - a^2 \frac{U_{j+1}^n - 2U_j^n + U_{j-1}^n}{h^2} = 0$$

误差为

$$O(\tau^2 + h^2), \quad j = 1, 2, \cdots, J-1, \quad n = 1, 2, \cdots, N-1$$

再把边界离散化，就得到双曲型偏微分方程的差分格式。

1. 显式格式
第一种：

$$\begin{cases} U_j^{n+1} = r^2 U_j^n + 2(1-r^2)U_j^n + r^2 U_j^n - U_j^{n-1} \\ U_j^0 = \phi_j, & 0 < x < L, j = 1, 2, \cdots, J-1 \\ U_j^1 = \phi_j + \tau\psi_j, & r = \dfrac{a\tau}{h} \\ U_0^n = u_1(n\tau), & n = 1, 2, \cdots, N \\ U_J^n = u_2(n\tau) \end{cases} \tag{4.5.23}$$

式中，$j = 1, 2, \cdots, J-1$。

第二种:

$$\begin{cases} U_j^{n+1} = r^2 U_{j+1}^n + 2(1-r^2)U_j^n + r^2 U_{j-1}^n - U_j^{n-1} \\ U_j^0 = \phi_j, & 0 < x < L, \ j = 1,2,\cdots,J-1 \\ U_j^1 = \phi_j + \tau \psi_j + \dfrac{a^2 \tau^2}{2}\left[\dfrac{\phi_{j+1} - 2\phi_j + \phi_{j-1}}{h^2}\right], & r = \dfrac{a\tau}{h} \\ U_0^n = u_1(n\tau), & n = 1,2,\cdots,N \\ U_J^n = u_2(n\tau) \end{cases}$$

$$(4.5.24)$$

第二种不同于第一种,初速度条件离散时采用了二阶差商格式,比第一种精确。

2. 隐式格式

把第 $n-1$ 层、n 层、$n+1$ 层的中心差商加权平均,可得隐式格式

$$\begin{cases} \left(\dfrac{\partial^2 u}{\partial t^2}\right)_j^n = \dfrac{u_j^{n+1} - 2u_j^n + u_j^{n-1}}{\tau^2} + O(\tau^2) \\ \left(\dfrac{\partial^2 u}{\partial x^2}\right)_j^n = \theta\,\dfrac{u_{j+1}^{n+1} - 2u_j^{n+1} + u_{j-1}^{n+1}}{h^2} + (1-2\theta)\,\dfrac{u_{j+1}^n - 2u_j^n + u_{j-1}^n}{h^2} + \\ \qquad\qquad \theta\,\dfrac{u_{j+1}^{n-1} - 2u_j^{n-1} + u_{j-1}^{n-1}}{h^2} + O(h^2) \end{cases} \quad (4.5.25)$$

式中,$0 \leqslant \theta \leqslant 1$,$\theta$ 可调。当 $\theta = 0$ 时,由式(4.5.25)得到显式格式;当 $\theta = 1/4$ 时,把式(4.5.25)代入式(4.5.22),得到常用的 3 层隐式格式

$$\dfrac{r^2}{4}U_{j+1}^{n+1} - \left(1 + \dfrac{r^2}{2}\right)U_j^{n+1} + \dfrac{r^2}{4}U_{j-1}^{n+1} = -\dfrac{r^2}{2}U_{j+1}^n + 2\left(1 - \dfrac{r^2}{2}\right)U_j^n - \dfrac{r^2}{2}U_{j-1}^n - \dfrac{r^2}{4}U_{j+1}^{n-1} +$$

$$\left(1 + \dfrac{r^2}{2}\right)U_j^{n-1} - \dfrac{r^2}{4}U_{j-1}^{n-1} \quad (4.5.26)$$

可证明,式(4.5.26)是无条件稳定的,精度为 $O(\tau^2 + h^2)$,式(4.5.26)的边界条件差分格式与式(4.5.24)相同。

## 第 5 章

时域有限差分法

5.1 时域有限差分法概述

时域有限差分法(FDTD)是由有限差分法发展出来的直接由麦克斯韦方程对电磁场进行计算机模拟的数值分析方法,近年来时域有限差分法迅速地在电磁工程领域的各个方面得到了广泛的应用和发展。本章将全面介绍时域有限差分法的有关理论、方法和应用。

5.1.1 时域有限差分法的特点

电磁场问题有 3 种基本的研究方法:理论分析、测量和计算机模拟。由于电磁场是以场的形态存在的物质,具有独特的研究方法,很重要的特点就是要采取重叠的研究方法,也就是只有理论分析、测量和计算机模拟的结果相互佐证,才可以认为是获得了正确可信的结论。时域有限差分法就是实现直接对电磁工程问题进行计算机模拟的基本方法。第 4 章已经详细地探讨了有限差分法,有限差分法既能用于静电和时谐电磁场问题,也能用于时域电磁场问题的数值分析。例如,第 4 章中介绍的抛物型和双曲型的偏微分方程中时间变量就是采用有限差分法进行数值分析的。时域有限差分法的名称容易使人误解为只有时域有限差分法才具有处理时域问题的能力,实际上,时域有限差分法的特点是直接由麦克斯韦方程组出发,在计算机平台上对待求电磁学问题进行直接模拟,也可以认为是在计算机平台上构成的虚拟物理空间上直接进行电磁过程的模拟试验。

近年来,许多学者对时域脉冲源的传播和响应进行了大量的研究,谈到时域电磁学问题,首先要关注的应该是描述物体在瞬态电磁源作用下普遍适用的理论。例如,奇点展开方法(Singularity Expansion Method,SEM)就是关于如何利用复频域上物体对电磁波响应的极点来描述物体在瞬态电磁源作用下响应的普遍适用的理论。该方法是对电磁脉冲响应进行数值模拟的理论基础,它证明了瞬态电磁源作用下响应的极点或奇异点只发生在引起物体自然谐振的复频率点上。自然谐振点只与物体的几何形状和几何尺寸有关,而与外界的激励源无关。所以,时域有限差分法只是处理时域电磁学问题的一种方法而不是唯一的方法。此外,尽管时域有限差分法是直接由麦克斯韦方程组出发的,但是决不能取代电磁学理论分析,时域有限差分法的结果必须能够禁得起理论的考验,当两者的结论发生矛盾时,一般都可以归结为数值处理过程不严密或发生错误。

物体的电特性基本是时谐的,物体的电参数都是频率的函数。世界上真实的时域电信号总是具有有限能量的(时谐信号除外),理论上具有几乎所有频率成分,但是对实际的电磁学问题来说,只有有限的频带内的频率成分在起主要作用。所以,实际上不需要考虑真正的具有无限大频谱成分的时域电信号,只需要考虑具有一定带宽的能量信号,更接近于具有群速度和有限带宽的时谐波群的情形。

认为时域有限差分法是时域方法而其他方法都是频域方法是不正确的,也就是说使用任何一种计算电磁学方法都需要考虑所处理问题的尺寸和问题关注的电磁波的波长,区别只是由频域方程出发的方法需要配合快速傅里叶变换求时域问题的解。计算电磁学方法本身并没有明确的频率范围的限制,对具体的电磁学问题来说,采用什么计算电磁学方法要根据物体的电尺寸来决定。物体的电尺寸决定了物体的电谐振频率,所以通常以研究的物体尺寸所决定的谐振频率为参考点,将计算电磁学方法分为高频、中频和低频方法。以下是使用计算电磁学方法时要考虑的因素。

首先,计算机内存和计算需要的 CPU 时间限制了计算电磁学方法的应用范围。采用时域有限差分法、矩量法和有限元法时所产生的矩阵大小是限制应用的关键因素,以时域有限差分法为例,目前可以达到 $10^4 \times 10^4 \times 10^4$ 个单元的尺度。其次,各种方法的数值建模的处理方法也限制了应用范围。最后,在物理问题进行数值化时,基本的要求是要保持物理问题和物理规律在数值化的过程中不发生明显改变,所以量化时产生的数值色散等问题,也决定了不同方法的不同应用范围。

通常矩量法和有限元法只能分析谐振点以下的问题,可以称为低频方法;时域有限差分法用来分析系统第一谐振点频率上下谐振波幅度 4 个量级的范围,可以称为中频方法;几何射线法用来分析远高于谐振点的电磁学问题,可以称为高频方法。

FDTD 法有如下特点。

(1) 适用于分析系统谐振点附近很宽的频带响应。

(2) 可以分析任意三维形状的问题。

(3) 适用于研究理想导体、实际金属和绝缘物体等各类物体在电磁波作用下的效应。

(4) 适用于处理具有频谱依赖性的媒质参量,如损耗介质、磁介质、非寻常物质(如各向异性媒质、铁氧体)等的电磁学问题。

(5) 适用于分析任意类型的响应,包括远场和近场,如散射场、天线方向图、雷达散射截面(RCS)、表面波、电流、功率密度、穿透和内耦合等。

(6) 适用于分析雷电、EMP、HPM、雷达、激光器等激励源。

(7) 适用于分析多种多样的系统,如烟雾、屏蔽或防护罩、飞机、人体、卫星、探测等。

采用混合方法(hybrid techniques),例如 GTD 或 DO+FDTD 可以分析低于谐振频率直到甚高频范围的电磁问题。总之,FDTD 可分析系统的第一谐振频率以上谐振波幅度为 4 个量级的范围的问题,也就是能达到由低到高频谐波幅度达到 6 个数量级的范围,按功率约合 120dB,按场强约合 60dB 的范围。

设工作站上能处理约 100 万(10^6)个单元,对三维问题来讲,具有约 $100 \times 100 \times 100$ 个单元大小。若按标准的情况,每波长取 10 个空间步长,这个工作站能处理约 10 个波长立方空间中的电磁问题。现在的超级计算机每小时可处理约 10^7 个单元,约达到 46 个波长的空间,也就是说,不同硬件配置的计算机所能创造的数值空间大小是有不同限度的,解决问题的能力也不同。

总之,FDTD 具有能处理宽频带、多种模拟源、各种形状作用物和复杂环境的电磁学问题的能力,具有采用计算机类型宽、响应量级宽等方面的优势;具有计算效率高并且可以直接得到宽频带结果的优势。因此,FDTD 特别适于处理薄板和细导线天线问题,只要计算机能够处理足够多的 FDTD 单元,计算的精度就可达到任意要求。此外,FDTD 程序可以规范化、商品化,易于推广,与图形工具结合可以很方便地用来分析电磁学问题,因此它实际上是一种集实验方法、计算方法和分析方法于一身的方法。

在如下常见的 6 类问题中,除第(1)类问题之外,都可以采用 FDTD 方法处理。

(1) 电源——电力、设备等问题。

(2) 传输线、波导等传输问题。

(3) 天线的接收、检测和辐射。

(4) 耦合、屏蔽和透入效应。

(5) 散射和逆散射问题。

(6) 开关、过渡过程等非线性问题。

FDTD 最适宜分析的是瞬态响应问题,特别是具有复杂几何形状和复杂环境的情形,例如埋地天线、介质覆盖天线等。MoM 在分析高频响应问题时,往往误差过大,特别是用 MoM 分析封闭金属体内接近谐振点的问题时,会产生很大的误差,此时采用 FDTD 就很合适。FDTD 很难分析低频响应,例如电力线的传输问题如果采用 FDTD 就要求很多时间步,甚至需要 10 亿个时间步,此时采用 MoM 应该是很好的选择。

5.1.2　电磁场旋度方程

为了介绍 FDTD 的基本原理,首先分析线性介质中麦克斯韦方程的特点。在线性介质中,麦克斯韦方程可以表达为式(5.1.1)的形式。

$$\begin{cases} \boldsymbol{\nabla} \times \boldsymbol{E} = -\dfrac{\partial \boldsymbol{B}}{\partial t} \\[2mm] \boldsymbol{\nabla} \times \boldsymbol{H} = \dfrac{\partial \boldsymbol{D}}{\partial t} + \boldsymbol{J} \\[2mm] \boldsymbol{\nabla} \cdot \boldsymbol{D} = \rho \\[2mm] \boldsymbol{\nabla} \cdot \boldsymbol{B} = 0 \end{cases} \tag{5.1.1}$$

式中

$$\boldsymbol{B} = \mu \boldsymbol{H}$$
$$\boldsymbol{D} = \varepsilon \boldsymbol{E}$$

通常在时间起点,场和源都置 0,此时,两个散度方程可以包括在两个旋度方程和初始的边界条件之中,是冗余的,FDTD 公式只需要麦克斯韦方程组的旋度方程就足够了,即

$$\frac{\partial \boldsymbol{H}}{\partial t} = -\frac{1}{\mu}(\boldsymbol{\nabla} \times \boldsymbol{E}) - \frac{\sigma^{*}}{\mu} \boldsymbol{H}$$

$$\frac{\partial \boldsymbol{E}}{\partial t} = \frac{\sigma}{\varepsilon}(\boldsymbol{\nabla} \times \boldsymbol{H}) - \frac{\sigma}{\varepsilon} \boldsymbol{E}$$

此处,$\boldsymbol{J} = \sigma \boldsymbol{E}$,也应包含磁损耗介质,故采用 σ^{*} 表示磁导率。FDTD 中的变量采用电场强度 $\boldsymbol{E}$ 和磁场强度 $\boldsymbol{H}$,不是磁感应强度 $\boldsymbol{B}$ 和电位移矢量 $\boldsymbol{D}$。下面的推导可以说明散度方程已经包含在旋度方程之中,取

$$\boldsymbol{\nabla} \cdot \left(\boldsymbol{\nabla} \times \boldsymbol{E} = -\frac{\partial \boldsymbol{B}}{\partial t} \right)$$

因为 $\boldsymbol{\nabla} \cdot \boldsymbol{\nabla} \times \boldsymbol{A} \equiv 0$,所以有 $\boldsymbol{\nabla} \cdot \boldsymbol{B} =$ 常数。

取

$$\boldsymbol{\nabla} \cdot \left(\boldsymbol{\nabla} \times \boldsymbol{H} = \frac{\partial \boldsymbol{D}}{\partial t} + \boldsymbol{J} \right)$$

得

$$0 = -\frac{\partial (\boldsymbol{\nabla} \cdot \boldsymbol{D})}{\partial t} + \boldsymbol{\nabla} \cdot \boldsymbol{J}$$

由电荷守恒定律,有

$$\boldsymbol{\nabla} \cdot \boldsymbol{J} + \frac{\partial \rho}{\partial t} = 0$$

于是

$$\frac{\partial (\boldsymbol{\nabla} \cdot \boldsymbol{D})}{\partial t} - \frac{\partial \rho}{\partial t} = 0$$

因而有

$$\frac{\partial}{\partial t} \big[(\boldsymbol{\nabla} \cdot \boldsymbol{D}) - \rho \big] = 0$$

必有

$$\boldsymbol{\nabla} \cdot \boldsymbol{D} - \rho = \text{常数}$$

因为在 FDTD 计算时,开始时场和源都置 0,所以

$$\boldsymbol{\nabla} \cdot \boldsymbol{B} \big|_{t=0} = 0, \quad \boldsymbol{\nabla} \cdot \boldsymbol{D} - \rho \big|_{t=0} = 0$$

由这两个条件就可以定出这两个常数为 0,则有

$$\boldsymbol{\nabla} \cdot \boldsymbol{B} = 0, \quad \boldsymbol{\nabla} \cdot \boldsymbol{D} - \rho = 0$$

于是,由旋度方程推出了散度方程,也就证明了散度方程已经包含在旋度方程之中了。虽然两个散度方程在 FDTD 中不出现,但是在实际应用时,仍然有用,可以用它们来验证最后结果的正确性。

5.1.3　分裂场形式

因为麦克斯韦方程组是线性方程组,电磁场可以分裂为入射场和反射场之和的形式,即

$$\begin{cases} \boldsymbol{E} = \boldsymbol{E}^{\text{total}} \equiv \boldsymbol{E}^{\text{inc}} + \boldsymbol{E}^{\text{scat}} \\ \boldsymbol{H} = \boldsymbol{H}^{\text{total}} \equiv \boldsymbol{H}^{\text{inc}} + \boldsymbol{H}^{\text{scat}} \end{cases} \tag{5.1.2}$$

这样分裂的好处是:入射场可以在整个问题空间中用解析法求解,而只有散射场需要进行数值分析,只有散射场需要在研究的问题空间之外被边界条件吸收。这一点很重要,因为散射场要比全场更容易设置吸收边界条件。

入射场在自由空间单独地、独立地满足麦克斯韦方程组,即

$$\begin{cases} \boldsymbol{\nabla} \times \boldsymbol{E}^{\text{inc}} = -\mu_0 \dfrac{\partial \boldsymbol{H}^{\text{inc}}}{\partial t} \\ \boldsymbol{\nabla} \times \boldsymbol{H}^{\text{inc}} = \varepsilon_0 \dfrac{\partial \boldsymbol{E}^{\text{inc}}}{\partial t} \end{cases} \tag{5.1.3}$$

由麦克斯韦方程组的旋度方程,一般有

$$\begin{cases} \boldsymbol{\nabla} \times (\boldsymbol{E}^{\text{inc}} + \boldsymbol{E}^{\text{scat}}) = -\mu \dfrac{\partial (\boldsymbol{H}^{\text{inc}} + \boldsymbol{H}^{\text{scat}})}{\partial t} - \sigma^* (\boldsymbol{H}^{\text{inc}} + \boldsymbol{H}^{\text{scat}}) \\ \boldsymbol{\nabla} \times (\boldsymbol{H}^{\text{inc}} + \boldsymbol{H}^{\text{scat}}) = \varepsilon \dfrac{\partial (\boldsymbol{E}^{\text{inc}} + \boldsymbol{E}^{\text{scat}})}{\partial t} + \sigma (\boldsymbol{E}^{\text{inc}} + \boldsymbol{E}^{\text{scat}}) \end{cases}$$

将自由空间条件下的入射场方程代入，有

$$
\begin{cases}
\boldsymbol{\nabla} \times \boldsymbol{E}^{\text{scat}} = -\mu \dfrac{\partial \boldsymbol{H}^{\text{scat}}}{\partial t} - \sigma^{*} \boldsymbol{H}^{\text{scat}} - \left[(\mu - \mu_0) \dfrac{\partial \boldsymbol{H}^{\text{inc}}}{\partial t} + \sigma^{*} \boldsymbol{H}^{\text{inc}} \right] \\[4mm]
\boldsymbol{\nabla} \times \boldsymbol{H}^{\text{scat}} = \varepsilon \dfrac{\partial \boldsymbol{E}^{\text{scat}}}{\partial t} + \sigma \boldsymbol{E}^{\text{scat}} - \left[(\varepsilon - \varepsilon_0) \dfrac{\partial \boldsymbol{E}^{\text{inc}}}{\partial t} + \sigma \boldsymbol{E}^{\text{inc}} \right]
\end{cases} \tag{5.1.4}
$$

在散射区外趋向无限远处的电磁过程可以看成与自由空间的情形一样，也就是说入射场与散射场的和满足自由空间中的麦克斯韦方程组，即

$$
\begin{cases}
\boldsymbol{\nabla} \times \boldsymbol{E}^{\text{total}} = -\mu_0 \dfrac{\partial \boldsymbol{H}^{\text{total}}}{\partial t} \\[4mm]
\boldsymbol{\nabla} \times \boldsymbol{H}^{\text{total}} = \varepsilon_0 \dfrac{\partial \boldsymbol{E}^{\text{total}}}{\partial t}
\end{cases}
$$

所以，在远场有

$$
\begin{cases}
\boldsymbol{\nabla} \times (\boldsymbol{E}^{\text{inc}} + \boldsymbol{E}^{\text{scat}}) = -\mu_0 \dfrac{\partial (\boldsymbol{H}^{\text{inc}} + \boldsymbol{H}^{\text{scat}})}{\partial t} \\[4mm]
\boldsymbol{\nabla} \times (\boldsymbol{H}^{\text{inc}} + \boldsymbol{H}^{\text{scat}}) = \varepsilon_0 \dfrac{\partial (\boldsymbol{E}^{\text{inc}} + \boldsymbol{E}^{\text{scat}})}{\partial t}
\end{cases}
$$

代入式(5.1.3)，可得到在自由空间中，有

$$
\begin{cases}
\boldsymbol{\nabla} \times \boldsymbol{E}^{\text{scat}} = -\mu_0 \dfrac{\partial \boldsymbol{H}^{\text{scat}}}{\partial t} \\[4mm]
\boldsymbol{\nabla} \times \boldsymbol{H}^{\text{scat}} = \varepsilon_0 \dfrac{\partial \boldsymbol{E}^{\text{scat}}}{\partial t}
\end{cases} \tag{5.1.5}
$$

实际上，在式(5.1.4)中，令 $\mu = \mu_0$，$\varepsilon = \varepsilon_0$，$\sigma \to 0$ 和 $\sigma^{*} \to 0$，替换后也可得到式(5.1.5)。所以，入射场是自由空间的电磁学问题，只有散射场必须满足式(5.1.4)，必须用数值方法求解。式(5.1.4)写为

$$
\begin{cases}
\dfrac{\partial \boldsymbol{H}^{\text{scat}}}{\partial t} = -\dfrac{\sigma^{*}}{\mu} \boldsymbol{H}^{\text{scat}} - \dfrac{\sigma^{*}}{\mu} \boldsymbol{H}^{\text{inc}} - \dfrac{(\mu - \mu_0)}{\mu} \dfrac{\partial \boldsymbol{H}^{\text{inc}}}{\partial t} - \dfrac{1}{\mu} (\boldsymbol{\nabla} \times \boldsymbol{E}^{\text{scat}}) \\[4mm]
\dfrac{\partial \boldsymbol{E}^{\text{scat}}}{\partial t} = -\dfrac{\sigma}{\varepsilon} \boldsymbol{E}^{\text{scat}} - \dfrac{\sigma}{\varepsilon} \boldsymbol{E}^{\text{inc}} - \dfrac{(\varepsilon - \varepsilon_0)}{\varepsilon} \dfrac{\partial \boldsymbol{E}^{\text{inc}}}{\partial t} - \dfrac{1}{\varepsilon} (\boldsymbol{\nabla} \times \boldsymbol{H}^{\text{scat}})
\end{cases} \tag{5.1.6}
$$

5.1.4 理想导体的时域有限差分法公式

在散射体外，散射场满足自由空间条件，即

$$
\sigma^{*} = \sigma = 0
$$
$$
\mu = \mu_0
$$
$$
\varepsilon = \varepsilon_0
$$

则式(5.1.6)变为

$$
\begin{cases}
\dfrac{\partial \boldsymbol{H}^{\text{scat}}}{\partial t} = -\dfrac{1}{\mu_0} (\boldsymbol{\nabla} \times \boldsymbol{E}^{\text{scat}}) \\[4mm]
\dfrac{\partial \boldsymbol{E}^{\text{scat}}}{\partial t} = \dfrac{1}{\varepsilon_0} (\boldsymbol{\nabla} \times \boldsymbol{H}^{\text{scat}})
\end{cases} \tag{5.1.7}
$$

由式(5.1.6)，在导体中，有

$$
\dfrac{\varepsilon}{\sigma} \dfrac{\partial \boldsymbol{E}^{\text{scat}}}{\partial t} = -\boldsymbol{E}^{\text{scat}} - \boldsymbol{E}^{\text{inc}} - \dfrac{(\varepsilon - \varepsilon_0)}{\sigma} \dfrac{\partial \boldsymbol{E}^{\text{inc}}}{\partial t} + \dfrac{1}{\sigma} (\boldsymbol{\nabla} \times \boldsymbol{H}^{\text{scat}})
$$

因理想导体条件为 $\sigma = \infty$，可简化为

$$\boldsymbol{E}^{\text{scat}} = -\boldsymbol{E}^{\text{inc}} \tag{5.1.8}$$

理想导体为散射体时，电磁场可以用式(5.1.7)描写。因此，如果问题中只有自由空间和理想导体，则采用 FDTD 时，只需式(5.1.7)和式(5.1.8)就足够了。

把散射场表示为分量的方程，有

$$
\text{TE 波}\begin{cases} \dfrac{\partial E_x^{\text{scat}}}{\partial t} = \dfrac{1}{\varepsilon_0}\left(\dfrac{\partial H_z^{\text{scat}}}{\partial y} - \dfrac{\partial H_y^{\text{scat}}}{\partial z}\right) \\[2mm] \dfrac{\partial E_y^{\text{scat}}}{\partial t} = \dfrac{1}{\varepsilon_0}\left(\dfrac{\partial H_x^{\text{scat}}}{\partial z} - \dfrac{\partial H_z^{\text{scat}}}{\partial x}\right), \\[2mm] \dfrac{\partial H_z^{\text{scat}}}{\partial t} = \dfrac{1}{\mu_0}\left(\dfrac{\partial E_x^{\text{scat}}}{\partial y} - \dfrac{\partial E_y^{\text{scat}}}{\partial x}\right) \end{cases} \quad \text{TM 波}\begin{cases} \dfrac{\partial H_x^{\text{scat}}}{\partial t} = \dfrac{1}{\mu_0}\left(\dfrac{\partial E_y^{\text{scat}}}{\partial z} - \dfrac{\partial E_z^{\text{scat}}}{\partial y}\right) \\[2mm] \dfrac{\partial H_y^{\text{scat}}}{\partial t} = \dfrac{1}{\mu_0}\left(\dfrac{\partial E_z^{\text{scat}}}{\partial x} - \dfrac{\partial E_x^{\text{scat}}}{\partial z}\right) \\[2mm] \dfrac{\partial E_z^{\text{scat}}}{\partial t} = \dfrac{1}{\varepsilon_0}\left(\dfrac{\partial H_y^{\text{scat}}}{\partial x} - \dfrac{\partial H_x^{\text{scat}}}{\partial y}\right) \end{cases} \tag{5.1.9}
$$

用差分式代替微分式，有

$$
\begin{cases} \dfrac{E_x^{\text{scat},n} - E_x^{\text{scat},n-1}}{\Delta t} = \dfrac{1}{\varepsilon_0}\left(\dfrac{\Delta H_z^{\text{scat},n-\frac{1}{2}}}{\Delta y} - \dfrac{\Delta H_y^{\text{scat},n-\frac{1}{2}}}{\Delta z}\right) \\[3mm] \dfrac{H_y^{\text{scat},n+\frac{1}{2}} - H_y^{\text{scat},n-\frac{1}{2}}}{\Delta t} = \dfrac{1}{\mu_0}\left(\dfrac{\Delta E_z^{\text{scat},n}}{\Delta x} - \dfrac{\Delta E_x^{\text{scat},n}}{\Delta z}\right) \end{cases} \tag{5.1.10}
$$

5.1.5 损耗媒质的情况

将分裂场的方程代入式(5.1.6)，有

$$
\begin{cases} \boldsymbol{E} = \boldsymbol{E}^{\text{total}} \equiv \boldsymbol{E}^{\text{inc}} + \boldsymbol{E}^{\text{scat}} \\ \boldsymbol{H} = \boldsymbol{H}^{\text{total}} \equiv \boldsymbol{H}^{\text{inc}} + \boldsymbol{H}^{\text{scat}} \end{cases}
$$

即

$$
\begin{cases} \dfrac{\partial \boldsymbol{H}^{\text{scat}}}{\partial t} = -\dfrac{\sigma^*}{\mu}\boldsymbol{H}^{\text{scat}} - \dfrac{\sigma^*}{\mu}\boldsymbol{H}^{\text{inc}} - \dfrac{(\mu - \mu_0)}{\mu}\dfrac{\partial \boldsymbol{H}^{\text{inc}}}{\partial t} - \dfrac{1}{\mu}(\boldsymbol{\nabla} \times \boldsymbol{E}^{\text{scat}}) \\[3mm] \dfrac{\partial \boldsymbol{E}^{\text{scat}}}{\partial t} = -\dfrac{\sigma}{\varepsilon}\boldsymbol{E}^{\text{scat}} - \dfrac{\sigma}{\varepsilon}\boldsymbol{E}^{\text{inc}} - \dfrac{(\varepsilon - \varepsilon_0)}{\varepsilon}\dfrac{\partial \boldsymbol{E}^{\text{inc}}}{\partial t} - \dfrac{1}{\varepsilon}(\boldsymbol{\nabla} \times \boldsymbol{H}^{\text{scat}}) \end{cases} \tag{5.1.11}
$$

有损耗媒质中的电磁场的基本关系式(5.1.11)可以简化为

$$\varepsilon\frac{\partial \boldsymbol{E}^s}{\partial t} + \sigma \boldsymbol{E}^s = -\sigma \boldsymbol{E}^i - (\varepsilon - \varepsilon_0)\frac{\partial \boldsymbol{E}^i}{\partial t} - \boldsymbol{\nabla} \times \boldsymbol{H}^s \tag{5.1.12}$$

式中，采用 $\boldsymbol{E}^s$ 表示 $\boldsymbol{E}^{\text{scat}}$，$\boldsymbol{E}^i$ 表示 $\boldsymbol{E}^{\text{inc}}$，其他变量也类似地简化书写。

5.2 时域有限差分法基础

5.2.1 使用时域有限差分法的影响因素

在使用 FDTD 方法时必须处理单元尺寸、时间步长、入射场、散射体结构、场强计算、吸收边界条件及资源需求等问题。在 FDTD 计算中，确定单元尺寸是很关键的步骤，单元尺寸必须足够小，应该使最高频率的结果有足够的精度，当然所确定的单元尺寸不能太小，不能超出计算机的资源允许的计算能力范围，必须是可实现的。媒质参数也影响空间步长：ε、μ 和 σ 大，则波长短，给定频率下的单元尺寸就应当更小。

空间步长确定之后，就可由数值计算稳定条件决定时间步长。当采用 FDTD 时，入射场应当是能够解析表达的，入射场的频率特性对时间步长影响很大。许多问题允许选择多种形式的入射场信号，通常只要可能就将入射场波形设为高斯脉冲，因为高斯脉冲的带宽最窄。当媒质特性与频率有关时，选平滑余弦脉冲（smoothed cosine pulse）源就较好。入射场源的处理是实现 FDTD 的另一个关键问题，当然也应该设定恰当的入射场源馈入的机制。

FDTD 能达到 0.1dB 的精度和 120dB 的动态范围，实际计算效果取决于单元尺寸、频率和物体形状，决定于采用的 FDTD 方程和系数的取值，决定于如何求取关联变量的数值。

恰当地设定吸收边界条件（absorbing boundaries，absorbing boundary conditions）是实现 FDTD 算法的另一关键问题，一般情况都采用 MUR 一阶和二阶吸收边界，当然采用其他种类的吸收边界可以获得更好的吸收效果，但相应地也增加了程序的复杂度和计算量。

时间步数应该足够多，要能显示出作用场的特性，特别是要使数值计算的结果能够给出谐振特性。在用 FDTD 方法讨论时谐场问题时一定要有足够的计算步数，直到得到稳定的周期解为止。

当确定了问题中 Yee 单元的个数和时间步数之后，就可以估计所需要的 CPU 时间和占用内存（RAM）量、所需硬盘存储空间和总花费等。

5.2.2　Yee 单元网格空间中电磁场的量化关系

在推导 FDTD 差分格式时，采用中心差商代替微商并且用正六面体网格进行空间切分，产生的量化空间（quantize space）具有如下关系：

$$x = I\Delta x, \quad y = J\Delta y, \quad z = K\Delta z, \quad t = n\Delta t$$

此时，用 I、J、K 就可以表示网格空间的坐标。取均匀六面体网格和中心差商并考虑电磁场分量之间的方向和旋度关系，就导致了图 5.1 中的 Yee 单元网格。

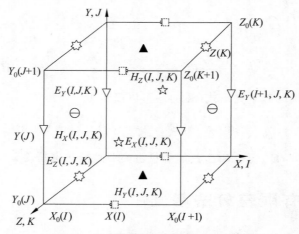

图 5.1　Yee 单元网格空间中的电磁场

图 5.1 中，$E_z^n(I,J,K)$ 表示电场的 Z 分量在 $x = I\Delta x$，$y = J\Delta y$，$z = \left(K + \dfrac{1}{2}\right)\Delta z$，$t = n\Delta t$ 的值，其他分量也可类似理解。Yee 单元的建立是采用 FDTD 算法由麦克斯韦方程出发进行电磁过程模拟的关键，该单元把数学关系、物理含义和物理规律巧妙地结合在一个差分单元中，Yee 单元本身就是一套麦克斯韦方程，因此应该从有限差分和电磁定律相结合的角度进行

理解。图 5.1 和图 5.2 分别从两个角度画出了 Yee 单元,其特点如下:

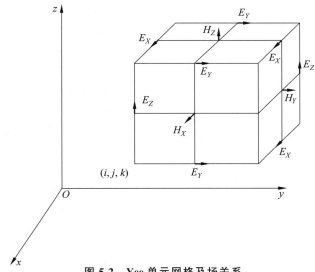

图 5.2 Yee 单元网格及场关系

(1) 电场与磁场分量在空间交叉放置,相互垂直。

(2) 每个坐标平面上电场分量的四周由磁场分量环绕,磁场分量的四周由电场分量环绕。

(3) 每个场分量自身相距一个空间步长,电场与磁场相距半个空间步长。

(4) 电场取 n 时刻、磁场取 $n+1/2$ 时刻的值。

(5) 电场的 $n+1$ 时刻的值由 n 时刻的值得到,磁场的 $n+1/2$ 时刻的值由 $n-1/2$ 时刻的值得到,电场的 $n+1$ 时刻的旋度取 n 时刻电场的值,磁场的旋度取 $n-1/2$ 时刻磁场的值(对应 H 为 $n+1/2$ 时刻的旋度)。对应于电场旋度产生磁场、磁场旋度产生电场的定律,不能违反因果率。例如,电场的 n 时刻的旋度产生的应该是下一时间步的磁场,也就是 $n+1$ 时刻电场所对应的磁场,即 $(n+1)+1/2$ 时刻的磁场。

(6) 由于时间为中心差商,Yee 单元网格内的空间亦为中心差商。由于均匀媒质中电磁波的空间变量和时间变量完全对称,所以在 Yee 单元网格内,电场和磁场的空间位置也应该差半个空间步,而且在 3 个空间坐标方向上的时间步必须相等。

(7) Yee 单元网格内的媒质只取一种。单元递推时,如果需要用到相关单元的媒质,要取单元网格自身的和最邻近单元的媒质参数值。简言之,Yee 单元网格内完全用均匀媒质和平面电磁波近似,Yee 单元网格内电场与磁场是不变的,只保留着定律的关系。

(8) 因为 Yee 单元本身就是一组数值化和几何化了的麦克斯韦方程,所以 Yee 网格单元在数值建模和计算中是不可拆卸的,在 Yee 单元外部的单元布局与有限差分法是类似的,要根据问题的需要决定,但是不管什么情况下,一定要保证 Yee 单元内部关系的完整性,否则就破坏了麦克斯韦方程的关系,就会产生错误。请读者考虑,如果面对柱面波或球面波应该如何处理 Yee 单元网格?采用立方体的 Yee 单元网格与采用柱面或球面的 Yee 单元网格有什么区别?

5.2.3 决定单元的空间尺寸

在应用 FDTD 时,选择单元的空间尺寸是很重要的。单元的尺寸一定要小于最短波长,为了保证计算的精度,人们认为选取单元尺寸为 $\lambda/10$ 是一种规则,实际上,单元尺寸可以根据具体情况选择，并不是一成不变的。以下是一些选取单元尺寸的考虑。

（1）通常选每波长 10 个单元，即选单元尺寸为 $\lambda/10$，或更小。在需要更高精度的场合，例如决定雷达散射截面的情形需要选取单元尺寸为 $\lambda/20$ 或更小。

（2）原则上，只要满足一个波长中有 4 个空间单元就能得到合理的结果，这是由奈奎斯特（Nyquist）抽样准则决定的，在信号处理中，奈奎斯特抽样准则用于时间抽样，而现在是将奈奎斯特抽样准则用于空间抽样，其原理完全一样。奈奎斯特抽样准则要求 $\lambda=2\Delta x$，即要求在一个波长（对应时间为周期）中至少要有两个抽样，如果单元尺寸比要求的抽样间隔小得多，模拟将与真实电磁波的情况非常接近，就一定能得到合理的结果。但实际上通常要选更小的单元，因为每个时间步网格都同时是电场和磁场在 Yee 单元网格空间的抽样，所以一个波长范围最好要抽样 4 次以上。

（3）由于网格抽样并不精确，也无法预先精确得到研究问题中的最小波长，因而就会存在网格发散误差（grid dispersion error）。由于 FDTD 方法本质上带来的近似，不同频率的波在网格中传播时会有不同的速度（物理上是同一速度），差异的程度取决于传播方向与网格方向的关系。因此，为了使误差控制在可接受的水平上，就需要更小的单元尺寸，显然每波长抽样 4 次是远远不够的。

（4）与单元尺寸有关的另一因素是问题的几何形状和电尺寸。通常只要取单元尺寸为 0.1λ 或更小，就总可以满足问题在几何形状上的要求。但是，一些特殊的几何形状会要求更小的网格尺寸，就应该在根据研究问题的频率确定单元网格尺寸的同时照顾到几何形状的要求。典型的情形是设计线天线时，虽然天线的直径或厚度为 $\lambda/10$ 到 $\lambda/20$ 或更小，但是却直接影响天线阻抗。又例如，对圆形物体建模，采用矩形逼近边界时，阶梯效应会引起显著的误差。在这些情况下就需要采用更小的网格或采用特殊方法进行处理，例如采用子单元模型或采用比 Yee 单元能更好模拟实际情况的单元模型。

单元尺寸决定后，物体需要多少个单元、物体周围空间需要多少个单元也就确定了，FDTD 的 Yee 单元网格空间的大小也就确定了，一般的三维问题总要有数百、数千、数百万个单元。据此，就可以结合使用的计算机（如 PC、工作站和并行机）决定所需要的计算时间和花费。

5.2.4 离散化的麦克斯韦方程

1. 无源无耗媒质中的 FDTD 格式

在无源无耗媒质中，将式（5.1.1）中的磁场旋度方程按照标量形式展开，得

$$\varepsilon \frac{\partial E_x}{\partial t} = \frac{\partial H_z}{\partial y} - \frac{\partial H_y}{\partial z}$$

$$\varepsilon \frac{\partial E_y}{\partial t} = \frac{\partial H_x}{\partial z} - \frac{\partial H_z}{\partial x} \tag{5.2.1}$$

$$\varepsilon \frac{\partial E_z}{\partial t} = \frac{\partial H_y}{\partial x} - \frac{\partial H_x}{\partial y}$$

采用图 5.2 所示的 Yee 单元网格对式（5.2.1）表示的麦克斯韦微分方程进行差分。设 Δx、Δy 和 Δz 分别代表在 x、y 和 z 坐标方向的空间步长，在第 n 步，采用二阶中心差分形式，例如对于 E_z，则在 x 方向及时间 t 上的差分格式分别为

$$\frac{\partial E_z^n(i,j,k)}{\partial x}=\frac{E_z^n\left(i+\frac{1}{2},j,k\right)-E_z^n\left(i-\frac{1}{2},j,k\right)}{\Delta x}+O(\Delta x^2)$$

$$\frac{\partial E_z^n(i,j,k)}{\partial t}=\frac{E_z^{n+\frac{1}{2}}(i,j,k)-E_z^{n-\frac{1}{2}}(i,j,k)}{\Delta t}+O(\Delta t^2)$$

其中,i、j、k 分别表示计算空间沿 x、y、z 坐标方向的步数。经过以上形式的差分近似,式(5.2.1)有如下形式:

$$E_x^{n+1}\left(i+\frac{1}{2},j,k\right)=E_x^n\left(i+\frac{1}{2},j,k\right)+$$

$$\frac{\Delta t}{\varepsilon}\left[\frac{H_z^{n+\frac{1}{2}}\left(i+\frac{1}{2},j+\frac{1}{2},k\right)-H_z^{n+\frac{1}{2}}\left(i+\frac{1}{2},j-\frac{1}{2},k\right)}{\Delta y}-\right.$$

$$\left.\frac{H_y^{n+\frac{1}{2}}(i+\frac{1}{2},j,k+\frac{1}{2})-H_y^{n+\frac{1}{2}}(i+\frac{1}{2},j,k-\frac{1}{2})}{\Delta z}\right]$$

$$E_y^{n+1}\left(i,j+\frac{1}{2},k\right)=E_y^n\left(i,j+\frac{1}{2},k\right)+$$

$$\frac{\Delta t}{\varepsilon}\left[\frac{H_x^{n+\frac{1}{2}}\left(i,j+\frac{1}{2},k+\frac{1}{2}\right)-H_x^{n+\frac{1}{2}}\left(i,j+\frac{1}{2},k-\frac{1}{2}\right)}{\Delta z}-\right.$$

$$\left.\frac{H_z^{n+\frac{1}{2}}\left(i+\frac{1}{2},j+\frac{1}{2},k\right)-H_z^{n+\frac{1}{2}}\left(i-\frac{1}{2},j+\frac{1}{2},k\right)}{\Delta x}\right]$$

$$E_z^{n+1}\left(i,j,k+\frac{1}{2}\right)=E_z^n\left(i,j,k+\frac{1}{2}\right)+$$

$$\frac{\Delta t}{\varepsilon}\left[\frac{H_y^{n+\frac{1}{2}}\left(i+\frac{1}{2},j,k+\frac{1}{2}\right)-H_y^{n+\frac{1}{2}}\left(i-\frac{1}{2},j,k+\frac{1}{2}\right)}{\Delta x}-\right.$$

$$\left.\frac{H_x^{n+\frac{1}{2}}\left(i,j+\frac{1}{2},k+\frac{1}{2}\right)-H_x^{n+\frac{1}{2}}\left(i,j-\frac{1}{2},k+\frac{1}{2}\right)}{\Delta y}\right]$$

同理,将麦克斯韦方程中电场旋度方程的微分形式进行差分,得

$$H_x^{n+\frac{1}{2}}\left(i,j+\frac{1}{2},k+\frac{1}{2}\right)=H_x^{n-\frac{1}{2}}\left(i,j+\frac{1}{2},k+\frac{1}{2}\right)+$$

$$\frac{\Delta t}{\mu}\left[\frac{E_y^n\left(i,j+\frac{1}{2},k+1\right)-E_y^n\left(i,j+\frac{1}{2},k\right)}{\Delta z}-\right.$$

$$\frac{E_z^n\left(i,j+1,k+\frac{1}{2}\right)-E_z^n\left(i,j,k+\frac{1}{2}\right)}{\Delta y}\Bigg]$$

$$H_y^{n+\frac{1}{2}}\left(i+\frac{1}{2},j,k+\frac{1}{2}\right)=H_y^{n-\frac{1}{2}}\left(i+\frac{1}{2},j,k+\frac{1}{2}\right)+$$

$$\frac{\Delta t}{\mu}\Bigg[\frac{E_z^n\left(i+1,j,k+\frac{1}{2}\right)-E_z^n\left(i,j,k+\frac{1}{2}\right)}{\Delta x}-$$

$$\frac{E_x^n\left(i+\frac{1}{2},j,k+1\right)-E_x^n\left(i+\frac{1}{2},j,k\right)}{\Delta z}\Bigg]$$

$$H_z^{n+\frac{1}{2}}\left(i+\frac{1}{2},j+\frac{1}{2},k\right)=H_z^{n-\frac{1}{2}}\left(i+\frac{1}{2},j+\frac{1}{2},k\right)+$$

$$\frac{\Delta t}{\mu}\Bigg[\frac{E_x^n\left(i+\frac{1}{2},j+1,k\right)-E_x^n\left(i+\frac{1}{2},j,k\right)}{\Delta y}-$$

$$\frac{E_y^n\left(i+1,j+\frac{1}{2},k\right)-E_y^n\left(i,j+\frac{1}{2},k\right)}{\Delta x}\Bigg]$$

2. 有耗媒质中的 FDTD 格式

一般情况下，麦克斯韦方程可以采用下述的方法离散化。由前面的分析知道，FDTD 方法主要处理的是两个旋度方程，因此要先离散化旋度方程。把式（5.2.2）和式（5.2.3）展开为式（5.2.4）表示的标量方程：

$$\nabla \times \boldsymbol{E} = -\mu\frac{\partial \boldsymbol{H}}{\partial t} - \sigma_m \boldsymbol{H} \tag{5.2.2}$$

$$\nabla \times \boldsymbol{H} = \varepsilon\frac{\partial \boldsymbol{E}}{\partial t} + \sigma_e \boldsymbol{E} \tag{5.2.3}$$

$$\begin{cases}\dfrac{\partial E_x}{\partial t}=\dfrac{1}{\varepsilon}\left(\dfrac{\partial H_z}{\partial y}-\dfrac{\partial H_y}{\partial z}-\sigma_e E_x\right)\\[2mm]\dfrac{\partial E_y}{\partial t}=\dfrac{1}{\varepsilon}\left(\dfrac{\partial H_x}{\partial z}-\dfrac{\partial H_z}{\partial x}-\sigma_e E_y\right)\\[2mm]\dfrac{\partial H_z}{\partial t}=\dfrac{1}{\mu}\left(\dfrac{\partial E_x}{\partial y}-\dfrac{\partial E_y}{\partial x}-\sigma_m H_z\right)\end{cases}\qquad\begin{cases}\dfrac{\partial H_x}{\partial t}=\dfrac{1}{\mu}\left(\dfrac{\partial E_y}{\partial z}-\dfrac{\partial E_z}{\partial y}-\sigma_m H_x\right)\\[2mm]\dfrac{\partial H_y}{\partial t}=\dfrac{1}{\mu}\left(\dfrac{\partial E_z}{\partial x}-\dfrac{\partial E_x}{\partial z}-\sigma_m H_y\right)\\[2mm]\dfrac{\partial E_z}{\partial t}=\dfrac{1}{\varepsilon}\left(\dfrac{\partial H_y}{\partial x}-\dfrac{\partial H_x}{\partial y}-\sigma_e E_z\right)\end{cases} \tag{5.2.4}$$

$$\text{TE 波} \qquad\qquad\qquad\qquad \text{TM 波}$$

在 Yee 单元网格中，用符号 (i,j,k) 代表 $(i\Delta x,j\Delta y,k\Delta z)$，用 n 代表 $n\Delta t$，即

$$F^n(i,j,k)\equiv F(i\Delta x,j\Delta y,k\Delta z,n\Delta t)$$

做中心差商,有

$$\frac{\partial F^n(i,j,k)}{\partial x}=\frac{F^n\left(i+\dfrac{1}{2},j,k\right)-F^n\left(i-\dfrac{1}{2},j,k\right)}{\Delta x}+O(\Delta x^2)$$

$$\frac{\partial F^n(i,j,k)}{\partial t}=\frac{F^{n+\frac{1}{2}}(i,j,k)-F^{n-\frac{1}{2}}(i,j,k)}{\Delta t}+O(\Delta t^2)$$

用这两个方程代替旋度方程中的微商项,就得到 Yee 单元网格下麦克斯韦方程的差分形式。下面仅列出 TE 波的电场的 X 分量方程。

$$\frac{E_x^{n+1}\left(i+\dfrac{1}{2},j,k\right)-E_x^{n}\left(i+\dfrac{1}{2},j,k\right)}{\Delta t}$$

$$=\frac{1}{\varepsilon\left(i+\dfrac{1}{2},j,k\right)}\left[\frac{H_z^{n+\frac{1}{2}}\left(i+\dfrac{1}{2},j+\dfrac{1}{2},k\right)-H_z^{n+\frac{1}{2}}\left(i+\dfrac{1}{2},j-\dfrac{1}{2},k\right)}{\Delta y}-\right.$$

$$\left.\frac{H_y^{n+\frac{1}{2}}\left(i+\dfrac{1}{2},j,k+\dfrac{1}{2}\right)-H_y^{n+\frac{1}{2}}\left(i+\dfrac{1}{2},j,k-\dfrac{1}{2}\right)}{\Delta z}-\sigma_e E_x^{n+\frac{1}{2}}\left(i+\dfrac{1}{2},j,k\right)\right]$$

式中,电场处在 n 和 $n+1$ 时间步,磁场处于 $n+1/2$ 和 $n-1/2$ 时间步。但是,尚有电场处在 $n+1/2$ 时间步的项,应当用 n 和 $n+1$ 时间步的电场代替。令

$$E_x^{n+\frac{1}{2}}\left(i+\dfrac{1}{2},j,k\right)=\frac{1}{2}\left[E_x^{n+1}\left(i+\dfrac{1}{2},j,k\right)+E_x^{n}\left(i+\dfrac{1}{2},j,k\right)\right]$$

代入上式,有

$$E_x^{n+1}\left(i+\dfrac{1}{2},j,k\right)=\frac{1-\dfrac{\sigma_e\left(i+\dfrac{1}{2},j,k\right)\Delta t}{2\varepsilon\left(i+\dfrac{1}{2},j,k\right)}}{1+\dfrac{\sigma_e\left(i+\dfrac{1}{2},j,k\right)\Delta t}{2\varepsilon\left(i+\dfrac{1}{2},j,k\right)}}E_x^{n}\left(i+\dfrac{1}{2},j,k\right)+$$

$$\frac{\Delta t}{\varepsilon\left(i+\dfrac{1}{2},j,k\right)}\cdot\frac{1}{1+\dfrac{\sigma_e\left(i+\dfrac{1}{2},j,k\right)}{2\varepsilon\left(i+\dfrac{1}{2},j,k\right)}}\times$$

$$\left[\frac{H_z^{n+\frac{1}{2}}\left(i+\dfrac{1}{2},j+\dfrac{1}{2},k\right)-H_z^{n+\frac{1}{2}}\left(i+\dfrac{1}{2},j-\dfrac{1}{2},k\right)}{\Delta y}-\right.$$

$$\left. \frac{H_y^{n+\frac{1}{2}}\left(i+\frac{1}{2},j,k+\frac{1}{2}\right)-H_y^{n+\frac{1}{2}}\left(i+\frac{1}{2},j,k-\frac{1}{2}\right)}{\Delta z}\right]$$

其他分量的求法可仿照上述过程进行。例如，可以求得磁场的 X 分量为

$$H_x^{n+\frac{1}{2}}\left(i,j+\frac{1}{2},k+\frac{1}{2}\right)=\frac{1-\dfrac{\sigma_m\left(i,j+\frac{1}{2},k+\frac{1}{2}\right)\Delta t}{2\mu\left(i,j+\frac{1}{2},k+\frac{1}{2}\right)}}{1+\dfrac{\sigma_m\left(i,j+\frac{1}{2},k+\frac{1}{2}\right)\Delta t}{2\mu\left(i,j+\frac{1}{2},k+\frac{1}{2}\right)}}H_x^{n-\frac{1}{2}}\left(i,j+\frac{1}{2},k+\frac{1}{2}\right)+$$

$$\frac{\Delta t}{\mu\left(i,j+\frac{1}{2},k+\frac{1}{2}\right)}\times\frac{1}{1+\dfrac{\sigma_m\left(i,j+\frac{1}{2},k+\frac{1}{2}\right)\Delta t}{2\mu\left(i,j+\frac{1}{2},k+\frac{1}{2}\right)}}\times$$

$$\left[\frac{E_y^n\left(i,j+\frac{1}{2},k+1\right)-E_y^n\left(i,j+\frac{1}{2},k\right)}{\Delta z}-\right.$$

$$\left.\frac{E_z^n\left(i,j+1,k+\frac{1}{2}\right)-E_z^n\left(i,j,k+\frac{1}{2}\right)}{\Delta y}\right]$$

5.3   数值色散和数值稳定条件

FDTD 是一种微分算法，是显式格式，所以时间步长和空间步长应该遵守一定的规则，否则会发生稳定性问题。此时，发生的不稳定性不是由于误差积累产生的，而是由于人为规定时间与空间步长违反或破坏了电磁波传播的因果关系造成的，下面将从原理上进行说明。

5.3.1   时间本征值

设有一列 TM 平面电磁波在均匀无损耗的非磁性的 Yee 单元网格空间中传播。在物理空间中，电磁波的传播由下述方程决定：

$$\frac{\partial E_z}{\partial t}=\frac{1}{\varepsilon}\left(\frac{\partial H_y}{\partial x}-\frac{\partial H_x}{\partial y}\right)$$

$$\frac{\partial H_x}{\partial t}=-\frac{1}{\mu}\frac{\partial E_z}{\partial y}$$

$$\frac{\partial H_y}{\partial t}=\frac{1}{\mu}\frac{\partial E_z}{\partial x}$$

采用中心差商近似得

$$\begin{cases} \dfrac{E_z^{n+1}(i,j)-E_z^n(i,j)}{\Delta t}=\dfrac{1}{\varepsilon}\left[\dfrac{H_y^{n+\frac{1}{2}}\left(i+\dfrac{1}{2},j\right)-H_y^{n+\frac{1}{2}}\left(i-\dfrac{1}{2},j\right)}{\Delta x}-\right. \\ \qquad\qquad\qquad\left.\dfrac{H_x^{n+\frac{1}{2}}\left(i,j+\dfrac{1}{2}\right)-H_x^{n+\frac{1}{2}}\left(i,j-\dfrac{1}{2}\right)}{\Delta y}\right] \\ \dfrac{H_x^{n+\frac{1}{2}}\left(i,j+\dfrac{1}{2}\right)-H_x^{n-\frac{1}{2}}\left(i,j+\dfrac{1}{2}\right)}{\Delta t}=-\dfrac{1}{\mu}\dfrac{E_z^n(i,j+1)-E_z^n(i,j)}{\Delta y} \\ \dfrac{H_y^{n+\frac{1}{2}}\left(i+\dfrac{1}{2},j\right)-H_y^{n-\frac{1}{2}}\left(i+\dfrac{1}{2},j\right)}{\Delta t}=\dfrac{1}{\mu}\dfrac{E_z^n(i+1,j)-E_z^n(i,j)}{\Delta x} \end{cases} \tag{5.3.1}$$

显然,式(5.3.1)表达了 Yee 单元网格空间中 TM 平面电磁波在均匀无损耗的非磁性媒质中的传播特性或规律。将时间和空间分离开来,并且设 Δt 任意变化,式(5.3.1)仍然成立,类似分离变量法可得

$$\begin{cases} \dfrac{E_z^{n+1}(i,j)-E_z^n(i,j)}{\Delta t}=\lambda E_z^{n+\frac{1}{2}}(i,j) \\ \dfrac{H_x^{n+\frac{1}{2}}\left(i,j+\dfrac{1}{2}\right)-H_x^{n-\frac{1}{2}}\left(i,j+\dfrac{1}{2}\right)}{\Delta t}=\lambda H_x^n\left(i,j+\dfrac{1}{2}\right) \\ \dfrac{H_y^{n+\frac{1}{2}}\left(i+\dfrac{1}{2},j\right)-H_y^{n-\frac{1}{2}}\left(i+\dfrac{1}{2},j\right)}{\Delta t}=\lambda H_y^n\left(i+\dfrac{1}{2},j\right) \end{cases} \tag{5.3.2}$$

式(5.3.2)可写成普遍形式

$$\frac{V_i^{n+\frac{1}{2}}-V_i^{n-\frac{1}{2}}}{\Delta t}=\xi V_i^n \tag{5.3.3}$$

定义解的增长因子为 $q_i=\dfrac{V_i^{n+\frac{1}{2}}}{V_i^n}$,代入式(5.3.3),得方程

$$q_i^2-\xi\Delta t\, q_i-1=0$$

方程的两个根为

$$q_i=\frac{\xi\Delta t}{2}\pm\left[1+\left(\frac{\xi\Delta t}{2}\right)^2\right]^{\frac{1}{2}}$$

当 ξ 为实数时,$\left[1+\left(\dfrac{\xi\Delta t}{2}\right)^2\right]^{\frac{1}{2}}$ 的数值一定大于 1。因此,考虑到在无源情况下电磁场的幅度是不会增长的,必然要求 $|q_i|\leqslant 1$,显然 ξ 只能为纯虚数。经简单推导,得出 ξ 为纯虚数的条件为

$$\begin{cases} \mathrm{Re}(\xi)=0 \\ -\dfrac{2}{\Delta t}\leqslant \mathrm{Im}(\xi)\leqslant\dfrac{2}{\Delta t} \end{cases} \tag{5.3.4}$$

显然式(5.3.4)是时间本征值要求的稳定条件,否则 $|q_i|>1$,V_i 将随时间无限增长。

5.3.2 空间本征值

由式(5.3.1)，由于在一定范围内 Δt 与 Δx、Δy 可以任意地独立取值，要保证方程仍然成立，就应该满足

$$
\begin{cases}
\dfrac{1}{\varepsilon}\left[\dfrac{H_y^{n+\frac{1}{2}}\left(i+\dfrac{1}{2},j\right)-H_y^{n+\frac{1}{2}}\left(i-\dfrac{1}{2},j\right)}{\Delta x}-\dfrac{H_x^{n+\frac{1}{2}}\left(i,j+\dfrac{1}{2}\right)-H_x^{n+\frac{1}{2}}\left(i,j-\dfrac{1}{2}\right)}{\Delta y}\right]=\eta E_z^{n+1}(i,j) \\[4mm]
-\dfrac{1}{\mu}\dfrac{E_z^{n+1}(i,j+1)-E_z^{n+1}(i,j)}{\Delta y}=\eta H_x^{n+\frac{1}{2}}\left(i,j+\dfrac{1}{2}\right) \\[4mm]
\dfrac{1}{\mu}\dfrac{E_z^{n+1}(i+1,j)-E_z^{n+1}(i,j)}{\Delta x}=\eta H_x^{n+\frac{1}{2}}\left(i+\dfrac{1}{2},j\right)
\end{cases}
\tag{5.3.5}
$$

平面波 $U_P=U_0\mathrm{e}^{-\mathrm{j}\omega t+\mathrm{j}k\cdot r}$ 在 Yee 单元网格中的量化形式为

$$
\begin{cases}
E_Z(I,J)=E_Z\exp[\mathrm{j}(K_X I\Delta X+K_Y J\Delta Y)] \\[1mm]
H_X(I,J)=H_X\exp[\mathrm{j}(K_X I\Delta X+K_Y J\Delta Y)] \\[1mm]
H_Y(I,J)=H_Y\exp[\mathrm{j}(K_X I\Delta X+K_Y J\Delta Y)]
\end{cases}
\tag{5.3.6}
$$

把式(5.3.6)代入式(5.3.5)，也就是让电磁波在 Yee 单元网格空间中传播，整理后得

$$
\begin{cases}
E_Z=\mathrm{j}\dfrac{2}{\lambda\varepsilon}\left[\dfrac{H_y}{\Delta x}\sin\left(\dfrac{k_y\Delta x}{2}\right)-\dfrac{H_x}{\Delta y}\sin\left(\dfrac{k_y\Delta y}{2}\right)\right] \\[4mm]
H_X=-\mathrm{j}\dfrac{2E_z}{\lambda\mu\Delta y}\sin\left(\dfrac{k_y\Delta y}{2}\right) \\[4mm]
H_Y=\mathrm{j}\dfrac{2E_z}{\lambda\mu\Delta x}\sin\left(\dfrac{k_x\Delta x}{2}\right)
\end{cases}
\tag{5.3.7}
$$

把 H_X、H_Y 代入 E_Z 中，得

$$
\eta^2=-\dfrac{4}{\mu\varepsilon}\left[\dfrac{1}{(\Delta x)^2}\sin^2\left(\dfrac{k_x\Delta x}{2}\right)+\dfrac{1}{(\Delta y)^2}\sin^2\left(\dfrac{k_y\Delta y}{2}\right)\right]
\tag{5.3.8}
$$

由式(5.3.8)可知，因为 $\eta^2<0$，所以 η 为纯虚数，又因为 $|\sin^2\theta|\leqslant 1$，所以有

$$
\mathrm{Re}(\eta)=0 \mid \mathrm{Im}(\eta)\mid\leqslant 2v\sqrt{\dfrac{1}{(\Delta x)^2}+\dfrac{1}{(\Delta y)^2}}, \quad v=\dfrac{1}{\sqrt{\mu\varepsilon}}
\tag{5.3.9}
$$

5.3.3 数值稳定条件

比较时间本征值和空间本征值的变化范围，考虑实际情况，关于时间和空间的本征值都应该有意义，都应该落在要求的数值和本征谱之内。比较式(5.3.4)和式(5.3.9)可知，只要

$$
2v\sqrt{\dfrac{1}{(\Delta x)^2}+\dfrac{1}{(\Delta y)^2}}\leqslant\dfrac{2}{\Delta t}
$$

就会同时有

$$
\mid\mathrm{Im}(\eta)\mid\leqslant 2v\sqrt{\dfrac{1}{(\Delta x)^2}+\dfrac{1}{(\Delta y)^2}}, \quad\text{且}\mid\mathrm{Im}(\xi)\mid\leqslant\dfrac{2}{\Delta t}
$$

因此，如果要求同时满足时间本征值和空间本征值的数值要求，就需要满足方程

$$\Delta t \leqslant \frac{1}{v\sqrt{\dfrac{1}{(\Delta x)^2} + \dfrac{1}{(\Delta y)^2}}} \tag{5.3.10}$$

这就是数值稳定条件,也称为 courant 稳定条件。courant 条件给出了时间步长与空间步长的关系。在三维的情形中同样有 courant 稳定条件为

$$\Delta t \leqslant \frac{1}{v\sqrt{\dfrac{1}{(\Delta x)^2} + \dfrac{1}{(\Delta y)^2} + \dfrac{1}{(\Delta z)^2}}} \tag{5.3.11}$$

当取均等网格 Δs 时,二维、三维的数值稳定条件变为

$$\left.\begin{array}{llll} \text{二维} & \Delta t \leqslant \dfrac{\Delta s}{v\sqrt{2}}, & \text{三维} & \Delta t \leqslant \dfrac{\Delta s}{v\sqrt{3}} \\[3mm] n\text{ 维} & \Delta t \leqslant \dfrac{\Delta s}{v\sqrt{n}}, & \text{一维} & \Delta t \leqslant \dfrac{\Delta s}{v} \end{array}\right\} \tag{5.3.12}$$

物理意义:稳定条件要求时间步长不得大于电磁波传播一个空间步长所需的时间,否则就破坏了因果关系。当媒质不均匀时,不同媒质区的电磁波速度不同,稳定条件也不同,可以取最严格的一个,即选电磁波速度最大的一个,其余区间的 courant 稳定条件将自然满足。

5.3.4　数值色散

1. 数值色散现象描述

1) 物理色散现象

电磁波传播的速度随频率变化,就发生了色散现象。色散现象只发生在色散媒质中,在线性媒质中是没有色散发生的。

2) 数值色散现象

在非色散媒质问题中,在 Yee 单元网格空间中也会产生色散现象,但此色散在物理上是虚假的,仅仅是由于数值化处理产生的,是由于网格抽样的间断性使不同频率的电磁波在网格中传播时就表现了不同的速度,并且与波传播的方向有关。时域信号是由一个单色波群组成的,每列单色波都有自己特定的波长。但是,进行量化的步长却是固定的。于是,有的波列的波长恰好为空间步长的整数倍,但是有的波列的波长并非为步长的整数倍,由于在计算机的计算空间中电磁波只能跳跃式传播,不可能连续传播,于是计算机中的电磁波传播比起实际物理空间中的电磁波就出现了误差,包括速度和方向都出现了误差,如果不加分析就认同计算机计算的结果就会导致完全错误的结论。FDTD 本质上仍然是一种微分方法,所以在 Yee 单元网格空间中只在网格结点处才有意义,对比物理空间,计算机上的数值空间是有缺陷的,因此Yee 单元网格空间只能近似地表达有关的物理规律和物理过程。后面讨论的计算电磁学的积分方法可以在能量的意义上实现比较真实的物理模拟,但仍然是平均意义上的,也是不完全的,可以与微分方法成互补作用。

2. 数值色散规律

以二维为例,取 TM 波,首先写出 Yee 单元空间中单色波的方程

$$\begin{cases} E_z^n(I,J) = E_Z \exp[j(K_X I \Delta X + K_Y J \Delta Y - \omega n \Delta t)] \\ H_x^n(I,J) = H_X \exp[j(K_X I \Delta X + K_Y J \Delta Y - \omega n \Delta t)] \\ H_y^n(I,J) = H_Y \exp[j(K_X I \Delta X + K_Y J \Delta Y - \omega n \Delta t)] \end{cases} \tag{5.3.13}$$

　　请注意,在 Yee 单元网格空间中,电磁波只能以网格步长整数倍的规律传播,其情形有点像踏着石头过小溪的情形,人们只能按着石头摆放的位置走,因此不同高度不同步长的人们之间的差异被打乱,过河时的队形被打乱。为了研究电磁波在 Yee 单元网格数值空间中发生的现象,把式(5.3.13)代入式(5.3.1),也就是让电磁波在 Yee 单元网格空间中传播起来,有

$$
\begin{cases}
E_z \sin \dfrac{\omega \Delta t}{2} = \dfrac{\Delta t}{\varepsilon} \left[\dfrac{H_x}{\Delta y} \sin \dfrac{k_y \Delta y}{2} - \dfrac{H_y}{\Delta x} \sin \dfrac{k_x \Delta x}{2} \right] \\[4mm]
H_X = \dfrac{\Delta t E_z}{\mu \Delta y} \dfrac{\sin \dfrac{k_y \Delta y}{2}}{\sin \dfrac{\omega \Delta t}{2}} \\[4mm]
H_Y = \dfrac{\Delta t E_z}{\mu \Delta x} \dfrac{\sin \dfrac{k_x \Delta x}{2}}{\sin \dfrac{\omega \Delta t}{2}}
\end{cases}
\tag{5.3.14}
$$

把式(5.3.14)的第二式和第三式代入第一式,消去 E_z、H_X、H_Y 得二维色散方程

$$
\left(\frac{1}{v \Delta t} \right)^2 \sin^2 \frac{\omega \Delta t}{2} = \frac{1}{(\Delta x)^2} \sin^2 \frac{k_x \Delta x}{2} + \frac{1}{(\Delta y)^2} \sin^2 \frac{k_y \Delta y}{2}
\tag{5.3.15}
$$

同样可得三维色散方程

$$
\left(\frac{1}{v \Delta t} \right)^2 \sin^2 \frac{\omega \Delta t}{2} = \frac{1}{(\Delta x)^2} \sin^2 \frac{k_x \Delta x}{2} + \frac{1}{(\Delta y)^2} \sin^2 \frac{k_y \Delta y}{2} + \frac{1}{(\Delta z)^2} \sin^2 \frac{k_z \Delta z}{2}
\tag{5.3.16}
$$

显然,若令 $\Delta t \to 0$、$(\Delta x, \Delta y, \Delta z) \to 0$,则式(5.3.16)→式(5.3.17)

$$
\frac{\omega^2}{v^2} = k_x^2 + k_y^2 + k_z^2
\tag{5.3.17}
$$

　　式(5.3.17)是自由空间平面波的关系,是没有色散的,这充分说明了式(5.3.16)的数值色散是由于在 Yee 单元网格空间中用差商代替微商时步长不够小而产生的,是不可避免的,但是可以通过减小时间和空间步长,使它们趋向于无限小,就可以减少数值色散的影响。

3. 估算数值色散

　　利用前面的关系分析数值色散与平面波入射角的关系。设波矢量 $\boldsymbol{K}$ 与 x 轴夹角为 α,则对二维情况,波矢量的分量关系为

$$
K_x = K \cos\alpha, \quad K_y = K \sin\alpha
$$

令 $\Delta x = \Delta y = \Delta s$,则式(5.3.15)变为

$$
\left(\frac{\Delta s}{v \Delta t} \right)^2 \sin^2 \frac{\omega \Delta t}{2} = \sin^2 \left(\frac{K \cos\alpha \Delta s}{2} \right) + \sin^2 \left(\frac{K \sin\alpha \Delta s}{2} \right)
$$

令

$$
A = \frac{\Delta s \cos\alpha}{2}, \quad B = \frac{\Delta s \sin\alpha}{2}, \quad C = \left(\frac{\Delta s}{v \Delta t} \right)^2 \sin^2 \frac{\omega \Delta t}{2}
\tag{5.3.18}
$$

$$
\sin^2 AK + \sin^2 BK = C
\tag{5.3.19}
$$

　　由式(5.3.19),采用牛顿迭代法就可以求得不同 Δs 值时波矢量 $\boldsymbol{K}$ 对应的值,画出图像就可以估算数值色散的大小。

$$
K_{i+1} = K_i - \frac{\sin^2 AK_i + \sin^2 BK_i - C}{A \sin 2AK_i + B \sin 2BK_i}
\tag{5.3.20}
$$

图 5.3 表示不同的空间步长所引起的数值色散情况。

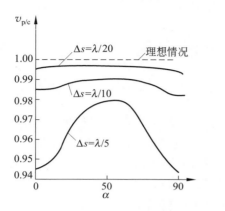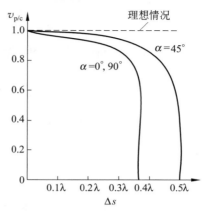

图 5.3　不同的空间步长所引起的数值色散情况

图 5.3 中左图表示了 3 种空间步长时相速度 v_p 与平面波入射角 α 的关系。

（1）$\Delta s = \lambda/5$ 时，所产生的网格比要求的标准网格大。

（2）$\Delta s = \lambda/10$ 时，是满足要求的标准网格。

（3）$\Delta s = \lambda/20$ 时，是比要求的标准网格精细的网格。

从图 5.3 的右图中可以看出：相速度最大值均出现在 $\alpha = 45°$ 时；相速度最小值均出现在 $\alpha = 0°$ 和 $\alpha = 90°$ 时；同时，当空间步长减小时，计算网格中相速度对实际物理空间相速度的偏离减小。例如，$\Delta s = \lambda/10$ 时，偏离 -1.3%，$\Delta s = \lambda/20$ 时，偏离 -0.31%，步长减小至原来的 $1/2$，偏离以 $4:1$ 减小。图 5.3 中左图表示了 $\Delta s = \lambda/20$，$\alpha = 45°$ 和 $\alpha = 90°$ 时，相速度随空间步长变化的情况。从图中可以看出：相速度随 Δs 增加而减小，空间步长达到某一数值后，相速度将急剧地下降为 0。不同入射角时，发生相速度急剧下降现象所对应的空间步长 Δs 也不同。当 $\alpha = 45°$ 时，急剧下降的临界步长值最大。这说明，一定频率、一定入射角的平面波在 Yee 单元网格空间中有一个空间步长极限，超过此极限电磁波将不能在此空间中传播。

一个给定的 Yee 单元网格空间相当于一个低通滤波器，这是 Yee 单元网格空间所固有的，它给计算具有很宽频谱的脉冲电磁场带来困难。Yee 单元网格空间存在数值色散，使得高频分量的相速度低于低频分量，高频分量可能被截止，脉冲电磁波在 Yee 单元网格空间中传播时将发生严重变形。由于脉冲电磁波在 Yee 单元网格空间中传播时存在畸变现象，使用 FDTD 时就要慎重选取空间步长，使脉冲的主要频谱分量远离截止频率，一般要求空间步长小于 $(1/10)\lambda$。

此外，非均匀网格还会导致折射效应，这是非物理原因引起的，只要使用非均匀网格，这种现象就会存在，因此必须讨论由于折射效应所带来的误差。

4. 获得理想色散关系的条件

虽然进行数值分析时不可能无限减小步长，但是可以采用特殊网格实现理想色散关系

$$\frac{\omega^2}{v^2} = K_x^2 + K_y^2 + K_z^2$$

在三维空间中可以采用的方法为：首先选取正方形网格 $\Delta x = \Delta y = \Delta s$，然后让波沿网格的对角线方向传播，于是有 $K_x = K_y = K/\sqrt{2}$，而且 $\Delta t = \Delta s/(v\sqrt{2})$，此时，由式(5.3.15)可知达到了二维理想色散关系。同样，达到三维理想色散关系的条件是：① 选取正方形网格 $\Delta x = \Delta y = \Delta z = \Delta s$；② 让波沿网格的对角线方向传播，同样可以有 $K_x = K_y = K_z = K/\sqrt{3}$ 的关系，而

且有 $\Delta t = \Delta s / (v\sqrt{3})$。显然，在许多实际问题中不能实现理想色散关系的条件。

5.4　建立 Yee 单元网格空间

5.4.1　Yee 单元网格空间的入射场

5.1.3 节已经阐述，只有散射场需要进行数值分析，而且因为入射场可以采用解析方法求得，所以 Yee 单元网格空间的入射场可以采用散射场方程的形式。

采用散射场方程是因为可以采用解析方法求得入射场。以平面波为例讨论如何求选取入射场，其他情况可类似地处理。取球坐标 r、θ、ϕ，在球坐标系（见图 5.4）中平面波可以表达为

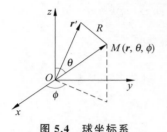

图 5.4　球坐标系

$$\left.\begin{array}{l} \boldsymbol{E} = [E_\theta \theta + E_\phi \phi] f\left(t + \dfrac{(\boldsymbol{r}' \cdot \boldsymbol{r})}{c} + \dfrac{R}{c}\right) \\[2mm] \boldsymbol{H} = \left[\dfrac{E_\phi}{\eta} \theta - \dfrac{E_\theta}{\eta} \phi\right] f\left(t + \dfrac{(\boldsymbol{r}' \cdot \boldsymbol{r})}{c} + \dfrac{R}{c}\right) \end{array}\right\} \quad (5.4.1)$$

式(5.4.1)中，θ 是平面波与 z 轴夹角，ϕ 是平面波与 x 轴夹角，电磁波沿单位向量 $\boldsymbol{r}$ 方向入射，η 是自由空间波阻抗，c 为光速，$\boldsymbol{r}'$ 是由坐标原点到 Yee 单元网格空间中场点的坐标向量，$f(t)$ 为任意时间函数（正弦、冲激、脉冲、高斯），R 为任意参考距离，用来联系入射波之间的相位关系。请注意，入射波是连续进入的，而散射波是突然由散射体表面开始的。入射场分量为

$$\begin{cases} E_x = E_\theta \cos\theta \cos\phi - E_\phi \sin\phi \\ E_y = E_\theta \cos\theta \sin\phi - E_\phi \cos\phi \\ E_z = -E_\theta \sin\theta \\ H_x = (E_\theta \sin\phi + E_\phi \cos\theta \cos\phi)/\eta \\ H_y = (-E_\theta \cos\phi + E_\phi \cos\theta \sin\phi)/\eta \\ H_z = (-E_\theta \sin\phi)/\eta \end{cases} \quad (5.4.2)$$

令 $f(t)$ 等于高斯脉冲(Gaussian pulse)，则入射电场可以表示为

$$E_x^i(I,J,K)^n = E_x \exp(-\alpha(\tau - \beta\Delta t)^2)$$

$$\tau = n\Delta t + \frac{\boldsymbol{r}' \cdot \boldsymbol{r}}{c} + \frac{R}{c} \quad (5.4.3)$$

在前面假设下，可以求出

$$\boldsymbol{r}' \cdot \boldsymbol{r} = [(I-1)+0.5]\Delta x \cos\phi \sin\theta + (J-1)\Delta y \sin\phi \sin\theta + (K-1)\Delta z \cos\theta$$

由于在时间上，高斯脉冲（见图 5.5）是由 0 到无穷长延伸的，但在计算中，受计算机的限制，不能产生无限长的时间，所以必须截断高斯脉冲。为了选择适合问题的时间步长，就需要确定 α、β 和 τ，以保证问题所要求的带宽。

为此，首先选定 β，例如选 $\beta=32$，β 是由截断点到高斯脉冲峰值的时间步数。高斯脉冲将由 $\tau=0$ 持续到 $\tau=2\beta\Delta t$，峰值在 $\tau=\beta\Delta t$ 处。截断点处的高斯脉冲值可由式(5.4.3)确定：代入 $\tau=0$ 和 $\tau=2\beta\Delta t$，得到 $E_x^i(I,J,K)^n = E_x \exp(-\alpha(\pm\beta\Delta t)^2)$。我们需要决定 α 为什么值时，可以避免由于截断而引入无关的高频或浪费过多的计算时间。这个问题没有确定的解答，但在实际中可以让 α 随 β 改变而改变，使 α 与 β 共同作用保持高斯脉冲的幅度总是在截断点

能衰减到一定的水平。

取 $\alpha=[4/(\beta\Delta t)]^2$，则在截断点有 $E_x^i(I,J,K)^n=E_x\exp(-16)$，也就是振幅值衰减为峰值的 $-140\mathrm{dB}$。因为单精度计算时要求有 6 位十进制有效数字，以便达到 $-120\mathrm{dB}$ 的精度，上面选择的方法就可以保证这点要求。对 32 位字长的计算机，最大可达到 $190\mathrm{dB}$ 动态范围。

对于信号源问题，此处有两个抽样，Yee 单元网格抽样和信号抽样。两者通过时间和频率相关联，要相互兼顾。图 5.6 和图 5.7 表示周期性脉冲的波形和频谱的分布情况。

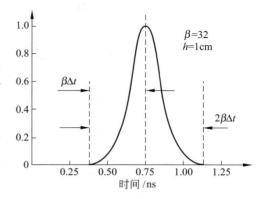

图 5.5 高斯脉冲的波形

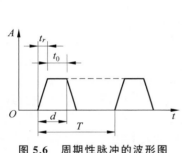

图 5.6 周期性脉冲的波形图

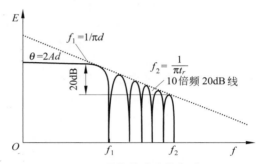

图 5.7 周期性脉冲的频谱

图 5.6 中，$t_0+t_r=T/2$，其中 t_0 为脉冲上顶宽，t_r 为脉冲上升时间，T 为脉冲重复周期；$d\approx t_0+t_r$，其中 d 为脉冲半宽时间。图 5.5 和图 5.6 表示的波形和频谱可以解析地表达为

$$f(t)=\sum_{-\infty}^{\infty}C_n\mathrm{e}^{nj\omega t},\qquad C_n=2A\frac{t_0+t_r}{T}\frac{\sin[n\pi(t_0+t_r)/T]}{n\pi(t_0+t_r)/T}\frac{\sin(nt_r\pi/T)}{nt_r\pi/T}$$

从解析式可知，在 $f_1=1/\pi d$ 之前，频谱的幅值几乎为常数。在此点之后，频率成分的幅值依 10 倍频 20dB 衰减。在 $f_2=1/\pi t_r$ 之后，则频率成分的幅值依 10 倍频 40dB 衰减。

在自然界中，纯粹的周期序列不存在，因此近似程度直接与序列中脉冲个数有关系。图 5.8 和图 5.9 描述了不同脉冲个数所对应的频率谱变化规律。单脉冲有连续频谱，随着脉冲数目的增加，它的频谱会分散和变形，慢慢趋近于栅条形状。其离散谱的各个频率上频谱分量逐渐变窄很快增长，其余分量被慢慢抑制了。当 $T\gg\tau$ 时，其频谱宽度将和单个脉冲情况一致。周期脉冲是窄频信号，如果研究的信号是各种脉冲的混合，就会产生宽频信号，相对数字信号的重复周期 T，当脉冲的宽度 τ 满足 $T\gg\tau$ 时，就得到了连续谱。在确定 FDTD 的信号源时一定要进行实际信号的频谱分析，信号源的设置是使用 FDTD 方法的关键问题之一，除

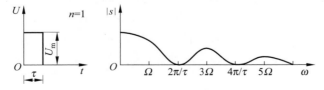

图 5.8 只有一个脉冲时的波形和对应的频谱

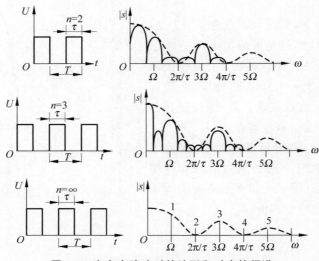

图 5.9　有多个脉冲时的波形和对应的频谱

上述因素之外，还涉及专业知识以及物理和数值建模方法。

例 5.1　3-D 立方 Yee 单元 1cm 宽。根据 courant 稳定条件，$\Delta t = 1.924 \times 10^{-11}$，或 0.019 24ns。根据这些条件，由前面阐述的原则可以计算出图 5.5 所示的高斯脉冲。其 FFT 谱函数如图 5.10 所示。

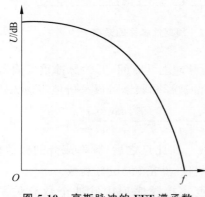

图 5.10　高斯脉冲的 FFT 谱函数

显然，该高斯脉冲没有引入多余的高频成分。在波长为 10 个单元时，达到要求精度的频率可以达到 3GHz，由图 5.10 可知，实际上可以在更高频率达到上述的要求。如果取每波长为 4 个单元长度，则到 7.5GHz 的频率仍能达到要求的精度。

当取波长为 10 个单元时，$\lambda = 10\text{cm}$，$c = \lambda f$，$3 \times 10^8 = 0.1 \times f$，$f = 3.0\text{GHz}$。

当取波长为 4 个单元时，$\lambda = 4\text{cm}$，$c = \lambda f$，$3 \times 10^8 = 0.04 \times f$，$f = 7.5\text{GHz}$。

当空间有介质时，β 的设定要相应地进行调整。例如，当空间中充满介电常数 $\varepsilon = 4$ 的物质时，如果仍然要求能达到 3GHz 的带宽，则单元尺寸应减小 2 倍，即应取 0.5cm。此时保持 Δt 不变，由 courant 条件

$$v\Delta t \leqslant \frac{\Delta u}{\sqrt{d}}, \quad v = \frac{1}{\sqrt{\mu\varepsilon}}, \quad \Delta u = \frac{v}{2}\sqrt{d}\,\Delta t$$

在空气介质时，取 $\beta = 32$，如果空间有介质时仍不加改变，则时间步长应该减半，则带宽要增加为原来的 2 倍。而要求谱宽 3GHz 不变，就不能把时间步长减半。为了满足稳定条件，就要将空间抽样加倍，令 $\beta = 32 \times 2 = 64$，以保持高斯脉冲宽度和频带宽不变。所以，在有介质时，只需要按时间步长减小的比例增加空间抽样点数就可以了。

5.4.2　理想导体的时域有限差分法编程

首先要推导差分格式,把偏微商换成差商,有

$$\frac{\partial f}{\partial t} \equiv \lim_{\Delta t \to 0} \frac{f(x,t_2) - f(x,t_1)}{\Delta t} \approx \frac{f(x,t_2) - f(x,t_1)}{\Delta t}$$

$$\frac{\partial f}{\partial x} \equiv \lim_{\Delta x \to 0} \frac{f(x_2,t) - f(x_1,t)}{\Delta x} \approx \frac{f(x_2,t) - f(x_1,t)}{\Delta x}$$

在推导差分格式时,对时间变量采用中心差商处理,同时在满足相应的稳定条件时将空间用 Yee 单元网格进行切分,产生量化空间(quantize space),即

$$x = I\Delta x, \quad y = J\Delta y, \quad z = K\Delta z, \quad t = n\Delta t$$

此时,用 I、J、K 就可以表示相应的空间坐标。取均匀网格和中心差商并考虑电磁场分量之间的方向和旋度关系,就建立了由图 5.1 中的 Yee 单元组成的网格空间,例如建立图 5.11 所示的 Yee 单元网格椭球空间。

Yee 单元的建立是进行麦克斯韦方程模拟的关键,在进行编程之前,在头脑中应该形成一个 Yee 单元网格空间中量化的场的具体图像。因此,这里再强调一下图 5.1 所表示的电磁场的时空关系。图 5.1 中,电磁场有明确的空间位置和时间关系,在每个 Yee 单元网格空间中都是确定不变的。

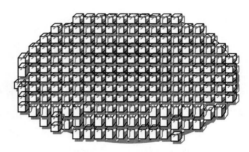

图 5.11　量化的 Yee 单元网格椭球空间

(1) $E_z^n(I,J,K)$ 表示电场 z 分量在 $X = I\Delta x$,$Y = J\Delta y$,$Z = (K+1/2)\Delta z$,$t = n\Delta t$ 处,落在 z 轴上,用七角星表示(参见图 5.1)。

(2) $E_y^n(I,J,K)$ 表示电场 y 分量在 $X = I\Delta x$,$Y = (J+1/2)\Delta y$,$Z = K\Delta z$,$t = n\Delta t$ 处,落在 y 轴上,用倒三角星表示。

(3) $E_x^n(I,J,K)$ 表示电场 x 分量在 $X = (I+1/2)\Delta x$,$Y = J\Delta y$,$Z = K\Delta z$,$t = n\Delta t$ 处,落在 x 轴上,用虚线正方形表示。

(4) $H_z^{n+\frac{1}{2}}(I,J,K)$ 表示磁场 z 分量,落在 z 平面上在 $X = (I+1/2)\Delta x$,$Y = (J+1/2)\Delta y$,$Z = K\Delta z$,$t = (n+1/2)\Delta t$ 处,用五角星表示。

(5) $H_y^{n+\frac{1}{2}}(I,J,K)$ 表示磁场 y 分量,落在 y 平面上在 $X = (I+1/2)\Delta x$,$Y = J\Delta y$,$Z = (K+1/2)\Delta z$,$t = (n+1/2)\Delta t$ 处,用黑正三角星表示。

(6) $H_x^{n+\frac{1}{2}}(I,J,K)$ 表示磁场 x 分量,落在 x 平面上在 $X = I\Delta x$,$Y = (J+1/2)\Delta y$,$Z = (K+1/2)\Delta z$,$t = (n+1/2)\Delta t$ 处,用双半圆表示。

其他分量也可类似理解。图 5.1 中电磁场的空间位置与时间步数密切配合,电场和磁场差半个空间步,时间步也差半个,体现了电磁互相产生的电磁学规律性,也体现电磁波传播半个空间步需要花费的时间。图 5.1 中的 Yee 单元中,每个平面上的电场网格都与磁场网格相差半个网格距离,这个由间错半个网格的立体笼网所组成的机构的整体构成了由不可拆卸的 Yee 单元立方体构成的整体。由这样的 Yee 单元组成的空间中电磁场只能精确到 Yee 单元的尺度,电磁过程只能以 Yee 单元整体进行。这一点是 FDTD 方法与有限差分法的主要区别,在有限差分法中网格结点是一个几何点,而在 FDTD 方法中网格结点是一个立体单元,其

情形有些类似于物质由原子组成而原子有玻尔模型的结构。把这些基本的 Yee 单元和 Yee 单元网格空间的关系理解清楚之后，在实际进行数值建模和编程处理时就不会发生错误。

在用 FORTRAN 语言编程时，第 I、J、K 处的 Yee 单元的电磁场变量名可依位置和时间命名，可以按下述方法。以 $E_x^{\mathrm{scat},n}(I,J,K)$ 为例，可以表示为 EXS(I,J,K)，时间 n 已包含在程序自身标码 N 之中。同样，$H_Y^{\mathrm{scat},n+1/2}(I,J,K)$ 表示为 HYS(I,J,K)。时间标注变量 N 在程序中表示时间步数，约定当电场的时间为 $n=N$ 时，磁场的时间为 $n=N+1/2$。入射场 E_x^{inc} 写为 EXI(I,J,K)，在损耗媒质的情况下，$\dfrac{\partial E_x^{\mathrm{inc}}}{\partial t}=\dot{E}_x^{\mathrm{inc}}$ 表示为 DEXI(I,J,K)。采用上述符号，经简单的算术处理，自由空间中散射场的 FDTD 差分格式可以写为

$$\mathrm{EXS}(I,J,K)=\mathrm{EXS}(I,J,K)+\frac{\Delta t}{\varepsilon_0}\left[\frac{\mathrm{HZS}(I,J,K)-\mathrm{HZS}(I,J-1,K)}{\Delta Y}-\right.$$

$$\left.\frac{\mathrm{HYS}(I,J,K)-\mathrm{HYS}(I,J,K-1)}{\Delta Z}\right]$$

$$\mathrm{HYS}(I,J,K)=\mathrm{HYS}(I,J,K)+\frac{\Delta t}{\mu_0}\left[\frac{\mathrm{EZS}(I+1,J,K)-\mathrm{EZS}(I,J,K)}{\Delta X}-\right.$$

$$\left.\frac{\mathrm{EXS}(I,J,K+1)-\mathrm{EXS}(I,J,K)}{\Delta Z}\right] \tag{5.4.4}$$

上述表示中，电场 $\boldsymbol{E}$ 是处在 $n=N$ 时刻的，是由它在 $N-1$ 时刻的值得到的。对应的磁场 $\boldsymbol{H}$ 则是处在 $n=N+1/2$ 的值，是由它在 $N-1/2$ 时刻的值得到的。

$\boldsymbol{H}$ 的旋度是在 $N-1/2$ 时刻的值，$\boldsymbol{E}$ 的旋度是在 N 时刻的值，也采用中心差商，表示最邻近的 Yee 单元的作用。随着时间增长，N 增加 1，这些过程都要重复一遍。在有理想导体时，可以利用如下关系：

$$\mathrm{EXS}(I,J,K)=-\mathrm{EXI}(I,J,K) \tag{5.4.5}$$

对于理想导体而言，一种更为简单的处理方式是，令理想导体表面的切向电场为零，导体内部的电场和磁场均为零。

5.4.3 损耗媒质的情况

由式(5.1.12)，对时间用中心差商，有

$$\varepsilon(\boldsymbol{E}^{s,n}-\boldsymbol{E}^{s,n-1})+\sigma\Delta t\boldsymbol{E}^{s,n}=-\sigma\Delta t\boldsymbol{E}^{i,n}-(\varepsilon-\varepsilon_0)\Delta t\dot{\boldsymbol{E}}^{i,n}+(\nabla\times\boldsymbol{H}^{s,n-\frac{1}{2}})\Delta t$$

即

$$\boldsymbol{E}^{s,n}=\frac{\varepsilon}{\varepsilon+\sigma\Delta t}\boldsymbol{E}^{s,n-1}-\frac{\sigma\Delta t}{\varepsilon+\sigma\Delta t}\boldsymbol{E}^{i,n}-\frac{(\varepsilon-\varepsilon_0)\Delta t}{\varepsilon+\sigma\Delta t}\dot{\boldsymbol{E}}^{i,n}+\frac{\Delta t}{\varepsilon+\sigma\Delta t}(\nabla\times\boldsymbol{H}^{s,n-\frac{1}{2}}) \tag{5.4.6}$$

对应的差分方程为

$$E_x^s(I,J,K)^n=\frac{\varepsilon}{\varepsilon+\sigma\Delta t}E_x^s(I,J,K)^{n-1}-\frac{\sigma\Delta t}{\varepsilon+\sigma\Delta t}E_x^i(I,J,K)^n-$$

$$\frac{(\varepsilon-\varepsilon_0)\Delta t}{\varepsilon+\sigma\Delta t}\dot{E}_x^i(I,J,K)^n+\frac{\Delta t}{\varepsilon+\sigma\Delta t}\frac{H_z^s(I,J,K)^{n-\frac{1}{2}}-H_z^s(I,J-1,K)^{n-\frac{1}{2}}}{\Delta y}+$$

$$\frac{\Delta t}{\varepsilon+\sigma\Delta t}\frac{H_y^s(I,J,K)^{n-\frac{1}{2}}-H_y^s(I,J,K-1)^{n-\frac{1}{2}}}{\Delta z} \tag{5.4.7}$$

磁场的情形也可以同样处理，此处省略。

现在考虑有损耗媒质时的 FORTRAN 编程,有损耗媒质时与自由空间的差分方程不同,每个 Yee 单元都有媒质参量,如果每个 Yee 单元都单独设定自己的媒质,所需要占用的内存空间太大。由于问题中媒质类型的数量总为有限多个,为了节省内存可以采用媒质编号的方法编程。FDTD 中的散射体可以用整数矩阵构成,不同的整数值标志不同的填充物质。媒质编号可以统一地设为 IDONE(I,J,K),真空可设为 IDONE(I,J,K)=0,理想导体可设为 IDONE(I,J,K)=1,其他媒质 IDONE(I,J,K)=M。采用这些规定之后,式(5.4.7)中的系数就可以表示为

$$\text{ECRLY}(M)=\frac{\text{DT}}{[\text{EPS}(M)+\text{SIGMA}(M)\times\text{DT}]\times\text{DY}}=\frac{\Delta t}{(\varepsilon+\sigma\Delta t)\Delta Y}$$

$$\text{ECRLZ}(M)=\frac{\text{DT}}{[\text{EPS}(M)+\text{SIGMA}(M)\times\text{DT}]\times\text{DZ}}=\frac{\Delta t}{(\varepsilon+\sigma\Delta t)\Delta Z}$$

$$\text{ESCTC}(M)=\frac{\text{EPS}(M)}{[\text{EPS}(M)+\text{SIGMA}(M)\times\text{DT}]}=\frac{\Delta t}{\varepsilon+\sigma\Delta t}$$

$$\text{EINCC}(M)=\frac{\text{SIGMA}(M)\times\text{DT}}{[\text{EPS}(M)+\text{SIGMA}(M)\times\text{DT}]}=\frac{\sigma\Delta t}{\varepsilon+\sigma\Delta t}$$

$$\text{EDEVCN}(M)=\frac{\text{DT}\times(\text{EPS}(M)-\text{EPSO})}{[\text{EPS}(M)+\text{SIGMA}(M)\times\text{DT}]}=\frac{(\varepsilon-\varepsilon_0)\Delta t}{\varepsilon+\sigma\Delta t}$$

采用上述约定,可以把式(5.4.7)写成 FORTRAN 程序的形式,此处,以损耗媒质中 E_x^s 的情况为例,有

$$
\begin{aligned}
\text{EXS}(I,J,K)=&\text{EXS}(I,J,K)\times\text{ESCTC}[\text{IDONE}(I,J,K)]-\\
&\text{EINCC}[\text{IDONE}(I,J,K)]\times\text{EXI}(I,J,K)-\\
&\text{EDEVCN}[\text{IDONE}(I,J,K)]\times\text{DEXI}(I,J,K)+\\
&[\text{HZS}(I,J,K)-\text{HZS}(I,J-1,K)]\times\text{ECRLY}[\text{IDONE}(I,J,K)]-\\
&[\text{HYS}(I,J,K)-\text{HYS}(I,J,K-1)]\times\text{ECRLZ}[\text{IDONE}(I,J,K)]
\end{aligned}
$$

$$(5.4.8)$$

上面已经推导了线性媒质中由 Yee 单元网格构成的空间中三维场的 6 个分量的 FDTD 差分格式,在计算之前还必须准备其他方面计算资源的支持条件。一般的计算过程需要如下方面的计算资源。

(1) 驱动:程序要求必须有一个主机的驱动程序完成时序安排、通信和数据传递、调用子程序的步骤等。

(2) 构筑问题空间的资源:参数、尺寸、入射场的初始数据的计算存储等。

(3) 定义散射体目标:散射物体描述、图形处理等。

(4) 计算导出量的差分格式:电磁场能量、电流、电压等。

(5) 辐射边界条件:吸收边界条件。

(6) 近场、远场转换:响应数据、数据文件等。

FDTD 程序流程通常按以下步骤进行。

(1) 启动过程。

① 调用解题空间、输入子程序和散射物体定义子程序。

② 用标码 N 设定时间步长和时间。

③ 对时间 N 循环,调用 E、H 子程序,调用辐射边界条件或吸收边界条件。

④ 在每个时间步或部分设定的时间步,调用数据存储或远场计算子程序。

⑤ 在完成所有时间步之后，启动相应的子程序写输出数据。

（2）建立问题空间。

① 设定问题中的空间尺寸，包括设定 Yee 单元的个数和 Yee 单元的尺寸（$\Delta x, \Delta y, \Delta z$）。

② 按 Courant 稳定条件和 Yee 单元尺寸计算时间步长 Δt。

③ 计算差分格式中的常数系数。

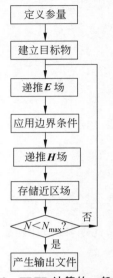

图 5.12　FDTD 计算的一般流程

（3）定义散射体：将单元或场分量加"标志"，例如对 E_x 设整数 IDONE(I, J, K)。"标志"不同，表明 $\boldsymbol{E}$、$\boldsymbol{H}$ 的算法、处理数据所用的差分格式不同，例如理想导体、有耗介质、自由空间或其他物质的差分格式。根据具体问题的几何形状和位置及物体构成"标志"矩阵。

（4）$\boldsymbol{E}$、$\boldsymbol{H}$ 场算法：由前一时刻值和近邻的电磁场值计算出电磁场的响应，要根据所研究点的材料特性分别计算，也就是说，Yee 单元网格中每点的 Yee 单元都可以按问题的需要填充自由空间、有耗介质、有耗磁介质、理想导体等媒质。

（5）辐射边界条件（radiation boundary condition）：设置问题所需要空间的边界的散射和吸收条件，建立吸收媒质方程。

（6）数据存储：存储响应数据，例如 $\boldsymbol{E}$、$\boldsymbol{H}$ 分量以及电流或 FDTD 计算空间数值等。

（7）近场到远场的变换：计算包围物体的封闭面上的切向电流和磁流，计算它们相应的远区散射场和辐射场。相应的计算机流程见图 5.12。

5.4.4　建立 Yee 单元模拟空间结构

具体应用 FDTD 方法进行研究时，首先要把实际的问题空间映射到的 Yee 单元网格空间中去。此时，最关键的是如何表达空间物质的分布。因为 Yee 单元网格空间是离散空间，所以可以用一个反映空间物质分布的整数矩阵来建立所需要的 Yee 单元网格空间的物质结构。只有定义了物质分布矩阵，才能把物理空间中对应的物理实物映射到 Yee 单元网格空间中去。前面已经讨论了如何将激励源装入 Yee 单元网格空间，现在讨论如何把物质的分布装入 Yee 单元网格空间，然后讨论如何进行运算，也就是如何让电磁波运动起来。

定义各个电磁场分量，可以采用如下的名称：用 IDONE 表示电场的 x 分量 E_x，用 IDFOUR 表示磁场的 x 分量 H_x，用 IDTWD 表示电场的 y 分量 E_y，用 IDFIVE 表示磁场的 y 分量 H_y，用 IDTHRE 表示电场的 z 分量 E_z，用 IDSIX 表示磁场的 z 分量 H_z。用 I、J、K 下标表示该 Yee 单元媒质是处在什么位置。用矩阵元素的值表示 Yee 单元是充满了什么媒质。例如，用 0 表示自由空间，1 表示理想导体，2 表示具有问题中特定的损耗电介质的 ε 和 σ 的媒质，3 表示具有特定数值的介电常数的介质等。在开始时间步之前，这些媒质参数已知，并已设定，也计算出了相应的差分方程中的系数。所以，在 Yee 单元网格空间中的非均匀媒质，如对角矩阵的介电常数和磁张量材料，都不需要另行推导，该处理过程类似于地图的着色过程。

因为定义了 6 个单独的矩阵，就可以精确地设定每个 Yee 单元中的媒质。但实际上在 I、

J、K 处设定的 IDONE 要影响到位于 $I+1/2$、J、K 处的 FDTD 空间中的电场 x 分量的值(见差分格式)。例如,设定了 I、J、K 处 IDONE 矩阵,将影响位于 I、$J+0.5$、$K+0.5$ 处磁场 x 分量的数值。Yee 单元本身就要求 IDONE 和 IDFOUR 矩阵空间位置不同,这种 Yee 单元网格的本性的要求会引起混乱或台阶效应。即便在完全正方物体情况下,如果既有电介质又有磁介质,由于电介质和磁介质需要间错开设置,Yee 单元中的媒质也不可能完全与实际一致,而需要近似处理。一种补救的方法是在"混淆"处采用平均的介质参数,但这种方法只能减小上述误差,而不能完全消除。

例 5.2 讨论一个处在 $z=K\Delta Z$ 处的 xy 平面上 3×3 的 FDTD 单元设定电介质片。首先,采用下面的程序设定单元介质。

```
DO 10 I=1,4
DO 10 J=1,4
 IF(I.NE.4) IDONE(I,J,K) = 11
 IF(J.NE.4) IDTWO(I,J,K) = 11
10 CONTINUE
```

所获得的单元如图 5.13 所示,显然可以获得一个完整无损的空间结构。

因为在 Yee 单元空间中,Yee 单元在原理上是不可分的整体,所以建造一个 FDTD 目的物或结构时,时刻要记住,我们并不是用媒质去填充 Yee 单元,而只是在 Yee 单元内场的位置上标定已经存在的物质。在本例中,两个 IF 语句并非可有可无,尽管此平板上是同一物质,如果只设定 9 个单元上的 ID 矩阵并不一定能得到平滑的边线。但是,建造与之关联的磁介质板,如果采用同样的 FORTRAN 程序段,则有

```
DO 10 I=1,4
DO 10 J=1,4
    IF (I.NE.4) IDFOUR (I,J,K) = 11
    IF (I.NE.4) IDFIV (I,J,K) = 11
10 CONTINUE
```

由于 Yee 单元网格本身就要求 IDONE 和 IDFOUR 矩阵空间位置不同,于是就产生了如图 5.14 所示的分离空间结构的磁介质片。此时得到的是互相并不关联的目的物或 FDTD 结构。这是由于 Yee 单元内电场和磁场位置的定义造成的。参考图 5.1 的 Yee 单元网格空间中量化的场的解释就会理解这种情况。

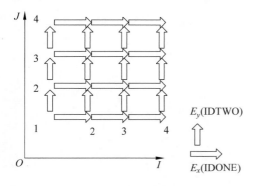

图 5.13 采用例 5.2 程序段设定的电介质片

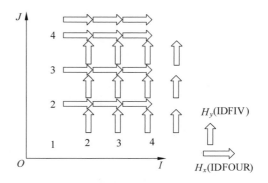

图 5.14 采用同样的程序段设定的磁介质片

当设定介电常数时，电场分量 $E_X(I,J,K)$、$E_Y(I,J,K)$、$E_z(I,J,K)$ 对应地用 IDONE、IDTWO、IDTHRE 表示。这样就确定了电介质立方体的一个角，如果要确定磁立方体的另一个角区，需要将 x、y、z 方向移 $1/2$ 单元步长，如果设定 $H_x(I+1,J,K)$、$H_Y(I,J+1,K)$、$H_z(I,J,K+1)$ 的磁介质分别对应地用 IDFOUR、IDFIV 和 IDSIX 矩阵，有如下的对应关系：

电介物体   磁介物质

$$\text{IDONE}(I,J,K) =\!=\!=\!=\!=\!=\!=\!=\!=\!=\!=\!= \text{IDFOR}(I+1,J,K)$$

$$\text{IDTWO}(I,J,K) =\!=\!=\!=\!=\!=\!=\!=\!=\!=\!=\!= \text{IDFIV}(I,J+1,K)$$

$$\text{IDTHRE}(I,J,K) =\!=\!=\!=\!=\!=\!=\!=\!=\!=\!=\!= \text{IDSIX}(I,J,K+1)$$

在二维情况下，这些单元平面的厚度是否为一个单元尺寸厚，应该取决于如何近似建模，没有固定的规则。以散射问题为例进行讨论。设平面电磁波掠入射（入射角 $\theta = 90°$）上面定义的平面时，如果电场极化方向沿 θ 方向，即沿 z 方向，由于只有 E_z 存在，则所有的 IDTHRE 和 IDSIX 元素为 0（对应自由空间），散射场也是 0，就可以设平面厚度为 0。当入射波的入射角 $\theta = 0$ 时，则由于电磁波垂直入射介质板，当单元平面板很薄并且由损耗介质组成时，则此薄片可近似为电阻，此时厚度应近似为 Δz。

当考虑理想导体（PEC）时，按照 Yee 单元网格设置的规则，当导体表面设置电场 E 时，随后考虑向外沿延伸的自由空间中的磁场时，应该从导体表面中间以半个步长距离向自由空间延伸。但实际的经验表明，计算场的散射面截时，应将 Yee 单元网格空间中物体的表面延伸到 1/4 网格长度的位置。

其实，当平面波垂直入射理想导体平面时，电场切向分量为 0，磁场切向分量却为最大值。在 FDTD 计算中，如果设 Yee 单元中在真实物体边界处的电场为 0，则 Yee 网格空间中磁场的最大值不会在真实物体表面而应当离开表面向外半个空间步长。所以在 Yee 单元网格空间中，物体表面近似地处在这些电场和磁场中间的空间位置，或（1/4）Yee 单元尺寸距离外的位置，即 Yee 单元网格物体比实物的物理尺寸稍大一些。此处出现的问题是 Yee 单元所固有的，因为 Yee 单元网格中电场与磁场差半个空间步和半个时间步。在理想导体表面上，这种人为地拉开就产生了一定的模糊。为了减轻这个问题，可以取电场与磁场中间处为理想导体表面，即取距离实际理想导体表面 1/4 处为 FDTD 空间中的理想导体表面。

设置一个二维或很薄的三维物体与设定一个 Yee 单元不同，例如，设置一个立方需要 12 个 Yee 单元网格。

```
IDONE(I,J,K) = MTYPE
IDONE(I,J,K + 1) = MTYPE
IDONE(I,J + 1,K + 1) = MTYPE
IDONE(I,J + 1,K) = MTYPE
IDTWO(I,J,K) = MTYPE
IDTWO(I + 1,J,K) = MTYPE
IDTWO(I + 1,J,K + 1) = MTYPE
IDTWO(I,J,K + 1) = MTYPE
IDTHRE(I,J,K) = MTYPE
IDTHRE(I + 1,J,K) = MTYPE
IDTHRE(I + 1,J + 1,K) = MTYPE
IDTHRE(I,J + 1,K) = MTYPE
```

在设定场的空间坐标时，可能会导致非封闭表面和物体的不完整闭合，对导体球的情况就相当于在球表面上额外地粘上了一段短线。

5.4.5 估算所需条件

当应用 FDTD 求解或模拟实际问题时,首先要估计所需要的计算资源。通常用 FDTD 处理的问题都是时域问题,因此必须根据问题关心的最短波长决定几何尺寸有多大。取空间步长为 $\lambda/5$,称为粗网格;取空间步长为 $\lambda/10$,称为正常网格;取空间步长为 $\lambda/20$,称为细网格。当不考虑问题的特殊要求时,通常建议取空间步长为 $\lambda/10$ 或更小。此外,必须考虑所研究的问题对尺寸的要求,例如,当考虑金属厚度的影响时,设定的网格步长至少应该能在金属体厚度的方向取 $3\sim5$ 个 Yee 单元的数量。又例如,当考虑金属尖端处的场分布时,要考虑 Yee 单元切分后在一个 Yee 单元的空间中场的变化不能太大。于是,物体的几何尺寸就决定了 Yee 单元的数量,也决定了计算内存需要多大。

下面假设在最短波长时,Yee 单元的数量已经被确定为 N。同时,假设媒质参数已存入 1 字节的(INTEGER * 1)ID???矩阵中。在这些前提下,可以按如下方法估算需要的存储字节的空间大小。采用单精度 FORTRAN 程序,则有

存储$=N\times(6\times$分量/单元$\times4\times1$字节/分量$+6\times$IDs/单元$\times1$字节/ID)

可以看出,当 Yee 单元的数量增大时,存储媒质参数的整数只占总内存需求量很小的一部分。因此,可以只考虑浮点数运算所需的操作数来估计计算的价格。

首先,电磁场的 6 个分量需要的操作数$=N\times6$ 分量/单元。

其次,考虑到每个时间步都需要跨越一个 Yee 单元,时间存储和运算就可以按 Yee 单元网格的数量考虑。考虑到空间步长取为 $\lambda/10$ 所产生的时间和空间的周期关系,全部时间内的操作数应该等于 10 操作/分量$\times T$,是 10 倍于网格单元的数量,精确地说,在立体单元时,时间步长取 $\sqrt{3}$ 倍空间步长所决定的时间,即由 Courant 稳定条件有 $\Delta t=\Delta x/C(\sqrt{3})$。其中 Δx 为 Yee 单元边长。于是,由时间决定的浮点操作数量为 $T\approx10\times\sqrt{3}N^{1/3}$。总之,全部浮点操作总数量为

$$单位操作数量\times10\sqrt{3}N^{4/3}\times6\,分量/单元\times10\,操作/分量$$

即总浮点操作数正比于 Yee 单元网格总量的 4/3 次方。

实际上也可以等价地用最高频率估计所需的浮点操作数。因为要保证每个波长都有一定数量的 Yee 单元个数,Yee 单元网格数一定与波长成比例。所以,对每一维来讲,单元数量都与频率成正比,在三维时,单元的数量正比于频率的 3 次方,再加上其他操作,所需的浮点操作个数的总量应该与频率的四次方成正比。

分析一个需要建立 $(100\,单元)^3$ 空间的问题,这样的空间大约需要 30MB 的内存,实际上还要存储其他变量和指令,所需要内存比这个数稍大。当内存减少时,所能处理问题的 Yee 单元数也要缩减。例如,采用 16MB 内存时,问题空间应缩减为 $(3\sqrt{1/2}\times100)^3=(79\,单元)^3$。实际上还要额外增加内存开销、辅助变量和指令开销,因此实际上只能处理 $(72\,单元)^3$ 个 Yee 单元网格空间。这些开销的产生是因为要存储指令和辅助变量,问题的尺度不同、算法不同,用来存储场分量值所需的内存和开销所占用的内存的比例也不同。当问题尺寸增大时,这个比例通常要下降。

采用类似的办法可以近似估算所需要的计算时间。设有一个 $(65\,单元)^3$ 的问题空间,需要计算 1024 个时间步,大约需要进行 16.9×10^9 次浮点运算操作,约需要 8MB 的内存存储场

分量和 ID???矩阵。运算速度与所选用的计算机类型有关。例如，当选取 1000 或更多 MFLOPS（每秒百万次浮点运算）的超级计算机时，约需要的运行时间为 17s；当采用 10～50MFLOPS 的工作站时约需要的运行时间为 28min；当采用 2MFLOPS 的 32 字长微机时约需要的运行时间为 141min。上面所估计的是 CPU 运行时间，实际运行时间要比估计的时间长些。一个具有 20 个 Yee 单元的介质球的计算问题，包括远场转换，在 10MFLOPS 工作站上计算时大约要花费 38min，在 486-33 微机上就要花费 210min。

在三维情况下，边界表面为二阶变量，比起三维体积，Mur 吸收边界条件一般占用较少的运算时间，通常并不另外估算。采用 PML 吸收边界条件时，将会较大地增加计算时间。

5.5 吸收边界条件

当研究问题中的边界条件可以直接变为有限差分方程的边界条件时，就不需要设置吸收边界条件了。例如，封闭波导问题就可以用 ID 矩阵表示。然而，许多问题都要涉及自由空间中物体的建模，就需要涉及向无界空间的辐射或散射场的传播，满足辐射条件（radiation condition）。但是计算机的计算空间必须是有限大小的，因而实际上存在着边界，于是当辐射或散射场到达边界时将被反射回来，不可能模拟无界空间。为解决计算中的有限和无限的矛盾，处理向外辐射的边界条件 ORBC（outer radiation boundary condition）通常的方法是使得辐射或散射场到达 Yee 单元网格空间界限时被吸收。直观地想，可能会认为可以使计算机在反射之前停止时间步并去掉以后的数据，就不会有反射了，但是大多数情况下是做不到的，因为这需要大量的单元用于包围物体或天线。

采用吸收边界条件时，由于入射波可能很复杂，所设的吸收边界条件不能完全吸收掉辐射波。通常推荐采用的一阶 Mur 和二阶 Mur 吸收边界条件，该方法很简单：一阶 Mur 方法是时间回退一步，向空间推出一格；二阶 Mur 方法则将时间回退二步，向空间推出两格。下面将介绍 Mur 吸收边界条件的原理。

5.5.1 单向波方程与吸收边界条件

设一维波动方程形式为

$$\left[\frac{\partial}{\partial x} - \frac{1}{v}\frac{\partial}{\partial t}\right]\phi(x,t) = 0 \tag{5.5.1}$$

其解为

$$\phi(x,t) = f(x+vt), \qquad \frac{\partial}{\partial x}\phi(x,t)\bigg|_{x=0} = \frac{1}{v}\frac{\partial}{\partial t}\phi(x,t)\bigg|_{x=0}$$

表达了一个沿 x 方向传播的波，该波动无反射波，因此只要在截断边界 $x=0$ 处满足式(5.5.1)就不会发生反射。取向前差商，将此条件映射到 Yee 单元网格空间中，得

$$\phi^n(1) - \phi^n(0) = \frac{\Delta x}{v\partial t}\left[\phi^{n+1}(0) - \phi^n(0)\right]$$

于是

$$\phi^{n+1}(0) = \phi^n(0)\left(1 - \frac{v\Delta t}{\Delta x}\right) + \frac{v\Delta t}{\Delta x}\phi^n(1) \tag{5.5.2}$$

当 $\Delta x = v\Delta t$ 时

$$\phi^{n+1}(0) = \phi^n(1) \tag{5.5.3}$$

式(5.5.3)表明,$(n+1)\Delta t$ 时刻的 $I=0 \cdot \Delta x$ 处的电位值等于 $n \cdot \Delta t$ 时刻 $I=1 \cdot \Delta x$ 处的电位值,此条件满足一个时间步向边界 $x=0$ 处移动了一个网格,好像边界不存在。这是一阶 Mur 条件,一般地可以写成为

$$E_Z^{n+1}\left(0,j,k+\frac{1}{2}\right) = E_Z^n\left(1,j,k+\frac{1}{2}\right) + \frac{c\Delta t - \Delta x}{c\Delta t + \Delta x}\left[E_Z^{n+1}\left(1,j,k+\frac{1}{2}\right) - E_Z^n\left(0,j,k+\frac{1}{2}\right)\right] \tag{5.5.4}$$

当满足 $\Delta x = 2v\Delta t$ 时,差分格式为

$$E_Z^{n+1}\left(0,j,k+\frac{1}{2}\right) = E_Z^n\left(1,j,k+\frac{1}{2}\right) - \frac{1}{3}\left[E_Z^{n+1}\left(1,j,k+\frac{1}{2}\right) - E_Z^n\left(0,j,k+\frac{1}{2}\right)\right] \tag{5.5.5}$$

在二阶一维波动方程的情况有

$$\frac{\partial^2 \phi}{\partial x^2} - \frac{1}{v^2}\frac{\partial^2 \phi}{\partial t^2} = 0$$

可分解为两个一次波动方程

$$\left(\frac{\partial \phi}{\partial x} - \frac{1}{v}\frac{\partial \phi}{\partial t}\right)\left(\frac{\partial \phi}{\partial x} + \frac{1}{v}\frac{\partial \phi}{\partial t}\right) = 0$$

等价为两个单向波

$$\begin{cases} \left(\frac{\partial}{\partial x} - \frac{1}{v}\frac{\partial}{\partial t}\right)\phi = 0, & L_1^- \phi = 0 \\ \left(\frac{\partial}{\partial x} + \frac{1}{v}\frac{\partial}{\partial t}\right)\phi = 0, & L_1^+ \phi = 0 \end{cases}$$

$L_1 = L_1^+ \cdot L_1^-$ 即二阶一维波动方程,可采用单向波条件处理吸收边界。单向波条件:波到达边界时,只有向前的波,由于根本没有向后的波,所以向里面看,并不存在边界。

5.5.2 二维和三维的情况

二维无源区的波动方程为

$$L_2 \phi \equiv \left(\frac{\partial^2}{\partial x^2} + \frac{\partial^2}{\partial y^2} - \frac{1}{v^2}\frac{\partial^2}{\partial t^2}\right)\phi = 0$$

分解算符 $L_2 = L_2^+ \cdot L_2^-$

$$\begin{cases} L_2^+ = \frac{\partial}{\partial x} + \frac{1}{v}\frac{\partial}{\partial t}\sqrt{1-s^2} \\ L_2^- = \frac{\partial}{\partial x} - \frac{1}{v}\frac{\partial}{\partial t}\sqrt{1-s^2} \\ s = v\dfrac{\dfrac{\partial}{\partial y}}{\dfrac{\partial}{\partial t}} \end{cases} \tag{5.5.6}$$

在 $x=0$ 处,满足

$$L_2^- \phi = 0 \tag{5.5.7}$$

在 $x=h$ 处,满足

$$L_2^+ \phi = 0 \tag{5.5.8}$$

在 $y=0$ 处,满足

$$L_2^- \phi = 0 \qquad (5.5.9)$$

在 $y=h$ 处,满足

$$L_2^+ \phi = 0 \qquad (5.5.10)$$

在边界处不发生反射。

三维时

$$
\begin{cases}
L_3 \phi \equiv \left(\dfrac{\partial^2}{\partial x^2} + \dfrac{\partial^2}{\partial y^2} + \dfrac{\partial^2}{\partial z^2} - \dfrac{1}{v^2}\dfrac{\partial^2}{\partial t^2} \right)\phi = 0 \\[3mm]
L_3^{\pm} = \dfrac{\partial}{\partial x} \pm \dfrac{1}{v}\dfrac{\partial}{\partial t}\sqrt{1-D^2} \\[3mm]
D = v\left[\left(\dfrac{\partial}{\partial y} \Big/ \dfrac{\partial}{\partial t} \right)^2 + \left(\dfrac{\partial}{\partial z} \Big/ \dfrac{\partial}{\partial t} \right)^2 \right]^{\frac{1}{2}}
\end{cases}
\qquad (5.5.11)
$$

只要满足

$$
\begin{cases}
L_3^- \phi = 0, & x = 0 \\
L_3^+ \phi = 0, & x = h
\end{cases}
\qquad (5.5.12)
$$

边界处就没有反射波。因此,三维二阶 Mur 吸收边界条件可以写为

$$
E_Z^{n+1}(0,j,k+1/2) = -E_Z^{n-1}(1,j,k+1/2) + \frac{c\Delta t - \Delta x}{c\Delta t + \Delta x}\big[E_Z^{n+1}(1,j,k+1/2) +
$$

$$
E_Z^{n-1}(0,j,k+1/2)\big] + \frac{2\Delta x}{c\Delta t + \Delta x}\big[E_Z^{n}(1,j,k+1/2) +
$$

$$
E_Z^{n}(0,j,k+1/2)\big] + \frac{(c\Delta t)^2 \Delta x}{2(\Delta y)^2(c\Delta t + \Delta x)}\big[E_Z^{n}(0,j+1,k+1/2) -
$$

$$
2E_Z^{n}(0,j,k+1/2)\big] + E_Z^{n}(0,j-1,k+1/2) +
$$

$$
E_Z^{n}(0,j+1,k+1/2) - 2E_Z^{n}(1,j,k+1/2) +
$$

$$
E_Z^{n}(1,j-1,k+1/2) + \frac{(c\Delta t)^2 \Delta x}{2(\Delta z)^2(c\Delta t + \Delta x)}\big[E_Z^{n}(0,j,k+3/2) -
$$

$$
2E_Z^{n}(0,j,k+1/2)\big] + E_2^{n}\big(0,j,k-\tfrac{1}{2}\big) +
$$

$$
E_2^{n}\left[\big(1,j,k+\tfrac{3}{2}\big) - 2E_2^{n}\big(1,j,k+\tfrac{1}{2}\big) + E_Z^{n}\big(1,j,k-\tfrac{1}{2}\big)\right] \qquad (5.5.13)
$$

5.5.3 近似吸收边界条件

在上面单向波条件中,算符中有根号,必须进行近似处理,得到的将是近似吸收边界条件。近似的结果会引入部分反射,但可以尽量减小反射。把二维问题的 Mur 精确的单向波条件中的根号部分进行 TayLor 展开,取前两项

$$\sqrt{1-S^2} \approx 1 - \frac{S^2}{2}$$

代入式(5.5.6)得

$$\left[\frac{\partial}{\partial x} - \frac{1}{v}\frac{\partial}{\partial t} + \frac{v}{2}\left(\frac{\partial}{\partial y} \right)^2 \Big/ \frac{\partial}{\partial t} \right]\phi = 0$$

用 $\dfrac{\partial}{\partial t}$ 乘,得

$$\left[\frac{\partial^2}{\partial x \partial t} - \frac{1}{v}\frac{\partial^2}{\partial t^2} + \frac{v}{2}\frac{\partial^2}{\partial y^2}\right]\phi = 0 \tag{5.5.14}$$

式(5.5.14)就是 Mur 吸收边界条件的解析形式。也可以采用 Pade 方法进行近似处理,设

$$R(S) = \frac{P_m(S)}{q_n(S)}$$

采用 $R(m,n)$ 符号表示,取 $R(s)$ 为 $R(2,0)$ 时,$\sqrt{1-s^2} \approx P_0 + P_2 S^2$,代入算符中,得二阶近似吸收边界条件为

$$\left(\frac{\partial^3}{\partial x^2} - \frac{P_0}{v}\frac{\partial^2}{\partial t^2} - vP_2\frac{\partial^2}{\partial y^2}\right)\phi = 0 \tag{5.5.15}$$

取 $R(s)$ 为 $R(2,2)$ 时,有

$$\sqrt{1-s^2} \approx \frac{P_0 + P_2 S^2}{q_0 + q_2 S^2}$$

得三阶近似吸收边界条件为

$$\left(q_0\frac{\partial^3}{\partial x \partial t^2} + v^2 q_2\frac{\partial^3}{\partial x \partial y^2} - \frac{P_0}{v}\frac{\partial^3}{\partial t^3} - vP_2\frac{\partial^3}{\partial t \partial y^2}\right)\phi = 0 \tag{5.5.16}$$

在式(5.5.15)中可取 $P_0 = 1, P_2 = \frac{1}{2}$,在式(5.5.16)中可取 $q_0 = P_0 = 1, P_2 = -\frac{3}{4}, q_2 = -\frac{1}{4}$。

对 $x=0$ 处的平面,入射平面波可表示为

$$\phi_{\text{inc}} = \exp[j(\omega t + kx\cos\theta - ky\sin\theta)]$$

$$\phi_{\text{ref}} = R\phi_{\text{inc}}$$

总场为

$$\phi = \phi_{\text{ref}} + \phi_{\text{inc}} = \exp[j(\omega t + kx\cos\theta - ky\sin\theta)] + R\exp[j(\omega t - kx\cos\theta - ky\sin\theta)]$$

ϕ 应满足边界条件,把近似吸收边界条件式(5.5.15)和式(5.5.16)代入上式,可求出对应于二阶的和三阶的吸收边界条件的反射系数为

$$R'' = \frac{\cos\theta - P_0 - P_2\sin^2\theta}{\cos\theta + P_0 + P_2\sin^2\theta} \tag{5.5.17}$$

$$R''' = \frac{q_0\cos\theta + q_2\cos\theta\sin^2\theta - P_0 - P_2\sin^2\theta}{q_0\cos\theta + q_2\cos\theta\sin^2\theta + P_0 + P_2\sin^2\theta} \tag{5.5.18}$$

显然,只有 $\theta=0$ 时,才会有 $R=0$。一般来说,反射系数为 θ 的函数在求取吸收边界条件的差分格式时,可以采用如下的近似处理。

(1) 取中心差商:

$$\frac{\partial}{\partial x}[\phi^n(o,J,K)] = \frac{\phi^n\left(\frac{1}{2},J,K\right) - \phi^n\left(-\frac{1}{2},J,K\right)}{\Delta x} + O(\Delta x)^2$$

为回避 $-\frac{1}{2}$ 点,可以近似为 $\frac{1}{2}$ 点处的差分格式,即取 $\frac{\partial}{\partial x}\left[\phi^{n+\frac{1}{2}}\left(\frac{1}{2}\right)\right]$ 和 $\frac{\partial}{\partial t}\left[\phi^{n+\frac{1}{2}}\left(\frac{1}{2}\right)\right]$。

(2) 可取近似:

$$\phi^n\left(\frac{1}{2}\right) = \frac{\phi^n(1) + \phi^n(0)}{2}, \quad \phi^{n+\frac{1}{2}}(I,J,K) = \frac{\phi^{n+1}(I,J,K) + \phi^n(I,J,K)}{2}$$

5.5.4 吸收边界条件的验证

应用 FDTD 方法时,吸收边界条件是解决有限大小的计算机存储空间与具有无限延伸的

物理空间以及精度要求相矛盾的有效方法。过高精度的吸收边界条件会降低 FDTD 效率,过低精度的吸收边界条件会降低 FDTD 精度和结果的真实性。因此,恰当选择吸收边界条件是应用 FDTD 方法的关键之一。一般来说,吸收边界条件的选取带有一定的任意性,可以根据情况进行吸收边界条件的数值建模,不管采用什么方法,只要能通过计算机试验验证,所选的吸收边界条件就符合要求。实际上,任何吸收边界条件都需要进行验证。

1. 二维空间中验证吸收边界条件的试验方法

确定了吸收边界条件之后,需要设计一种验证吸收边界条件性能的数值试验方法。Ω_B 为基础的计算空间。取 Ω_T 为 Ω_B 的一部分,Ω_T 为试验网格空间,带有吸收边界条件。例如,取空间网格为 100×50。在 $(50,25)$ 处放置一线源,激发窄脉冲波,执行差分格式,在基础网格空间 Ω_B 中模拟脉冲传播过程。Ω_T 为 Ω_B 的一部分,在 Ω_T 内两个网格空间中计算的结果相同。比较 Ω_B 中的波,在 Ω_B 中计算时,在截断边界的反射波尚未到达 Ω_T 之前,在 Ω_T 范围内,在 Ω_B 网格空间中计算的波就应该只有向外的行进波同无限大空间中的情况一样,见图 5.15。同时,当在具有吸收边界条件的 Ω_T 空间中计算时,Ω_T 空间的电磁波计算结果与在 Ω_B 中计算的波的差异就是 Ω_T 处的吸收边界条件偏差引起的。

2. 二维空间角点处的吸收边界条件

在二维空间的 4 个角点处,不能用 4 边上点的差分格式计算,否则会遭遇没有定义的点。1882 年 Taflove 和 Umashankar 提出的处理办法有如下特点。

(1) 需计算空间内部网点上场量的值。

(2) 外行数字波只有少量的反射。

(3) 数值是稳定的。

Taflove 和 Umashankar 提出处理办法如图 5.16 所示。

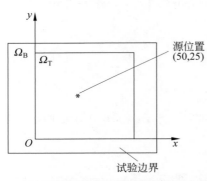

图 5.15　验证吸收边界条件性能的数值实验空间

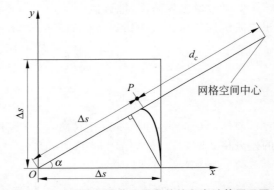

图 5.16　二维空间吸收边界条件的角点计算原理图

基本方法如下。

(1) 认为入射 $(0,0)$ 点的波是由网格空间中心点来的射线方向传播的,与 x 轴的夹角为 α。

(2) 取距离 $(0,0)$ 点一个空间步长的点 P,由 $\Delta s = 2v\Delta t$ 可知,$\phi^{n+1}(0,0)$ 是两个时间步前的 $\phi^{n-1}(p)$ 传播过来的。

(3) $\phi^{n-1}(p)$ 传播到 $\phi^{n+1}(0,0)$ 有衰减,$\phi^{n+1}(0,0) = A\phi^{n-1}(p)$,此衰减可以用线性插值求出。

$$(d_c+1)\phi_0=d_c\phi_p, \phi_0=\frac{d_c}{d_c+1}\phi_p, \text{取} \ \phi^{n+1}(0,0)=\sqrt{\phi_0\phi_p^{n-1}}=\left(\frac{d_c}{d_c+1}\right)^{\frac{1}{2}}\phi_p^{n-1}, \text{有}$$

$$A=\left(\frac{d_c}{d_c+1}\right)^{\frac{1}{2}} \tag{5.5.19}$$

（4）设入射线与 x 轴夹角为 α，则有

$$\phi_P^{n-1}=(1-\sin\alpha)(1-\cos\alpha)\phi^{n-1}(0,0)+(1-\sin\alpha)\cos\alpha\,\phi^{n-1}(1,0)+$$
$$\sin\alpha(1-\cos\alpha)\phi^{n-1}(0,1)+\sin\alpha\cos\alpha\,\phi^{n-1}(1,1) \tag{5.5.20}$$

（5）三维情况与二维类似。

5.6 PML 吸收边界条件

1994 年，Jean-Pierre Berenger 提出了自由空间中的二维 PML（perfectly matched layer）吸收边界条件。Berenger 提出的 PML 吸收边界条件是一种基于吸收层的技术，该技术可以使"以任意入射角和任意频率入射的平面波，投射到真空-介质表面的反射系数的理论值都是0。"由于特性优良，所以 PML 吸收边界条件一出现就得到了极大的推广，相继解决了一些过去难以求解的电磁工程问题。

5.6.1 PML 吸收媒质的定义

首先考虑 TE 波的情况。在笛卡儿坐标系中，TE 波的电磁场只有 3 个分量，即 E_x、E_y 和 H_z。假设媒质的电导率和磁导率分别为 σ 和 σ^*，麦克斯韦方程组可以写成

$$\varepsilon_0\frac{\partial E_x}{\partial t}+\sigma E_x=\frac{\partial H_z}{\partial y} \tag{5.6.1}$$

$$\varepsilon_0\frac{\partial E_y}{\partial t}+\sigma E_y=-\frac{\partial H_z}{\partial x} \tag{5.6.2}$$

$$\mu_0\frac{\partial H_z}{\partial t}+\sigma^* H_z=\frac{\partial E_x}{\partial y}-\frac{\partial E_y}{\partial x} \tag{5.6.3}$$

更进一步，如果满足条件

$$\frac{\sigma}{\varepsilon_0}=\frac{\sigma^*}{\mu_0} \tag{5.6.4}$$

媒质的阻抗就和真空的阻抗相等，当平面波垂直入射到真空－介质表面时就不会发生反射现象。

在 PML 媒质中，在 x 和 y 方向分别设置吸收媒质以便对 E_x、E_y 进行吸收，所以相应地就需要把前面表达式中的磁场分量 H_z 劈裂成 H_{zx} 和 H_{zy} 两个子元。于是，PML 媒质中 TE 波就拥有 4 个电磁场元，即 E_x、E_y、H_{zx} 和 H_{zy}，相关的麦克斯韦方程组就变成如下形式：

$$\varepsilon_0\frac{\partial E_x}{\partial t}+\sigma_y E_x=\frac{\partial(H_{zx}+H_{zy})}{\partial y} \tag{5.6.5}$$

$$\varepsilon_0\frac{\partial E_y}{\partial t}+\sigma_x E_y=-\frac{\partial(H_{zx}+H_{zy})}{\partial x} \tag{5.6.6}$$

$$\mu_0\frac{\partial H_{zx}}{\partial t}+\sigma_x^* H_{zx}=-\frac{\partial E_y}{\partial x} \tag{5.6.7}$$

$$\mu_0 \frac{\partial H_{zy}}{\partial t} + \sigma_y^* H_{zy} = \frac{\partial E_x}{\partial y} \tag{5.6.8}$$

式中的参数 σ_x、σ_x^*、σ_y、σ_y^* 分别是各向同性的电导率和磁导率。

如果 $\sigma_y = \sigma_y^* = 0$，此时 PML 媒质就可以只吸收沿 x 方向传播的平面波（E_y，H_{zx}），但不吸收沿 y 方向传播的平面波（E_x，H_{zy}）。而当 $\sigma_x = \sigma_x^* = 0$ 时，情况正好与此相反。如果介质（σ_x，σ_x^*，0，0）和（0，0，σ_y，σ_y^*）各自的电导率和磁导率都满足条件式（5.6.4），那么电磁波入射到垂直于 x 轴的平面（对应介质（σ_x，σ_x^*，0，0））和垂直于 y 轴的平面（对应介质（0，0，σ_y，σ_y^*））就不会发生反射。

5.6.2　PML 吸收边界条件在 Yee 单元网格空间中的应用

PML 在 Yee 单元网格空间中的构架如图 5.17 所示。中间的真空区域为计算区域，计算区域外包围着不同种类的 PML 媒质，整个空间的最外围是理想导体。

如果媒质的厚度为 δ，侧面的媒质为（σ_x，σ_x^*，0，0）或（0，0，σ_y，σ_y^*），距离交界面 ρ 处，外行波的幅度可以写成

$$\psi(\rho) = \psi(0) \mathrm{e}^{-(\sigma \cos(\theta)/\varepsilon_0 c)\delta} \tag{5.6.9}$$

此处，θ 为外行波相对于交界面的入射角，σ 为 σ_x 或 σ_y。当波穿过媒质层后，就在最外围的理想导体处反射回来，二次穿越媒质层后，重新回到真空中，那么反射系数就是

$$R(\theta) = \mathrm{e}^{-2(\sigma \cos(\theta)/\varepsilon_0 c)\delta} \tag{5.6.10}$$

可以看出，当 $\theta = \pi/2$ 时，反射系数为 1。此时电磁波会平行此面传播，最终被垂直此面的 PML 媒质吸收。方形区域的 PML 媒质的设置情况如图 5.17 所示。

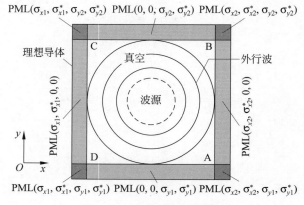

图 5.17　PML 媒质的设置

由式（5.6.10）可以看出，反射系数为媒质厚度 δ 的函数。理论上，在确定了反射系数要求后，可以通过增大 σ 来减小 δ，以便节省计算区域。但是，真空中的介电常数和介磁常数为 ε_0 和 μ_0，试验表明，如果取 σ 为常数会导致在自由空间和 PML 的边界处产生阻抗不匹配，引起较大的反射。由于 σ 的突变会引起数值反射，所以在实际的应用中，PML 中的 σ 是由自由空间到最外层边界逐渐增加的。往往取几个网格的厚度，使电导率从交界面处的零值逐渐增大到最外层的 σ_m 值。对于厚度很小的多层 PML 吸收媒质 $\sigma(\rho)$，电磁波的反射系数为

$$R(\theta) = \mathrm{e}^{-2(\cos(\theta)/\varepsilon_0 c)\int_0^\delta \sigma(\rho)\mathrm{d}\rho} \tag{5.6.11}$$

令

$$\sigma(\rho) = \sigma_{\mathrm{m}} \left(\frac{\rho}{\delta} \right)^n \qquad (5.6.12)$$

式中，ρ 为进入 PML 层的深度，δ 为 PML 吸收层的厚度，σ_{m} 为固定参数，n 一般选为 4。显然，$\rho = 0$ 时，$\sigma = 0$，对应于真空媒质；当 $\rho = \delta$ 时，$\sigma = \sigma_{\mathrm{m}}$，对应于金属边界的情况。也就是，真空媒质在 PML 层与计算空间的交界处电导率为 0，在 PML 层与理想导体层的交界处电导率为最大值。所以，首先要确定 σ_{m}，以便确定电导率取多大时在金属边界上的反射量是可以容忍的。下面将以二维为例进行一定的推导。在边界的棱区中与坐标轴平行的电导率为 0，只存在与坐标轴垂直的电导率，并且随着进入 PML 的深度增加而增大，在 PML 与计算空间的交界处电导率为最小值，在最外层电导率达到最大值；在坐标的角区中存在着沿两个方向变化的电导率。同样可以推广到三维空间的情况。考虑式(5.6.11)和式(5.6.12)，PML 吸收层的反射系数为

$$R(\theta) = \exp\left[-2\varepsilon_{\mathrm{r}}\cos\theta \sqrt{\frac{\mu_0}{\varepsilon_0}} \int_0^{\delta_0} \sigma(\rho)\,\mathrm{d}\rho \right]$$

将经验公式代入可得反射系数为

$$R(\theta) = \exp\left(-\frac{2\sigma_{\mathrm{m}}\delta\varepsilon_{\mathrm{r}}\cos\theta}{n+1} \sqrt{\frac{\mu_0}{\varepsilon_0}} \right) \qquad (5.6.13)$$

所以，电导率最大值为

$$\sigma_{\mathrm{m}} = -\frac{(n+1)\ln R(0)}{2\delta \sqrt{\frac{\mu_0}{\varepsilon_0}}}$$

例如，取反射系数 $R(0) = 10^{-2}$，$n = 4$ 可以计算出 σ_{m} 的数值。δ 为 PML 吸收层的厚度，通常可以根据计算量和需要人为地取定。由于 σ 的突变会引起数值反射，在实际应用中，PML 中的电导率 σ 是由自由空间逐渐增加的，也就是吸收边界中的 Yee 单元网格的电导率沿传播方向逐渐增加，每个 Yee 单元网格的电导率 σ 都不相同，此处的 PML 层取为 9 个 Yee 单元网格厚。真空区域也可以使用 PML 媒质的麦克斯韦方程组，但考虑到节省计算机内存的原则，真空区域最好采用传统的麦克斯韦方程组。在 PML 媒质中，除交界面处的 E_y 外，都可以使用 PML 媒质的麦克斯韦方程组，其差分形式为

$$E_y^{n+1}(i,j+1/2) = e^{-\sigma_x(i)\Delta t/\varepsilon_0} E_y^n(i,j+1/2) - \frac{1 - e^{-\sigma_x(i)\Delta t/\varepsilon_0}}{\sigma_x(i)\Delta x} \times [H_{zx}^{n+1/2}(i+1/2,j+1/2) +$$
$$H_{zy}^{n+1/2}(i+1/2,j+1/2) - H_{zx}^{n+1/2}(i-1/2,j+1/2) -$$
$$H_{zy}^{n+1/2}(i-1/2,j+1/2)] H_{zx}^{n+1/2}(i+1/2,j+1/2) \qquad (5.6.14)$$
$$= e^{-\sigma_x^*(i)\Delta t/\mu_0} H_{zx}^{n-1/2}(i+1/2,j+1/2) - \frac{1 - e^{-\sigma_x^*(i+1/2)\Delta t/\mu_0}}{\sigma_x^*(i+1/2)\Delta x} \times$$
$$[E_y^n(i+1,j+1/2) - E_y^n(i,j+1/2)] \qquad (5.6.15)$$

此处，σ_x 和 σ_x^* 都是 i 的函数。对于交界面处的电场分量 E_y，由于磁场在交界面的一侧有 H_z，而另一侧有 H_{zx} 和 H_{zy} 两个子分量，所以就要修改式(5.6.14)，修改式如下：

$$E_y^{n+1}(i_l,j+1/2) = e^{-\sigma_x(i_l)\Delta t/\varepsilon_0} E_y^n(i_l,j+1/2) - \frac{1 - e^{-\sigma_x(i_l)\Delta t/\varepsilon_0}}{\sigma_x(i_l)\Delta x} \times$$
$$[H_{zx}^{n+1/2}(i_l+1/2,j+1/2) + H_{zy}^{n+1/2}(i_l+1/2,j+1/2) -$$

$$H_z^{n+1/2}(i_l - 1/2, j + 1/2)] \qquad (5.6.16)$$

为了进一步说明采用 PML 吸收边界条件时,如何处理各 Yee 单元的电磁场的关系,图 5.18中标出了右上角的结构。

对于 $\sigma_x(i)$ 则可以写成

$$\sigma_x(i) = \frac{1}{\Delta x} \int_{x(i)-\Delta x/2}^{x(i)+\Delta x/2} \sigma_x(x') \mathrm{d}x' \qquad (5.6.17)$$

式中,$\sigma_x(x')$ 就是式(5.6.12)。

推导 TM 波情况下的 PML 媒质中麦克斯韦方程组的过程与 TE 波的情况类似。

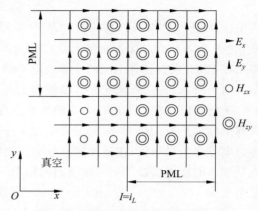

图 5.18　在图 5.17 中右上角的结构

5.6.3　三维 PML 吸收边界条件

类比于二维情况,将电磁场的 6 个分量劈裂成 12 个分量,电磁场分量劈裂处理后的麦克斯韦方程组有如下形式:

$$\varepsilon_0 \frac{\partial E_{xy}}{\partial t} + \sigma_y E_{xy} = \frac{\partial (H_{zx} + H_{zy})}{\partial y} \qquad (5.6.18)$$

$$\varepsilon_0 \frac{\partial E_{xz}}{\partial t} + \sigma_z E_{xz} = \frac{\partial (H_{yx} + H_{yz})}{\partial z} \qquad (5.6.19)$$

$$\varepsilon_0 \frac{\partial E_{yz}}{\partial t} + \sigma_z E_{yz} = \frac{\partial (H_{xy} + H_{xz})}{\partial z} \qquad (5.6.20)$$

$$\varepsilon_0 \frac{\partial E_{yx}}{\partial t} + \sigma_x E_{yx} = \frac{\partial (H_{zx} + H_{zy})}{\partial x} \qquad (5.6.21)$$

$$\varepsilon_0 \frac{\partial E_{zx}}{\partial t} + \sigma_x E_{zx} = \frac{\partial (H_{yx} + H_{yz})}{\partial x} \qquad (5.6.22)$$

$$\varepsilon_0 \frac{\partial E_{zy}}{\partial t} + \sigma_y E_{zy} = -\frac{\partial (H_{xy} + H_{xz})}{\partial y} \qquad (5.6.23)$$

$$\mu_0 \frac{\partial H_{xy}}{\partial t} + \sigma_y^* H_{xy} = -\frac{\partial (E_{zx} + E_{zy})}{\partial y} \qquad (5.6.24)$$

$$\mu_0 \frac{\partial H_{xz}}{\partial t} + \sigma_z^* H_{xz} = \frac{\partial (E_{yx} + E_{yz})}{\partial z} \qquad (5.6.25)$$

$$\mu_0 \frac{\partial H_{yz}}{\partial t} + \sigma_z^* H_{yz} = -\frac{\partial (E_{xy} + E_{xz})}{\partial z} \qquad (5.6.26)$$

$$\mu_0 \frac{\partial H_{yx}}{\partial t} + \sigma_x^* H_{yx} = \frac{\partial (E_{zx} + E_{zy})}{\partial x} \qquad (5.6.27)$$

$$\mu_0 \frac{\partial H_{zx}}{\partial t} + \sigma_x^* H_{zx} = -\frac{\partial (E_{yx} + E_{yz})}{\partial x} \qquad (5.6.28)$$

$$\mu_0 \frac{\partial H_{zy}}{\partial t} + \sigma_y^* H_{zy} = \frac{\partial (E_{xy} + E_{xz})}{\partial y} \qquad (5.6.29)$$

其余的处理均可参照二维情况,此处不再重复进一步的过程。

5.6.4　非均匀网格结构的三维 PML 吸收边界条件

在微带线电路的模拟计算中,常常会遇到被模拟对象在某一方向上的尺度远远小于其他方向上尺度的情况,此时较经济的方法是采用非均匀网格来模拟计算。Tong Li 针对这种情况发展出了非均匀的 PML 吸收边界条件。

Berenger 的 PML 边界条件将每个电场或磁场元劈裂成两个子元。如前面所述,当忽略入射波的频率和入射角时,如果满足式(5.6.30),那么电磁波传播到 PML 媒质层将不发生反射且呈指数衰减。

$$\frac{\sigma_x}{\varepsilon}=\frac{\sigma_x^*}{\mu}, \quad \frac{\sigma_y}{\varepsilon}=\frac{\sigma_y^*}{\mu}, \quad \frac{\sigma_z}{\varepsilon}=\frac{\sigma_z^*}{\mu} \tag{5.6.30}$$

虽然入射波在"PML-自由空间交界面"处几乎不产生反射,但当边界处的介质为非均匀介质时(如常见的多层微带线电路),还需要在 PML 迭代方程中加入特殊的处理项。若所考虑的有耗介质只有金属,因为金属具有很高的电导率,建模时可以作为理想导体处理。

首先考虑边界网格中金属边界的处理。如果一个边界网格具有非零的电导率,那么与之紧邻的网格及沿此二网格连线上的所有网格都具有与边界网格相同的电导率 σ_x、σ_y 和 σ_z,而所有网格的磁损耗应设为 0。

为了将非金属网格延伸入 PML 媒质中,PML 媒质的介电常数和磁导率的分布应与到达边界的前一个网格的分布相同。经过这样的安排,PML 网格就只有一个介电常数而不是三个。以电磁波的场分量元 E_{yx} 和 H_{yx} 为例,如果在 x 方向上不含金属的网格延伸至边界,那么就要求 σ_x、σ_x^* 符合式(5.6.30),且 σ_y、σ_y^* 和 σ_z、σ_z^* 设置为 0。对于无金属的 PML 网格,可以令

$$\sigma(\rho)=\sigma_0(g)^{\rho/\Delta} \tag{5.6.31}$$

此处,ρ 是当前点到 Yee 单元网格与 PML 网格交界面的直接距离,g 是定标常数,σ_0 是 PML 表面上的电损耗,Δ 是网格尺寸。网格点的电导率为环绕该点网格电导率的平均值:

$$\sigma_x(L,j,k)=\frac{\varepsilon_{rijk}}{\Delta x}\int_{\rho(L)-\Delta x/2}^{\rho(L)+\Delta x/2}\sigma_x(x)\mathrm{d}x \tag{5.6.32}$$

此处,ε_{rijk} 是网格(i,j,k)的相对介电常数,L 是 x 轴方向的当前点到 Yee 单元网格与 PML 网格交界面的距离,且 $L=0,1/2,1,3/2$,相应的 σ_x^* 可以通过式(5.6.30)得到。

请注意,式(5.6.32)是通过相对介电常数来定标电损耗的。这是因为在非均匀的边界中,为了保持式(5.6.30)的良好匹配条件,就不得不在计算 PML 媒质的电损耗时考虑到介电常数变化的因素。

在实际的数值计算中,g 值对边界网格的尺寸很敏感,需要根据实际情况进行调整以达到良好吸收的效果。由于非对称网格的原因,为了在所有的边界上都达到良好吸收的效果,g 和 σ_0 的值要根据不同的边界分别进行计算。

5.6.5　各向异性的 PML 吸收媒质

Gedney 提出了各向异性的 PML 吸收媒质。这种吸收媒质避免了在吸收媒质中对磁场的劈裂,因此不仅保留了原有 PML 吸收层技术的长处,而且进一步降低了 PML 技术对计算机内存的需求,并且使计算机编程计算更容易实现。实际上建立 PML 吸收边界条件时对麦克斯韦方程组存在着两种处理方法,即分裂磁场方式和非分裂方式。下面简单介绍 Gedney

建立的非分裂方式的各向异性 PML 吸收边界条件。

建立 PML 吸收边界条件的目的很明确，就是要使边界的反射系数为零。下面推导单轴各向异性的媒质中，沿着 xOz 平面传输的平面波的麦克斯韦方程。设有任意极化的沿 xOz 平面传播的时谐平面波为

$$H^{inc} = H_0 \exp(-j\beta_x^i x - j\beta_z^i z) \tag{5.6.33}$$

根据算符 $\mathbf{\nabla} \times$ 算符的性质，可以导出等价关系

$$\mathbf{\nabla} \times \mathbf{E} = i\mathbf{k} \times \mathbf{E} \tag{5.6.34}$$

将时谐平面波的表达式代入麦克斯韦方程，有

$$\boldsymbol{\beta}^a \times \mathbf{E} = \omega \mu_0 \mu_r \overline{\overline{\boldsymbol{\mu}}} \mathbf{H}, \quad \boldsymbol{\beta}^a \times \mathbf{H} = -\omega \varepsilon_0 \varepsilon_r \overline{\overline{\boldsymbol{\varepsilon}}} \mathbf{E} \tag{5.6.35}$$

式中，$\boldsymbol{\beta}^a = \mathbf{x}\beta_x^a + \mathbf{z}\beta_z^a$ 为传播常数，$\mathbf{H}$ 及 $\mathbf{E}$ 为电场和磁场强度。$\overline{\overline{\boldsymbol{\varepsilon}}}$ 和 $\overline{\overline{\boldsymbol{\mu}}}$ 为介电常数和磁导率张量。设媒质是沿 z 轴对称的，此时 $\overline{\overline{\boldsymbol{\varepsilon}}}$ 和 $\overline{\overline{\boldsymbol{\mu}}}$ 为

$$\overline{\overline{\boldsymbol{\varepsilon}}} = \begin{bmatrix} a & 0 & 0 \\ 0 & a & 0 \\ 0 & 0 & b \end{bmatrix}, \quad \overline{\overline{\boldsymbol{\mu}}} = \begin{bmatrix} c & 0 & 0 \\ 0 & c & 0 \\ 0 & 0 & d \end{bmatrix} \tag{5.6.36}$$

把式(5.6.35)中的电场消去，导出波动方程的表示式

$$\boldsymbol{\beta}^a \times \overline{\overline{\boldsymbol{\varepsilon}}}^{-1} \boldsymbol{\beta}^a \times \mathbf{H} + k^2 \overline{\overline{\boldsymbol{\mu}}} \mathbf{H} = 0 \tag{5.6.37}$$

式中，$k^2 = \omega^2 \mu_0 \mu_r \varepsilon_0 \varepsilon_r$。用矩阵来表示式(5.6.37)，得

$$\begin{bmatrix} k^2 c - a^{-1}\beta_z^{a2} & 0 & \beta_x^i \beta_z^a a^{-1} \\ 0 & k^2 c - a^{-1}\beta_z^{a2} - \beta_x^{i2} b^{-1} & 0 \\ \beta_x^i \beta_z^a a^{-1} & 0 & k^2 d - a^{-1}\beta_x^{i2} \end{bmatrix} \begin{bmatrix} H_x \\ H_y \\ H_z \end{bmatrix} = 0 \tag{5.6.38}$$

从式(5.6.38)中可以得出满足 TM_y 波的条件为

$$k^2 c - a^{-1}\beta_z^{a2} - \beta_x^{i2} b^{-1} = 0 \tag{5.6.39}$$

同理，满足 TE_y 波的条件为

$$k^2 a - c^{-1}\beta_z^{a2} - \beta_x^{i2} d^{-1} = 0 \tag{5.6.40}$$

现在考虑入射波为 TM_y 波的情况，设入射 $Z = 0$ 平面

$$\mathbf{H}_0 = H_0 e^{-j\beta_x^i x - j\beta_z^i z}$$

则反射波和透射波为

$$\mathbf{H}_1 = \mathbf{y} H_0 (1 + \Gamma e^{2j\beta_z^i z}) e^{-j\beta_x^i x - j\beta_z^i z}$$

$$\mathbf{E}_1 = \left[\mathbf{x} \frac{\beta_z^i}{\omega\varepsilon}(1 - \Gamma e^{2j\beta_z^i z}) - \mathbf{z} \frac{\beta_x^i}{\omega\varepsilon}(1 + \Gamma e^{2j\beta_z^i z}) \right] H_0 e^{-j\beta_x^i x - j\beta_z^i z} \tag{5.6.41}$$

$$\mathbf{H}_2 = \mathbf{y} H_0 \tau e^{-j\beta_x^i x - j\beta_z^a z}$$

$$\mathbf{E}_2 = \left[\mathbf{x} \frac{\beta_z^a a^{-1}}{\omega\varepsilon} - \mathbf{z} \frac{\beta_z^i b^{-1}}{\omega\varepsilon} \right] H_0 \tau e^{-j\beta_x^i x - \beta_z^a z} \tag{5.6.42}$$

式中，Γ 为反射系数，τ 为透射系数。根据界面的边界条件，可以求得

$$\Gamma = \frac{\beta_z^i - \beta_z^a a^{-1}}{\beta_z^i + \beta_z^a a^{-1}} \quad \tau = 1 + \Gamma = \frac{2\beta_z^i}{\beta_z^i + \beta_z^a a^{-1}} \tag{5.6.43}$$

可见，当 $\beta_z^i = \beta_z^a a^{-1}$ 时 $\Gamma = 0$，此时任意角度的入射波都没有反射波，代入式(5.6.39)得

$$\beta_z^{i2} = k^2 c a^{-1} - \beta_x^{i2} b^{-1} a^{-1} \tag{5.6.44}$$

式中,$\beta_z^{i2}=k^2-\beta_x^{i2}$。可见,$c=a$,$d=a^{-1}$。同理,可以导出 TE_y 模的无反射的传输条件。

在三维的情况下建立 PML 吸收边界条件时,需要把整个边界分成 26 块,其中包括 6 个面、8 个角、12 条棱,见图 5.19。在各向异性的媒质中,三维的麦克斯韦方程表示为

$$\nabla \times \boldsymbol{H} = j\omega\varepsilon_0\varepsilon_r \overline{\overline{\boldsymbol{\varepsilon}}}\, \boldsymbol{E}, \qquad \nabla \times \boldsymbol{E} = -j\omega\mu_0\overline{\overline{\boldsymbol{\mu}}}\, \boldsymbol{H} \tag{5.6.45}$$

$$\overline{\overline{\boldsymbol{\varepsilon}}} = \overline{\overline{\boldsymbol{\mu}}} = \begin{bmatrix} \dfrac{s_y s_z}{s_x} & 0 & 0 \\[2mm] 0 & \dfrac{s_x s_z}{s_y} & 0 \\[2mm] 0 & 0 & \dfrac{s_x s_y}{s_z} \end{bmatrix} \tag{5.6.46}$$

式中,$\boldsymbol{E}$ 为电场强度,$\boldsymbol{H}$ 为磁场强度,$\overline{\overline{\boldsymbol{\varepsilon}}}$ 为介电常数张量,$\overline{\overline{\boldsymbol{\mu}}}$ 为磁导率张量,σ 为电导率。

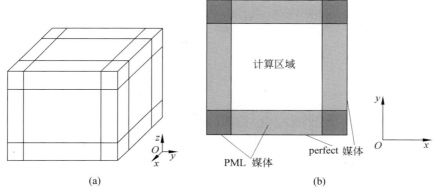

图 5.19 PML 吸收边界中吸收媒质的放置

试验表明,σ 在各个方向上由自由空间到最外层边界逐渐增加时,都可以减少由自由空间和 PML 的边界处的阻抗不匹配而引起的反射。根据前面的讨论,相应的二维横截面的 PML 吸收媒质安排如图 5.19(b)所示,PML 吸收媒质最外层要用理想导体封闭。上述的 PML 媒质安排具有如下的特点。

在棱区,与坐标轴平行的电导率为 0,只存在与坐标轴垂直的电导率,并且随着进入 PML 的深度增加而增大,在 PML 与计算空间的交界处为最小值,在最外层达到最大值。

在角区,存在着沿两个方向变化的电导率:

$$s_x = 1 + \frac{\sigma_x}{j\omega\varepsilon_0}, \qquad s_y = 1 + \frac{\sigma_y}{j\omega\varepsilon_0}, \qquad s_z = 1 + \frac{\sigma_z}{j\omega\varepsilon_0}$$

这样可以保证入射到 PML 媒质中的电磁波几乎全部达到无反射地吸收。为计算方便,可以引入电通量密度

$$D_x = \varepsilon_0\varepsilon_r \frac{s_y}{s_x}E_x, \qquad D_y = \varepsilon_0 r_r \frac{s_z}{s_y}E_y, \qquad D_z = \varepsilon_0\varepsilon_r \frac{s_x}{s_z}E_z \tag{5.6.47}$$

$$\nabla \times \boldsymbol{H} = \begin{bmatrix} \boldsymbol{e}_x & \boldsymbol{e}_y & \boldsymbol{e}_z \\[1mm] \dfrac{\partial}{\partial x} & \dfrac{\partial}{\partial y} & \dfrac{\partial}{\partial z} \end{bmatrix} = \left(\frac{\partial H_z}{\partial y} - \frac{\partial H_y}{\partial z}\right)\boldsymbol{e}_x + \left(\frac{\partial H_x}{\partial z} - \frac{\partial H_z}{\partial x}\right)\boldsymbol{e}_y + \left(\frac{\partial H_y}{\partial x} - \frac{\partial H_x}{\partial y}\right)\boldsymbol{e}_z$$

$$=\mathrm{j}\omega\varepsilon_0\varepsilon_{\mathrm r}\begin{bmatrix}\dfrac{s_y s_z}{s_x} & 0 & 0\\[2mm] 0 & \dfrac{s_x s_z}{s_y} & 0\\[2mm] 0 & 0 & \dfrac{s_x s_y}{s_z}\end{bmatrix}\begin{bmatrix}E_x\\[1mm] E_y\\[1mm] E_z\end{bmatrix}$$

所以有

$$\mathrm{j}\omega s_z D_x = \frac{\partial H_z}{\partial y} - \frac{\partial H_y}{\partial z}$$

$$\mathrm{j}\omega s_x D_y = \frac{\partial H_x}{\partial z} - \frac{\partial H_z}{\partial x}$$

$$\mathrm{j}\omega s_y D_z = \frac{\partial H_y}{\partial x} - \frac{\partial H_x}{\partial y}$$

$$\mathrm{j}\omega\left(1+\frac{\sigma_z}{\mathrm{j}\omega\varepsilon_0}\right)D_x = \frac{\Delta H_z}{\Delta y} - \frac{\Delta H_y}{\Delta z}$$

作替换 $\mathrm{j}\omega \to \dfrac{\partial}{\partial t}$，有

$$\frac{\partial D_x}{\partial t} + \frac{\sigma_z}{\varepsilon_0}D_x = \frac{\Delta H_z}{\Delta y} - \frac{\Delta H_y}{\Delta z}$$

$$\frac{D_x^{n+1}-D_x^n}{\Delta t} + \frac{\sigma_z}{2\varepsilon_0}D_x(D_x^{n+1}+D_x^n) = \frac{\Delta H_z}{\Delta y} - \frac{\Delta H_y}{\Delta z}$$

$$D_x^{n+1} = \frac{2\varepsilon_0-\sigma_z\Delta t}{2\varepsilon_0+\sigma_z\Delta t}D_x^n + \frac{2\varepsilon_0\Delta t}{2\varepsilon_0+\sigma_z\Delta t}\left(\frac{\Delta H_z}{\Delta y} - \frac{\Delta H_y}{\Delta z}\right)$$

$$\left(1+\frac{\sigma_x}{\mathrm{j}\omega\varepsilon_0}\right)D_x = \varepsilon_0\varepsilon_{\mathrm r}\left(1+\frac{\sigma_y}{\mathrm{j}\omega\varepsilon_0}\right)E_x$$

$$\frac{\partial D_x}{\partial t} + \frac{\sigma_x}{\varepsilon_0}D_x = \varepsilon_0\varepsilon_{\mathrm r}\left(\frac{\partial E_x}{\partial t} + \frac{\sigma_y}{\varepsilon_0}E_x\right)$$

$$E_x^{n+1} = \frac{2\varepsilon_0-\sigma_y\Delta t}{2\varepsilon_0+\sigma_y\Delta t}E_x^n + \frac{1}{(2\varepsilon_0+\sigma_y\Delta t)\varepsilon_0\varepsilon_{\mathrm r}}[(2\varepsilon_0+\sigma_x\Delta t)D_x^{n+1}-(2\varepsilon_0-\sigma_x\Delta t)D_x^n]$$

由式(5.6.45)～式(5.6.47)可以得到麦克斯韦方程组在 PML 中的 FDTD 格式，其中的电场可以表达为

$$D_{x|i+\frac{1}{2},j,k}^{n+1} = \frac{2\varepsilon_0-\sigma_z\Delta t}{2\varepsilon_0+\sigma_z\Delta t}D_{x|i+\frac{1}{2},j,k}^n + \frac{2\varepsilon_0\Delta t}{2\varepsilon_0+\sigma_z\Delta t}\left(\frac{H_{z|i+\frac{1}{2},j+\frac{1}{2},k}^{n+\frac{1}{2}} - H_{z|i+\frac{1}{2},j-\frac{1}{2},k}^{n+\frac{1}{2}}}{\Delta y} - \right.$$

$$\left. \frac{H_{y|i+\frac{1}{2},j,k+\frac{1}{2}}^{n+\frac{1}{2}} - H_{y|i+\frac{1}{2},j,k-\frac{1}{2}}^{n+\frac{1}{2}}}{\Delta z}\right)$$

$$E_{x|i+\frac{1}{2},j,k}^{n+1} = \frac{2\varepsilon_0-\sigma_y\Delta t}{2\varepsilon_0+\sigma_y\Delta t}E_{x|i+\frac{1}{2},j,k}^n + \frac{(2\varepsilon_0+\sigma_x\Delta t)D_{x|i+\frac{1}{2},j,k}^{n+1}-(2\varepsilon_0-\sigma_x\Delta t)D_{x|i+\frac{1}{2},j,k}^n}{(2\varepsilon_0+\sigma_y\Delta t)\varepsilon_0\varepsilon_{\mathrm r}}$$

$$\tag{5.6.48}$$

$$D_{y|i,j+\frac{1}{2},k}^{n+1} = \frac{2\varepsilon_0-\sigma_x\Delta t}{2\varepsilon_0+\sigma_x\Delta t}D_{y|i,j+\frac{1}{2},k}^n + \frac{2\varepsilon_0\Delta t}{2\varepsilon_0+\sigma_x\Delta t}\left(\frac{H_{x|i,j+\frac{1}{2},k+\frac{1}{2}}^{n+\frac{1}{2}} - H_{x|i,j+\frac{1}{2},k-\frac{1}{2}}^{n+\frac{1}{2}}}{\Delta z} - \right.$$

$$\frac{H_{z|i+\frac{1}{2},j+\frac{1}{2},k}^{n+\frac{1}{2}} - H_{z|i-\frac{1}{2},j+\frac{1}{2},k}^{n+\frac{1}{2}}}{\Delta x}\Bigg)$$

$$E_{y|i,j+\frac{1}{2},k}^{n+1} = \frac{2\varepsilon_0 - \sigma_z \Delta t}{2\varepsilon_0 + \sigma_z \Delta t} E_{y|i,j+\frac{1}{2},k}^{n} + \frac{(2\varepsilon_0 + \sigma_y \Delta t) D_{y|i+\frac{1}{2},j,k}^{n+1} - (2\varepsilon_0 - \sigma_y \Delta t) D_{y|i+\frac{1}{2},j,k}^{n}}{(2\varepsilon_0 + \sigma_z \Delta t)\varepsilon_0 \varepsilon_r}$$

$$(5.6.49)$$

$$D_{z|i,j,k+\frac{1}{2}}^{n+1} = \frac{2\varepsilon_0 - \sigma_y \Delta t}{2\varepsilon_0 + \sigma_y \Delta t} D_{z|i,j,k+\frac{1}{2}}^{n} + \frac{2\varepsilon_0 \Delta t}{2\varepsilon_0 + \sigma_y \Delta t}\left(\frac{H_{y|i+\frac{1}{2},j,k+\frac{1}{2}}^{n+\frac{1}{2}} - H_{y|i-\frac{1}{2},j,k+\frac{1}{2}}^{n+\frac{1}{2}}}{\Delta x} - \right.$$

$$\left. \frac{H_{x|i,j+\frac{1}{2},k+\frac{1}{2}}^{n+\frac{1}{2}} - H_{x|i,j-\frac{1}{2},k+\frac{1}{2}}^{n+\frac{1}{2}}}{\Delta y}\right)$$

$$E_{z|i,j,k+\frac{1}{2}}^{n+1} = \frac{2\varepsilon_0 - \sigma_x \Delta t}{2\varepsilon_0 + \sigma_x \Delta t} E_{z|i,j,k+\frac{1}{2}}^{n} + \frac{(2\varepsilon_0 + \sigma_z \Delta t) D_{z|i,j,k+\frac{1}{2}}^{n+1} - (2\varepsilon_0 - \sigma_z \Delta t) D_{z|i,j,k+\frac{1}{2}}^{n}}{(2\varepsilon_0 + \sigma_x \Delta t)\varepsilon_0 \varepsilon_r}$$

$$(5.6.50)$$

式中，Δx、Δy、Δz 分别为 x、y、z 方向的空间步长，Δt 为时间步长。由于在 PML 不同的区域中电导率的取法不同，因此在不同区域这些差分方程可以适当简化。

由以上的推导可以看出，在采用各向异性的 PML 吸收边界条件的计算中，并没有给计算带来比 Berenger 的 PML 吸收边界条件大很多的计算量，而且计算中避免了对电磁场元的劈裂，实际上节省了计算所需的内存，而且节省了许多实际编程的工作量。比较 Berenger 的 PML 吸收边界条件，Gedney 所建立的各向异性 PML 吸收边界条件的优越性还是十分明显的。

5.6.6　柱坐标系中 PML 的 FDTD 格式

在圆柱坐标系下坐标变量分别为 r、ϕ、z。为了讨论方便，可以假设无耗媒质各向同性且均匀。采用如图 5.20 的 Yee 单元网格，可以建立圆柱坐标系下麦克斯韦方程组的 FDTD 差分格式，其中电场的径向方程如式(5.6.51)所示。

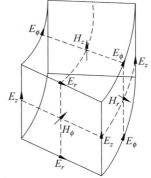

$$E_{z|i,j,k+\frac{1}{2}}^{n+1} = \frac{\varepsilon/\Delta t - \sigma/2}{\varepsilon/\Delta t + \sigma/2} E_{z|i,j,k+\frac{1}{2}}^{n} + \frac{1}{\varepsilon/\Delta t + \sigma/2} \times$$

$$\left[\left(\frac{1}{2r(i)} + \frac{1}{\Delta r}\right) H_{\phi|i+\frac{1}{2},j,k+\frac{1}{2}}^{n+\frac{1}{2}} + \right.$$

$$\left(\frac{1}{2r(i)} - \frac{1}{\Delta r}\right) H_{\phi|i-\frac{1}{2},j,k+\frac{1}{2}}^{n+\frac{1}{2}} - $$

$$\left. \frac{H_{r|i,j+\frac{1}{2},k+\frac{1}{2}}^{n+\frac{1}{2}} - H_{r|i,j-\frac{1}{2},k+\frac{1}{2}}^{n+\frac{1}{2}}}{r(i)\Delta \phi}\right]$$

$$(5.6.51)$$

图 5.20　圆柱坐标中的 Yee 单元网格

式中，E 和 H 分别为电场和磁场强度，Δr、$\Delta \phi$、Δz、Δt 分别为径向、横向、轴向和时间步长，σ 为电导率。

1. 柱坐标系下的时间步长及轴向奇点的处理

在柱坐标系下，对空间步长和时间步长的要求比在直角坐标系下更为严格。沿同一径向，在角度步长相同时，横向长度单元的长度是不同的。因此，为了保证数值收敛性，要取最小的值来计算。不同径向距离的横向单元长度为 $i\Delta r \times \Delta\beta$，但是考虑到电场和磁场相差半个空间步，可取最靠近轴向的网格的横向单元长度，即取 $i=1/2$。此时时间步长的取值条件为

$$\Delta t \leqslant \frac{1}{c_{max}}\left(\frac{1}{\Delta r^2}+\frac{2}{(\Delta r\Delta\beta)^2}+\frac{1}{\Delta z^2}\right)^{1/2} \tag{5.6.52}$$

由式(5.6.51)可知，在轴向 $i=0$，$r=i\times\Delta r=0$，在计算中会出现奇点。同样，H_r 在轴向也存在奇点。这些奇点并不是麦克斯韦方程本身所固有的，而是由微分方程转变为差分方程后带来的，可以用安培定律去除。因为

$$\oint_c \boldsymbol{H}\cdot\mathrm{d}\boldsymbol{l}=\varepsilon\frac{\partial}{\partial t}\iint_s \boldsymbol{E}\cdot\mathrm{d}\boldsymbol{s} \tag{5.6.53}$$

取式(5.6.53)的积分，得

$$\frac{r_0^2}{2}\varepsilon\frac{\partial}{\partial t}e_z(0,z,t)=h_\phi r_0(r_0,z,t) \tag{5.6.54}$$

式中，$r_0=\Delta r/2$，将式(5.6.54)转换为差分式，有

$$e_z\Big|_{0,j,k+\frac{1}{2}}^{n+1}=e_z\Big|_{0,j,k+\frac{1}{2}}^{n}+\frac{4\Delta t}{\varepsilon\Delta r}h_\phi\Big|_{\frac{1}{2},j,k+\frac{1}{2}}^{n+\frac{1}{2}} \tag{5.6.55}$$

有了 $e_z\left(0,j,k+\frac{1}{2}\right)$ 后，$h_r\left(0,j+\frac{1}{2},k+\frac{1}{2}\right)$ 及其他格式将自动满足。

2. 柱坐标系下 PML 差分格式的推导

在圆柱坐标系中，利用扩展坐标可以得出类似于直角坐标系下的全传输无反射的条件。令

$$\hat{r}\to r_0+\int_{r_0}^r s_r(r')\mathrm{d}r', \quad \hat{z}\to z_0+\int_{z_0}^z s_z(z')\mathrm{d}z'$$

可以把圆柱坐标系下的麦克斯韦方程组应用到扩展坐标系中，考虑到

$$\frac{\partial}{\partial\hat{r}}=\frac{1}{s_r}\frac{\partial}{\partial r}, \quad \frac{\partial}{\partial\hat{z}}=\frac{1}{s_z}\frac{\partial}{\partial z}$$

把电磁场归一化，得到磁场旋度方程在扩展坐标系下的表达式

$$\begin{cases}\mathrm{j}\omega\varepsilon_0\dfrac{s_z}{s_r}\dfrac{\hat{r}}{r}E_r'=\dfrac{1}{r}\dfrac{\partial H_z'}{\partial\phi}-\dfrac{\partial H_\phi'}{\partial z}\\[2mm]\mathrm{j}\omega\varepsilon_0 s_z s_r\dfrac{r}{\hat{r}}E_\phi'=\dfrac{\partial H_r'}{\partial z}-\dfrac{\partial H_z'}{\partial r}\\[2mm]\mathrm{j}\omega\varepsilon_0\dfrac{s_r\hat{r}}{s_z r}E_z'=\dfrac{1}{r}\dfrac{\partial(rH_\phi')}{\partial r}-\dfrac{1}{r}\dfrac{\partial H_r'}{\partial\phi}\end{cases} \tag{5.6.56}$$

同理可以得到麦克斯韦方程组电场旋度方程在扩展坐标系下的表达式。选取

$$\overline{\overline{\boldsymbol{\varepsilon}}}=\overline{\overline{\boldsymbol{\mu}}}=\begin{bmatrix}\dfrac{s_z\hat{r}}{s_r r} & 0 & 0\\[3mm]0 & \dfrac{s_z s_r r}{\hat{r}} & 0\\[3mm]0 & 0 & \dfrac{s_r r}{s_z\hat{r}}\end{bmatrix} \tag{5.6.57}$$

麦克斯韦方程组可以表示成如下的张量形式：

$$\nabla \times \boldsymbol{E} = -\mathrm{j}\omega\mu_0\mu_r\overline{\overline{\boldsymbol{\mu}}}\boldsymbol{H}$$
$$\nabla \times \boldsymbol{H} = \mathrm{j}\omega\varepsilon_0\varepsilon_r\varepsilon\boldsymbol{E} \tag{5.6.58}$$

式中，$s_z = 1 + \dfrac{\sigma_z}{\mathrm{j}\omega\varepsilon_0}, s_r = 1 + \dfrac{\sigma_r}{\mathrm{j}\omega\varepsilon_0}, \sigma_z = \sigma_{\max}\left(\dfrac{z-z_0}{z_1-z_0}\right)^m, \sigma_r = \sigma_{\max}\left(\dfrac{r-r_0}{r_1-r_0}\right)^m, \sigma$ 为电导率，z_1、r_1 和 z_0、r_0 分别是 PML 与最外层理想导体的边界和 PML 与工作区间的边界。

$$\hat{r} = \begin{cases} r, & r' < r_0 \\ r + \dfrac{1}{\mathrm{j}\omega\varepsilon_0}\displaystyle\int_{r_0}^{r}\sigma_r(r')\mathrm{d}r', & r' > r_0 \end{cases} \tag{5.6.59}$$

将式(5.6.58)转换为差分格式，可以得到 6 组 PML 中的麦克斯韦方程的差分形式，其中计算电场的一组如下：

$$D_{r|i+\frac{1}{2},j,k}^{n+1} = \frac{2\varepsilon_0 - \sigma_z\mathrm{d}t}{2\varepsilon_0 + \sigma_z\mathrm{d}t}D_{r|i+\frac{1}{2},j,k}^{n} + \frac{2\varepsilon_0\mathrm{d}t}{2\varepsilon_0 + \sigma_z\mathrm{d}t}\times\left[\frac{1}{\left(r+\dfrac{1}{2}\right)\mathrm{d}\phi}\left(H_{z|i+\frac{1}{2},j+\frac{1}{2},k}^{n+\frac{1}{2}} - \right.\right.$$

$$\left.\left. H_{z|i+\frac{1}{2},j-\frac{1}{2},k}^{n+\frac{1}{2}}\right) - \frac{1}{\mathrm{d}z}\left(H_{\phi|i+\frac{1}{2},j,k+\frac{1}{2}}^{n+\frac{1}{2}} - H_{\phi|i+\frac{1}{2},j,k-\frac{1}{2}}^{n+\frac{1}{2}}\right)\right] \tag{5.6.60a}$$

$$E_{r|i+\frac{1}{2},j,k}^{n+1} = E_{r|i+\frac{1}{2},j,k}^{n} + \frac{r}{\varepsilon_0\varepsilon_r\hat{r}}\times\left(\frac{2\varepsilon_0 + \sigma_r\mathrm{d}t}{2\varepsilon_0}D_{r|i+\frac{1}{2},j,k}^{n+1} - \frac{2\varepsilon_0 - \sigma_r\mathrm{d}t}{2\varepsilon_0}D_{r|i+\frac{1}{2},j,k}^{n}\right) \tag{5.6.60b}$$

$$D_{\phi|i,j+\frac{1}{2},k}^{n+1} = \frac{2\varepsilon_0 - \sigma_r\mathrm{d}t}{2\varepsilon_0 + \sigma_r\mathrm{d}t}D_{\phi|i,j+\frac{1}{2},k}^{n} + \frac{2\varepsilon_0\mathrm{d}t}{2\varepsilon_0 + \sigma_r\mathrm{d}t}\times\left[\frac{1}{\mathrm{d}z}\left(H_{r|i,j+\frac{1}{2},k+\frac{1}{2}}^{n+\frac{1}{2}} - H_{r|i,j+\frac{1}{2},k-\frac{1}{2}}^{n+\frac{1}{2}}\right) - \right.$$

$$\left. \frac{1}{\mathrm{d}r}\left(H_{z|i+\frac{1}{2},j+\frac{1}{2},k}^{n+\frac{1}{2}} - H_{z|i-\frac{1}{2},j+\frac{1}{2},k}^{n+\frac{1}{2}}\right)\right] \tag{5.6.61a}$$

$$E_{\phi|i,j+\frac{1}{2},k}^{n+1} = \frac{2\varepsilon_0 - \sigma_z\mathrm{d}t}{2\varepsilon_0 + \sigma_z\mathrm{d}t}E_{\phi|i,j+\frac{1}{2},k}^{n} + \frac{r}{\varepsilon_r\hat{r}}\times\frac{2}{2\varepsilon_0 + \sigma_z\mathrm{d}t}\left(D_{\phi|i,j+\frac{1}{2},k}^{n+1} - D_{\phi|i,j+\frac{1}{2},k}^{n}\right) \tag{5.6.61b}$$

$$D_{z|i,j,k+\frac{1}{2}}^{n+1} = \frac{2\varepsilon_0 - \sigma_r\mathrm{d}t}{2\varepsilon_0 + \sigma_r\mathrm{d}t}D_{z|i,j,k+\frac{1}{2}}^{n} + \frac{2\varepsilon_0\mathrm{d}t}{2\varepsilon_0 + \sigma_r\mathrm{d}t}\times\left[\left(\frac{1}{2r}+\frac{1}{\mathrm{d}r}\right)H_{\phi|i+\frac{1}{2},j,k+\frac{1}{2}}^{n+\frac{1}{2}} + \right.$$

$$\left. \left(\frac{1}{2r}-\frac{1}{\mathrm{d}r}\right)H_{\phi|i-\frac{1}{2},j,k+\frac{1}{2}}^{n+\frac{1}{2}} - \frac{1}{r\mathrm{d}\phi}\left(H_{r|i,j+\frac{1}{2},k+\frac{1}{2}}^{n+\frac{1}{2}} - H_{r|i,j-\frac{1}{2},k+\frac{1}{2}}^{n+\frac{1}{2}}\right)\right] \tag{5.6.62a}$$

$$E_{z|i,j,k+\frac{1}{2}}^{n+1} = E_{z|i,j,k+\frac{1}{2}}^{n} + \frac{r}{\varepsilon_0\varepsilon_r\hat{r}}\times\left(\frac{2\varepsilon_0 + \sigma_z\mathrm{d}t}{2\varepsilon_0}D_{z|i,j,k+\frac{1}{2}}^{n+1} - \frac{2\varepsilon_0 - \sigma_z\mathrm{d}t}{2\varepsilon_0}D_{z|i,j,k+\frac{1}{2}}^{n}\right) \tag{5.6.62b}$$

3. PML 中电导率的选取

设真空中的介电常数和介磁常数分别为 ε_0 和 μ_0，PML 吸收层中各点的电导率的选取可以依据经验公式

$$\sigma(\rho) = \sigma_{\max}\left(\frac{\rho}{\delta}\right)^m \tag{5.6.63}$$

式中，ρ 为进入 PML 层的深度，δ 为 PML 吸收层的厚度，σ_{max} 为固定参数，m 的数值一般选为 3 或 4。PML 吸收层中的电导率在 PML 层与计算空间的交界处为 0，在 PML 层与 PEC 的交界处为最大值。PML 吸收层的反射系数为

$$R(\theta) = \exp\left[-2\varepsilon_r\cos\theta\sqrt{\tfrac{\mu_0}{\varepsilon_0}}\int_0^\delta \sigma(\rho)\,\mathrm{d}\rho\right] \tag{5.6.64}$$

将式(5.6.63)代入式(5.6.64)，得

$$R(\theta) = \exp\left[-\frac{2\sigma_{max}\delta\varepsilon_r\cos\theta}{m+1}\sqrt{\frac{\mu}{\varepsilon}}\right] \tag{5.6.65}$$

取 $\theta = 0$，可以求得

$$\sigma_{max} = -\frac{(m+1)\ln[R(0)]}{2\sqrt{\dfrac{\mu}{\varepsilon}}} \tag{5.6.66}$$

例如，当取 $R(0) = 10^{-2}$，$m = 4$ 时，相应地可以设置 9 层 PML 吸收层。在计算机上实现 PML 吸收层设置时需要注意以下几点。

（1）因为 PML 吸收层外电磁场量无法计算，所以要设置一层理想金属表面。除此之外也可以采用 Mur 吸收边界条件进行修正，进一步改进 PML 吸收层的吸收效果。

（2）注意 Yee 单元网格的无缝连接，尤其在计算空间涉及坐标转换时更容易发生 Yee 单元网格的开缝现象。

（3）设置目标体参数时，要注意电场和磁场相差半个空间步长的关系。

（4）在只有理想导体的问题中为了不损坏通用程序的完整性，可以在所有的电磁场值计算完毕后再加理想导体等目标；但是对于非理想导体的问题，就必须在电磁场计算中的每一步都设置 ε、σ、μ 等电参数。

（5）在激励源为非正弦波源时，应该以截止频率对应的波长为标准计算空间步长。

（6）平面波的设置最好采用 FDTD 方法进行。

5.6.7　一维 PML 吸收边界条件的实现

为了更进一实践 PML 吸收边界条件的设置技巧，下面将举一个设置一维 PML 吸收边界条件的示例，读者可以在计算机上自行实现并体会其中的技巧。该程序虽然简单，但是却包含了设置 PML 吸收边界条件的基本技术，完全可以用于各种不同类型的问题中。

例 5.3　设置一维 PML 吸收边界。

（1）编程实现。

考虑 TEM 波入射的情况，可以按一维问题处理，此时只有 x 轴方向的磁场和 z 轴方向的电场。对于这样简单的问题，可以编写出如下的 C 语言程序。

```
JE = 60;
for(t = 0;t<1000;t ++)
{
    for(j = 0;j<JE;j ++)
    {
        Hxi[j] = Hxi[j] - dt/(m0 * mr) * ((Ezi[j + 1] - Ezi[j])/dy);
        Ezi[j] = (2.0 * e0 * er - dt * sigma)/(2.0 * e0 * er + dt * sigma) * Ezi[j]
                - 2.0 * dt/(2.0 * e0 * er + dt * sigma) * ((Hxi[j] - Hxi[j - 1])/dy);
    }
}
```

```
        Hxi[0] = ez_lowm2;
        ez_lowm2 = ez_lowm1;
        ez_lowm1 = Hxi[1];
        Ezi[JE − 1] = ez_higm2;
        ez_higm2 = ez_higm1;
        ez_higm1 = Ezi[JE − 2];
        pulse = 100 * sin(2 * PI * C/lamda * t * dt);
        Ezi[3] = pulse;
        fprintf(fp,"% e", Ezi[10]);
}
```

用 PML 实现：

```
for(t = 0;t<1000;t ++)        //循环步数 1000
{
```

先计算磁场，再计算电场，m＝9 是 PML 层数，mm＝4 为指数。

```
for(j = m + 1;j<ny − m;j ++)    //中心差分
{
    Hxi[j] = Hxi[j] − dt/(m0 * mr) * ((Ezi[j + 1] − Ezi[j])/dy);
    Ezi[j] = (2.0 * e0 * er − dt * sigma)/(2.0 * e0 * er + dt * sigma) * Ezi[j]
        − 2.0 * dt/(2.0 * e0 * er + dt * sigma) * ((Hxi[j] − Hxi[j − 1])/dy);
}
```

PML 计算：

```
for(j = 0;j< = m;j ++)
    {
            sigma_f = sigma_max * pow(((m − j) * dy),mm)/pow((m * dy),mm);
            Hxi[j] = ((2.0 * e0 − dt * sigma_f)/(2.0 * e0 + dt * sigma_f)) * Hxi[j] − (2.0 * dt * e0)/
                ((m0 * mr) * (2.0 * e0 + dt * sigma_f)) * ((Ezi[j + 1] − Ezi[j])/dy);
    }
    for(j = ny − m;j<ny;j ++)
    {
        sigma_f = sigma_max * pow(((j − ny + m) * dy),mm)/pow((m * dy),mm);
        Hxi[j] = ((2.0 * e0 − dt * sigma_f)/(2.0 * e0 + dt * sigma_f)) * Hxi[j] − (2.0 * dt * e0)/
            ((m0 * mr) * (2.0 * e0 + dt * sigma_f)) * ((Ezi[j + 1] − Ezi[j])/dy);
    }
    for( j = 1;j< = m;j ++)
    {
        sigma_f = sigma_max * pow(((m − j) * dx),mm)/pow((m * dx),mm);

        Ezi[j] = (2.0 * e0 − dt * sigma_f)/(2.0 * e0 + dt * sigma_f) * Ezi[j] − 2.0 * dt/
            (er * (2.0 * e0 + dt * sigma_f)) * (Hxi[j] − Hxi[j − 1])/dy);
    }
    for( j = ny − m;j<ny;j ++)
    {
        sigma_f = sigma_max * pow(((j − ny + m) * dy),mm)/pow((m * dy),mm);

        Ezi[j] = (2.0 * e0 − dt * sigma_f)/(2.0 * e0 + dt * sigma_f) * Ezi[j] − 2.0 * dt/(er *
            (2.0 * e0 + dt * sigma_f)) * (Hxi[j] − Hxi[j − 1])/dy);
    }
```

设置入射源：

```
    pulse = cos(2 * PI * f * (t * dt − t0)) * exp(−(t * dt − t0) * (t * dt − t0)/(tp * tp));
```

```
            Ezi[13] = pulse;
            fprintf(fp," % e ", Ezi[40]);
}
```

（2）三维举例。

```
//角：Ex ( i = 1~m - 1              j = 1~m - 1            k = 1~m - 1)
        for( k = 1;k＜m;k + + )
            for(j = 1;j＜m;j + + )
                for(i = 1;i＜m;i + + )
                {
                    sigma_z = sigma_max_z * pow(((m - k) * dz),mm)/pow((m * dz),mm);
    DDx[i][j][k] = (2.0 * e0 - dt * sigma_z)/(2.0 * e0 + dt * sigma_z) * DDx[i][j][k] + 2.0 *
            e0 * dt/(2.0 * e0 + dt * sigma_z) * ((Hz[i][j][k] - Hz[i][j - 1][k])/dy
            - (Hy[i][j][k] - Hy[i][j][k - 1])/dz);
                }
        for( k = 1;k＜m;k + + )
            for(j = 1;j＜m;j + + )
                for(i = 1;i＜m;i + + )
                {
                sigma_x = sigma_max_x * pow(((m - i - 0.5) * dx),mm)/pow((m * dx),mm);
                sigma_y = sigma_max_y * pow(((m - j) * dy),mm)/pow((m * dy),mm);
    Ex[i][j][k] = (2.0 * e0 - dt * sigma_y)/(2.0 * e0 + dt * sigma_y) * Ex[i][j][k] + 1.0/(e0 * er *
            (2.0 * e0 + dt * sigma_y)) * ((2.0 * e0 + dt * sigma_x) * DDx[i][j][k] - (2.0 * e0 -
            dt * sigma_x) * Dx1[i][j][k]);
                }
```

5.6.8　PML 吸收边界条件的验证方法

采用时域有限差分法求解时,验证设置吸收边界条件的效果是十分必要的。验证工作就是要测试所编写程序的运行结果是否满足收敛性和对称性的条件。收敛性是指当激励源逐渐消失后,计算区域中的电磁场也应该逐渐消失。对称性是指,如果计算区域是对称的,那么距离场源对称点上的场值也应该是对称的。在验证中,场源的设置尤为重要,如果场源设置不当会引起虚假反射,影响测试的精度。激励源可以采用强迫设置方法和等效激励源法,等效激励源法是以平面波作为激励源再利用总场-散射场区连接边界条件的方法。这种方法基于平面波和计算空间中电磁场的同步传播,对激励源所在处的电场和磁场同时进行设置,在激励源消失后,相应网格的电磁场计算退化到一般的 FDTD 格式。

1. 收敛性的验证

在验证算法的收敛性时,可以设高斯脉冲为激励源。由于激励源只占据一定的空间线度,可以采用强迫设置的方法。例如,当计算空间为 $30 \times 30 \times 30$ 时,可以将高斯脉冲激励源放置在 $(0,10,15)$ 处。取高斯脉冲的电场为

$$E_z = E_0 \exp\left[-\frac{(t - t_0)^2}{T^2}\right]$$

令 $t_0 = 3T, E_0 = 100\text{V/m}$,并且取空间步长等于 $\lambda/20$, PML 取 9 层。观察计算区间内坐标为 $(5,10,15)$ 点的电场在激励源作用前后的数值如图 5.21 所示,横轴为时间步,纵轴为电场强度。可见激励消失后,观察点的电场强度也逐渐趋于零,算法满足收敛性的条件。

2. 对称性的验证

设计算空间和激励源同上。由于 Yee 单元不是一个点而是一个立方体,Yee 单元网格在

空间中都占有一定的尺度,因此严格意义上的点源设置是不能实现的。所以为了用等距离法验证算法的对称性,可以在距离激励源为 $R=8$ 个空间步长、与 z 轴垂直的圆环上取若干取样点并计算场值,如图 5.22 所示。因为这些点到激励源的距离相同,并且完全对称,因此测得的值应该是相同的。

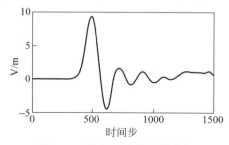

图 5.21 高斯脉冲激励的电场

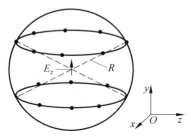

图 5.22 等距离法取样点分布

实际的计算结果如表 5.1 所示,其中前 2 行是位于上部圆环上点的电场值(第一组),后 2 行是位于下部圆环上点的电场值(第二组)。由数据分析可知,结果的对称性较好(见表 5.1)。由于沿不同的方向存在不同的色散误差,因此两组数据并不严格相等,但是误差小于 0.33%,仍能够满足一般工程上的要求。

表 5.1 PML 对称性的验证

−0.2400	−0.2400	−0.2400	−0.2400	−0.2400
−0.2400	−0.2400	−0.2400	−0.2400	−0.2400
−0.2408	−0.2408	−0.2408	−0.2408	−0.2408
−0.2408	−0.2408	−0.2408	−0.2408	−0.2408

3. 测试 PML 吸收层的反射误差的方法

任何吸收边界条件都存在着反射,在实际应用中,只要反射系数足够小,满足工程要求即可。下面将阐述柱坐标系下对三维空间的 PML 进行测试的方法,测试中利用柱面波作为等效激励源。首先在程序中设置两套计算空间,其中测试 PML 吸收层的反射误差的空间为 PML2 并且位于另一个更大的参考计算空间 PML1 中,其横切面如图 5.23 所示。

为了满足测试精度,第一套计算空间 PML1 必须足够大,使 PML1 边界的反射波在考察的时间间隔内不能到达观察点。取 PML1 为 $50\times30\times90$ 个网格,PML2 为 $20\times30\times30$ 个网格。空间步长取 $\lambda/20$,设柱面波沿径向传播,激励源位于轴心 3 个径向网格和轴向距中心对称点上下 3 个网格处。按照上述柱面波源的设置方法,采用高斯脉冲且调制频率 3GHz,$E_0=1\text{V/m}$,即

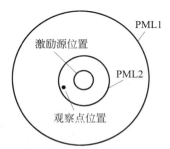

图 5.23 反射系数测试网格空间

$$E_z = E_0 \exp\left[-\frac{(t-t_0)^2}{T^2}\right]\sin\omega(t-t_0)$$

观察点在 PML2 计算空间的 (6,10,15) 处,由于 $\Delta s=9.66c\Delta t$,源点的扰动经过 PML1 反射后至少需 600 个时间步才能影响到观察点。所以在测试时取 500 个时间步,此时 PML2 的

反射波最大值已经达到了观察点。不难看出，计算空间的场值为复数。由 PML2 引起的反射波的模值为

$$\Delta E_z(n) = | E'_z(n) - E_z(n) | \tag{5.6.67}$$

式中，$E'_z(n)$ 为在第一套计算空间中得到的电场，$E_z(n)$ 为第二套计算空间中得到的电场。测得的反射波如图 5.24 所示，可以通过快速傅里叶变换（FFT）计算期望频率范围内 PML 的反射系数为

$$s = \mathrm{FFT}[\Delta E_z(n)] / \mathrm{FFT}[E'_z(n)] \tag{5.6.68}$$

这里测得的反射系数如图 5.25 所示，由结果可知，在调制频率处反射系数可达到 −80dB，能够满足一般工程的要求。

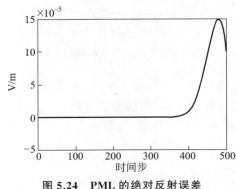

图 5.24　PML 的绝对反射误差

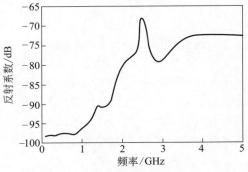

图 5.25　PML 的反射系数

4. 辐射方向图的验证

在与天线和散射有关的问题中常常以半波振子天线的方向图为标准，通过将数值计算结果与分析结果比较的方法来整体地判断所设置的步长、激励源、吸收边界条件、近场-远场程序与问题算法对研究的问题的适合的程度。用解析方法可以导出半波振子天线的方向性函数是

$$F(\theta,\phi) = \frac{\cos\left(\dfrac{\pi}{2} \cdot \cos\theta\right)}{\sin\theta} \tag{5.6.69}$$

首先，计算半波振子天线的方向图，然后与式（5.6.69）的理论值相比较就可以验证 FDTD 及近场远场程序与算法的正确性。设计算空间取 $20 \times 30 \times 40$，空间步长取 $\lambda/40$，采用前面设定的高斯调制脉冲和点馈电方式并利用傅里叶变换就可以求得调制频率 10GHz 处的方向图，如图 5.26 所示。

由图 5.26 中的曲线可以看出，FDTD 的计算值和理论值吻合较好，因而所采用的算法是成功的。

5. PML 吸收效果的改善

PML 最外层的理想导体层对到达的电磁波会产生全反射。为了进一步减少 PML 引起的反射，这里介绍一下当采用一阶 Mur 边界条件代替最外层 PML 吸收层外面的理想导体层时，改善电磁波产生全反射的情况。此时，可以利用 PML 反射到计算空间的电磁场的虚部来比较改善的程度。激励源采用实数正弦电场，而计算空间的场值为复数，但是其虚部将成为反射回波的一部分。计算结果如图 5.27 所示，由图可知，反射波是收敛的，在采用一阶 Mur 边界条件代替最外层的理想导体层后进一步减小了反射强度，性能有所改善。

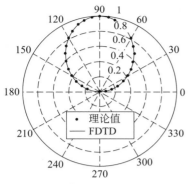

图 5.26 半波天线的方向图

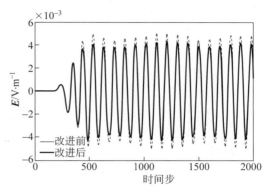

图 5.27 PML 用一阶 Mur 边界条件修正前后反射波(虚部)的比较

5.7 近场远场转换

5.7.1 概述

FDTD 不仅用于近场,也可以用于了解天线和雷达散射问题,这就需要采用近场到远场转换。早期的 FDTD 方法中,远场区的计算采用频域变换的方法。比较直接的方法是直接频域法。该方法采用正弦激励源并且使计算时间持续进行下去,直到电磁场达到稳定状态为止,然后得到一个封闭面上的电流和磁流。直接频域法只需要存储电流和磁流所需要的电磁场的 4 个切向分量,只涉及封闭表面上的 Yee 单元网格,占用很少内存。这是一个很好的方法,但缺点是只得到一个频率点的值。

为获得多频点的远场数值,人们提出一种混合频域法。该方法采用脉冲激励,但采用离散傅里叶变换(DFT)处理包围 Yee 单元网格空间中的几何物体的封闭面上的切向场(表面电流等),并且随着时间步不断更新。这种实时运行的 DFT 的方法可以给出相应的复频域电流。这种方法比直接频域法采用正弦波更加高效,因为此时的运算是连续进行的,而且不需要为表面电流进行单独存储。但是这种实时运行 DFT 方法比下面将介绍的时域远区处理要花费更多的计算时间。因为这种混合方法涉及复数乘积,而且这里采用的不是快速傅里叶变换。

与上述两种频域方法(直接频域法和实时运行 DFT 方法)相对应,也有两种时域的近场到远场转换的方法。最直接的时域方法需要将一个包围散射体的封闭表面上的每个时间步的切向时域场存储起来。这种方法可以计算所有角度的情况并采用 FFT 求取任意频点的值。采用这种方法时需要相对大容量的内存存储所有时间步的表面电流值。但是,有时只需要求取部分远区场,例如背向散射,此时只需存储每个方位步长大约 6 个矢量位的值,而不是存储变换表面上每个单元网格上的 4 个分量场数值,在典型案例中,前者大约只需要后者 4.4% 的内存量。下面具体介绍时域的近场到远场转换的数值方法。

5.7.2 三维近场远场转换原理

首先讨论近场远场转换处理的基本原理。设置入射场为 0 且只有分立的源,设包围散射

体的封闭面为 S，其表面的法向单位向量为 n 并且封闭面 S 内的场已经采用 FDTD 方法求出，则电磁场的等效面电流的频域和时域形式分别为

$$J_S(\omega) = n \times H(\omega)$$

$$J_S(t) = n \times H(t)$$

等效面磁流为

$$M_S(\omega) = -n \times E(\omega)$$

$$M_S(t) = -n \times E(t)$$

定义正弦场矢量位函数

$$N(\omega) = \int_S J_S(\omega) \exp(jkr' \cdot r) ds' \tag{5.7.1}$$

$$L(\omega) = \int_S M_S(\omega) \exp(jkr' \cdot r) ds' \tag{5.7.2}$$

式中，$j = \sqrt{-1}$，k 为波数量，r 为坐标原点到远区场点的连线的单位向量，r' 为坐标原点到源点的矢量，η 为自由空间波阻抗，R 为由源到场的距离，λ 为波长。采用这两个位函数可求得等效面电流和磁流产生的电磁场分量为

$$E_\theta = j\exp(-jKR)(-\eta N_\theta + L_\phi)/(2\lambda R) \tag{5.7.3}$$

$$E_\phi = j\exp(-jKR)(-\eta N_\phi + L_\theta)/(2\lambda R) \tag{5.7.4}$$

为简化傅里叶反变换处理，定义如下频域矢量位

$$W(\omega) = j\omega \exp\left(-\frac{j\omega R}{c}\right) N(\omega)/(4\pi Rc) \tag{5.7.5}$$

$$U(\omega) = j\omega \exp\left(-\frac{j\omega R}{c}\right) L(\omega)/(4\pi Rc) \tag{5.7.6}$$

因为 $K = 2\pi f/c = \omega/c$，$\lambda = c/f = 2\pi c/\omega$，$c$ 为光速，远区场就可以写成与频率无关的形式：

$$E_\theta = -\eta W_\theta - U_\phi \tag{5.7.7}$$

$$E_\phi = -\eta W_\phi - U_\theta \tag{5.7.8}$$

求式（5.7.5）和式（5.7.6）的反变换并利用式（5.7.1）和式（5.7.2）可得时域的矢量位为

$$W(t) = \frac{1}{4\pi Rc} \frac{\partial}{\partial t}\left[\int_{s'} J_S\left(t + \frac{r' \cdot r}{c} - \frac{R}{c}\right) ds'\right] \tag{5.7.9}$$

$$U(t) = \frac{1}{4\pi Rc} \frac{\partial}{\partial t}\left[\int_{s'} M_S\left(t + \frac{r' \cdot r}{c} - \frac{R}{c}\right) ds'\right] \tag{5.7.10}$$

5.7.3 三维近场远场转换的离散化处理

在实现三维近场远场转换时，首先就要进行相应的空间量化处理，要面对等效电流和等效磁流的放置问题，要确定等效电流和等效磁流与电场和磁场的对应关系，给出远场和近场的时间对应关系。针对这些问题，可以按如下经验进行处理和设置。

（1）定义一个封闭面 S，为简单起见可以采用矩形盒。

（2）取封闭面上的 Yee 单元表面中心处的电场和磁场的切向分量的时域值进行计算，远区场将等于这些 Yee 单元的电场和磁场分量的作用之和。

（3）仍然采用 $t = n\Delta t$，$x = I\Delta x$，$y = J\Delta Y$，$z = K\Delta z$ 的关系，因为 Yee 单元网格并未给出表面上的场值，在求取封闭表面上的 Yee 单元表面中心切向场分量时，需要采用不同单元贡献的场值按空间距离平均得到，这对获得足够精度是很重要的。

（4）在许多情况下，存储远区场因子 W 和 U 比存储电流要节省内存。所以要按式(5.7.7)和式(5.7.8)计算远区场值。

在计算机上实现时，主要考虑的问题是场量、等效电流源和等效磁流源以及远区场和近区场的时间关系的处置。下面针对这些问题进行讨论。

设散射场分量 E_x^n 位于转换封闭面 S' 的切线方向，并且处在单元网格 I、J、K 的表面中心。实际上 E_x^n 值应该由 I、J、K 及其相邻单元的 E_x^n 平均得到。设 I、J、K 单元处在积分面中，积分平面的外法线方向为 $n=y$，因而在这个单元表面的中心有

$$E_x^n = [E_x^n(I,J+1,K) + E_x^n(I,J+1,K+1)]/2 \qquad (5.7.11)$$

类似地，在计算这个单元表面中心的磁场分量时需要有 4 个场分量进行平均。这个电场切向分量产生等效磁流为

$$M_S = -y \times E = E_x^n z$$

所以在这个表面上 E_x^n 只对 U_z 有贡献。单元表面的面积为 $\Delta x \times \Delta z$ 是该单元的积分面积。在此面上 E_x^n 设为常量值。为处理每个单元表面积分相应的时间延迟，需要在单元中心设立一个参考点 I_c、J_c、K_c，可以将靠近研究中心的一个单元确定为参考点，由这个参考单元到被积 Yee 单元表面的中心点的向量为

$$r' = (I-I_c)\Delta x\, x + \left(J+\frac{1}{2}-J_c\right)\Delta y\, y + (K-K_c)\Delta z\, z \qquad (5.7.12)$$

式中的值 1/2 是因为被积平面距离单元中心在 Y 方向上有 1/2 步长的距离，其他的被积表面上也要进行同样的处理。采用中心差商把式(5.7.10)的差分格式求出来，同时考虑到每个单元表面积分相应的时间延迟，需要进行时移处理，偏移的时间为 $\dfrac{r' \cdot r}{c}$，并利用式(5.7.12)，有

$$U_z\left[\left(n+\frac{1}{2}\right)\Delta t - \frac{r' \cdot r}{c}\right] = \Delta x\,\Delta z\,[E_x^{n+1} - E_x^n]/(4\pi c\,\Delta t) \qquad (5.7.13)$$

$$U_z\left[\left(n-\frac{1}{2}\right)\Delta t - \frac{r' \cdot r}{c}\right] = \Delta x\,\Delta z\,[E_x^n - E_x^{n-1}]/(4\pi c\,\Delta t) \qquad (5.7.14)$$

因为在 Yee 单元网格空间中，时间也是按 Δt 间隔跳变的，所以应该设 E_x^n 在时间片 Δt 内不变。设以 t' 时间为中心对应的 $2\Delta t$ 时间片内最接近的整数为 m，即

$$m = \text{GINT}\left[\frac{t_c}{\Delta t} + \frac{1}{2}\right]$$

式中，GINT[*]为取最大整数的函数运算。于是，该时间片的中心时间为

$$t_c = n\Delta t - \frac{r' \cdot r}{c} + \frac{R_f}{c}$$

由式(5.7.9)和式(5.7.10)可以看出，E_x^n 对 U_z 贡献是在 $2\Delta t$ 时间片内。所以 U_z 的 $m-1$、m、$m+1$ 时刻的值都取决于 E_x^n。其中，m 时间片是指由 $\left(m-\frac{1}{2}\right)\Delta t$ 到 $\left(m+\frac{1}{2}\right)\Delta t$。采用 m 可写为

$$U_z[(m+1)\Delta t] = -\Delta x\,\Delta z E_x^n\left[\frac{t_c}{\Delta t} - \frac{1}{2} - m\right]\Big/(4\pi c\,\Delta t)$$

$$U_z[m\Delta t] = \Delta x\,\Delta z E_x^n\left[2\left(\frac{t_c}{\Delta t} - m\right)\right]\Big/(4\pi c\,\Delta t)$$

$$U_z[(m-1)\Delta t] = -\Delta x\,\Delta z E_x^n\left[\frac{1}{2} + \frac{t_c}{\Delta t} - m\right]\Big/(4\pi c\,\Delta t)$$

5.7.4　二维近场远场转换

设场在 z 轴方向不变,问题变为二维。类似于三维的情况,当采用柱坐标系时,定义两个位函数为

$$A(\omega) = \sqrt{\frac{j\omega}{8\pi c\rho}}\exp\left(-\frac{j\omega\rho}{c}\right)\int_{S'}J_S(\omega)\exp(jk\rho'\cos(\phi-\phi'))\mathrm{d}s' \tag{5.7.15}$$

$$F(\omega) = \sqrt{\frac{j\omega}{8\pi c\rho}}\exp\left(-\frac{j\omega\rho}{c}\right)\int_{S'}M_S(\omega)\exp(jk\rho'\cos(\phi-\phi'))\mathrm{d}s' \tag{5.7.16}$$

式中,ρ、ϕ 为远区场点坐标,ρ'、ϕ' 为源点积分变元坐标。

$$E_z = -\eta A_z + F_\phi \tag{5.7.17}$$

$$E_\phi = -\eta A_\phi + F_z \tag{5.7.18}$$

利用电场值可以求得雷达散射截面（RCS）

$$\sigma_{3D} = \lim_{R\to\infty}\left[4\pi R^2\frac{|E_{3D}^S|^2}{|E^i|^2}\right] \tag{5.7.19}$$

在三维情形,E_{3D}^S 是 E_θ 或 E_ϕ 的傅里叶变换式(5.7.7)或式(5.7.8)。

在二维情形,由式(5.7.17)和式(5.7.18)的傅里叶变换得散射宽度为

$$\sigma_{2D} = \lim_{\rho\to\infty}\left[2\pi\rho\frac{|E_{2D}^S|^2}{|E^i|^2}\right] \tag{5.7.20}$$

式中,E^i 为入射电场的傅里叶变换式。可以证明有如下的关系:

$$E_{2D}^S = \sqrt{\frac{2\pi c}{j\omega}}E_{3D}^S \tag{5.7.21}$$

利用式(5.7.21)可以由三维时域远区转换场的关系计算二维远场,步骤如下。

(1) 只考虑二维问题中的场分量和表面电流,例如在 TE_z 的计算中只考虑 H_z、E_x、E_y 及有关的表面电流。

(2) 用三维远近场转换的方法计算远区时域场,但对二维面积分区来讲,是把散射体包封起来的区域。令式(5.7.14)中的 Δz 等于 $1\mathrm{m}$,但要记住这个区域并非物理上存在的,只表明散射场是从单位长度散射体上辐射出来的。

(3) 将第(2)步结果进行傅里叶变换,并将结果乘 $\sqrt{\frac{2\pi c}{j\omega}}$（见式(5.7.21)）,就得到了稳态的二维远区场的频域解,可以用于式(5.7.20)计算散射宽度与频率的关系。

(4) 如果要求二维远区时域场,可以将第(3)步的结果进行傅里叶反变换。

5.8　总场-散射场区连接边界条件

很多电磁问题考虑平面电磁波与物体的相互作用,入射波与物体作用产生散射波,散射波与入射波之和为总场。在有些问题中总场就是需要计算的场,例如在吸收和透射等这类问题中,但是在某些问题中需要计算的却是散射场,这时就有必要把散射场分离出来,例如计算雷达散射截面。用角标 t、s 和 i 分别表示总场、散射场和入射场,即 $E_t = E_s + E_i$,$H_t = H_s + H_i$,或者 $E_s = E_t - E_i$,$H_s = H_t - H_i$。

在这些问题中入射波的设置是通过总场-散射场区的连接边界加入的,并由此求出散射

场。入射场可以通过解析法或 1D-FDTD 法设置,文献研究得出了 1D-FDTD 的设置方法明显优越于解析设置法的结论。本节给出圆柱坐标系下总场-散射场区的连接边界条件,利用 1D-FDTD 方法和线性插值法设置入射波源,最后模拟了平面波在自由空间中的传播以及理想导电圆柱体的散射方向图。

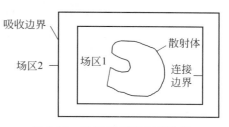

图 5.28　总场-散射场连接边界

　　为了在总场和散射场的连接面上设置入射波源,把整个计算空间划分为总场区和散射场区。在总场区和散射场区可以分别用一般的 FDTD 差分格式来计算总场和散射场。如图 5.28 所示,由于在计算总场区边界点的总场时需要用到散射场区网格点的总场值,同样在计算散射场区的边界点时需要用到总场区网格点的散射场值;而散射场区中边界网格点的总场值和总场区中网格边界网格点的散射场值并不存在,所以需要对总场-散射场连接面上的场值进行修正。下面以在圆柱坐标系下为例给出总场-散射场区的连接边界条件。

　　图 5.29 给出了连接边界上场值需要修正点的示意图。设边界上为总场,以柱面边界上的电场为例,在计算圆柱面上的电场时要用到圆柱面外散射场区的总磁场 $\boldsymbol{H}_t$,由于 $\boldsymbol{H}_t = \boldsymbol{H}_s + \boldsymbol{H}_i$,可以把总场用散射场和入射场之和来代替并代入 FDTD 差分格式进行计算。

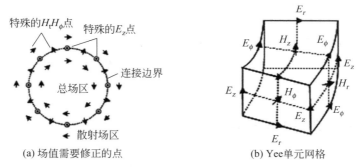

(a) 场值需要修正的点　　　　　(b) Yee 单元网格

图 5.29　圆柱坐标系下总场-散射场连接边界

5.8.1　电场分量的连接条件

　　设 i_a 表示所在圆柱面的位置,在圆柱面上 E_ϕ 的差分格式如下:

$$E_{\phi|i_a,j+\frac{1}{2},k}^{n+1} = \frac{\varepsilon/\Delta t - \sigma/2}{\varepsilon/\Delta t + \sigma/2}E_{\phi|i_a,j+\frac{1}{2},k}^{n} + \frac{1}{\varepsilon/\Delta t + \sigma/2} \times$$

$$\left[\frac{H_{r|i_a,j+\frac{1}{2},k+\frac{1}{2}}^{n+\frac{1}{2}} - H_{r|i_a,j+\frac{1}{2},k-\frac{1}{2}}^{n+\frac{1}{2}}}{\Delta z} - \frac{H_{z|i_a+\frac{1}{2},j+\frac{1}{2},k}^{n+\frac{1}{2}} - H_{z|i_a-\frac{1}{2},j+\frac{1}{2},k}^{n+\frac{1}{2}}}{\Delta r} \right] \quad (5.8.1)$$

　　如图 5.29(b)所示,由于在计算总场 $E_{\phi|i_a}$ 时用到了散射场区的总磁场 $H_{z|i_a+\frac{1}{2}}$,而散射场区只存在散射波的磁场,不存在总磁场,因此 $E_{\phi|i_a}$ 需要修正,即将入射波的磁场 H_{iz} 加入,修正如下。

　　圆柱面($i=i_a,j=0:n_y,k=k_a:k_b$):

$$E_{\phi|i_a,j+\frac{1}{2},k}^{n+1} = \widetilde{E}_{\phi|i_a,j+\frac{1}{2},k}^{n+1} - \frac{C}{\Delta r} \cdot H_{iz|i_a+\frac{1}{2},j+\frac{1}{2},k}^{n+\frac{1}{2}}$$

其中场量上方的～号表示未修正前的场量（以下含义相同），$C = 2.0\Delta t/(2.0\varepsilon_0\varepsilon_r + \Delta t\sigma)$，$i_a$ 表示圆柱表面距原点的距离（以空间步长为单位），k_a 表示圆柱底面距原点的距离，k_b 表示圆柱顶面距原点的距离，n_y 表示沿横向角度的网格数。同理可得对 $E_{z|i_a}$ 及其他边界面场量修正，下面的 H_{i_ϕ}、H_{i_r} 均表示入射波的磁场。

圆柱面 $\left(i = i_a, j = 0 : n_y, k = k_a + \dfrac{1}{2} : k_b - \dfrac{1}{2}\right)$：

$$E_{z|i_a,j+\frac{1}{2},k}^{n+1} = \widetilde{E}_{z|i_a,j+\frac{1}{2},k}^{n+1} + C \cdot H_{i_\phi|i_a+\frac{1}{2},j+\frac{1}{2},k}^{n+\frac{1}{2}} \cdot (1/(2i_a \cdot \Delta r) + 1/\Delta r)$$

下表面 $\left(i = 0 : i_a - \dfrac{1}{2}, j = 0 : n_y, k = k_a\right)$：

$$E_{r|i+\frac{1}{2},j,k_a}^{n+1} = \widetilde{E}_{r|i+\frac{1}{2},j,k_a}^{n+1} + \frac{C}{\Delta z} \cdot H_{i_\phi|i,j,k_a-\frac{1}{2}}^{n+\frac{1}{2}}$$

下表面 $(i = 0 : i_a, j = 0 : n_y, k = k_a)$：

$$E_{\phi|i,j+\frac{1}{2},k_a}^{n+1} = \widetilde{E}_{\phi|i,j+\frac{1}{2},k_a}^{n+1} - \frac{C}{\Delta z} \cdot H_{i_r|i,j+\frac{1}{2},k_a-\frac{1}{2}}^{n+\frac{1}{2}}$$

上表面 $\left(i = 0 : i_a - \dfrac{1}{2}, j = 0 : n_y, k = k_b\right)$：

$$E_{r|i+\frac{1}{2},j,k_b}^{n+1} = \widetilde{E}_{r|i+\frac{1}{2},j,k_b}^{n+1} - \frac{C}{\Delta z} \cdot H_{i_\phi|i,j,k_b+\frac{1}{2}}^{n+\frac{1}{2}}$$

上表面 $(i = 0 : i_a, j = 0 : n_y, k = k_b)$：

$$E_{\varphi|i,j+\frac{1}{2},k_b}^{n+1} = \widetilde{E}_{\phi|i,j+\frac{1}{2},k_b}^{n+1} + \frac{C}{\Delta z} \cdot H_{i_r|i,j+\frac{1}{2},k_b+\frac{1}{2}}^{n+\frac{1}{2}}$$

还可以得到磁场分量在各个边界上的连接条件。

5.8.2　磁场分量的连接条件

圆柱面 $(i = i_a, j = 0 : n_y, k = k_a : k_b)$：

$$H_{z|i_a+\frac{1}{2},j+\frac{1}{2},k+\frac{1}{2}}^{n+\frac{1}{2}} = \widetilde{H}_{z|i_a+\frac{1}{2},j+\frac{1}{2},k+\frac{1}{2}}^{n+\frac{1}{2}} + D \cdot E_{i_\phi|i_a,j+\frac{1}{2},k}^{n}((1/(2i_a \cdot \Delta r) - 1/\Delta r))$$

其中 $D = \Delta t/(\mu_0\mu_r)$，下同，$E_{i_z}$、$E_{i_\phi}$、$E_{i_r}$ 均表示入射波的电场。

圆柱面 $\left(i = i_a, j = 0 : n_y, k = k_a + \dfrac{1}{2} : k_b - \dfrac{1}{2}\right)$：

$$H_{\phi|i_a+\frac{1}{2},j,k+\frac{1}{2}}^{n+\frac{1}{2}} = \widetilde{H}_{\phi|i_a+\frac{1}{2},j,k+\frac{1}{2}}^{n+\frac{1}{2}} + \frac{D}{\Delta r}E_{i_z|i_a,j,k+\frac{1}{2}}^{n}$$

下表面 $\left(i = 0 : i_a, j = 0 : n_y, k = k_a - \dfrac{1}{2}\right)$：

$$H_{r|i,j+\frac{1}{2},k_a-\frac{1}{2}}^{n+\frac{1}{2}} = \widetilde{H}_{r|i,j+\frac{1}{2},k_a-\frac{1}{2}}^{n+\frac{1}{2}} - \frac{D}{\Delta z}E_{i_\phi|i,j+\frac{1}{2},k_a}^{n}$$

下表面 $\left(i = 0 : i_a - \dfrac{1}{2}, j = 0 : n_y, k = k_a - \dfrac{1}{2}\right)$：

$$H_{\phi|i+\frac{1}{2},j,k_a-\frac{1}{2}}^{n+\frac{1}{2}} = \widetilde{H}_{\phi|i+\frac{1}{2},j,k_a-\frac{1}{2}}^{n+\frac{1}{2}} + \frac{D}{r(i)\Delta\phi}E_{i_r|i+\frac{1}{2},j,k_a}^{n}$$

上表面 $\left(i = 0 : i_a, j = 0 : n_y, k = k_b + \dfrac{1}{2}\right)$：

$$H_{r|i,j+\frac{1}{2},k_b+\frac{1}{2}}^{n+\frac{1}{2}} = \widetilde{H}_{r|i,j+\frac{1}{2},k_b+\frac{1}{2}}^{n+\frac{1}{2}} + \frac{D}{\Delta z} E_{i_\phi|i,j+\frac{1}{2},k_b}^{n}$$

上表面($i=0 : i_a-\dfrac{1}{2}, j=0 : n_y, k=k_b+\dfrac{1}{2}$):

$$H_{\phi|i+\frac{1}{2},j,k_b+\frac{1}{2}}^{n+\frac{1}{2}} = \widetilde{H}_{\phi|i+\frac{1}{2},j,k_b+\frac{1}{2}}^{n+\frac{1}{2}} - \frac{D}{r(i)\Delta\phi} E_{i_r|i+\frac{1}{2},j,k_b}^{n}$$

同样，在计算靠近总场-散射场区连接边界的散射场区的电磁场值时，会用到总场区的散射场值，该散射场值也是不存在的，也需要进行修正。

5.8.3　入射波的插值近似

由于总场与散射场连接边界上的点到波源的距离并不总是空间步长的整数倍，如图 5.30 所示，因此为求出距波源为 d 时的入射波可以采用直接插值近似。用 $E_i(d)$ 和 $H_i(d)$ 表示距离波源 d 处的电场和磁场值，则有

$$d = \boldsymbol{e}_{inc}^k \cdot \boldsymbol{r}_{comp}, \quad \boldsymbol{e}_{inc}^k = \boldsymbol{e}_x \sin\theta\cos\phi + \boldsymbol{e}_y \sin\theta\sin\phi + \boldsymbol{e}_z \cos\theta$$

式中，$\boldsymbol{e}_{inc}^k$ 为连接边界上场的单位波矢量，$\boldsymbol{r}_{comp}$ 是连接边界上的点到波源的距离矢量。

$$E_i(d) = [d - int(d)] E_i[m_0 + int(d) + 1] + \{1 - [d - int(d)]\} E_i[m_0 + int(d)]$$

$$H_i(d) = [d' - int(d')] H_i\left[m_0 - \frac{1}{2} + int(d') + 1\right] +$$

$$\{1 - [d' - int(d')]\} E_i\left[m_0 - \frac{1}{2} + int(d)\right]$$

式中，m_0 表示参考点的距离，int 表示取整，$d' = d + \dfrac{1}{2}$。根据以上两式，采用一维 FDTD 方法模拟入射波，然后再考虑入射波的极化方向，将一维波的电磁场分量投影到总场-散射场边界上从而得到其入射波。

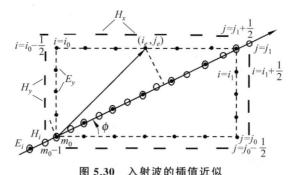

图 5.30　入射波的插值近似

5.9　周期性边界条件

5.9.1　周期性边界条件简介

周期性边界条件(Periodic Boundary Conditions, PBC)是一种常用的边界条件，反映了如何利用边界条件替代所选部分(系统)受到周边(环境)的影响。可以看作如果去掉周边环境，保持该系统不变应该附加的条件，也可以看作由部分性质来推广表达全局的性质。周期性边

界条件主要用于数学建模和计算机仿真中，将具有时空周期性的物理问题简化为单元结构进行处理。

常见周期性边界条件如下。

（1）连续性周期边界（continuity）。源和目标边界上的场值相等。

（2）反对称性周期边界（anti-periodicity）。源和目标边界上的场值符号相反。

（3）弗洛奎特周期性边界（Floquet periodicity）。源和目标边界上的场值相差一个相位因子，相位因子由波矢和边界相对距离确定。

（4）循环对称性周期边界（cyclic symmetry）。源和目标边界上的场值相差一个相位因子，相位因子由计算域所对应的扇形角和角向模式数决定。

连续性周期边界和反对称性周期边界可以认为是 Floquet 周期性边界在相位分别为 0 和 π 情况下的两个特例。

例如，在微纳光学领域内的光子晶体（photonic crystal）、表面等离子体激元（surface plasmon）列阵结构及超材料（metamaterial）等，这几种结构均由空间上周期性重复的散射体构成，当计算其透射率及能带结构时，常常可采用 Floquet 周期性边界将结构简化来进行分析，如图 5.31 所示。

图 5.31　微纳光学领域的周期性结构

压电传感器件的声表面波器件（Surface Acoustic Wave，SAW）的本征频率分析，也可以用周期性边界条件分析，如图 5.32 所示。

飞机、轮船、风力发电机中的涡轮机或是旋转电机结构，往往具有旋转对称性，在进行电磁场或振动模态分析时，可采用循环对称性周期边界进行简化，如图 5.33 所示。

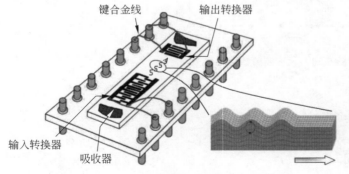

图 5.32　声表面波器件　　　　　　　图 5.33　旋转电机结构

在分子动力学模拟中也可以引入周期性边界条件，其主要有两个目的：在粒子的运动过程中,若有一个或几个粒子跑出模型,则必有一个或几个粒子从相反的界面回到模型中,从而保证该模拟系统的粒子数恒定;计算原子间作用力时采取最近镜像方法,这样模型中处于边界处的原子受力就比较全面,从而消除了边界效应。这种方法在计算机分子动力学模拟中使用非常广泛。

5.9.2 周期性边界应用举例

根据 Floquet 定理,当周期阵列无限大,且馈电或者平面波均匀照射时,结构的周期性将导致其附近场幅度的分布具有同样的周期性。在相位上,由于馈电相位线性分布或者平面波的斜入射而具有规律的相位差,则在时域上表现为有规律的延时,即一种准周期条件。假想将波阵面上的网格线无限平移,将空间划分为无数个周期性子单元,选定其中一个为研究对象,其四壁用 PBC 截断,则一个周期性单元就代表了整个阵面。

下面以由不连续的金属丝构成的负介电常数集成材料(负媒质材料)为例,介绍利用周期性边界条件分析当平面波垂直入射到负媒质材料时的电磁波响应。

如图 5.34 所示,设平面波的入射方向沿 x 方向,为便于分析,将负材料在 yOz 平面无限扩展成为无穷大平面,在 yOz 平面上,选定材料结构中的一个单元为研究对象,其他单元可以根据 Floquet 定理来计算。金属丝为理想导体,在 yOz 平面上,其周围采用周期性边界条件截断计算空间。在 x 方向的边界采用完全匹配层吸收边界条件,可根据研究的需要来决定所选的周期数,这就是 PBC-FDTD 方法。

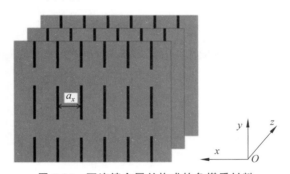

图 5.34 不连续金属丝构成的负媒质材料

整个计算区域由 3 部分组成:一部分为自由空间,$\varepsilon_r = \mu_r = 1$;一部分为支撑理想导体的印制板,$\varepsilon_r$、$\mu_r$ 为印制板的相对介电常数和磁导率;还有一部分是金属丝,即理想导体,为了简化计算设其厚度为零,在理想导体表面,电场的切向分量为零,在理想导体内部,电场和磁场的各个分量均为零。如图 5.35 所示,在计算空间的边界上,分别采用了 PML 边界条件和周期性边界条件。在计算区域的周期性边界上,既可以全部采用电场边界,也可以全部采用磁场边界,或一部分为电场边界,一部分为磁场边界。

如图 5.35 所示,选择负媒质材料在 yOz 平面上的一个周期单元为研究对象,周围用 PBC 截断;可以选择 PBC 全部为电场边界或者磁场边界;也可以部分为电场边界,部分为磁场边界。设 y 方向上的周期长度为 a_y,z 方向上的周期长度为 a_z,根据 Floquet 定理,在周期性边界上有,采用磁场边界的 PBC 为

$$H_x(x, y + a_y, z) = H_x(x, y, z) \exp(-\mathrm{j} k_y a_y)$$

$$H_x(x, y, z + a_z) = H_x(x, y, z) \exp(-\mathrm{j} k_z a_z)$$

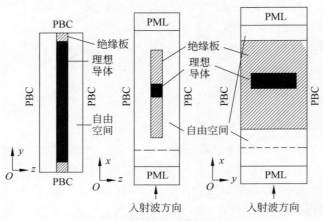

图 5.35　PBC-PML 边界条件

$$H_z(x,y+a_y,z)=H_z(x,y,z)\exp(-jk_ya_y)$$
$$H_y(x,y,z+a_z)=H_y(x,y,z)\exp(-jk_za_z)$$

采用电场边界的 PBC 为

$$E_x(x,y+a_y,z)=E_x(x,y,z)\exp(-jk_ya_y)$$
$$E_x(x,y,z+a_z)=E_x(x,y,z)\exp(-jk_za_z)$$
$$E_z(x,y+a_y,z)=E_z(x,y,z)\exp(-jk_ya_y)$$
$$E_y(x,y,z+a_z)=E_y(x,y,z)\exp(-jk_za_z)$$

由于电磁波沿 x 方向垂直入射，则 $k_y=k_z=0$，上述磁场边界公式简化为

$$H_x(x,y+a_y,z)=H_x(x,y,z)$$
$$H_x(x,y,z+a_z)=H_x(x,y,z)$$
$$H_z(x,y+a_y,z)=H_z(x,y,z)$$
$$H_y(x,y,z+a_z)=H_y(x,y,z)$$

电场边界公式简化为

$$E_x(x,y+a_y,z)=E_x(x,y,z)$$
$$E_x(x,y,z+a_z)=E_x(x,y,z)$$
$$E_z(x,y+a_y,z)=E_z(x,y,z)$$
$$E_y(x,y,z+a_z)=E_y(x,y,z)$$

在 x 方向上用 PML 截断，差分方程采用普通的 FDTD 格式；在 PBC 吸收边界上，如果采用磁场边界，对于 x 轴左侧边界，在 $j=j_m$ 的边界上，有

$$H_x\left(i,j_m+\frac{1}{2},k+\frac{1}{2}\right)=H_x\left(i,\frac{1}{2},k+\frac{1}{2}\right)$$
$$H_z\left(i+\frac{1}{2},j_m+\frac{1}{2},k\right)=H_x\left(i+\frac{1}{2},\frac{1}{2},k\right)$$

其他边界的情况以此类推。

下面对 Ekmel 设计的不连续金属丝构成的负介电常数集成材料的电磁特性进行数值仿真。周期性单元沿 x、y、z 方向的尺寸分别为 $a_x=9.3\mathrm{mm}$，$a_y=9\mathrm{mm}$，$a_z=6.5\mathrm{mm}$；介质板厚度为 1.5mm，金属丝沿 y 方向的单元长度为 8.65mm，间隔为 0.35mm，沿 x 方向的宽度为

0.9mm；介电常数 $\varepsilon_r = 4.41$，$\mu_r = 1$。垂直入射的平面波取脉冲波形：

$$E_y = 1000 \frac{\sin[\omega(t-T)/2]}{\omega(t-T)/2}\cos(2\pi f_c t)$$

其中，中心频率 $f_c = 13\text{GHz}$，$\omega = 2\pi \times 24\text{GHz}$，$T = 20\dfrac{2\pi}{\omega}$。图 5.36 给出了仿真和 Ekmel 的实验结果，两者一致性较好。

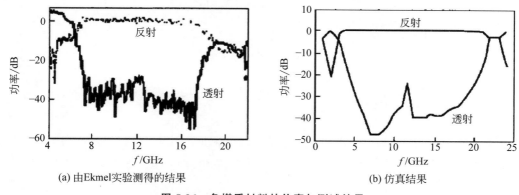

(a) 由Ekmel实验测得的结果　　　　　　(b) 仿真结果

图 5.36　负媒质材料的仿真与测试结果

积分方法的数学准备

6.1 泛函分析概述

从第 6 章开始,转向基于积分方程的计算电磁学数值方法的介绍。积分方法与微分方法所依据的数学方法有本质的不同,微分方法基于数学分析,而积分方法则基于泛函分析。

6.1.1 泛函分析初步

泛函是研究函数之间相互关系和共性的数学分支,其中的研究对象是函数,抽象地称为元素,对象之间的数量关系称为映像,具有一定性质的元素的集合定义为空间。泛函分析是研究元素、集合、空间、映像普遍规律的科学。可以将泛函的概念简述如下:若对于给定的函数集 $\{y(x)\}$ 中的任意函数 $y(x)$,恒有某个数(实数或复数)与之对应,则称 $J[y(x)]$ 是定义于集 $\{y(x)\}$ 上的一个泛函并记为 $J[y(x)]$。可以理解为泛函是以函数为自变量以数量为因变量的对应关系。应用中,可以将泛函分析与数学分析进行类比而直观地理解泛函的概念。数学分析研究的是变量和变量之间的相互关系,即函数关系。而泛函分析则研究函数和函数之间的相互关系,即泛函分析。在泛函分析中,函数就相当于数学分析中的变量,称为元素;泛函空间就相当于数学分析中的定义域和值域;泛函分析中的映像就相当于数学分析中的函数关系;在数学分析中采用数量来表达变量之间的关系,在泛函分析中也采用数量来度量函数和函数之间的关系。泛函分析的主要内容可以总结如下:

空间与算子
度量空间
赋范空间和巴拿赫空间
线性算子
内积空间和希尔伯特空间

基本定理
汉恩-巴拿赫定理
一致有界性定理
开映射定理
闭图像定理

```
┌─────────────────────────────────────┐
│              应用定理                 │
├─────────────────────────────────────┤
│        巴拿赫不动点定理及其应用         │
│      赋范和希尔伯特空间中的逼近论       │
└─────────────────────────────────────┘

┌─────────────────────────────────────┐
│               谱论                   │
├─────────────────────────────────────┤
│            谱论的基本概念             │
│           赋范空间上的算子            │
│               紧算子                 │
│               自伴算子               │
└─────────────────────────────────────┘

┌─────────────────────────────────────┐
│              无界算子                 │
├─────────────────────────────────────┤
│          无界算子的基本概念           │
│          无界算子的谱表示             │
│         量子力学中的无界算子          │
│            哈密尔顿算子              │
│             薛定谔方程              │
└─────────────────────────────────────┘
```

泛函是现代数学的更具广泛性的基础,其分析方法和结果对各门科学都十分重要,例如数学中的线性代数、线性常微分方程、偏微分方程、变分学、逼近论,特别是线性积分方程。泛函分析对物理学和其他科学的作用就更加重要了,如果把某项研究成果用泛函分析的方法表达并且从泛函的角度证明了合理性,该项研究成果就可以普遍推广应用到定义的泛函空间的所有情形中去,其意义当然是不言而喻的。

6.1.2 泛函空间及其性质

泛函空间可以定义为满足有关公理体系的元素的集合。例如,欧几里得空间、Yee 单元网格空间等。泛函空间主要有以下几种,它们依序一个比一个完备,但是外延却一个比一个小。

1. 度量空间

度量空间 (x,d) 是一种定义了度量的集合 x,而度量 d 是指其中任意两点(或元素)之间的距离。在这里,元素、点、距离都是抽象的概念,与直观上的不同,但更加概括并且包括了物理的空间。距离是度量空间的关键概念,可以采用公理化的方法定义距离 d 如下。

(1) d 为实数,有限大小且非负。

(2) 若 $x=y$,就必然有 $d(x,y)=0$,反之亦然。

(3) $d(x,y)=d(y,x)$。

(4) $d(x,y) \leqslant d(x,z)+d(z,y)$。

欧几里得空间是典型的度量空间的例子并表示为 (x,d)。由此,可推出度量空间具有如下基本性质:空间中没有自身对自身的距离,类似于物理中的质点,自身没有大小的概念。所有点的集合所表现出来的性质都可以用度量空间的概念来研究,例如开集、闭集、邻域、空间的稠密,特别是空间的收敛性、完备性等。

柯西序列是度量空间中最重要的产物,可以定义如下:柯西序列是度量空间 $\boldsymbol{X}=(x,d)$ 中的序列 (x_n),如果对任意给定 $\varepsilon > 0$ 都存在一个 N 使得对每个 $m,n > N$ 都有 $d(x_m,x_n) < \varepsilon$,则它是一个基本列或柯西序列。

有了柯西序列,就可以用来讨论和规范度量空间的基本性质,下面是它的3个基本内容。

（1）柯西序列的收敛：若柯西序列有属于 X 的极限,则称之为收敛。

（2）空间完备性：若 X 空间中的每个柯西序列都是收敛的,则称空间 X 是完备的。

（3）完备化定理：对于任意的度量空间 $X=(x,d)$,一定存在一个完备的度量空间与之对应,并且可以通过完备化的方法获得该完备的度量空间。

2. 赋范空间与巴拿赫空间

首先建立矢量空间的概念,矢量空间亦称线性空间。域 K 上的一个矢量空间是指一个非空集合 X,其元素为 x、y,并且关于 X 和 K 定义了矢量加法和矢量标乘的运算。然后采用公理化的方法定义范数的概念。范数是一个实值函数,记为 $\|T_n\|$。

（1）$\|T_n\| \geqslant 0$。

（2）如果有 $\|x\|=0$,则必然有 $x=0$,反之亦然。

（3）$\|\alpha x\|=|\alpha|\|x\|$。

（4）$\|x+y\| \leqslant \|x\|+\|y\|$。

若取矢量空间为基集并把范数定义为该空间的特殊度量,则得到赋范空间。完备的赋范空间称为巴拿赫空间,可以证明,任何一个赋范空间都可完备化而成为一个巴拿赫空间。所以,赋范空间亦称为巴拿赫空间。下面列出巴拿赫空间的基本性质。

（1）在赋范空间中能定义和使用无穷级数。

（2）由一个赋范空间 X 到另一个赋范空间 Y 的映射叫算子,由 X 到标量域 R 或 C 的映射叫泛函。R 表示实数域,C 表示复数域。

（3）满足线性关系的算子叫线性算子,当且仅当它们有界时,才是连续的有界线性泛函。

（4）由给定的赋范空间 X 到给定的赋范空间 Y 的所有有界线性算子的集合可以被造成一个赋范空间,表示为 $B(x,y)$。

从物理的角度看,有了矢量及矢量范数（大小）的定义,空间的元素就由质点变成了有一定尺度和形状的物体。

3. 内积空间与希尔伯特空间

内积空间是特殊的赋范空间,保存着欧几里得空间的许多特征,其中心概念是正交性。内积空间是欧几里得空间和经典物理空间的自然推广,内积可以定义如下。

1）内积

内积为满足如下规则的映射。

（1）$\langle x+y,z\rangle=\langle x,z\rangle+\langle y,z\rangle$。

（2）$\langle ax,y\rangle=a\langle x,y\rangle$。

（3）$\langle x,y\rangle=\overline{\langle y,x\rangle}$。

（4）$\langle x,x\rangle \geqslant 0$,且 $\langle x,x\rangle=0$ 的充分必要条件是 $x=0$。

2）内积空间

内积空间定义了内积 $\langle x,y\rangle$ 的矢量空间。完备的内积空间称为希尔伯特空间,用 H 表示。实际上可以证明,任何内积空间都可以完备化。下面列出内积的基本性质。

（1）范数 $\|x\|=\sqrt{\langle x,x\rangle}$,距离 $d(x,y)=\|x-y\|=\sqrt{\langle x-y,x-y\rangle}$,$\langle x,ay\rangle=\bar{a}\langle x,y\rangle$。

（2）许瓦兹不等式 $|\langle x,y\rangle| \leqslant \|x\|\|y\|$ 等号仅在 x、y 线性相关时成立。

（3）三角不等式 $\|x+y\| \leqslant \|x\|+\|y\|$。

（4）同构 T 是一个使内积保持不变的对射线性算子 $X \to \tilde{X}$，即对 $x, y \in X$ 有 $\langle Tx, Ty \rangle = \langle x, y \rangle$，这使我们联想起电学的保角变换。

（5）完全性。若 M 在 X 中是完全的，则不存在非零的矢量 $x \in X$ 同 M 中的每一个矢量都正交，即若 $x \perp M$ 则必然有 $x = 0$。

显然，该定理说明 X 空间的基与 M 空间的基是完全相同。例如，$a_n \sin nt + b_n \cos nt, n = 0, 1, 2\cdots$ 构成的 M 空间与任意周期信号 $f(t)$ 构成的 X 空间具有完全性。

（6）当空间有完全性时，有贝塞尔不等式 $\sum_k |\langle x, e_k \rangle|^2 \leqslant \|x\|^2$，帕塞瓦尔等式 $\sum_k |\langle x, e_k \rangle|^2 = \|x\|^2$。

（7）黎斯定理。希尔伯特空间 H 上的每一个有界线性泛函都能表示为内积的形式，即 $f(x) = \langle x, z \rangle$，其中 z 依赖于函数 f 并且由 f 唯一确定。其范数关系为 $\|z\| = \|f\|$，且 $z = \dfrac{\overline{f(z_0)}}{\langle z_0, z_0 \rangle} z_0$，根据投影定理存在一个投影空间，$z_0 \in N(f)^\perp$。

4. 算子

赋范空间中的线性算子的理论称为谱论，是现代泛函分析及其应用的主要分支之一。算子包括正算子、有界算子、自伴算子、正规算子、无界线性算子等。

6.1.3 泛函分析的基本定理

1. 汉恩-巴拿赫定理

该定理是关于矢量空间上线性泛函的延拓定理，它保证了在赋范空间上能充分地填补线性泛函，从而获得足够的对偶空间及完满的伴随算子。

2. 有界性定理

有界性定理给出了 $\|T_n\|$ 有界的充分条件，在傅里叶级数、数值积分、弱收敛性、序列求和等方面有许多应用。

3. 开算子与闭算子

闭算子 T 使其图像 $G(T) = \{(x, Tx) \mid x \in D(T)\}$ 是积空间的闭集，闭算子未必是连续算子。开算子将一个空间的开集映射为另一个空间的开集，在拓扑空间中线性算子连续的充要条件是开算子。

4. 开映像定理与闭图定理

开映像定理与闭图定理给出了闭线性算子有界的条件，推导出许多关于共轭算子和逆算子的基本性质。

5. 巴拿赫不动点定理及应用

该定理也称压缩映像原理，是研究完备度量空间中的某种自映射，给出了映射不动点的存在与唯一的充分条件，同时也提供了一个逼近不动点的迭代程序和误差界限。

6. 其他定理

其他定理如泛函的存在性定理、算子序列和泛函序列的收敛、数值积分和弱性收敛等，这里不作介绍。

6.1.4 加权剩余原理

1. 基本方法

加权剩余法是数学上推导数值计算格式的一种直接方法，多数情况下由加权剩余法导出

的结果与变分原理推导出的结果相同，但两者有不同的限制条件，因而加权剩余法与变分法互相补充。设有线性算子方程

$$L\psi(\bar{x}) = S(\bar{x}) \tag{6.1.1}$$

式中，$\bar{x}$ 为 N 维函数，L 为线性算子，ψ 为场函数，S 为源函数。

设某一函数的线性组合

$$\Phi(\bar{x}) = \sum_{i=1}^{k} a_i \eta_i \tag{6.1.2}$$

式中，η_i 为预先选定的尝试函数，亦称为形状函数。η_i 与 $L\eta_i$ 都是非奇异的，η_i 满足边界条件和初始条件。由于式(6.1.2)不是式(6.1.1)的精确解，必然有差出的部分，可写成余函数形式：

$$r(\bar{x}) = L\Phi - S(\bar{x}) \tag{6.1.3}$$

尽管 Φ 有待定系数，但也无法使 $r(\bar{x})$ 在整个 $\bar{x}$ 的定义域上为零，但是可以使 $r(\bar{x})$ 的加权平均（在整个 $\bar{x}$ 定义域上的加权积分）为零。取权函数 $W_j(\bar{x})$ 使

$$\int W_j(\bar{x}) r(\bar{x}) \mathrm{d}v = \int W_j(\bar{x})[L\Phi - S]\mathrm{d}v \tag{6.1.4}$$

广义地说，可以使权函数和余函数的内积为零，即

$$\langle W_j, r \rangle = \langle W_j, L\Phi - S \rangle = 0, \qquad j = 1, 2, \cdots, k$$

$$\langle W_j, L\Phi \rangle = \langle W_j, S \rangle \Rightarrow \sum_{i=1}^{k} \langle W_j, L\eta_i \rangle a_i = \langle W_j, S \rangle \tag{6.1.5}$$

显然，权函数的选择对加权剩余法很重要，一般形式可写为

$$W(\bar{x}) = \sum_{j=1}^{k} b_j W_j(\bar{x}) \tag{6.1.6}$$

则要求有

$$\frac{\partial}{\partial b_j} \langle W(\bar{x}), r(\bar{x}) \rangle = 0, \qquad j = 1, 2, \cdots, k \tag{6.1.7}$$

权函数满足的基本要求如下。

（1）权函数的个数必须等于尝试函数的待定系数的个数。权函数是对未知函数空间的基函数进行逼近。

（2）当权函数和尝试函数的个数增加时，意味着余函数与更多个权函数正交，逼近函数空间的维数增加，逼近的精度增加。

2. 常用的权函数的选取方法

1）点配置

取 δ 函数为权函数

$$W_j(\bar{x}) = \delta(\bar{x} - \bar{x}_j), \qquad j = 1, 2, \cdots, k \tag{6.1.8}$$

式(6.1.8)构造了点配置空间，如图 6.1 所示。点配置意味着算子方程在权函数标志的 K 个配置点上的剩余函数的内积为零，剩余函数的内积为零的点越多，匹配的点越多，逼近函数越接近真实值。

2）分域基

如图 6.2 所示，用脉冲函数把整个区域划分为 K 个分离子域 $V_j(j = 1, 2, \cdots, K)$，并且选权函数为

$$w_j(\bar{x}) = \begin{cases} 1, & \bar{x} \in V_j \\ 0, & \bar{x} \notin V_j \end{cases} \tag{6.1.9}$$

就得到分域基,每个区域上是平均意义上近似的,所分区域越多越接近实际。

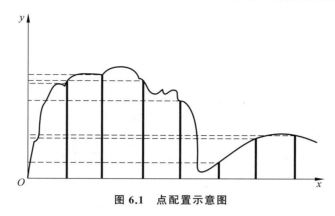

图 6.1　点配置示意图

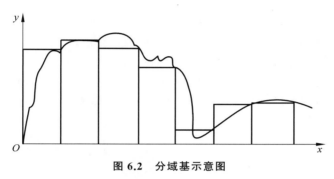

图 6.2　分域基示意图

3) 最小二乘法

用 $w_j = \dfrac{\partial r}{\partial a_j} = \mathrm{L}\eta_j$ 为权函数,相当于使余数的平方,即内积 $\langle r(\bar{x}), r(\bar{x}) \rangle$,所选系数 a 取极小值的点。

4) 伽略金(Galerkin)法

伽略金法收敛性好,产生的系数矩阵规则是经常采用的选取试探函数的方法,该法选取权函数等于尝试函数 η_j。由式(6.1.4)可知,该法相当于使 $\langle w_j(\bar{x}), r(\bar{x}) \rangle = 0$,也就是说使误差函数 $r(\bar{x})$ 与每个函数基 η_j 都正交,在解的函数空间中的投影都为 0,相当于在所取的函数基(η_j)的意义下,逼近函数与真实函数完全没差别。当然函数空间是无穷维的,用有限个基函数来代表只能是近似的,基函数的个数越多,基函数越接近完备系,结果越接近真实函数。这种逼近是函数空间意义上的,不是函数数值意义上的。

6.2　变分原理

变分是求取满足某种性质泛函的极值函数的基本方法。为进一步讨论变分问题,需要给泛函精确的定义,现在把各种泛函的定义表述如下。

(1) 设 $\{y(x)\}$ 是已给函数集,如果对于函数集中任意一个函数 $y(x)$ 恒有某个确定的数与之对应,记为 $J[y(x)]$ 或 $J[y]$,则称 $J[y]$ 是定义于函数集 $\{y(x)\}$ 上的一个泛函。泛函是函数空间到数值空间的映射,记为 $f: \boldsymbol{D}(f) \rightarrow K$。

（2）有界线性泛函 f 是一个定义域 $D(f)$ 落在赋范空间 X 中，值域 $R(f)$ 落在 X 的标量域 K 中的有界线性算子。若 X 为实空间，则 K 落在实数域，即 $K=R$；若 X 为复空间，则 K 落在复数域，即 $K=C$。

（3）设 X、Y 是线性空间，T 是 $X \to Y$ 的映射，那么

① 若有 $T(\alpha x_1 + \beta x_2) = \alpha T x_1 + \beta T x_2$，$\forall x_1, x_2 \in X, \alpha, \beta \in \Phi$，则称 T 为线性算子（Φ 代表标量域，包括实数域 R 或复数域 C）；

② 当 $\bar{Y} = \Phi$ 时，①中的 T 称为 X 上的线性泛函。

（4）泛函只是值域落在实直线 R 或复平面 C 内的一个算子。例如，两个固定点之间的曲线长度、弧长是一个泛函，给一个函数或随便一根曲线则必然对应一个弧长。

6.2.1　泛函的变分

1. 函数的变分

定义 6.2.1　函数 $y(x)$ 与另一个函数 $g(x)$ 之差 $\delta y = g(x) - y(x)$ 称为函数 $y(x)$ 的变分。显然 δy 是 x 的函数，函数的变分仍然是一个函数，也可写为

$$\delta y = \varepsilon \eta(x) \tag{6.2.1}$$

性质　若 $y(x)$、$g(x)$ 可导，则 $(\delta y)' = [g(x) - y(x)]' = g'(x) - y'(x) = \delta(y')$，也就是函数变分的导数等于函数导数的变分，求导运算与变分运算可以交换次序。

2. 简单泛函的变分

设有泛函

$$J[y] = \int_{x_0}^{x_1} F(x, y, y') \mathrm{d}x \tag{6.2.2}$$

设 $y(x)$ 的变分为 δy，则有

$$J[y + \delta y] = \int_{x_0}^{x_1} F(x, y + \delta y, y' + \delta y') \mathrm{d}x \tag{6.2.3}$$

则泛函的差分为

$$\Delta J = J[y + \delta y] - J[y] = \int_{x_0}^{x_1} [F(x, y + \delta y, y' + \delta y') - F(x, y, y')] \mathrm{d}x$$

设 F 足够光滑，ΔJ 可以按 δy 展开

$$\Delta J = \int_{x_0}^{x_1} [F_y \delta y + F_{y'} \delta y'] + \frac{1}{2!} [F_{yy}(\delta y)^2 + 2F_{yy'} \delta y \delta y' + F_{y'y'}(\delta y')^2] + \cdots \mathrm{d}x$$

$$= \delta J + \delta^2 J + \delta^3 J + \cdots \tag{6.2.4}$$

式中，$\delta J = \int_{x_0}^{x_1} [F_y \delta y + F_{y'} \delta y'] \mathrm{d}x$

$$\delta^2 J = \int_{x_0}^{x_1} \frac{1}{2} [F_{yy}(\delta y)^2 + 2F_{yy'} \delta y \delta y' + F_{y'y'}(\delta y')^2] \mathrm{d}x$$

δJ、$\delta^2 J$ 分别是函数变分 δy 及其导数 $\delta y'$ 的一次齐式、二次齐式的积分，称之为泛函 $J[y]$ 的一阶变分、二阶变分，δJ 简称为泛函 J 的变分。

泛函同一般函数的极值特性相似，泛函取极值的条件是泛函的一阶变分为零，$\delta J[y(x)] = 0$，泛函值为拐点的条件是二阶变分为零。

3. 变分问题和变分法

变分法是研究求泛函极值的方法,凡是求泛函极值的问题都叫变分问题。下面将举例说明变分问题的概念和意义。

例 6.1 设有一个质点,初速度为零,只受重力作用。令其沿光滑而固定的曲线,由 A 点滑行到 B 点,如图 6.3 所示。问曲线取什么形状时,滑行时间最短。

解 质点做变速运动,滑行速度 $v = \sqrt{2gy}$,当即时速度为 v 时,滑行 ds 弧长所需时间为

$$dT = \frac{ds}{v} = \frac{\sqrt{1+(y')^2}}{\sqrt{2gy}}dx$$

则由 A 滑行到 B 所需总时间为

$$T = \int_{x_0}^{x_1} \frac{\sqrt{1+(y')^2}}{\sqrt{2gy}}dx$$

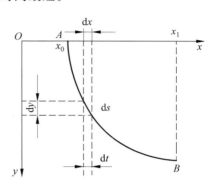

T 的值取决于 $y(x)$ 变分结果,求解 T 关于 $y(x)$ 的变分,就可以求得 $y(x)$ 是一条滚轮线,也就是说,质点沿光滑而固定的滚轮线滑行时所花的时间最少。

图 6.3 质点沿光滑而固定的曲线滑行时间最短

实际上,泛函与函数的变分问题完全类似于函数和函数的极值问题。表 6.1 简单地对两种情形进行对比,以便加深对函数变分的概念和应用泛函进行物理建模的理解。

表 6.1 简单函数与简单泛函对比

简单函数 $U(x)$	简单泛函 $J[v(x)] = \int_{x_1}^{x_2} F[x, v(x)]dx$
自变量的微分 dx 表示自变量值的微小变化	函数变分 $\delta v = \varepsilon \eta(x)$ 表示函数形式的微小变化,其中 $\varepsilon \ll 1$ 是正的任意给定的常数,$\eta(x) \in M_{[x_1, x_2]}$ 为可取函数
dx 引起的函数值变化可利用 Taylor 级数展开 $$U(x+dx)-U(x) = U'(x)dx + \frac{1}{2!}U''(x)dx^2 + \cdots$$ $$= dU(x) + \frac{1}{2!}d^2U + \cdots$$ 函数增量的线性部分为 $$dU(x) = U'(x)dx$$ 函数的一阶微分简称微分 函数的 n 阶微分表示为 $$d^n U(x) = U^n(x)dx^n$$	δv 引起的泛函值的变化可展开为 $$J\{v+\delta v\} - J\{v\}$$ $$= \int_{x_1}^{x_2} F[x, v+dv]dx - \int_{x_1}^{x_2} F[x, v]dx$$ $$= \delta J\{v(x)\} + \frac{1}{2!}\delta^2 J\{v(x)\} + \cdots$$ 定义:泛函的一阶变分简称变分,是泛函增量的线性主部 $$\delta J\{v(x)\} = \int_{x_1}^{x_2}\left(\frac{\partial F}{\partial v}\delta v\right)dx$$ 同样有二阶直到 n 阶变分 $$\delta^n J\{v(x)\} = \int_{x_1}^{x_2}\left(\frac{\partial^n F}{\partial v^n}\delta v^n\right)dx$$

续表

简单函数 $U(x)$	简单泛函 $J[v(x)]=\int_{x_1}^{x_2}F[x,v(x)]dx$
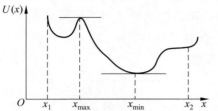	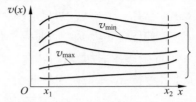
自变量在 $[x_1,x_2]$ 上变化时，函数有极大和极小点。极大点 x_{max}：$U(x_{max})$ 取极大值（在 x_{max} 邻域）；极小点 x_{min}：$U(x_{min})$ 取极小值（在 x_{min} 邻域）。取极值条件：一阶微分为零，$U'(x)=0$ 的解。用二阶微分可以判断该点为极大（$d^2U(x_{max})<0$）、极小（$d^2U(x_{min})>0$），还是拐点 $d^2U(x)=0$	函数在定义空间变化时（曲线簇）使值域数值为极大和极小 极大曲线 v_{max} 使泛函 $J[v_{max}^{(x)}]$ 极大 极小曲线 v_{min} 使泛函值 $J[v_{min}^{(x)}]$ 极小 泛函极值条件为一阶变分为零 $\delta J\{v(x)\}=0$ 的解；用泛函二阶变分判断极值点的特性： $\delta^2J\{v_{max}(x)\}<0,\quad \delta^2J\{v_{min}(x)\}>0$

上述性质不仅适用于简单泛函，也适用于任意线性算子的情况。

6.2.2　欧拉方程

1. 单变量函数的情况

设函数 V 为单变量函数，其泛函为

$$J\{V(x)\}=\int_{x_1}^{x_2}F[x,V(x),V'(x)]dx \tag{6.2.5}$$

根据式（6.2.1），可以把函数 V 及其导数的变分写为 $\delta V_x=\varepsilon\eta_x(r)$，$\delta V_x'=\varepsilon\eta_x'(r)$。首先考虑由于 V 的变分引起的被积函数 F 的变化，可以用函数 F 的变分求取

$$\delta F=F[x,V+\delta V,V'+\delta V']-F[x,V,V']$$

$$=\left[\frac{\partial F}{\partial V}\delta V+\frac{\partial F}{\partial V'}\delta V'\right]+\frac{\partial^2 F}{\partial V\partial V'}\delta V\delta V'+\frac{1}{2!}\left[\frac{\partial^2 F}{\partial V^2}\delta V^2+\frac{\partial^2 F}{\partial V'^2}\delta V'^2\right]+\cdots$$

$$=\varepsilon\left[\frac{\partial F}{\partial V}\eta(x)+\frac{\partial F}{\partial V'}\eta'(x)\right]+\varepsilon^2\frac{\partial^2 F}{\partial V\partial V'}\eta(x)\eta'(x)+$$

$$\frac{\varepsilon^2}{2!}\left[\frac{\partial^2 F}{\partial V^2}\eta^2(x)+\frac{\partial^2 F}{\partial V'^2}\eta'^2(x)\right]+\cdots$$

在函数 F 的变分的基础上，可以求得泛函 J 的变分。

忽略 ε^2 及 ε^2 以上的项，保留 ε 的一阶无穷小项，得泛函的一阶变分为

$$\delta J\{V(x)\}=\int_{x_1}^{x_2}\varepsilon\left[\frac{\partial F}{\partial V}\eta+\frac{\partial F}{\partial V'}\eta'\right]dx=\int_{x_1}^{x_2}\varepsilon\left[\frac{\partial F}{\partial V}\eta\right]dx+\int_{x_1}^{x_2}\varepsilon\frac{\partial F}{\partial V'}d\eta(x)$$

$$=\int_{x_1}^{x_2}\varepsilon\left[\frac{\partial F}{\partial V}\eta\right]dx-\int_{x_1}^{x_2}\varepsilon\frac{d}{dx}\left[\frac{\partial F}{\partial V'}\right]\eta(x)dx+\varepsilon\left[\frac{\partial F}{\partial V'}\eta(x)\right]\Big|_{x_1}^{x_2}$$

$$=\varepsilon\int_{x_1}^{x_2}\left[\frac{\partial F}{\partial V}-\frac{d}{dx}\left(\frac{\partial F}{\partial V'}\right)\right]\eta(x)dx+\varepsilon\left[\frac{\partial F}{\partial V'}\eta(x)\right]\Big|_{x_1}^{x_2} \tag{6.2.6}$$

令 $\delta J\{V(x)\}=0$，因为 ε 为任意常数，$\eta(x)$ 为任意函数，可任意变化，因此必须有

$$\frac{\partial F}{\partial V}-\frac{\mathrm{d}}{\mathrm{d}x}\left(\frac{\partial F}{\partial V'}\right)=0,\qquad\qquad\text{欧拉(Euler)方程}\qquad\qquad(6.2.7)$$

$$\left.\begin{array}{l}\eta(x)\dfrac{\partial F[x,V(x),V'(x)]}{\partial V'}\bigg|_{x=x_2}=0\\[2ex]\eta(x)\dfrac{\partial F[x,V(x),V'(x)]}{\partial V'}\bigg|_{x=x_1}=0\end{array}\right\}\text{附加条件}\qquad(6.2.8)$$

此处,$\eta(x)$为任意函数。分析式(6.2.7)和式(6.2.8),有

① 若

$$\eta(x_1)=0,\quad \eta(x_2)=0$$

因为$\delta V(x)=\varepsilon\eta(x)\big|_{x_1}^{x_2}=0$,则说明$V(x)$在两个端点 x_1、x_2 处为常数,即 $V(x_1)=a$,$V(x_2)=b$。此时的变分问题为固定端点的变分问题,也就是说,遇到第一类边界条件时,除要满足泛函方程之外,泛函方程还必须强加上边界条件,要求解满足 $V(x_1)=a$,$V(x_2)=b$。根据以上推导有如下的边值问题和等价的变分问题:

$$\begin{cases}\delta J\{v(x)\}=\delta\int_{x_1}^{x_2}F[x,V(x),V'(x)]\mathrm{d}x=0\\V(x_1)=a,V(x_2)=b\end{cases}\Leftrightarrow\begin{cases}\dfrac{\partial F}{\partial V}-\dfrac{\mathrm{d}}{\mathrm{d}x}\left(\dfrac{\partial F}{\partial V'}\right)=0\\V(x_1)=a,V(x_2)=b\end{cases}$$

固定端点的变分问题等价于第一类边界条件的欧拉问题。

② 若

$$\eta(x_1)\neq0,\eta(x_2)\neq0$$

则要求

$$\left.\begin{array}{l}\dfrac{\partial F[x,V(x),V'(x)]}{\partial V'}\bigg|_{x=x_2}=0\\[2ex]\dfrac{\partial F[x,V(x),V'(x)]}{\partial V'}\bigg|_{x=x_1}=0\end{array}\right\}$$

此时要求满足第二类、第三类边界条件,对边界端点值则没有要求,故称之为自由端点的变分问题,根据以上推导有如下的边值问题和等价的变分问题:

$$\begin{cases}\delta J\{V(x)\}=\delta\int_{x_1}^{x_2}F[x,V(x),V'(x)]\mathrm{d}x=0\\\text{无边界条件}\end{cases}\Leftrightarrow\begin{cases}\dfrac{\partial F}{\partial V}-\dfrac{\mathrm{d}}{\mathrm{d}x}\left(\dfrac{\partial F}{\partial V'}\right)=0\\\dfrac{\partial F}{\partial V'}\bigg|_{x=x_1}=0,\quad\dfrac{\partial F}{\partial V'}\bigg|_{x=x_2}=0\end{cases}$$

自由端点的变分问题等价于第二类、第三类边界条件的欧拉方程定解问题。此时的变分问题也称为自然边界条件变分问题。

2. 多变量函数的情况

设有 $U(\boldsymbol{r})=U(x,y,z)$ 及泛函

$$J\{U(\boldsymbol{r})\}=\iiint\limits_V F(\boldsymbol{r},U,U'_X,U'_Y,U'_Z)\mathrm{d}U$$

取函数变分

$$\delta U=\varepsilon\eta(\boldsymbol{r}),\quad \delta U'_x=\varepsilon\eta'_x(\boldsymbol{r})$$

$$\delta J\{U(\boldsymbol{r})\}=\iiint\limits_V\left[\frac{\partial F}{\partial U}\varepsilon\eta(\boldsymbol{r})+\frac{\partial F}{\partial U'_x}\varepsilon\eta'_x+\frac{\partial F}{\partial U'_y}\varepsilon\eta'_y+\frac{\partial F}{\partial U'_z}\varepsilon\eta'_z\right]$$

$$= \varepsilon \iiint_V \left[\frac{\partial F}{\partial U} \eta(\boldsymbol{r}) + \left(\boldsymbol{x} \frac{\partial F}{\partial U'_x} + \boldsymbol{y} \frac{\partial F}{\partial U'_y} + \boldsymbol{z} \frac{\partial F}{\partial U'_z} \right) \cdot \boldsymbol{\nabla} \eta \right] \mathrm{d}v$$

对上述积分中的第二项使用散度定理，即

$$\boldsymbol{A} \cdot \boldsymbol{\nabla} \Phi = \boldsymbol{\nabla} \cdot (\boldsymbol{A}\Phi) - (\boldsymbol{\nabla} \cdot \boldsymbol{A}) \Phi$$

$$\delta J\{U(\boldsymbol{r})\} = \varepsilon \iiint_V \left\{ \frac{\partial F}{\partial U} \eta(\boldsymbol{r}) + \boldsymbol{\nabla} \cdot \left[\left(\boldsymbol{x} \frac{\partial F}{\partial U'_x} + \boldsymbol{y} \frac{\partial F}{\partial U'_y} + \boldsymbol{z} \frac{\partial F}{\partial U'_z} \right) \eta \right] - \right.$$
$$\left. \eta \left[\frac{\partial}{\partial x} \left(\frac{\partial F}{\partial U'_x} \right) + \frac{\partial}{\partial y} \left(\frac{\partial F}{\partial U'_y} \right) + \frac{\partial}{\partial z} \left(\frac{\partial F}{\partial U'_z} \right) \right] \right\} \mathrm{d}v$$

把包含 $\eta(\boldsymbol{r})$ 的项整理在一起并且考虑 $\iiint_V \boldsymbol{\nabla} \cdot \boldsymbol{B} \, \mathrm{d}v = \oiint_{S(V)} \boldsymbol{B} \cdot \mathrm{d}\boldsymbol{S}$ ，有

$$\delta J\{U(\boldsymbol{r})\} = \varepsilon \iiint_V \left[\frac{\partial F}{\partial U} - \frac{\partial}{\partial x} \left(\frac{\partial F}{\partial U'_x} \right) - \frac{\partial}{\partial y} \left(\frac{\partial F}{\partial U'_y} \right) - \frac{\partial}{\partial z} \left(\frac{\partial F}{\partial U'_z} \right) \right] \eta(x) \mathrm{d}v +$$
$$\varepsilon \oiint_{S[V]} \eta(\boldsymbol{r}) \left[\frac{\partial F}{\partial U'_x} \cos(\boldsymbol{n}, \boldsymbol{x}) + \frac{\partial F}{\partial U'_y} \cos(\boldsymbol{n}, \boldsymbol{y}) + \frac{\partial F}{\partial U'_z} \cos(\boldsymbol{n}, \boldsymbol{z}) \right] \mathrm{d}s$$

由 $\eta(\boldsymbol{r})$ 的任意性，满足 $\delta J\{U(\boldsymbol{r})\} = 0$ 的保证条件是

$$\begin{cases} \dfrac{\partial F}{\partial U} - \dfrac{\partial}{\partial x} \left(\dfrac{\partial F}{\partial U'_x} \right) - \dfrac{\partial}{\partial y} \left(\dfrac{\partial F}{\partial U'_y} \right) - \dfrac{\partial}{\partial z} \left(\dfrac{\partial F}{\partial U'_z} \right) = 0 \\[2mm] \eta(\boldsymbol{r}) \left[\dfrac{\partial F}{\partial U'_x} \cos(\boldsymbol{n}, \boldsymbol{x}) + \dfrac{\partial F}{\partial U'_y} \cos(\boldsymbol{n}, \boldsymbol{y}) + \dfrac{\partial F}{\partial U'_z} \cos(\boldsymbol{n}, \boldsymbol{z}) \right] \bigg|_{\boldsymbol{r} \in S[V]} = 0 \end{cases} \quad (6.2.9)$$

式中第二项为附加条件，类似的讨论可获得两类变分问题。

（1）固定边界值的变分问题。

由 $\eta(\boldsymbol{r})|_{\boldsymbol{r} \in S[V]} = 0$ 的条件有

$$\begin{cases} \delta J\{U(\boldsymbol{r})\} = \delta \iiint_V F(\boldsymbol{r}, U(\boldsymbol{r}), U'_x(\boldsymbol{r}), U'_y(\boldsymbol{r}), U'_z(\boldsymbol{r})) \mathrm{d}v \\[2mm] U \mid_{\boldsymbol{r} \in S[V]} = \mathrm{const} \end{cases}$$

等价于第一类欧拉边值问题

$$\begin{cases} \dfrac{\partial F}{\partial U} = \dfrac{\partial}{\partial x} \left(\dfrac{\partial F}{\partial U'_x} \right) + \dfrac{\partial}{\partial y} \left(\dfrac{\partial F}{\partial U'_y} \right) + \dfrac{\partial}{\partial z} \left(\dfrac{\partial F}{\partial U'_z} \right) \\[2mm] U \mid_{\boldsymbol{r} \in S[V]} = \mathrm{const} \end{cases} \quad (6.2.10)$$

（2）自然边界条件变分问题。

$$\begin{cases} \delta J\{v(x)\} = \delta \iiint_V F[\boldsymbol{r}, U(\boldsymbol{r}), U'_x(\boldsymbol{r}), U'_y(\boldsymbol{r}), U'_z(\boldsymbol{r})] \mathrm{d}v = 0 \\[2mm] \text{无边界条件} \end{cases}$$

于是，等价的第二类、第三类边界条件的欧拉边值问题为

$$\begin{cases} \dfrac{\partial F}{\partial U} = \dfrac{\partial}{\partial x} \left(\dfrac{\partial F}{\partial U'_x} \right) + \dfrac{\partial}{\partial y} \left(\dfrac{\partial F}{\partial U'_y} \right) + \dfrac{\partial}{\partial z} \left(\dfrac{\partial F}{\partial U'_z} \right) \\[2mm] \left[\dfrac{\partial F}{\partial U'_x} \cos(\boldsymbol{n}, \boldsymbol{x}) + \dfrac{\partial F}{\partial U'_y} \cos(\boldsymbol{n}, \boldsymbol{y}) + \dfrac{\partial F}{\partial U'_z} \cos(\boldsymbol{n}, \boldsymbol{z}) \right] \bigg|_{\boldsymbol{r} \in S[V]} = 0 \end{cases} \quad (6.2.11)$$

下面推导含二阶偏导数的泛函的变分方程，设有泛函

$$J\{U(\boldsymbol{r})\}=\iiint\limits_{V}F(\boldsymbol{r},U(\boldsymbol{r}),U''_{xx},U''_{yy},U''_{zz})\mathrm{d}v$$

取 $\delta U=\varepsilon\eta(\boldsymbol{r})$，有 $\delta U''_{xx}=\varepsilon\eta''_{xx},\delta U''_{yy}=\varepsilon\eta''_{yy},\delta U''_{zz}=\varepsilon\eta''_{zz}$，于是泛函的变分为

$$\delta J\{U(\boldsymbol{r})\}=\varepsilon\iiint\limits_{v}\left[\frac{\partial F}{\partial U}\eta+\frac{\partial F}{\partial U''_{xx}}\eta''_{xx}+\frac{\partial F}{\partial U''_{yy}}\eta''_{yy}+\frac{\partial F}{\partial U''_{zz}}\eta''_{zz}\right]\mathrm{d}v$$

由于

$$\frac{\partial}{\partial x}\left(\frac{\partial F}{\partial U''_{xx}}\eta'_{x}\right)=\frac{\partial F}{\partial U''_{xx}}\eta''_{xx}+\frac{\partial}{\partial x}\left(\frac{\partial F}{\partial U''_{xx}}\right)\eta'_{x}$$

$$\frac{\partial}{\partial x}\left\{\frac{\partial}{\partial x}\left[\frac{\partial F}{\partial U''_{xx}}\right]\eta\right\}=\frac{\partial}{\partial x}\left[\frac{\partial F}{\partial U''_{xx}}\right]\eta'_{x}+\frac{\partial^{2}}{\partial x^{2}}\left(\frac{\partial F}{\partial U''_{xx}}\right)\eta$$

有

$$\delta J\{U(\boldsymbol{r})\}$$

$$=\varepsilon\iiint\limits_{v}\left\{\left[\frac{\partial F}{\partial U}\eta+\left[\frac{\partial}{\partial x}\left(\frac{\partial F}{\partial U''_{xx}}\eta'_{x}\right)-\frac{\partial}{\partial x}\left(\frac{\partial F}{\partial U''_{xx}}\right)\eta'_{x}\right]+\left[\frac{\partial}{\partial y}\left(\frac{\partial F}{\partial U''_{yy}}\eta'_{y}\right)-\frac{\partial}{\partial y}\left(\frac{\partial F}{\partial U''_{yy}}\right)\eta'_{y}\right]+\right.$$

$$\left.\left[\frac{\partial}{\partial z}\left(\frac{\partial F}{\partial U''_{zz}}\eta'_{z}\right)-\frac{\partial}{\partial z}\left(\frac{\partial F}{\partial U''_{zz}}\right)\eta'_{z}\right]\right\}\mathrm{d}v$$

$$=\varepsilon\iiint\limits_{v}\boldsymbol{\nabla}\boldsymbol{\cdot}\left[\boldsymbol{x}\frac{\partial F}{\partial U''_{xx}}\eta'_{x}+\boldsymbol{y}\frac{\partial F}{\partial U''_{yy}}\eta'_{y}+\boldsymbol{z}\frac{\partial F}{\partial U''_{zz}}\eta'_{z}\right]\mathrm{d}v+\varepsilon\iiint\limits_{v}\frac{\partial F}{\partial U}\eta\mathrm{d}v-$$

$$\varepsilon\iiint\limits_{v}\left\langle\left\{\frac{\partial}{\partial x}\left[\frac{\partial}{\partial x}\left(\frac{\partial F}{\partial U''_{xx}}\right)\eta\right]-\frac{\partial^{2}}{\partial x^{2}}\left(\frac{\partial F}{\partial U''_{xx}}\right)\eta\right\}+\left\{\frac{\partial}{\partial y}\left[\frac{\partial}{\partial y}\left(\frac{\partial F}{\partial U''_{yy}}\right)\eta\right]-\frac{\partial^{2}}{\partial y^{2}}\left(\frac{\partial F}{\partial U''_{yy}}\right)\eta\right\}+\right.$$

$$\left.\left\{\frac{\partial}{\partial z}\left[\frac{\partial}{\partial z}\left(\frac{\partial F}{\partial U''_{zz}}\right)\eta\right]-\frac{\partial^{2}}{\partial z^{2}}\left(\frac{\partial F}{\partial U''_{zz}}\right)\eta\right\}\right\rangle\mathrm{d}v$$

$$=\varepsilon\iiint\limits_{v}\eta\left[\frac{\partial F}{\partial U}+\frac{\partial^{2}}{\partial x^{2}}\left(\frac{\partial F}{\partial U''_{xx}}\right)+\frac{\partial^{2}}{\partial y^{2}}\left(\frac{\partial F}{\partial U''_{yy}}\right)+\frac{\partial^{2}}{\partial z^{2}}\left(\frac{\partial F}{\partial U''_{zz}}\right)\right]\mathrm{d}v+$$

$$\varepsilon\iiint\limits_{v}\boldsymbol{\nabla}\boldsymbol{\cdot}\left\{\boldsymbol{x}\left[\frac{\partial F}{\partial U''_{xx}}\eta'_{x}-\frac{\partial}{\partial x}\left(\frac{\partial F}{\partial U''_{xx}}\right)\eta\right]+\boldsymbol{y}\left[\frac{\partial F}{\partial U''_{yy}}\eta'_{y}-\frac{\partial}{\partial y}\left(\frac{\partial F}{\partial U''_{yy}}\right)\eta\right]+\right.$$

$$\left.\boldsymbol{z}\left[\frac{\partial F}{\partial U''_{zz}}\eta'_{z}-\frac{\partial}{\partial z}\left(\frac{\partial F}{\partial U''_{zz}}\right)\eta\right]\right\}\mathrm{d}v$$

$$=\varepsilon\iiint\limits_{v}\eta\left[\frac{\partial F}{\partial U}+\frac{\partial^{2}}{\partial x^{2}}\left(\frac{\partial F}{\partial U''_{xx}}\right)+\frac{\partial^{2}}{\partial y^{2}}\left(\frac{\partial F}{\partial U''_{yy}}\right)+\frac{\partial^{2}}{\partial z^{2}}\left(\frac{\partial F}{\partial U''_{zz}}\right)\right]\mathrm{d}v+$$

$$\varepsilon\oiint\limits_{s\in[v]}\boldsymbol{n}\boldsymbol{\cdot}\left\{\boldsymbol{x}\left[\frac{\partial F}{\partial U''_{xx}}\eta'_{x}-\frac{\partial}{\partial x}\left(\frac{\partial F}{\partial U''_{xx}}\right)\eta\right]+\boldsymbol{y}\left[\frac{\partial F}{\partial U''_{yy}}\eta'_{y}-\frac{\partial}{\partial y}\left(\frac{\partial F}{\partial U''_{yy}}\right)\eta\right]+\right.$$

$$\left.\boldsymbol{z}\left[\frac{\partial F}{\partial U''_{zz}}\eta'_{z}-\frac{\partial}{\partial z}\left(\frac{\partial F}{\partial U''_{zz}}\right)\eta\right]\right\}\mathrm{d}s$$

等价的欧拉边值问题为

$$\begin{cases} \dfrac{\partial F}{\partial U} + \dfrac{\partial^2}{\partial x^2}\left(\dfrac{\partial F}{\partial U''_{xx}}\right) + \dfrac{\partial^2}{\partial y^2}\left(\dfrac{\partial F}{\partial U''_{yy}}\right) + \dfrac{\partial^2}{\partial z^2}\left(\dfrac{\partial F}{\partial U''_{zz}}\right) = 0 \\[2mm] \boldsymbol{n}\cdot\left\{\boldsymbol{x}\left[\dfrac{\partial F}{\partial U''_{xx}}\eta'_x - \dfrac{\partial}{\partial x}\left(\dfrac{\partial F}{\partial U''_{xx}}\right)\eta\right] + \boldsymbol{y}\left[\dfrac{\partial F}{\partial U''_{yy}}\eta'_y - \dfrac{\partial}{\partial y}\left(\dfrac{\partial F}{\partial U''_{yy}}\right)\eta\right] + \right.\\[2mm] \left. \boldsymbol{z}\left[\dfrac{\partial F}{\partial U''_{zz}}\eta'_z - \dfrac{\partial}{\partial z}\left(\dfrac{\partial F}{\partial U''_{zz}}\right)\eta\right]\right\}\bigg|_{r\in S[V]} = 0 \end{cases}$$

例 6.2 已知二阶偏导数的泛函 $J\{U(\boldsymbol{r})\} = \langle -\boldsymbol{\nabla}^2 U, U\rangle - 2\langle U, f\rangle$，在 L^2 空间中定义内积为积分运算，则有

$$J\{U(\boldsymbol{r})\} = \iiint_v -U(\boldsymbol{\nabla}^2 U + 2f)\mathrm{d}v$$

显然有

$$F(\boldsymbol{r}, U''_{xx}, U''_{yy}, U''_{zz}) = -U(U''_{xx} + U''_{yy} + U''_{zz} + 2f)$$

$$\frac{\partial F}{\partial U} = -(U''_{xx} + U''_{yy} + U''_{zz} + 2f) = -(\boldsymbol{\nabla}^2 U + 2f)$$

$$\frac{\partial F}{\partial U''_{xx}} = \frac{\partial F}{\partial U''_{yy}} = \frac{\partial F}{\partial U''_{zz}} = -U$$

对应的欧拉方程为

$$-(\boldsymbol{\nabla}^2 U + 2f) - \boldsymbol{\nabla}^2 U = 0$$

即

$$\begin{cases} -\boldsymbol{\nabla}^2 U = f \\ \left[\eta\dfrac{\partial U}{\partial n} - U\dfrac{\partial \eta}{\partial n}\right]_{r\in S[V]} = 0 \end{cases}$$

于是可以有两种情况，第一种情况为

$$\begin{cases} \delta\iiint U(\boldsymbol{\nabla}^2 U + 2f)\mathrm{d}v = 0 \\ U(\boldsymbol{r}_b) = \text{const}, \quad \boldsymbol{r}_b \in S[V] \end{cases}$$

是固定边值的变分问题，对应的欧拉边值问题为第一类齐次条件的泊松边值问题

$$\begin{cases} \boldsymbol{\nabla}^2 U = -f \\ U(\boldsymbol{r}_b) = 0, \quad \boldsymbol{r}_b \in S[V] \end{cases}$$

第二种情况为

$$\begin{cases} \delta\iiint U(\boldsymbol{\nabla}^2 U + 2f)\mathrm{d}v = 0 \\ \text{无边界条件} \end{cases}$$

是自由边界的变分问题，对应的欧拉边值问题为

$$\begin{cases} \boldsymbol{\nabla}^2 U = -f \\ \dfrac{\partial U(\boldsymbol{r}_b)}{\partial n} + \beta U(\boldsymbol{r}_b) = 0, \quad \boldsymbol{r}_b \in S[V] \end{cases}$$

是第二类或第三类齐次条件的泊松边值问题。

6.3 约束条件下的变分

6.3.1 约束条件下的变分问题

有时变分问题有附加的要求,只允许泛函在定义域内符合某些约束条件的子集内寻求使泛函达到驻定值的函数,可以看成泛函的条件极值问题,通常采用拉格朗日乘子法处理。

1. 微分方程形式的约束条件

设有泛函
$$\begin{cases} \delta J\{U(x)\} = \delta \int_{x_1}^{x_2} F(x,U,U') = 0 \\ \text{第一类或无边界条件} \end{cases}$$

附加了微分方程形式的约束条件:
$$\begin{cases} \Phi_i[x,U,U'] = 0 \\ i = 1,2,\cdots,m \end{cases}$$

约束条件与边界条件不同,它规定了待求函数在整个定义域内的关系,边界条件只适用于边界点。设待定的拉格朗日乘子为 $\{\lambda_i(x)|_{i=1,2,\cdots,m}\}$,用拉格朗日乘子分别与约束条件相乘并与原来的泛函构成一组新的泛函:

$$\begin{cases} \widetilde{J}\{U(x)\} = J\{U(x)\} + \int_{x_1}^{x_2} \sum_{i=1}^{m} \lambda_i(x)\Phi_i[x,U,U']\mathrm{d}x = \int_{x_1}^{x_2} \widetilde{F}(x,U,U')\mathrm{d}x \\ \widetilde{F}(x,U,U') = F(x,U,U') + \sum_{i=1}^{m} \lambda_i(x)\Phi_i[x,U,U'] \end{cases} \quad (6.3.1)$$

式中,在 $U(x)$ 满足约束条件的情况下,由于 $\Phi_i[x,U,U']=0$,因此有

$$\widetilde{F}(x,U,U') = F(x,U,U') + \sum_{i=1}^{m} \lambda_i(x)\Phi_i[x,U,U'] = F(x,U,U')$$

即有 $\delta\widetilde{J}\{U(x)\} = \delta J\{U(x)\}$,于是原问题转换为无条件约束的变分问题:

$$\begin{cases} \delta\widetilde{J}\{U(x)\} = \delta \int_{x_1}^{x_2} \widetilde{F}(x,U,U')\mathrm{d}x = 0 \\ \text{第一类或无边界条件} \end{cases} \quad (6.3.2)$$

则等价的边值问题为

$$\begin{cases} \dfrac{\partial F}{\partial U} - \dfrac{\mathrm{d}}{\mathrm{d}x}\left(\dfrac{\partial F}{\partial U'}\right) + \sum_{i=1}^{m}\left\{\lambda_i\left[\dfrac{\partial \Phi_i}{\partial U} - \dfrac{\mathrm{d}}{\mathrm{d}x}\left(\dfrac{\partial \Phi_i}{\partial U'}\right)\right] - \lambda_i'\dfrac{\partial \Phi_i}{\partial U'}\right\} = 0 \\ \Phi_i[x,U,U'] = 0 \end{cases} \quad (6.3.3)$$

式(6.3.3)有 $m+1$ 个方程,联立后可求得待求函数 $U(x)$ 和 m 个拉格朗日乘子 $\lambda_i(x)$。

2. 泛函方程形式的约束条件

设有泛函方程形式的约束条件
$$\int_{x_1}^{x_2} \Phi_i[x,U,U'] = C_i, \quad i = 1,2,\cdots,m \quad (6.3.4)$$

设待求的拉格朗日乘子为 $\{\lambda_i|_{i=1,2,\cdots,m}\}$,用拉格朗日乘子乘约束方程并与原有泛函构成新泛函

$$\widetilde{J}\{U(x)\} = \int_{x_1}^{x_2}\left\{F(x,U,U') + \sum_{i=1}^{m}\lambda_i\Phi_i[x,U,U']\right\}\mathrm{d}x - \sum_{i=1}^{m}\lambda_i C_i$$

$$= \int_{x1}^{x2} \widetilde{F}(x, U, U') \mathrm{d}x$$

当 $U(x)$ 满足约束条件同时也满足 $J\{U(x)\}$ 变分要求时，必然有

$$\begin{cases} \dfrac{\partial F}{\partial U} - \dfrac{\mathrm{d}}{\mathrm{d}x}\left(\dfrac{\partial F}{\partial U'}\right) + \displaystyle\sum_{i=1}^{m} \lambda_i \left[\dfrac{\partial \Phi_i}{\partial U} - \dfrac{\mathrm{d}}{\mathrm{d}x}\left(\dfrac{\partial \Phi_i}{\partial U'}\right)\right] = 0 \\ \displaystyle\int_{x_1}^{x_2} \Phi_i[x, U, U']\mathrm{d}x = C_i, \qquad i = 1, 2, \cdots, m \end{cases} \tag{6.3.5}$$

6.3.2　线性算子方程转换为变分方程

1. 算子

在矢量空间中，特别是在赋范空间中，映射被称为算子。度量空间中定义了距离 d，例如，在欧几里得空间 $\mathbf{R}^2$ 中，任意两个点 $x(\xi_1, \xi_2)$ 和 $y(\eta_1, \eta_2)$ 间的距离为

$$d(x, y) = \sqrt{(\xi_1 - \eta_1)^2 + (\xi_2 - \eta_2)^2}$$

在欧几里得空间中范数为

$$\| x \| = \sqrt{|\xi_1|^2 + |\xi_2|^2 + \cdots + |\xi_n|^2}$$

又例如，在 $L^2[a, b]$ 空间中，范数和内积定义为

$$\| x \| = \left(\int_a^b x^2(t)\mathrm{d}t\right)^{\frac{1}{2}}, \quad \langle x, y \rangle = \int_a^b x(t)y(t)\mathrm{d}t$$

在电磁学问题中常常用算子表达微分方程，常见的有如下几类算子。

（1）线性算子。

满足下述性质的算子 T 称为线性算子：

- T 的定义域 $\mathbf{D}(T)$ 是一个矢量空间，T 的值域落在同一个矢量空间；
- 对于所有的 $x, y \in \mathbf{D}(T)$ 和标量 a 满足 $T(x+y) = T(x) + T(y)$，$T(ax) = aT(x)$。

（2）有界线性算子。

设 $\mathbf{X}$ 和 $\mathbf{Y}$ 是两个赋范空间，而映射 $T: \mathbf{D}(T) \to \mathbf{Y}$ 是一个线性算子，其中 $\mathbf{D}(T) \subset \mathbf{X}$。若存在一个实数 C 使得对一切 $x \in \mathbf{D}(T)$ 都有 $\| Tx \| \leqslant C \| x \|$ 成立，则称 T 是有界的。算子的范数 $\| T \|$ 定义为

$$\| T \| = \sup_{\substack{x \in D(T) \\ x \neq 0}} \frac{\| T\mathbf{X} \|}{\| \mathbf{X} \|}$$

其中，sup 表示取上确界。

（3）希尔伯特伴随算子 T^*。

该算子可以定义如下：

设 $\mathbf{H}_1$、$\mathbf{H}_2$ 都是希尔伯特空间并且算子 $T: \mathbf{H}_1 \to \mathbf{H}_2$ 是一个有界线性算子，则对所有的 $x \in \mathbf{H}_1$ 和 $y \in \mathbf{H}_2$ 都满足 $\langle Tx, y \rangle = \langle x, T^* y \rangle$ 的算子叫作 T 的希尔伯特伴随算子，记为 T^*：$\mathbf{H}_2 \to \mathbf{H}_1$。

（4）线性算子。

运算性质：设 A、B 为线性算子，定义域分别为 $\mathbf{D}_A$、$\mathbf{D}_B$，则有

- 和运算：若 $\phi \in \mathbf{D}_A \bigcap \mathbf{D}_B$，则 $(A+B)\phi = A\phi + B\phi = (A+B)\phi$。
- 积运算：若 $\phi \in \mathbf{D}_B$ 而 $(B\phi) \in \mathbf{D}_A$，则 $AB\phi = A(B\phi) \neq (BA)\phi$。
- 逆运算：若 $(AB)\phi = \phi$，则 $B = A^{-1}$，$A = B^{-1}$ 且 $AA^{-1} = I = A^{-1}A$。

（5）对称算子。

若函数集 $D \subset L^2$ 中的任意两个元素 U 和 V 构成的内积满足 $\langle AU,V \rangle = \langle U,AV \rangle$，则称 A 为 D 上的对称算子。

（6）自伴算子。

设希尔伯特空间 H 上的有界线性算子 T：$H \rightarrow H$，若 $T^* = T$ 则称 T 是自伴的或厄密算子；若 T 是对射的且 $T^* = T^{-1}$ 则称 T 是酉算子；若 $TT^* = T^*T$，则称 T 是正规算子。

（7）正算子。

若对任意的 $U \in D \subset L^2$ 都有 $\langle AU,U \rangle > 0$，则称 A 为 D 上的正算子。

（8）下有界算子。

若对任意的 $U \in D \subset L^2$ 都有 $\langle AU,U \rangle \geqslant a\|U\|^2$（$a$ 为实数），则称 A 为 D 上的下有界算子；$a=0$ 时称 A 为 D 上的非负算子；若 $a>0$，则称 A 为 D 上的正定算子。

2. 正算子的确定性方程的泛函

定理 6.3.1　设线性正算子 A 是定义域为 D_A 值域为 R_A 的算子，D_B 是符合所给边界条件的函数集，则由已知函数 $f \in R_A \subset H$ 和未知函数集 $U \in (D_A \bigcap D_B) \subset H$ 构成的确定性算子方程为

$$AU = f \tag{6.3.6}$$

等价于下列泛函为极小值的变分方程

$$J\{U\} = \langle AU,U \rangle - \langle U,f \rangle - \langle f,U \rangle = \min \tag{6.3.7}$$

证明　任取函数 $\eta \in (D_A \bigcap D_B) \subset H$，再分两步证明如下。

① 证明，凡是式（6.3.6）的解必然满足式（6.3.7）。

作 $V = U + \eta$ 的泛函，有

$$
\begin{aligned}
J\{V\} &= \langle A(U+\eta),U+\eta \rangle - \langle U+\eta,f \rangle - \langle f,U+\eta \rangle \\
&= [\langle AU,U \rangle - \langle U,f \rangle - \langle f,U \rangle] + \langle A\eta,\eta \rangle + [\langle AU,\eta \rangle - \\
&\quad \langle f,\eta \rangle] + [\langle A\eta,U \rangle - \langle \eta,f \rangle]
\end{aligned}
$$

由正算子定义和对称性有

$$\langle A\eta,\eta \rangle > 0, \quad \langle A\eta,U \rangle = \langle \eta,AU \rangle$$

令 $I = J\{V\} - J\{U\}$，得

$$I = J\{V\} - J\{U\} = \langle A\eta,\eta \rangle + \langle \eta,AU-f \rangle + \langle AU-f,\eta \rangle$$

显然只要 U 满足式（6.3.6），则由正算子定义有

$$I = J\{V\} - J\{U\} = \langle A\eta,\eta \rangle > 0$$

因为 $\eta \in (D_A \bigcap D_B) \subset H$ 为任取函数，所以 η 不可能恒等于 0，所以 $J\{V\}$ 一定大于 $J\{V\}$，说明泛函 $J\{V\}$ 为极小，也就证明了 U 确实满足式（6.3.7）。

② 证明，只要满足式（6.3.7）就必然满足式（6.3.6）。

作 $V = U + \alpha\eta$ 的泛函（其中的 α 为复数常数）

$$J\{V\} = \langle A(U+\alpha\eta),U+\alpha\eta \rangle - \langle U+\alpha\eta,f \rangle - \langle f,U+\alpha\eta \rangle$$

因为 U 满足式（6.3.7），所以 U 使 $J\{\cdot\}$ 为极小值，因为必然有 $I = J\{V\} - J\{U\} \geqslant 0$ 也就是有

$$0 \leqslant I = \langle A\alpha\eta,\alpha\eta \rangle + \langle \alpha\eta,AU-f \rangle + \langle AU-f,\alpha\eta \rangle$$

当 $\alpha \rightarrow 0$ 时，$V \rightarrow U$，则 $I = J\{V\} - J\{U\} \rightarrow 0$，取 $\alpha = a$ 为实数，于是有

$$I = a^2\langle A\eta,\eta \rangle + a\langle \eta,AU-f \rangle + a\langle AU-f,\eta \rangle \geqslant 0$$

$$I = a^2\langle A\eta,\eta \rangle + a(\langle AU-f,\eta \rangle + \langle AU-f,\eta \rangle) \geqslant 0$$

$$I = a^2 \langle A\eta, \eta \rangle + a \operatorname{Re}\{\langle AU - f, \eta \rangle\} \to 0, \text{当 } a \to 0 \text{ 时}$$

取 $\alpha = ja$ 为纯虚数，有

$$I = a^2 \langle A\eta, \eta \rangle + ja\langle \eta, AU - f \rangle - ja\langle AU - f, \eta \rangle$$

$$I = a^2 \langle A\eta, \eta \rangle + a \operatorname{Im}\{\langle AU - f, \eta \rangle\} \to 0, \text{当 } a \to 0 \text{ 时}$$

总之，当 $a \to 0$ 时，必有 $\lim\limits_{a \to 0} I = \min$，因 I 为极小值，故一次微商为 0，即 $\dfrac{\partial I}{\partial a} = 0$。

因为

$$\frac{\partial I}{\partial a} = \begin{cases} 2a\langle A\eta, \eta \rangle + 2\operatorname{Re}\{\langle AU - f, \eta \rangle\}, & a \text{ 为实数时} \\ 2a\langle A\eta, \eta \rangle + 2\operatorname{Im}\{\langle AU - f, \eta \rangle\}, & a \text{ 为纯虚数时} \end{cases}$$

由此可知，若要求 $\dfrac{\partial I}{\partial a} = 0$，就必须要求

$$\begin{cases} \operatorname{Re}\{\langle AU - f, \eta \rangle\} = 0 \\ \operatorname{Im}\{\langle AU - f, \eta \rangle\} = 0 \end{cases}$$

而 η 为任意函数，则必须有

$$AU - f = 0$$

至此，已证明了满足了式（6.3.6）必然满足式（6.3.7），同时由于 $\langle AU - f \rangle = 0$，则必有

$$I = a^2 \langle A\eta, \eta \rangle \geqslant 0$$

也证明了 A 必为正算子。

3. 下有界算子的本征值方程

设下有界算子 A 和待定常数 λ 构成本征值问题

$$AU = \lambda U \tag{6.3.8}$$

其中函数 $U \in \{U_k | k = 1, 2, \cdots\}$，而且有 $\boldsymbol{D}_A = R_A$，只有当 λ 取特定的本征值序列 $\{\lambda_k | k = 1, 2, \cdots\}$ 时，本征值方程才会有对应的解 $U \in \{U_k | k = 1, 2, \cdots\}$ 称为本征函数解。求解本征值方程时要同时确定 λ_k 和 U_k，使它们满足

$$AU_k = \lambda_k U_k, \quad k = 1, 2, \cdots$$

定理 6.3.2 下有界算子本征值方程的所有本征值都是实数，且任意两个不同的本征值所对应的本征函数的内积恒等于 0，即相互正交。

证明 由空间内积的定义和算子 A 的对称性，有

① $\langle AU_k, U_k \rangle = \langle U_k, AU_k \rangle = \overline{\langle AU_k, U_k \rangle} \quad k = 1, 2, \cdots$

式中，$\overline{\langle AU_k, U_k \rangle}$ 表示 $\langle AU_k, U_k \rangle$ 的共轭。

把式（6.3.8）代入，得 $\langle \lambda U_k, U_k \rangle = \overline{\langle \lambda U_k, U_k \rangle} = \bar{\lambda}_k \langle U_k, U_k \rangle$（$\bar{\lambda}_k$ 为 λ_k 的复数共轭数）。

即 $\lambda_k \langle U_k, U_k \rangle = \bar{\lambda}_k \langle U_k, U_k \rangle$，也就是 $\lambda \| U_k \|^2 = \bar{\lambda} \| U_k \|^2$，$\lambda_k = \bar{\lambda}_k$。

因为 $U_k \neq 0$，则由 $\lambda_k = \bar{\lambda}_k$，$\lambda_k$ 必为实数，$k = 1, 2, \cdots$。

② $\langle AU_i, U_j \rangle = \langle U_i, AU_j \rangle, \quad i, j = 1, 2, \cdots$

把式（6.3.8）代入，得

$$\lambda_i \langle U_i, U_j \rangle = \lambda_j \langle U_i, U_j \rangle$$

因为 $\lambda_i \neq \lambda_j$，就必要求 $\langle U_i, U_j \rangle = 0$（$i \neq j$ 时），也就是不同的本征值所对应的本征函数相互正交，一般写为

$$\langle U_i, U_j \rangle = \delta_{i,j} \parallel U_i \parallel^2, \quad i,j = 1,2,\cdots, \quad \text{其中} \ \delta_{i,j} = \begin{cases} 1, & i \neq j \\ 0, & i = j \end{cases}$$

定理 6.3.3(最小本征值定理) 设方程式(6.3.8)的最小本征值为 λ_1 对应的本征函数为 U_1,即

$$\begin{cases} AU_1 = \lambda_1 U_1 \\ \lambda_1 = \min\{\lambda_k \mid k = 1,2,\cdots\} \end{cases}$$

则 λ_1 等于算子 A 的下界值,即 Rayleigh 商的极小值。Rayleigh 商为

$$J\{U\} = \frac{\langle AU, U \rangle}{\langle U, U \rangle} = \lambda \tag{6.3.9}$$

U_1 是变分方程 $\delta J\{U\} = 0$ 且 $\delta^2 J\{U\} > 0$ 的解并且满足泛函式

$$\begin{cases} J\{U_1\} = \dfrac{\langle AU_1, U_1 \rangle}{\langle U_1, U_1 \rangle} = \lambda_1 \\ \lambda_1 = \min[J\{U\}] = \min\left[\dfrac{\langle AU, U \rangle}{\langle U, U \rangle}\right] \end{cases} \tag{6.3.10}$$

证明 分两步证明如下:

① 凡满足式(6.3.8)的解 U_1 必满足式(6.3.10)。

把 U_1 和式(6.3.8)代入式(6.3.10),显然有

$$J\{U_1\} = \frac{\langle AU_1, U_1 \rangle}{\langle U_1, U_1 \rangle} = \lambda_1$$

再对式(6.3.8)两边作内积并除以 $\langle U, U \rangle$,得

$$J\{U\} = \frac{\langle AU, U \rangle}{\langle U, U \rangle} = \frac{\langle \lambda U, U \rangle}{\langle U, U \rangle} = \lambda$$

这就是式(6.3.9),由于 λ_1 为最小本征值,则 $\lambda_1 = \min\lambda_i, i = 1,2,\cdots$。因而有

$$\min[J\{U\}] = \min\left[\frac{\langle AU, U \rangle}{\langle U, U \rangle}\right] = \min\lambda_i = \lambda_1$$

显然,满足式(6.3.8)的解 U_1 必然满足式(6.3.10)。

② 证明满足式(6.3.10)的解 U_1 必满足式(6.3.8)。

任取 $\eta \in (\boldsymbol{D}_A \cap \boldsymbol{D}_B) \subset \boldsymbol{H}$ 并且作 $U = U_1 + \alpha\eta$,其中 α 为常数,有

$$\begin{aligned} J\{U\} &= \frac{\langle A(U_1 + \alpha\eta), U_1 + \alpha\eta \rangle}{\langle U_1 + \alpha\eta, U_1 + \alpha\eta \rangle} \\ &= \frac{\langle AU_1, U_1 \rangle + \alpha\langle A\eta, U_1 \rangle + \bar{\alpha}\langle AU, \eta \rangle + \alpha\bar{\alpha}\langle A\eta, \eta \rangle}{\langle U_1, U_1 \rangle + \alpha\langle \eta, U_1 \rangle + \bar{\alpha}\langle U_1, \eta \rangle + \alpha\bar{\alpha}\langle \eta, \eta \rangle} \\ &= \lambda \geqslant \lambda_1 \end{aligned}$$

因为 $\lambda_1 = \min[J\{U\}]$,而且 $\lim\limits_{\alpha \to 0} U = U_1$,所以 $\lim\limits_{\alpha \to 0} J\{U\} = \lambda_1$ 为极小,故有

$$\frac{\partial J}{\partial \alpha} = 0$$

取 $\alpha =$ 实数,并令 $\alpha, \bar{\alpha}, \alpha\bar{\alpha} \to 0$,由 $\dfrac{\partial J}{\partial \alpha} = 0$,有

$$\langle U_1, U_1 \rangle \mathrm{Re}\langle AU_1, \eta \rangle - \langle AU_1, U_1 \rangle \mathrm{Re}\langle U_1, \eta \rangle = 0$$

可得

$$\text{Re}\langle AU_1 - \lambda_1 U_1, \eta \rangle = 0$$

同样，当 $\alpha = \mathrm{j}a$ 为纯虚数时，有 $\text{Im}\langle AU_1 - \lambda_1 U_1, \eta \rangle = 0$。

合并前两种情况，等价于复数方程为 $AU_1 = \lambda_1 U_1$，即证明了满足式(6.3.10)的解 U_1 必满足式(6.3.8)。

定理 6.3.4（后续本征值定理）　设本征值序列 $\{\lambda_1 \leqslant \lambda_2 \leqslant \cdots \leqslant \lambda_n \leqslant \cdots\}$，若已知方程式(6.3.8)的前 n 个本征值及其对应的 n 个彼此正交的本征函数

$$\{U_1, U_2, \cdots, U_n \mid \langle U_i, U_j \rangle = \delta_{i,j} \parallel U_i \parallel^2 \}$$

则后续本征值 λ_{n+1} 是泛函式(6.3.9)在约束条件 $\{\langle U, U_k \rangle = 0 \mid k = 1, 2, \cdots, n\}$ 下的极小值。其对应的本征函数 U_{n+1} 是变分方程 $\delta J\{U\} = 0$ 且 $\delta^2 J\{U\} > 0$ 的条件解，满足泛函式

$$\begin{cases} J\{U_{n+1}\} = \dfrac{\langle AU_{n+1}, U_{n+1} \rangle}{\langle U_{n+1}, U_{n+1} \rangle} = \lambda_{n+1} \\ \langle U_{n+1}, U_k \rangle = 0, \qquad k = 1, 2, \cdots, n \end{cases} \tag{6.3.11}$$

4. 正定算子的广义本征值方程

设线性下有界算子 A 和线性正定算子 B 以及待定常数 λ 构成广义本征值方程

$$AU = \lambda BU \tag{6.3.12}$$

方程式(6.3.12)仅当取特定本征值序列 $\{\lambda_k \mid k = 1, 2, \cdots\}$ 时，才有相对应的特定解 $\{U_k \mid k = 1, 2, \cdots\}$，称为广义本征值函数解，即

$$AU_k = \lambda_k BU_k, \qquad k = 1, 2, \cdots \tag{6.3.13}$$

设 B 为正定算子，则有如下定理。

定理 6.3.5　正定算子广义本征值方程的所有广义本征值都是实数，任意两个不同广义本征值所对应的广义本征函数相互广义正交，即

$$\lambda_k = \bar{\lambda}_k = \text{实数}, \quad k = 1, 2, \cdots, n \tag{6.3.14}$$

$$\langle BU_i, U_j \rangle = \delta_{i,j} \langle BU_i, U_i \rangle \tag{6.3.15}$$

定理 6.3.6（最小广义本征值定理）　设式(6.3.12)的最小广义本征值为 λ_1，其对应的广义本征函数为 U_1，满足算子方程

$$\begin{cases} AU_1 = \lambda_1 BU_1 \\ \lambda_1 = \min\{\lambda_k \mid k = 1, 2, \cdots\} \end{cases} \tag{6.3.16}$$

则 λ_1 等于下列泛函或 Rayleigh 商的极小值：

$$J\{U\} = \frac{\langle AU, U \rangle}{\langle BU, U \rangle} = \lambda \tag{6.3.17}$$

而 U_1 是变分方程 $\delta J\{U\} = 0$，且 $\delta^2 J\{U\} > 0$ 的解。

定理 6.3.7（后续广义本征值定理）　设广义本征值序列为 $\{\lambda_1 \leqslant \lambda_2 \leqslant \cdots \leqslant \lambda_n \leqslant \cdots\}$。若已知方程式(6.3.12)的前 n 个广义本征值及其对应的 n 个彼此广义正交的广义本征函数

$$\{U_1, U_2, \cdots, U_n \mid \langle BU_i, U_j \rangle = \delta_{i,j} \langle BU_i, U_i \rangle\}$$

则后续广义本征值 λ_{n+1} 是泛函式(6.3.17)在约束条件 $\{\langle BU, U_k \rangle = 0 \mid k = 1, 2, \cdots, n\}$ 下的极小值；其对应的广义本征函数 U_{n+1} 是变分方程 $\delta J\{U\} = 0$ 且 $\delta^2 J\{U\} > 0$ 的条件解，满足泛函式

$$\begin{cases} J\{U_{n+1}\} = \dfrac{\langle AU_{n+1}, U_{n+1} \rangle}{\langle BU_{n+1}, U_{n+1} \rangle} = \lambda_{n+1} \\ \langle BU_{n+1}, U_k \rangle = 0, \quad k = 1, 2, \cdots, n \end{cases} \tag{6.3.18}$$

6.4　非自伴算子方程和 Rayleigh-Ritz 方法

6.4.1　非自伴算子方程

可以证明,一般情况下的电磁场边值问题都属于自伴算子的边值问题,其涉及的微分和积分算子都是线性正定算子,因而可以转化为等价的变分问题。但在特殊情况下,例如有耗媒质中时谐场问题混合介质的静电问题,可能会产生非自伴算子。

定理 6.4.1　设未知场函数 U 和已知源函数 f,由非自伴线性算子 A 构成确定性方程 $AU = f$,又设独立于未知场 U 的未知伴随场函数为 W,任意指定的辅助源函数为 g,并构成伴随算子方程 $A^*W = g$,其中 A^* 为 A 的伴随算子,则算子方程组为

$$\begin{cases} AU = f \\ A^*W = g \end{cases} \tag{6.4.1}$$

等价为含两个函数的泛函

$$J\{U, W\} = \langle AU, W \rangle - \langle U, g \rangle - \langle f, W \rangle \tag{6.4.2}$$

的驻定公式,也就是可以使 $\delta J\{U, W\} = 0$。

证明　取式(6.4.2)的变分,得

$$\begin{aligned} \delta J\{U, W\} &= \langle A\delta U, W \rangle + \langle AU, \delta W \rangle - \langle \delta U, g \rangle - \langle f, \delta W \rangle \\ &= (\langle \delta U, A^*W \rangle - \langle \delta U, g \rangle) + (\langle AU, \delta W \rangle - \langle f, \delta W \rangle) \\ &= \langle \delta U, A^*W - g \rangle + \langle AU - f, \delta W \rangle \end{aligned} \tag{6.4.3}$$

若式(6.4.1)成立,显然有 $\delta J\{U, W\} = 0$,即式(6.4.1)等价于式(6.4.2)泛函的驻定值。反之,若有 $\delta J\{U, W\} = 0$,而且由于 δU 和 δW 的任意可变性知道,必有 $A^*W - g = 0$ 和 $AU - f = 0$ 同时成立。

注意:虽然证明了式(6.4.1)和式(6.4.2)的等价性,而且知道 $\delta J\{U, W\} = 0$,但仍然只能确定此时得到的是泛函的驻定值,而不能肯定或确定该驻定值是否为泛函 J 的极小值、极大值或拐点值。

6.4.2　Rayleigh-Ritz 方法

Rayleigh-Ritz 方法是数值分析常用的方法,其基本原理可以简单叙述如下。设有线性变分问题

$$\delta J\{U(r)\} = 0 \quad U(r_b)\,|_{r_b \in S[V]} = 0 \tag{6.4.4}$$

设未知函数 $U(\bar{r})$ 能展开成某线性无关函数的完备序列的线性组合

$$U(r) = \sum_n C_n \Phi_n(r) \tag{6.4.5}$$

把它代入相应的泛函中,将式(6.4.5)代入式(6.4.4),就把求解未知函数的任务转为求解展开的函数序列的系数 $\{C_n \mid n = 1, 2, \cdots\}$ 的问题。函数 Φ_n 则是空间的基或坐标,称为基函数。

这个序列有无穷多个元素,现在只取有限多个,因此所求出的结果只是未知函数 U 的 N 阶近似解

$$U^{[N]} = \sum_{n=1}^{N} C_n \Phi_n \tag{6.4.6}$$

Rayleigh-Ritz 方法就是把这一变分问题中满足边界条件的值域空间 $\boldsymbol{H}$ 换算成一个有限

维子空间 $\boldsymbol{S}$ 或者准确地说换算成属于 $\boldsymbol{H}$ 的有限维子空间 $\boldsymbol{S}^n$ 的序列，而 $\boldsymbol{S}^n$ 的元素 Φ 叫试探函数。将试探函数代入原变分方程中，构成近似的变分方程

$$\delta J\left\{U^{[N]}(\boldsymbol{r})\right\} = \delta J\left\{\sum_{n=1}^{N} C_n \Phi_n(\boldsymbol{r})\right\} = 0 \tag{6.4.7}$$

于是，把 C_n 看成变量，就把原来的变分极值问题转换为求式(6.4.7)的极值问题，该问题等价于求多元函数极值条件问题

$$\frac{\partial J\left\{U^{[N]}(\boldsymbol{r})\right\}}{\partial C_n} = 0, \qquad n = 1, 2, \cdots, N \tag{6.4.8}$$

由式(6.4.8)可求得展开式系数 C_n，从而求得泛函的近似解 $U^{[N]}(\boldsymbol{r})$。

应用 Rayleigh-Ritz 方法的关键问题是如何选择或构造有限维子空间 $\boldsymbol{S}^n$。例如，构造有限元子空间时，要考虑其中的元素是满足泛函要求的，而且要求感兴趣的物理量可以由这些元素方便求出。$\boldsymbol{S}^n$ 最简单的选择是选择这样的函数空间，在该空间上，函数在每个空间 $[(k-1)h,\ kh]$ 上是线性的，在结点 $x=kh$ 上是连续的，且在 $x=0$ 处为 0。这种 Rayleigh-Ritz 方法就是要把泛函变分或泛函极值问题转换为多元函数极值问题。函数的导数是分段常数（也就是具有有限的能量），这些试探函数称为线性元。

6.4.3　Rayleigh-Ritz 方法的误差

用 Rayleigh-Ritz 方法解算子方程基本上都是求泛函极小值问题，准确的解应该是使泛函达到极值的函数。而近似解则要取一定数量的基函数去逼近，结果是泛函在近似解下的值比极小值大。全面讨论很复杂，一般地说，对 $2m$ 阶 n 维椭圆形边值问题的解 u 有 u^h 为 k 次有限元空间 S^h 上的 Rayleigh-Ritz 近似解，则有

$$a\langle U-U^h, U-U^h\rangle \leqslant C^2 h^{2(k-m)} \parallel U \parallel_K^2 \tag{6.4.9}$$

## 第 7 章

基于变分原理的有限元法

有限元法的思想是 1943 年在 Courant 的论文中明确出现的,但是他本人并未发展这一方法。有限元法的最重要工作来源于结构工程师。在有限元法取得成功时,有限元法的数学基础尚未完全建立起来。我国数学家冯康早在 1965 年就独立地提出并参与了有限元法的创始和奠基工作。1968 年左右,数值分析科学家认识了有限元法的基本原理并建立了相应的数学基础。

人们发现有限元法是逼近论、偏微分方程、变分与泛函分析的巧妙结合。从数学上讲,有限元法是 Rayleigh-Ritz-Galerkin 法的推广。Ritz 法并不直接用于微分方程,而是用于对应的变分形式;同时还假设近似解就是给定的试探函数 $\Phi_j(x)$ 的组合 $\sum q_j \Phi_j$;实际上就是加权剩余法。有限元法中的试探函数都是分片多项式,这种分片多项式在函数逼近论中占有重要地位,实际上构成了索伯罗夫(Sobolev)空间,索伯罗夫空间特性和嵌入定理成为有限元法分析的基础。索伯罗夫空间可以简单表述如下。

如果用 $L_P(\Omega)(1 \leqslant P \leqslant \infty)$ 表示积分 $\int_\Omega |U(x)|^P \mathrm{d}x$ 为有限值的函数 $U(x)$ 的全体,设 Ω 是 $\mathbf{R}^n$ 的有界开域,其中的点表示为 $\boldsymbol{x} = (x_1, x_2, \cdots, x_n)$,而 $\boldsymbol{\alpha} = (\alpha_1, \alpha_2, \cdots, \alpha_n)$ 是 n 重指标,$|\boldsymbol{\alpha}| = \alpha_1 + \alpha_2 + \cdots + \alpha_n$。设 D_U^α 是 U 的 α 阶广义微分,则称函数空间 $W_P^m(\Omega) = \{U \mid D_U^\alpha \in L_P(\Omega), \forall \alpha, |\alpha| \leqslant m\}$ 是阶为 m, P 的索伯罗夫空间。

7.1 有限元法的一般原理

有限元法是一种积分数值方法,其数值处理的基本方法很有代表性,其基本方法完全适合于矩量法的情形。从数值分析和数值建模的角度看,微分数值方法用差分代替微分,是数值的逼近,是变化率意义上的近似;而积分数值方法用切分区域上的近似函数去逼近,因而积分方法得到的平均意义上的近似解是函数意义上的近似。

7.1.1 普遍意义下的有限元法

有限元法将考察的连续场分割为有限个单元,再用比较简单的函数表示每个单元的解,但并不要求每个单元的试探解都满足边界条件,边界条件并不进入有限元的关系式中,所以对内部和边界都可以采用同样的函数,边界条件只在集合体的方程中引入,其过程也比较简单,只需要考虑强迫边界条件。有限元法的优点可以总结如下。

（1）最终求解的线性代数方程组一般为正定的稀疏系数矩阵。

（2）特别适合处理具有复杂几何形状物体和边界的问题。

（3）方便处理有多种介质和非均匀连续媒质问题。

（4）便于计算机上实现，可以做成标准化的软件包，如单元分析、总体合成、代数方程求解、绘图等，解不同问题时只要稍加修改即可。

有限元法可在更广泛的意义下定义。

（1）整个系统的性质是通过 n 个有限参数 $\alpha_i(i=1,2,\cdots,n)$ 来近似描述的。

（2）描述整个系统性质的 n 个方程 $F_j(\alpha_j)=0(j=1,2,\cdots,n)$ 是由所有子区域的贡献项通过简单的叠加过程汇集得到的。

（3）这些子区域把整个系统分成许多实际可识别的实体，它们既不重叠又无遗漏，即 $F=\sum_e F_j^e$。F_j^e 为各单元对所考察量的贡献。

广义有限元法可以把物理和数学的近似都包括在内，也把矩量法包含其中。有限元近似可以由变分法、加权积分、拉格朗日乘子、罚函数和虚功原理等各种方法获得。本节主要讲建筑在变分原理基础上的有限元法。

7.1.2 有限元法过程

首先把连续的区域分割为有限个单元，这种分割与有限差分法不同。有限差分法使用网格切分，只要求出子区域网格结点上的场值，实际上仍采用点逼近。而有限元法是用简单的子单元逼近的，是积木式的，每个子单元上都用一个简单函数描述。求出的结果则是小单元的平均意义的近似解，求出的简单函数，可以表示小单元上任意一点的场值，是一种积分近似。有限元法分析一般要经图 7.1 所示的步骤。

下面将逐项介绍有限元分析法各个流程的实现方法。

1. 场域离散化

主要任务是将场域分割成有限个单元体的集合。单元体形状原则上是任意的，一般取有规则形体，如图 7.2 所示，有三角形、四边形、矩形、正方形、正方体、四面体、六面体等。在这个流程中需要确定单元体的形状、个数、表达。下面的各种不同类型的有限单元是比较有代表性的离散化方法，实际上有限元法对场域离散化方法和几何形状的选择并没有许多限制，后面将谈到有关方面的解析要求。

在进行场域离散化时，一般要注意如下事项。

（1）各单元只能在顶点处相交，图 7.3 中的 a 点是非法的。

（2）不同单元在边界处相连，既不能相互分离又不能相互重叠。

（3）各单元结点编号顺序应一致，一律按逆时钟方向，从最小结点号开始。

2. 分片插值

设有 m 个有限元单元，在第 e 个单元上待求函数设为

$$\Phi^e = \sum_{i=1}^k a_i W_i(p), \quad e=1,2,\cdots,m \tag{7.1.1}$$

k 是第 e 单元上的结点数，例如图 7.4 中 e 单元为三角形，所以 $k=3,a_1,a_2,\cdots,a_k$ 为待定系数，W_i 是 p 点的插值函数，由问题决定，通常代表了有限单元上用来逼近待求场的分布的近似规律。通常各单元都采用同一种插值函数，p 是单元上的任意一点。有了插值函数，单元

任务	离　散　化
方式	场域或物体分为有限个子域,如三角形、四边形、四面体、六面体等
内容	单元数量、大小、排列

⬇

任务	选择插值函数
方式	选择插值函数的类型,如多项式,用结点(图形顶点)的场值求取子域中各点的场的近似值。一般用多项式,其次数与结点数有关
内容	插值函数、形式、次数

⬇

任务	建立单元特征式
方式	推导单元系数矩阵,取决于插值函数、单元几何形状、单元材质、相应的变分问题
内容	找到对应的变分问题,将已知插值函数进行微分、积分运算。整理出单元形函数、单元系数矩阵

⬇

任务	建立系统有限元方程
方式	采用简单处理方法把单元特征式加以合并,然后表示为整域上的线性方程组,结点互联处的场值相同,一般此过程由计算机自动完成
内容	有限元方程

⬇

任务	求解有限元方程
方式	考虑边界条件并修改上一步得到的方程,采用适当的方法求解线性方程组,求得结点处未知场的数值,再由插值函数求域中任意一点的值
内容	任意一点的场值

⬇

任务	附　加　计　算
方式	由场量求取其他关心的重要参数,如电荷分布、电流分布、电压分布等。可由相应的物理规律,经离散化处理后得到各单元的相应表达式
内容	关心的其他物理量的值

图 7.1　有限元法分析流程

结点上的电位就可以表示为插值函数决定的方程式。

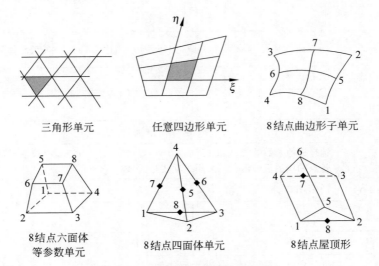

图 7.2　场域分割常见的单元体

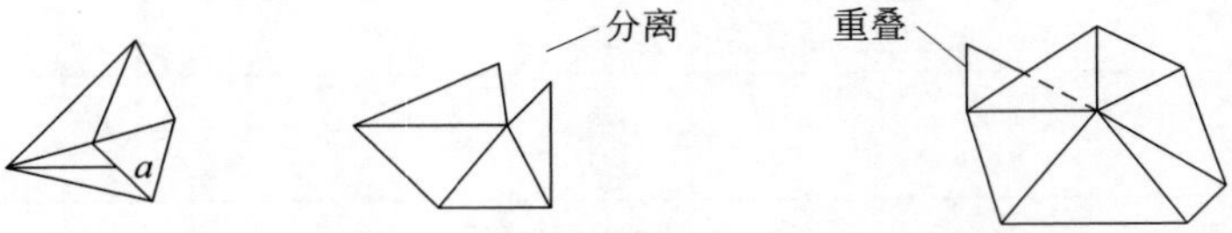

图 7.3　场域分割单元体的基本要求

$$
\begin{cases}
\Phi_1^e = \sum_{i=1}^{k} a_i W_i(p_1) \\
\Phi_2^e = \sum_{i=1}^{k} a_i W_i(p_2) \\
\quad\vdots \\
\Phi_k^e = \sum_{i=1}^{k} a_i W_i(p_k)
\end{cases}
\qquad (7.1.2)
$$

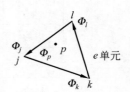

图 7.4　求取插值函数的三角形单元

一般情况下，单元结点上的电位可以表达为

$$\Phi^e = a_1 + a_2 x + a_3 y$$

$$
\begin{cases}
\Phi_j = a_1 + a_2 x_j + a_3 y_j \\
\Phi_k = a_1 + a_2 x_k + a_3 y_k \\
\Phi_l = a_1 + a_2 x_l + a_3 y_l
\end{cases}
$$

三角形单元结点数与插值函数待定系数的个数相等。

3. 求取单元形函数

式(7.1.2)中，W_i 是已选定的给定函数，$p_1, p_2, \cdots$ 是单元的结点，能用坐标表示，它们都是已知的。但各结点的电位 $\Phi_1^e, \Phi_2^e, \cdots, \Phi_k^e$ 和待定系数 a_i 是未知的。a_i 是决定小单元上电位值的平均近似值的系数，显然，a_i 在各单元中都不相同，a_i 的数值一定与各单元上结点的电位有关系，利用这个关系把待求的插值系数 a_i 用本单元结点上的电位值来代替，即

$$
\begin{cases}
a_1 = \displaystyle\sum_{i=1}^{k} C_{1i}\Phi_i^e \\[2mm]
a_2 = \displaystyle\sum_{i=1}^{k} C_{2i}\Phi_i^e \\[1mm]
\vdots \\[1mm]
a_k = \displaystyle\sum_{i=1}^{k} C_{ki}\Phi_i^e
\end{cases}
\tag{7.1.3}
$$

在式(7.1.3)中,把 Φ_i^e 看成已知的,把 $a_1,a_2,\cdots,a_k$ 看成未知的。具体到三角形单元的情况,把 Φ_j,Φ_k,Φ_l 看成已知的,把 a_1,a_2,a_3 看成未知的。对三角形的情况,解方程(7.1.3),有

$$
a_1 =
\begin{vmatrix}
\Phi_j & x_j & y_j \\
\Phi_k & x_k & y_k \\
\Phi_l & x_l & y_l
\end{vmatrix}
\Bigg/
\begin{vmatrix}
1 & x_j & y_j \\
1 & x_k & y_k \\
1 & x_l & y_l
\end{vmatrix}
= \frac{1}{2\triangle}(a_j\Phi_j + a_k\Phi_k + a_l\Phi_l)
$$

其中

$$
\begin{cases}
a_j = x_k y_l - x_l y_k \\
a_k = x_l y_j - x_j y_l \\
a_l = x_j y_k - x_k y_j
\end{cases}
,\quad
\triangle = \frac{1}{2}
\begin{vmatrix}
1 & x_j & y_j \\
1 & x_k & y_k \\
1 & x_l & y_l
\end{vmatrix}
$$

$\triangle$ 实际上是三角形单元 $\triangle jkl$ 的面积,为保证 $\triangle$ 为非负数值,要求全部单元按逆时针方向编号。同理可以求出

$$
a_2 =
\begin{vmatrix}
1 & \Phi_j & y_j \\
1 & \Phi_k & y_k \\
1 & \Phi_l & y_l
\end{vmatrix}
\Bigg/
\begin{vmatrix}
1 & x_j & y_j \\
1 & x_k & y_k \\
1 & x_l & y_l
\end{vmatrix}
= \frac{1}{2\triangle}(b_j\Phi_j + b_k\Phi_k + b_l\Phi_l)
$$

$$
b_j = y_k - y_l, \quad b_k = y_l - y_j, \quad b_l = y_j - y_k
$$

$$
a_3 =
\begin{vmatrix}
1 & x_j & \Phi_j \\
1 & x_k & \Phi_k \\
1 & x_l & \Phi_l
\end{vmatrix}
\Bigg/
\begin{vmatrix}
1 & x_j & y_j \\
1 & x_k & y_k \\
1 & x_l & y_l
\end{vmatrix}
= \frac{1}{2\triangle}(c_j\Phi_j + c_k\Phi_k + c_l\Phi_l)
$$

$$
c_j = x_l - x_k, \quad c_k = x_j - x_l, \quad c_l = x_k - x_j
$$

于是,可以求得三角形单元内的任意点的电位值为

$$
\Phi^e(p) = a_1^e + a_2^e x + a_3^e y
$$

把式(7.1.3)代入式(7.1.1),得

$$
\Phi^e = \sum_{i=1}^{k} N_i^e \Phi_j^e = [N_1^e, N_2^e, \cdots, N_k^e]
\begin{pmatrix}
\Phi_1^e \\
\Phi_2^e \\
\vdots \\
\Phi_k^e
\end{pmatrix}
\tag{7.1.4}
$$

式中,$[N_1^e, N_2^e, \cdots, N_k^e]$ 是只与坐标和单元形状有关的特征量,称为 e 单元上的形函数。其个数与 e 单元上结点的个数相同,单元形函数有如下基本性质。

$$
N_i^e(p) =
\begin{cases}
N_i^e(p), & p \in e\ 单元 \\
0, & p \notin e\ 单元
\end{cases}
\tag{7.1.5}
$$

$$N_i^e(p_j) = \begin{cases} 1, & i=j \\ 0, & i \neq j \end{cases} \tag{7.1.6}$$

依此可求出每个单元上的形函数

$$[N_1^e, N_2^e, \cdots, N_k^e], \quad e=1,2,\cdots,m \tag{7.1.7}$$

在三角形单元的情形，$k=3$。把前面的 a_1, a_2, a_3 结果代入插值函数表达式，有

$$\Phi^e(x,y) = \frac{1}{2\triangle}(a_j + b_j x + c_j y)\Phi_j^e + \frac{1}{2\triangle}(a_k + b_k x + c_k y)\Phi_k^e +$$
$$\frac{1}{2\triangle}(a_l + b_l x + c_l y)\Phi_e^e$$

令

$$\begin{cases} N_j = \dfrac{1}{2\triangle}(a_j + b_j x + c_j y) \\ N_k = \dfrac{1}{2\triangle}(a_k + b_k x + c_k y) \\ N_l = \dfrac{1}{2\triangle}(a_l + b_l x + c_l y) \end{cases}$$

式中，$\left.\begin{array}{c} a_j, b_j, c_j \\ a_k, b_k, c_k \\ a_l, b_l, c_l \end{array}\right\}$ 只是结点坐标的函数，已在前面求出，于是有

$$\Phi^e(x,y) = N_j^e \Phi_j^e + N_k^e \Phi_k^e + N_l^e \Phi_l^e$$
$$= [N_j^e, N_k^e, N_l^e]\begin{bmatrix} \Phi_j^e \\ \Phi_k^e \\ \Phi_l^e \end{bmatrix} = [N]^e[\Phi]^e, \quad e=1,2,\cdots,m$$

式中，N_j^e, N_k^e, N_l^e 只与单元结点坐标有关，称为单元形函数。

4. 建立单元特征式

区域离散化子区域形状→单元结点坐标→插值函数→单元形函数。有了单元形函数之后，只要确定各单元结点处的电位 $\Phi_j^e, \Phi_k^e, \Phi_l^e$ 就可以求得单元内（子域上）任意点的电位 Φ^e，这是在平均意义下的值。下面将讨论如何求取 $\Phi_j^e, \Phi_k^e, \Phi_l^e(e=1,2,\cdots,m)$。

与有限差分法中采用差分近似的方法不同，此处采用泛函变分的积分方法，这种方法充分地考虑了各个单元作为整体（同一插值函数）对整个区域上电磁场问题的贡献。此时不直接求解该区域上的微分方程，而是求解与该微分方程对应的泛函变分问题。于是问题就可转换为多元函数极值问题，再由极值条件就可以确定 $\Phi_j^e, \Phi_k^e, \Phi_l^e$。为了说明这一过程，以泊松方程为例，说明如何建立单元特征式。首先，表达相应的边值问题

$$\begin{cases} K_x \dfrac{\partial^2 \Phi}{\partial x^2} + K_y \dfrac{\partial^2 \Phi}{\partial y^2} = -f(x,y) \\ \Phi = \bar{\Phi}(x,y), \quad 边界点 \end{cases}$$

然后，找到对应的泛函变分问题

$$J[\Phi] = \frac{1}{2}\iint_\triangle \left[K_x\left(\frac{\partial \Phi}{\partial x}\right)^2 + K_y\left(\frac{\partial \Phi}{\partial y}\right)^2 - 2f\Phi\right]\mathrm{d}x\,\mathrm{d}y \tag{7.1.8}$$

把前面求得的用单元形函数表达的插值函数的表达式代入式(7.1.8)，求出每个小单元上对应

的泛函 J 的单元表达式 $J^e = J[\Phi^e]$，再把 $J[\Phi^e]$ 合起来便求得总体的泛函 $J[\Phi]$，最后由变分为零的条件求得各结点处的 Φ^e 值。

设已经求得了泛函，$[J^e] = \{T[N]^e[\Phi]^e\}$，$T$ 为符合式(7.18)的变换，则

$$J[\Phi] = \sum_{e=1}^{m} [J^e]$$

为求取对应的变分问题，应该求取 $\dfrac{\partial \boldsymbol{J}}{\partial \Phi_i}$，则

$$\frac{\partial \boldsymbol{J}}{\partial \Phi_i} = \sum_{e=1}^{m} \left[\frac{\partial J^e}{\partial \Phi_i} \right]$$

显然，只有在单元结点上 $\dfrac{\partial \boldsymbol{J}^e}{\partial \Phi_i}$ 才不为 0，也就是对应每个单元都有依赖于自己结点电位值的 $\dfrac{\partial \boldsymbol{J}^e}{\partial \Phi_i}$，并且可以整理成 $\dfrac{\partial \boldsymbol{J}^e}{\partial \Phi_i} = [K^e_{ij}][\Phi^e]$ 的形式，称为单元特征式。

5. 建立系统有限元方程

考虑到相邻三角形的公共边和公共结点上函数的取值相同，可以把每个三角形元上的构造函数 $\widetilde{\Phi}^e(x,y)$ 拼合起来，构成整个区域上的连续函数。

有了单元特征式之后，可以采用总体合成的方法获得系统的有限元方程。首先要把单元特征式

$$\frac{\partial \boldsymbol{J}^e}{\partial \Phi_i} = [K^e_{ij}][\Phi^e]$$

采用总体坐标扩展为包括全部结点的大矩阵方程，方法是把与本单元无关结点处的对应元素的值填补成零元素，把结点编号换成总体坐标中的结点编号，例如在三角形单元时，有 $[K^e]_{3\times3} = [\overline{K}^e]_{\overline{m}\times\overline{m}}$。设最终的有限元系数矩阵为 $[K]$，则有

$$[K]_{\overline{m}\times\overline{m}} = \sum_{e=1}^{\overline{m}} [[\overline{K}^e]_{\overline{m}\times\overline{m}}]$$

式中，矩阵的元素为 $K_{ij} = \sum_{e=1}^{\overline{m}} K^e_{ij}$，$m$ 为单元个数，$\overline{m}$ 为总结点个数。由于有重复的点，它并不等于 $3\times m$。在整个系统上

$$J[\Phi] = \sum_{e=1}^{m} J^e \tag{7.1.9}$$

$$\delta J[\Phi] = \sum_{e=1}^{m} \delta J^e = 0 \tag{7.1.10}$$

当把 $J[\Phi]$ 看成泛函时，由变分原理可知，满足泊松方程的精确解 Φ 应当能使泛函 J 取极值。此处的插值函数为有限多个，所以泛函极值问题就转换为多元函数极值问题。由多元极值理论，有

$$\frac{\partial J^e}{\partial \Phi_i} = \sum_{e=1}^{m} \left[\frac{\partial J^e}{\partial \Phi_i} \right] = 0 \tag{7.1.11}$$

整理后可得有限元方程

$$\begin{pmatrix} \dfrac{\partial J}{\partial \Phi_1} \\ \dfrac{\partial J}{\partial \Phi_2} \\ \vdots \\ \dfrac{\partial J}{\partial \Phi_n} \end{pmatrix} = \begin{bmatrix} K_{ij} \end{bmatrix} \begin{pmatrix} \Phi_1 \\ \Phi_2 \\ \vdots \\ \Phi_n \end{pmatrix} = 0 \tag{7.1.12}$$

式中，$[K_{ij}]$ 为总域上的有限元方程的系数矩阵。

6. 有限元方程的求解与强加边界条件的处理

获得有限元方程之后，就可以选择各种方法求解相应的代数方程组，如采用高斯消去法、列元消去法、改进的平方根法、超松弛迭代法、共轭梯度加速迭代法等。但求解之前首先要处理边界条件问题。

第 6 章已经证明，在变分问题中第二类、第三类边界条件已经自然地包含在泛函达到极值的要求之中，不必单独处理，称为自然满足的边界条件。这里主要处理的是第一类的强加边界条件，强加边界条件的处理方法因代数方程组的解法而异，分述如下。

（1）用迭代法求解时，凡遇到边界点所对应的方程均不进行迭代运算，使该结点的电位始终保持初始给定值，此时不必单独进行边界条件处理。

（2）若采用直接法（如高斯消去法）可按如下过程处理：设已知 m 结点为边界结点，其电位值为 $\Phi_m = \Phi_0$，此时可将对角线元素的特征式元素强加设置为 $1(K_{mm}=1)$。然后把 m 行与 m 列的其他元素全部设置为 0，方程的等式右端改为给定的电位值 Φ_0，其他元素则要减去该结点未处理前对应的 m 列的特征式元素 K_{im} 与 Φ_0 的乘积，如下所示：

$$m \ \text{行} \begin{bmatrix} K_{ij} & \cdots & 0 & \cdots & K_{ij} \\ \vdots & & \vdots & & \vdots \\ 0 & \cdots & 0 & \cdots & 0 \\ 0 & \cdots & 1 & \cdots & 0 \\ 0 & \cdots & 0 & \cdots & 0 \\ \vdots & & \vdots & & \vdots \\ K_{ij} & \cdots & 0 & \cdots & K_{ij} \end{bmatrix} \begin{bmatrix} \Phi_1 \\ \Phi_2 \\ \vdots \\ \Phi_m \\ \vdots \\ \Phi_n \end{bmatrix} = \begin{bmatrix} -K_{1,m}\Phi_0 \\ -K_{2,m}\Phi_0 \\ \vdots \\ \Phi_0 \\ -K_{m+1,m}\Phi_0 \\ \vdots \\ -K_{n,m}\Phi_0 \end{bmatrix}$$

$$m \ \text{列}$$

7.2 二维泊松方程的有限元法

7.2.1 求单元特征式

下面以泊松方程和三角形子域为例，主要说明如何求取有限元的单元特征式。本节还将讨论求取系统有限元方程的具体过程。由前面的叙述可知，在二维区域上泊松方程对应的泛函为

$$J[\Phi] = \frac{1}{2} \iint_{\triangle} \left[K_x \left(\frac{\partial \Phi}{\partial x} \right)^2 + K_y \left(\frac{\partial \Phi}{\partial y} \right)^2 - 2f\Phi \right] \mathrm{d}x\,\mathrm{d}y$$

在三角形域上，把插值函数 Φ^e 的解求出来，为书写方便，下面省略 Φ^e、Φ_j^e、Φ_k^e 和 Φ_l^e 的上标 e。

$$\Phi^e(x,y) = [N_j^e, N_k^e, N_l^e]\begin{bmatrix}\Phi_j^e\\\Phi_k^e\\\Phi_l^e\end{bmatrix} = N_j^e\Phi_j^e + N_k^e\Phi_k^e + N_l^e\Phi_l^e$$

$$\frac{\partial\Phi}{\partial x} = \frac{\partial N_j}{\partial x}\Phi_j + \frac{\partial N_k}{\partial x}\Phi_k + \frac{\partial N_l}{\partial x}\Phi_l$$

$$\frac{\partial\Phi}{\partial y} = \frac{\partial N_j}{\partial y}\Phi_j + \frac{\partial N_k}{\partial y}\Phi_k + \frac{\partial N_l}{\partial y}\Phi_l$$

$$\frac{\partial\Phi}{\partial\Phi_j} = N_j, \qquad \frac{\partial\Phi}{\partial\Phi_k} = N_k, \qquad \frac{\partial\Phi}{\partial\Phi_l} = N_l$$

$$N_p = \frac{1}{2\triangle}(a_p + b_p x + c_p y)$$

$$\frac{\partial N_p}{\partial x} = b_p \frac{1}{2\triangle}, \qquad \frac{\partial N_p}{\partial y} = c_p \frac{1}{2\triangle} \qquad (p = l,j,k)$$

$$\frac{\partial J^e}{\partial\Phi_j} = \frac{\partial}{\partial\Phi_j}\iint_{\triangle}\frac{1}{2}\left[K_x\left(\frac{\partial\Phi}{\partial x}\right)^2 + K_y\left(\frac{\partial\Phi}{\partial y}\right)^2 - 2f\Phi\right]\mathrm{d}x\,\mathrm{d}y$$

$$= \frac{1}{2}\iint_{\triangle}\frac{\partial}{\partial\Phi_j}\left[K_x\left(\frac{\partial\Phi}{\partial x}\right)^2 + K_y\left(\frac{\partial\Phi}{\partial y}\right)^2 - 2f\Phi\right]\mathrm{d}x\,\mathrm{d}y$$

$$= \frac{1}{2}\iint_{\triangle}\left[2K_x\cdot\left(\frac{\partial\Phi}{\partial x}\right)\cdot\frac{\partial}{\partial\Phi_j}\left(\frac{\partial\Phi}{\partial x}\right) + 2K_y\cdot\left(\frac{\partial\Phi}{\partial y}\right)\cdot\frac{\partial}{\partial\Phi_j}\left(\frac{\partial\Phi}{\partial y}\right) - 2f\frac{\partial\Phi}{\partial\Phi_j}\right]\mathrm{d}x\,\mathrm{d}y$$

$$= \iint_{\triangle}\left[K_x\left(\frac{\partial N_j}{\partial x}C\Phi_j + \frac{\partial N_k}{\partial x}\Phi_k + \frac{\partial N_l}{\partial x}\Phi_l\right)\left(\frac{\partial N_j}{\partial x}\right) + \right.$$

$$\left. K_y\left(\frac{\partial N_j}{\partial y}\Phi_j + \frac{\partial N_k}{\partial y}\Phi_k + \frac{\partial N_l}{\partial y}\Phi_l\right)\left(\frac{\partial N_j}{\partial y}\right) - fN_j\right]\mathrm{d}x\,\mathrm{d}y$$

$$= \iint_{\triangle}K_x\left[\left(\frac{\partial N_j}{\partial x}\right)^2\Phi_j + \left(\frac{\partial N_k}{\partial x}\right)\left(\frac{\partial N_j}{\partial x}\right)\Phi_k + \left(\frac{\partial N_l}{\partial x}\right)\left(\frac{\partial N_j}{\partial x}\right)\Phi_l\right]\mathrm{d}x\,\mathrm{d}y +$$

$$\iint_{\triangle}K_y\left[\left(\frac{\partial N_j}{\partial y}\right)^2\Phi_j + \left(\frac{\partial N_k}{\partial y}\right)\left(\frac{\partial N_j}{\partial y}\right)\Phi_k + \left(\frac{\partial N_l}{\partial y}\right)\left(\frac{\partial N_j}{\partial y}\right)\Phi_l\right]\mathrm{d}x\,\mathrm{d}y - \iint_{\triangle}fN_j\,\mathrm{d}x\,\mathrm{d}y$$

$$= \iint_{\triangle}K_x\left[\left(\frac{b_j}{2\triangle}\right)^2\Phi_j + \frac{b_kb_j}{4\triangle^2}\Phi_k + \frac{b_lb_j}{4\triangle^2}\Phi_l\right]\mathrm{d}x\,\mathrm{d}y +$$

$$\iint_{\triangle}K_y\left[\left(\frac{c_j}{2\triangle}\right)^2\Phi_j + \frac{c_kc_j}{4\triangle^2}\Phi_k + \frac{c_lc_j}{4\triangle^2}\Phi_l\right]\mathrm{d}x\,\mathrm{d}y - \iint_{\triangle}fN_j\,\mathrm{d}x\,\mathrm{d}y$$

$$= \frac{K_x}{4\triangle}(b_j^2\Phi_j + b_kb_j\Phi_k + b_lb_j\Phi_l) + \frac{K_y}{4\triangle}(c_j^2\Phi_j + c_kc_j\Phi_k + c_lc_j\Phi_l) - \iint_{\triangle}fN_j\,\mathrm{d}x\,\mathrm{d}y$$

$$= \frac{1}{4\triangle}\left[K_xb_j^2 + K_yc_j^2, K_xb_kb_j + K_yc_kc_j, K_xb_lb_j + K_yc_lc_j\right]\begin{pmatrix}\Phi_j\\\Phi_k\\\Phi_l\end{pmatrix} - \iint_{\triangle}fN_j\,\mathrm{d}x\,\mathrm{d}y$$

同理可求得

$$\frac{\partial J^e}{\partial\Phi_k} = \frac{1}{4\triangle}\left[K_xb_kb_j + K_yc_kc_j, K_xb_k^2 + K_yc_k^2, K_xb_lb_k + K_yc_lc_k\right]\begin{pmatrix}\Phi_j\\\Phi_k\\\Phi_l\end{pmatrix} - \iint_{\triangle}fN_k\,\mathrm{d}x\,\mathrm{d}y$$

$$\frac{\partial J^e}{\partial \Phi_l} = \frac{1}{4\triangle}[K_x b_l b_j + K_y c_l c_j, \ K_x b_l b_k + K_y c_l c_k, \ K_x b_l^2 + K_y c_l^2]\begin{pmatrix} \Phi_j \\ \Phi_k \\ \Phi_l \end{pmatrix} - \iint\limits_{\triangle} f N_l \, \mathrm{d}x \, \mathrm{d}y$$

将此三项合并在一起可写成矩阵方程

$$\begin{bmatrix} \dfrac{\partial J^e}{\partial \Phi_j} \\[2mm] \dfrac{\partial J^e}{\partial \Phi_k} \\[2mm] \dfrac{\partial J^e}{\partial \Phi_l} \end{bmatrix} = \frac{1}{4\triangle} \begin{bmatrix} K_x b_j^2 + K_y c_j^2 & K_x b_k b_j + K_y c_k c_j & K_x b_l b_j + K_y c_l c_j \\ K_x b_k b_j + K_y c_k c_j & K_x b_k^2 + K_y c_k^2 & K_x b_l b_k + K_y c_l c_k \\ K_x b_l b_j + K_y c_l c_j & K_x b_l b_k + K_y c_l c_k & K_x b_l^2 + K_y x_l^2 \end{bmatrix} \begin{bmatrix} \Phi_j \\ \Phi_k \\ \Phi_l \end{bmatrix} -$$

$$\begin{Bmatrix} \iint\limits_{\triangle} f N_j \, \mathrm{d}x \, \mathrm{d}y \\[4mm] \iint\limits_{\triangle} f N_k \, \mathrm{d}x \, \mathrm{d}y \\[4mm] \iint\limits_{\triangle} f N_l \, \mathrm{d}x \, \mathrm{d}y \end{Bmatrix} \qquad\qquad (7.2.1)$$

式(7.2.1)中的元素有确定的规律，可总结为

$$K_{rs}^e = K_{sr}^e = \frac{1}{4\triangle}(K_x b_r b_s + K_y c_r c_s)$$

可把式(7.2.1)写成矩阵形式为

$$\frac{\partial J^e}{\partial \Phi_i} = [K]^e [\Phi]^e - \{F\}^e \qquad\qquad (7.2.2)$$

式(7.2.2)就是泊松方程三角形单元特征式。依同样的方法，可求取其他方程及四边形单元等形状单元的单元特征式。

7.2.2　建立系统有限元方程

求得单元特征式之后，就可以组合成整域的有限元方程，根据式(7.1.11)，有

$$\sum_{e=1}^{m} \frac{\partial J^e}{\partial \Phi_i} = 0, \qquad \frac{\partial J}{\partial \Phi_i} = 0, \quad i = 1, 2, \cdots, m$$

这里的 $\dfrac{\partial J^e}{\partial \Phi_i}$ 应当是扩展到全域上的，在全域上与具体某个子域（三角形）有关的只有 K 个结点上的 Φ_i。因此，只有这 K 个结点上 $\dfrac{\partial J^e}{\partial \Phi_i} \neq 0$，其他结点处的值都为 0。下面选一个特定的问题进行具体说明，其区域分割和编号情况如图 7.5 所示。

注意：图 7.5 中，全域只有 4 个三角形，分别标号 (1)、(2)、(3)、(4)，相当于公式中的 $e = 1, 2, \cdots, m$；局域单元结点的编号从最小编号开始，把最小编号定义为图 7.4 中的结点 j，再依次定义结点 k 和 l，按逆时针排列；总体结点编号按局部编号顺序排列。

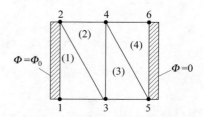

图 7.5　4 个三角形的研究区域的编号

$$
\boldsymbol{K}^{(1)} = \begin{matrix} 1 \\ 3 \\ 2 \end{matrix} \begin{bmatrix} K_{11}^{(1)} & K_{13}^{(1)} & K_{12}^{(1)} \\ K_{31}^{(1)} & K_{33}^{(1)} & K_{32}^{(1)} \\ K_{21}^{(1)} & K_{23}^{(1)} & K_{22}^{(1)} \end{bmatrix}, \quad \boldsymbol{K}^{(2)} = \begin{matrix} 2 \\ 3 \\ 4 \end{matrix} \begin{bmatrix} K_{22}^{(2)} & K_{23}^{(2)} & K_{24}^{(2)} \\ K_{32}^{(2)} & K_{33}^{(2)} & K_{34}^{(2)} \\ K_{42}^{(2)} & K_{43}^{(2)} & K_{44}^{(2)} \end{bmatrix}
$$

(上标列号) 1　3　2　　　　2　3　4

$$
\boldsymbol{K}^{(3)} = \begin{matrix} 3 \\ 5 \\ 4 \end{matrix} \begin{bmatrix} K_{33}^{(3)} & K_{35}^{(3)} & K_{34}^{(3)} \\ K_{53}^{(3)} & K_{55}^{(3)} & K_{54}^{(3)} \\ K_{43}^{(3)} & K_{45}^{(3)} & K_{44}^{(3)} \end{bmatrix}, \quad \boldsymbol{K}^{(4)} = \begin{matrix} 4 \\ 5 \\ 6 \end{matrix} \begin{bmatrix} K_{44}^{(4)} & K_{45}^{(4)} & K_{46}^{(4)} \\ K_{54}^{(4)} & K_{55}^{(4)} & K_{56}^{(4)} \\ K_{64}^{(4)} & K_{65}^{(4)} & K_{66}^{(4)} \end{bmatrix}
$$

3　5　4　　　　4　5　6

　　总系数矩阵是通过单元系数矩阵累加而成的,但累加前要将各单元系数矩阵扩展成全域形式的总系数矩阵,按全域结点排列顺序,没有数值的元素补零。

$$
\bar{\boldsymbol{K}}^{(1)} = \begin{bmatrix} K_{11}^{(1)} & K_{12}^{(1)} & K_{13}^{(1)} & 0 & 0 & 0 \\ K_{21}^{(1)} & K_{22}^{(1)} & K_{23}^{(1)} & 0 & 0 & 0 \\ K_{31}^{(1)} & K_{32}^{(1)} & K_{33}^{(1)} & 0 & 0 & 0 \\ 0 & 0 & 0 & 0 & 0 & 0 \\ 0 & 0 & 0 & 0 & 0 & 0 \\ 0 & 0 & 0 & 0 & 0 & 0 \end{bmatrix}, \quad \bar{\boldsymbol{K}}^{(2)} = \begin{bmatrix} 0 & 0 & 0 & 0 & 0 & 0 \\ 0 & K_{22}^{(2)} & K_{23}^{(2)} & K_{24}^{(2)} & 0 & 0 \\ 0 & K_{32}^{(2)} & K_{33}^{(2)} & K_{34}^{(2)} & 0 & 0 \\ 0 & K_{42}^{(2)} & K_{43}^{(2)} & K_{44}^{(2)} & 0 & 0 \\ 0 & 0 & 0 & 0 & 0 & 0 \\ 0 & 0 & 0 & 0 & 0 & 0 \end{bmatrix}
$$

其他 n 个系数矩阵也进行同样的扩展。总系数矩阵为

$$
\boldsymbol{K} = \sum_{e=1}^{4} \bar{\boldsymbol{K}}^{(e)}
$$

$$
\boldsymbol{K} = \begin{bmatrix} K_{11}^{(1)} & K_{12}^{(1)} & K_{13}^{(1)} & 0 & 0 & 0 \\ K_{21}^{(1)} & K_{22}^{(1)}+K_{22}^{(2)} & K_{23}^{(1)}+K_{23}^{(2)} & K_{24}^{(2)} & 0 & 0 \\ K_{31}^{(1)} & K_{32}^{(1)}+K_{32}^{(2)} & K_{33}^{(1)}+K_{33}^{(2)}+K_{33}^{(3)} & K_{34}^{(2)}+K_{34}^{(3)} & K_{35}^{(3)} & 0 \\ 0 & K_{42}^{(2)} & K_{43}^{(2)}+K_{43}^{(3)} & K_{44}^{(2)}+K_{44}^{(3)}+K_{44}^{(4)} & K_{45}^{(3)}+K_{45}^{(4)} & K_{46}^{(4)} \\ 0 & 0 & K_{53}^{(3)} & K_{54}^{(3)}+K_{54}^{(4)} & K_{55}^{(3)}+K_{55}^{(4)} & K_{56}^{(4)} \\ 0 & 0 & 0 & K_{64}^{(4)} & K_{65}^{(4)} & K_{66}^{(4)} \end{bmatrix}
$$

式中,一般元素可写为

$$
K_{ii} = \sum_{\text{以}i\text{为顶点的}e} K_{ii}^{e} \tag{7.2.3}
$$

$$
K_{ij} = \sum_{\text{以}ij\text{为公共边的}e} K_{ij}^{e} \tag{7.2.4}
$$

特点如下。

（1）$\boldsymbol{K}$ 为对称阵。

（2）主对角线元素占优,$\boldsymbol{K}$ 是正定的。

（3）$\boldsymbol{K}$ 是一个稀疏矩阵。

（4）总系数矩阵具有带状的特点,非零元素集中在对角线附近的一个带状区中,D 称为带宽,由三角元顶点编号方式决定。

$$
D = H + 1
$$

式中,H 是针对所有三角元情况下,某一个三角元顶点编号所给出的最大差值的绝对值。本

案例中 $H=2$，带宽 $D=3$。一般情况下，可由式(7.2.2)整理并叠加出整个域上的系数矩阵

$$\boldsymbol{K\Phi}=\boldsymbol{P} \tag{7.2.5}$$

式中，$\boldsymbol{K}$ 为整域系数矩阵，可由计算程序实现；$\boldsymbol{P}$ 为结点的外作用量是列矢量，如电荷等。在本案例中，$P_1=F_1$，$P_2=F_1+F_2$，$P_3=F_1+F_2+F_3$，$P_4=F_2+F_3+F_4$，$P_5=F_3+F_4$，$P_6=F_4$。

在三角形(1)中

$$\begin{Bmatrix}\dfrac{\partial J^{(1)}}{\partial \Phi_1}\\[2mm]\dfrac{\partial J^{(1)}}{\partial \Phi_3}\\[2mm]\dfrac{\partial J^{(1)}}{\partial \Phi_2}\end{Bmatrix}=\begin{bmatrix}K_{11}^{(1)} & K_{13}^{(1)} & K_{12}^{(1)}\\ K_{31}^{(1)} & K_{33}^{(1)} & K_{32}^{(1)}\\ K_{21}^{(1)} & K_{23}^{(1)} & K_{22}^{(1)}\end{bmatrix}\begin{Bmatrix}\Phi_1\\ \Phi_2\\ \Phi_3\end{Bmatrix}-\begin{Bmatrix}F_1^{(1)}\\ F_3^{(1)}\\ F_2^{(1)}\end{Bmatrix}$$

在全域上有

$$\begin{Bmatrix}\dfrac{\partial J}{\partial \Phi_1}=\sum\dfrac{\partial J^{(1)}}{\partial \Phi_1}\\[2mm]\dfrac{\partial J}{\partial \Phi_2}=\sum\dfrac{\partial J^e}{\partial \Phi_2}=\dfrac{\partial J^{(1)}}{\partial \Phi_2}+\dfrac{\partial J^{(2)}}{\partial \Phi_2}\\[2mm]\dfrac{\partial J}{\partial \Phi_3}=\sum\dfrac{\partial J^e}{\partial \Phi_3}=\dfrac{\partial J^{(1)}}{\partial \Phi_3}+\dfrac{\partial J^{(2)}}{\partial \Phi_3}+\dfrac{\partial J^{(3)}}{\partial \Phi_3}\\[2mm]\dfrac{\partial J}{\partial \Phi_4}=\sum\dfrac{\partial J^e}{\partial \Phi_4}=\dfrac{\partial J^{(2)}}{\partial \Phi_4}+\dfrac{\partial J^{(3)}}{\partial \Phi_4}+\dfrac{\partial J^{(4)}}{\partial \Phi_4}\\[2mm]\dfrac{\partial J}{\partial \Phi_5}=\sum\dfrac{\partial J^e}{\partial \Phi_5}=\dfrac{\partial J^{(3)}}{\partial \Phi_5}+\dfrac{\partial J^{(4)}}{\partial \Phi_5}\\[2mm]\dfrac{\partial J}{\partial \Phi_6}=\sum\dfrac{\partial J^e}{\partial \Phi_6}=\dfrac{\partial J^{(4)}}{\partial \Phi_6}\end{Bmatrix}$$

$$=\begin{Bmatrix}K_{11}^{(1)} & K_{12}^{(1)} & K_{13}^{(1)} & 0 & 0 & 0\\ K_{21}^{(1)} & K_{22}^{(1)+(2)} & K_{23}^{(1)+(2)} & K_{24}^{(2)} & 0 & 0\\ K_{31}^{(1)} & K_{32}^{(1)+(2)} & K_{33}^{(1)+(2)+(3)} & K_{34}^{(2)+(3)} & K_{35}^{(3)} & 0\\ 0 & K_{42}^{(2)} & K_{43}^{(2)+(3)} & K_{44}^{(2)+(3)+(4)} & K_{45}^{(3)+(4)} & K_{46}^{(4)}\\ 0 & 0 & K_{53}^{(3)} & K_{54}^{(3)+(4)} & K_{55}^{(3)+(4)} & K_{56}^{(4)}\\ 0 & 0 & 0 & K_{64}^{(4)} & K_{65}^{(4)} & K_{66}^{(4)}\end{Bmatrix}\begin{Bmatrix}\Phi_1\\ \Phi_2\\ \Phi_3\\ \Phi_4\\ \Phi_5\\ \Phi_6\end{Bmatrix}-\begin{Bmatrix}F_1^{(1)}\\ F_2^{(1)+(2)}\\ F_3^{(1)+(2)+(3)}\\ F_4^{(2)+(3)+(4)}\\ F_5^{(3)+(4)}\\ F_6^{(4)}\end{Bmatrix}$$

7.3 有限元的前处理和后处理技术

有限元的前处理和后处理技术就是在求得问题的主要变量后再求取问题中其他变量的过程，实际的处理方法取决于待求变量与主要变量的函数关系。通常要利用已经求得的参数，结合使用有限差分法推出数值表达式，再进行编程实现。此外，有限元的前处理技术涉及进行自动剖分和原始数据处理和输入，许多应用软件包中有做好的模块供应用者使用。有限元的后处理技术涉及图形显示的实现和结果的存储方式，在大型计算机系统中还设计了 I/O 的实现

和数据存储、管理和传输功能。实际上,有限元的前处理和后处理技术与软件封装和软件界面工作紧密结合,通常要与计算机专家配合完成。对于计算电磁学专家来讲,主要任务是将待求变量与主要变量的函数关系找出来并且采取计算电磁学方法推导出正确的数值表达式,而数值建模的许多技巧需要经过实际练习和具体的研究工作实践来丰富提高。在学习阶段,建议读者可以对下面的简单例题进行分析和建模并将重点放在实践有限元的前处理和后处理技术。编好程序之后,在运行中体会不同参数和不同切分对程序的运行和结果精度的影响。如果可能,请读者进一步计算导出物理量,如感应电流、感应电压和散射方向图等。第 10 章的内容中有类似的设计,读者可以参考设计中的程序。练习例题如图 7.6 和图 7.7 所示的同轴传输线。

两长方体之间加有直流电压 10V:

$$\mathbf{V}^2\Phi = -q, \quad x,y \in \Omega, \quad q = \frac{\rho}{\varepsilon}$$

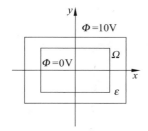

图 7.6　同轴传输线的截面

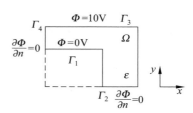

图 7.7　1/4 同轴传输线截面

导体间储有密度为 ρ 的电荷

$$\Phi\big|_{\Gamma_1} = 0\mathrm{V}$$

$$\Phi\big|_{\Gamma_3} = 10\mathrm{V}$$

$$\frac{\partial\Phi}{\partial n}\Big|_{\Gamma_2} = \frac{\partial\Phi}{\partial n}\Big|_{\Gamma_4} = 0$$

7.4　单元形函数

单元形函数与等参数单元是高级的有限元处理技术,下面将进行有关问题的讨论。

7.4.1　单元形函数简介

单元形函数在有限元计算中起着关键的作用,实际上单元形函数决定了我们进行数值建模时采用的索伯罗夫空间的特性和精密程度。通常选择的插值函数是多项式,函数的性质非常好,则整个有限元分析结果好坏的关键就是单元形函数的特性。许多情况下,可能遇到很复杂的单元形状的处理,在编程时也需要能适合任意形状有限单元的处理方法。实际上,单元形函数的处理关系到子域向全局过渡时函数的逼近特性。插值函数通常选为

$$v^h = a_1 + a_2 x + a_3 y$$

该函数在三角形单元上产生的单元形函数是线性的,在跨过三角形边界时是连续的。此时的图像是沿着那些三角形的边连接起来的三角形平板所拼成的曲面,显然是一维情形中折线函

数近似的推广。由这样的分片线性的函数组合成的子空间 S^V 是 Courant 为求解变分问题提出的，它是索伯罗夫空间，是内积空间的一个子空间。

等参数变换的基本出发点可以简述如下：假设使用一种标准的多项式单元，但是区域离散或细分定义域时，没有产生这种标准形状，或者区域分解时产生了一个或多个曲线边界组成的单元或者产生了非矩形的四边形，那么是否可以通过变换到新的 $\xi\text{-}\eta$ 坐标系上获得标准形状？如果可以，就可以首先在标准形状单元（例如三角形或矩形）上得到一个有限元的解 $U^n(\xi,\eta)$，再变换回原来的 x、y 坐标中去，得到原问题的解。

但是，由于区域切分带来的特性，要实现这种处理必须满足如下的协调条件。

（1）坐标变换及导数必须是容易计算的。

（2）坐标变换不应使单元过度的变形，或者说在积分区域内使雅可比行列式 $J = x_\xi y_\eta - x_\eta y_\xi$ 不为零。单元形状的过度畸变会破坏多项式单元的准确度，使新坐标的多项式不对应原来的多项式。

（3）坐标变换应该是一致光滑的，以保证逼近的正确性。

（4）为了保证插值函数按照 ξ、η 是协调的，按照 x、y 也是协调的，就要求满足关于坐标变换的总体连续性条件：假若"能量"包含 m 阶导数，则坐标变换在单元之间应为 $m-1$ 阶可导。

（5）等参数技术关键在于选择分片多项式来定义坐标变换 $x(\xi,\eta)$ 和 $y(\xi,\eta)$，即等参数意味着对于坐标变换与对于试探函数一样，选择相同的多项式的阶次。亚参数则使坐标变换的多项式比试探函数用的多项式的阶次较低。

（6）等参数技术和亚参数技术都要求能达到单元间连续和雅可比行列式不为零。

实际上，单元上的插值函数的阶次取决于单元结点的个数。但是，如果问题需要更高精度，就需要具有更高阶次的插值函数，因此插值函数的次数应该不被区域切割的子单元形状所限制。从数学物理的角度上看，当把一个大区域切割为若干小区域时，如果对该切割不做出规定就不能保证小区域上发生的物理过程之和能够逼近未切割的大区域上发生的物理过程。在有限元法中，每个小区域上的电磁学变量满足按插值函数意义下的规律相对变化，那么怎样才能保证当小区域趋向无限小时，由区域单元叠加得到的整个区域上的电磁过程能够无限逼近发生在未切割的大区域上（因此也不存在插值函数）的电磁过程？实际上，只要满足上述的协调条件（4），就可以保证物理量在跨越小区域边界时由插值函数描述的物理量不会发生跳变，保证电磁场变化连续，保证小区域上的物理过程向未切割的大区域上发生的物理过程的逼近特性。

图 7.8 标明了在单元上引入多个结点的方法。

对三角元情况，二阶、三阶或更高阶试探函数需要引入更多的结点。图 7.9 介绍了其他单元形状的情况。

选取多于三个结点的单元时，就可以采用高阶的插值函数，例如线性、双线性、二次插值多项式、三次插值多项式、完全线性多项式、完全双线性多项式、三重一次多项式、三重二次多项式等。

设置多个结点使得插值函数的选取获得更大的空间和自由，实际上有限元法是从研究区域切分成有限个单元以及把函数上切分为有限个分片插值两个方向逼近完全真实的解。研究区间的逼近主要根据研究问题的边界和金属物体的形状进行切分和重组来实现。一般的切分原则如下。

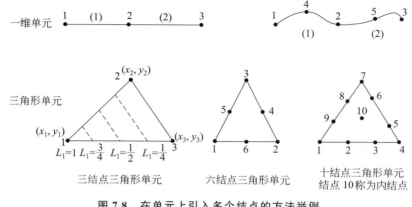

图 7.8 在单元上引入多个结点的方法举例

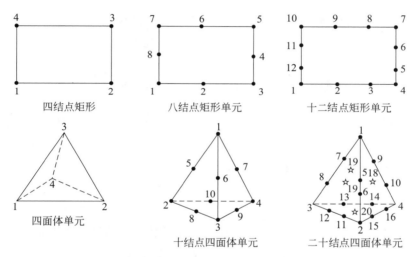

图 7.9 在单元上引入多个结点的典型示范

(1) 单元的切分要根据研究问题的需要。需要详尽了解的部位要切分得细小,其他部位可以粗糙一些,几何形状变化剧烈的地方电磁场也变化大,单元要细小一些。

(2) 结点、分割线或分割面应设置在几何形状和介质形状发生突变处。

(3) 单元形状是影响精度的一个重要因素,单元的长、宽、高的比例要适中,一般单元的最大尺寸与最小尺寸之比不应超过 3∶1,并要尽可能使条件相近的单元的尺寸相等。

(4) 单元的大小、个数要根据计算问题的精度要求、计算机内存大小、计算时间要求、计算机速度等项要求决定。

(5) 当有曲线边界和复杂形状边界时就需要把复杂形状用标准形状来逼近,相当于对研究的区域采用更高阶逼近,就是采用本节要讨论的等参数单元。

在函数逼近方面,当采用线性插值不够时,就要采用高阶插值函数。在几何切分时,研究区域可以人为地保证既不重叠又不分隔的全面覆盖。相应地,在函数空间中采用分片函数插值时也有最优化的问题,目的是适应已有的切分区域使误差最小。选择最优的系数,即最优的加权值,达到泛函的极小值。实际的函数空间为无穷维,这里只选了有限个结点决定试探函数的系数,所以只能获得尽量使泛函达到接近泛函极小值的待求函数,这就是 Ritz 法表达的意思。在 Ritz 法中，泛函极值问题（无穷维）就转换为多元函数极值问题，并因此而确定插值函数的系数。显然结点越多，插值函数阶越高，逼近情况越好。

在这里，读者有必要将有限元法与时域有限差分法进行比较。在时域有限差分法中，Yee 单元有固定的结构，只代表微分形式的麦克斯韦方程组，在 Yee 单元内是禁止切分和变化的。但是，在有限元法中，单元区域是逼近整域的个体，单元内可以有自己的逼近函数，这个逼近函数只在单元区域上有效，逼近函数只有在叠加为整域上的有限元方程时才与所研究的物理量相联系，才具有了确切的物理含义（这一点也是积分的数值方法的共性）。在有限单元法中，单元区域内的任意点都有自己确定的物理量的数值，完全不同于时域有限差分法中 Yee 单元内是禁止切分和变化的，是失去了物理特性的物理空白空间的情形。其实，读者还可以从这个理解中，思考和理解物理空间到数值空间映射的许多的数理逻辑的问题和现象。

7.4.2 插值多项式的选取

选插值多项式应满足协调条件，根据 7.4.1 节给出的协调条件（4），最基本的协调条件要求：对于 m 阶的试探函数，要求其前 $m-1$ 阶导数在经过单元边界时，应该是连续的。但这只是充分条件，也有不满足 $m-1$ 阶导数条件，但仍然为区域上协调函数的。在试探函数为多项式时，当且仅当低于 m 阶的各阶导数在经过边界时都连续的情况下，该试探函数才满足协调条件。此时，称插值多项式是协调的或连续的。

此外，选择试探函数还应该保证数值解能收敛到精确解。收敛条件为：设单元场变量为 C^p 连续（即指存在直到 p 阶的连续导数），则要求插值多项式满足下面的条件。

（1）函数在单元边界上必须有 C^r 连续。

（2）在单元内部必须有 C^{r+1} 连续。其中 r 是对应的泛函 $J\{\phi\}$ 中函数 ϕ 的最高阶导数的阶次。

第（1）个条件是关于协调的，是指插值函数应与有限单元形状参数协调。第（2）个条件是关于插值函数构成的整域数值解能否收敛于精确解的条件，当插值函数满足第（2）个条件时，有限单元是完备的。两个条件中，协调条件是必须满足的。

1. 多项式形式的插值函数

下面将介绍常用的能满足上述条件的多项式形式的插值函数，同时介绍一般情形下选取插值函数的方法。

（1）线性方法。

$$\widetilde{\Phi} = a_1 + a_2 x + a_3 y \tag{7.4.1}$$

（2）双线性方法。

$$\widetilde{\Phi} = a_1 + a_2 x + a_3 y + a_4 xy \tag{7.4.2}$$

（3）二次插值多项式方法。

$$\widetilde{\Phi} = a_1 + a_2 x + a_3 y + a_4 x^2 + a_5 xy + a_6 y^2 \tag{7.4.3}$$

（4）三次插值多项式方法。

$$\widetilde{\Phi}=a_1+a_2 x+a_3 y+a_4 x^2+a_5 xy+a_6 y^2+ \\ a_7 x^3+a_8 x^2 y+a_9 xy^2+a_{10}y^3 \tag{7.4.4}$$

（5）完全线性多项式方法。

$$\widetilde{\Phi}=a_1+a_2 x+a_3 y+a_4 z \tag{7.4.5}$$

（6）完全双线性方法。

$$\widetilde{\Phi}=a_1+a_2 x+a_3 y+a_4 z+a_5 xy+a_6 yz+ \\ a_7 zx+a_8 x^2+a_9 y^2+a_{10}z^2 \tag{7.4.6}$$

（7）三重一次多项式方法。

$$\widetilde{\Phi}=a_1+a_2 x+a_3 y+a_4 z+a_5 xy+a_6 yz+a_7 zx+a_8 xyz \tag{7.4.7}$$

（8）三重二次多项式方法。

$$\widetilde{\Phi}=a_1+a_2 x+a_3 y+a_4 z+a_5 x^2+a_6 y^2+a_7 z^2+ \\ a_8 xy+a_9 yz+a_{10}zx+a_{11}x^2 y+a_{12}x^2 z+ \\ a_{13}y^2 x+a_{14}y^2 z+a_{15}z^2 x+a_{16}z^2 y+ \\ a_{17}xyz+a_{18}x^2 yz+a_{19}xy^2 z+a_{20}xyz^2 \tag{7.4.8}$$

一般情况下，有限单元和插值函数相互协调的选取并不是一件简单的事，但是在选取插值函数为多项式形式时，有限单元和插值函数相互协调的选取确有规律可循。人们总结了选取满足协调条件和收敛条件的多项式形式的插值函数的方法，并总结出 Pascal 三角形规律决定完整的插值多项式，只要满足 Pascal 三角形中包含的全部项就一定能满足协调条件和收敛条件。二维和三维 Pascal 三角形的具体细节列在表 7.1 和图 7.10 中。

表 7.1　二维 Pascal 三角形

二维 Pascal 三角形	项　数	阶　次	插值误差 $\Delta \to 0$ 时
1	1	0	$o(\Delta)$
$x\quad y$	3	1	$o(\Delta^2)$
$x^2\quad xy\quad y^2$	6	2	$o(\Delta^3)$
$x^3\quad x^2 y\quad xy^2\quad y^3$	10	3	$o(\Delta^4)$
$x^4\quad x^3 y\quad x^2 y^2\quad xy^3\quad y^4$	15	4	$o(\Delta^5)$
$x^5\quad x^4 y\quad x^3 y^2\quad x^2 y^3\quad xy^4\quad y^5$	21	5	$o(\Delta^6)$
$x^6\quad x^5 y\quad x^4 y^2\quad x^3 y^3\quad x^2 y^4\quad xy^5\quad y^6$	28	6	$o(\Delta^7)$
$x^7\quad x^6 y\quad x^5 y^2\quad x^4 y^3\quad x^3 y^4\quad x^2 y^5\quad x^1 y^6\quad y^7$	36	7	$o(\Delta^8)$

在选择插值多项式时，要满足两个基本条件。

（1）满足协调条件和完备条件。

（2）要求具有几何各向同性，由一个单元到另一个单元时，插值多项式形式不变。因此可

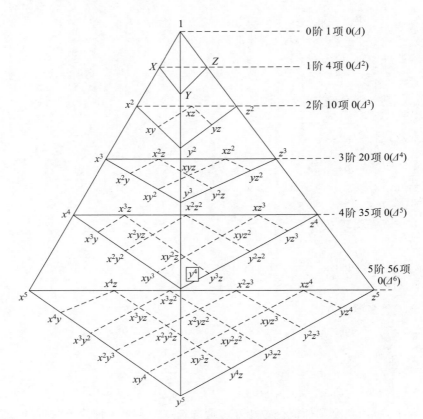

图 7.10　三维 Pascal 三角形

依 Pascal 三角形取完整的插值多项式，包含全部同阶项。如果要舍去一些项，应尽量保持原有的对称性，例如舍去 x^2y 和 xy^2 项或舍去 x^3 和 y^3 项。

2. 高阶插值多项式的选取

另一种方法是选择拉格朗日插值多项式为插值函数，此时单元上各点的电位可以表达如下：

$$\Phi(x) = \sum_{k=0}^{n} \frac{(x-x_0)(x-x_1)\cdots(x-x_{k-1})(x-x_{k+1})\cdots(x-x_n)}{(x_k-x_0)(x_k-x_1)\cdots(x_k-x_{k-1})(x_k-x_{k+1})\cdots(x_k-x_n)}\Phi_k$$

$$= \sum_{k=0}^{n}\left(\prod_{\substack{i=0 \\ i\neq k}}^{n}\frac{x-x_i}{x_k-x_i}\right)\Phi_k$$

现在推导拉格朗日插值多项式。构造插值多项式的办法是先对某个单元的结点 K 作函数 $A_K(x)$，使之满足

$$A_K(x_i) = \begin{cases} 0, & i \neq k \\ 1, & i = k \end{cases} \tag{7.4.9}$$

显然在结点 K 处只有结点 K 的电位 Φ_k 有作用，即

$$\Phi = A_K\Phi_K = \Phi_K$$

再把单元所有结点处的电位线性组合起来构成插值多项式：

$$\Phi(x) = \sum_{k=0}^{n} A_K(x)\Phi_K = [A_K]_{n\times n}(\Phi_K)_n \tag{7.4.10}$$

这样的插值多项式满足 $\Phi(x_K)=\Phi_K$，也就是在 x_K 处 $A_K=1$，在其他结点处 $A_K=0$，所以 $A_K(x)$ 必须满足如下关系：

$$A_K(x)=\lambda(x-x_0)(x-x_1)\cdots(x-x_{k-1})(x-x_{k+1})\cdots(x-x_n)=\lambda\prod_{\substack{i=0\\i\neq k}}^{n}(x-x_i)$$

$$(7.4.11)$$

式中，λ 为待定系数，利用 $A_K(x_k)=1$ 的条件，有

$$1=\lambda(x-x_0)(x-x_1)\cdots(x-x_{k-1})(x-x_{k+1})\cdots(x-x_n)$$

由此式得到 λ，再代入式(7.4.11)，有

$$A_K(x)=\frac{(x-x_0)(x-x_1)\cdots(x-x_{k-1})(x-x_{k+1})\cdots(x-x_n)}{(x_k-x_0)(x_k-x_1)\cdots(x_k-x_{k-1})(x_k-x_{k+1})\cdots(x_k-x_n)}$$

$$=\prod_{\substack{i=0\\i\neq k}}^{n}\frac{x-x_i}{x_k-x_i} \qquad (7.4.12)$$

于是得一般的单元上的电位值公式为

$$\Phi(x)=\sum_{k=0}^{n}\frac{(x-x_0)(x-x_1)\cdots(x-x_{k-1})(x-x_{k+1})\cdots(x-x_n)}{(x_k-x_0)(x_k-x_1)\cdots(x_k-x_{k-1})(x_k-x_{k+1})\cdots(x_k-x_n)}\Phi_k$$

$$=\sum_{k=0}^{n}\left(\prod_{\substack{i=0\\i\neq k}}^{n}\frac{x-x_i}{x_k-x_i}\right)\Phi_k \qquad (7.4.13)$$

相应的拉格朗日插值多项式为

$$L_k(x)=\frac{(x-x_1)(x-x_2)\cdots(x-x_{k-1})(x-x_{k+1})\cdots(x-x_N)}{(x_k-x_1)(x_k-x_2)\cdots(x_k-x_{k-1})(x_k-x_{k+1})\cdots(x_k-x_N)}$$

插值多项式的阶次太高反而不好。根据单元形函数的性质可知，此处的 A_K 就是单元形函数。在自然坐标中，通常都是利用拉格朗日插值多项式，因为此时坐标本身就是单元形函数。

一阶拉格朗日插值多项式就是直线函数，即当 $k=1$ 时，有

$$L^{(1)}(x)=ax+b$$

二阶拉格朗日插值多项式可以令 $k=2$ 得到，即取线段中点为 0，两个端点各为 $+1$ 和 -1，有 $x_1=-1$，$x_2=0$，$x_3=1$，代入式(7.4.12)，得

$$L_1^{(2)}(x)=\frac{1}{2}x(x-1), \quad x=-1$$

$$L_2^{(2)}(x)=1-x^2, \qquad x=0$$

$$L_3^{(2)}(x)=\frac{1}{2}x(x+1), \quad x=1$$

以此类推，可以得到任意阶次的拉格朗日插值多项式。

在需要更高精度时，需要在有限单元上选取更多的结点，例如上面的例子中，在线段的中部多选一个结点，就可以利用式(7.4.13)获得二阶拉格朗日插值多项式和相应的插值函数。实际上，利用自然坐标及 Ferrari 辅助多项式可以很方便地构造拉格朗日插值多项式和插值函数。对于三角形有限单元的情况，如果要求采用 M 阶多项式，就需要有 m 个结点，其关系为

$$m=\frac{1}{2}(M+1)(M+2)$$

多余结点一般放在 $\left\{\frac{i}{M},\frac{j}{M},\frac{k}{M}\right\}$，$(i,j,k)=0,1,\cdots,M-1$ 位置处。

Ferrari 辅助多项式和相应的拉格朗日函数图像如图 7.11 所示。

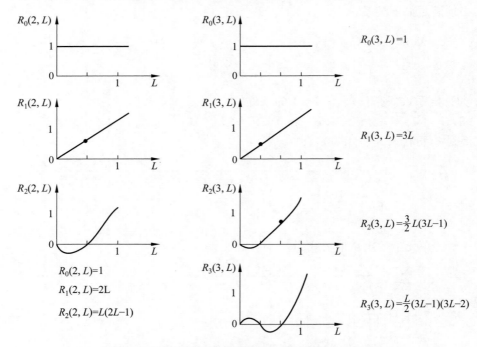

图 7.11　用于构造插值函数的多项式 Lagrangian 函数

$$R_s(M,L) = \frac{1}{S!} \prod_{k=0}^{S-1} (ML - k), \quad S > 0, \quad R_0(M,L) = 1$$

三角形区域的插值函数或基函数可以利用拉格朗日函数构造为

$$B_{ijk}(L_1, L_2, L_3) = R_i(M, L_1) R_j(M, L_2) R_k(M, L_3)$$

基函数 B_{ijk} 定义在三角形的每个边上，在结点 i、j、k 处取值 1，在其他边上的点取值为 0。于是，在整个三角形上 M 阶多项式可选为

$$\Phi(L_1, L_2, L_3) = \sum_{i=0}^{M} \sum_{j=0}^{M-i} \phi_{ijk} B_{ijk}(L_1, L_2, L_3)$$

式中，ϕ_{ijk} 是电位在结点 i、j、k 处的数值。下面是一个三角形单元的二次多项式插值函数的例子，其中的拉格朗日插值多项式 L_1、L_2、L_3 如图 7.11 所示，基函数 B_{ijk} 如图 7.12 所示。以 L_3 为例，其具体表达式为

$$L_3 = \frac{1}{2A}(a_i + b_i x + c_i y)$$

$$\begin{cases} a_i = x_{i+1} y_{i+2} + x_{i+2} y_{i+1} \\ b_i = y_{i+1} - y_{i-1} \\ c_i = x_{i-1} - x_{i+1} \end{cases}$$

7.4.3　自然坐标及相关处理技术

从前面的介绍可知，有限元处理中整域有限元方程和单元上的函数是分别处理的，中间有适当的连接和转换过程，且有限元系数矩阵的主要运算都是在有限单元上完成的，而有限单元上的局域坐标系与整域上的坐标系可以不同。因而，找到只依赖于单元形状而不依赖问题的

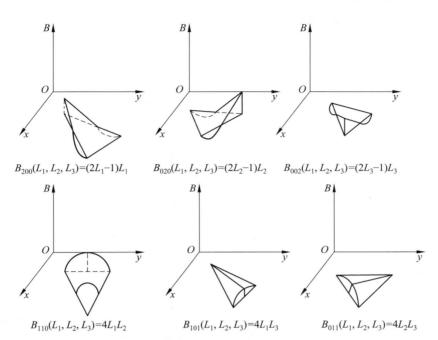

$B_{200}(L_1,L_2,L_3)=(2L_1-1)L_1$　　$B_{020}(L_1,L_2,L_3)=(2L_2-1)L_2$　　$B_{002}(L_1,L_2,L_3)=(2L_3-1)L_3$

$B_{110}(L_1,L_2,L_3)=4L_1L_2$　　$B_{101}(L_1,L_2,L_3)=4L_1L_3$　　$B_{011}(L_1,L_2,L_3)=4L_2L_3$

图 7.12　三维情况下用于构造插值函数的多项式

局域坐标会为标准化处理带来方便，会简化相应的处理过程，这里介绍采用自然坐标的方法。

自然坐标是一种局域坐标，采用无量纲的数来规定单元中点的坐标。

1. 一维自然坐标

有两种方法建立一维自然坐标。一种是把线段两端点设为 ±1，把中点设为 0，其他点的

图 7.13　一维自然坐标

位置则根据比例决定；另一种方法是用线段长度之比来表示点的位置。下面介绍用线段长度之比来表示点位置的自然坐标。设 L_i 与 L_j 为自然坐标，而整域坐标为 x_i、x_j、x_p，线段上点的位置的情况画在图 7.13 中。点 P 将线段分为两部分线段，其长度分别为 l_i 和 l_j。于是，分点 P 的位置可以用分线段的长度比唯一确定，即 P 点坐标为

$$L_i=\frac{l_j}{l},\quad L_j=\frac{l_i}{l}$$

$$L_i+L_j=1$$

整域坐标与自然坐标的关系可以用两个端点和分点 P 在整域坐标中的位置坐标表示为

$$L_i=\frac{x_j-x_p}{x_j-x_i}=\frac{x_j-x_p}{l},\quad L_j=\frac{x_p-x_i}{x_j-x_i}=\frac{x_p-x_i}{l},\quad x_p=L_ix_i+L_jx_j$$

$$\begin{bmatrix}L_i\\L_j\end{bmatrix}=\frac{1}{l}\begin{bmatrix}x_j&-1\\-x_i&1\end{bmatrix}\begin{bmatrix}1\\x_p\end{bmatrix}\tag{7.4.14}$$

$$\begin{bmatrix}1\\x_p\end{bmatrix}=\begin{bmatrix}1&1\\x_i&x_j\end{bmatrix}\begin{bmatrix}L_i\\L_j\end{bmatrix}\tag{7.4.15}$$

若设插值多项式为 $\varPhi(x)=\alpha_1+\alpha_2x$，则有

$$\begin{cases} \Phi_i = \alpha_1 + \alpha_2 x_i \\ \Phi_j = \alpha_1 + \alpha_2 x_j \end{cases}$$

可以求出

$$\alpha_1 = \frac{x_j \Phi_i - x_i \Phi_j}{x_j - x_i}, \quad \alpha_2 = \frac{\Phi_j - \Phi_i}{x_j - x_i}$$

代入插值多项式,得

$$\Phi(x) = \alpha_1 + \alpha_2 x = \frac{x_j \Phi_i - x_i \Phi_j}{x_j - x_i} + \frac{\Phi_j - \Phi_i}{x_j - x_i} x = \frac{(x_j - x)}{x_j - x_i} \Phi_i + \frac{(x - x_i)}{x_j - x_i} \Phi_j$$

$$= L_i \Phi_i + L_j \Phi_j$$

根据 7.4.2 节的讨论,当有限单元中各点电位可以写成 $\Phi = N_i \Phi_i + N_j \Phi_j$ 的形式时,结点电位 Φ_i 和 Φ_j 前的系数项就是单元形函数。所以,由 $\Phi = L_i \Phi_i + L_j \Phi_j$ 得到单元形函数为

$$N_i = \frac{x_j - x}{x_j - x_i} = L_i \tag{7.4.16}$$

$$N_j = \frac{x - x_i}{x_j - x_i} = L_j \tag{7.4.17}$$

实际上,在采用自然坐标时,$N_i = L_i$,$N_j = L_j$,单元形函数等于自然坐标是普遍的结论,这也是采用自然坐标的方便之处。整域坐标与自然坐标的求导公式为

$$\frac{\partial \Phi}{\partial x} = \frac{\partial \Phi}{\partial L_i} \frac{\partial L_i}{\partial x} + \frac{\partial \Phi}{\partial L_j} \frac{\partial L_j}{\partial x} = \frac{1}{l} \left(\frac{\partial \Phi}{\partial L_j} - \frac{\partial \Phi}{\partial L_i} \right)$$

求积公式为

$$\int dx = \int \frac{dx}{d\xi} d\xi, \quad \int_{x_i}^{x_j} L_i^\alpha L_j^\beta dx = \frac{\alpha! \, \beta!}{(\alpha + \beta + 1)!!} (x_j - x_i)$$

2. 二维自然坐标

二维自然坐标可以采用两种方法构造。第一种方法是在一维自然坐标的基础上构成,第二种方法是采用面积比的方法构成。

首先讨论如何用一维自然坐标构成二维自然坐标。

设有三角形单元,第一种方法是将各个边切分为部分再画出平行于相应边的直线为坐标线。处在同一坐标线上的点具有相同的局部坐标。如图 7.14 所示,顶点坐标如下。

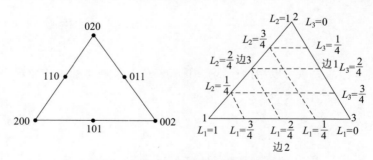

图 7.14 高阶三角形单元的局部坐标

（1）标号为 1 的点的自然坐标为 $(1,0,0)$。

（2）标号为 2 的点的自然坐标为 $(0,1,0)$。

（3）标号为 3 的点的自然坐标为 $(0,0,1)$。

整域坐标与自然坐标的关系可以表示为

$$B_{200}(L_1,L_2,L_3)=(2L_1-1)L_1, \quad B_{020}(L_1,L_2,L_3)=(2L_2-1)L_2$$
$$B_{002}(L_1,L_2,L_3)=(2L_3-1)L_3, \quad B_{110}(L_1,L_2,L_3)=4L_1L_2$$
$$B_{101}(L_1,L_2,L_3)=4L_1L_3, \qquad B_{011}(L_1,L_2,L_3)=4L_2L_3$$

高阶三角形单元的精度可以估计为,当 $\Delta \to 0$ 时,误差为 $O(\Delta^{p+1})$,p 为多项式的阶次。
各边的坐标关系为

$$x=L_1x_1+L_2x_2+L_3x_3, \quad y=L_1y_1+L_2y_2+L_3y_3, \quad L_1+L_2+L_3=1$$

$$\begin{bmatrix} x \\ y \\ 1 \end{bmatrix} = \begin{bmatrix} x_1 & x_2 & x_3 \\ y_1 & y_2 & y_3 \\ 1 & 1 & 1 \end{bmatrix} \begin{bmatrix} L_1 \\ L_2 \\ L_3 \end{bmatrix}$$

$$a_i=x_{i+1}y_{i+2}-x_{i+2}y_{i+1}$$

式中,$L_i=\dfrac{1}{2A}(a_i+b_ix+c_iy)$,$b_i=y_{i+1}-y_{i-1}$,$c_i=x_{i-1}-x_{i+1}$。$A$ 是三角形的面积。

$$A=\left| \frac{1}{2}(a_1+a_2+a_3) \right| = \left| \frac{1}{2}(b_{i+1}c_{i-1}-b_{i-1}c_{i+1}) \right|$$

积分面元为 $\mathrm{d}x\mathrm{d}y=2A\mathrm{d}L_1\mathrm{d}L_2$,积分在局域上的形式为

$$I=\iint L_1^a L_2^b L_3^c \mathrm{d}L_1 \mathrm{d}L_2 = \frac{a!b!c!}{(a+b+c+2)!}$$

下面采用面积比构造自然坐标。

采用面积比构造自然坐标的方法与一维情况中采用线段长度之比构造自然坐标的方法类似,但是在二维的情形中采用的是面积比,不是线段比。假设任取三角形单元中的一点 P,将 P 与 j、k、m 三个顶点相连构成 3 个三角形,分别表示为 $\triangle j$、$\triangle m$ 和 $\triangle k$,如图 7.15 所示。于是就可以取它们的面积比为自然坐标,即

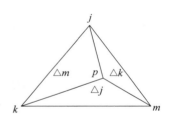

图 7.15　三角形单元的自然坐标

$$L_j=\frac{\triangle j}{\triangle}, \quad L_k=\frac{\triangle k}{\triangle}, \quad L_m=\frac{\triangle m}{\triangle} \qquad (7.4.18)$$

三角形单元中自然坐标具有如下特点。

(1) 平行于线段 $\overline{jm}$ 的点的 L_k 相等,其他亦然。

(2) 处于线段 $\overline{jm}$ 上的点的 $L_k=0$。

(3) 顶点 k 的坐标为 1,即 $L_k=1$。 $\qquad (7.4.19)$

顶点坐标:

$$j: L_j=1, \quad L_k=L_m=0$$
$$k: L_k=1, \quad L_j=L_m=0 \qquad (7.4.20)$$
$$m: L_m=1, \quad L_j=L_k=0$$

$$L_j+L_k+L_m=1, \quad 面积 \triangle=\frac{1}{2}\begin{vmatrix} 1 & x_j & y_j \\ 1 & x_k & y_k \\ 1 & x_m & y_m \end{vmatrix}, \quad L_j=\frac{1}{2\triangle}(a_j+b_jx+c_jy)$$

$$L_k = \frac{1}{2\triangle}(a_k + b_k x + c_k y), \quad \triangle_i = \frac{1}{2}\begin{vmatrix} 1 & x & y \\ 1 & x_{i+1} & y_{i+1} \\ 1 & x_{i+2} & y_{i+2} \end{vmatrix}$$

$$i = j, \quad i+1 = k, \quad i+2 = m, \quad L_m = \frac{1}{2\triangle}(a_m + b_m x + c_m y)$$

可求得

$$\begin{cases} a_i = x_{i+1}y_{i+2} - x_{i+2}y_{i+1} \\ b_i = y_{i+1} - y_{i-1} \\ c_i = x_{i-1} - x_{i+1} \end{cases}$$

将结果代入自然坐标的表达式中，就得到相应的矩阵式

$$\begin{bmatrix} L_j \\ L_k \\ L_m \end{bmatrix} = \frac{1}{2\triangle}\begin{pmatrix} a_j & b_j & c_j \\ a_k & b_k & c_k \\ a_m & b_m & c_m \end{pmatrix}\begin{pmatrix} 1 \\ x \\ y \end{pmatrix} \tag{7.4.21}$$

$$\begin{pmatrix} 1 \\ x \\ y \end{pmatrix} = \begin{pmatrix} 1 & 1 & 1 \\ x_j & x_k & x_m \\ y_j & y_k & y_m \end{pmatrix}\begin{bmatrix} L_j \\ L_k \\ L_m \end{bmatrix} \tag{7.4.22}$$

$$\begin{cases} L_j + L_k + L_m = 1 \\ L_j x_j + L_k x_k + L_m x_m = x \\ L_j y_j + L_k y_k + L_m y_m = y \end{cases}$$

采取与一维相同的方法，可以证明单元形函数为

$$N_j = L_j, \quad N_k = L_k, \quad N_m = L_m \tag{7.4.23}$$

微商关系为

$$\frac{\partial}{\partial x} = \frac{\partial L_j}{\partial x}\frac{\partial}{\partial L_j} + \frac{\partial L_k}{\partial x}\frac{\partial}{\partial L_k} + \frac{\partial L_m}{\partial x}\frac{\partial}{\partial L_m} = b_j\frac{\partial}{\partial L_j} + b_k\frac{\partial}{\partial L_k} + b_m\frac{\partial}{\partial L_m} \tag{7.4.24}$$

积分公式为

$$\iint_\triangle L_j^\alpha L_k^\beta L_m^\gamma \, dx \, dy = \frac{\alpha!\ \beta!\ \gamma!}{(\alpha + \beta + \gamma + 2)!} \cdot 2\triangle \tag{7.4.25}$$

3. 三维单元的自然坐标

通常都采用三维单元内的点与单元顶点所构成的小三维单元的体积的比构成自然坐标。以四面体单元为例，如图 7.16 所示。

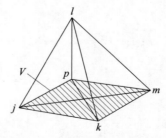

图 7.16　四面体单元的自然坐标

三维单元的自然坐标可以利用体积的比例定义为

$$L_j = \frac{V_{pkml}}{V_{jkml}} = \frac{V_j}{V}, \quad L_k = \frac{V_{pjml}}{V_{jkml}} = \frac{V_k}{V}$$

$$L_m = \frac{V_{pjkl}}{V_{jkml}} = \frac{V_m}{V}, \quad L_l = \frac{V_{pjkm}}{V_{jkml}} = \frac{V_l}{V} \tag{7.4.26}$$

即

$$V_i = V_{p,i+1,i+2} = \frac{1}{6} \begin{vmatrix} 1 & x & y & z \\ 1 & x_{i+1} & y_{i+1} & z_{i+1} \\ 1 & x_{i+2} & y_{i+2} & z_{i+2} \\ 1 & x_{i+3} & y_{i+3} & z_{i+3} \end{vmatrix} \tag{7.4.27}$$

$$L_i = \frac{V_i}{V} = \frac{1}{6V}(a_i + b_i x + c_i y + d_i z), \quad i = j,k,m,l \tag{7.4.28}$$

$$V = \frac{1}{6} \begin{vmatrix} 1 & x_j & y_j & z_j \\ 1 & x_k & y_k & z_k \\ 1 & x_m & y_m & z_m \\ 1 & x_l & y_l & z_l \end{vmatrix}, \quad a_i = \begin{vmatrix} x_{i+1} & y_{i+1} & z_{i+1} \\ x_{i+2} & y_{i+2} & z_{i+2} \\ x_{i+3} & y_{i+3} & z_{i+3} \end{vmatrix}, \quad b_i = \begin{vmatrix} 1 & y_{i+1} & z_{i+1} \\ 1 & y_{i+2} & z_{i+2} \\ 1 & y_{i+3} & z_{i+3} \end{vmatrix}$$

$$c_i = \begin{vmatrix} x_{i+1} & 1 & z_{i+1} \\ x_{i+2} & 1 & z_{i+2} \\ x_{i+3} & 1 & z_{i+3} \end{vmatrix}, \quad d_i = \begin{vmatrix} x_{i+1} & y_{i+1} & 1 \\ x_{i+2} & y_{i+2} & 1 \\ x_{i+3} & y_{i+3} & 1 \end{vmatrix}$$

$$\begin{bmatrix} L_j \\ L_k \\ L_m \\ L_l \end{bmatrix} = \frac{1}{6V} \begin{bmatrix} a_j & b_j & c_j & d_j \\ a_k & b_k & c_k & d_k \\ a_m & b_m & c_m & d_m \\ a_l & b_l & c_l & d_l \end{bmatrix} \begin{bmatrix} 1 \\ x \\ y \\ z \end{bmatrix}, \quad \begin{bmatrix} 1 \\ x \\ y \\ z \end{bmatrix} = \begin{bmatrix} 1 & 1 & 1 & 1 \\ x_j & x_k & x_m & x_l \\ y_j & y_k & y_m & y_l \\ z_j & z_k & z_m & z_l \end{bmatrix} \begin{bmatrix} L_j \\ L_k \\ L_m \\ L_l \end{bmatrix}$$

$$\left. \begin{aligned} x = L_j x_j + L_k x_k + L_m x_m + L_l x_l \\ L_j + L_k + L_m + L_l = 1 \end{aligned} \right\} \tag{7.4.29}$$

设插值函数为线性

$$\Phi = \alpha_1 + \alpha_2 x + \alpha_3 y + \alpha_4 z \tag{7.4.30}$$

可以推导出

$$\Phi = N_j \Phi_j + N_k \Phi_k + N_m \Phi_m + N_l \Phi_l = L_j \Phi_j + L_k \Phi_k + L_m \Phi_m + L_l \Phi_l \tag{7.4.31}$$

微分公式

$$\frac{\partial}{\partial x} = \frac{\partial L_j}{\partial x} \frac{\partial}{\partial L_j} + \frac{\partial L_k}{\partial x} \frac{\partial}{\partial L_k} + \frac{\partial L_m}{\partial x} \frac{\partial}{\partial L_m} + \frac{\partial L_l}{\partial x} \frac{\partial}{\partial L_l} \tag{7.4.32}$$

积分公式

$$\iiint_V L_j^a L_k^b L_m^c L_l^d \, dx \, dy \, dz = \frac{a!b!c!d!}{(a+b+c+d+3)!} \cdot 6V \tag{7.4.33}$$

4. 矩形单元

如图 7.17 所示的矩形单元的自然坐标定义为 ξ、η，其坐标轴与总体坐标轴平行。

局域坐标 ξ、η 与总体坐标 x、y 的关系为

$$\xi = \frac{x - x_c}{a}, \quad \eta = \frac{y - y_c}{b} \tag{7.4.34}$$

插值函数可表达为

$$\Phi(\xi,\eta) = N_1(\xi,\eta)\Phi_1 + N_2(\xi,\eta)\Phi_2 +$$
$$N_3(\xi,\eta)\Phi_3 + N_4(\xi,\eta)\Phi_4 \qquad (7.4.35)$$
$$N_i(\xi,\eta) = A_i(\xi)A_i(\eta) \qquad (7.4.36)$$

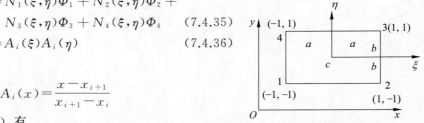

图 7.17 矩形单元的自然坐标

$A_i(\cdot)$ 由下式决定：

$$A_i(x) = \frac{x - x_{i+1}}{x_{i+1} - x_i}$$

对于结点 $1(-1,-1)$，有

$$A_1(\xi) = \frac{\xi - \xi_2}{\xi_1 - \xi_2}, \quad A_1(\eta) = \frac{\eta - \eta_4}{\eta_1 - \eta_4}$$

$$N_1 = A_1(\xi)A_1(\eta) = \frac{\xi - \xi_2}{\xi_1 - \xi_2} \cdot \frac{\eta - \eta_4}{\eta_1 - \eta_4} = \frac{\xi - 1}{-1 - 1} \cdot \frac{\eta - 1}{-1 - 1} = \frac{1}{4}(1 - \xi)(1 - \eta)$$

同样有

$$N_2 = \frac{1}{4}(1 + \xi)(1 - \eta), \quad 点\ 2(1,-1)$$

$$N_3 = \frac{1}{4}(1 + \xi)(1 + \eta), \quad 点\ 3(1,1)$$

$$N_4 = \frac{1}{4}(1 - \xi)(1 + \eta), \quad 点\ 4(-1,1)$$

可以统一表示为

$$N_i = \frac{1}{4}(1 + \xi_0)(1 + \eta_0), \quad \xi_0 = \xi_i\xi, \quad \eta_0 = \eta_i\eta \qquad (7.4.37)$$

还有双二次 9 结点矩形单元函数，可以采用与高阶三角形单元相同的方法获得。

5. 六面体单元

六面体单元的自然坐标可以按图 7.18 所示的方法设置。插值函数在局域坐标中可以表达为

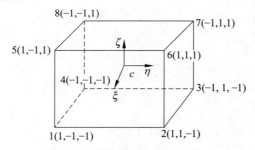

图 7.18 六面体单元的自然坐标

$$\Phi = \sum_{i=1}^{8} N_i\Phi_i \qquad (7.4.38)$$

$$N_i = A_i(\xi)A_i(\eta)A_i(\zeta)$$

$$A_1(\xi) = \frac{\xi - \xi_4}{\xi_1 - \xi_4} = \frac{\xi - (-1)}{1 - (-1)} = \frac{1}{2}(\xi + 1)$$

$$A_1(\eta) = \frac{\eta - \eta_2}{\eta_1 - \eta_2} = \frac{\eta - 1}{-1 - 1} = -\frac{1}{2}(\eta - 1)$$

$$A_1(\zeta) = \frac{\zeta - \zeta_5}{\zeta_1 - \zeta_5} = \frac{\zeta - 1}{-1 - 1} = -\frac{1}{2}(\zeta - 1)$$

一般情况下

$$N_i = \frac{1}{8}(1 + \xi_0)(1 + \eta_0)(1 + \zeta_0)$$

$$\xi_0 = \xi_i\xi, \quad \eta_0 = \eta_i\eta, \quad \zeta_0 = \zeta_i\zeta$$

7.5　等参数单元

7.5.1　参数单元的引入

在实际问题中,区域切分之后会产生各种不同形状不同大小的有限单元,前面的例题中已有实际分析。有的地方要划分细些,有的地方会遇到特殊边界,如曲线边界。这样大小形状不一、边长为直线或曲线的有限单元在计算中会很麻烦。

为解决任意形状有限单元的标准化问题,需要采用变换的方法。前面已经研究了三角形、矩形、四面体、六面体等标准形状单元的情形。

首先,这些单元的形状标准,局域坐标设定比较方便。因此,在有限元问题中,可以把它们设定为标准的单元,在标准单元下,插值函数、微分、积分、单元系数矩阵是已知的或可简单地求出。

其次,这种变换实际上并不是坐标变换,而是两个单元之间的在一定义上的等效变换或等效映射。例如,把一块平面上的曲边三角形或任意四边形变换为标准的三角形或矩形,见图 7.19和图 7.20。但是这种变换不能随意地无原则进行,在现在的情形中,应该针对有限元处理的对象满足如下基本条件。

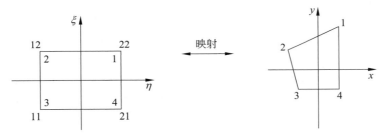

图 7.19　任意四边形到矩形的映射

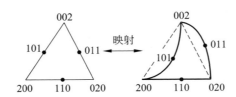

图 7.20　曲边三角形到直边三角形的映射

（1）单元顶点变换后仍是新单元的顶点。

（2）其他结点变换后仍存在且满足相容关系。

（3）变换后各单元间不能产生分离或重叠情况。

显然在这种情况下,应当有一种方便的方法使这种映射或变换可以获得尽可能高的精度,并且能满足问题要求的试探函数。7.4.1 节曾经讨论过,插值多项式的阶次将决定有限单元上逼近的精度,从而决定整个问题的结果精度。实际上,在决定有限单元上逼近精度时,单元形函数也起着关键的作用,它与结点上电位处于同等地位。结点的电位是利用变分原理获得最佳逼近值的,其精度决定于整个区域上有限单元的数量和有限单元上数值逼近的精度等。有限单元上数值逼近的精度是用单元形函数来表达的,单元形函数实际上包含了物理逼近和形状逼近两方面,主要决定了有限单元(例如面积单元)上逼近的精度。单元形函数的精度决定于插值函数和小单元的几何特性,例如平面或曲面、直线或曲线边界等。当有限单元是标准单元时,单元形函数是能精确求得的。当有限单元不是标准单元时,如曲边三角形的情形,如果仍然采用原来的标准三角形则会产生很大误差。为此,可以在形状变化大的地方多取一些结点,此外,要采用适当的变换改变单元形状。

在有限元法中,首先要把连续的物理空间采用切割的方法切割为小的有限单元,在这些有限单元上的任意一点都存在对应的物理量,在有限单元上各点之间物理量的相对变化是按插值函数规定的规律变化的,请注意插值函数并不能表达相应的物理规律,只表明了单元内物理量的相对变化规律。

在有限差分法和时域有限差分法中都是把连续的物理空间切分为网格构成网格状的计算空间,只有在结点上才能求出场的近似值,网格计算空间中物理量的变化是跳跃式的。但是,在有限元法中,在单元上各点之间的物理量是按平均意义上的逼近,计算空间中物理量的变化是渐变式的。当有限单元结点的位置和结点上的物理量不变,而单元形状发生了变化时,由于插值函数并未改变,单元上的逼近方式也发生了改变,所以必须把形状变化的影响考虑进去。本节介绍的等参数单元就是一种处理非标准单元的逼近方法。

这里的等参数单元方法,就是取插值多项式为有限单元变换函数的同时也取插值多项式为单元的形状变换或映射函数。尽管它不能把标准形状单元严格地变换为所需要的实际的有限单元的形状,但是由于形状变换所引起的误差的等级与逼近场函数的试探函数与真实场函数之间的误差有同样的数量级。实际上,单元形状的逼近与单元上场的逼近应维持一定的关系,因为最终结果的精度取决于两者中精度最低的一个。

有时实际问题的单元形状变换占优,那么对单元形状的逼近就应当采用较高等级,此时形状变换函数就应该采用更高阶的多项式。有时实际问题中电磁场的变换占优,则试探函数就应该采用较高阶的插值多项式,形状变换函数就可以采用低阶的多项式。我们称前者为超参数单元,后者为亚函数单元。在实际的情形中,场的变化与尺度呈高次方的关系,如与尺度平方成正比或成反比,而位函数与尺度呈线性关系,所以为了方便,只要形状变换函数与试探函数都取相同的插值多项式,就称之为等参数单元。

7.5.2　三角形等参数单元的有限元方程

设有二维的齐次第二类边界条件下的泊松方程

$$\begin{cases} \dfrac{\partial^2 \Phi}{\partial x^2} + \dfrac{\partial^2 \Phi}{\partial y^2} = \rho \\ \Phi \mid_s = 0 \end{cases}$$

取二维的等参数单元

$$\begin{cases} x = \sum_{i=1}^{k} N_i^e(\xi, \eta) x_i \\ y = \sum_{i=1}^{k} N_i^e(\xi, \eta) y_i \end{cases} \tag{7.5.1}$$

同样,三维时的等参数单元为

$$\begin{cases} x = \sum_{i=1}^{k} N_i^e(\xi,\eta,\zeta)x_i \\ y = \sum_{i=1}^{k} N_i^e(\xi,\eta,\zeta)y_i \\ z = \sum_{i=1}^{k} N_i^e(\xi,\eta,\zeta)z_i \end{cases} \tag{7.5.2}$$

例如,三角形时,有

$$x = N_1 x_1 + N_2 x_2 + N_3 x_3 = L_1 x_1 + L_2 x_2 + L_3 x_3$$
$$y = N_1 y_1 + N_2 y_2 + N_3 y_3 = L_1 y_1 + L_2 y_2 + L_3 y_3$$

式中,x_1、y_1、x_2、y_2、x_3、y_3 为整域坐标上的三角形顶点坐标,N_1、N_2、N_3 为 ξ、η 标准单元中的单元形函数。微分关系为

$$\frac{\partial N_1}{\partial \xi} = \frac{\partial N_1}{\partial L_1}\frac{\partial L_1}{\partial \xi} + \frac{\partial N_1}{\partial L_2}\frac{\partial L_2}{\partial \xi}, \quad \frac{\partial N_1}{\partial \eta} = \frac{\partial N_1}{\partial L_1}\frac{\partial N_1}{\partial \eta} + \frac{\partial N_1}{\partial L_2}\frac{\partial L_2}{\partial \eta}$$

可得

$$\begin{bmatrix} \dfrac{\partial}{\partial L_1} \\ \dfrac{\partial}{\partial L_2} \end{bmatrix} = \boldsymbol{J} \begin{bmatrix} \dfrac{\partial}{\partial x} \\ \dfrac{\partial}{\partial y} \end{bmatrix}, \qquad \boldsymbol{J} = \begin{bmatrix} \dfrac{\partial x}{\partial L_1} & \dfrac{\partial y}{\partial L_1} \\ \dfrac{\partial y}{\partial L_2} & \dfrac{\partial y}{\partial L_2} \end{bmatrix} \tag{7.5.3}$$

四边形时,有

$$\begin{cases} x = x_1 B_{22} + x_2 B_{12} + x_3 B_{11} + x_4 B_{21} \\ y = y_1 B_{22} + y_2 B_{12} + y_3 B_{11} + y_4 B_{21} \end{cases} \tag{7.5.4}$$

式中,B_{11}、B_{12}、B_{21}、B_{22} 由双线性基函数,由式(7.4.37)决定

$$B_{11}(\eta,\xi) = \frac{1-\eta}{2} \cdot \frac{1-\xi}{2}, \quad B_{12}(\eta,\xi) = \frac{1-\eta}{2} \cdot \frac{1+\xi}{2}$$
$$B_{21}(\eta,\xi) = \frac{1+\eta}{2} \cdot \frac{1-\xi}{2}, \quad B_{22}(\eta,\xi) = \frac{1+\eta}{2} \cdot \frac{1+\xi}{2} \tag{7.5.5}$$

$$\begin{bmatrix} \dfrac{\partial}{\partial \eta} \\ \dfrac{\partial}{\partial \xi} \end{bmatrix} = \begin{bmatrix} \dfrac{\partial x}{\partial \eta} & \dfrac{\partial y}{\partial \eta} \\ \dfrac{\partial x}{\partial \xi} & \dfrac{\partial y}{\partial \xi} \end{bmatrix} \begin{bmatrix} \dfrac{\partial}{\partial x} \\ \dfrac{\partial}{\partial y} \end{bmatrix} = \boldsymbol{J} \begin{bmatrix} \dfrac{\partial}{\partial x} \\ \dfrac{\partial}{\partial y} \end{bmatrix} \tag{7.5.6}$$

$$\begin{bmatrix} \dfrac{\partial}{\partial x} \\ \dfrac{\partial}{\partial y} \end{bmatrix} = \begin{bmatrix} \dfrac{\partial \eta}{\partial x} & \dfrac{\partial \xi}{\partial x} \\ \dfrac{\partial \eta}{\partial y} & \dfrac{\partial \xi}{\partial y} \end{bmatrix} \begin{bmatrix} \dfrac{\partial}{\partial \eta} \\ \dfrac{\partial}{\partial \xi} \end{bmatrix} = \boldsymbol{J}^{-1} \begin{bmatrix} \dfrac{\partial}{\partial \eta} \\ \dfrac{\partial}{\partial \xi} \end{bmatrix} \tag{7.5.7}$$

对泊松方程进行处理,由第 6 章可知,一般有

$$\begin{cases} \dfrac{\partial^2 \Phi}{\partial x^2} + \dfrac{\partial^2 \Phi}{\partial y^2} + \dfrac{\partial^2 \Phi}{\partial z^2} = \rho \\ \Phi\,|_s = 0 \end{cases} \tag{7.5.8}$$

$$\begin{cases} \delta J(\Phi) = 0 \\ J\{\Phi\} = \dfrac{1}{2} \iiint\limits_V \left[\left(\dfrac{\partial \Phi}{\partial x}\right)^2 + \left(\dfrac{\partial \Phi}{\partial y}\right)^2 + \left(\dfrac{\partial \Phi}{\partial z}\right)^2 \right] \mathrm{d}V \end{cases} \tag{7.5.9}$$

在有限单元中,有

$$\sum_i^n \frac{\partial J^e}{\partial \Phi_i} = 0$$

整理为

$$\boldsymbol{K}^e \boldsymbol{\Phi}^e - \boldsymbol{P}^e = 0$$

以六结点三角形为例,有

$$\boldsymbol{K}^e = \begin{bmatrix} K_{11}^e & K_{12}^e & \cdots & K_{16}^e \\ K_{21}^e & K_{22}^e & \cdots & K_{26}^e \\ \vdots & \vdots & \ddots & \vdots \\ K_{61}^e & K_{62}^e & \cdots & K_{66}^e \end{bmatrix}, \quad \boldsymbol{P}^e = \begin{bmatrix} P_1^e & P_2^e & \cdots & P_6^e \end{bmatrix}^{\mathrm{T}}$$

其中的元素为(在二维的情形中)

$$K_{ij}^e = \iint\limits_\Delta \varepsilon \left(\frac{\partial N_i^e}{\partial x} \frac{\partial N_j^e}{\partial x} + \frac{\partial N_i^e}{\partial y} \frac{\partial N_j^e}{\partial y} \right) \mathrm{d}x\,\mathrm{d}y$$

$$P_i^e = \int_\Delta \varepsilon \rho N_i^e \,\mathrm{d}x\,\mathrm{d}y$$

为了在标准形状的自然坐标中计算 K_{ij}^e 和 P_i^e,需要找到相应的变换关系。由于

$$x = \sum_{i=1}^6 N_i^e(\xi,\eta) x_i, \quad y = \sum_{i=1}^6 N_i^e(\xi,\eta) y_i \tag{7.5.10}$$

单元形函数的微商具有下述关系:

$$\left. \begin{aligned} \frac{\partial x}{\partial \xi} = \sum_{i=1}^6 \frac{\partial N_i^e}{\partial \xi} x_i \quad \frac{\partial x}{\partial \eta} = \sum_{i=1}^6 \frac{\partial N_i^e}{\partial \eta} x_i \\ \frac{\partial y}{\partial \xi} = \sum_{i=1}^6 \frac{\partial N_i^e}{\partial \xi} y_i \quad \frac{\partial y}{\partial \eta} = \sum_{i=1}^6 \frac{\partial N_i^e}{\partial \eta} y_i \end{aligned} \right\} \tag{7.5.11}$$

在局域坐标中的积分面积元 $\mathrm{d}s$ 在总体 x、y 坐标中应该为曲线族夹角构成的微元面,如图 7.21 所示。由此可知

$$a_x = \lim_{\Delta\xi \to 0} \frac{x(\xi+\Delta\xi,\eta) - x(\xi,\eta\eta)}{\Delta\xi} = \frac{\partial x}{\partial \xi}$$

$$a_y = \lim_{\Delta\xi \to 0} \frac{y(\xi+\Delta\xi,\eta) - y(\xi,\eta)}{\Delta\xi} = \frac{\partial y}{\partial \xi}$$

同理,有

$$b_x = \frac{\partial x}{\partial \eta}\mathrm{d}\eta, \quad b_y = \frac{\partial y}{\partial \eta}\mathrm{d}\eta$$

于是有

$$\mathrm{d}s = |\boldsymbol{a} \times \boldsymbol{b}| = |(a_x\boldsymbol{i} + a_y\boldsymbol{j}) \times (b_x\boldsymbol{i} + b_y\boldsymbol{j})| = a_x b_y - a_y b_x$$

$$= \left(\frac{\partial x}{\partial \xi} \frac{\partial y}{\partial \eta} - \frac{\partial y}{\partial \xi} \frac{\partial x}{\partial \eta} \right) \mathrm{d}\xi\mathrm{d}\eta = |\boldsymbol{J}| \,\mathrm{d}\xi\mathrm{d}\eta \tag{7.5.12}$$

单元系数矩阵元素就可以在局部的坐标中计算求得

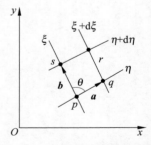

图 7.21　在总体坐标中求局域
坐标中的小面积元

$$K_{ij}^e = \int_0^1 \int_0^{1-\eta} \varepsilon \left(\frac{\partial N_i^e}{\partial x} \frac{\partial N_j^e}{\partial x} + \frac{\partial N_i^e}{\partial y} \frac{\partial N_j^e}{\partial y} \right) | \boldsymbol{J} | \, \mathrm{d}\xi \mathrm{d}\eta$$

$$P_i^e = \int_0^1 \int_0^{1-\eta} \varepsilon \rho N_i^e | \boldsymbol{J} | \, \mathrm{d}\xi \mathrm{d}\eta$$

7.5.3　平面矩形的参数单元

前面已经引入了平面矩形单元的自然坐标,平面矩形单元的自然坐标可以用式(7.4.38)表示,其微分关系可以用式(7.5.6)表示。下面介绍平面矩形单元的参数单元。

1. 坐标关系

图 7.22 表示了平面曲边矩形单元与标准的平面矩形单元上结点的对应关系。这种对应关系可以利用单元形函数表示为一种变换关系,即

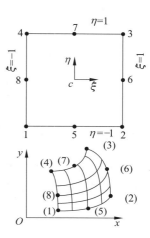

图 7.22　平面曲边矩形单元
与等参数单元

$$x = \sum_{i=1}^8 N_i(\xi, \eta) x_i \tag{7.5.13}$$

$$y = \sum_{i=1}^8 N_i(\xi, \eta) y_i \tag{7.5.14}$$

此处表达的为八结点矩形单元,其他结点数目的矩形单元的变换关系形式上与式(7.5.13)和式(7.5.14)非常类似,区别是求和项的数目不同,单元形函数不同,应采用相应的插值函数。

2. 微分关系

$$\frac{\partial N_i}{\partial \xi} = \frac{\partial N_i}{\partial x} \frac{\partial x}{\partial \xi} + \frac{\partial N_i}{\partial y} \frac{\partial y}{\partial \xi}$$

$$\frac{\partial N_i}{\partial \eta} = \frac{\partial N_i}{\partial x} \frac{\partial x}{\partial \eta} + \frac{\partial N_i}{\partial y} \frac{\partial y}{\partial \eta}$$

$$\begin{bmatrix} \dfrac{\partial N_i}{\partial \xi} \\ \dfrac{\partial N_i}{\partial \eta} \end{bmatrix} = \begin{bmatrix} \dfrac{\partial x}{\partial \xi} & \dfrac{\partial y}{\partial \xi} \\ \dfrac{\partial x}{\partial \eta} & \dfrac{\partial y}{\partial \eta} \end{bmatrix} \begin{bmatrix} \dfrac{\partial N_i}{\partial x} \\ \dfrac{\partial N_i}{\partial y} \end{bmatrix} = \boldsymbol{J} \begin{bmatrix} \dfrac{\partial N_i}{\partial x} \\ \dfrac{\partial N_i}{\partial y} \end{bmatrix}$$

同样有

$$\begin{bmatrix} \dfrac{\partial N_i}{\partial x} \\ \dfrac{\partial N_i}{\partial y} \end{bmatrix} = \boldsymbol{J}^{-1} \begin{bmatrix} \dfrac{\partial N_i}{\partial \xi} \\ \dfrac{\partial N_i}{\partial \eta} \end{bmatrix}, \quad \boldsymbol{J}^{-1} = \frac{1}{|\boldsymbol{J}|} \begin{bmatrix} \dfrac{\partial y}{\partial \eta} & -\dfrac{\partial y}{\partial \xi} \\ -\dfrac{\partial x}{\partial \eta} & \dfrac{\partial x}{\partial \xi} \end{bmatrix}, \quad |\boldsymbol{J}| = \frac{\partial x}{\partial \xi} \frac{\partial y}{\partial \eta} - \frac{\partial y}{\partial \xi} \frac{\partial x}{\partial \eta}$$

$$\frac{\partial x}{\partial \xi} = \sum \frac{\partial N_i}{\partial \xi} x_i, \quad \frac{\partial y}{\partial \xi} = \sum \frac{\partial N_i}{\partial \xi} y_i, \quad \frac{\partial x}{\partial \eta} = \sum \frac{\partial N_i}{\partial \eta} x_i, \quad \frac{\partial y}{\partial \eta} = \sum \frac{\partial N_i}{\partial \eta} y_i$$

3. 积分计算

与 7.5.2 节三角形等参数单元的讨论相同,在进行积分运算时,需要在 xOy 总体坐标中求出局域坐标中小面积元的表达式。此时具体变量的处理与三角形时略有区别,面元仍然如图 7.21 所示。此时的 $\boldsymbol{a}$ 为沿 η 的单位向量,$\boldsymbol{b}$ 为沿 ξ 的单位向量,因此,沿 ξ 变化时 η 不改变,沿 η 变化时 ξ 不改变。

$$x_p = x(\xi, \eta), \quad x_q = x(\xi + \mathrm{d}\xi, \eta), \quad x_s = x(\xi, \eta + \mathrm{d}\eta)$$

$$y_p = y(\xi, \eta), \quad y_q = y(\xi + \mathrm{d}\xi, \eta), \quad y_s = x(\xi, \eta + \mathrm{d}\eta)$$

则

$$a_x = x_q - x_p = \frac{\partial x}{\partial \xi}\mathrm{d}\xi, \quad b_x = x_s - x_p = \frac{\partial x}{\partial \eta}\mathrm{d}\eta$$

$$a_y = y_q - y_p = \frac{\partial y}{\partial \xi}\mathrm{d}\xi, \quad b_y = y_s - y_p = \frac{\partial y}{\partial \eta}\mathrm{d}\eta$$

小面元

$$\mathrm{d}A = |\, \boldsymbol{a} \times \boldsymbol{b}\,| = |\, \boldsymbol{a}\,\| \boldsymbol{b}\,| \sin\theta = |(a_x\boldsymbol{i} + b_y\boldsymbol{j}) \times (b_x\boldsymbol{i} + b_y\boldsymbol{j})| = a_x b_y - a_y b_x$$

$$\mathrm{d}A = \begin{vmatrix} \dfrac{\partial x}{\partial \xi} & \dfrac{\partial y}{\partial \xi} \\[2mm] \dfrac{\partial x}{\partial \eta} & \dfrac{\partial y}{\partial \eta} \end{vmatrix} \mathrm{d}\xi\mathrm{d}\eta = |\, \boldsymbol{J}\,|\,\mathrm{d}\xi\mathrm{d}\eta$$

4. 单元特征式

$$\frac{\partial J^e}{\partial \Phi_i} = \iint_{\square} \left[\frac{\partial \Phi}{\partial x}\frac{\partial}{\partial \Phi_i}\left(\frac{\partial \Phi}{\partial x}\right) + \frac{\partial \Phi}{\partial y}\frac{\partial}{\partial \Phi_i}\left(\frac{\partial \Phi}{\partial y}\right) \right]\mathrm{d}x\,\mathrm{d}y$$

这里用到 $\dfrac{\partial \Phi}{\partial \Phi_i}\left(\dfrac{\partial \Phi}{\partial x}\right) = \dfrac{\partial N_i}{\partial x} = -\dfrac{1}{\square}(b - y)$ 的关系，其中 $\square$ 表示矩形单元的面积，考虑到矩形面元的局域坐标与总体坐标平行的关系，a 和 b 可以换成 ξ 和 η。求单元特征式仍然要从相应的泛函表达式出发，然后在局部坐标中进行各种运算。泛函表达式为

$$\left[\frac{\partial J^e}{\partial \Phi_i}\right] = [k]^e[\Phi]^e$$

在局部坐标 $\xi c \eta$ 中进行处理的方法与前面处理情况相同，先求出拉格朗日插值表达式，再直接对 ξ 和 η 进行微分和积分，同时把对 x 和 y 的微分和积分换成对 ξ 和 η 的微分和积分就可以求得相应单元特征式的表达式。因为八结点表达式比较繁，此处就不再推导具体的表达式了。

7.5.4 空间六面体单元

空间六面体的积分微单元体如图 7.23 所示。其处理过程与 7.5.3 节的方法类似，只有体积元的求法与前面略有不同，因此下面只简述体积元的求取过程。

在总体坐标系 xyz 中，自然坐标体积元为曲边立体 $\mathrm{d}\xi\mathrm{d}\eta\mathrm{d}\zeta$，首先要把过 p 点沿曲边立体的 3 个切线方向的 $\boldsymbol{a}$、$\boldsymbol{b}$、$\boldsymbol{c}$ 用自然坐标的变量 $\mathrm{d}\xi\mathrm{d}\eta\mathrm{d}\zeta$ 求出来。在 xyz 坐标中，$\boldsymbol{a}$、$\boldsymbol{b}$、$\boldsymbol{c}$ 为 x、y、z 的函数，但在 $\xi\eta\zeta$ 坐标中，$\boldsymbol{a}$ 只沿 ξ 方向变化，此时 η 和 ζ 不变，所以有

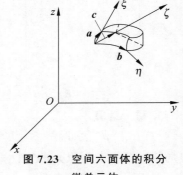

$$a_x = \frac{\partial x}{\partial \xi}\mathrm{d}\xi, \quad a_y = \frac{\partial y}{\partial \xi}\mathrm{d}\xi, \quad a_z = \frac{\partial z}{\partial \xi}\mathrm{d}\xi$$

同样，有

$$b_x = \frac{\partial x}{\partial \eta}\mathrm{d}\eta, \quad b_y = \frac{\partial y}{\partial \eta}\mathrm{d}\eta, \quad b_z = \frac{\partial z}{\partial \eta}\mathrm{d}\eta$$

$$c_x = \frac{\partial x}{\partial \zeta}\mathrm{d}\zeta, \quad c_y = \frac{\partial y}{\partial \zeta}\mathrm{d}\zeta, \quad c_z = \frac{\partial z}{\partial \zeta}\mathrm{d}\zeta$$

由此微元构成的六面体为

图 7.23　空间六面体的积分微单元体

$$V_{abc} = \begin{vmatrix} a_x & a_y & a_z \\ b_x & b_y & b_z \\ c_x & c_y & c_z \end{vmatrix} = \begin{vmatrix} \dfrac{\partial x}{\partial \xi}\mathrm{d}\xi & \dfrac{\partial y}{\partial \xi}\mathrm{d}\xi & \dfrac{\partial z}{\partial \xi}\mathrm{d}\xi \\ \dfrac{\partial x}{\partial \eta}\mathrm{d}\eta & \dfrac{\partial y}{\partial \eta}\mathrm{d}\eta & \dfrac{\partial z}{\partial \eta}\mathrm{d}\eta \\ \dfrac{\partial x}{\partial \zeta}\mathrm{d}\zeta & \dfrac{\partial y}{\partial \zeta}\mathrm{d}\zeta & \dfrac{\partial z}{\partial \zeta}\mathrm{d}\zeta \end{vmatrix}$$

在局域坐标中,微分体积为

$$\mathrm{d}x\,\mathrm{d}y\,\mathrm{d}z = \mathrm{d}V = \begin{vmatrix} \dfrac{\partial x}{\partial \xi} & \dfrac{\partial y}{\partial \xi} & \dfrac{\partial z}{\partial \xi} \\ \dfrac{\partial x}{\partial \eta} & \dfrac{\partial y}{\partial \eta} & \dfrac{\partial z}{\partial \eta} \\ \dfrac{\partial x}{\partial \zeta} & \dfrac{\partial y}{\partial \zeta} & \dfrac{\partial z}{\partial \zeta} \end{vmatrix} \mathrm{d}\xi\mathrm{d}\eta\mathrm{d}\zeta = |\,\boldsymbol{J}\,|\,\mathrm{d}\xi\mathrm{d}\eta\mathrm{d}\zeta$$

单元特征式、微分关系、坐标变换关系都可以相应求出。同样,对空间四面体单元的情况也可以参照上述方法求得。

7.6 非齐次边界条件下的变分问题

7.6.1 问题的提出

在结束有限元方法的讨论之前,补充讨论一下非齐次边界条件下的变分问题。当取泛函极值时,若遇到齐次第二类和第三类边界条件,可以不进行特殊处理,此时的齐次第二类和第三类边界条件也已经自动地包含在泛函取极值的要求之中,边界条件将自动满足,并因此称之为自然边界条件,但第一类边界条件还必须强加上去。非齐次边界条件的情况下不能直接应用齐次边界条件下的公式,需要进行一定的预处理。

设有非齐次边界条件的尤拉问题,其边界条件为

$$\begin{cases} \text{第一类:}\ \varPhi\,|_s = f_0(p) \\ \text{第二类:}\ \dfrac{\partial \varPhi}{\partial n}\Big|_s = f_2(p) \\ \text{第三类:}\ \left[\dfrac{\partial \varPhi}{\partial n} + f_1(p)\varPhi\right]\Big|_s = f_2(p) \end{cases} \tag{7.6.1}$$

其实,第三类边界条件的情况可以改写为

$$\frac{\partial \varPhi}{\partial n}\Big|_s = -f_1(p)\varPhi\,|_s$$

所以,第三类边界条件问题就是一个非齐次的第二类边界条件问题。

但是,现在边界条件是非齐次的,而泛函取极值的条件中自动包含的只是齐次的第二类和第三类边界条件,所以对非齐次的边界条件进行处理的目的是要利用齐次边界条件的泛函极值问题的结果。

7.6.2 非齐次边界条件下变分问题的解

首先采用函数变换的方法求取相应变分问题的解。设有泊松方程问题

$$\mathbf{\nabla}^2\Phi = -\frac{\rho}{\varepsilon}$$

其对应的泛函变分问题为

$$\begin{cases} F(\Phi) = \dfrac{1}{2}\iiint\limits_V \varepsilon\mid\mathbf{\nabla}\Phi\mid^2 \mathrm{d}V - \iiint\limits_V \rho\Phi\mathrm{d}V \\ \text{边界条件为第一类或第二类齐次} \end{cases} \tag{7.6.2}$$

设有任选函数 u 满足所要求的非齐次边界条件（很容易找到），而 Φ 是待求的边值问题的解。作新函数

$$\Phi_0 = \Phi - u \tag{7.6.3}$$

代入原方程后，得

$$\mathbf{\nabla}^2\Phi = -\frac{\rho}{\varepsilon} \text{ 或 } \varepsilon\mathbf{\nabla}^2\Phi = -\rho$$

$$\varepsilon\mathbf{\nabla}^2\Phi_0 = -\rho - \varepsilon\mathbf{\nabla}^2 u = G \tag{7.6.4}$$

显然 Φ_0 满足方程式(7.6.4) 并且满足相应的齐次边界条件。

前面已经讨论过，一般来讲，只要算子方程的算子是正定的，就有对应泛函数变分为

$$J\{U\} = \langle AU, U\rangle - \langle U, f\rangle - \langle f, U\rangle$$

设内积运算，$\langle\cdot\rangle$ 为积分运算。下面仍以 $A = -\mathbf{\nabla}^2$ 的情形为例进行介绍，但是该方法具有普遍性，对任意的正定算子方程都成立。

$$\begin{aligned} F(\Phi_0) &= -\frac{1}{2}\iiint\limits_V \varepsilon\Phi_0\mathbf{\nabla}^2\Phi_0\mathrm{d}V - \iiint\limits_V G\Phi_0\mathrm{d}V \\ &= -\frac{1}{2}\iiint\limits_V \varepsilon(\Phi - u)\mathbf{\nabla}^2(\Phi - u)\mathrm{d}V - \iiint\limits_V (\Phi - u)(\rho + \varepsilon\mathbf{\nabla}^2 u)\mathrm{d}V \\ &= \frac{1}{2}\iiint\limits_V (\varepsilon\Phi\mathbf{\nabla}^2\Phi + 2\rho\Phi)\mathrm{d}V - \frac{1}{2}\iiint\limits_V \varepsilon(\Phi\mathbf{\nabla}^2 u - u\mathbf{\nabla}^2\Phi)\mathrm{d}V + \\ &\quad \iiint\limits_V \left(\rho u + \frac{1}{2}u\mathbf{\nabla}^2 u\right)\mathrm{d}V \end{aligned}$$

由于式中最后一项积分不是 Φ 的函数，不影响 $F(\Phi_0)$ 的变分问题的结果，因而可以舍去最后一项积分，则有

$$F(\Phi_0) = -\frac{1}{2}\iiint\limits_V (\varepsilon\Phi\mathbf{\nabla}^2\Phi + 2\rho\Phi)\mathrm{d}V - \frac{1}{2}\iiint\limits_V \varepsilon(\Phi\mathbf{\nabla}^2 u - u\mathbf{\nabla}^2\Phi)\mathrm{d}V = \min \tag{7.6.5}$$

对式(7.6.5) 的第二项应用格林定理，有

$$-\frac{1}{2}\iiint\limits_V \varepsilon(\Phi\mathbf{\nabla}^2 u - u\mathbf{\nabla}^2\Phi)\mathrm{d}V = -\frac{\varepsilon}{2}\oiint\limits_s \left(\Phi\frac{\partial u}{\partial n} - u\frac{\partial\Phi}{\partial n}\right)\mathrm{d}s \tag{7.6.6}$$

由场论原理有

$$\varepsilon\mathbf{\nabla}\cdot(\Phi\mathbf{\nabla}\Phi) = \varepsilon\Phi\mathbf{\nabla}\cdot\mathbf{\nabla}\Phi + \varepsilon\mathbf{\nabla}\Phi\cdot\mathbf{\nabla}\Phi = \varepsilon\Phi\mathbf{\nabla}^2\Phi + \varepsilon\mid\mathbf{\nabla}\Phi\mid^2$$

将此式两边积分

$$\iiint\limits_V \varepsilon\mathbf{\nabla}\cdot(\Phi\mathbf{\nabla}\Phi)\mathrm{d}V = \oiint\limits_s \varepsilon\Phi\mathbf{\nabla}\Phi\cdot\mathrm{d}s = \iiint\limits_V \varepsilon[\Phi\mathbf{\nabla}^2\Phi + \mid\mathbf{\nabla}\Phi\mid^2]\mathrm{d}V \tag{7.6.7}$$

由于有 $\varepsilon\mathbf{\nabla}^2\Phi = -\rho$ 的关系，用式(7.6.7)代替式(7.6.5)的第一项积分中的第一个被积函数对应的积分，式(7.6.6)代替式(7.6.5)的第二项并且注意 $\mathbf{\nabla}\Phi = \dfrac{\partial\Phi}{\partial\eta}$，得

$$F(\Phi_0) = \frac{1}{2}\iiint_V \varepsilon \mid \boldsymbol{\nabla}\Phi \mid^2 \mathrm{d}V - \iiint_V \rho\,\Phi\mathrm{d}V - \frac{\varepsilon}{2}\oiint_S \left(\Phi\frac{\partial u}{\partial n} - u\frac{\partial \Phi}{\partial n} + \Phi\frac{\partial \Phi}{\partial n}\right)\mathrm{d}s = \min \qquad (7.6.8)$$

式(7.6.8)中的 $\Phi\dfrac{\partial u}{\partial n}\Big|_s = \Phi\mid_s \cdot \dfrac{\partial u}{\partial n}\Big|_s$ 与 Φ 变量无关,不影响变分结果,可略去。

下面分 3 种情况讨论。

(1) 第一类非齐次边界条件。

设在边界上 $\Phi\mid_s = u\mid_s = f_0(p)$,则式(7.6.8)中 $\left(\Phi\dfrac{\partial \Phi}{\partial n} - u\dfrac{\partial \Phi}{\partial n}\right)_s = 0$,于是有

$$\begin{cases} F(\Phi) = \dfrac{1}{2}\iiint_V \varepsilon \mid \boldsymbol{\nabla}\Phi \mid^2 \mathrm{d}V - \iiint_V \rho\Phi\mathrm{d}V = \min \\ \Phi\mid_s = f_0 \end{cases} \qquad (7.6.9)$$

(2) 第二类和第三类非齐次边界条件。

在边界上 $\dfrac{\partial \Phi}{\partial n} = f_2 - f_1\Phi$ 且 $\dfrac{\partial u}{\partial n} = f_2 - f_1 u$。由式(7.6.8) 得

$$F(\Phi) = \frac{1}{2}\iiint_V \varepsilon \mid \boldsymbol{\nabla}\Phi \mid^2 \mathrm{d}V - \iiint_V \rho\,\Phi\mathrm{d}V - \oiint_S \varepsilon\left(f_2\Phi - \frac{1}{2}f_1\Phi^2 - \frac{1}{2}f_2 u\right)\mathrm{d}s = \min$$

式中,$f_2 u$ 与 Φ 无关可略去,最后得

$$F(\Phi) = \frac{1}{2}\iiint_V \varepsilon \mid \boldsymbol{\nabla}\Phi \mid^2 \mathrm{d}V - \iiint_V \rho\,\Phi\mathrm{d}V - \oiint_S \varepsilon\left(f_2\Phi - \frac{1}{2}f_1\Phi^2\right)\mathrm{d}s = \min \qquad (7.6.10)$$

(3) 混合边界条件。

实际中经常遇到部分边界 S_1 上为第一类边界条件,S_2 上为第三类边界条件的情形。同样的推导可以得到相应的变分问题为

$$\begin{cases} F(\phi) = \displaystyle\int_V \dfrac{1}{2}(\varepsilon \mid \boldsymbol{\nabla}\phi \mid^2 - 2\rho\,\phi)\mathrm{d}V - \displaystyle\int_{S_2}(\varepsilon f_2\phi)\mathrm{d}s = \min \\ \phi\mid_{S_1} = f_0 \end{cases} \qquad (7.6.11)$$

7.6.3 非齐次边界条件下泊松方程的泛函方程

当采用圆柱坐标系时,有

$$\boldsymbol{\nabla}\phi = \frac{\partial \phi}{\partial r}\boldsymbol{r} + \frac{\partial \phi}{\partial z}\boldsymbol{k}, \quad \mathrm{d}V = r\mathrm{d}\alpha\,\mathrm{d}r\,\mathrm{d}z, \quad \mathrm{d}s = r\mathrm{d}\alpha\,\mathrm{d}r$$

则对应得变分问题为

$$\begin{cases} F(\phi) = 2\pi\displaystyle\int_S \dfrac{1}{2}\left\{\varepsilon\left[\left(\dfrac{\partial \phi}{\partial r}\right)^2 + \left(\dfrac{\partial \phi}{\partial z}\right)^2\right] - 2\rho\,\phi\right\}r\mathrm{d}r\,\mathrm{d}z - 2\pi\displaystyle\int_{L_2}\varepsilon f_2\phi\, r\mathrm{d}r = \min \\ \phi\mid_{L_1} = f_0(r,z) \end{cases} \qquad (7.6.12)$$

当同时有第二类齐次边界条件和非齐次第一类边界条件时,有

$$\begin{cases} F(\phi) = 2\pi\displaystyle\int_S \dfrac{1}{2}\left\{\varepsilon\left[\left(\dfrac{\partial \phi}{\partial r}\right)^2 + \left(\dfrac{\partial \phi}{\partial z}\right)^2\right] - 2\rho\,\phi\right\}r\mathrm{d}r\,\mathrm{d}z = \min \\ \phi\mid_{L_1} = f_0(r,z) \end{cases} \qquad (7.6.13)$$

二维直角坐标系中,泊松问题为:L_1 上非齐次第一类边界条件叠加 L_2 上非齐次第三类边界条件的情况:

$$\begin{cases} F(\phi) = \int_s \frac{1}{2} \left\{ \varepsilon \left[\left(\frac{\partial \phi}{\partial x} \right)^2 + \left(\frac{\partial \phi}{\partial y} \right)^2 \right] - 2\rho\,\phi \right\} \mathrm{d}x\,\mathrm{d}y - \int_{L_2} \varepsilon f_2 \phi \mathrm{d}l = \min \\ \phi \mid_{L_1} = f_0(x,y) \end{cases} \tag{7.6.14}$$

L_1 上非齐次第一类边界条件和 L_2 上齐次第二类边界条件的情况：

$$\begin{cases} F(\phi) = \int_s \frac{1}{2} \left\{ \varepsilon \left[\left(\frac{\partial \phi}{\partial x} \right)^2 + \left(\frac{\partial \phi}{\partial y} \right)^2 \right] - 2\rho\,\phi \right\} \mathrm{d}x\,\mathrm{d}y = \min \\ \phi \mid_{L_1} = f_0(x,y) \end{cases} \tag{7.6.15}$$

二维直角坐标系中,拉普拉斯问题为：L_1 上非齐次第一类边界条件和 L_2 上齐次第二类边界条件的情况：

$$\begin{cases} F(\phi) = \int_s \frac{1}{2}\varepsilon \left[\left(\frac{\partial \phi}{\partial x} \right)^2 + \left(\frac{\partial \phi}{\partial y} \right)^2 \right] \mathrm{d}x\,\mathrm{d}y = \min \\ \phi \mid_{L_1} = f_0(x,y) \end{cases} \tag{7.6.16}$$

第8章

CHAPTER 8

电磁场中的矩量法

矩量法大约在 20 世纪 60 年代开始被引进电磁学中,从此矩量法在各种各样的电磁学研究中得到了广泛应用,包括天线设计、微波网络、生物电磁学、辐射效应研究、微带线分析、电磁兼容等各种问题。

特别值得提出的是,矩量法特别适合电磁兼容问题的研究,主要是因为这种方法可以直接求出电流的精确分布,而研究电磁兼容问题时人们最关心的问题就是电流分布,其次才是电磁波的传播问题。

在矩量法的发展中,许多电磁学科学家做出了贡献,如 Richmond、Stratton、Adams、Mittra、Poggio、Butler、Ney、Chao Strait、Wilton 等,特别是哈林登(Harrington),人们称他为"MoM 之父"。

历史上人们把采用基函数和检验函数离散化的积分方程的数值方法称为矩量法,而同样的过程用于微分方程时通常称为加权剩余法。矩量法是一种基于泛函分析理论的积分形式的数值方法。

8.1 矩量法的基本原理

8.1.1 矩量法是一种函数空间中的近似方法

设有内积空间 H 中的元素 a 和 b、数量 α 和 β。内积有如下基本性质。

(1) $\langle a,b \rangle = \langle b,a \rangle^*$。

(2) $\langle \alpha a, \beta b + c \rangle = \alpha \beta^* \langle a,b \rangle + \alpha \langle a,c \rangle$。

(3) $\langle a,a \rangle > 0$, $\quad a \neq 0$。

(4) $\langle a,a \rangle = 0$, $\quad a = 0$。

用下面的基本量描述函数空间。

(1) 范数(norm): $\| a \| = \sqrt{\langle a,a \rangle}$。

(2) 距离(distance): $d(a,b) = \| a-b \|$。

(3) 正交(orthogonal): $\langle a,b \rangle = 0$。

(4) 完备(complete): $\langle B_m,B_n \rangle = 0, m \neq n$。

(5) 空间基(basis): 若 $\{B_n\}$ 是完备正交组。

---

* 表示复共轭(complex conjugation)。

空间中的任意函数都可以用完备基来表示,即

$$\left\| f - \sum_n \alpha_n B_n \right\| = 0, \quad \alpha_n = \frac{\langle B_n, f \rangle}{\langle B_n, B_n \rangle}$$

式中,α_n 为标量系数。在实际问题中,不可能在无穷维的函数空间中展开未知函数。函数空间上的原函数、近似函数与误差函数可以用欧几里得空间上的矢量分解来形象地理解:正交基上的函数展开过程,实际上是把任一函数向坐标基上做投影,只要基函数是完备的,投影函数与基函数就只有标量系数的差别并且如果把投影分量全迭加起来得到的和函数应该等于原来的函数。但是,如果只对原函数在不完备的有限个基函数上投影,那么得到的有限个投影函数之和就不会完全等于原来的函数,此时只能得到近似函数解。可以用公式表述如下:

$$f \approx f^N = \sum_{n=1}^{N} \alpha_n B_n$$

差函数为

$$d(f, f^N) = \| f - f^N \|$$

如果可以随意选择标量系数 α_n 使得这个误差函数与 N 维的基函数都正交,即

$$\langle B_n, f - f^N \rangle = 0, \quad n = 1, 2, \cdots, N$$

则该误差函数就称为正交投影函数。正交投影函数会使近似函数与原函数的偏差最小,即

$$d(f, f^N) = \| f - f^N \| = \min$$

这种情形与欧几里得空间中空间向量分解的情形类似,对比的情形如图 8.1 所示。

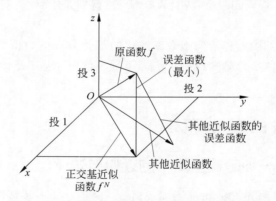

图 8.1 函数空间上的原函数、近似函数与误差函数

图 8.1 中,一个三维向量分解为三个分量,在三维基下进行的分解是精确的。如果在二维基下表达三维向量,由于缺一个基向量,只能得到一个坐标面,例如 xOy 上的二维向量。这个二维的近似向量的选取带有一定的任意性,其中误差最小的一个是使差向量与 xOy 平面垂直的那个二维的近似向量,因为与平面垂直的向量到平面的距离最近。上述原理在泛函空间中可以阐述如下。

$$d(f, f^N) = \| f - f^N \| = \min$$

设近似函数

$$f^N = \sum_{n=1}^{N} \alpha_n B_n \tag{8.1.1}$$

根据前面的讨论,f^N 应该是 f 在这个 N 维子空间中的投影。f 的投影向量在 N 个正交基的子空间中展开式的系数为

$$\alpha_n = \frac{\langle B_n, f \rangle}{\langle B_n, B_n \rangle} \tag{8.1.2}$$

设有算子方程为

$$Lf = g$$

现在要找一个算子 L 的定义空间的 N 维子空间上的最佳近似函数解。显然,式(8.1.1)的 f^N 正是所需要的近似解,式中的 B_n 是算子 L 的定义空间的 N 个函数基。但是,由于函数 f 尚没有求得,无法由式(8.1.2)计算出 α_n,也就无法获得最佳逼近结果。

为计算出 α_n,重新考虑算子方程 $Lf = g$。方程中,函数 g 是已知函数,是未知函数 f 在算子 L 作用下产生的结果函数。函数 g 必然处在线性算子 L 的值域空间中,因此可以利用这个条件,在 L 的值域空间中继续展开讨论。设函数序列 $\{T_n\}$ 组成算子的值域空间上的完备正交基。那么值域空间上的任意函数都可以按式(8.1.3),在由 $\{T_n\}(\{T_1, T_2, \cdots, T_n\})$ 构造的 N 维子空间上近似地表示为

$$g \approx g^N = \sum_{m=1}^{N} \beta_m T_m \tag{8.1.3}$$

因为式(8.1.3)中只取了有限多个函数基 $\{T_1, T_2, \cdots, T_n\}$,$g^N$ 亦为近似函数。根据前面的讨论,最佳近似时达到最小误差函数的展开系数是使差函数与所有的函数基都正交的,应该为

$$\beta_m = \frac{\langle T_m, g \rangle}{\langle T_m, T_m \rangle} \tag{8.1.4}$$

因为 g 为已知函数,所以利用式(8.1.4)就可以求出 β_m。为此,首先用算子 L 作用于算子 L 的定义函数空间的 N 维空间的基函数 B_n 并且在函数基 $\{T_1, T_2, \cdots, T_n\}$ 上展开,有

$$LB_n \approx \sum_{m=1}^{N} l_{mn} T_m \tag{8.1.5}$$

这一步实际上是在进行算子 L 的近似的 N 维函数空间和值域函数空间的空间函数基的变换。由于函数空间的基有无限多个,而上述过程中只取了有限多个函数基,所以该变换仍然是近似的。当把 L 的定义函数空间的近似的函数基 B_n(用来展开待求函数)在近似的值域函数空间的函数基 $\{T_n\}$ 上进一步展开后,利用式(8.1.3)~式(8.1.5)就得到展开的系数为

$$l_{mn} = \frac{\langle T_m, LB_n \rangle}{\langle T_m, T_m \rangle}$$

该系数使得待求函数在选定的函数基 B_n 上展开时误差最小,即

$$\left\| LB_n - \sum_{m=1}^{N} l_{mn} T_m \right\| = \min$$

由此提供了一个最佳的函数逼近的途径。

回到原问题,如果用 $f^N = \sum_{n=1}^{N} \alpha_n B_n$ 近似表示未知函数 f,将在值域空间产生

$$Lf^N = \sum_{n=1}^{N} \alpha_n LB_n$$

把这个展开中的基函数投影到由 $\{T_1, T_2, \cdots, T_N\}$ 构成的 N 维子空间上,则

$$Lf^N \approx \sum_{m=1}^{N} \sum_{n=1}^{N} l_{mn} \alpha_n T_m$$

此时,由 B_n 空间变换到了 T_m 空间中,在该空间上函数 g 是算子 L 的一个特定的值,是已知

的。于是，式中的系数 $\{l_{mn}\}$ 可以用内积表出。也就是，由于 $Lf=g$，有

$$Lf^N \approx g \approx g^N = \sum_{m=1}^{N} \beta_m T_m$$

即

$$\sum_{m=1}^{N} \sum_{n=1}^{N} l_{mn} \alpha_n T_m = \sum_{m=1}^{N} \beta_m T_m$$

则有

$$\sum_{n=1}^{N} l_{mn} \alpha_n = \beta_m, \quad m = 1, 2, \cdots, N$$

用此式即可求得近似的展开式系数 α_n。但求出来的 α_n 不是最佳逼近的系数，并不完全保证 f 与 f^N 的差分与所有的函数基 B_n 正交，并不是 $d(f, f^N)$ 为最小的结果，但却是在所选的基函数的平台上能够做到的最好的近似结果，因为从理论分析看，α_n 实际上依赖于 $\dfrac{\langle B_n, f \rangle}{\langle B_n, B_n \rangle}$ 是未知的。

8.1.2 矩量法是一种变分法

总结 8.1.1 节的分析，采用矩量法进行数值分析时，可以采用如下的步骤。

首先应该假设待求的近似解为

$$f \approx \sum_{n=1}^{N} \alpha_n B_n$$

的形式，式中的 B_n 为已知的基函数且定义在算子 L 的定义域上，系数 α_n 未知。然后，把这种形式的近似解代入算子方程 $Lf=g$ 中，就得到剩余函数

$$R = L\left(\sum_{n=1}^{N} \alpha_n B_n\right) - g = \sum_{n=1}^{N} \alpha_n LB_n - g$$

让余函数与一组选定的检验函数 $\{T_1, T_2, \cdots, T_n\}$ 相正交，即求内积，得

$$\langle T_m, R \rangle = 0, \quad m = 1, 2, \cdots, n$$

$$\sum_{n=1}^{N} \alpha_n \langle T_m, LB_n \rangle - \langle T_m, g \rangle = 0$$

$$\sum_{n=1}^{N} \alpha_n \langle T_m, LB_n \rangle = \langle T_m, g \rangle, \quad m = 1, 2, \cdots, N$$

可写成

$$\sum_{n=1}^{N} l_{mn} \alpha_n = \beta_m, \quad m = 1, 2, \cdots, N$$

式中

$$l_{mn} = \langle T_m, LB_n \rangle, \quad \beta_m = \langle T_m, g \rangle$$

可写成矩阵式

$$[l_{mn}][\alpha] = [\beta]$$

最后，由此式可以求得 $[\alpha]$，从而求得近似解

$$f \approx \sum_{n=1}^{N} \alpha_n B_n$$

人们通常也称上面的近似方法为加权剩余法，因为该方法根源于 Rayleigh Ritz 和

Galerkin。在实际应用中,并不强调所选的基函数或检验函数是否取之于完全正交系。从理论上讲,如检验函数 T_m 为完全正交系子系统,的确可以保证得到的是最好的近似解,但是也并不能保证得到的近似解在 $N \to \infty$ 的条件下收敛于精确解。此外,检验函数与基函数的配合也是很重要的。所以,选基函数和检验函数是 MoM 法的最重要的环节,哈林登教授对基和检验函数选择、误差和典型函数等问题做了全面论述。

从泛函的角度也可以证明矩量法是一种变分法。设算子方程 $Lf = g$,可以定义一个线性泛函为

$$\rho\{f\} = \langle f, h \rangle \tag{8.1.6}$$

式中,h 是某已知的连续函数。设算子 L 为线性算子,L^a 为相应的伴随算子。那么由 L^a 决定一个伴随场 f^a 满足算子方程

$$L^a f^a = h \tag{8.1.7}$$

可以证明

$$\rho\{f\} = \frac{\langle f, h \rangle \langle f^a, g \rangle}{\langle Lf, f^a \rangle} \tag{8.1.8}$$

或者

$$\rho\{f\} = \langle f, h \rangle + \langle f^a, g \rangle - \langle Lf, f^a \rangle$$

即当 f 为 $Lf = g$ 的解,f^a 为 $L^a f^a = h$ 的解时,上述泛函的变分问题与 $Lf = g$ 及 $L^a f^a = h$ 等价。当选取如下近似解:

$$f = \sum_n \alpha_n f_n \tag{8.1.9}$$

$$f^a = \sum_m \beta_m w_m \tag{8.1.10}$$

时,将式(8.1.9)和式(8.1.10)代入式(8.1.8),并且根据泛函变分的雷利-里兹条件,泛函变分问题可以转换为多元函数极值问题,并求得近似解。此时要求

$$\frac{\partial \rho}{\partial \alpha_i} = 0, \quad \frac{\partial \rho}{\partial \beta_i} = 0$$

$$\frac{\partial \rho}{\partial \beta_i} = \frac{\langle f, h \rangle \langle w_i, g \rangle \langle Lf, f^a \rangle - \langle f, h \rangle \langle f^a, g \rangle \langle Lf, w_i \rangle}{(\langle Lf, f^a \rangle)^2}$$

即

$$\langle w_i, g \rangle \langle Lf, f^a \rangle = \langle f^a, g \rangle \langle Lf, w_i \rangle$$

在上述运算中,因只有 f^a 包含 β_i,所以 $\frac{\partial}{\partial \beta_i}$ 只对 f^a 起作用。

因为 $Lf = g$,所以 $\langle Lf, f^a \rangle = \langle g, f^a \rangle$ 消去上式的 $\langle g, f^a \rangle$,有

$$\langle w_i, g \rangle = -\langle Lf, w_i \rangle = \left\langle w_i, L\left(\sum_n \alpha_n f_n\right) \right\rangle = \sum_n \alpha_n \langle w_i, Lf_n \rangle, \quad i = 1, 2, \cdots, m \tag{8.1.11}$$

由 $\frac{\partial \rho}{\partial \alpha_i} = 0$,有

$$\frac{\partial \rho}{\partial \alpha_i} = \frac{\langle f^a, g \rangle \langle f_i, h \rangle \langle Lf, f^a \rangle - \langle f, h \rangle \langle f^a, g \rangle \langle Lf_i, f^a \rangle}{(\langle Lf, f^a \rangle)^2} = 0$$

即

$$\langle f_i, h \rangle \langle Lf, f^a \rangle = \langle f, h \rangle \langle Lf_i, f^a \rangle$$

因

$$\langle Lf, f^a \rangle = \langle f, L^a f^a \rangle = \langle f, h \rangle$$

代入上式，则有

$$\langle f_i, h \rangle = \langle Lf_i, f^a \rangle = \langle f_i, L^a f^a \rangle$$

$$\langle f_i, h \rangle = \left\langle f_i, L^a \left(\sum_m \beta_m w_m \right) \right\rangle = \sum_m \beta_m \langle f_i, L^a w_m \rangle, \quad i = 1, 2, \cdots, n \tag{8.1.12}$$

式(8.1.12)说明，权函数或检验函数必须选择某些能代表伴随场 f^a 的函数线性组合。这种表达能得到对矩量法更广泛的解释。

8.1.3 子域基函数

最简单的基函数和检验函数有如下几种。

1. 狄拉克函数（Dirac delta function）

该函数见图 8.2。

$$B_0(x) = \delta(x - x_0) \tag{8.1.13}$$

2. 脉冲函数（pulse）或分段常数（piecewise-constant）

该函数见图 8.3。

图 8.2 狄拉克函数　　　　　　　　图 8.3 脉冲函数

$$B_1(x) = P(x, x_1, x_2) = \begin{cases} 1, & x_1 < x < x_2 \\ 0, & \text{其他} \end{cases} \tag{8.1.14}$$

3. 子域三角函数（subsectional triangle function）

该函数如图 8.4 所示。

图 8.4 子域三角函数

$$B_2(x) = t(x, x_1, x_2, x_3) = \begin{cases} \dfrac{x - x_1}{x_2 - x_1}, & x_1 < x < x_2 \\ \dfrac{x_3 - x}{x_3 - x_2}, & x_2 < x < x_3 \end{cases} \tag{8.1.15}$$

4. 二次折线（quadratic spline）函数

$$B_3(x) = q\left(x, -\frac{3\Delta}{2}, -\frac{\Delta}{2}, \frac{\Delta}{2}, \frac{3\Delta}{2} \right)$$

$$
= \begin{cases}
\dfrac{9}{8} + \dfrac{3}{2} + \dfrac{x^2}{2\Delta^2}, & -\dfrac{3\Delta}{2} < x < -\dfrac{\Delta}{2} \\[2mm]
\dfrac{3}{4} - \dfrac{x^2}{\Delta^2}, & -\dfrac{\Delta}{2} < x < \dfrac{\Delta}{2} \\[2mm]
\dfrac{9}{8} - \dfrac{3}{2\Delta} + \dfrac{x^2}{2\Delta^2}, & \dfrac{\Delta}{2} < x < \dfrac{3\Delta}{2} \\[2mm]
0, & x > \dfrac{3\Delta}{2}
\end{cases} \tag{8.1.16}
$$

一个区上两个三角函数叠加,叠加之后的结果曲线可以产生分片折线,如图 8.5 所示。实际上脉冲基和三角基都是折线函数(spline function)卷积的特殊情形。

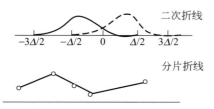

二次折线

$$
\begin{aligned}
B_n(x) &= B_{n-1}(x) * \frac{1}{\Delta} p\left(x, -\frac{\Delta}{2}, \frac{\Delta}{2}\right) \\
&= \frac{1}{\Delta} \int_{-\frac{\Delta}{2}}^{\frac{\Delta}{2}} B_{n-1}(x - x') \mathrm{d}x' \tag{8.1.17}
\end{aligned}
$$

分片折线

图 8.5　二次折线函数

由于研究区域被划分为单元,在采用脉冲函数展开时,一个基函数只在一个单元上起作用。在三角函数展开时,两个相邻单元相互关联,三角函数跨越两个相邻区间,一个区间上有两个三角函数重叠,此区间上两三角函数数值要相互叠加。二次折线则跨越三个区间,需要三个分段函数叠加。

5. 拉格朗日插值多项式(Lagrangian interpolation polynomials)函数

拉格朗日插值多项式函数如图 8.6 所示。一阶拉格朗日函数就是把区间端点连起来构成,同前面三角形展开函数一样。二阶拉格朗日函数增加了一个内点,一般设在 ± 1 区间内,坐标原点为内结点,表达为

$$
\phi_1(x) = \frac{1}{2} x(x-1)
$$
$$
\phi_2(x) = 1 - x^2
$$
$$
\phi_3(x) = \frac{1}{2} x(x+1)
$$

这些函数都定义在 ± 1 区间上。ϕ_1 的左端函数值为 1,中点值为 0,右端值为 0;ϕ_2 的中点值为 1,两端点值为 0;ϕ_3 的右端值为 1。一般情形中,N 个单元上的一次线性函数可以定义 $N-1$ 阶的高阶拉格朗日插值函数。上述展开中三角函数在分段区间上是连续的,而二次折线不但能保证函数本身的连续性,还能保证一次微商的连续性。三角函数和二次折线函数都不构成正交系。拉格朗日多项式可以用作全域展开子基,但实际上高阶多项式总会带来不稳定性

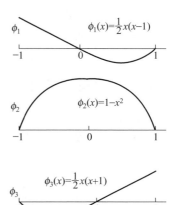

图 8.6　拉格朗日插值多项式函数

问题。因此,总是把整个域划分为小的单元,在小单元上再设定相应阶次的拉格朗日多项式为展开函数或检验函数。也就是总是设定分域基,而不设定全域展开子基。拉格朗日插值多项式函数为

$$
\phi_j(x) = \frac{(x-x_1)(x-x_2)\cdots(x-x_{j-1})(x-x_{j+1})\cdots(x-x_N)}{(x_j-x_1)(x_j-x_2)\cdots(x_j-x_{j-1})(x_j-x_{j+1})\cdots(x_j-x_N)}
$$

式中，$j=1,2,\cdots,N$；$x_1<x_2<\cdots<x_N$。它的图像如图 8.6 所示。

拉格朗日函数可以保证在单元交界处的连续性，但是并不能保证越界时各阶导数的连续性。当问题要求必须保证一阶导数在越界时的连续性时，可以采用厄密插值（Hermitian interpolates）函数。

6. 厄密多项式函数

最低阶的厄密多项式函数包含 4 个三次多项式，在$[-1,1]$区间上可表达为

$$\psi_1(x)=\frac{1}{4}(1-x)^2(2+x) \tag{8.1.18}$$

$$\psi_2(x)=\frac{1}{4}(1+x)^2(2-x) \tag{8.1.19}$$

$$\psi_3(x)=\frac{1}{4}(1-x^2)(1-x) \tag{8.1.20}$$

$$\psi_4(x)=\frac{1}{4}(-1+x^2)(1+x) \tag{8.1.21}$$

厄密多项式函数的使用方法与拉格朗日插值多项式使用方法相同。ψ_1 和 ψ_2 的一阶导数在两端点为 0，ψ_3 和 ψ_4 在端点函数值为 0，但其导数为 1。

7. 其他展开函数

还有其他一些分域基函数在具体问题中采用，例如在天线和散射问题中经常采用三角正弦函数：

$$S(x)=\begin{cases}\dfrac{\sin(kx-kx_1)}{\sin(kx_2-kx_1)}, & x_1<x<x_2 \\[2mm] \dfrac{\sin(kx_3-kx)}{\sin(kx_3-kx_2)}, & x_2<x<x_3\end{cases} \tag{8.1.22}$$

三角正弦函数也覆盖两个单元区间，当单元间隔很小时，它就是三角函数。此外，还有其他各种基函数和展开函数，通常人们在讨论试探函数和基函数及展开函数时，总是不区分有限元法和矩量法。因此，用于有限元法的试探函数都可以用于矩量法。

8.1.4 截断误差和数值色散

1. 截断误差

积分数值方法与微分数值方法的不同点之一，就是产生计算误差的主要因素不同。一般来说，微分数值方法更依赖于区域的切分和处理方法，而积分数值方法则更依赖于展开函数的选取和处理。当基函数的线性组合能够精确地表示精确解时，按矩量法一定能确定相应的系数。但如果基函数的线性展开不能精确地表示解函数，矩量法确定的函数尽管是最佳结果仍然会产生截断误差。在分域基的情况下，插值函数是在切分区域上定义的，这样的数值化过程必然要产生插值误差。下面简单讨论所产生的截断误差。

设选择了三角形的子域基函数，其待定的函数 $f(x)=a+bx+cx^2$ 采用定义在 $\left(-\dfrac{\Delta}{2}<x<\dfrac{\Delta}{2}\right)$ 区间上的三角函数展开，其中 Δ 表示间隔，则有

$$f(x)\approx f_{ap}(x)=f\left(-\frac{\Delta}{2}\right)B_1(x)+f\left(\frac{\Delta}{2}\right)B_2(x)$$

B_1 和 B_2 定义为

$$B_1(x) = \frac{1}{2} - \frac{x}{\Delta}, \quad B_2(x) = \frac{1}{2} + \frac{x}{\Delta}$$

代入展开式,得

$$f_{ap}(x) = a + bx + c\left(\frac{1}{2}\Delta\right)^2$$

比较精确函数 $f(x)$ 可以发现,此时的近似解的常数和一次项都与精确解一样,但二次项产生了误差。因为 $d(x) = f(x) - f_{ap}(x) = cx^2 - c\left(\frac{1}{2}\Delta^2\right)$,其误差在 $x = 0$ 点最大,其值为

$$|\,\text{Error}\,| = \frac{1}{4}c\Delta^2$$

当区间尺寸减小并趋向于 0 时,误差保持按 $0(\Delta^2)$ 量级减小。直观地说,区间减小 50%,误差减小 75%。这个结论对任何多项式和线性分域基的情形都成立,并且可以推广到一般情况中:P 阶多项式为分域基时,当间隔 $\Delta \to 0$ 时,截断误差为 $0(\Delta^{p+1})$。采用这种方法就可以估计矩量法计算中的实际误差值。实际上,由于矩量法是一种积分数值方法,其数值计算误差与基函数和检验函数的选取直接相关,所以讨论的重点应该放在基函数和检验函数对误差的影响方面。上面的讨论方法具有一定的代表性,对于其他类型的基函数,也可以用类似的方法讨论矩量法计算中的实际误差值。

2. 数值色散

研究平面波在计算空间中传播的情形。电磁波在一维无界区域中传播时服从一维亥姆霍兹方程

$$\frac{\mathrm{d}^2 E_z}{\mathrm{d}x^2} + K^2 E_z(x) = 0 \tag{8.1.23}$$

由于被积函数中有微分项,数值色散将不可避免,为简化讨论,假设网格均匀并忽略边界的影响。此时采用中心差商法,第 m 个单元方程的差分为

$$\frac{\mathrm{d}^2 f}{\mathrm{d}x^2} \approx \frac{f_{m+1} - 2f_m + f_{m-1}}{\Delta^2}$$

$$2E_m - E_{m-1} - E_{m+1} - k^2\Delta^2\left(\frac{2}{3}E_m + \frac{1}{6}E_{m-1} + \frac{1}{6}E_{m+1}\right) = 0 \tag{8.1.24}$$

Δ 是单元线度尺寸,E_m、E_{m-1}、E_{m+1} 是对应 $E_z(x)$ 在 $x_m - \Delta$、x_m、$x_m + \Delta$ 点的基函数的展开式系数。平面波解为 $E_z(x) = E_0 \mathrm{e}^{\pm jkx}$,对应的离散解为

$$E_z(x_m) = E_0 \mathrm{e}^{\pm j\beta x_m}, \quad \beta = \frac{1}{\Delta}\arccos\left(\frac{1 - (k\Delta)^2/3}{1 + (k\Delta)^2/6}\right) \tag{8.1.25}$$

由三角函数的性质,只要三角函数的相角为实数,其函数值肯定小于或等于 1。但是,当三角函数值大于 1 时,三角函数的相角肯定为复数。显然,当 $k\Delta \leqslant \sqrt{12}$ 时,β 为实数解,当 $k\Delta > \sqrt{12}$ 时,β 为复数解。上述表达式是均匀网格的情形。当单元尺寸较小时,也就是比 $\Delta \approx 0.55\lambda$ 要小时,数值结果的误差完全表现为相位差,因为 β 为实数;当单元尺寸很大时,会表现为相位和幅值都产生复数误差,此时 β 为复数,就使 $\mathrm{e}^{\pm j\beta}$ 既影响相位又影响幅度。

跨越一个单元区间相位变化为 $k\Delta - \beta\Delta$。举例说明,如果一个单元尺寸为 $\Delta = 0.1\lambda$ 则产生 $0.57°$ 相位偏差,传播 10 波长距离后将产生 $57°$ 的相位偏差,32 个波长距离将产生 $180°$ 的相位偏差。

当给定计算空间尺寸和介质常数后,就可以估计出满足相应误差所需要的单元的密度。

例如，如果单元密度为 30 单元/波长，则波传播 10λ 区间时，最大相位偏差约为 $10°$。但一般情况下若波传播 100λ 只允许 $10°$ 相位偏差，单元密度应为 80 单元/波长，其他情况请参阅表 8.1。因此，为了减少相位偏差或减小数值色散，当计算空间增大时，切分的单元密度也必须相应增大。这种误差的存在会使在处理电大尺寸结构时遇到困难。但这种累积误差可以通过采用高阶插值多项式的方法减小。矩量法是积分数值方法，在积分方程中使用格林函数，跨越大区间时，这种累积误差比较小，因此一般不必专门考虑数值色散的影响。

表 8.1　单元尺寸引起的数值结果的误差

单元尺寸 Δ	每波长产生相差	单位波长产生相差的相对百分数
0.2λ	20.103	34.9
0.1λ	5.670	9.9
0.05λ	1.464	2.6
0.025λ	0.369	0.64
0.0125λ	0.0925	0.16
0.00625λ	0.0231	0.04

上述讨论不仅适用于矩量法，也适用于有限元法，且适用于所有计算电磁学数值方法的积分方法。一般来讲，积分方法是一种从全局到局部的方法，所以进行单元切分时产生的误差会在全局累积起来，可能会产生物理意义上不能存在的效应。实际的情形很复杂，要具体分析，下面仍然针对亥姆霍兹方程的情形展开讨论。对于亥姆霍兹方程，前面已经推导了空气媒质中的结果，对于具有不同介质、不同局部边条件、不同子域和单元切分的情形，上述结果依然有效。值得注意的是，上述讨论中作为取舍准则的"跨越一个单元区间相位变化为 $k\Delta - \beta\Delta$"是一个普遍情形下都适用的原则。也就是在三角函数的相角为实数值的条件下，单元区间相位变化的累积误差都应该远小于 2π，例如控制在 $10°$ 之内。

设解答具有平面波解的形式，$E_z(x) = E_0 \mathrm{e}^{\pm jkx}$，对应的离散解为

$$E_z(x_m) = E_0 \mathrm{e}^{\pm j\beta x_m}$$

设电磁波传播 x_0 距离时恰好传播了一个波长的距离，即 $x_0 = \lambda$，则相应的相位变化为 $kx_0 = 2\pi$ 或 $360°$。此时对应的切分距离为 $n\Delta$，n 为电磁波在数值空间中传播时跨越的单元数，Δ 是切分单元的最大线度尺寸。那么 $x_0 \approx n\Delta \approx \lambda$，如果要求传播中由于单元切分产生的相位差为 2π，则 $|kx_0 - n\Delta| \leqslant 2\pi$，相位周期为 2π，所以 $|kx_0 - n\Delta| \leqslant 0$。电磁波速度不得超过光速，于是有 $kx_0 - n\Delta \leqslant 0$。根据关系 $\beta \approx k = \dfrac{2\pi}{\lambda}$，有 $\dfrac{2\pi}{\lambda}x_0 \leqslant \dfrac{2\pi}{\lambda}n\Delta$，即 $x_0 = \lambda \leqslant n\Delta$，也就是要求

$$n \geqslant \frac{\lambda}{\Delta} \tag{8.1.26}$$

根据式(8.1.26)，当切分密度为 $30\mathrm{cells}/\lambda$ 时，要求整个区域的相位差小于 $10°$，在一维问题中要求整个区域的尺度应小于 100λ，切分密度要达到 $80\mathrm{cells}/\lambda$ 才能达到最大相差小于 $10°$ 的要求。由于累积效应，全局相差会随着全局尺寸的增大而变大，因此建议：为了限制相差超标，单元切分密度必须随着切分结构或区域的增大而增加。

上述讨论是以亥姆霍兹方程的情形展开讨论的，对于其他函数，例如格林函数的情形，也可以同样的步骤讨论切分产生的相差问题，但是切分密度的依赖关系会有所不同，应该另行讨论。

相差效应对研究大尺度电磁结构问题影响很大，也很难处理。此时可以采用高阶展开基函数来减小切分单元带来的相差效应。例如，可以采用二阶拉格朗日插值多项式函数。二阶

拉格朗日函数增加了一个内点，一般设在 ± 1 区间内，坐标原点为内节点，表达为

$$\phi_1(x)=\frac{1}{2}\frac{x(x-\Delta)}{2\Delta^2}$$

$$\phi_2(x)=1-\left(\frac{x}{\Delta}\right)^2$$

$$\phi_3(x)=\frac{1}{2}\frac{x(x+\Delta)}{\Delta^2}$$

x 的变化区间为 $-\Delta<x<\Delta$，此时，在亥姆霍兹方程的情形中，有

$$\beta=\frac{1}{2\Delta}\arccos\left(\frac{15-26\,(k\Delta)^2+3\,(k\Delta)^4}{15+4\,(k\Delta)^2+(k\Delta)^4}\right) \tag{8.1.27}$$

前面推导了采用把区间端点连起来构造的一阶拉格朗日插值多项式得到的离散波数量：

$$\beta=\frac{1}{\Delta}\arccos\left[\frac{1-(k\Delta)^2/3}{1+(k\Delta)^2/6}\right] \tag{8.1.28}$$

比较式(8.1.28)与式(8.1.27)中 $k\Delta$ 的幂次，前者为 2 次，后者为 4 次，后者显然具有更高的精度和更小的相差。

8.2 典型的矩量法问题

前面讨论了基于多项式的基函数的情形，实际上对具体的问题进行量化时总是要求多项式具有一定的阶次，显然这个阶次与未知函数近似展开中微分的阶次有关。下面将针对典型情况分析。

8.2.1 积分方程形式

设有如下形式的积分算子方程 $E^i=LJ$，即

$$E^i(x)=\frac{k\eta}{4}\int_a^b J(x')H_0^{(2)}(k\,|\,x-x'\,|)\mathrm{d}x',\quad a<x<b \tag{8.2.1}$$

式中，J 为未知函数，$E^i(x)$ 为已知入射场源，积分中有汉克尔函数(Hankel function)。这里，$H_0^{(2)}$ 是一种弱奇异函数，在极点处可以表示为

$$H_0^{(2)}(kx)\approx 1-\mathrm{j}\frac{2}{\pi}\ln\left(\frac{\gamma kx}{2}\right),\quad x\to 0 \tag{8.2.2}$$

式中，$\gamma=1.781072418\cdots$，或者更精确地表示为

$$H_0^{(2)}(kx)\approx\left(1-\frac{x^2}{4}\right)-\mathrm{j}\left\{\frac{2}{\pi}\ln\left(\frac{\gamma x}{2}\right)+\left[\frac{1}{2\pi}-\frac{1}{2\pi}\ln\left(\frac{\gamma x}{2}\right)\right]x^2\right\}+o(x^4) \tag{8.2.3}$$

定义内积为

$$\langle a,b\rangle=\int_a^b a(x)b(x)\mathrm{d}x$$

引入基函数和检验函数之后可以获得矩阵方程为

$$L\boldsymbol{\alpha}=\boldsymbol{\beta}$$

选择检验函数 T，于是有

$$l_{mn}=\langle T_m,LB_n\rangle,\quad \beta_m=\langle T_m,g\rangle,\quad J\approx\sum_{n=1}^N\alpha_nB_n$$

$$l_{mn} = \frac{k\eta}{4}\int_a^b T_m(x)\int_a^b B_n(x')H_0^{(2)}(k\mid x-x'\mid)\mathrm{d}x'\mathrm{d}x \qquad (8.2.4)$$

显然，在式（8.2.4）中，如果选择脉冲函数为基函数，积分能产生一个连续的有界函数，如果只有检验函数选冲激函数时，将导致有界的结果。但如果检验函数和展开函数都选冲激函数，就会导致在某些点上积分为无限大。

上述分析说明，具有弱奇异性内核的积分算子进行离散化时，脉冲函数和冲激检验函数的组合是保证平滑性的最小的阶次。可以证明，实际上，对任何基函数和检验函数都有类似的结论。

设傅里叶变换为

$$F\{A(x)\} = \widetilde{A}(K_x) = \int_{-\infty}^{\infty} A(x)\mathrm{e}^{-jk_x x}\mathrm{d}x \qquad (8.2.5)$$

上述变换将 x 的函数变换为变量 K_x 的函数。相应的反变换为

$$F^{-1}\{\widetilde{A}(K_x)\} = A(x) = \frac{1}{2\pi}\int_{-\infty}^{\infty}\widetilde{A}(K_x)\mathrm{e}^{jk_x x}\mathrm{d}K_x \qquad (8.2.6)$$

两个函数的卷积为

$$\left.\begin{array}{l} A(x)*B(x) = \int_{-\infty}^{\infty} A(x')B(x-x')\mathrm{d}x' \\ F^{-1}\{A(x)*B(x)\} = \widetilde{A}(K_x)\cdot\widetilde{B}(K_x) \end{array}\right\} \qquad (8.2.7)$$

定义基函数和检验函数为

$$\left.\begin{array}{l} B_n(x) = B(x-x_n) \\ T_m(x) = T(x-x_m) \end{array}\right\} \qquad (8.2.8)$$

这样，矩量矩阵 $\boldsymbol{L}$ 可以写为

$$l_{mn} = \frac{k\eta}{4}T(x)*[B(x)*H_0^{(2)}(k\mid x\mid)]\mid_{x=x_m-x_n} \qquad (8.2.9)$$

上述变换与展开函数及检验函数的阶次无关，而且交换基函数和检验函数的次序矩量法矩阵 $\boldsymbol{L}$ 的元素（项）l_{mn} 不变。

设有如下微分积分方程：

$$E^i(x) = \frac{k\eta}{4}\left(\frac{\partial^2}{\partial x^2}+k^2\right)\int_a^b J(x')H_0^{(2)}(k\mid x-x'\mid)\mathrm{d}x', \quad a<x<b \qquad (8.2.10)$$

采用上面的变换可以求出矩阵项为

$$l_{mn} = \left\{\frac{k\eta}{4}\left(\frac{\partial^2}{\partial x^2}+k^2\right)T(x)*[B(x)*H_0^{(2)}(k\mid x\mid)]\right\}\Bigg|_{x=x_m-x_n} \qquad (8.2.11)$$

上述的推导中采用了交换积分和微分次序的处理方法，这实际上是把微分或微分处理加到检验函数或基函数上。为了保证矩阵元素为有限值，就要限定检验函数和基函数的组合方式。一般可采用折线函数＋狄拉克函数、三角函数＋脉冲函数的组合方式，可以任意指定组合中的函数是检验函数或基函数。此外，函数的选择还应满足最小光滑条件，因为破坏了光滑条件会降低结果精度并影响收敛性。以前人们倾向于采用简单的被积函数，而现在则倾向于采用较为复杂的被积函数来提高精度。

8.2.2 圆柱体散射的积分求解

为了说明检验函数选择对精度的影响，举一个例子：设有 TM 波在理想导体圆柱面散射，

如图 8.7 所示,设圆柱为无限长,就变成了二维问题。

首先,采用等效原理,导电圆柱可以用自由空间中等效电流代替,即

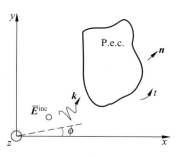

$$J_S = n \times H, \quad M_S = E \times n$$

入射波为 TM 波,有分量 E_z、H_x 和 H_y。此时,只有电流分量 J_z,因为在 x 和 y 方向上没有电流,所以有 $\nabla \cdot J = 0$,$\nabla \cdot A = 0$,其中 $\nabla \cdot$ 是求散度运算,是关于 x 和 y 的二维算子。

$$E_z^{inc}(t) = jk\eta A_z(t),\text{只在圆柱上成立} \tag{8.2.12}$$

$$A_z(t) = \int J_z(t') \frac{1}{4j} H_0^{(2)}(kR) dt'$$

图 8.7　TM 波在理想导体圆柱面散射

$$R = \sqrt{[x(t) - x(t')]^2 + [y(t) - y(t')]^2}$$

首先把圆柱体的横截面上的圆周进行切分。为了求取 J_z,可以采用基函数展开的方法,设

$$P_n(t) = \begin{cases} 1, & t \in n \\ 0, & \text{其他} \end{cases}$$

$$J_z(t) \approx \sum_{n=1}^{N} j_n p_n(t), \quad j_n \text{ 为展开系数} \tag{8.2.13}$$

将基函数代入 E_z^{inc} 中,得

$$E_z^{inc} \approx jk\eta \sum_{n=1}^{N} j_n \int_{\Delta_n} \frac{1}{4j} H_0^{(2)}(kR) dt' \tag{8.2.14}$$

于是解散射问题转化为求 $J_z(t)$,即求取系数 j_n。经变化可以写成 $N \times N$ 矩阵形式

$$\begin{bmatrix} E_z^{inc}(t_1) \\ E_z^{inc}(t_2) \\ \vdots \\ E_z^{inc}(t_N) \end{bmatrix} = \begin{bmatrix} z_{11} & z_{12} & \cdots & z_{1N} \\ z_{21} & z_{22} & \cdots & z_{2N} \\ \vdots & \vdots & \ddots & \vdots \\ z_{N1} & z_{N2} & \cdots & z_{NN} \end{bmatrix} \begin{bmatrix} j_1 \\ j_2 \\ \vdots \\ j_N \end{bmatrix} \tag{8.2.15}$$

式中的矩阵通常称为矩量阻抗矩阵(moment method impedance),其中

$$Z_{mn} = \frac{k\eta}{4} \int_{\Delta_n} H_0^{(2)}(kR_m) dt'$$

$$R_m = \sqrt{[x_m - x(t')]^2 + [y_m - y(t')]^2}$$

$$Z_{mn} \approx \frac{k\eta}{4} w_n H_0^{(2)}(kR_m) \tag{8.2.16}$$

式中,w_n 为单元长度。在 $R_m = 0$ 时,因为 $H_0^{(2)}$ 在 $x = 0$ 为奇点,必须另寻表达式。为此,首先在 $x = 0$ 处展开第二类零阶汉克尔函数。

$$H_0^{(2)}(x) \approx \left(1 - \frac{x^2}{4}\right) - j\left\{\frac{2}{\pi}\ln\left(\frac{\gamma x}{2}\right) + \left[\frac{1}{2\pi} - \frac{1}{2\pi}\ln\left(\frac{\gamma x}{2}\right)\right]x^2\right\} + 0(x^4) \tag{8.2.17}$$

式中,$\gamma = 1.781\,072\,418$。当单元很小且可看成直线时,有

$$\int_{\Delta_m} H_0^{(2)}(kR_m) dt' \approx 2\int_0^{\frac{wm}{2}}\left[1 - j\frac{2}{\pi}\ln\left(\frac{\gamma u}{2}\right)\right]du = w_m - j\frac{2}{\pi}w_m\left[\ln\left(\frac{\gamma k w_m}{4}\right) - 1\right] \tag{8.2.18}$$

于是有

$$Z_{mn} \approx \frac{k\eta w_m}{4}\left\{1 - \mathrm{j}\,\frac{2}{\pi}\left[\ln\left(\frac{\gamma k w_m}{4}\right) - 1\right]\right\} \tag{8.2.19}$$

这样就可以求出等效电流密度 J_z，然后求出散射场，并进一步求出散射截面 $\sigma_{\mathrm{TM}}(\phi)$。

当 $E_z^{\mathrm{inc}}(x,y) = \mathrm{e}^{-\mathrm{j}k(x\cos\phi^{\mathrm{inc}} + y\sin\phi^{\mathrm{inc}})}$ 时，有

$$\sigma_{\mathrm{TM}}(\phi) \approx \frac{k\eta^2}{4}\left|\sum_{n=1}^{N} j_n w_n \mathrm{e}^{-\mathrm{j}k(x\cos\phi^{\mathrm{inc}} + y\sin\phi^{\mathrm{inc}})}\right|^2$$

请读者注意，这个例子具有一定代表性，只要有了相应的积分方程解都可以采用同样的方法求解。许多专著都给出了积分方程解，直接引用就很方便（例如，陈敬雄、李桂生等著的《电磁理论中的直接法与积分方程法》，科学出版社，1987 年）。

8.2.3　误差分析

应用矩量法时所产生的误差有以下几种。

1. 建模误差

建模误差是指建模时采用的理论近似所产生的误差。例如，用无限长理想导体代替实际几何形状或结构，用点 (x_n, y_n) 表示小单元中心位置，平滑圆柱体的积分和直线积分路径等都会引入误差。

2. 数字化误差（discretization errors）

数字化误差是在进行数值化时产生的误差。例如，当把 $J_z(t)$ 用脉冲函数展开、把积分限变成小单元上积分等数值处理时所引入的误差。

3. 近似误差

近似误差是由于数学近似所产生的误差。例如，积分近似处理等造成的误差。

4. 数值计算误差

数值计算误差是指计算机进行运算时，数值计算所产生的误差。例如，计算贝塞尔函数和矩阵方程时产生的计算误差。汉克尔函数的积分只能达到一定的精度，计算矩量阻抗矩阵 (Z_{mn}) 时，一般总要用到格林函数，而二维格林函数就需要汉克尔函数的积分

$$\int_a^b H_0^{(2)}(kx)\,\mathrm{d}x = \int_a^b J_0(kx)\,\mathrm{d}x - \mathrm{j}\int_a^b\left[Y_0(kx) - \frac{2}{\pi}\ln\left(\frac{\gamma kx}{2}\right)\right]\mathrm{d}x -$$

$$\mathrm{j}\,\frac{2}{\pi}\int_a^b \ln\left(\frac{\gamma kx}{2}\right)\mathrm{d}x \tag{8.2.20}$$

现在举例分析数字计算的误差。仍然以均匀平面波激励圆柱体产生散射的问题为例，采用折线函数为基函数，而检验函数则分别采用脉冲函数、三角函数和折线函数。当均匀平面波激励圆柱时，精确解与数值解的归一化误差为

$$\Delta\% = \frac{\|J_z^{\text{精确}} - J_z^{\text{数值}}\|}{\|J_z^{\text{精确}}\|} \times 100 \tag{8.2.21}$$

由范数定义，有

$$\|J_z^{\text{精确}} - J_z^{\text{数值}}\| = \sqrt{\int\left|J_z^{\text{精确}} - J_z^{\text{数值}}\right|^2 \mathrm{d}t} \tag{8.2.22}$$

当长 $a = 6$ 时，对 20 分段的展开函数，以及 60 分段的情况进行了计算。其中 20 分段时，相当于每波长距离分 3.3 区或 3.3 个基函数展开。60 分段时，相当于每波长距离分 10 区或 10 个基函数展开。计算结果列在表 8.2 中。

基 函 数 级	检验函数级	20 分段时的误差	60 分段时的误差
1	0	34.9	11.3
	1	35.0	11.3
	2	35.6	11.3
	3	35.8	11.3
	4	36.0	11.3
	5	36.2	11.3
2	0	11.7	0.89
	1	11.7	0.89
	2	11.8	0.89
	3	11.9	0.89
	4	11.9	0.89
3	0	6.56	0.10
	1	6.51	0.10
	2	6.53	0.10
	3	6.55	0.10

8.2.4 本征值问题的矩量法

当连续算子 L 定义域与值域相同时,有本征值方程

$$Le = \lambda e \tag{8.2.23}$$

式中,λ 为本征值,e 是 L 的本征函数。涉及金属空腔的电磁学问题、波导问题都会导致本征方程。此外,连续算子方程 $Lf=g$ 也基于算子 L 的本征值和本征函数的特性。这种性质从一定意义上说可以用矩量法的矩量矩阵映射,因此就需要找到连续算子 L 的本征值与矩阵本征值的关系。有时算子 L 没有本征值,但对应的矩量矩阵的本征值却总是存在的。

首先考虑将本征值方程离散化。取基函数 $\{B_n\}$ 和检验函数 $\{T_n\}$ 并设展开式为

$$e \approx \sum_{n=1}^{N} e_n B_n \tag{8.2.24}$$

则

$$\sum_{n=1}^{N} e_n LB_n = \sum_{n=1}^{N} \lambda e_n B_n \tag{8.2.25}$$

用检验函数对方程人作内积,得

$$\sum_{n=1}^{N} \langle T_m, LB_n \rangle e_n = \lambda \sum_{n=1}^{N} \langle T_m, B_n \rangle e_n, \quad m=1,2,\cdots,N \tag{8.2.26}$$

此式可以整理成矩阵方程

$$Le = \lambda Se \tag{8.2.27}$$

矩阵的元素为

$$l_{mn} = \langle T_m, LB_n \rangle$$

矩阵 S 的元素为

$$S_{mn} = \langle T_m, B_n \rangle$$

因为基函数与检验函数为线性无关的序列,S 一定是非奇异的,则方程可写为

$$S^{-1}Le = \lambda e \tag{8.2.28}$$

此式为通常的矩阵本征值方程，可以认为是算子本征值方程离散化得到的结果。矩阵 S^{-1} 的本征值应当是算子 L 的本征值的近似值。同时，该本征矢量也是式(8.2.24)基函数展开式的系数。矩阵本征值的精度取决于相应的基函数表达算子本征函数的能力。

从概念上说，算子 L 的本征值由连续的算子经离散化映射到矩量矩阵 L。矩阵 S 则表征这种映射的转换关系和复杂程度。

8.2.5 伽略金法的收敛性

如果选取检验函数与基函数为同一函数，就称之为伽略金法。设 L 为自伴算子（self-adjoint），即

$$\langle La, b \rangle = \langle a, Lb \rangle \tag{8.2.29}$$

又设 L 为正定算子

$$\langle a, Lb \rangle > 0 \tag{8.2.30}$$

此时，设内积为

$$\langle a, b \rangle_2 = \langle a, Lb \rangle \tag{8.2.31}$$

则定义了一个新的或第二个内积空间。如果 $T_m = B_m$ 则余函数向检验函数上的垂直投影为

$$\langle B_m, L(f^N - f) \rangle = 0 \tag{8.2.32}$$

可以用第二内积空间表达为

$$\langle B_m, f^N - f \rangle_2 = 0 \tag{8.2.33}$$

这说明 f^N 的误差在新的空间中垂直于空间的展开基。通常 L 是正定自伴算子，基函数为新的第二内积空间中的完全正交系。所以，未知函数 f 到基的投影为正交投影，由此可知，当 $N \to \infty$ 时，$f^N \to f$。

上述处理方法经常用于离散拉普拉斯方程，此时按照式(8.2.31)的内积定义产生的内积空间中，子域拉格朗日插值函数满足新的内积空间中拉普拉斯算子是正定的自伴算子，但是亥姆霍兹算子不行。尽管如此，在亥姆霍兹算子的情况下，人们仍然采用伽略金法，并且仍然很有效。在电磁学中许多算子不能满足正定自伴条件，需要找寻其他方法证明其收敛性。

8.3 静电场的矩量法

静电场问题主要是求电场的问题，电场可以用静电位求出。当引入 $E = -\nabla \phi$ 时，通常会导致泊松方程的求解问题，即求解 $-\varepsilon \nabla^2 \phi = \rho$，或 $-\nabla \cdot (\varepsilon \nabla \phi) = \rho$。

8.3.1 静电场中的算子方程

泊松方程可以写为

$$\begin{cases} -\varepsilon \nabla^2 \phi = \rho, & \text{有限边界} \\ r\phi \to \text{常数}, & r \to \infty \end{cases} \tag{8.3.1}$$

其中算子 L 定义为

$$\begin{cases} L\phi = \rho, & L^{-1}L\phi = L^{-1}\rho \\ L = -\varepsilon \nabla^2, & \phi = L^{-1}\rho \end{cases} \tag{8.3.2}$$

算子 L 的定义域是那些能进行拉普拉斯 ∇^2 运算，又在无界空间中满足 $r\phi \to$ 常数的函数集合。

当 $r \to \infty$ 时,拉普拉斯算子的解函数为

$$\Phi(x,y,z) = \iiint \frac{\rho(x',y',z')}{4\pi\varepsilon R} dx' dy' dz' \tag{8.3.3}$$

$$R = \sqrt{(x-x')^2 + (y-y')^2 + (z-z')^2}$$

由式(8.3.3)和逆算子的定义可知,拉普拉斯逆算子为

$$L^{-1} = \iiint \frac{1}{4\pi\varepsilon R} dx' dy' dz' \tag{8.3.4}$$

$$\Phi = L^{-1}\rho$$

但要注意式(8.3.4)为式(8.3.2)的逆算子的条件是满足无界边界条件 $r\phi \to$ 常数。如果边界条件改变了,逆算子也改变。静电场问题中适用的内积为

$$\langle \Phi, \psi \rangle = \iiint \Phi(x,y,z)\psi(x,y,z) dx dy dz \tag{8.3.5}$$

当 ε 不是常数时,算子 L 定义和内积为

$$L = -\nabla \cdot (\varepsilon\nabla)$$

$$\langle \Phi, \psi \rangle = \iiint \varepsilon\Phi(x,y,z)\psi(x,y,z) dx dy dz \tag{8.3.6}$$

这样定义之后,L 算子仍为自伴算子。现在证明 L 为自伴算子,首先取

$$\langle L\Phi, \psi \rangle = \iiint -\varepsilon(\nabla^2\Phi)\psi d\tau \tag{8.3.7}$$

式中,$d\tau = dx dy dz$。由格林定理有

$$\iiint_V (\psi\nabla^2\Phi - \Phi\nabla^2\psi) d\tau = \oiint_{s[V]} \left(\psi\frac{\partial\Phi}{\partial n} - \Phi\frac{\partial\psi}{\partial n}\right) ds \tag{8.3.8}$$

S 为 V 的表面,n 为 S 的外法线方向。令 S 面为球面,则当 $r \to \infty$ 时,S 包围整个空间。因为 ϕ 与 ψ 都满足无界条件,可以令 $r \to \infty$,有

$$\psi \to C_1/r, \quad \frac{\partial\phi}{\partial n} \to C_2/r^2$$

因此

$$\psi\frac{\partial\phi}{\partial n} \to C/r^3, \quad r \to \infty$$

同样有

$$\phi\frac{\partial\psi}{\partial n} \to C/r^3, \quad 当 r \to \infty 时$$

$$ds = r^2\sin\theta d\theta d\phi \propto r^2$$

于是,当 $r \to \infty$ 时,有

$$\left(\psi\frac{\partial\phi}{\partial n} - \phi\frac{\partial\psi}{\partial n}\right) ds \to \frac{1}{r}$$

$$\oiint_S \left(\psi\frac{\partial\phi}{\partial n} - \phi\frac{\partial\psi}{\partial n}\right) ds \to 0$$

则式(8.3.8)变为

$$\iiint_V \psi\nabla^2\phi d\tau = \iiint_V \phi\nabla^2\psi d\tau \tag{8.3.9}$$

当取算子 $L = -\varepsilon \boldsymbol{\nabla}^2$ 时，式(8.3.9)说明有

$$\langle \psi, L\phi \rangle = \langle L\psi, \phi \rangle$$

这样就证明了 $L = L^a = -\varepsilon \boldsymbol{\nabla}^2$，$L$ 为自伴算子。数学意义的自伴在物理意义上是互易性。

由式(8.3.2)和式(8.3.4)可知，L 是实算子。下面将证明 L 和 L^{-1} 还是正定算子。首先，令函数 ϕ 的共轭函数为 ϕ^*，则

$$\langle \phi^*, L\phi \rangle = \iiint_V \phi^* (-\varepsilon \boldsymbol{\nabla}^2 \phi) \mathrm{d}\tau \tag{8.3.10}$$

$$\phi^* \boldsymbol{\nabla}^2 \phi = \boldsymbol{\nabla} \cdot (\phi^* \boldsymbol{\nabla}\phi) - \boldsymbol{\nabla}\phi^* \cdot \boldsymbol{\nabla}\phi$$

$$\langle \phi^*, L\phi \rangle = \iiint_V \varepsilon \boldsymbol{\nabla}\phi^* \cdot \boldsymbol{\nabla}\phi \, \mathrm{d}\tau - \iiint_V \varepsilon \boldsymbol{\nabla} \cdot (\phi^* \boldsymbol{\nabla}\phi) \mathrm{d}\tau$$

$$= \iiint_V \varepsilon \boldsymbol{\nabla}\phi^* \cdot \boldsymbol{\nabla}\phi \, \mathrm{d}\tau - \oiint_S \varepsilon \phi^* \boldsymbol{\nabla}\phi \cdot \mathrm{d}\boldsymbol{s}$$

同样，当 $r \to \infty$ 时，有

$$\oiint_S \varepsilon \phi^* \boldsymbol{\nabla}\phi \cdot \mathrm{d}\boldsymbol{s} = 0$$

则有

$$\langle \phi^*, L\phi \rangle = \iiint_V \varepsilon \mid \boldsymbol{\nabla}\phi \mid^2 \mathrm{d}\tau > 0$$

式中，$\boldsymbol{\nabla} = \dfrac{\partial}{\partial x}\boldsymbol{i} + \dfrac{\partial}{\partial y}\boldsymbol{j} + \dfrac{\partial}{\partial z}\boldsymbol{k}$，$\varepsilon$ 为实数且 $\varepsilon > 0$，$|\boldsymbol{\nabla}\phi|^2 > 0$。所以，$L$ 为正定算子，物理意义是静电能总大于 0。

8.3.2 带电平板的电容

研究 $z = 0$ 平面上 $2a$ 边长的正方形导板，设金属板无厚度，其上分布有密度为 $\sigma(x, y)$ 的电荷，如图 8.8所示。此板在空间形成的电位为

$$\Phi(x, y, z) = \int_{-a}^{a} \mathrm{d}x' \int_{-a}^{a} \frac{\sigma(x', y')}{4\pi\varepsilon R} \mathrm{d}y' \tag{8.3.11}$$

式中，$R = \sqrt{(x-x')^2 + (y-y')^2 + z^2}$，边界条件为 $\Phi |_{p \in \overline{xOy}} = V_0$。

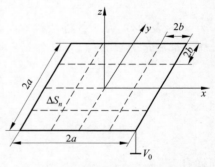

图 8.8 带电平板切分为矩形单元

由边界条件

$$\Phi |_{p \in \overline{xOy}} = V_0 = \int_{-a}^{a} \int_{-a}^{a} \frac{\sigma(x', y')}{4\pi\varepsilon \sqrt{(x-x')^2 + (y-y')^2 + z^2}} \mathrm{d}y' \mathrm{d}x' \tag{8.3.12}$$

式中，$|x|, |y| < a$，$\sigma(x', y')$ 为待求。金属平板的电容为

$$C = \frac{q}{V_0} = \frac{1}{V_0} \int_{-a}^{a} \int_{-a}^{a} \sigma(x', y') \mathrm{d}y' \mathrm{d}x' \tag{8.3.13}$$

为求 σ 和 C 采用点选配(point-matching)，把平板切分 N 个正方形子域，并且令

$$\sigma(x, y) \approx \sum_{n=1}^{N} \alpha_n f_n \quad f_n = \begin{cases} 1, & 在 \ S_n \ 上 \\ 0, & 其他 \end{cases} \tag{8.3.14}$$

将式(8.3.14)代入式(8.3.12)，并且注意式中 $z = 0$，有

$$V_0 = \int_{-a}^{a} \int_{-a}^{a} \frac{\sum_{n=1}^{N} \alpha_n f_n}{4\pi\varepsilon \sqrt{(x-x')^2 + (y-y')^2}} \mathrm{d}y' \mathrm{d}x'$$

$$= \sum_{n=1}^{N} \int_{\Delta x_n} \int_{\Delta y_n} \frac{\alpha_n}{4\pi\varepsilon \sqrt{(x-x')^2 + (y-y')^2}} \mathrm{d}y' \mathrm{d}x'$$

用 m 表示场点的切分,用 n 表示源点的切分,于是有

$$V_0 = \sum_{n=1}^{N} l_{mn} \alpha_n, \quad m = 1, 2, \cdots, N \tag{8.3.15}$$

$$l_{mn} = \int_{\Delta x_n} \int_{\Delta y_n} \frac{1}{4\pi\varepsilon \sqrt{(x_m-x')^2 + (y_m-y')^2}} \mathrm{d}y' \mathrm{d}x' \tag{8.3.16}$$

式中,x 为研究点,x' 为积分变元,它们都在导电平面上。x_m 的电位由 n 点的电荷产生。即 l_{mn} 是由 ΔS_n 上的电荷在 ΔS_m 中心点产生的电位因子。由式(8.3.15)求出 α_n,则可求得电容

$$C = \frac{1}{V_0} \sum_{n=1}^{N} \alpha_n \Delta S_n = \sum_{mn} l_{mn}^{-1} \Delta S_n \tag{8.3.17}$$

以线性空间和矩量法的角度可以推广上述求解静电问题的过程。令

$$Lf = g, \quad f(x,y) = \sigma(x,y), \quad g(x,y) = V_0, \quad |x|, |y| < a$$

$$Lf = \int_{-a}^{a} \int_{-a}^{a} \frac{f(x',y')}{4\pi\varepsilon \sqrt{(x-x')^2 + (y-y')^2}} \mathrm{d}y' \mathrm{d}x'$$

$$\langle f, g \rangle = \int_{-a}^{a} \int_{-a}^{a} f(x,y) g(x,y) \mathrm{d}y \mathrm{d}x$$

选冲激函数为检验函数

$$w_m = \delta(x - x_m)\delta(y - y_m)$$

于是有

$$V_0 = \sum_{n=1}^{N} \alpha_n \int_{-a}^{a} \int_{-a}^{a} \frac{f_n(x',y')}{4\pi\varepsilon \sqrt{(x-x')^2 + (y-y')^2}} \mathrm{d}y' \mathrm{d}x'$$

此式即 $Lf = g$。把等式两边乘 w_m 再作内积,有

$$\langle w_m, Lf \rangle = \langle w_m, g \rangle$$

$$[l_{mn}][\alpha_n] = \langle w_m, g \rangle$$

即

$$\sum_{n=1}^{N} \alpha_n \int_{-b}^{b} \int_{-b}^{b} \delta(x - x_m)\delta(y - y_m) \mathrm{d}x \mathrm{d}y \left[\int_{\Delta x_m} \int_{\Delta y_m} \frac{\mathrm{d}x' \mathrm{d}y'}{4\pi \sqrt{(x-x')^2 + (y-y')^2}} \right] \mathrm{d}x \mathrm{d}y$$

$$= \int_{-b}^{b} \int_{-b}^{b} \delta(x - x_m)\delta(y - y_m) \mathrm{d}x \mathrm{d}y = V_0$$

于是有

$$l_{mn} = \int_{-b}^{b} \int_{-b}^{b} \frac{\mathrm{d}x' \mathrm{d}y'}{4\pi\varepsilon \sqrt{(x_m-x')^2 + (y_m-y')^2}} \tag{8.3.18}$$

当 $m \neq n$ 时,使用积分中值定理,有

$$l_{mn} = \int_{-b}^{b} \mathrm{d}x' \int_{-b}^{b} \frac{1}{4\pi\varepsilon \sqrt{(x_m-x')^2 + (y_m-y')^2}} \mathrm{d}y'$$

$$\approx \frac{b^2}{\pi\varepsilon \sqrt{(x_m - x_n)^2 + (y_m - y_n)^2}} \tag{8.3.19}$$

当 $m = n$ 时，不能用式（8.3.19），否则函数为无穷大。此时，相当于自己小单元所带电荷在自己单位中心点产生的电位。此时，小单元边长为 $2b = \dfrac{2a}{\sqrt{N}}$。于是，$\Delta S_n$ 的中心点的电位为

$$l_{nn} = \int_{-b}^{b} \int_{-b}^{b} \frac{1}{4\pi\varepsilon \sqrt{x^2 + y^2}} \mathrm{d}y\,\mathrm{d}x = \frac{2b}{\pi\varepsilon}\ln(1 + \sqrt{2}) = \frac{2b}{\pi\varepsilon}(0.881\,4) \tag{8.3.20}$$

对正方形来讲

$$l_{nn} = \Phi_{nn} = \frac{2b}{\pi\varepsilon}(0.881\,4) = \frac{\sqrt{4b^2}}{\varepsilon}(0.280\,6) = \frac{\sqrt{A}}{\varepsilon}(0.280\,6)$$

对圆盘形区

$$l_{nn} = \Phi_{nn} = \int_{0}^{2\pi} \int_{0}^{r} \rho \frac{1}{4\pi\varepsilon\,\rho} \mathrm{d}\rho\,\mathrm{d}\theta = \frac{2r}{\varepsilon} = \frac{\sqrt{A}}{\varepsilon}(0.282\,1)$$

一般情况下可以认为

$$l_{nn} = \frac{0.282}{\varepsilon}\sqrt{A_n} \tag{8.3.21}$$

$m \neq n$ 时，有

$$l_{mn} \approx \frac{A_n}{4\pi\varepsilon R_{mn}}, \quad m \neq n \tag{8.3.22}$$

$$R_{mn} = \sqrt{(x_m - x_n)^2 + (y_m - y_n)^2 + (z_m - z_n)^2}$$

当求 l_{mn} 时，如果角形区域细长，按上述近似算法仍然不精确，可按图 8.9 的方法进行处理。

用最宽的单元的中心画同心圆，标号 $0,1,2,3,\cdots$ 然后取

$$l_{nn} = \frac{1}{\varepsilon}\left(0.282\sqrt{A_0} + \frac{1}{4\pi}\sum_i \frac{A_i}{R_{0i}}\right) \tag{8.3.23}$$

式中，$A_0, A_1, A_2, \cdots$ 分别为各切分区域面积，R_{0i} 是由第 i 个三角形区到 0 点的距离。

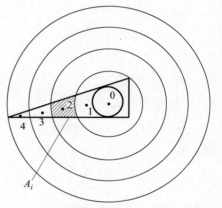

图 8.9　角形区域细长时所采用的近似方法

8.3.3　导体系问题

设有 N 个导体，分别带电 $q_1, q_2, \cdots, q_N$，导体强加电位 $V_1, V_2, \cdots, V_N$。外界为空间，强加电位为 ϕ^i，则有如下静电方程：

$$\phi^i + \oiint_{\sum S_n} \frac{\sigma}{4\pi\varepsilon R} \mathrm{d}s = \begin{cases} V_1, & \text{在 } S_1 \text{ 上} \\ V_2, & \text{在 } S_2 \text{ 上} \\ \vdots & \vdots \\ V_N, & \text{在 } S_N \text{ 上} \end{cases} \tag{8.3.24}$$

式中，σ 为导体上的面电荷密度。

下面讨论平行板电极的情况。设上极板电位为

$$V_1 = \int_{-a}^{a} \int_{-a}^{a} \frac{\sigma_1(x', y')}{4\pi\varepsilon \sqrt{(x - x')^2 + (y - y')^2}} \mathrm{d}y'\,\mathrm{d}x' +$$

$$\int_{-a}^{a}\int_{-a}^{a} \frac{\sigma_2(x'',y'')}{4\pi\varepsilon \sqrt{(x-x'')^2+(y-y'')^2+d^2}} \mathrm{d}y''\mathrm{d}x'' \tag{8.3.25}$$

下极板电位为

$$V_2 = \int_{-a}^{a}\int_{-a}^{a} \frac{\sigma_1(x',y')}{4\pi\varepsilon \sqrt{(x-x')^2+(y-y')^2+d^2}} \mathrm{d}y'\mathrm{d}x' +$$

$$\int_{-a}^{a}\int_{-a}^{a} \frac{\sigma_2(x'',y'')}{4\pi\varepsilon \sqrt{(x-x'')^2+(y-y'')^2}} \mathrm{d}y''\mathrm{d}x'' \tag{8.3.26}$$

选分域基函数为基函数,上极板分为 N 块,下极板也分为 N 块,即

$$f_n = \begin{cases} 1, & p \in \Delta S_n \\ 0, & p \notin \Delta S_n \end{cases} \tag{8.3.27}$$

令上极板电荷密度为

$$\sigma_1(x',y') = \sum_{n=1}^{N} \alpha_n^t f_n$$

下极板为

$$\sigma_2(x'',y'') = \sum_{n=1}^{N} \alpha_n^b f_n \tag{8.3.28}$$

检验函数取点选配

$$w = \delta(x-x_m)\delta(y-y_m)$$

用检验函数乘式(8.3.25)和式(8.3.26)两边并积分为(内积)

$$\langle w_m, Lf \rangle = V_1 = \sum \alpha_n^t \int_{-a}^{a}\int_{-a}^{a} \frac{f_n}{4\pi\varepsilon \sqrt{(x_m-x')^2+(y_m-y')^2+d^2}} \mathrm{d}y'\mathrm{d}x' +$$

$$\sum \alpha_n^b \int_{-a}^{a}\int_{-a}^{a} \frac{f_n}{4\pi\varepsilon \sqrt{(x_m-x')^2+(y_m-y')^2+d^2}} \mathrm{d}y''\mathrm{d}x''$$

$$V_2 = \sum \alpha_n^t \int_{-a}^{a}\int_{-a}^{a} \frac{f_n}{4\pi\varepsilon \sqrt{(x_m-x')^2+(y_m-y')^2+d^2}} \mathrm{d}y'\mathrm{d}x' +$$

$$\sum \alpha_n^b \int_{-a}^{a}\int_{-a}^{a} \frac{f_n}{4\pi\varepsilon \sqrt{(x_m-x'')^2+(y_m-y'')^2}} \mathrm{d}y''\mathrm{d}x''$$

令

$$\begin{rcases} [\alpha] = [\alpha_1^t, \alpha_2^t, \cdots, \alpha_N^t, \alpha_1^b, \alpha_2^b, \cdots, \alpha_N^b]^{\mathrm{T}} \\ [g_m] = [\underbrace{V_1, V_1, \cdots, V_1}_{N\uparrow}, \underbrace{V_2, V_2, \cdots, V_2}_{N\uparrow}]^{\mathrm{T}} = \begin{bmatrix} g_m^t \\ g_m^b \end{bmatrix} \end{rcases} \tag{8.3.29}$$

得到矩阵方程为

$$[l][\alpha] = [g_m] \tag{8.3.30}$$

$$[l] = \begin{bmatrix} [l^{tt}] & [l^{tb}] \\ [l^{bt}] & [l^{bb}] \end{bmatrix}$$

其中,分块矩阵 $[l^{tt}]$ 是 m 与 n 都位于上极板时的广义导纳矩阵;$[l^{tb}]$ 是 m 在上极板 n 在下极板的广义导纳矩阵。当 $m \neq n$ 时,得

$$l_{mn}^{tt} = \frac{\Delta S_n}{4\pi\varepsilon R_{mn}} = \frac{b^2}{\pi\varepsilon \sqrt{(x_m - x_n)^2 + (y_m - y_n)^2}}$$

$$l_{mn}^{tb} = \frac{b^2}{\pi\varepsilon \sqrt{(x_m - x_n)^2 + (y_m - y_n)^2 + d^2}} \tag{8.3.31}$$

当 $m = n$ 时，采用近似处理，有

$$l_{mn}^{tt} = \frac{0.282}{\varepsilon}(2b)$$

$$l_{mn}^{tb} = \frac{0.282}{\varepsilon}(2b)\left[\sqrt{1 + \frac{\pi}{4}\left(\frac{d}{b}\right)^2} - \frac{\sqrt{\pi}\,d}{2b}\right] \tag{8.3.32}$$

由上式可求得$[\alpha]$，再求得 σ_1、σ_2，于是可以求出平板电容器的电容为

$$C = \frac{上极板全部电荷}{V = (V_1 - V_2)} = \frac{1}{V}\sum_{top}\alpha_n^a \Delta_s^n \tag{8.3.33}$$

$$C = 8b^2 \sum_{mn}(l^{tt} - l^{tb})_{mn}^{-1}$$

8.4 微带天线的矩量法

微带天线用在许多方面，与之类似的印制电路板上的微带线也可以归为同一类的研究对象。在这类问题中，矩量法是最常用的方法。下面以具体例子说明具体的处理方法。

例 8.1 如图 8.10 所示的微带天线，尺寸 W_x、W_y、d 的含意如图所示。其中接地板和微带线都是理想导体。问题沿 z 轴方向被划分为两个区域：Ⅰ区（$0 \leqslant z \leqslant d$）和Ⅱ区（$z \geqslant d$）。

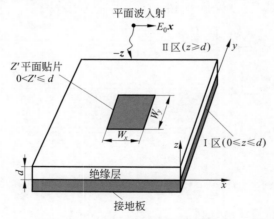

图 8.10 平面电磁波入射微带天线

平面电磁波沿$-z$ 方向入射，电场在 x 方向强度为 E_0，显然，磁场在 $-y$ 方向。

8.4.1 理论分析

微带天线通常由微带线或同轴电缆馈电，但为了确定无线的谐振频率和带宽，可以假设贴片由线性极化的平面电磁波激励，得到的结果能用到任意实际的微带天线的情况。但在计算输入阻抗时，就必须考虑天线的馈电结构，需要单独处理。

首先求取 $z = z'$ 上的电流激励源的满足相应边界条件的并矢格林函数（dyadic Green's

function)。设激励源按正弦规律变化,即 $J_S = e^{j\omega t}$,由 $z = z'$ 平面上的电流 J_S 激励的电磁场强度可以由磁矢量位 A 求出:

$$H(x,y,z) = \frac{1}{\mu} \nabla \times A(x,y,z) \tag{8.4.1}$$

$$E(x,y,z) = \frac{-j\omega}{K^2}[K^2 A(x,y,z) + \nabla(\nabla \cdot A(x,y,z))] \tag{8.4.2}$$

式中,$K = K_0\sqrt{\varepsilon_r}$ 是介质中的波数量,μ 和 $\varepsilon = \varepsilon_0\varepsilon_r$ 分别为介质的磁导率和介电常数,ω 为电磁波角频率。矢量位 A 满足 I 区和 II 区波动方程

$$\nabla^2 A^I(x,y,z) + K^2 A^I(x,y,z) = -j\mu J_S(x',y',z'), \text{介质中} \tag{8.4.3}$$

$$\nabla A^{II}(x,y,z) + K_0^2 A^{II}(x,y,z) = 0, \text{空气中} \tag{8.4.4}$$

设 $\overline{\overline{G}}^{I/II}$ 分别为 I 区和 II 区的并矢格林函数。则式(8.4.3)和式(8.4.4)的解可以写成格林函数的积分形式:

$$A^{I/II}(x,y,z) = \iint_{(\text{贴片上})} J_S(x',y',z') \cdot \overline{\overline{G}}^{I/II}(x,y,z \mid x',y',z') \tag{8.4.5}$$

代入式(8.4.3)和式(8.4.4)中,得到介质区或 I 区的格林函数方程为

$$\nabla^2 \overline{\overline{G}}^I(x,y,z \mid x',y',z') + K^2 \overline{\overline{G}}^I(x,y,z \mid x',y',z')$$
$$= -j\mu \overline{\overline{I}}\delta(x-x')\delta(y-y')\delta(z-z') \tag{8.4.6}$$

在空气区有

$$\nabla^2 \overline{\overline{G}}^{II}(x,y,z \mid x',y',z') + K_0^2 \overline{\overline{G}}^{II}(x,y,z \mid x',y',z') = 0 \tag{8.4.7}$$

为了求式(8.4.6)和式(8.4.7)的解,取空间傅里叶变换,$x \to k_x, y \to k_y$。变换函数为

$$\overset{*}{G}^{I/II}(k_x,k_y,z \mid x',y',z')$$

变换式为

$$\overset{*}{f}(k_x,k_y) = \iint f(x,y)e^{-j(k_x x + k_y y)}dxdy$$

则

$$\overline{\overline{G}}^I(x,y,z \mid x',y',z') = \frac{\mu}{(2\pi)^2}\int_{-\infty}^{\infty}\int_{-\infty}^{\infty}\{[xx + yy]\overset{*}{G}^I(k_x,k_y,z,z') +$$

$$[xzk_x + yzk_y]\overset{*}{G}^{II}(k_x,k_y,z,z')\} \cdot$$

$$e^{jk_x(x-x')}e^{jk_y(y-y')}dk_x dk_y \tag{8.4.8}$$

边界条件变换为

$$E_t^I(k_x,k_y,0) = 0, \qquad\qquad z = 0 \tag{8.4.9}$$

$$E_t^I(k_x,k_y,d) = E_t^{II}(k_x,k_y,d), \qquad z = d$$

$$H_t^I(k_x,k_y,d) = H_t^{II}(k_x,k_y,d) \tag{8.4.10}$$

对式(8.4.6)和式(8.4.7)两边作傅里叶变换,∇^2 运算就变为用 $k_x^2 + k_y^2$ 乘。于是用代数运算求得

$$-(k_x^2 + k_y^2)\overset{*}{G}^I + K^2\overset{*}{G}^I + \frac{\partial^2\overset{*}{G}^I}{\partial z^2} = -j\mu\delta(z-z')$$

$$-(k_x^2 + k_y^2)\overset{*}{G}^{II} + K_0^2\overset{*}{G}^{II} + \frac{\partial^2\overset{*}{G}^{II}}{\partial z^2} = 0$$

由变换方程和边界条件可求得

$$\overset{*}{G}{}^{\text{I}}(k_x,k_y,z,z') = -\frac{e^{jk_{\text{I}}(z-z')} - e^{-jk_{\text{I}}(z-z')}}{2jk_{\text{I}}} +$$

$$\frac{\sin k_{\text{I}}z}{k_{\text{I}}} \cdot \frac{k_{\text{I}}\cos[k_{\text{I}}(d-z')] + jk_{\text{II}}\sin[k_{\text{I}}(d-z')]}{k_{\text{I}}\cos k_{\text{I}}d + jk_{\text{II}}\sin k_{\text{I}}d}$$

$$\text{(8.4.11)}$$

$$\overset{*}{G}{}^{\text{II}}(k_x,k_y,z,z') = \left[\frac{(\varepsilon_r-1)\sin k_{\text{I}}z'}{k_{\text{I}}\cos k_{\text{I}}d + jk_{\text{II}}\sin k_{\text{I}}d}\right] \cdot \left[\frac{\cos k_{\text{I}}z}{\varepsilon k_{\text{II}}\cos k_{\text{I}}d + jk_{\text{I}}\sin k_{\text{I}}d}\right]$$

$$\text{(8.4.12)}$$

$$k_{\text{I}} = \begin{cases} \sqrt{\varepsilon_r K_0^2 - k_x^2 - k_y^2}, & (k_x^2+k_y^2) \leqslant \varepsilon_r K_0^2 \\ -j\sqrt{k_x^2 + k_y^2 - \varepsilon_r K_0^2}, & (k_x^2+k_y^2) > \varepsilon_r K_0^2 \end{cases}$$

$$k_{\text{II}} = \begin{cases} \sqrt{K_0^2 - k_x^2 - k_y^2}, & (k_x^2+k_y^2) \leqslant K_0^2 \\ -j\sqrt{k_x^2 + k_y^2 - K_0^2}, & (k_x^2+k_y^2) > K_0^2 \end{cases}$$

式(8.4.8)的积分中 $\overset{*}{G}{}^{\text{I}}$ 和 $\overset{*}{G}{}^{\text{II}}$ 包含两个奇异点，由式(8.4.11)和式(8.4.12)中的分母为 0，可以求得

$$\text{TE：} k_{\text{I}}\cos k_{\text{I}}d + jk_{\text{II}}\sin k_{\text{I}}d = 0 \tag{8.4.13}$$

$$\text{TM：} \varepsilon k_{\text{II}}\cos k_{\text{I}}d + jk_{\text{I}}\sin k_{\text{I}}d = 0 \tag{8.4.14}$$

式中，TE、TM 波的结果是分析式(8.4.8)得到的，由于电场 E 的方向与磁矢量位 A 的方向一致，而 A 的方向与面电流 J_s 的方向一致，由式(8.4.8)可知，第一项表示 A 处在 x、y 方向，即 E 处在 xOy 平面上，所以是 TE 波，它对应式(8.4.11)中 $\overset{*}{G}_1$ 分母为 0 产生的奇异性。式(8.4.8)中第二项表示 A 处于 xOz 或 zOy 平面上，即 E 处于 xOz 或 yOz 平面上，故磁场 H 必在 xOy 平面上，故为 TM 波，它对应式(8.4.12)中由 G_2^* 分母为 0 产生的奇异性。

贴片上的电流 J_s 决定了天线特性，必须求出。可以根据微带天线贴片处电场切向方向为 0 的条件求出，如图 8.11 所示。

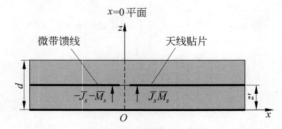

图 8.11　微带天线贴片处的切向场边界条件

在 $z=z'$ 处的场包括贴片电流产生的散射场和入射波的场。散射场由式(8.4.2)决定，入射波为垂直入射，入射波在贴片处的电场为

$$\boldsymbol{E}_t^i = E_x^i \boldsymbol{x}$$

$$E_x^i = E_0 \left[\frac{2j\sin kz'}{\sqrt{\varepsilon_r}\cos kd + j\sin kd}\right]e^{jK_0 d} \tag{8.4.15}$$

贴片上的总场为 0，而贴片上的总场等于由式(8.4.2)计算的散射场加上入射场 $\boldsymbol{E}_t^i$，所以有

$$E_x^i = \frac{\mathrm{j}\omega\mu}{(2\pi)^2 K^2} \int_{-\infty}^{\infty}\int_{-\infty}^{\infty} \left\{ \left[(K^2 - K_x^2)\overset{*}{G}^{\mathrm{I}}\Big|_{z'} + \mathrm{j}k_x^2 \frac{\partial \overset{*}{G}^{\mathrm{II}}}{\partial z}\Big|_{z'} \right] \overset{*}{J}_x(k_x, k_y) + \right.$$
$$\left. \left[-k_x k_y \overset{*}{G}^{\mathrm{I}}\Big|_{z'} + \mathrm{j}k_x k_y \frac{\partial \overset{*}{G}^{\mathrm{II}}}{\partial z}\Big|_{z'} \right] \overset{*}{J}_y(k_x, k_y) \right\} \cdot \mathrm{e}^{\mathrm{j}k_x x + \mathrm{j}k_y y} \, \mathrm{d}k_x \, \mathrm{d}k_y \tag{8.4.16}$$

$$E_y^i = 0 = \frac{\mathrm{j}\omega\mu}{(2\pi)^2 K^2} \int_{-\infty}^{\infty}\int_{-\infty}^{\infty} \left\{ \left[(K^2 - k_y^2)\overset{*}{G}^{\mathrm{I}}\Big|_{z'} + \mathrm{j}k_y^2 \frac{\partial \overset{*}{G}^{\mathrm{II}}}{\partial z}\Big|_{z'} \right] \overset{*}{J}_y(k_x, k_y) + \right.$$
$$\left. \left[-k_x k_y \overset{*}{G}^{\mathrm{I}}\Big|_{z'} + \mathrm{j}\overset{*}{k}_x k_y \frac{\partial \overset{*}{G}^{\mathrm{II}}}{\partial z}\Big|_{z'} \right] \overset{*}{J}_x(k_x, k_y) \right\} \cdot \mathrm{e}^{\mathrm{j}k_x x + \mathrm{j}k_y y} \, \mathrm{d}k_x \, \mathrm{d}k_y \tag{8.4.17}$$

此处

$$\overset{*}{J}_{x,y}(k_x, k_y) = \iint_{贴片} J_{x,y}(x', y') \mathrm{e}^{-\mathrm{j}k_x x' + \mathrm{j}k_y y'} \, \mathrm{d}x' \mathrm{d}y' \tag{8.4.18}$$

式(8.4.17)和式(8.4.18)可以用于任意形状贴片的微带天线情况。

8.4.2 矩形微带天线

设每个小矩形上电流分布均匀,按8.4.1节推导的方法进行分析,然后进行数值计算。设矩形微带天线的宽度分别为 W_x 和 W_y,为了求解式(8.4.16)和式(8.4.17),可以把贴片上的电流 $\boldsymbol{J}_S$ 沿电流方向展开为分片线性函数,在垂直方向用脉冲函数展开,如图 8.12 所示。

把电流 $\boldsymbol{J}_S$ 展开函数的傅里叶变换式代入式(8.4.16)和式(8.4.17),采用伽略金法处理,然后求出如下矩阵。

$$\begin{bmatrix} E_x^i \\ E_y^i \end{bmatrix} = \begin{bmatrix} Z_{xx}^{m,n,m',n'} & Z_{xy}^{m,n,m',n'} \\ Z_{yx}^{m,n,m',n'} & Z_{yy}^{m,n,m',n'} \end{bmatrix} \begin{bmatrix} j_x^{mn} \\ j_y^{mn} \end{bmatrix} \tag{8.4.19}$$

这里,$Z_{xx}^{\cdots}$ 是直角到圆柱坐标变换系数。波数量为

$$K_x = K_0 \beta \cos\alpha, \quad K_y = K_0 \beta \sin\alpha$$

取 $M = N = 7$,设入射波沿 x 方向极化,并取

$$J_x(x, y) = j_x \cos\left(\frac{\pi x}{W_x}\right)$$

求天线阻抗时,把式(8.4.8)代入式(8.4.5),求出空间任意一点的矢量磁位

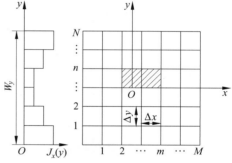

图 8.12 矩形微带天线切分为单元

$$\boldsymbol{A}(x, y, z) = \frac{\mu}{(2\pi)^2} \int_{-\infty}^{\infty}\int_{-\infty}^{\infty} \boldsymbol{\Omega}(k_x, k_y, z, z') \mathrm{e}^{\mathrm{j}(k_x x + k_y y)} \, \mathrm{d}k_x \, \mathrm{d}k_y \tag{8.4.20}$$

式中

$$\boldsymbol{\Omega}(k_x, k_y, z, z') = \boldsymbol{J}^*(k_x, k_y) \cdot \{[\boldsymbol{xx} + \boldsymbol{yy}]G^{\mathrm{I}}(k_x, k_y, z, z') + $$
$$[\boldsymbol{xz}k_x + \boldsymbol{yz}k_y]G^{\mathrm{II}}(k_x, k_y, z, z')\}$$
$$\boldsymbol{J}^*(k_x, k_y) = \iint_{贴片} \boldsymbol{J}(y) \mathrm{e}^{-\mathrm{j}[k_x x + k_y y]} \, \mathrm{d}x \, \mathrm{d}y$$

由 $\boldsymbol{A}$ 决定的绝缘层内的电场为

$$\boldsymbol{E}^S(x, y, z) = \frac{\mu}{(2\pi)^2} \int_{-\infty}^{\infty}\int_{-\infty}^{\infty} \boldsymbol{E}^*(k_x, k_y, z, z') \mathrm{e}^{\mathrm{j}(k_x x + k_y y)} \, \mathrm{d}k_x \, \mathrm{d}k_y \tag{8.4.21}$$

式中

$$E^*(k_x,k_y,z,z') = -\frac{j\omega}{K^2}[K^2\boldsymbol{\Omega} + K(K \cdot \boldsymbol{\Omega})]$$

$$K = x(jk_x) + y(jk_y) + z\frac{\partial}{\partial z}$$

设 E_T^S 是贴片上检验电流的电场，则贴片上的未知电流 J 可表示为

$$\iint\limits_{源} J_S \cdot E_T^S \mathrm{d}s + \iint\limits_{贴片} J \cdot E_T^S \mathrm{d}s = 0 \tag{8.4.22}$$

式(8.4.22)就是理查德反应方程(Richmond's reaction equation)。式中，J_S 为激励源的电流密度。设微带天线由微带线馈电，馈电电源假设为恒电磁波 TM 模式。微带天线馈电点的横向磁场等效于理想磁墙上的等效电流，这个等效电流就等于激励源的电流密度 J_S。它可以表示为

$$J_S = I_0\boldsymbol{\psi}$$

式中，$\boldsymbol{\psi} = \dfrac{\pi}{\sqrt{w_1 d}}e_z$，$w_1$ 为馈电微带线的等效宽度。将 J_S 和式(8.4.21)变换关系代入式(8.4.22)，有

$$0 = I_0\int_{-\infty}^{\infty}\int_{-\infty}^{\infty} E_T^{S*}(k_x,k_y,z')\psi^*(-k_x,-k_y)\mathrm{d}k_x\mathrm{d}k_y +$$

$$\int_{-\infty}^{\infty}\int_{-\infty}^{\infty} E_T^{S*}(k_x,k_y,z') \cdot J^*(-k_x,-k_y)\mathrm{d}k_x\mathrm{d}k_y \tag{8.4.23}$$

式中

$$\boldsymbol{\psi}^*(-k_x,-k_y) = \iint\limits_{源}\boldsymbol{\psi}(x,y)\mathrm{e}^{j[k_x x + k_y y]}\mathrm{d}x\mathrm{d}y$$

把贴片上的电流 J 用展开函数 $\Phi_n(x,y)$ 表示

$$J(x,y) = \sum_{n=1}^{\infty} I_n\Phi_n(x,y) \tag{8.4.24}$$

式中，I_n 为未知的复数电流系数。把式(8.4.24)作傅里叶变换并代入式(8.4.23)，然后用矩量法并令检验函数就是展开函数(伽略金法)，可以求得

$$V_m + \sum_{n=1}^{\infty} Z_{mn}I_n = 0, \quad m = 1,2,\cdots \tag{8.4.25}$$

式中

$$V_m = I_0\int_{-\infty}^{\infty}\int_{-\infty}^{\infty} \overline{E}_m^{S*}(k_x,k_y,z')\overline{\psi}^*(-k_x,-k_y)\mathrm{d}k_x\mathrm{d}k_y \tag{8.4.26}$$

$$Z_{mn} = \int_{-\infty}^{\infty}\int_{-\infty}^{\infty} \overline{E}_m^*(k_x,k_y,z')\overline{\Phi}_n^*(-k_x,-k_y)\mathrm{d}k_x\mathrm{d}k_y \tag{8.4.27}$$

在展开表达式(8.4.24)和式(8.4.25)中必须取有限项，设取 N 项，则输入阻抗可求得

$$Z_{\mathrm{in}} = -\sum_{n=1}^{N} I_n V_n + jX_L \tag{8.4.28}$$

式中，X_L 是电感项 $X_L = 60K_0 z'\ln[2/(K_0 d_0\sqrt{\varepsilon_r})]$，由同轴馈线引入，用这些关系就可以进行计算机计算和各种情况的模拟。

8.4.3 微带天线与传输线的连接

微带天线与传输线的连接是很重要的实际问题，本节只介绍几种实际的连接方式，如

图 8.13 所示,有兴趣的读者可以用 8.4.2 节的方法求解有传输线的微带线的情况。

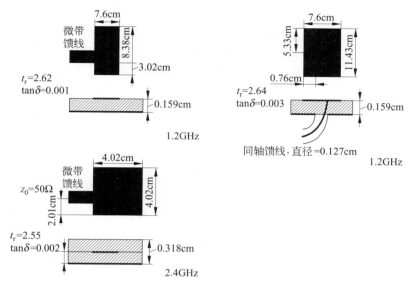

图 8.13　微带天线与传输线的连接举例

8.5　孔缝耦合问题中的矩量法

8.5.1　基本电磁学方程

微分形式的麦克斯韦方程的基本方程为

$$\begin{cases} \boldsymbol{\nabla} \times \boldsymbol{H} = \mathrm{j}\omega \varepsilon \boldsymbol{E} + \boldsymbol{J} \\ -\boldsymbol{\nabla} \times \boldsymbol{E} = \mathrm{j}\omega \mu \boldsymbol{H} + \boldsymbol{M} \\ \boldsymbol{\nabla} \cdot \varepsilon \boldsymbol{E} = q \\ \boldsymbol{\nabla} \cdot \mu \boldsymbol{H} = m \end{cases}$$

连续性方程为

$$\begin{cases} \boldsymbol{\nabla} \cdot \boldsymbol{J} = -\mathrm{j}\omega q \\ \boldsymbol{\nabla} \cdot \boldsymbol{M} = -\mathrm{j}\omega m \end{cases}$$

在无界空间中,电磁波方程为

$$\begin{cases} -\boldsymbol{\nabla} \times \boldsymbol{\nabla} \times \boldsymbol{E} + K^2 \boldsymbol{E} = 0 \\ -\boldsymbol{\nabla} \times \boldsymbol{\nabla} \times \boldsymbol{H} + K^2 \boldsymbol{H} = 0 \end{cases}$$

在直角坐标中可以转换为标量方程

$$\begin{cases} \boldsymbol{\nabla}^2 E_i + K^2 E_i = 0 \\ \boldsymbol{\nabla}^2 H_i + K^2 H_i = 0 \end{cases}$$

普遍采用定义位函数的方法求解,电磁场与位函数有如下的基本关系,其中 A 为矢量磁位,ϕ 为标量电位,F 为矢量电位,ψ 为标量磁位,E 为电场强度矢量,H 为磁场强度矢量。

$$A(r) = \mu \iiint J(r')G(r,r')\mathrm{d}\tau'$$

$$\phi(\boldsymbol{r}) = \frac{1}{\varepsilon} \iiint q(\boldsymbol{r}') G(\boldsymbol{r}, \boldsymbol{r}') \mathrm{d}\tau'$$

$$\boldsymbol{F}(\boldsymbol{r}) = \varepsilon \iiint \boldsymbol{M}(\boldsymbol{r}') G(\boldsymbol{r}, \boldsymbol{r}') \mathrm{d}\tau'$$

$$\boldsymbol{\psi}(\boldsymbol{r}) = \frac{1}{\mu} \iiint m(\boldsymbol{r}') G(\boldsymbol{r}, \boldsymbol{r}') \mathrm{d}\tau'$$

$$\boldsymbol{E} = -\frac{1}{\varepsilon} \boldsymbol{\nabla} \times \boldsymbol{F} - \mathrm{j}\omega \boldsymbol{A} - \boldsymbol{\nabla}\phi$$

$$\boldsymbol{H} = \frac{1}{\mu} \boldsymbol{\nabla} \times \boldsymbol{A} - \mathrm{j}\omega \boldsymbol{F} - \boldsymbol{\nabla}\psi$$

$$\boldsymbol{\nabla} \cdot \boldsymbol{A} = -\mathrm{j}\omega\mu\varepsilon\phi$$

$$\boldsymbol{\nabla} \cdot \boldsymbol{F} = -\mathrm{j}\omega\mu\varepsilon\psi$$

求格林函数是解任意激励源的电磁波问题的关键，无界空间中的格林函数是已知的。三维无界空间的格林函数为

$$G(\boldsymbol{r}, \boldsymbol{r}') = \frac{\mathrm{e}^{-\mathrm{j}k(\boldsymbol{r}-\boldsymbol{r}')}}{4\pi \mid \boldsymbol{r} - \boldsymbol{r}' \mid}$$

二维无界空间的格林函数为

$$G(\boldsymbol{\rho}, \boldsymbol{\rho}') = \frac{1}{4\mathrm{j}} H_0^{(2)}(K \mid \boldsymbol{\rho} - \boldsymbol{\rho}' \mid)$$

在解电磁波问题时，边界条件如图 8.14 所示，可以表达如下：

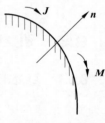

图 8.14　边界条件

$$\boldsymbol{J} = \boldsymbol{n} \times (\boldsymbol{H}^a - \boldsymbol{H}^b)$$

$$\boldsymbol{M} = (\boldsymbol{E}^a - \boldsymbol{E}^b) \times \boldsymbol{n}$$

$$q = \boldsymbol{n} \cdot (\varepsilon^a \boldsymbol{E}^a - \varepsilon^b \boldsymbol{E}^b)$$

$$m = \boldsymbol{n} \cdot (\mu^a \boldsymbol{H}^a - \mu^b \boldsymbol{H}^b)$$

8.5.2　基本原理

求解孔缝问题时采用的最基本的原理有等效原理、巴卑涅原理和镜像原理等，下面将进行简单的介绍。等效原理如图 8.15 所示，其中：

$$\boldsymbol{J}_S = \boldsymbol{n} \times (\boldsymbol{H}^a - \boldsymbol{H}^b)$$

$$\boldsymbol{M}_S = (\boldsymbol{E}^a - \boldsymbol{E}^b) \times \boldsymbol{n}$$

图 8.15(a) 表示原有的 a 问题，图 8.15(b) 表示原有的 b 问题，图 8.15(c) 等效于 S 外的 a 问题和 S 内的 b 问题，图 8.15(d) 中，S 外等效于 b 问题，S 内等效于 a 问题。图 8.15 中，$\boldsymbol{J}_S$、$\boldsymbol{M}_S$ 都是等效电流和等效磁流。导体平面上有孔缝的情形，可以按图 8.16 所示的等效原理处理。

对Ⅰ区问题，可以在孔缝处贴上一层理想导体平面 S，然后在该平面 S 上引入等效源

$$\boldsymbol{J}_1 = \boldsymbol{n} \times \boldsymbol{H}_1$$

$$\boldsymbol{M}_1 = \boldsymbol{E}_1 \times \boldsymbol{n}$$

这个等效源与原有的源同时在Ⅰ区起作用，并且使Ⅱ区的场抵消。尽管 $\boldsymbol{J}$ 可能在整个区域上存在，但是由于理想导体内的电场为 0，因为满足连续性条件，理想导体表面的切向场也必然为 0，于是等效磁流源 $\boldsymbol{M}_1$ 只在孔缝所在的区域存在。

由于Ⅱ区场为 0，只需考虑区Ⅰ。而且孔缝区也用理想导体覆盖，那么就可以利用理想导体平面对磁流的镜像原理。等效磁流源与导体表面相切而且紧贴在导体表面上，则镜像磁流

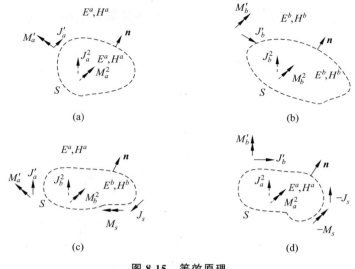

图 8.15 等效原理

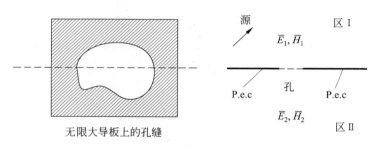

图 8.16 导体平面上的孔缝结构

加强了原来的磁流,镜像电流将抵消原来的电流。结果等效问题变为金属平面不存在,等效电流为0,只有2倍于原来值的等效磁流出现在原有的孔缝区,即

$$\boldsymbol{J}_2 = (-\boldsymbol{n}) \times \boldsymbol{H}_2$$

$$\boldsymbol{M}_2 = \boldsymbol{E}_2 \times (-\boldsymbol{n})$$

其情形如图 8.17 和图 8.18 所示,需要注意的是,图 8.17 只对I区成立,图 8.18 只对II区成立。

图 8.17 电磁波入射区导体平面孔缝的等效原理   图 8.18 平面上孔缝区内的等效原理

由边界上切向场连续的条件可知,需要增加连接条件:

$$\boldsymbol{M}_2 = -\boldsymbol{M}_1$$

8.5.3　厚金属板上具有共享微波负载的多孔散射的研究

1. 问题描述

如图 8.19 所示，金属板的厚度为 d，板上有两条缝，一条宽 W_{11} 另一条宽 W_{21}。缝隙形状为倾斜平面波导，波导向微波负载网络的一端由宽度分别为 W_{12} 和 W_{22} 的平面平板波导连接。缝隙右端的平行平面波导，一个长 l_1，另一个长 l_2。两个平行平面波导终端连接共同的微波负载，用导纳矩阵 $\boldsymbol{Y}$ 表示。

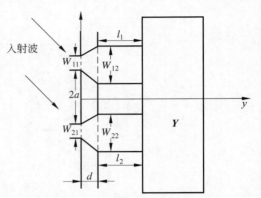

图 8.19　散射问题结构示意图

2. 理论分析

借助等效原理，可以把原问题等效为 3 个问题，如图 8.20 所示。

图 8.20(a) 的问题中只有一个导电平面，平面原来缝隙处放置有等效磁流 $\boldsymbol{M}_{11}$ 和 $\boldsymbol{M}_{21}$，等效磁流的宽度分别为 W_{11} 和 W_{21}。图 8.20(b) 的问题是两个独立的倾斜平面波导，波导的始端放置有等效磁流 $-\boldsymbol{M}_{11}$ 和 $-\boldsymbol{M}_{21}$，波导的终端放置有等效磁流 $\boldsymbol{M}_{12}$ 和 $\boldsymbol{M}_{22}$。图 8.20(c) 的问题中由两个平行平面波导终端连接共同的微波负载，用导纳矩阵 $\boldsymbol{Y}$ 表示，网络端口分别有等效磁流 $-\boldsymbol{M}_{12}$ 和 $\boldsymbol{M}_{22}$。经推导并利用边界条件，可以得到如下算子方程。

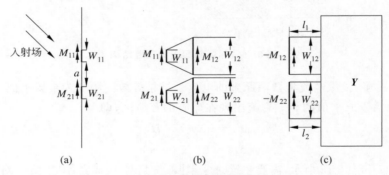

图 8.20　等效问题示意图

$$\left.\begin{aligned} \boldsymbol{H}_t^{\mathrm{I}a}(\boldsymbol{M}_{11})+\boldsymbol{H}_t^{\mathrm{II}a}(\boldsymbol{M}_{21})+\boldsymbol{H}_t^{\mathrm{I}b}(\boldsymbol{M}_{11})+\boldsymbol{H}_t^{\mathrm{I}b}(\boldsymbol{M}_{21})=-\boldsymbol{H}^{sc}, \quad \text{在孔 I 处} \\ \boldsymbol{H}_t^{\mathrm{II}a}(\boldsymbol{M}_{21})+\boldsymbol{H}_t^{\mathrm{I}a}(\boldsymbol{M}_{11})+\boldsymbol{H}_t^{\mathrm{II}b}(\boldsymbol{M}_{21})+\boldsymbol{H}_t^{\mathrm{II}b}(\boldsymbol{M}_{11})=-\boldsymbol{H}^{sc}, \quad \text{在孔 II 处} \end{aligned}\right\} \tag{8.5.1}$$

$$\left.\begin{aligned} \boldsymbol{H}_t^{\mathrm{I}b}(\boldsymbol{M}_{22})+\boldsymbol{H}_t^{\mathrm{II}b}(\boldsymbol{M}_{12})=\boldsymbol{H}_t^{\mathrm{I}c}(-\boldsymbol{M}_{12})+\boldsymbol{H}_t^{\mathrm{II}c}(-\boldsymbol{M}_{22}), \quad \text{在孔 I 处} \\ \boldsymbol{H}_t^{-\mathrm{II}b}(\boldsymbol{M}_{12})+\boldsymbol{H}_t^{\mathrm{II}b}(\boldsymbol{M}_{22})=\boldsymbol{H}_t^{\mathrm{II}c}(-\boldsymbol{M}_{12})+\boldsymbol{H}_t^{\mathrm{II}c}(-\boldsymbol{M}_{22}), \quad \text{在孔 II 处} \end{aligned}\right\} \tag{8.5.2}$$

图 8.20(c) 的问题中的两个平行平面波导连接共同的微波负载 $\boldsymbol{Y}$。由于电磁波只有经过两个平行平面波导才能到达微波网络，所以必须把两个平行平面波导与微波网络等效为一个微波网络并用导纳矩阵 $\boldsymbol{Y}$ 表示。由传输线理论可以求出

$$\boldsymbol{Y}=\begin{bmatrix} Y_{11} & Y_{12} \\ Y_{21} & Y_{22} \end{bmatrix}, \quad Y_{11}=I_{11}(0), \quad Y_{21}=I_{21}(0), \quad Y_{12}=I_{12}(0), \quad Y_{22}=I_{22}(0)$$

3. 矩量解

首先，把等效磁流表示为

$$M_i^{jk} = \sum_{i=1}^{Njk} V_i^{jk} M_i^{jk}, \quad j=1,2; \ k=1,2 \tag{8.5.3}$$

并把这个表达式代入式(8.5.1)和式(8.5.2)就可以求得问题的矩量解。然后,定义如下的对称内积:

$$\langle F, G \rangle = \int_{Aij} (FG)\,\mathrm{d}x \tag{8.5.4}$$

采用具有脉冲展开基的伽略金法,用权函数乘公式两边,再对其求内积就得到广义网络方程

$$\{[Y^a] + [Y^b] + [Y^c]\} \boldsymbol{V} = \boldsymbol{I} \tag{8.5.5}$$

由此式求出关于展开系数的电压向量,就可以进一步求出散射场和向孔内的透射场。

8.6 基于线网模型的矩量法

8.6.1 简介

首先需要采用算子的概念分析电磁学中常用的时间域和频率域的建模处理方法及其之间的关系。由于麦克斯韦方程是线性的,而且许多实际应用都使用正弦源,所以下面讨论正弦的情况,即设时间因子为 $\mathrm{e}^{\mathrm{j}\omega t}$,其中 $\omega=2\pi f$。在这个假设前提下,只需要针对空间坐标求解。实际上,这个假设并非特例,也适合一般时域问题的讨论,这个假设无非相当于将时间变量和空间变量关系分开处理,仅此而已。在正弦源的情况下,有如下基本关系:

$$F(\boldsymbol{r},t) = \frac{1}{2\pi}\int_{-\infty}^{\infty} \Phi(\boldsymbol{r},\omega)\mathrm{e}^{\mathrm{j}\omega t}\,\mathrm{d}\omega \tag{8.6.1}$$

$$\Phi(\boldsymbol{r},\omega) = \int_{-\infty}^{\infty} F(\boldsymbol{r},t)\mathrm{e}^{-\mathrm{j}\omega t}\,\mathrm{d}t \tag{8.6.2}$$

当 $F(\boldsymbol{r},t)$ 为实函数时,$\Phi(\boldsymbol{r},\omega)$ 一定是复数,且有如下性质:

$$\Phi(\boldsymbol{r},-\omega) = \Phi^*(\boldsymbol{r},\omega) \tag{8.6.3}$$

符号 $*$ 表示复共轭,把此式代入 $F(\boldsymbol{r},t)$ 中,得

$$F(\boldsymbol{r},t) = \frac{1}{\pi}\int_{-0}^{\infty} \mathrm{Re}[\Phi(\boldsymbol{r},\omega)\mathrm{e}^{\mathrm{j}\omega t}]\mathrm{d}\omega \tag{8.6.4}$$

设 L_t 为实的线性算子,即

$$L_t(a+b) = L_t(a) + L_t(b)$$

设物理过程可用算子 L_t 表达,则有

$$L_t(F) = G \tag{8.6.5}$$

设物理量 F 和 G 都是实函数,而且 G 可以写为

$$G(\boldsymbol{r},t) = \frac{1}{2\pi}\int_{-\infty}^{\infty} \Gamma(\boldsymbol{r},\omega)\mathrm{e}^{\mathrm{j}\omega t}\,\mathrm{d}\omega = \frac{1}{\pi}\int_{0}^{\infty} \mathrm{Re}[\Gamma(\boldsymbol{r},\omega)\mathrm{e}^{\mathrm{j}\omega t}]\mathrm{d}\omega \tag{8.6.6}$$

将式(8.6.1)或式(8.6.4)、式(8.6.6)代入式(8.6.5),利用 L_t 的线性算子特性

$$\int L_t[\Phi(\boldsymbol{r},\omega)\mathrm{e}^{\mathrm{j}\omega t}]\mathrm{d}\omega = \int \Gamma(\boldsymbol{r},\omega)\mathrm{e}^{\mathrm{j}\omega t}\,\mathrm{d}\omega$$

这个关系对任意的 $\boldsymbol{r}$、ω 成立,且 Φ 和 Γ 是任意函数,所以积分号可去掉,即

$$L_t[\Phi(\boldsymbol{r},\omega)\mathrm{e}^{\mathrm{j}\omega t}] = \Gamma(\boldsymbol{r},\omega)\mathrm{e}^{\mathrm{j}\omega t} \tag{8.6.7}$$

即

$$L_\omega \Phi(\boldsymbol{r},\omega) = \Gamma(\boldsymbol{r},\omega) \tag{8.6.8}$$

此处，$L_\omega = \mathrm{e}^{-\mathrm{j}\omega t} L_t \mathrm{e}^{\mathrm{j}\omega t}$ 也是线性算子，它取决于 r 和 ω 而不依赖 t。

前面式(8.6.5)是时间域的物理关系，式(8.6.8)则是这个物理关系的频域形式，许多物理问题中需要处理的问题的激励源的频率总是限于一个频率 ω_0 附近一个较狭窄的频带内，即处于 $\Delta\omega$ 内，$\Delta\omega \ll \omega_0$。这种问题可以设激励源为

$$G = \mathrm{Re}(\Gamma_0 \mathrm{e}^{\mathrm{j}\omega_0 t})$$

前面提到 L_t 为实算子，由式(8.6.7)可知，解也是时谐的，即有如下形式：

$$F = \mathrm{Re}(\Phi_0 \mathrm{e}^{\mathrm{j}\omega_0 t})$$

$$L_\omega \Phi_0 = \Gamma_0$$

实际上对激励源为脉冲的情况，具有很宽的频带，仍然可以使用式(8.6.8)、式(8.6.3)和式(8.6.4)。式(8.6.5)中 G 为激励源，F 为响应。在实际辐射问题中电磁波源常常是平面波，即

$$G(r,t) = g\left(t - \frac{r \cdot p}{C}\right)$$

p 为传播方向的单位矢量，C 为波速度。G 的傅里叶变换为

$$\Gamma(r,\omega) = \int_{-\infty}^{\infty} g\left(t - \frac{r \cdot p}{C}\right) \mathrm{e}^{-\mathrm{j}\omega t}\, \mathrm{d}t = \mathrm{e}^{-\mathrm{j}k \cdot r}\, \Omega(\omega) \tag{8.6.9}$$

式中，$K = \dfrac{\omega}{C} p$ 为波数量，$\Omega(\omega) = \displaystyle\int_{-\infty}^{\infty} g(\tau) \mathrm{e}^{-\mathrm{j}\omega\tau}\, \mathrm{d}\tau$。这样可将 Φ 写为

$$\Phi(r,\omega) = \Omega(\omega)\Phi_\delta(r,\omega) \tag{8.6.10}$$

于是由式(8.6.8)和式(8.6.9)，有

$$L_\omega \Phi_\delta(r,\omega) = \mathrm{e}^{-\mathrm{j}k \cdot r} \tag{8.6.11}$$

这个方程是与激励源无关的，实际 Φ_δ 是频域的格林函数。由式(8.6.10)决定的解可由 Φ_δ 求得。这里，$\Phi_\delta(\sigma,\omega)$ 是 δ 函数的平面电磁波解。

8.6.2　线网模型的有关问题

有一种应用很广的简化建模方法是采用线网逼近的建模方法，用线网法进行数值建模时，假设辐射体完全由线网组成。当导线组成的网格的格尺寸比波长小时，由线网组成的导体表面的电流将与实心导体的相同。当 $\Delta x \ll \lambda$ 时，例如 $\Delta x < 0.1\lambda$，用差分方程代替微分方程，结果的误差将小于 2%，现实的工频交流电的电磁场的波长可达 6000km，而钢筋网格只有 1～2m 的长度，用差分方程代替微分方程可以认为没有误差。因此，采用线网模型进行建模的要点就是采用相互连接导线组成的线网来代替（或取代）连续的金属物体表面。其基本理论由 K.SH.Lee，Marin 和 J.P. Castillo 提出。线性模型的每个基本单元具有电感：

$$\Delta L \approx \frac{\mu_0 d}{2\pi} \ln\left(\frac{d}{2\pi a}\right)$$

式中，d 为线网间隔，a 为导线半径，$\mu_0 = 4\pi \times 10^{-7} \mathrm{H/m}$。

网格的电感和电容值应该能很好地近似实体表面的情形，也就是说，如果线网上计算的电流能很好地近似实体表面上的电流，就可以用线网模型代替实体表面。

1. 麦克斯韦方程

$$\nabla \times E(r,t) = -\frac{\partial}{\partial t} B(r,t), \quad \nabla \times H(r,t) = \frac{\partial}{\partial t} D(r,t) + J(r,t)$$

$$\nabla \cdot D(r,t) = \rho(r,t), \qquad \nabla \cdot B(r,t) = 0$$

在均匀媒质时

$$D = \varepsilon E, \quad B = \mu H$$

则有

$$\nabla \times E = -\mathrm{j}\omega\mu H, \quad \nabla \times H = -\mathrm{j}\omega\varepsilon E + J$$
$$\nabla \cdot E = \rho/\varepsilon, \quad \nabla \cdot H = 0$$

此处，J 为欧姆传导电流，$J = \sigma E$。利用位函数，电磁场可表达为

$$H = \frac{1}{\mu} \nabla \times A, \quad E = -\mathrm{j}\omega A - \nabla\phi$$

则可获得亥姆霍兹方程

$$\begin{cases} \nabla^2 A + k^2 A = -\mu J \\ \nabla^2 \phi + k^2 \phi = -\rho/\varepsilon \end{cases}$$

式中，$k^2 = \omega^2\mu\varepsilon$，而且 $\nabla \cdot A = -\mathrm{j}\omega\mu\varepsilon\phi$。

2. 良导体的亥姆霍兹方程解

在良导体情况下，电流 J 和电荷 ρ 是已知的，见图 8.21，即有

$$A(r) = \mu \oiint J_S(r') \frac{\mathrm{e}^{-\mathrm{j}kR}}{4\pi R} \mathrm{d}s'$$

$$\phi(r) = \frac{1}{\varepsilon} \oiint \rho_S(r') \frac{\mathrm{e}^{-\mathrm{j}kR}}{4\pi R} \mathrm{d}s' \qquad (8.6.12)$$

式中，$R = |r - r'|$。

电荷守恒定律为

$$\nabla \cdot J = -\mathrm{j}\omega\rho \text{ 和 } \nabla_S \cdot J_S = -\mathrm{j}\omega\rho_S \quad (8.6.13)$$

式中，$\nabla_S \cdot$ 为平面上的散度运算的符号。

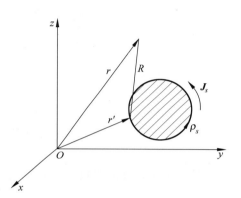

图 8.21 分布有电流 J 和电荷 ρ 的 良导体的坐标

3. 边界条件

$$\left.\begin{aligned} (E^{(1)} - E^{(2)}) \times n &= 0 \\ n \cdot (D^{(1)} - D^{(2)}) &= \rho_S \\ n \times (H^{(1)} - H^{(2)}) &= J_S \\ n \cdot (B^{(1)} - B^{(2)}) &= 0 \end{aligned}\right\} \qquad (8.6.14)$$

4. 细线近似

由式(8.6.12)可以进一步简化所讨论的问题。假设上述良导体是由细线构成的并且导体很细，直径比波长 $\lambda = \dfrac{2\pi C}{\omega}$ 小得多，导线连接点间的长度也要比导线直径大得多。在这个条件下流过导体内的电流可以近似认为沿着导线的轴向方向，导线表面电流密度均匀分布。同时，假设表面电流和电荷可以用轴向流动的线电流 I 和线电荷 q 表示，即

$$I = a\pi J_S \qquad (8.6.15)$$
$$q = a\pi \rho_S \qquad (8.6.16)$$

式中，a 是导线的直径，这样相应的位函数可求得

$$A(r) = \mu \int_l I(l') \frac{e^{-jkR}}{4\pi R} dl'$$

$$\phi(r) = \mu \int_l q(l') \frac{e^{-jkR}}{4\pi R} dl' \Bigg\}$$

$$q(l) = \frac{j}{\omega} \frac{d}{dl} I(l)$$

$$(8.6.17)$$

l 是沿导线的坐标，其边界条件为

$$l \cdot (E^{(1)} - E^{(2)}) = 0$$

l 为 l 方向的单位矢量。

5. 由平面波激励产生的电流

设入射波为已知平面波，全部电场可以写成入射场 E^i 与散射场 E^s 叠加：

$$E = E^i + E^S$$

$$E^S = -j\omega A^S - \nabla \phi^S$$

$$A^s(r) = \mu \int_{线上} I(l') \frac{e^{-jkR}}{4\pi R} dl' \Bigg\}$$

$$\Phi^s(r) = \frac{1}{\varepsilon} \int_{线上} q(l') \frac{e^{-jkR}}{4\pi R} dl'$$

$$(8.6.18)$$

$$l \cdot (E^i + E^S - E^{(2)}) = 0 \qquad (8.6.19)$$

式中，$E^{(2)}$ 为导线内的场。当导线为理想导体时，$E^{(2)} = 0$，当导线有一定电阻率时，有

$$E^{(2)} = Z_\omega I \qquad (8.6.20)$$

Z_ω 为导线单位长度的阻抗。把方程式(8.6.16)、式(8.6.18)和式(8.6.20)代入式(8.6.19)，有

$$Z_\omega I(l) - l \cdot E^i(l) = -j \int_{线} \left(\omega \mu l \cdot I(l') + \frac{1}{\omega \varepsilon} \frac{dI(l')}{dl'} \frac{\partial}{\partial l} \right) \frac{e^{-jkR}}{4\pi R} dl' \qquad (8.6.21)$$

此式即一种形式的细导线的电场积分方程(EFIE)。

6. 伯柯灵顿(Pocklington)积分方程

由 $E = -j\omega A - \nabla \phi$，将电场强度用矢量磁位表达并考虑洛伦兹条件，可以进行如下推导：

$$j\omega \varepsilon E = \frac{1}{\mu} (k^2 A + \nabla(\nabla \cdot A))$$

由于 $\nabla \cdot A = j\omega \varepsilon \mu \phi$，$\phi = -\dfrac{\nabla \cdot A}{j\omega \varepsilon \mu}$，且 $k = \dfrac{\omega}{c} = \omega \sqrt{\mu \varepsilon}$。

则有

$$E = -j\omega A + \nabla \left(\frac{\nabla \cdot A}{j\omega \mu \varepsilon} \right)$$

$$\omega \varepsilon E = \frac{1}{\mu} (\omega^2 \mu \varepsilon A + \nabla(\nabla \cdot A)) = \frac{1}{\mu}(k^2 A + \nabla(\nabla \cdot A)) \qquad (8.6.22)$$

用电流表示式(8.6.22)的位函数并考虑到边界条件，有

$$j\omega \varepsilon (Z_\omega I(l) - l \cdot E^i(l)) = \int_{线} dl' I(l') \left(-\frac{\partial}{\partial l} \frac{\partial}{\partial l'} + k^2 l \cdot l' \right) \frac{e^{-jkR}}{4\pi R} \qquad (8.6.23)$$

改变积分次序，在直导线的情况下该积分可以进一步简化。

7. 海伦方程

在理想直导线条件下，设导线长 L 沿 z 轴放置，就可由式(8.6.23)得到如下积分：

$$\int_{-L/2}^{L/2} I_z \frac{\mathrm{e}^{-jkR}}{4\pi R} \mathrm{d}z = C\cos kz + B\sin kz - \mathrm{j}\frac{\omega\varepsilon}{k}\int_0^z E_z^i(\xi)\sin k(z-\xi)\mathrm{d}\xi \qquad (8.6.24)$$

式中,C 和 B 是积分常数,需要使用导线的端点条件,即导线上的电流在导线的端处 $\left(z=\pm\dfrac{L}{2}\right)$ 为 0。式(8.6.24)称为海伦(Hallen)方程,并由 Mei 推广到任意形状的情况。该方程的优点是比较方程式(8.6.21)、式(8.6.23)和式(8.6.24)可以得到收敛的解,但其他的积分常数式运算很复杂。

8. 基于反应(reaction)技术的方程

另一求解麦克斯韦方程的方法是基于 Richmond 和 Rumsey 的研究。首先设激励源为体电磁流,体电流密度为 $\boldsymbol{J}^a$,体磁流密度为 $\boldsymbol{M}^a$,设电磁源没有滞后效应,一旦切断便立即消失,即电磁源中不包括感应电流。在这样的条件下,麦克斯韦方程为

$$\left.\begin{array}{l} -\boldsymbol{\nabla}\times\boldsymbol{E}^a = \mathrm{j}\omega\mu\boldsymbol{H}^a + \boldsymbol{M}^a \\ \boldsymbol{\nabla}\times\boldsymbol{H}^a = \mathrm{j}\omega\varepsilon\boldsymbol{E}^a + \boldsymbol{J} + \boldsymbol{J}^a \end{array}\right\} \qquad (8.6.25)$$

令 B 区有源 $\boldsymbol{J}^b$、$\boldsymbol{M}^b$,它们产生的电磁场为 $\boldsymbol{E}^b$、$\boldsymbol{H}^b$,则有反应式

$$\langle a,b\rangle = \iiint_v (\boldsymbol{E}^a\cdot\boldsymbol{J}^b - \boldsymbol{H}^a\cdot\boldsymbol{M}^b)\mathrm{d}\tau \qquad (8.6.26)$$

利用反应式的互易定理 $\langle a,b\rangle = \langle b,a\rangle$,基于反应技术的互易定理可以用图 8.22 描述。

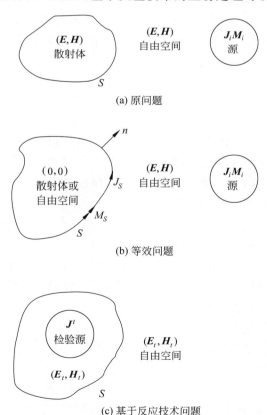

图 8.22 基于反应技术的互易定理

图 8.22(a)为源 $\boldsymbol{J}_i$、$\boldsymbol{M}_i$ 的散射问题;图 8.22(b)为这个散射问题的等效问题,其中的面电

流密度、面磁流密度 J_s 与 M_s 分别为

$$\left.\begin{array}{l}J_s=n\times H\\M_s=E\times n\end{array}\right\}\tag{8.6.27}$$

加了面电流和面磁流后，散射体不存在了，代替的只是感应电流和磁流，原散射体处变成了自由空间。此时，由 J_s、M_s、J_i、M_i 就可以决定 E^a、H^a，其值在 S 内 E^a、H^a 为零，在 S 外等于原问题的 E、H。图 8.22(c)中的源 J^b 和 M^b 产生电检验源 J_t，放置在 S 内，这个源产生电磁场 E^b、H^b，其值等于自由空间的电磁场 E_t、H_t，该场在 S 内和 S 外都有效。由式(8.6.26)互易定理，有

$$\iiint_i(J_i\cdot E_t-M_i\cdot H_t)\mathrm d\tau+\oiint_S(J_s\cdot E_t-M_s\cdot H_t)\mathrm ds=0\tag{8.6.28}$$

式(8.6.28)中，因为理想导体电场的切向分量为零，故 $M_s=0$。由互易定理，有

$$\iiint_i J_i\cdot E_t\mathrm d\tau=\oiint_S J_t\cdot E_i\mathrm ds\tag{8.6.29}$$

式中，E_i 是在自由空间中由 J_i 产生的场，面积分是在包围检验源 t 的闭合面上的积分，即

$$\oiint_S J_s\cdot E_t\mathrm ds=-\oiint_t J_t\cdot E_i\mathrm ds\tag{8.6.30}$$

式中，J_s 为未知电流，J_t 为假设的检验源；J_s 为具有待定系数的子域基函数，J_t 为选定的检验函数，通常，只要可能，仍然选择与展开子域基函数相同的检验函数。选定展开子域基与检验函数并代入式(8.6.30)中，就可以得到相应的矩阵方程，解矩阵方程就能得到反应问题的解。

8.6.3　线网法

1. 简介

关于细线的位函数和场强的理论可以在许多文献中找到，采用线网法进行数值建模时，重点在于如何用导线构成线网，以及如何确定各导线连接点的关系，这些是必须处理好的关键问题。前面曾经讨论过，由于有基尔霍夫定律的规律，每段导线端点处的电流之和应该为零。但在线网建模的情形就比较复杂，因为此时连接点处的电流不为零，本节将介绍处理线网连接点的方法，也就是一根导线与另一根导线在连接点处是相互重叠的，这就使线网的端点不在连接点而在重叠线的端点处。于是，线网的导线就可以用一束电气上不相连接但相互重叠的导线组成。这样的处理方法就使导线端点的电流为零，而在线网连接处的电流不为零。这样，所有的有关线导线的方程将仍然适用。但是，在线网连接处仍然有两个条件必须满足，本节将讨论如何选择重叠导线满足所要求的条件。

2. 线网连接处必须满足的条件

第一个条件是必须满足基尔霍夫定律(Kirchhoff's law)。该定律说明，进入线网连接点的电流之和应当等于流出线网连接点的电流之和。

第二个条件是，标量位经过线网连接处应该是连续变化的。相比而言，满足基尔霍夫定律相对容易一些，但关于位函数连续的条件却常常不易得到满足。这是因为在矩量法的求解中电流是未知参量，电荷也是未知参量。所以，对位的要求实际上是对电荷和电流的要求。可以解析地给出电荷依赖的关系，但是并不适宜计算机编程，所以许多学者采用许多近似的方法来处理。

3. 各种近似方法

第一种方法是由 Chao 和 Strait 以及 Richmond 引入的。

设 N 条导线在某个连接点相遇,此时把中间点的导线 i 看成两段与 $i-1$ 重叠,但导线始端 1 与导线终端 N 相互不重叠。这样就可以满足基尔霍夫定律,该情形可以用图 8.23(a)说明三导线的情形。此时,允许导线 1 和 2、导线 2 和 3 重叠,但是不允许导线 1 和 3 重叠。

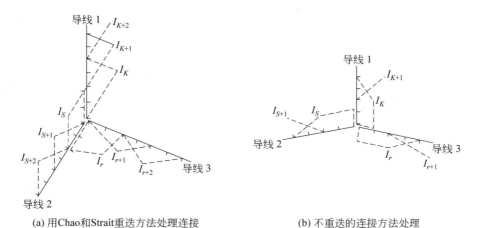

(a) 用Chao和Strait重迭方法处理连接　　　　　　(b) 不重迭的连接方法处理

图 8.23　处理三角函数跨越连接点的两种方法

图 8.23(b)表示了具有额外的三角函数跨越连接点的情形,在图中表示为 I_S 和 I_r 的电流段在连接点处的全部电流 $I(l)$ 是该点的单元和额外的重叠单元上电流之和。图 8.23 中的虚线表示展开基函数的情况。线电荷密度 $q(l)$ 为

$$q(l) = \frac{\mathrm{j}}{\omega} \frac{\mathrm{d}I(l)}{\mathrm{d}l} \tag{8.6.31}$$

此处,存在的不完美的问题是,这样引进的重叠是不对称的并且在决定某一导线不重叠及其他导线相互重叠的次序问题上具有任意性。不同人对同样问题的考虑不同,可能设定导线段个数不同,会产生不同的重叠部位,将会导致用 MoM 计算的三角形个数不同,但是只要满足规则,连接点处的电流将相同,都会得到同样精度的计算结果。如果要回避上述的不确定性就要去掉重叠的分段,此时除了重新推导有关公式之外,还必须引入图 8.23(b)中的展开三角函数,也就是在端点处要出现直角三角形,会使编程变得很复杂。

第二种方法是由 Curtis 和 Sayre 提出的,然后由 King 推广。Sayre 由式(8.6.17)开始,并设电荷密度在各段上为常量,并推出如下结果:

$$\bar{q} = \frac{\mathrm{j}}{\omega} \frac{\sum\limits_{i=1}^{N} I(l_i)}{\sum\limits_{i=1}^{N} S_i} \tag{8.6.32}$$

式中,l_i 是与线连接点紧邻的线段 i 的另一端点的位置,S_i 为这个线段的长度。为了满足基尔霍夫定律,导线要有重叠部分,所以 N 条导线的连接点有 $2N-1$ 个近邻端点。为了能表达平均电荷,可以设 $N-1$ 个由于重叠产生的线段上没有电荷分布,而电荷都均匀分布在原来的 N 个线段上。

Curtis 假设面电荷密度是常数。King 针对逐渐变细的导线推导出并证明了 N 根导线的

连接应该满足如下条件：

$$q_1\psi_1 = q_2\psi_2 = \cdots = q_N\psi_N \tag{8.6.33}$$

$$\psi_i = \begin{cases} 2\left[\ln\left(\dfrac{2}{Ka_i}\right) - 0.577\,2\right], & KS_i \geqslant \pi \\ 2\ln\left(\dfrac{S_i}{a_i}\right), & \text{其他} \end{cases} \tag{8.6.34}$$

式中，S_i 为线段的长度，a_i 为导线 i 的半径。当设导线粗细相同时，King 的公式就会退化成 Sayre 公式。

第三种方法称为半对半综合法。由于 Chao 和 Strait 的方法与 Sayre 方法都不能给出很好的结果，而且当 Chao 和 Strait 的方法与实验不吻合时，Sayre 方法得到的结果就与实验结果吻合较好，反之亦然。所以，人们提出将两种方法综合起来。即取 $1/2q(l) + 1/2\bar{q}$ 为最后的结果。

4. 线网结构的矩量法

前面的线网结构中，导线电流可以用有限个基函数展开表示成有限个函数的和的形式，其中每项的幅度为未知的待求量。如果处理的是单一导线，显然应该选择关于整条导线的函数，例如傅里叶级数展开来处理。但是问题在于，线网有弯折线，有任意形状的线网。所以，必须将导线切分为一系列的短线段，同时定义一个函数列。这个函数列只有某些线段上不为 0。例如，选三角函数展开法进行处理时，因为该函数可以产生对电流段的线性近似，结果也相对简单。如图 8.24 所示，设每个三角函数为 T_i，电流为分段线性近似。在 $l_{2a+1} \leqslant l \leqslant l_{2a+3}$ 区间，电流和电荷可以表示为

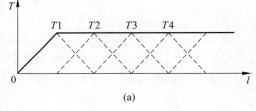

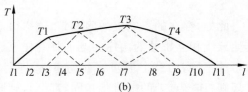

$$I(l) = I_a T_a(l) + I_{a+1} T_{a+1}(l)$$

$$q(l) = \frac{j}{\omega}\left[I_a \frac{dT_a(l)}{dl} + I_{a+1} \frac{dT_{a+1}(l)}{dl}\right]$$

图 8.24 中的三角函数为 T_i，是基于 4 个分段的，并且有两个分段与相邻三角形相互重叠。

图 8.24　三角函数展开法

三角函数的幅度为 1，用这个三角函数展开导线上电流，有

$$I(l) = \sum_{i=1}^{N} I_i T_i(l) \tag{8.6.35}$$

式中，N 是覆盖整个导线所需的三角函数的个数。用三角函数展开可以获得线段上电流的近似，在近似展开式中 I_i 是未知的电流幅度，是待求的。此外，还可以用阶跃函数、常数、正弦、余弦项的 3 项函数作为基函数展开。

选择了有限数量的基函数 $T_i(i = 1, 2, \cdots, N)$，就可以由式（8.6.21）推导出 N 个方程，解方程后就可以求得 N 个未知电流 I_i。在求解时，需要分别用 N 个权函数乘式（8.6.21）两边再行积分，再求解线性方程组。权函数可选择位于三角函数中心点的脉冲函数。将式（8.6.35）代入式（8.6.21）并选用伽略金法，即用 $T_m(l)$ 乘展开式两边并在线段上积分，就得到下述方程：

$$\sum_{i=1}^{N} Z_{mi} I_i = V_m, \quad m = 1, 2, \cdots, N \tag{8.6.36}$$

其中阻抗矩阵为

$$Z_{mi} = \int_{\text{线}} Z_{wi} T_m(l) T_i(l) \mathrm{d}l + \mathrm{j}\omega\mu \int_{\text{线}}\int_{\text{线}} T_m(l) \cdot T_i(l') \frac{\mathrm{e}^{-\mathrm{j}kR}}{4\pi R} \mathrm{d}l' \mathrm{d}l +$$

$$\frac{\mathrm{j}}{\omega\varepsilon}\int_{\text{线}} T_m(l)\left(\frac{\mathrm{d}}{\mathrm{d}l}\int_{\text{线}} \frac{\mathrm{d}T_i(l')}{\mathrm{d}l'} \cdot \frac{\mathrm{e}^{-\mathrm{j}kR}}{4\pi R} \mathrm{d}l'\right)\mathrm{d}l \tag{8.6.37}$$

这里 Z_{wi} 是 Z_w 在展开 T_i 部分的值。展开矩阵电压源为

$$V_m = \int_{\text{线}} \mathrm{d}\boldsymbol{l} T_m(l) \cdot \boldsymbol{E}^i(l) \tag{8.6.38}$$

于是有

$$\frac{\mathrm{j}}{\omega\varepsilon}\int_{\text{线}} T_m(l) \frac{\mathrm{d}}{\mathrm{d}l}\int_{\text{线}} \frac{\mathrm{d}T_i(l')}{\mathrm{d}l'} \frac{\mathrm{e}^{-\mathrm{j}kR}}{4\pi R} \mathrm{d}l'\mathrm{d}l = \frac{\mathrm{j}}{\omega\varepsilon}\left[T_m(l)\int_{\text{线}}\frac{\mathrm{d}T_i(l')}{\mathrm{d}l'} \cdot \frac{\mathrm{e}^{-\mathrm{j}kR}}{4\pi R}\mathrm{d}l'\right]_{l=l_0}^{l=l_N} -$$

$$\frac{\mathrm{j}}{\omega\varepsilon}\int_{\text{线}}\frac{\mathrm{d}}{\mathrm{d}l}T_m(l)\int_{\text{线}}\frac{\mathrm{d}T_i(l')}{\mathrm{d}l'} \cdot \frac{\mathrm{e}^{-\mathrm{j}kR}}{4\pi R}\mathrm{d}l'\mathrm{d}l$$

式中,第一项表示导线自由端的电流,其端点电流设为 0,所以第一项为 0,则

$$Z_{mi} = \int_{\text{线}} Z_{wi} T_m(l) T_i(l)\mathrm{d}l + \mathrm{j}\int_{\text{线}}\int_{\text{线}}\left[\omega\mu T_m(l) \cdot T_i(l') - \right.$$

$$\left.\frac{1}{\omega\varepsilon}\frac{\mathrm{d}}{\mathrm{d}l}T_m(l)\frac{\mathrm{d}}{\mathrm{d}l'} \cdot T_i(l')\right]\frac{\mathrm{e}^{-\mathrm{j}kR}}{4\pi R}\mathrm{d}l'\mathrm{d}l \tag{8.6.39}$$

式(8.6.39)关于 ω 有对称性,这就说明互易定理仍然成立。式(8.6.39)仍然是对一根导线成立的,但实际上只要按后面方法处理好连接点,就可以用于任意网线结构。

在式(8.6.38)中,针对入射电磁波的情况,V_m 的元素不为 0,在天线问题中,V_m 的矩阵中只有一个或数个元素不为 0,其他段的电压激励都为 0。得到阻抗矩阵之后需要进行量化处理,确定积分限、极点和重复积分的问题。令

$$Z_{mi} = Z_{mi}^M + Z_{mi}^E + Z_{mi}^C \tag{8.6.40}$$

式中

$$Z_{mi}^M = \mathrm{j}\omega\mu\int_{\text{线}}\int_{\text{线}} T_m(l) \cdot T_i(l') \frac{\mathrm{e}^{-\mathrm{j}kR}}{4\pi R}\mathrm{d}l'\mathrm{d}l \tag{8.6.41}$$

$$Z_{mi}^E = \frac{1}{\omega\varepsilon}\int_{\text{线}} T_m(l)\frac{\mathrm{d}}{\mathrm{d}l}\int_{\text{线}}\frac{\mathrm{d}T_i(l')}{\mathrm{d}l'} \cdot \frac{\mathrm{e}^{-\mathrm{j}kR}}{4\pi R}\mathrm{d}l'\mathrm{d}l \tag{8.6.42}$$

$$Z_{mi}^C = \int_{\text{线}} Z_{wi} T_m(l) T_i(l)\mathrm{d}l \tag{8.6.43}$$

这 3 项分别是由磁矢量位、电标量位和有限的电导率产生的,分别标为 M、E、C。因为三角展开函数 T_1 只有 4 个线段上不为 0,这个积分最多涉及 3 步及 8 个线段,所以上述函数可以用 4 个段元上的阶梯函数代替,而微商可以用 4 个阶跃函数表示,如图 8.25 所示。

$$T_{m1} = \frac{l_{2m} - l_{2m-1}}{2(l_{2m+1} - l_{2m-1})}, \quad T_{m2} = \frac{1}{2} + T_{m1}$$

$$T_{m3} = \frac{1}{2} + T_{m4}, \quad\quad\quad T_{m4} = \frac{l_{2m+3} - l_{2m+2}}{2(l_{2m+3} - l_{2m+1})}$$

(1) 三角函数的阶梯函数近似。

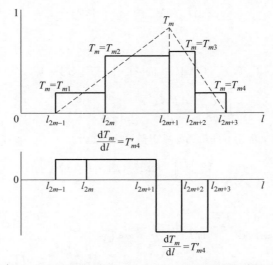

图 8.25   三角展开函数可以用 4 个段元上的阶梯函数代替

$$T'_{m1} = T'_{m2} = \frac{1}{l_{2m+1} - l_{2m-1}}, \qquad T'_{m3} = T'_{m4} = \frac{-1}{l_{2m+3} - l_{2m+1}}$$

（2）三角函数 T_{m1} 的微商。

使式（8.6.41）和式（8.6.42）中的二重积分由 16 个求和来代替，即

$$Z_{mi}^M = \mathrm{j}\omega\mu \sum_{p=1}^{4} \sum_{n=1}^{4} t_{mp} t_{in} D_{mp}^{in} \Psi_{mp}^{in} \tag{8.6.44}$$

$$Z_{mi}^E = \frac{1}{\mathrm{j}\omega\varepsilon} \sum_{p=1}^{4} \sum_{n=1}^{4} t'_{mp} t'_{in} \Psi_{mp}^{in} \tag{8.6.45}$$

式中，D_{mp}^{in} 是向量 $r_{m,p+1} - r_{m,p}$，$r_{i,n+1} - r_{i,n}$ 的标量积，$r_{m,p}$ 是三角形的原点到分段 p 的起始点的矢量，图 8.26 介绍了这个关系。Ψ 函数定义为

$$\Psi_{mp}^{in} = \frac{1}{4\pi(l_{2i-1+n} - l_{2i-2+n})} \int_{2i-2+n}^{2i-1+n} \frac{\mathrm{e}^{-jkR}}{R} \mathrm{d}l' \tag{8.6.46}$$

式中，R 是场点与三角形 m 中线段 p 的中点的距离，源点在三角形 i 的第 n 个线段上，脚标 p 使求和在三角形 m 的基函数的 4 个线段上进行，而 n 则使求和在三角形 i 的 4 个基函数的线段上进行。

式（8.6.46）的积分中，当场点与源点重合时，会使积分无意义，因此必须对此奇点进行特殊处理。在这种情况下，放大导线的几何尺寸，导线可以看成一个无限长的圆柱体，场点在导线表面的位置可以用图 8.27 表示。可以按如下方法处理：由源点到场点（场点在导线圆柱表面上）所在处的轴线上引一根直线，使之与源到轴的线及轴线都相互垂直。

这根垂线将线段圆柱表面分为两部分，两点到线源的距离都是 R。这样处理之后，在退化成导线时，仍然可以认为线电流和电荷源位于线段导线圆柱的表面上，但是此时就避免了源点和场点落在同一点而产生奇点的问题，也就避免了求解矩阵元时遇到的极点问题。

（3）一般情况。

此时就是一段直圆柱上的电位关系，如图 8.28 所示。

电压向量矩阵可以由式（8.6.47）直接数值化求得。设平面波入射，则有

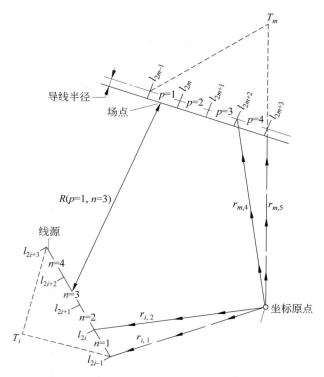

图 8.26 三角形展开中起始点和终点之间的距离关系

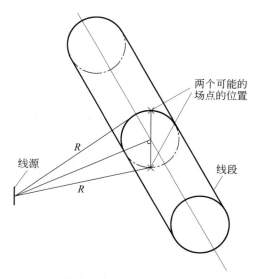

图 8.27 场点与源点重合时导线表面的位置关系

$$\boldsymbol{E}^i(\boldsymbol{r}) = \boldsymbol{E}_0 \mathrm{e}^{-\mathrm{j}\boldsymbol{k}\cdot\boldsymbol{r}} \tag{8.6.47}$$

取权函数为冲击函数,有

$$V_m = \sum_{p=1}^{4} T_{mp} \boldsymbol{S}_{mp} \cdot \boldsymbol{E}_0 \mathrm{e}^{-\mathrm{j}\boldsymbol{k}\cdot(\boldsymbol{r}_{m,p+1}+\boldsymbol{r}_{m,p})/2} \tag{8.6.48}$$

式中,$\boldsymbol{S}_{mp}$ 是表达三角函数 m 的第 p 个线段的长度和方向的向量。

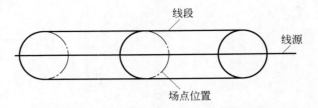

图 8.28 一般求解时的场点和源点的位置关系

（4）求线网的散射场。

当电流幅度 I_i 求得之后，就可以由式（8.6.17）求得电荷分布，由式（8.6.18）求得空间中任意点的散射场。设线散射体上的点到测量点（或接收点）的距离为 R，R 可以写为

$$R^2 = r_r^2 + r_n^2 - 2r_r r_n \cos \xi_n \tag{8.6.49}$$

式中，r_n^2 和 r_r^2 分别是由原点到散射体点 n 和接收点的距离，ξ_n 是 n 和接收点与原点构成的张角。求线网散射场时采用的坐标关系如图 8.29 所示。

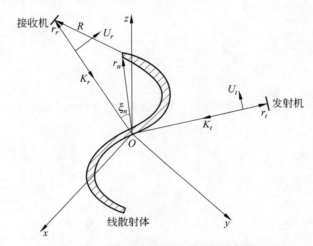

图 8.29 求线网散射场时采用的坐标关系

在雷达散射截面的研究中，R 和 r_r 相当大，则 R 可以展开并只取 $\dfrac{1}{r_r}$ 的展开项。由式（8.6.18），有

$$\boldsymbol{A}^S(\boldsymbol{r}_r) = \mu \, \frac{\mathrm{e}^{-\mathrm{j}K r_r}}{4\pi r_r} \sum_{i=1}^{N} I_i \int_{\text{线}} T_i(l) \mathrm{e}^{\mathrm{j}K r_i \cos \xi_i} \, \mathrm{d}\boldsymbol{l} \tag{8.6.50}$$

$$\phi^S(\boldsymbol{r}_r) = O\!\left(\frac{1}{r_r^2}\right) \tag{8.6.51}$$

在远区电场的情形，在圆坐标系下有

$$\begin{cases} E_r = O\!\left(\dfrac{1}{r_r^2}\right) \\[2mm] E_\theta \approx -\mathrm{j}\omega A_\theta^S \\[2mm] E_\phi \approx -\mathrm{j}\omega A_\phi^S \end{cases} \tag{8.6.52}$$

横向电场分量的远场分量为

$$\boldsymbol{E}^S \cdot \boldsymbol{u}_r = -\mathrm{j}\omega\mu \frac{\mathrm{e}^{-\mathrm{j}Kr_r}}{4\pi r_r} \sum_{i=1}^{N} I_i \int_{\text{线}} \boldsymbol{u}_r \cdot T_i(l) \mathrm{e}^{\mathrm{j}Kr_i \cos\xi_i} \mathrm{d}l \qquad (8.6.53)$$

式中，$\boldsymbol{u}_r$ 为垂直于 $\boldsymbol{r}_r$ 的横向向量。

（5）求雷达散射截面。

雷达散射截面用 $g(\theta,\phi)$ 表示，定义为入射波含有足够的功率产生同样回散射功率密度的区域，即

$$g(\theta,\phi) = \frac{4\pi r_r^2}{\eta_0} \frac{|\boldsymbol{E}^S \cdot \boldsymbol{u}_r|^2}{P_{\mathrm{in}}} \qquad (8.6.54)$$

式中，P_{in} 为入射波功率，定义为

$$P_{\mathrm{in}} = \frac{|\boldsymbol{E}_0|^2}{\eta_0} \qquad (8.6.55)$$

对单位幅度的入射平面波而言，$P_{\mathrm{in}} = 1/\eta_0$，其中 $\eta_0 = \sqrt{\mu/\varepsilon}$ 是媒质的波阻抗。下面介绍一个典型应用中线网建模的情况。

例 8.2 平面电磁波在飞机上的感应电流。

采用 Chao 网格法，可以将整个飞机的金属表面用导线近似表示，飞机的网格模型如图 8.30 所示。

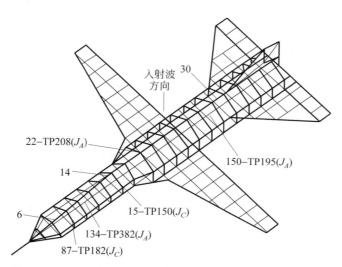

图 8.30 用 Chao 网格法计算平面电磁波在飞机上的感应电流

标有 TP 的数字表示测试点，J_A 表示轴向电流，J_C 表示圆周电流。具体参数为：总的长度为 22.4m，翼展 19.2m，全部网格包括 756 个网段。

入射电磁波为电磁脉冲，并且假设电磁脉冲以平面波入射，有

$$E^i(t) = A(\mathrm{e}^{-\alpha t} - \mathrm{e}^{-\beta t})$$

式中，$A = 5.92 \times 10^4 \,\mathrm{V/m}$；$\alpha = 4.08 \times 10^6 \,\mathrm{s}^{-1}$；$\beta = 3.50 \times 10^8 \,\mathrm{s}^{-1}$。

计算结果以电流分布表达，图 8.31 是 F111 飞机上时域电流分布的计算结果。

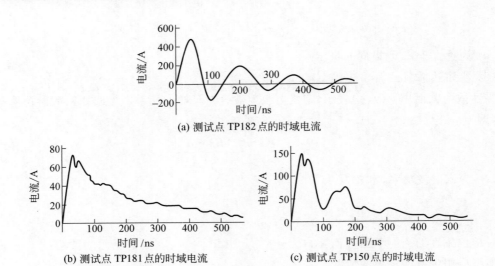

(a) 测试点 TP182 点的时域电流

(b) 测试点 TP181 点的时域电流   (c) 测试点 TP150 点的时域电流

图 8.31   网格法计算的平面脉冲电磁波在飞机上的部分感应电流波形

## 第 9 章

射线跟踪法及其混合方法

9.1　引言

在实际电磁散射问题中,只有极少数的问题可以求出解析解,而多数问题可以用仿真的方法得到数值近似解。问题的电尺寸决定了计算电磁学数值计算方法的分界,随着设备工作频率的不断升高,目标的电尺寸也越来越大,虽然利用 MoM、FDTD、FEM 等可以解决任意形状物体的电磁计算和 EMC 问题,并获得严格的数值解,但是当物体尺寸较大、边界条件太多或地域太广时,由于计算机容量的限制也难以求得数值解。例如,对于飞机、舰艇等电大尺寸目标,以及高频电波传播受到地面、小山、建筑物等的影响而发生反射、折射、绕射、透射和散射等不同的现象,此时需要高频近似方法预测复杂环境中的电磁散射特性和电波传播特性。以射线跟踪技术为代表的高频方法不需要对电大结构体进行离散,可以用一些比较简单的几何体模型来模拟,对这些局部几何体只需考虑在绕射点附近的几何形状和入射场的性质,并分别用几何绕射理论求解其散射场,最后对局部造成的散射场的贡献进行叠加就可以计算电磁波的散射和传播问题。凭借计算效率高、计算资源消耗少的特点,几何绕射、射线跟踪等高频方法已成为解决复杂环境中电磁问题的主要方法之一。

几何射线法作为一种用几何光学近似来计算电磁场的数值方法,早期曾被用来计算一些天线的辐射特性或简单物体的散射特性。20 世纪 90 年代,射线跟踪法被用于电波传播预测,此后被广泛地用于各种高频问题的研究,特别是近年来又应用于室内电波传播模型预测的研究。随着移动通信技术的飞速进步,系统或设备的工作频段越来越高,向着微波、毫米波频段发展,波长与物体尺寸相比要小得多,使得边界条件更加复杂,采用麦克斯韦方程组进行精确求解是不可能的,并且 MoM、FDTD、FEM 等数值计算方法的计算时间也会很长;此时电磁波的传播可以采用几何光学法、射线跟踪法来进行近似。近年来,射线跟踪法与其他计算电磁学相融合的混合方法迅速发展起来,例如,射线跟踪法与 FDTD、MoM 等相互融合用来求解室内移动通信的电磁传播等复杂电磁场问题。

目前,高频方法已经取得了非常大的进步,国内外已经出现了多款成熟的高频电磁仿真商业软件。例如,Wireless Insite 仿真软件包含了经验模型、射线弹跳法(Shooting and Bouncing Ray Tracing,SBR)和 FDTD 模型等电磁计算技术;XGTD 则是一款集成 GO,PO 和 UTD 等高频分析技术的高频电磁仿真软件,该软件可以用来分析天线及其平台的辐射问题,可以进行雷达散射截面(RCS)的计算,还可以解决其他电磁工程问题;而 Xpatch 系列软件是一款功能非常强大的高频电磁仿真软件,可以对复杂环境下的目标雷达进行近远场特征分析,完成天线/天线阵及其工作平台的建模和仿真分析,还可以对单独或者多个异构射频系统的辐射和电磁干扰问题进行分析。

9.2 几何绕射理论与场强计算

9.2.1 几何绕射理论基础

由于媒质在空间的变化比波长大得多时才能显现出来,在高频条件下波数 $k \rightarrow \infty$,因此根据几何光学理论,可以认为电磁场的性质和它在均匀媒质中的性质一样,可以将电磁波作为平面波对待,即

$$\boldsymbol{E}(x,y,z) = \boldsymbol{E}_0(x,y,z)\mathrm{e}^{-\mathrm{j}k\varphi}, \quad \boldsymbol{H}(x,y,z) = \boldsymbol{H}_0(x,y,z)\mathrm{e}^{-\mathrm{j}k\varphi}$$

其中,$\boldsymbol{E}_0$ 和 $\boldsymbol{H}_0$ 为振幅,φ 为相位函数。将以上电磁场的表达式代入无源形式的麦克斯韦方程组

$$\begin{cases} \nabla \times \boldsymbol{H} = \mathrm{j}\omega\varepsilon\boldsymbol{E} \\ \nabla \times \boldsymbol{E} = -\mathrm{j}\omega\mu\boldsymbol{H} \\ \nabla \cdot (\varepsilon\boldsymbol{E}) = 0 \\ \nabla \cdot (\mu\boldsymbol{H}) = 0 \end{cases}$$

得

$$\begin{cases} \nabla\varphi \times \boldsymbol{H}_0 + c\varepsilon\boldsymbol{E}_0 = \dfrac{1}{\mathrm{j}k}(\nabla \times \boldsymbol{H}_0) \\[2mm] \nabla\varphi \times \boldsymbol{E}_0 - c\mu\boldsymbol{H}_0 = \dfrac{1}{\mathrm{j}k}(\nabla \times \boldsymbol{E}_0) \\[2mm] \boldsymbol{E}_0 \cdot \nabla\varphi = \dfrac{1}{\mathrm{j}k}\left(\dfrac{\nabla\varepsilon}{\varepsilon} \cdot \boldsymbol{E}_0 + \nabla \cdot \boldsymbol{E}_0\right) \\[2mm] \boldsymbol{H}_0 \cdot \nabla\varphi = \dfrac{1}{\mathrm{j}k}\left(\dfrac{\nabla\mu}{\mu} \cdot \boldsymbol{H}_0 + \nabla \cdot \boldsymbol{H}_0\right) \end{cases} \tag{9.2.1}$$

其中,ε 和 μ 分别为媒质的介电常数和磁导率。在高频几何光学条件下,$k \rightarrow \infty$,则

$$\frac{1}{\varepsilon}|\nabla\varepsilon|\lambda \ll 2\pi, \qquad \frac{1}{\mu}|\nabla\mu|\lambda \ll 2\pi$$

因此由式(9.2.1)得到几何光学近似条件下的场方程为

$$\begin{cases} \nabla\varphi \times \boldsymbol{H}_0 + c\varepsilon\boldsymbol{E}_0 = 0 \\ \nabla\varphi \times \boldsymbol{E}_0 - c\mu\boldsymbol{H}_0 = 0 \\ \boldsymbol{E}_0 \cdot \nabla\varphi = 0 \\ \boldsymbol{H}_0 \cdot \nabla\varphi = 0 \end{cases} \tag{9.2.2}$$

其中,$c = \dfrac{1}{\sqrt{\varepsilon_0\mu_0}}$ 为光速,对于非铁磁物质 $\mu \approx \mu_0$,式(9.2.2)可简化为

$$\begin{cases} \eta\boldsymbol{H}_0 = \dfrac{\nabla\varphi}{n} \times \boldsymbol{E}_0 \\[2mm] \boldsymbol{E}_0 = \eta\boldsymbol{H}_0 \times \dfrac{\nabla\varphi}{n} \end{cases} \tag{9.2.3}$$

式中,η 为媒质的波阻抗,$n = \sqrt{\varepsilon_\mathrm{r}}$ 是媒质的折射率,ε_r 是媒质的相对介电常数。$\nabla\varphi$ 表示等相位面的法向,对于几何光学场在局部可以近似为平面波。

由式(9.2.3)得到平面波的坡印廷矢量为

$$\boldsymbol{S} = \frac{1}{2}\boldsymbol{E} \times \boldsymbol{H}^* = \frac{|\boldsymbol{E}_0|^2}{2\eta} \cdot \frac{\nabla\varphi}{n} \qquad (9.2.4)$$

因此,能量沿射线方向即 $\nabla\varphi$ 方向流动。

通过数学变换,由式(9.2.1)得

$$(|\nabla\varphi|^2 - n^2)\boldsymbol{E}_0 - (\nabla\varphi \cdot \boldsymbol{E}_0)\nabla\varphi - \frac{\mathrm{j}}{k}[\nabla\varphi \times (\nabla \times \boldsymbol{E}_0) +$$

$$\nabla \times (\nabla\varphi \times \boldsymbol{E}_0)] + \frac{1}{k^2}\nabla \times (\nabla \times \boldsymbol{E}_0) = 0 \qquad (9.2.5)$$

在高频几何光学条件下, $k \to \infty$,且 $\boldsymbol{E}_0 \cdot \nabla\varphi = 0$,则

$$|\nabla\varphi|^2 - n^2 = 0$$

在空气中, $|\nabla\varphi|^2 = 1$。

射线管模型如图 9.1 所示。由于 $\boldsymbol{S}$ 和射线管的表面平行,因此由 F_1 和 F_2 两个表面可以得到几何光学的强度定律,即

$$\iint_{F_1} \boldsymbol{S} \cdot \boldsymbol{e}_\mathrm{n}\mathrm{d}S = \iint_{F_2} \boldsymbol{S} \cdot \boldsymbol{e}_\mathrm{n}\mathrm{d}S \qquad (9.2.6)$$

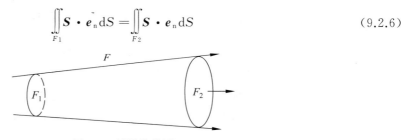

图 9.1　射线管模型

对于图 9.2 所示的射线管,设像散射线的两个截面为 $F(O)$ 和 $F(S)$,相距为 s, $F(O)$ 的两个主曲率半径分别为 ρ_1 和 ρ_2。这两个横截面的面积之比为

$$\frac{F(O)}{F(S)} = \frac{\rho_1\rho_2}{(\rho_1 + s)(\rho_2 + s)} \qquad (9.2.7)$$

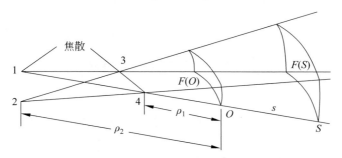

图 9.2　像散射线管模型

利用几何光学的强度定律, $F(O)$ 和 $F(S)$ 处的场强之比,即 E_1 和 E_2 的比值为

$$\frac{E_2}{E_1} = \sqrt{\frac{F(O)}{F(S)}} = \sqrt{\frac{\rho_1\rho_2}{(\rho_1 + s)(\rho_2 + s)}}$$

设 $F(O)$ 到 $F(S)$ 的相位因子为 $\mathrm{e}^{-\mathrm{j}ks}$,则 $F(S)$ 处的场强为

$$E_2 = E_1 \sqrt{\frac{\rho_1 \rho_2}{(\rho_1 + s)(\rho_2 + s)}} \, e^{-jks} = A(S)\, E_1 e^{-jks} \tag{9.2.8}$$

其中，$A(S)$ 为散射因子。显然，在 $s = -\rho_1$ 和 $s = -\rho_2$ 处，射线场的幅度变为无穷大，这些点称为焦散。

利用式（9.2.8）可以计算在已知射线上任意一点的近似场强，但是不能计算焦散处的场强，当然也不能计算在阴影边界上的场强。

9.2.2 射线跟踪场强计算

1. 直射场强

对于直射射线，如果接收点和发射点之间的媒质是均匀的，并且没有障碍物，电场强度的衰减是由于随着传输距离的增加而导致的能量扩散引起的。设入射波阵面的两个主曲率半径分别为 ρ_1^i 和 ρ_2^i，其中上标 i 表示与入射线有关的量，入射波为像散波，则由式（9.2.8）计算的直射场为

$$E^i(P_o) = E^i(P_s) \sqrt{\frac{\rho_1^i \rho_2^i}{(\rho_1^i + s^i)(\rho_2^i + s^i)}} \, e^{-jks^i} \tag{9.2.9}$$

式中，$E^i(P_o)$ 和 $E^i(P_s)$ 分别为接收点和源点的场强，k 为传播常量，s^i 为沿入射线接收点 P_o 到源点 P_s 的长度。

2. 反射径场强

当电磁波入射到媒质界面发生反射时，可以将入射波分解为水平极化波和垂直极化波两种情况进行分析。根据 Snell 反射定律，电磁波经过反射到达接收端时，首先要求出入射波在反射点处的场，再计算反射后的反射波初场，最后计算场点处的反射波末场。场强的计算公式为

$$E^r(P_o) = E^i(P_s) \cdot \bar{\bar{R}} \sqrt{\frac{\rho_1^r \rho_2^r}{(\rho_1^r + s^r)(\rho_2^r + s^r)}} \, e^{-jks^r} \tag{9.2.10}$$

式中，ρ_1^r 和 ρ_2^r 分别表示反射波阵面的两个主曲率半径，其中上标 r 表示与反射线有关的量，$E^i(P_s)$ 表示射线在曲面上反射点 P_s 处的场强，$E^r(P_o)$ 为接收点 P_o 处的场强；s^r 为沿反射线接收点 P_o 到反射点 P_s 的长度；$\bar{\bar{R}}$ 为反射系数矩阵，其表现形式为 $\bar{\bar{R}} = \begin{bmatrix} R_P & 0 \\ 0 & R_N \end{bmatrix}$，其中垂直极化和平行极化的反射系数分别为 R_N 和 R_P，即

$$R_N = \frac{\eta_2 \cos\theta_i - \eta_1 \cos\theta_T}{\eta_2 \cos\theta_i + \eta_1 \cos\theta_T}, \qquad R_P = \frac{-\eta_1 \cos\theta_i + \eta_2 \cos\theta_T}{\eta_1 \cos\theta_i + \eta_2 \cos\theta_T}$$

其中，θ_i 为入射角，η_1 和 η_2 分别为入射媒质和透射媒质的波阻抗。

3. 绕射径场强

1）边缘绕射场

边缘绕射是电磁波在传播过程中遇到尖劈时发生的绕射现象。如图 9.3 所示，边缘绕射径的场强计算如下：

$$E(P_o) = E^i(P_d) \cdot \bar{\bar{D}}_{ed} \cdot A(s^{ed}) e^{-jk(s^{ed})} \tag{9.2.11}$$

式中，P_d 为接收场点，s^{ed} 为场点到绕射点 P_d 的距离，$\bar{\bar{D}}_{ed}$ 为并矢绕射系数，$A(s^{ed})$ 为扩散因子，ρ^{ed} 为出射点到焦散的距离，$E^i(P_d)$ 为入射到散射点处的直射场，R_s 是发射源。

$$A(s^{ed}) = \begin{cases} \dfrac{1}{\sqrt{s^{ed}}}, & \text{平面波、柱面波等} \\[3mm] \sqrt{\dfrac{\rho^{ed}}{s^{ed}(\rho^{ed} + s^{ed})}}, & \text{球面波} \end{cases}$$

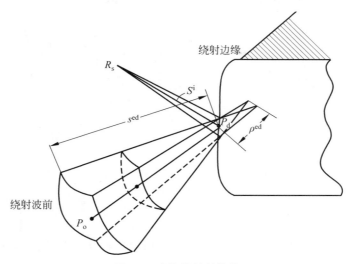

图 9.3　边缘绕射射线管

为方便计算,通常在射线基坐标系下计算并矢绕射系数 $\bar{\bar{D}}_{ed} = \begin{bmatrix} -D_s & 0 \\ 0 & -D_h \end{bmatrix}$。将入射波和绕射波分别分为两个正交的分量,如图 9.4(a)所示。设入射线和绕射线方向的单位矢量分别为 $e_{s'}$ 和 e_s,e_t 为与边缘相切的单位切向矢量,入射面包括 $e_{s'}$ 和 e_t,绕射面包括 e_s 和 e_t;$e_{\phi'}$ 和 e_ϕ 表示垂直于入射面和绕射面的单位矢量,$e_{\beta'}$ 和 e_β 表示平行于入射面和绕射面的单位矢量,则构成了射线基坐标系,并有

$$e_{\beta'} = e_{s'} \times e_{\phi'}, \qquad e_\beta = e_s \times e_\phi$$

如图 9.4(b)所示,其中上标带撇的表示与入射线有关。e_n 为绕射点处边缘面的单位法向矢量,ϕ 和 ϕ' 由图 9.4(b)中所示 P_d 处的切线和两条边界线 SB、RB 确定,SB 是入射射线过坐标原点(劈边)的延长线,即 $\phi = \pi + \phi'$,就是入射场的阴影边界。RB 是反射场的阴影边界,根据反射定律得 $\phi = \pi - \phi'$,为反射场的阴影边界。在射线基坐标系下,$\bar{\bar{D}}_{ed} = -D_s e_\beta \cdot e_{\beta'} - D_h e_\phi \cdot e_{\phi'}$。

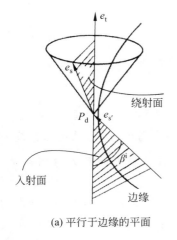

(a) 平行于边缘的平面

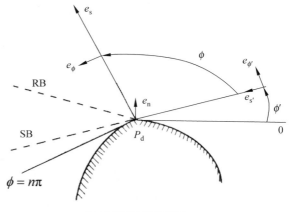

(b) 垂直于边缘的平面

图 9.4　边缘绕射的射线基坐标

由式(9.2.11)计算边缘绕射场如下：

$$\begin{bmatrix} E_{\beta}(P_{\rm o}) \\ E_{\phi}(P_{\rm o}) \end{bmatrix} = \begin{bmatrix} E_{\beta'}^{\rm i}(P_{\rm d}) \\ E_{\phi'}^{\rm i}(P_{\rm d}) \end{bmatrix} \begin{bmatrix} -D_{\rm s} & 0 \\ 0 & -D_{\rm h} \end{bmatrix} A(s^{\rm ed}) {\rm e}^{-jk(s^{\rm ed})} \tag{9.2.12}$$

其中，$D_{\rm s}$、$D_{\rm h}$ 为绕射系数，根据 UTD 理论

$$D_{\rm s,h}(\phi, \phi', \beta^{\rm i})$$

$$= \frac{-{\rm e}^{-j\frac{\pi}{4}}}{2n\sqrt{2\pi k}\sin\beta^{\rm i}} \left\{ {\rm ctan}\left(\frac{\pi+(\phi-\phi')}{2n}\right) F[kL^{\rm i}g^+(\phi-\phi')] + {\rm ctan}\left(\frac{\pi-(\phi-\phi')}{2n}\right) \times \right.$$

$$F[kL^{\rm i}g^-(\phi-\phi')] \mp {\rm ctan}\left(\frac{\pi+(\phi+\phi')}{2n}\right) F[kL^{\rm d}g^+(\phi+\phi') +$$

$$\left. {\rm ctan}\left(\frac{\pi-(\phi+\phi')}{2n}\right) F[kL^{\rm d}g^-(\phi+\phi')] \right\}$$

式中，k 为波数，n 为楔因子，$n=2-\theta_\omega/\pi$，θ_ω 为劈内角。在 $90°$ 拐角处 $n=\dfrac{3}{2}$，$n=1$ 时边界面就是无穷大理想导电平面，绕射系数为 0；$n=2$ 时劈面变为半平面。如图 9.4 所示，$\beta^{\rm i}$ 是入射射线与绕射边缘的夹角，ϕ' 和 ϕ 分别是入射射线、绕射射线与绕射点切线的夹角。其中，$g^{\pm}(\beta)=2\cos^2\left(\dfrac{2n\pi N^{\pm}-\beta^{\pm}}{2}\right)$，$N^{\pm}$ 是满足以下方程的最小整数：$2n\pi N^+-\beta^+=\pi$，$2n\pi N^- - \beta^{\pm}=-\pi$，$\beta^{\pm}=\phi\pm\phi'$。

$$F[X]=2j\sqrt{X}\,{\rm e}^{jX}\int_{\sqrt{X}}^{\infty}{\rm e}^{-j\tau^2}\,{\rm d}\tau$$

当平面波入射时，$L^{\rm i,d}=s\cdot\sin^2\beta^{\rm i}$，式中 s 是绕射点与场点之间的距离。

当柱面波入射时，$L^{\rm i,d}=rr'/(r+r')$，式中 r' 是柱面入射波的曲率半径，r 是场点到劈边的垂直距离。

当球面波入射波时，$L^{\rm i,d}=\sin^2\beta^{\rm i}\cdot s^{\rm ed}s^{\rm i}/(s^{\rm ed}+s^{\rm i})$，$s^{\rm ed}$ 是绕射点与场点之间的距离，$s^{\rm i}$ 是源点与绕射点之间的距离，如图 9.3 所示。

2）表面绕射场

射线沿着凸面传播时会持续不断地沿测地线的切线方向发出绕射射线，通常以指数形式衰减，如图 9.5 所示，表面绕射径的场强计算如下：

$$\boldsymbol{E}(P_{\rm o})=\boldsymbol{E}^{\rm i}(P_1)\cdot\overline{\overline{\boldsymbol{T}}}_{\rm sd}(P_1,P_2)\cdot A(s^{\rm sd}){\rm e}^{-jk(s^{\rm sd})} \tag{9.2.13}$$

$$A(s^{\rm sd})=\begin{cases} \dfrac{1}{\sqrt{s^{\rm sd}}}, & \text{平面波、柱面波等} \\[4mm] \sqrt{\dfrac{\rho^{\rm sd}}{s^{\rm sd}(\rho^{\rm sd}+s^{\rm sd})}}, & \text{球面波} \end{cases}$$

式中，$P_{\rm o}$ 为接收场点，P_2 为绕射参考点，$\boldsymbol{E}^{\rm i}(P_1)$ 为入射点 P_1 处的直射场，$s^{\rm sd}$ 为从场点到绕射点 P_2 的距离，$s^{\rm i}$ 为入射线长度，$\overline{\overline{\boldsymbol{T}}}_{\rm sd}(P_1,P_2)$ 表示从 P_1 到 P_2 的表面绕射的并矢绕射系数，$A(s^{\rm sd})$ 为扩散因子，$\rho^{\rm sd}$ 为出射点到焦散的距离。

同样，利用射线基坐标系计算并矢绕射系数 $\boldsymbol{T}_{\rm s,h}(P_1,P_2)$。如图 9.6 所示，$\boldsymbol{e}_{\rm t1}$、$\boldsymbol{e}_{\rm t2}$ 分别为表面绕射路径上 P_1 和 P_2 处的单位切向矢量，$\boldsymbol{e}_{\rm n1}$、$\boldsymbol{e}_{\rm n2}$ 分别为表面绕射路径上 P_1 和 P_2 处的单位法向矢量；$\boldsymbol{e}_{\rm b1}=\boldsymbol{e}_{\rm t1}\times\boldsymbol{e}_{\rm n1}$，$\boldsymbol{e}_{\rm b2}=\boldsymbol{e}_{\rm t2}\times\boldsymbol{e}_{\rm n2}$ 则构成了表面绕射的射线基。在射线基坐标系下，表面并矢绕射系数计算如下：

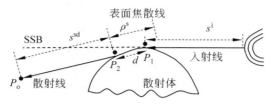

图 9.5　表面绕射射线管

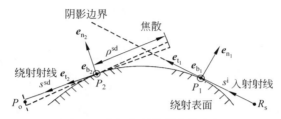

图 9.6　表面绕射的射线基坐标

$$\boldsymbol{T}_{\mathrm{s,h}}(P_1,P_2)=T_{\mathrm{s}}\,\boldsymbol{e}_{b_1}\cdot\boldsymbol{e}_{b_2}+T_{\mathrm{h}}\,\boldsymbol{e}_{n_1}\cdot\boldsymbol{e}_{n_2}$$

由式(9.2.13)计算的绕射场如下：

$$\begin{bmatrix}E_{\mathrm{p}}(P_{\mathrm{o}})\\E_{\mathrm{v}}(P_{\mathrm{o}})\end{bmatrix}=\begin{bmatrix}E_{\mathrm{p'}}^{\mathrm{i}}(P_1)\\E_{\mathrm{v'}}^{\mathrm{i}}(P_1)\end{bmatrix}\begin{bmatrix}T_{\mathrm{s}}&0\\0&T_{\mathrm{h}}\end{bmatrix}A(s^{\mathrm{sd}})\mathrm{e}^{-\mathrm{j}k(s^{\mathrm{sd}})} \tag{9.2.14}$$

式中，下标 p、v 和 p′、v′分别表示接收场点和散射点处电场的两个正交分量。

$$T_{\mathrm{s,h}}(P_1,P_2)=-\left[\sqrt{m(P_1)m(P_1)}\,\sqrt{\frac{2}{k}}\left\{\frac{\mathrm{e}^{-\mathrm{j}\pi/4}}{2\sqrt{\pi}\,\xi}[1-F(X^{\mathrm{d}})]+P(\xi)\right\}\right]\left[\frac{\delta W(P_1)}{\delta W(P_2)}\right]^{\frac{1}{2}}\mathrm{e}^{-\mathrm{j}kd}$$

式中，d 为绕射面上的射线路径长度，$\delta W(P_1)$ 和 $\delta W(P_2)$ 分别表示 P_1 和 P_2 处的表面散射片的宽度，$\left[\dfrac{\delta W(P_1)}{\delta W(P_2)}\right]^{1/2}\mathrm{e}^{-\mathrm{j}kd}$ 表示从 P_1 到 P_2 的表面散射带射线能流，$P(\xi)$ 为皮克里斯·卡略特函数。

$$P(\xi)=\frac{\mathrm{e}^{-\mathrm{j}\pi/4}}{\sqrt{\pi}}\int_{-\infty}^{+\infty}\frac{QV(\tau)}{QW_2(\tau)}\mathrm{e}^{-\mathrm{j}\xi\tau}\mathrm{d}\tau,\qquad Q=\begin{cases}1,&\text{软表面}\\[4pt]\dfrac{\partial}{\partial\tau},&\text{硬表面}\end{cases}$$

$$2\mathrm{j}V(\tau)=W_1(\tau)-W_2(\tau)$$

$$W_1(\tau)=\frac{1}{\sqrt{\pi}}\int_{-\infty}^{+\infty}\mathrm{e}^{-\mathrm{j}2\pi/3}\,\mathrm{e}^{\tau t-t^3/3}\mathrm{d}t,\qquad W_2(\tau)=\frac{1}{\sqrt{\pi}}\int_{-\infty}^{+\infty}\mathrm{e}^{\mathrm{j}2\pi/3}\,\mathrm{e}^{\tau t-t^3/3}\mathrm{d}t$$

$\xi=\displaystyle\int_{P_1}^{P_2}\dfrac{m(t)}{\rho_g(t)}\mathrm{d}t$，$\rho_g(t)$ 表示曲面绕射路径任意点处的曲率半径。

$$m(t)=\left[\frac{k\rho_g(t)}{2}\right]^{1/3},\qquad \left[\frac{\delta W(P_1)}{\delta W(P_2)}\right]^{1/2}=\left[\frac{s^{\mathrm{i}}}{s^{\mathrm{i}}+d}\right]^{1/2}$$

$$F[X]=2\mathrm{j}\sqrt{X}\,\mathrm{e}^{\mathrm{j}X}\int_{\sqrt{X}}^{+\infty}\mathrm{e}^{-\mathrm{j}\tau^2}\mathrm{d}\tau,\qquad X^{\mathrm{d}}=\frac{kL\xi^2}{2m(P_1)m(P_1)},\qquad L=\frac{s^{\mathrm{i}}s^{\mathrm{sd}}}{s^{\mathrm{i}}+s^{\mathrm{sd}}}$$

3）尖顶绕射场

尖顶绕射是在射线遇到物体的尖顶时发生的一种现象，而且尖顶绕射射线的方向是任意的。如图 9.7 所示，P_{o} 为接收场点，R_{s} 为发射源点，s^{i} 为入射线长度，s^{vd} 为绕射线长度，P_{v} 为绕射点。

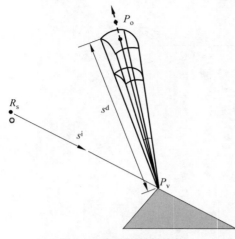

图 9.7　尖顶绕射射线管

尖顶绕射总场是由构成尖顶的各条边所产生的尖顶绕射场之和。Sikta 和 Burnside 利用 ECM 的辐射积分和渐近计算给出了尖顶绕射系数的近似解，但属于多解问题，X. Zhang、N. Inagaki、N.Kikuma 等对这种方法进行了优化。如图 9.8 所示，在由导体构成的尖顶处，球面入射波在直角尖顶的边缘产生的尖顶绕射场为

$$E(P_o) = E^i(P_v) \cdot \bar{\bar{D}}_{vd} \cdot A(s^{vd}) e^{-jk(s^{vd})}$$

$$(9.2.15)$$

式中，$A(s^{vd}) = \dfrac{1}{s^{vd}}$，在射线极坐标系下并矢尖顶绕射系数 $\bar{\bar{D}}_{vd}$ 为

$$D_{vd}(P_v) = D_s \, e_\beta + D_h \, e_\phi$$

因此，式（9.2.15）的尖顶绕射场为

$$\begin{bmatrix} E_\beta(P_o) \\ E_\phi(P_o) \end{bmatrix} = \begin{bmatrix} E^i_{\beta'}(P_1) \\ E^i_{\phi'}(P_1) \end{bmatrix} \begin{bmatrix} -D_s & 0 \\ 0 & -D_h \end{bmatrix} A(s^{vd}) e^{-jk(s^{vd})} \qquad (9.2.16)$$

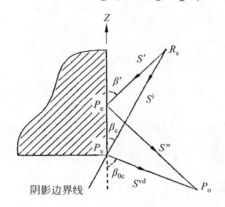

(a) 平行于尖顶的平面

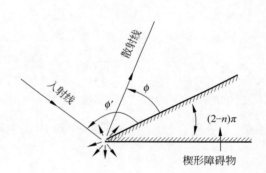

(b) 垂直于尖顶的平面

图 9.8　尖顶绕射射线

$$D_{s,h} = \frac{e^{-j\frac{\pi}{4}} \sin\beta_c}{\sqrt{2\pi k}} C_{s,h}(P_v) \frac{1}{\cos\beta_{0c} - \cos\beta_c} F[kL_c \alpha_c]$$

$$C_{s,h} = \frac{-e^{-j\frac{\pi}{4}}}{2n\sqrt{2\pi k}\sin\beta_c} \left\{ \left(\operatorname{ctan}\left(\frac{\pi + (\phi - \phi')}{2n}\right) F[kLg^+(\phi - \phi')] + \right. \right.$$

$$\operatorname{ctan}\left(\frac{\pi - (\phi - \phi')}{2n}\right) F[kLg^-(\phi - \phi')] \right) \mp$$

$$\left(\operatorname{ctan}\left(\frac{\pi + (\phi + \phi')}{2n}\right) F[kLg^+(\phi + \phi')] + \right.$$

$$\left. \left. \operatorname{ctan}\left(\frac{\pi - (\phi + \phi')}{2n}\right) F[kLg^-(\phi + \phi')] \right) \right\}$$

$$g^{\pm}\left(\phi,\phi'\right)=2\cos^2\left(\frac{\phi\pm\phi'}{2}\right), \qquad L=\sin\beta_c\sin\beta_{0c}\cdot s^{vd}s^i/(s^{vd}+s^i)$$

$$\alpha_c=\frac{(\cos\beta_c-\cos\beta_{0c})^2}{2}, \qquad L_c=\frac{s^{vd}\cdot s^i}{s^{vd}\sin\beta_c+s^i\sin\beta_{0c}}$$

在应用式(9.2.9)～式(9.2.15)求得上述直射场、反射场,以及边缘绕射场、表面绕射场、尖顶绕射场等绕射场后,最后可以将所有到达场点的各类射线的电场矢量叠加求得场点的总场。

9.3　射线跟踪法的分类

射线跟踪技术可以分为正向算法和反向算法,射线弹跳法(SBR)和镜像法(Image)分别是这两种算法的典型代表。正向算法可以快速计算复杂环境中的反射路径,比较容易实现,但是却难以追踪高阶的绕射路径,并且反射点和绕射点的位置坐标与理论值有一定的误差,故正向算法的计算精度比较低。反向算法精度高,但是计算时间随着环境中的平面和绕射劈的增加急剧增加。此外,设定的路径的反射和绕射次数也会对反向算法的计算效率造成影响。正向算法和反向算法的比较如表 9.1 所示,可以根据不同的场景采用不同的算法来提高解决问题的效率。

表 9.1　正向算法和反向算法的比较

分　项	类　　型	
	正　向　算　法	反　向　算　法
计算时间	由射线相交决定计算时间,同时受所设置的反射和绕射次数影响	随设置的反射和绕射次数及环境中平面和绕射劈的数量变化
计算效率	效率高,只需一次追踪就可以得到结果	效率低,虽然一次路径的计算速度非常快,但是需要计算的可能路径多
复杂度	算法流程简单、易实现,只需对每条源射线跟踪,直到满足截止条件	算法流程复杂,特别是对二阶及以上的绕射路径需要用到牛顿搜索算法或其他算法
适用性	适合场强计算,对路径精确度要求较高时误差较大	能够准确地计算场强的相位和极化信息等

常用的射线跟踪技术主要包括镜像法、射线弹跳法、基于射线管的射线弹跳法、基于空间划分的射线跟踪技术、射线弹跳与镜像法的混合算法等。Image 算法的计算精度非常高,但是在复杂环境中往往计算比较复杂,且其计算时间会随着环境中的三角面和绕射劈数量的增加急剧增加,因而 Image 算法仅适用于求解简单环境中的电磁问题。与 Image 算法相比,SBR 算法在复杂环境进行反射追踪中,具有较高的计算效率和计算精度,但是该算法需要在接收点处设置接收球来判断射线何时到达接收点,使用接收球有可能产生双计数误差,且反射点的位置也不够精确,从而影响到计算精度。因此,出现了基于射线管的 SBR 算法、SBR/Image 混合算法等。如何快速、准确地计算出高阶绕射路径是目前射线跟踪技术的一个热门研究方向。

9.3.1　射线弹跳法

射线弹跳法是一种正向射线跟踪算法。SBR 法分为射线发射、射线跟踪和射线接收三个阶段,在射线发射阶段以辐射源(发射天线)为源点,向空间全向发射射线,然后在射线跟踪和射线接收阶段对每条射线进行跟踪,并判断射线是否与物体相交或者到达接收机。射线遇到

障碍物时，根据障碍物的几何结构和电参数特性发生反射、透射、绕射或者散射现象。若射线
到达接收机，则计算在接收端处的功率、场强等；若射线没有被接收天线捕获，则继续跟踪该射
线直至其电场强度衰减到可以被忽略。图 9.9 为二维 SBR 法示意图，其中 T_x 和 R_x 分别代表
辐射源（发射机）和接收机，周围有两个障碍物。

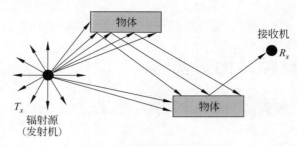

图 9.9　二维 SBR 法示意图

射线弹跳法必须考虑以下 4 个基本问题。

（1）以何种方式发射射线（射线的发射量、发射角度等）。

（2）如何判断发射出去的射线与传播环境中的物体是否相交（射线相交检测所消耗的时
间大约占据该算法总计算时间的 90% 以上）。

（3）若发射出去的射线可能与多个环境中的物体相交，怎样判断射线确切地与哪个障碍
物相交。

（4）如何判断射线是否被接收端所接收（一种判断是，若接收球的半径大于射线与接收端
之间的距离，则该条射线被接收）。

SBR 射线跟踪的过程如图 9.10 所示。首先根据待建模环境建立相应的空间坐标系，确定
发射端、接收端的基本配置以及环境中各个物体的反射面分布。设置好每个反射面的电磁参
数后，由发射端发射一条初始射线，追踪该射线传播，分析并计算传播过程中遇到障碍物时产
生的电磁散射现象。得到新的反射或绕射射线后对其再次进行追踪，依次重复，一直追踪到最
后一条反射或绕射射线。最后判断是否到达接收端，这样就可以得到从发射端到接收端一条
路径上的射线集合，并计算对接收机处场强的贡献。通过改变初始射线的发射角度，进行同样
的追踪过程，就可以得到另一条射线及其衍生射线的传播路线。依次循环叠加角度，不断改变
发射端的射线发射角度，以近似模拟整个三维空间中的电磁波。

SBR 法的射线模型分为射线锥模型和射线管模型。

如图 9.11 所示为射线锥模型，为了使从辐射源发射的射线锥波前能够完全覆盖辐射源的
波前球，相邻射线锥的波前部分发生重叠。射线锥在接收点处需要使用接收球来判断射线锥
是否到达接收点，但是如果接收点位于射线锥的重叠部分，那么到达接收点的路径就会被计算
两次，出现双计数误差；同时，大多情况下射线与接收球的交点都会与接收机的位置有一定的
误差，导致该射线之前的反射点或者绕射点位置也有一定的误差，如图 9.12 所示。那么，实际
追踪就有一定的误差，对最终场强和功率的计算造成一定影响。另外，由于相邻射线之间有一
定的间隔，如果绕射劈的劈尖在两个射线的间隔范围内，就会产生没有发生绕射的误判，造成
对边缘绕射的模糊判定。

射线管模型使用正多面体作为波前形状，如正三角形、正方形、正六边形等，如图 9.13 所
示，可以完全地覆盖空间区域而不发生重叠，是目前最常用的射线模型。射线管模型可以分为

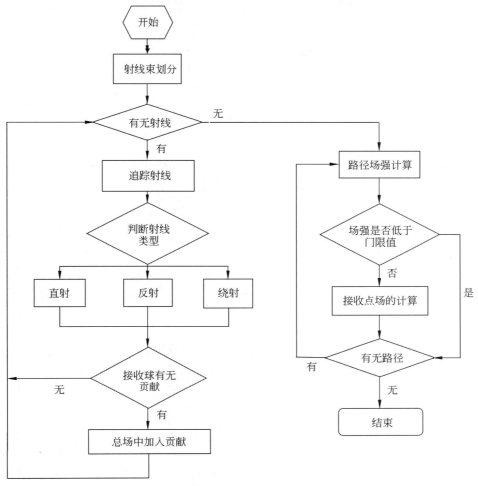

图 9.10　SBR 射线跟踪过程

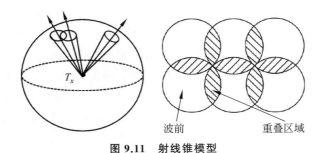

图 9.11　射线锥模型

中心射线管和横向射线管。中心射线管的射线从波前图形的中点发出,横向射线管的射线从波前图形的顶点发出,射线的条数由波前的图形顶点个数决定。

　　由于中心射线管和射线锥一样使用一条射线来代替一个空间射线管区域,也会出现双计数误差、边缘绕射的模糊判定,导致无法准确地求出射线管与三维环境的相交区域,故在精度要求较高的场景中应用受限。横向射线管发射多条从同一个点发射的射线,其空间区域可以通过几条射线的方程准确地定义,故可以准确地计算出与三维空间环境的相交区域。此外,由

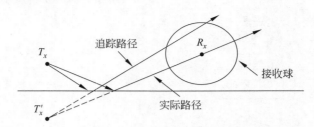

图 9.12　射线锥追踪路径示意图

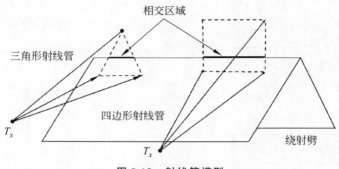

图 9.13　射线管模型

于横向射线管不需要使用接收球来判断射线是否到达接收机，不会出现双计数误差，因此经常应用在精度要求较高或者复杂的三维环境中。但是，横向射线管需要判断射线管与三维环境的相交情况，生成反射射线管和绕射射线管的方式也更复杂，计算效率会比中心射线管低。

9.3.2　镜像法

镜像法结合了反射定律、折射定律、解析几何及几何光学原理，在射线跟踪过程中通过寻找镜像点来计算反射射线，从而得到射线的传播路径。如

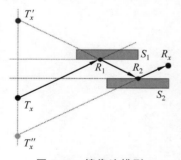

图 9.14　镜像法模型

图 9.14 所示，Image 算法是一种点到点的追踪技术，可以精确地计算出射线传播路径中的反射点和绕射点的空间坐标。其中，发射机 T_x 关于平面 S_1 的镜像点为 T'_x，T'_x 与平面 S_2 的镜像点为 T''_x，R_1 和 R_2 为反射点。只要按照设置的反射次数和绕射次数，对反射平面和绕射棱进行排列组合，列举出所有可能的路径，然后使用 Image 算法计算每条路径，就可以得到在该条件下的全部路径，最终可以准确地计算接收点的场强或功率。但是由于 Image 算法需要对所有可能的路径进行计算，故计算效率比较低。

1. 一次反射跟踪过程

利用 Image 算法进行一次反射追踪时，只有那些同时对源点和接收点都可见的反射面才有效。对于每个有效反射面，求出接收点在该平面上的镜像点，连接镜像点与源点可得到一条直线，然后判断直线与反射面的交点是否在有效范围内，如果在有效范围内则为反射点。最后还需要根据阻挡情况对该路径进行有效性的判断。分别对从源点到反射点的射线和从反射点到接收点的射线进行追踪，若两条射线都没有与其他平面相交，就说明这条反射路径存在，否则不存在。

图 9.15 所示的一次反射路径的跟踪过程如下。

（1）发射源 T_x 关于平面 S_1 的镜像点为 T_x'，连接 T_x' 与 R_x 交平面 S_1 于 R 点，即 R 点为反射点，T_x-R-R_x 即为一条一次反射路径。

（2）判断该路径有效性（两个条件必须同时满足）：①T_x-R 之间、R-R_x 之间没有建筑物遮挡；②反射点在平面 S_1 内。

（3）如果该路径有效，即找到一条反射路径。

（4）从发射源点对所有面作镜像点，进而找到关于所有面的反射点，再判断其有效性，得到所有的有效路径。

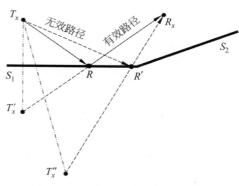

图 9.15 一次反射路径的跟踪过程

由图 9.15 可知，T_x 关于平面 S_2 的镜像点 T_x'' 与 S_2 的交点 R' 不在 S_2 中，因此 T_x-R'-R_x 是一条无效路径。

2. 二次反射跟踪过程

在二次反射路径跟踪时，首先确定对于源点可见的有效反射面及对于接收点可见的反射平面，然后根据镜像点和反射点确定反射路径，最后判定反射路径的有效性。如图 9.16 所示，T_x-R_1-R_2-R_x 为一条二次反射有效路径。

（1）作发射源 T_x 关于平面 S_1 的镜像点 T_x'，作 T_x' 关于平面 S_2 的镜像点 T_x''。

（2）连接 T_x''、R_x 交平面 S_2 于 R_2 点（反射点）。

（3）连接 T_x'、R_2 交平面 S_1 于 R_1 点（反射点）。

（4）判断 R_1 和 R_2 的有效性（两个条件必须同时满足）：①R_1 和 R_2 分别在平面 S_1 和 S_2 内；②两点 T_x-R_1、R_1-R_2、R_2-R_x 之间分别都没有建筑物遮挡。

（5）若 R_1 和 R_2 均有效，则 T_x-R_1-R_2-R_x 为一条有效的二次反射路径。

（6）遍历所有平面，找到所有符合上述条件的路径。

3. 一次绕射跟踪过程

对于一次绕射路径的追踪过程如图 9.17 所示，可以先求出源点和接收点的共同可见绕射棱表，并遍历分析每条绕射棱。根据几何绕射理论，入射线与绕射棱的夹角等于绕射线与绕射棱的夹角，可以得出绕射路径。一次绕射路径的跟踪步骤如下。

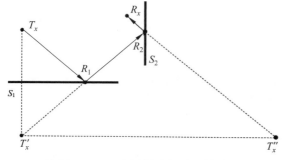

图 9.16 二次反射路径跟踪过程

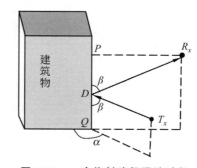

图 9.17 一次绕射路径跟踪过程

（1）若绕射棱 PQ 为绕射物的一条棱，假设 D 为绕射点，则 $\overline{QD} = \lambda \overline{QP}$，由几何绕射理论，$\angle T_x DQ = \angle R_x DP = \beta$，通过向量内积运算，可以求出 λ 的值。即可得到 D 点的坐标＝$Q+$

$$\overline{QD}=Q+\lambda\ \overline{QP}。$$

（2）判断 D 点有效性（两个条件必须同时满足）：① T_x-D、D-R_x 之间分别没有建筑物遮挡；② D 点在线段 PQ 上。

（3）如果 D 点有效，则 T_x-D-R_x 为一条有效的一次绕射路径。

（4）遍历所有绕射棱，找到所有符合条件的一次绕射路径。

4. 二次绕射跟踪过程

二次绕射的射线跟踪过程如图 9.18 所示。存在任意两条绕射棱 l、PQ，由 T_x 向地面所作的垂线和 l 所确定的平面为 S_1，l 和 PQ 确定的平面为 S_2，PQ 和由 R_x 向地面所作的垂直线确定的平面为 S_3，由几何绕射理论，发生二次绕射时 S_1、S_2、S_3 这三个平面能够展开在一个平面内，则求二次绕射路径的步骤如下。

（1）作发射源 T_x 关于平面 S_2 的垂足 T'_x。

（2）将 T'_x 作为源点，R_x 作为接收点，按照一次绕射路径跟踪方法，找到关于绕射棱 PQ 的绕射点 D_2，连接 T'_x 和 D_2 交棱 l 于 D_1 点。

（3）判断 D_1 和 D_2 的有效性（两个条件必须同时满足）：① D_1 和 D_2 分别在绕射棱 l 和绕射棱 PQ 上；②两点 T_x-D_1、D_1-D_2、D_2-R_x 之间分别都没有建筑物遮挡。

（4）若 D_1 和 D_2 有效，则 T_x-D_1-D_2-R_x 为一条有效的二次绕射路径。

（5）遍历所有的绕射棱，找到所有符合上述条件的射线路径。

5. 一次反射加一次绕射跟踪过程

如图 9.19 所示，已知发射源 T_x，接收点 R_x，绕射棱 PQ，反射面 S，跟踪一次反射加一次绕射路径的步骤如下。

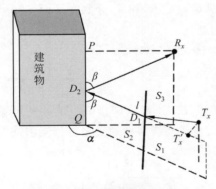
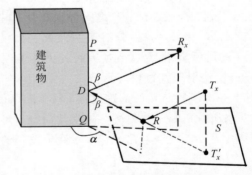

图 9.18　二次绕射的路径跟踪过程　　　　图 9.19　一次反射加一次绕射跟踪过程

（1）作发射源点 T_x 关于反射面 S 的镜像点 T'_x。

（2）将 T'_x 作为源点，R_x 作为接收点，运用一次绕射法求出在绕射棱 PQ 上的绕射点 D。

（3）连接 T'_x 与 D，与平面 S 的交点即为反射点 R。

（4）判断 R 和 D 的有效性（两个条件必须同时满足）：① R 在平面 S 内，D 在线段 PQ 上；②两点 T_x-R、R-D、D-R_x 之间分别都没有建筑物遮挡。

（5）若 R 和 D 点有效，则 T_x-R-D-R_x 则为一条有效的一次反射加一次绕射路径。

（6）遍历所有的面和绕射棱，找到所有的射线路径。

6. 一次绕射加一次反射跟踪过程

如图 9.20 所示，已知发射源 T_x，接收点 R_x，绕射棱 PQ，反射面 S，跟踪一次绕射加一次反射路径的步骤与 5. 中所求射线路径相似,使所有光路反向,即将 T_x 和 R_x 互换位置,先找到 R_x 的镜像点 R'_x,进而找到绕射点 D,然后再找到反射点 R,若 D 和 R 均有效,则 T_x-D-R-R_x 为一条有效的一次绕射加一次反射路径。遍历所有绕射棱和面,找到所有的射线路径。

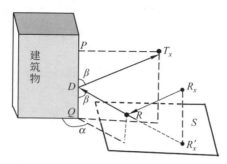

图 9.20　一次绕射加一次反射跟踪过程

9.4　射线跟踪加速技术

射线跟踪加速技术在复杂环境电波传播预测研究中有着广泛的应用。但是,大规模复杂环境中的三角面和绕射劈的数量非常多,需要进行射线与环境的相交判断计算,因此相交判断的计算时间非常长,计算效率低下。射线跟踪加速算法可以通过减少射线与环境相交判断计算的次数来提高计算效率。

9.4.1　角度的 Z 缓冲区算法

角度的 Z 缓冲区算法是在计算机图形学中光缓冲技术的基础上发展而来的。该算法在发射源点位置处把空间分成若干角度区域,源点可以是辐射源、反射点和绕射点。当射线从源点发射后,确定射线所在的角度区域,然后只需要对该角度区域中的物体进行判交计算,就可以减少需要与射线进行相交判断计算的物体的个数,减少相交判断计算的时间,提高射线跟踪的效率。但是当有多次反射发生时,处理的过程中出现了许多源点,而每个源点都需要存储其角度区域的数据,导致存储空间消耗过多,预处理过程比较复杂。

9.4.2　射线路径搜索算法

射线路径搜索算法(ray-path search algorithm)使用可见图来存储物体之间的可见关系,并通过可见关系来减少需要进行相交判断计算的物体个数。可见图以辐射源作为参考点,在环境中找出辐射源可见的所有环境元素(包括接收机),这些元素作为可见图的第一层。同样,第二层可见图就是第一层所有元素的所有可见物体,并以此类推。当射线从辐射源发射后,只需要可见图中的第一层的物体进行相交判断计算即可。如果需要计算射线的第 n 次相交,只需要对可见图第 n 层中的物体进行相交判断计算即可,这样就可以减少需要与射线进行相交判断计算的物体的数量,提高计算效率。但是,当环境中的物体非常多时,可见图的建立会变得非常复杂。为了降低建立物体之间可见关系的难度,研究者提出了使用可见列表结构的算法。这个算法利用点到区域的方法来避免不必要的重复计算,并利用可见列表的动态计算对射线跟踪进行加速,所以该算法尤其适用于含有大量接收点的情况。

9.4.3　降维算法

在二维/准三维算法中，建筑物的高度远大于接收点的高度，此时可以认为电波主要的传播方式为侧向传播。这样，只需要考虑电磁波在各个建筑物侧面的传播情况，而不需要考虑在建筑物顶面的传播情况。在该场景中，可以利用建筑物的特点，将三维场景降成二维场景。由于二维射线跟踪技术的计算效率比三维射线跟踪技术高，因此该算法提高了计算效率。但是二维/准三维算法在进行较大区域尤其是室外场景的覆盖预测时，精度较低。

研究者提出了用于水平面内的二维射线跟踪的 VPL 算法。在二维场景中，可以认为每条射线代表的是包括该射线在内的垂直地平面的射线平面。当射线遇到代表墙面的线段时，在三维空间中表示射线面与垂直墙面和屋顶的水平棱相交，并在垂直墙面处发生反射，在水平棱处发生绕射。同样，当射线与代表垂直棱的点相交时，就会发生绕射。当发生反射和绕射时，将反射点和绕射点视为新的辐射源，并从该点发出新的二维射线。

9.4.4　空间分割算法

空间分割算法在射线跟踪之前对环境进行分割，将整个环境分割成多个网格单元的集合。然后在每个网格单元中建立合适的数据结构来记录在该网格单元上的物体以及与该网格单元的相邻网格单元的信息。当射线从源点发射后，找出射线经过的网格单元。对于射线经过的网格单元，按照射线的发射方向，对位于该网格单元上的所有物体进行相交判断计算。如果射线与物体相交发生了反射或者绕射，以反射点或者绕射点作为新的源点，对新的射线继续进行追踪。空间分割算法能够快速地找出射线经过的网格单元，然后只需要与这些网格单元中的物体进行相交判断计算。空间分割算法使用网格单元将环境进行分区，减少了需要进行相交判断计算的物体的个数，提高了算法的效率。空间分割算法包括矩形分割和三角形分割等，目前已经应用于复杂环境中的电波传播预测研究中。

9.4.5　预处理技术

除了空间分割算法，在进行射线跟踪前还可以采用优化预处理技术。第一种预处理技术是在进行射线跟踪前，先对建筑物的数据库进行简化处理，删去对追踪结果没有影响的墙面、墙角和建筑物，以减少需要与射线进行相交判断计算的建筑物或者墙面的数量，从而减少射线跟踪的计算时间。但是此类预处理技术在一定程度上影响了射线跟踪技术的精度。

另一种预处理技术是在进行射线跟踪前，先计算环境中各个元素之间的可见关系，这样就可以在追踪过程中获得与射线路径搜索算法类似的效果。此类预处理技术虽然不会影响射线跟踪的精度，但是需要存储预处理结果，如果环境中的物体较多，该预处理方法计算麻烦，且需要大量的存储空间。

9.5　完全射线跟踪法的应用

射线的跟踪过程是一个递归的过程，对从源点出发的每条射线都要计算出场强，然后进行跟踪，在遇到一个物体或边缘时又产生反射、透射和许多条绕射射线，因此也要计算这些射线的场强，对这些射线跟踪的过程又相当于对源射线的跟踪。随着遇到的物体的数量增加，射线的数量将以指数规律增加，跟踪的计算量也大大增加。对于一般的建筑来说，室内的物体数量可能很多,因而射线的数量是非常庞大的。常用的跟踪处理有两种方法,一种是平面跟踪即二维跟踪,不考虑天花板和地板的反射,将发射和接收天线及所有的物体垂直投影在一个平面上;另一种是完全的三维跟踪,考虑了发射和接收天线的高度,以及天花板和地板的反射。前者由于跟踪的射线数量少而计算速度快,但精度较低;后者需要很多的计算时间,但预测精度较高。在实际问题中,可以根据实际需要选择合适的射线跟踪方法。

9.5.1　二维空间的射线发射和接收

1. 射线的发射

二维情况是对实际情况的简化。此时,发射点(T_x)视为一单位圆,射线的划分如图 9.21 所示,所有射线将单位圆均分为各个射线扇形(ray sector),每个扇形的中心线即射线方向。根据不同的精度和计算速度的要求,通过增加和减少射线的数目即可改变射线的张角。如果射线的张角为 ϕ,则共有 $n=\mathrm{int}(360/\phi)$ 根射线,int 表示取整数部分。

在接收点能被成功接收的射线是经过跟踪计算后到达接收球(reception sphere)的射线。图 9.22 为接收球的二维示意图。

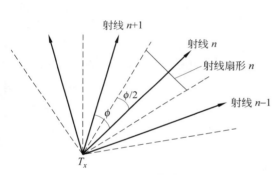

图 9.21　二维情况下射线的产生

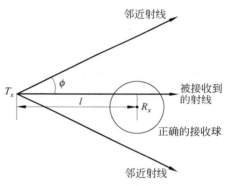

图 9.22　接收球的二维示意图

2. 射线的接收

接收球半径的确定对射线的接收至关重要,若取得过大,对实际接收没有贡献的射线将被包括其中;若取得过小,就有可能漏掉一些有贡献的射线。接收球的半径与从发射点到接收点的折线路径长度成正比,由于每条到达接收点的射线所经过的路径长度是不同的,因而接收球半径对每根射线都是不同的。接收球半径 r 为

$$r \approx l\phi/2 \qquad (9.5.1)$$

式中,l 为射线所经过的实际路径的长度,ϕ 为射线扇形的张角。

9.5.2　三维空间的射线发射和接收

三维情况与实际情况比较接近,此时发射点仍然被认为是单位球面。在这种情况下,射线的划分要求在距发射点的距离一定时每一射线管(ray tube)的波前具有一致的大小和形状,也就是说单位球面被射线管均分。图 9.23 为三维情况下的一根射线管,其中心线即为射线。

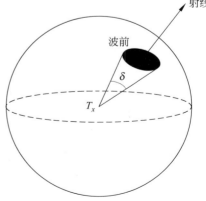

图 9.23　三维情况下射线的产生

设锥顶所张的立体角为 δ，则每根射线的仰角 θ 和方位角 ϕ 可由式（9.5.2）确定。当 $\delta=1°$ 时，发射射线的总数为 41 566 条，约为二维情况下，射线扇形张角为 $1°$ 时的 114 倍。

$$\theta = i\delta, \quad i = 1 \text{ 至 } \text{int}(180/\delta)$$
$$\varphi = j\delta/\sin\theta, \quad j = 1 \text{ 至 } \text{int}(360\sin\theta/\delta) \tag{9.5.2}$$

接收点能被成功接收的射线是经过跟踪计算后到达接收球（reception sphere）的射线。由于每条到达接收点的射线所经过的路径长度是不同的，因而每根射线的接收球半径都是不同的。三维情况的正确接收球半径 r 为

$$r \approx l\delta/\sqrt{3} \tag{9.5.3}$$

式中，l 为射线所经过实际路径的长度。

9.5.3　射线跟踪过程

在射线的跟踪过程中，由于室内环境的物体数量比室外环境要少，但密度大，一般采用直接对每个物体进行求交点的算法。由于由发射天线出发的射线在遇到物体时又会产生反射射线、透射射线或者绕射射线，所以整个跟踪过程是一个递归过程。在实际的跟踪过程中，不可能也没有必要无休止地进行跟踪，为此，通常根据要求的精度设置一个门限，当射线的场强衰减到这个门限时，就放弃对该条射线的跟踪。如图 9.24 所示为射线跟踪的树状结构，递归的深度取决于所规定的被丢弃射线的衰减门限，如射线被接收和跑出室内环境也要停止跟踪。衰减门限为一个设定的常数，例如设为 S，如将反射的衰减的权定为 r，透射的权定为 t，绕射的权定为 d（对不同的物体可以采用不同的权），则若一条被跟踪的射线有 a 次反射、b 次透射和 c 次绕射，就使得 $S \leqslant ar+bt+cd$，那么这条射线就认为衰减到很小，可以停止跟踪。

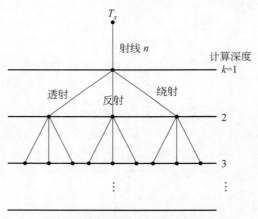

图 9.24　射线跟踪的树状结构

针对从发射天线以一定的张角出发的每一射线管或射线进行操作时，首先要为上述过程对某一环境进行二维跟踪的射线路径规划图。图 9.25 就是一个实际的例子，图中的图标 $\otimes$ 为 T_x，而图标 $\odot$ 为 R_x。

在计算机上实现上述的整个跟踪过程的编程框图如图 9.26 所示，程序对从发射天线以一定的张角出发的每一射线管或射线进行操作。

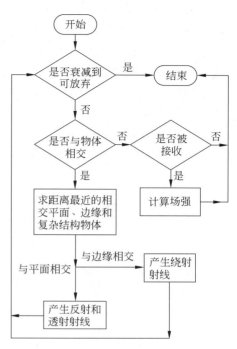

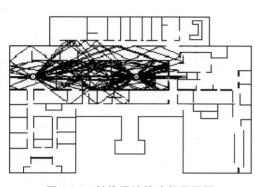

图 9.25　射线跟踪的路径平面图　　　　　　图 9.26　射线跟踪法的框图

9.6　射线跟踪法与时域有限差分法的结合

射线跟踪法是一种非常流行的预测无线通信信道特性的方法。然而,对于有限大小的复杂损耗结构,以及墙角和室内物体的棱角造成的散射场,射线跟踪法将不能正确地预测场强分布。特别是当发射机或接收机被安装在靠近墙角或室内物体时,由于局部金属体或损耗物体的边界尺寸可以等于或小于电磁波的波长,射线近似条件不再成立,在这个局部区域射线跟踪法将产生相当大的误差甚至错误。因此,必须寻找新的建模方法。回顾第 5 章介绍的 FDTD 方法,应该能够想象到,当物体边界变化比 1/20 波长平缓时,采用时域有限差分法应该是最好的选择。因此,将射线跟踪和 FDTD 法混合的建模方法就自然而然地应运而生了,采用这种方法可以更准确地预测室内无线传播。射线跟踪和 FDTD 混合方法的基本思想是:对室内宽敞区域以射线跟踪来实现电波传播的预测,针对物体边界变化小于 3 倍波长或一个波长的局部结构,就将 FDTD 用于有限大小的复杂损耗结构范围内的无线信道特性预测。在室内预测电磁波传播时,首先将发射点视为点源,其发射的电磁波向各个方向传输产生有一定电磁场强度的射线。对每根射线进行跟踪时,当未遇到具有复杂损耗结构的物体时,就按照基于几何光学的射线跟踪法的理论进行计算,在接收点将到达该点的各条射线合并,计算接收点的场强或接收功率;当遇到有限大小(例如小于一个波长时)的复杂损耗结构时,用一个虚拟盒子将此区域围绕起来并且把射线与该盒子相交处的电磁场强度计算出来,该场强就作为 FDTD 法的激励源,然后采用时域有限差分法以及吸收边界条件,例如 PML 吸收边界条件,计算虚拟盒子区域内的场强分布,从而实现全部电磁波传播的预测。

例 9.1　下面以一种简单的二维情况为例说明如何实施该混合方法。如图 9.27 所示,有限大小的复杂损耗结构为房间的一个墙角，为简单起见，此处忽略房间的门、窗及室内物体。首先用一个虚盒子，即图 9.27 中的虚线矩形 $ABCD$，将墙角置于其中，发射机位于 T_x 处，AB 是射线束与由 FDTD 计算的矩形 $ABCD$ 区域的交界面。考虑到达 AB 的几条典型射线，其中射线 1 为视距射线，射线 2 和 3 是反射射线。假设射线的入射界面 AB 的横坐标位于 $x=i\Delta x$，包括墙角的 FDTD 计算区域被向左扩大为 $EFCD$，如图 9.28 所示，其目的是减少向 $-x$ 方向传播的寄生电磁波。引入的 AB 向左至 $x=0$ 区域 $EFBA$ 为散射场，矩形 $ABCD$ 为总场区。在 FDTD 的计算区域中，以 Δx 和 Δy 分别代表在 x 和 y 坐标方向的网格空间步长，网格的每个相交点都对应一个电场强度值。

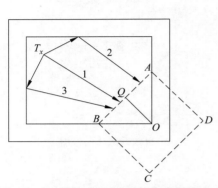

图 9.27　二维情形下，考虑几个典型射线时
的房间平面示意图

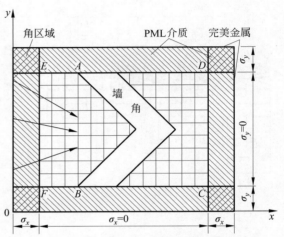

图 9.28　扩大后的以 PML 为吸收边界条件
的 FDTD 计算区域

因为电磁场分布来源于与入射面相交的射线。可以按下述方法估算入射面上的点 (i,j) $(x=i\Delta x, y=j\Delta y)$ 到与入射面相交的每条射线：设 ϕ 为射线扇形的张角，l 为射线经过的路程，那么，如果距离小于 $l\phi/2$，则点 (i,j) 在该射线扇形内，此时这条射线对点 (i,j) 处的总场有贡献。如果有 k 条射线到达点 (i,j)，在 (i,j) 处的电场为

$$\boldsymbol{E}_{i,j} = \sum_{n=1}^{k} \boldsymbol{E}_n \qquad (9.6.1)$$

式中，$\boldsymbol{E}_n$ 是第 n 条射线在点 (i,j) 处的电场强度。相邻的点也有可能被同一条射线照射，图 9.28 中，特定的 (i,j) 点就存在点 (i,j) 和点 $(i,j-1)$ 同在射线扇形中的情况。

确定了入射面上激励源的分布后，接下来将考虑电波传播进入由 FDTD 方法计算的区域。在虚矩形区域内切割成足够小的 Yee 单元，同时在 4 个边界上运用 PML 吸收边界条件，就可以采用 FDTD 方法计算该区域内的场强分布了。以 TM 波源为例，由于房间的墙壁是非磁性的损耗介质，在 FDTD 的计算区域内，Maxwell 方程的有限差分式为

$$E_z^{n+1}(i,j) = \frac{1 - \dfrac{\Delta t \cdot \sigma(i,j)}{2\varepsilon_0\varepsilon_r(i,j)}}{1 + \dfrac{\Delta t \cdot \sigma(i,j)}{2\varepsilon_0\varepsilon_r(i,j)}} E_z^n(i,j) + \frac{\dfrac{\Delta t}{\varepsilon_0\varepsilon_r(i,j)}}{1 + \dfrac{\Delta t \cdot \sigma(i,j)}{2\varepsilon_0\varepsilon_r(i,j)}} \times$$

$$\frac{1}{\Delta x}\big[H_y^{n+1/2}(i+1,j)-H_y^{n+1/2}(i,j)\big]-\frac{\dfrac{\Delta t}{\varepsilon_0\varepsilon_r(i,j)}}{1+\dfrac{\Delta t\cdot\sigma(i,j)}{2\varepsilon_0\varepsilon_r(i,j)}}\times$$

$$\frac{1}{\Delta y}\big[H_x^{n+1/2}(i,j+1)-H_x^{n+1/2}(i,j)\big] \tag{9.6.2}$$

$$H_x^{n+1/2}(i,j)=H_x^{n-1/2}(i,j)-\frac{\Delta t}{\mu_0\Delta y}\big[E_z^n(i,j)-E_z^n(i,j-1)\big] \tag{9.6.3}$$

$$H_y^{n+1/2}(i,j)=H_y^{n-1/2}(i,j)+\frac{\Delta t}{\mu_0\Delta x}\big[E_z^n(i,j)-E_z^n(i-1,j)\big] \tag{9.6.4}$$

若墙壁的相对介电常数 $\varepsilon_r=8$，损耗角正切 $\tan\delta=1.5\times10^{-1}$，采用的 TM 平面波源为

$$E_z(x,y,t)=50.0\cdot\sin\big[\omega t-k\cdot\cos\theta\cdot(x-x_0)-k\cdot\sin\theta\cdot(y-y_0)\big]\cdot$$
$$\cos\big[0.08\omega t-k\cdot\cos\theta\cdot(x-x_0)-k\cdot\sin\theta\cdot(y-y_0)\big] \tag{9.6.5}$$

式中，θ 为射线（相对于 AB 界面）的入射角，$k=\omega/c$，且 $\omega=2\pi f$，$f=2.4\text{GHz}$ 为工作频率，c 为光速。当 T_x 距 AB 界面为 50λ（λ 为电磁波的波长），OQ 的长度为 6.25λ，射线管的张角为 $0.5°$，计算的时间步为 500，网格空间为 250×250，采用 PML 方法设定 FDTD 计算区域的吸收边界条件时，则得到沿墙角处 OQ 的电场强度分布，如图 9.29 所示。

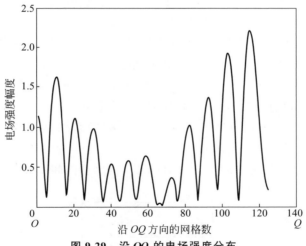

图 9.29　沿 OQ 的电场强度分布

注：射线管的张角为 $0.5°$，以 PML 为 FDTD 计算区域吸收边界条件，计算时间步为 500。

9.7　小结

　　射线跟踪法是一种非常流行的预测无线信道特性的方法。在预测室内无线传播时，射线跟踪法与 FDTD 法相结合的混合建模方法更具有优势。理论上，这种方法适用于室内通信的全部频段，是目前数值建模方法中处理不同的室内通信环境时最有效的方法。作为练习和课程的延续，请读者考虑下面的问题。

　　考虑图 9.30 所示的情况，忽略门、窗和家具效应，房间只由地板、天花板、垂直于地板的墙

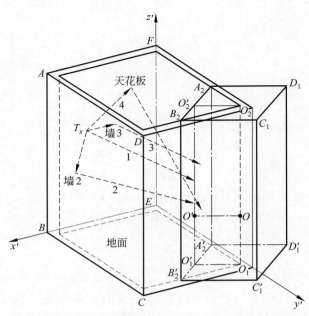

图 9.30　三维房间中包含待研究区域的长方体 $A_2B_2C_2D_2$-$A_1'B_1'C_1'D_1'$

壁组成室内环境，其中有限大小的墙角构成了复杂损耗结构。用一个虚拟长方体 $A_2B_2C_1D_1$-$A_2'B_2'C_1'D_1'$ 将墙角围在其中，发射机位于 T_x 处，$A_2B_2B_2'A_2'$ 是射线管与 FDTD 计算的长方体 $A_2B_2C_1D_1$-$A_2'B_2'C_1'D_1'$ 区域的相交界面。仅考虑几条典型的射线管：视距射线管 1 和反射射线管 2、3 和 4。反射射线管 2 的路径为：T_x → 墙 2 → 矩形平面 $A_2B_2B_2'A_2'$；反射射线管 3：T_x → 墙 3 → $A_2B_2B_2'A_2'$；反射射线管 4：T_x → 天花板 → $A_2B_2B_2'A_2'$。为了减少向 $-X$ 方向传播的寄生电磁波，引入 $A_2B_2B_2'A_2'$ 扩至 $A_1B_1B_1'A_1'$ 的散射场区域。这样，包括墙角的 FDTD 计算区域由长方体 $A_2B_2C_1D_1$-$A_2'B_2'C_1'D_1'$ 向左扩大至长方体 $A_1B_1C_1D_1$-$A_1'B_1'C_1'D_1'$，如图 9.31 所示。长方体 $A_2B_2C_1D_1$-$A_2'B_2'C_1'D_1'$ 为总场区。在 FDTD 的计算区域中，以 Δx、Δy 和 Δz 分别代表在 x、y 和 z 坐标方向的网格空间步长，Δt 代表时间步长。网格

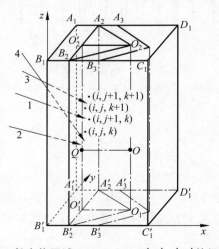

图 9.31　长方体区域 $A_1B_1C_1D_1$-$A_1'B_1'C_1'D_1'$ 的细节结构

的每个相交点均对应一个电场强度值。

　　设墙壁的相对介电常数 $\varepsilon_r = 8$，损耗角正切 $\tan\delta = 1.5 \times 10^{-1}$，天花板的相对介电常数 $\varepsilon_r = 1.94$，损耗角正切 $\tan\delta = 2.6 \times 10^{-3}$，发射源为

$$\boldsymbol{E}(r, t) = 50.0 \times \sin(2\pi f t) \times \cos(0.08 \times 2\pi f t) \mathrm{e}^{-jkr} \tag{9.7.1}$$

T_x 距离矩形平面 $A_2 B_2 B_2' A_2'$ 为 50λ，OQ 的长度为 5λ，射线管的张角为 $1°$ 时，求沿 $OQ(z = 5\lambda)$ 电场强度分布。

## 第 10 章

课程设计篇

　　计算电磁学的数值方法虽然主要是数值方法论,但是数值方法直接关系着数值建模并且是问题依赖性的,没有一定的数值计算、计算机编程、数值建模和计算机建模的基础和实践是不可能掌握计算电磁学的数值方法的。因此,笔者在教授本门课程时采用笔试加口试的方法进行课程考核。其中笔试是请学生结合自己的研究方向在课下完成的课程设计,题目可以由学生自己选或由导师或本门课程的教师点题,可以一个人单独完成或几个人组合起来共同完成。课程设计要求采用一种或几种计算电磁学的数值方法,要求有建模分析、数值计算格式、程序、结果和相应的图形、结果分析和误差讨论等。在考场上请学生到讲台上讲述自己的设计,在座的全体学生和本门课程的教师进行提问和点评。其中教师一定要进行点评并提出进一步的改进方法和引申的计算目标。该考核方式对培养学生的计算电磁学的数值方法实践和数值建模能力、表达交流能力很有好处。课程涉及的计算电磁学的数值方法比较多,比较现实的目标是要求学生在课程学习期间熟练地深入掌握其中一种。上述考核方式能使学生互相交流并弥补在课程期间只能实践一两种方法的欠缺,也使学生相互了解课程设计内容,以备日后使用更多计算电磁学的数值方法时能够知道该向哪一位同学请教,因此这种结束课程的考核方法实际上是把课程延续到将来。

　　为了方便读者进行课程设计,本章收集了部分学生的课程设计。需要说明,这些课程设计是学生在各自计算机的软件和硬件平台上完成的,而且没有进行任何软件验证工作,所以读者不要认为只要将书中的程序写进计算机就能够顺利运行。但是,这些程序的骨架和包含的计算电磁学的数值方法对于初学者具有很高的参考价值,读者正确的做法是参考本章的程序自己重新编写应用程序,在编程时可以引用书中的部分程序段。

10.1　用有限差分法解三维非线性薛定谔方程[*]

10.1.1　三维非线性薛定谔方程

　　当光束在空间中传输时,如果强度很大,在空气中会形成非线性折射,引起自聚焦等一系列非线性效应。这些非线性效应有可能和光的衍射互相平衡,从而实现光束无衍射稳定传输,这就是空间孤子,其传输方程就是空间中的非线性薛定谔方程。

---

[*]　由喻松完成。

$$\frac{\partial E}{\partial z} = \mathrm{i}b \; \mathbf{\nabla}_{\perp}^2 \, E + N_{nk} \, |E|^2 E = \mathrm{i}b \left(\frac{\partial^2 E}{\partial x^2} + \frac{\partial^2 E}{\partial y^2} \right) + N_{nk} \, |E|^2 E \qquad (10.1.1)$$

式中，$E(x,y,z)$ 是空间中的场分布，b、N_{nk}、N_{nk} 是描述材料性质的复数。传输方向沿着 z 轴。设传输距离是 L，在垂直于传输方向作 k 个切片，只要切片之间的距离 $\Delta z = L/k$ 足够小，就可以认为每片上的场分布都可以模拟场在传输过程中的变化。设第 p 片上的场分布为 $E^p(x,y)(p=1,2,\cdots,k)$。同时，设每片上 x 方向的窗口长度是 l_a，并且取点的数目为 m，则 x 方向的间隔是 $h_z = l_a/m$；同理，设每片上 y 方向的窗口长度是 l_b，取点的数目为 n，则 y 方向的间隔是 $h_y = l_b/n$。

$$\begin{cases} \dfrac{\partial^2 E^p(x,y)}{\partial x^2} = \dfrac{(E^p_{i+1,j} - E^p_{i,j} + E^p_{i-1,j})}{h_x^2} \\[3mm] \dfrac{\partial^2 E(x,y)}{\partial y^2} = \dfrac{(E^p_{i,j+1} - E^p_{i,j} + E^p_{i,j-1})}{h_y^2} \\[3mm] \dfrac{\partial E(x,y)}{\partial z} = \dfrac{E^p_{i,j} - E^{p-1}_{i,j}}{\Delta z} \end{cases} \qquad (10.1.2)$$

式中，$i=0,1,2,\cdots,m-1$；$j=0,1,2,\cdots,n-1$；$p=1,2,\cdots,k$。式(10.1.1)实际上是一个初值问题，当初始的场分布 $E^0(x,y)$ 给定之后，从式(10.1.1)出发，整个传输过程中场的变化就确定下来了。式(10.1.2)和式(10.1.1)对应的差分方程可以写为

$$\frac{E^p_{i,j} - E^{p-1}_{i,j}}{\Delta z} = \mathrm{i}b \left[\frac{(E^p_{i+1,j} - E^p_{i,j} + E^p_{i-1,j})}{h_x^2} + \frac{(E^p_{i,j+1} - E^p_{i,j} + E^p_{i,j-1})}{h_y^2} \right] + N_{nk} \, |E^p_{i,j}|^2 E^p_{i,j}$$

$$(10.1.3)$$

要注意的是，每点的场分布其实都是复数，此处用 $\hat{\mathrm{i}}$ 表示虚数单位。所以式(10.1.3)实际上是两个方程。设

$$b = b + \hat{\mathrm{i}} b_1, \quad N_{nk} = N_R + \hat{\mathrm{i}} N_I, \quad \mathrm{Re}(E^p_{i,j}) = R^p_{i,j}, \quad \mathrm{Im}(E^p_{i,j}) = I^p_{i,j}$$

则式(10.1.3)转换为

$$\frac{R^p_{i,j} - R^{p-1}_{i,j} + \hat{\mathrm{i}}(I^p_{i,j} - I^{p-1}_{i,j})}{\Delta z} = |E^p_{i,j}|^2 (N_R + \hat{\mathrm{i}} N_I)(R^p_{i,j} + \hat{\mathrm{i}} I^p_{i,j}) + \hat{\mathrm{i}}(b_R + \hat{\mathrm{i}} b_I) \cdot$$

$$\left[\frac{(R^p_{i+1,j} - R^p_{i,j} + R^p_{i-1,j})}{h_x^2} + \hat{\mathrm{i}} \frac{(I^p_{i+1,j} - I^p_{i,j} + I^p_{i-1,j})}{h_x^2} + \right.$$

$$\left. \frac{(R^p_{i,j+1} - R^p_{i,j} + R^p_{i,j-1})}{h_y^2} + \hat{\mathrm{i}} \frac{(I^p_{i,j} - I^p_{i,j} + I^p_{i,j-1})}{h_y^2} \right] \qquad (10.1.4)$$

把实部和虚部分开，实部对应的方程为

$$\frac{R^p_{i,j} - R^{p-1}_{i,j}}{\Delta z} = (N_R R^p_{i,j} - N_I I^p_{i,j}) \left[(R^p_{i,j})^2 + (I^p_{i,j})^2 \right] -$$

$$\frac{b_R (I^p_{i+1,j} - I^p_{i,j} + I^p_{i-1,j})}{h_x^2} - \frac{b_R (I^p_{i,j+1} - I^p_{i,j} + I^p_{i,j-1})}{h_y^2} -$$

$$\frac{b_I (R^p_{i+1,j} - R^p_{i,j} + R^p_{i-1,j})}{h_x^2} - \frac{b_I (R^p_{i,j+1} - R^p_{i,j} + R^p_{i,j-1})}{h_y^2} \qquad (10.1.5)$$

虚部对应的方程为

$$\frac{I^p_{i,j} - I^{p-1}_{i,j}}{\Delta z} = \left[(R^p_{i,j})^2 + (I^p_{i,j})^2 \right] (I^p_{i,j} N_R + R^p_{i,j} N_I) +$$

$$\frac{b_R\,(R^{p}_{i+1,j} - R^{p}_{i,j} + R^{p}_{i-1,j})}{h_x^2} - \frac{b_I\,(I^{p}_{i,j+1} - I^{p}_{i,j} + I^{p}_{i,j-1})}{h_y^2} +$$

$$\frac{b_R\,(R^{p}_{i,j+1} - R^{p}_{i,j} + R^{p}_{i,j-1})}{h_y^2} - \frac{b_I\,(I^{p}_{i+1,j} - I^{p}_{i,j} + I^{p}_{i-1,j})}{h_x^2} \tag{10.1.6}$$

为了加快运算速度，这里采用一维数组而不是用二维数组去描述场分布。数组的偶数位对应某一点场分布的实部，奇数位对应该点方场分布的虚部。也就是说，网格中第 i 行第 j 列的交叉点对应的场分布 $E^{p}_{i,j}$ 与数组的关系如下：

$$\begin{cases} R^{p}_{i,j} = \mathrm{data}[2i(m-1) + 2j] \\ I^{p}_{i,j} = \mathrm{data}[2i(m-1) + 2j + 1] \end{cases} \tag{10.1.7}$$

式中，data 是用来描述场分布的数组名。由上面的分析可知，数组的长度应该等于 $2 \times m \times n$。

10.1.2　解薛定谔方程的源程序

下面采用高斯-赛德尔迭代法求解式(10.1.6)和式(10.1.7)，程序如下：

```cpp
# include<math.h>
# include<stdio.h>
# include<fstream.h>
# include<iostream.h>
void chafen2D(double * data,int nt,int nhx,int nhy,
double tau,double hx,double hy,
double reb,double imb,double nlsre,double nlsim)
{
double tbhxre = tau * reb/hx/hx,tbhxim = tau * imb/hx/hx;
double tbhyre = tau * reb/hy/hy,tbhyim = tau * imb/hy/hy;
double tnlsre = tau * nlsre,tnlsim = tau * nlsim;
int it,ihx,ihy,nytm,nxtm;
double tmxim,tmxre,tmyre,tmyim,tmnre,tmnim,temp;
double e20,e21,e22,e11,e12;
for(it = 1;it<nt;it ++ ){
for(ihy = 1;ihy<nhy;ihy ++ ){
nytm = (ihy + ihy) * nhx;
for(ihx = 1;ihx<nhx;ihx ++ ){
if((it + 1 + ihy + ihx) % 2 == 1)continue;//ou
nxtm = ihx + ihx;
if(ihy == nhy - 1||ihx == nhx - 1){
data[nytm + nxtm] = 0.0;
data[nytm + nxtm + 1] = 0.0;
continue;
}
tmyre = (data[nytm - 2 * nhy + nxtm] - 2 * data[nytm + nxtm] + data[nytm + 2 * nhy + nxtm]);
tmyim = (data[nytm - 2 * nhy + nxtm + 1] - 2 * data[nytm + 1 + nxtm] + data[nytm + 2 * nhy +
    nxtm + 1]);
tmxre = (data[nytm + nxtm - 2] - 2 * data[nytm + nxtm] + data[nytm + nxtm + 2]);
tmxim = (data[nytm + nxtm - 1] - 2 * data[nytm + nxtm + 1] + data[nytm + nxtm + 3]);
e20 = (data[nytm + nxtm] * data[nytm + nxtm] + data[nytm + nxtm + 1] * data[nytm + nxtm + 1]);
e21 = (data[nytm + nxtm - 2] * data[nytm + nxtm - 2] + data[nytm + nxtm - 1] * data[nytm +
    nxtm - 1]);
e22 = (data[nytm + nxtm + 2] * data[nytm + nxtm + 2] + data[nytm + nxtm + 3] * data[nytm +
    nxtm + 3]);
e12 = data[nytm - 2 * nhy + nxtm] * data[nytm - 2 * nhy + nxtm] + data[nytm - 2 * nhy + nxtm + 1]
    * data[nytm - 2 * nhy + nxtm + 1];
```

```
e11 = data[nytm + 2 * nhy + nxtm] * data[nytm + 2 * nhy + nxtm] + data[nytm + 2 * nhy + nxtm + 1]
    * data[nytm + 2 * nhy + nxtm + 1];
temp = (e20 + (e21 + e22)/2.0 + (e12 + e11)/2.0)/3.0;
tmnre = temp * data[nytm + nxtm];
tmnim = temp * data[nytm + nxtm + 1];
temp = data[nytm + nxtm] + tbhxre * tmxre − tbhxim * tmxim +
    tbhyre * tmyre − tbhyim * tmyim + tmnre * tnlsre − tmnim * tnlsim;
data[nytm + nxtm + 1] = data[nytm + nxtm + 1] + tbhxre * tmxim + tbhxim * tmxre +
    tbhyre * tmyim + tbhyim * tmyre + tmnre * tnlsim − tmnim * tnlsre;
data[nytm + nxtm] = temp;
}}
for(ihy = 1; ihy<nhy; ihy ++ ){
nytm = (ihy + ihy) * nhx;
for(ihx = 1; ihx<nhx; ihx ++ ){
if((it + 1 + ihy + ihx) % 2 == 0)continue;//qi
nxtm = ihx + ihx;
if(ihy == nhy − 1 || ihx == nhx − 1){
data[nytm + nxtm] = 0.0;
data[nytm + nxtm + 1] = 0.0;
continue;
}
tmyre = (data[nytm − 2 * nhy + nxtm] − 2 * data[nytm + nxtm] + data[nytm + 2 * nhy + nxtm]);
tmyim = (data[nytm − 2 * nhy + nxtm + 1] − 2 * data[nytm + 1 + nxtm] + data[nytm + 2 * nhy +
    nxtm + 1]);
tmxim = (data[nytm + nxtm − 1] − 2 * data[nytm + nxtm + 1] + data[nytm + nxtm + 3]);
e20 = (data[nytm + nxtm] * data[nytm + nxtm] + data[nytm + nxtm + 1] * data[nytm + nxtm + 1]);
e21 = (data[nytm + nxtm − 2] * data[nytm + nxtm − 2] + data[nytm + nxtm − 1] * data[nytm +
    nxtm − 1]);
e22 = (data[nytm + nxtm + 2] * data[nytm + nxtm + 2] + data[nytm + nxtm + 3] * data[nytm +
    nxtm + 3]);
e12 = data[nytm − 2 * nhy + nxtm] * data[nytm − 2 * nhy + nxtm] + data[nytm − 2 * nhy + nxtm + 1] *
    data[nytm − 2 * nhy + nxtm + 1];
e11 = data[nytm + 2 * nhy + nxtm] * data[nytm + 2 * nhy + nxtm] + data[nytm + 2 * nhy + nxtm + 1] *
    data[nytm + 2 * nhy + nxtm + 1];
temp = (e20 + (e21 + e22)/2.0 + (e12 + e11)/2.0)/3.0;
tmnre = temp * data[nytm + nxtm];
tmnim = temp * data[nytm + nxtm + 1];
temp = data[nytm + nxtm] + tbhxre * tmxre − tbhxim * tmxim +
    tbhyre * tmyre − tbhyim * tmyim + tmnre * tnlsre − tmnim * tnlsim;
data[nytm + nxtm + 1] = data[nytm + nxtm + 1] + tbhxre * tmxim + tbhxim * tmxre +
    tbhyre * tmyim + tbhyim * tmyre + tmnre * tnlsim − tmnim * tnlsre;
data[nytm + nxtm] = temp;
}
}
}
}
void gauss(double * data,int nhx,int nhy,double hx,double hy)
{
double x,y,tm;
int ihy,ihx,nytm;
for(ihy = 0; ihy<nhy; ihy ++ ){
nytm = 2 * ihy * nhy;
y = hy * (ihy − nhy/2);
for(ihx = 0; ihx<nhx; ihx ++ ){
x = hx * (ihx − nhx/2);
```

```
tm = pow(x * x + y * y,1);
data[nytm + 2 * ihx] = exp( - tm);
data[nytm + 2 * ihx + 1] = 0.0;
}
}
}
bool print2D(double * data,int nn,double delta,char * filename,int pnum)
{
//open a file for output the profile
double xxx,yyy,inten;
int jx,jy,m,k;
ofstream outfile(filename);
//outfile.open;
if(!outfile){
cout≪"Can not open"≪filename≪"for output! \n";
return false;
}
for(jy = 0;jy≤ nn - 1;jy ++ )
{
if(jy % pnum! = 0)continue;
m = jy * (nn + nn);
yyy = (float)((jy - nn/2) * delta);//jy is real index
for(jx = 0;jx≤ nn - 1;jx ++ )
{
if(jx % pnum! = 0)continue;
k = jx + jx + m;
xxx = (float)((jx - nn/2) * delta);//jx is real index
inten = (float)(data[k + 2] * data[k + 2]) + data[k + 1] * data[k + 1];
//phase = (float)(atan2(data[k],data[k + 1]))
outfile≪xxx≪" "≪yyy≪" ";
outfile≪inten≪" "≪'\n';//≪phase
}
}
outfile.close();
return true;
}
main()
{
int nt = 12000,nhx = 60,nhy = 60;
double * data;
data = new double[2 * nhx * nhy];
double hx = 0.1,hy = 0.1,tau = 0.1;
double reb = 0.0,nlsre = 0.0,imb = 0.0005,nlsim = imb * 1.0e1;
gauss(data,nhx,nhy,hx,hy);
print2D(data,nhx,hx,"Dim2d0.dat",1);
chafen2D(data,nt,nhx,nhy,tau,hx,hy,reb,imb,nlsre,nlsim);
print2D(data,nhx,hx,"Dim2d4.dat",1);
return0;
}
```

假设输入的是一个高斯光束,形状如图 10.1 所示。在传输过程中,由于自聚焦的影响,束宽会越来越小,能量会越来越集中,强度会越来越大,最后差不多变成了一根细线(如图 10.2 所示)。图 10.1 和图 10.2 使用的坐标是一致的,通过比较可以发现,强度几乎增加了几百倍。在高功率激光系统中,如此高的能量集中有可能将介质材料损坏,这实际上是高功率激光系统能量提高的一个限制因素。最早在惯性约束激光核聚变(ICF)的实验中经常发现被破坏的材料呈丝状,看起来像头发一样。但是,人们当时不知道是如何引起的,就把它叫作天使的头发,本节的模拟给出了有力的解释。图 10.3 显示了传输过程中强度的最大值随着传输距离的变化,开始强度的最大值增加不快,当传输距离增加到一定距离时,强度突然增加。这让我们可以通过数值计算,避免让使用的材料厚度超过最大强度出现的长度,从而可以避免高强度激光对材料的破坏。

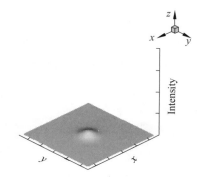

图 10.1 初始入射的高斯光束的强度分布

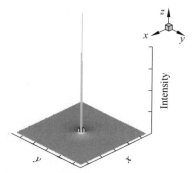

图 10.2 能量最集中时的强度分布

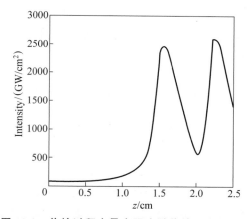

图 10.3 传输过程中最大强度随传输距离的变化

10.2 计算电磁学方法在导波分析中的应用[*]

本设计的内容是实践并掌握一些常用的电磁场数值计算方法的编程方法,其中包括蒙特卡罗法、有限差分法、有限元法和射线传播法等。下面将对同一问题采用不同的方法求解,比较结果和各自的特点,以便能更好地理解这些方法。

内容包括 5 部分。

(1)分别用蒙特卡罗法、有限差分法和有限元法求解稳态静电场问题。该静电场区域是规范的矩形区域($a \times b$),矩形的四条边为边界,边界条件设在边界上,可以为第一类或第二类

---

* 由闻和完成。

边界条件，在矩形区域内也可以人为地施加一些限制条件。

（2）用有限差分法和有限元法计算两个无限大极板中间设置了半无限大极板时的电场分布，并用保角变换验证计算的结果。

（3）用有限元法求解金属波导问题，并给出 TE 波和 TM 波的结果。

（4）用有限元法求解脊形介质波导问题，并讨论在研究过程中遇到的问题和解决方法。

（5）调研当前研究介质波导问题的一些常用方法和它们的特点。

10.2.1　蒙特卡罗法

求解矩形区域（$a \times b$）中的静电场分布，第一类边界条件是左、右和下面三边的电位都为 0，上边的电位为 $\sin(\pi x/a)$；第二类边界条件是左、右两边电位为 0，下面电位的方向导数为 0。

由于静电场中电位函数满足泊松方程，可以应用随机游动的方法来解决。

假定电位函数满足拉普拉斯方程，边界条件为 Dirichlet 问题，即 $\Delta(V)=0, V|_r=f_1(Q)$。用随机游动求解任意一点电位的步骤如下。

（1）粒子的状态参数为 $P=r=(x,y)$。

（2）粒子的初态为 $P(0)=P$。

（3）粒子由 $P(n)=(x_n,y_n), n\geqslant 0$ 出发，以 0.25 的等概率到其中 4 个相邻点中的一个，为 $P(n+1)$。

（4）若 $P(n+1)$ 在边界上，则游动停止；若不在边界上，则重复步骤（3）和（4）。

则电位 $V(x,y)$ 的无偏估计量为 $f_1(x_n,y_n)$ 的数学期望，即

$$V(x,y)=\sum_{j=1}^{J} P(P \rightarrow Q_j)f_1(Q_j) \tag{10.2.1}$$

设问题的边界条件为第二类边界条件

$$\frac{\partial V}{\partial n}\bigg|_r=f_2(r)$$

当网络的划分线与边界垂直时，有

$$V(Q)=V(Pn)+f_2(Q)\Delta x, \text{或} V(Q)=V(Pn)+f_2(Q)\Delta y$$

即当粒子到达边界时，反射回 $P(n)$ 点，并记录为 $f_2(Q)\Delta x$ 或 $f_2(Q)\Delta y$。

方法构造如下：将研究区域离散化 $(x,y) \rightarrow (i,j)$，指定出边界 (m_0,n_0)。选定研究点 (i_0,j_0)，用随机游动的方法统计从 (i_0,j_0) 到 (m_0,n_0) 的频数，换算成概率，然后用式（10.2.1）进行计算。

遍历完整个区域就可以得到电位的分布图像，第一类边界条件下的分布图如图 10.4 所示。

第二类边界条件下的分布图如图 10.5 所示。

10.2.2　有限差分法

1. 内容

用有限差分法求解静电场问题，该静电场条件仍为前面所给的条件。

电位函数 φ 满足拉普拉斯方程，并构成第一类边界问题：

$$\Delta\varphi=0, \quad V(0,y)=V(a,y)=V(x,0)=0, \quad V(x,a)=10$$

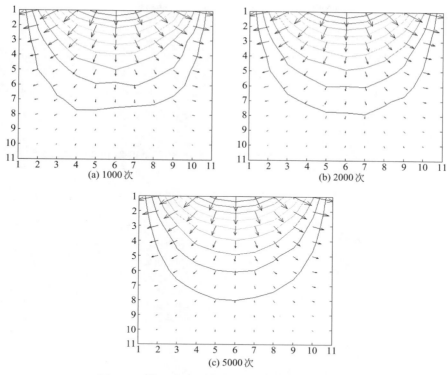

图 10.4 第一类边界条件得到的电位的分布图像

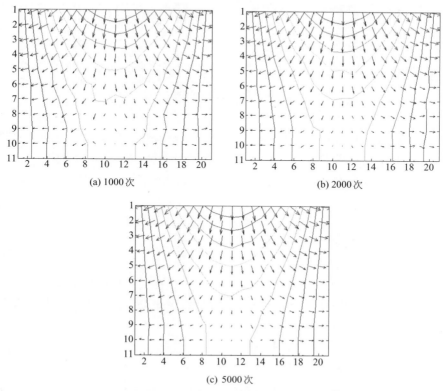

图 10.5 第二类边界条件得到的电位的分布图像

2. 求解过程

（1）采用正方形网格离散化场域。

（2）采用超松弛迭代法求解差分方程：

$$V(i,j,n+1) = V(i,j,n) + w/4(V(i+1,j,n) + V(i,j+1,n) + V(i-1,j,n+1) +$$
$$V(i,j-1,n+1) - 4*V(i,j,n)); \quad w = 1.17$$

（3）给出边界条件：$V(1,:) = V(:,1) = V(n,:) = 0; V(2:n-1,m) = 10$。

（4）给定初值：0。

（5）确定迭代解收敛的指标：各网格内点相邻二次迭代近似值的决定误差的绝对值均小于 10^{-5}，终止迭代。

计算结果如图 10.6 和图 10.7 所示。

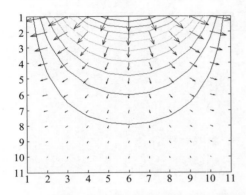
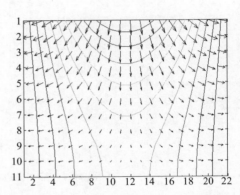

图 10.6　第一类边界条件时电位的分布图像　　　　图 10.7　第二类边界条件时电位的分布图像

10.2.3　有限元法

1. 内容

用有限元法求解静电场问题，该静电场条件仍为前面所给的条件。

2. 求解过程

（1）离散化场域，用三角形单元剖分场域，对所有结点和三角形单元按一定的顺序编号。

（2）根据剖分结点得到系数矩阵 K，K 由许多单元的 $K\{e,rs\}$ 叠加得到。

（3）构成有限元方程，并给出强加边界条件 $V(1,:) = V(:,1) = V(n,:) = 0; V(2:n-1,m) = 10$。

（4）用数值解解有限元方程（用直接解法）。

3. 关于场域的自动剖分算法

下面先研究最简单的矩形情况。

几何描述：左上角的坐标 (x,y)，边长 a、b，最少的单元总数 Ne，$FEM(x,y,a,b,Ne,s1,s2,s3,s4)$；边界条件用字符串函数来描述，分别给出在上下左右 4 条边上的边界值 $s1$、$s2$、$s3$、$s4$，如果字符串为空表示非强加边界条件。

4. 网格单元描述和数据组织结构

结点为 $n(x_n,y_n)$，结点编号为 n，结点坐标为 (x_n,y_n)。

三角形单元为 $nt(it,jt,mt)$，三角形编号为 nt，定点编号为 (it,jt,mt)。左上角的顶点映射为 1 号结点，按先行后列反的顺序编号，三角形的编号顺序也与之相同。于是结点编号和行

列号的关系为 $n=(nh-1)\times(Nh+nv)$，Nh 为一行内的结点数，设三角形编号为 nt，则它对应的结点编号为

$$m=\text{floor}((nt-1)/2\times(Nh-1)),\quad n=\text{mod}(nt-1/2\times(Nh-1))$$

如果 $n<Nh$，则 $nt((a+1,b+1),(a+2,b+2),(a+1,b+2))$；如果 $n\geqslant Nh-1$，则 $n=n-Nh+1,nt((a+1,b+1),(a+2,b+1),(a+2,b+2))$。计算结果如图 10.8 和图 10.9 所示。

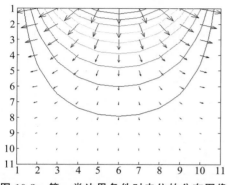 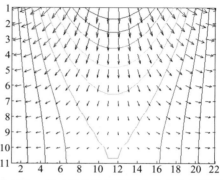

图 10.8　第一类边界条件时电位的分布图像　　　　图 10.9　第二类边界条件时电位的分布图像

可以用保角变换的自我验证来验证结果的正确性，结果如图 10.10 所示。

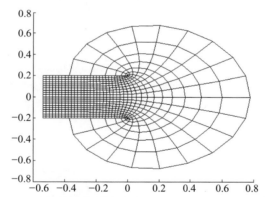

图 10.10　用保角变换的自我验证验证 Rogowski 电极的结果

如图 10.11(a)所示，上下无限大极板的电位为 0，它们的间距为 d，位于两极板中间位置的半无限大的极板电位为 V_0，求解在该场域内的电位、电场分布。下面分别用保角变换、有限差分法和有限元法进行计算。

用保角变换可得(见图 10.11(b))

$$x+\mathrm{j}y=\frac{d}{2\pi}\left\{-\frac{\pi}{V}\varPhi+\ln\left[\exp\left(\frac{2\pi}{V}\varPhi\right)-2\exp\left(\frac{\pi}{V}\varPhi\right)\cos\left(\frac{\pi}{V}\varPsi\right)+1\right]-\ln4\right\}+$$

$$\mathrm{j}\left\{-\frac{\pi}{V}\varPsi+\arctan\left[\frac{\sin\left(\frac{\pi}{V}\varPsi\right)}{\cos\left(\frac{\pi}{V}\varPsi\right)-\exp\left(-\frac{\pi}{V}\varPhi\right)}\right]\right\}$$

式中，$\varPhi$ 表示等通量线，$\varPsi$ 表示等位面。作图如图 10.12 所示。

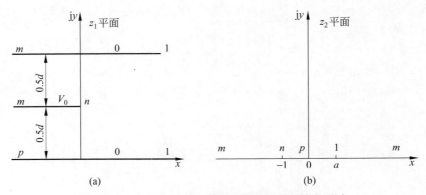

图 10.11 用保角变换求上下无限大极板的电位分布

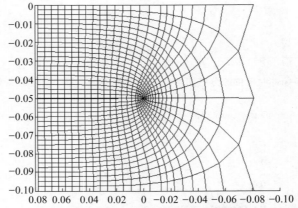

图 10.12 用保角变换求上下无限大极板的电位分布的结果

用有限差分法得出的结果如图 10.13 所示。

用有限元法得出的结果如图 10.14 所示。

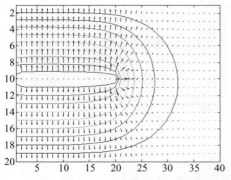

图 10.13 用有限差分法求上下无限大极板的
电位分布的结果

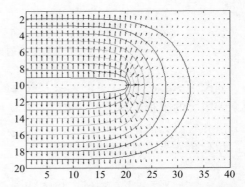

图 10.14 用有限元法求上下无限大极板的
电位分布的结果

10.2.4 用有限元法解亥姆霍兹方程

在均匀各向同性的波导结构中，电磁波的传播在定常态下服从亥姆霍兹方程

$$\Delta \Phi + (k_0 n)^2 \Phi = 0$$

式中,Φ 表示电场强度矢量 $\boldsymbol{E}$ 的分量或磁场强度矢量 $\boldsymbol{H}$ 的分量;$k_0 = \dfrac{2\pi}{\lambda_0}$ 为自由空间中的波传

播常数;$n = \sqrt{\varepsilon_r}$ 为介质的折射率;ε_r 为相对介电常数。

当电磁场可以描述为在 z 方向具有 $\exp(-\mathrm{j}\beta z)$ 的变化时,方程可以简化为

$$\Delta_t \Phi + [(k_0 n)^2 - \beta^2] \Phi = 0$$

即

$$\frac{\partial^2 \Phi}{\partial x^2} + \frac{\partial^2 \Phi}{\partial y^2} + [(k_0 n)^2 - \beta^2] \Phi = 0$$

如果 Φ 代表 $\boldsymbol{H}$ 的分量,则 Φ 在导体边界处满足第二类边界条件 $\dfrac{\partial \Phi}{\partial n} = 0$,如果 Φ 代表 $\boldsymbol{E}$ 的

分量,则 Φ 在导体边界处满足第一类边界条件 $\Phi = 0$。

下面是亥姆霍兹方程对应的泛函:

$$J(\Phi) = \frac{1}{2} \int_{\Omega} \left[\left(\frac{\partial \Phi}{\partial x} \right)^2 + \left(\frac{\partial \Phi}{\partial y} \right)^2 - \mu \Phi^2 \right] \mathrm{d}\Omega$$

转换成求解广义特征值的代数方程,对上述泛函用有限单元求解,令

$$J(\Phi) = \sum_1^m J^e(\Phi)$$

则泛函到达极值时,应该有

$$\sum_i \frac{\partial J^e}{\partial \Phi_i} = 0$$

采用简单的三角形单元分割定义域,则有

$$\begin{bmatrix} \dfrac{\partial J^e}{\partial \phi_i} \\[2mm] \dfrac{\partial J^e}{\partial \phi_j} \\[2mm] \dfrac{\partial J^e}{\partial \phi_m} \end{bmatrix} = \left\{ \begin{bmatrix} k_{ii} & k_{ij} & k_{im} \\ k_{ji} & k_{jj} & k_{jm} \\ k_{mi} & k_{mj} & k_{mm} \end{bmatrix} - \mu \begin{bmatrix} h_{ii} & h_{ij} & h_{im} \\ h_{ji} & h_{jj} & h_{jm} \\ h_{mi} & h_{mj} & h_{mm} \end{bmatrix} \right\} \cdot \begin{bmatrix} \phi_i \\ \phi_j \\ \phi_m \end{bmatrix} = [K_e - \mu H_e] \cdot \Phi_e$$

式中

$$k_{ii} = \frac{1}{4\Delta}(b_i^2 + c_i^2)$$

$$k_{jj} = \frac{1}{4\Delta}(b_j^2 + c_j^2)$$

$$k_{mm} = \frac{1}{4\Delta}(b_m^2 + c_m^2)$$

$$k_{ij} = k_{ji} = \frac{1}{4\Delta}(b_i b_j + c_i c_j)$$

$$k_{im} = k_{mi} = \frac{1}{4\Delta}(b_i b_m + c_i c_m)$$

$$k_{jm} = k_{mj} = \frac{1}{4\Delta}(b_j b_m + c_j c_m)$$

$$h_{ii} = h_{jj} = h_{mm} = \frac{\Delta}{6}$$

$$h_{ij} = h_{ji}\frac{\Delta}{12}$$

$$h_{im} = h_{mi} = \frac{\Delta}{12}$$

$$h_{jm} = h_{mj} = \frac{\Delta}{12}$$

对各单元矩阵求和，最后得到线性代数方程

$$\sum_e [K_e - \mu H_e] \cdot \boldsymbol{\Phi}_e = 0$$

或记作

$$[K - \mu H] \cdot \boldsymbol{\Phi} = 0$$

式中，K、H 都是实对称矩阵，且 H 是正定的。下面阐述求解中遇到的问题及处理方法。

1. 代数方程的求解

对上述代数方程的求解要用到求解广义特征值的方法，求解广义特征值的方法是将正定的对称实矩阵 H 分解为

$$H = L \cdot L^{T}$$

则上述矩阵方程可以转换为

$$[L^{-1}K(L^{-1})^{T} - \mu I] \cdot (L^{T}\boldsymbol{\Phi}) = 0$$

该方程与原矩阵方程具有相同的特征值，转换成为求普通的矩阵特征值问题。

2. 强加边界条件的处理

当遇到强加边界条件时，上面的代数方程中 $\boldsymbol{\Phi}$ 的某些分量是已知的，这时对方程的求解可以采用两种处理方法。

（1）将矩阵 $[K - \mu_i H]$ 中已知分量所在的行、列的非主对角元素置 0，而主对角元素置 1，得到新的矩阵 P，求解矩阵 P 的特征向量 $\boldsymbol{\Phi}_P$，将 $\boldsymbol{\Phi}_P$ 的已知分量替换成已知的数值。

（2）$[K - \mu_i H]\boldsymbol{\Phi} = 0$ 的右端减去已知分量所在矩阵 $[K - \mu_i H]$ 的列元素乘以已知分量的数值，将矩阵 $[K - \mu_i H]$ 中已知分量所在的行、列的非主对角元素置 0，而主对角元素置 1，得到新的矩阵 P，然后求解该方程。

3. 不均匀介质波导的处理

对于存在不同介质的介质波导，因为 $\mu = k_0^2 n_e^2 - \beta^2$，折射率 n_e 与三角元素所处的位置有关，所以不能直接求解广义特征值方程，而应当将 $k_0^2 n_e^2 H_e$ 并入系数矩阵 K_e 中，得到新的代数方程，此时求解得到的广义特征值才为介质波导对应的特征值。

4. 对称性问题

当研究的场域具有对称性时，问题将得到简化。例如，当研究的场域具有左右对称结构时，此时可以用一半的三角元素代替另一半的三角元素，但在仿真中发现这种方法在求解高阶模时出现了问题。例如，在下面研究的介质波导中，理论上第一个高阶模应当是 HE21，而如果用对称条件，则不会出现 HE21 模，而是出现 HE31 模，进一步研究还发现，凡是横向为偶数的模都不会出现。这是由于在做对称处理时已经认为对称轴上的电场自动满足第二类边界条件，所以在对称轴上电场永远不会取得 0 值（否则电场就恒定为 0）。即使此时改边界条件为第一类边界条件也得不到正确解。如果不利用对称条件，按照一般方法得出的解中横向就会出现偶次模，且如理论所预言的，第一个高阶模为 HE21。所以在对称条件下，所用的三角元素可以减少，但最后的系数矩阵规模仍不能减小。

在问题求解的过程中,难点在于对研究对象的几何形状的描述和边界条件描述,即怎样自动地把物理空间映射到离散的计算空间。在程序中表现为如何标记边界结点或边界元,一种可行的办法是在描述结点或单元的数据结构中增加一个标记是否为边界结点或边界元的标志,另外还需要在结构中增加与该结点或单元相邻的结点的信息。对于规则的几何体,划分后的结点编号可以和结点在几何体上的物理位置直接建立起映射关系,所以可以大大简化运算量。另外,可以将边界描述为满足方程 $f(x,y)=0$ 的曲线,如果任意一点 (x_i,y_i) 满足方程 $f(x_i,y_i)=0$,则该点便被标记为边界点。

矩形波导 BJ-100 结构示意图如图 10.15 所示。金属波导求解得到 TE 波序列的部分结果图形列于图 10.16。

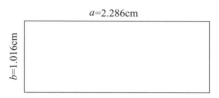

图 10.15　矩形波导 BJ-100 结构示意图

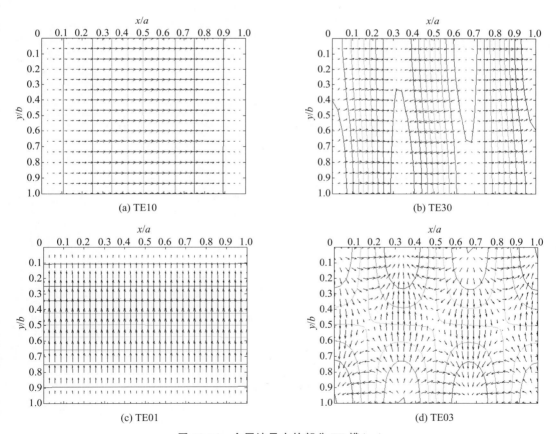

图 10.16　金属波导中的部分 TE 模(一)

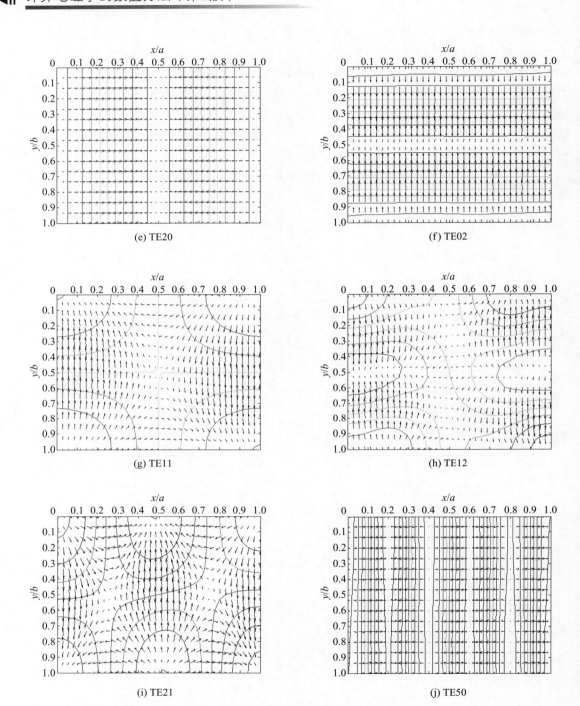

(e) TE20   (f) TE02

(g) TE11   (h) TE12

(i) TE21   (j) TE50

图 10.16 （续）

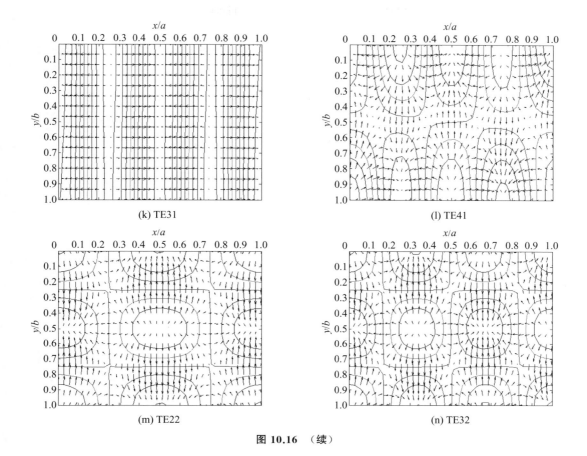

(k) TE31　　　　　　　　　　　　(l) TE41

(m) TE22　　　　　　　　　　　　(n) TE32

图 10.16 （续）

金属波导求解的部分 TM 模如图 10.17 所示。

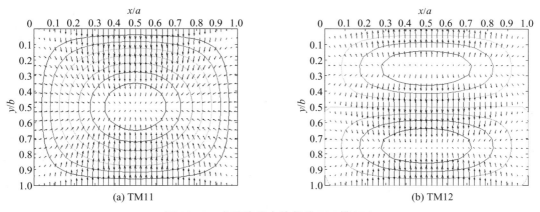

(a) TM11　　　　　　　　　　　　(b) TM12

图 10.17 金属波导中的部分 TM 模（二）

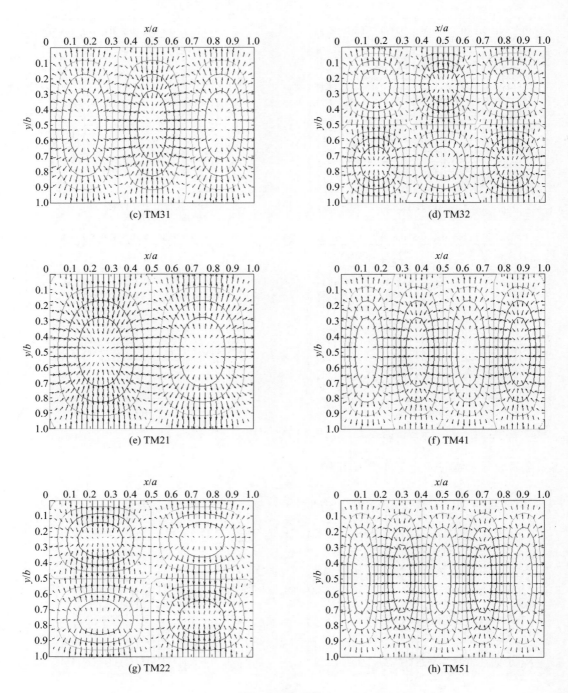

图 10.17 （续）

三角单元总数为 1200 个时计算的结果列于表 10.1。

表 10.1　三角单元总数为 1200 个时计算的结果

模　编　号	截止波长理论值	截止波长计算值	模　编　号	截止波长理论值	截止波长计算值
TE10	4.572	4.571	TE20	2.286	2.283
TE01	2.032	2.029	TE11/TM11	1.857	1.853
TE30	1.524	1.520	TE21/TM21	1.519	1.513
TE31/TM31	1.219	1.212	TE40	1.143	1.138
TE02	1.016	1.010	TE41/TM41	0.996	0.988
TE12/TM12	0.992	0.985	TE22/TM22	0.928	0.920
TE50	0.914	0.908	TE32/TM32	0.845	0.836

设有介质波导结构如图 10.18 所示。

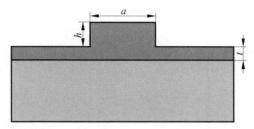

典型数据：a=0.8μm, h=0.5μm, t=0.2μm, b=0.182 467

图 10.18　介质波导结构

各种尺寸的波导求解的结果画在图 10.19 中。

各种方法的比较如下。

（1）从时间开销来看，蒙特卡罗法时间开销最大，有限差分法次之，而有限元法最少，且前两种方法随着计算点数的增加计算时间开销急剧增加。

（2）从存储单元开销来看，有限元法的开销最大，蒙特卡罗法次之，而有限差分法最少，且随着计算点数的增加，有限元法所需的存储单元数目也很快地增加。

（3）从解的精确度来看，有限元法最高，有限差分法次之，而蒙特卡罗法最差。

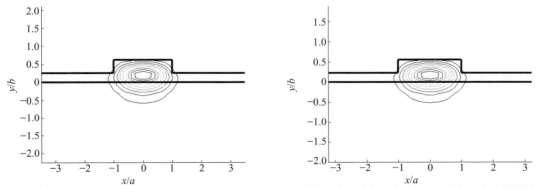

(a) 波导尺寸：a=0.8μm, h=0.5μm, t=0.2μm, b=0.182 467　　(b) 波导尺寸：a=0.9μm, h=0.5μm, t=0.2μm, b=0.197 323

图 10.19　各种尺寸的波导求解结果

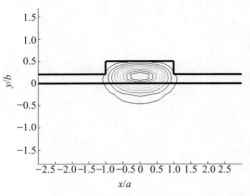
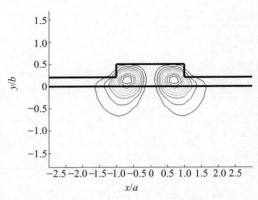

(c) 波导尺寸：a=1.0μm, h=0.5μm, t=0.2μm, b=0.209 050 (d) 波导尺寸：a=1.0μm, h=0.5μm, t=0.2μm, b=0.021 242

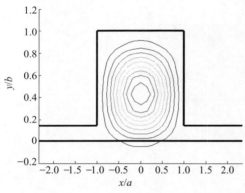
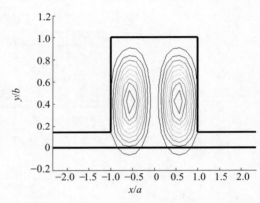

(e) 波导尺寸：a=1.5μm, h=1.5μm, t=0.2μm, b=0.786 376 (f) 波导尺寸：a=1.5μm, h=1.5μm, t=0.2μm, b=0.644 950

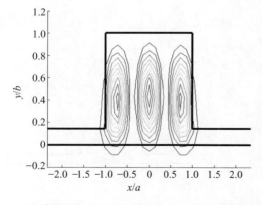
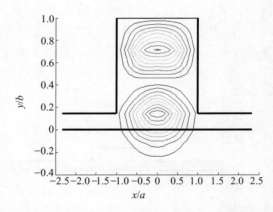

(g) 波导尺寸：a=1.5μm, h=1.5μm, t=0.2μm, b=0.409 516 (h) 波导尺寸：a=1.5μm, h=1.5μm, t=0.2μm, b=0.298 510

图 10.19　（续）

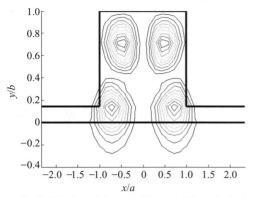

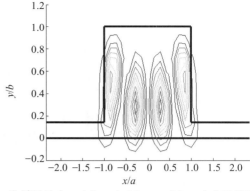

(i) 波导尺寸：a=1.5μm，h=1.5μm，t=0.2μm，b=0.166 498   (j) 波导尺寸：a=1.5μm，h=1.5μm，t=0.2μm，b=0.084 32

图 10.19 （续）

（4）有限元法在解波导问题时具有明确的物理含意，该方法得到的特征值正好对应波导的导模特征值，但得到的解是稳态场，如果要得到瞬态场则用有限差分法会更理想一些，此时应该用波动方程替换亥姆霍兹方程。有限差分法从微分方程的定义出发来解决问题，意义最为直接，但是对于复杂边界的处理比较困难。

10.2.5 适宜介质波导研究的一些常用的数值计算方法

在光通信中，由于信号载波是波长小于 $2\mu m$ 的光波，这一尺寸远远小于一般器件的尺寸，所以对于开放域或尺寸较大的器件可以采用几何射法来解决；对于几何尺寸接近波长的器件，则需要用有限差分法或者有限元法，而有限元法比较适合边界复杂的器件，所以使用广泛。比较金属波导而言，光波导属于介质波导，其边界条件比金属导体的边界条件要复杂，不同介质交界处的场的具体数值难以确定，只是满足连续性条件，所以纯粹地用数值解法解亥姆霍兹方程将遇到难以确定本征值的问题。而通过有限元法可以得到代数方程，波导的特征值也包含在代数方程中，所以能比较容易地求解。其他求解方法还包括以下几种。

1. 解析法

例如，在弱波导近似条件下，可以得到本征方程，然后解出本征值，从而确定光场在波导中的分布，如在弱波导近似条件下得到阶跃光纤中的光场呈贝塞尔函数分布。

2. 级数展开法

对于复杂的波导如脊状波导、条形波导等，多采用谐函数的级数叠加来求解光场的分布，如马卡迪尼法采用的是三角函数，点匹配法采用的是贝塞尔函数。

3. 射线传输法（Beam Propagation Method，BPM）

用于研究光场在纵向传播时，波导具有慢变化的情形，如光纤光栅、方向耦合器、分功器、合路器、S形波导、集成光路等。现在 BPM 已经接合其他方法发展出许多变种，有基于 FFT 的 FFT-BPM，基于有限差分法的 FD-BPM 和基于有限元法的 FE-BPM。FFT-BPM 中的分步傅里叶算法 SSFFT 是研究光纤非线性的一种重要的数值计算方法。

下面是根据文献给出的模型做的仿真结果，该模型描述了高斯光束在二维空间中传播的情况，并采用了文献提出的方法——透明边界条件对边界进行了处理。高斯光束的光腰半径为 $2\mu m$，波长为 $1.3\mu m$，窗口宽度为 $8\mu m$，z 方向传播距离为 $10\mu m$。

$$-\phi_{i-1}^{m+1}+s_i^m\phi_i^{m+1}-\phi_{i+1}^{m+1}=\phi_{i-1}^m-q_i^m\phi_i^m+\phi_{i+1}^m\equiv d_i^m$$

式中

$$s_i^m=2-k^2(\Delta x)^2\left[(n_i^{m+0.5})^2-n_0^2\right]+\mathrm{j}\,\frac{4kn_0(\Delta x)^2}{\Delta z}+\mathrm{j}2kn_0(\Delta x)^2\alpha_i^{m+0.5}$$

式中，ϕ_i^m 表示在 (x_i,z_m) 点处电场的复振幅值，n 表示介质的折射率，α 表示衰减系数，k 表示电场在真空中的波常数。

高斯光束在二维空间的传播见图 10.20，从图 10.20(b)看出，衍射方向有偏离。设高斯光束在波导中传播，波导延伸方向平行于传播方向，仿真结果如图 10.21 所示。

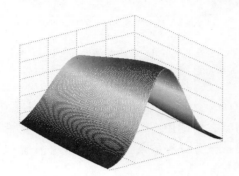 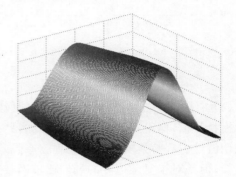

(a) 理论计算结果   (b) 数值计算结果

图 10.20　高斯光束在二维空间的传播

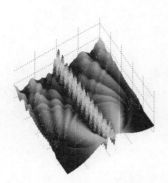 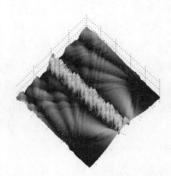

(a) 波导宽度 0.6μm，单模传输   (b) 波导宽度 1.0μm，横向出现多模

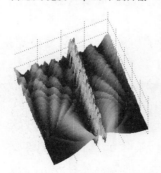 

(c) 波导延伸方向与传播方向斜交，交角 5°   (d) 交角 10°，出现模泄漏

图 10.21　高斯光束在波导中传播

从仿真结果来看,由于透明边界条件没有处理好,仍有相当大的虚假反射波存在。

10.2.6　应用几种方法的 MATLAB 源程序

1. 蒙特卡罗法程序

```
% % % % % % % % %　用蒙特卡罗法解静电场问题 % % % % % % % % % % % % %
% 静电场中电位函数满足泊松方程,对此可以应用随机游动的方法来解决
% 假定电位函数满足拉普拉斯方程,边界条件为 Dirichlet 问题,即 Laplacion(V) = 0,V|(x = 0,b;y =
0,a) = f1(x,y)
% 用随机游动求解任意一点的电位的步骤如下:
%1. 粒子的状态参数为 P = r = (x,y);
%2. 粒子的初态为 P(0) = P;
%3. 粒子由 P(n) = (xn,yn),n≥0,出发,以 0.25 的等概率到其中 4 个相邻点中的一个,为 P(n + 1);
%4. 若 P(n + 1)在边界上,则游动停止;若不在边界上,则重复步骤 3、4。
% 则电位 V(x,y)的无偏估计量为 f1(xn,yn)的数学期望,即 V(x,y) = sum(P(P - >Qn) * f1(Qn))
% n = 1...J(1)
% 方法构造:
% 将研究区域离散化(x,y) - >(i,j),指定出边界(m0,n0)
% 选定研究点(i0,j0),用随机游动的方法统计从(i0,j0)到(m0,n0)的频数,换算成概率
% 遍历完整个区域就可以得到电位的分布图像

function MC
fprintf('\nstart up this program')
mc(0,0,0.5,0.25,0.025,'sin(x * pi/0.5)','','0','0')
function mc(x0,y0,a,b,step,s1,s2,s3,s4)
N = 2000;         % 每个点的实验次数
x = x0:step:x0 + a;
y = y0:step:y0 + b;

n_v = length(y);
n_h = length(x);
% % % % % % % % % % % % % % 生成初始的电位分布矩阵 % % % % % % % % % % % % %
V = zeros(n_v,n_h);
if~isempty(s3)
    V(:,1) = eval(s3);      % 左侧面赋值
end
if~isempty(s4)
    V(:,n_h) = eval(s4);    % 右侧面赋值
end
if~isempty(s1)
    V(1,:) = eval(s1);      % 顶面赋值
end
if~isempty(s2)
    V(n_v,:) = eval(s2);    % 底面赋值
end
% % % % % % % % % % % % % % % % % % % % % % %
if(n_v>2)&(n_h>2)
    for i = 2:n_v - 1
        for j = 2:n_h - 1
            nn = 1;
            GN = zeros(n_v,n_h);              % 粒子游动区域
            p = i;
            q = j;
            while nn<N
                s = rand;                    % 随机游动,沿各个方向的概率为 0.25
```

```
                    if s<0.25
                        p = p + 1;
                    elseif s<0.5
                        q = q + 1;
                    elseif s<0.75
                        p = p - 1;
                    else
                        q = q - 1;
                    end
                    if(p == 1)&(isempty(s1))            % 对第二类边界条件的处理
                        p = 2;
                    elseif(p == n_v)&(isempty(s2))
                        p = n_v - 1;
                    elseif(q == 1)&(isempty(s3))
                        q = 2;
                    elseif(q == n_h)&(isempty(s4))
                        q = n_h - 1;
                    else
                        if(p == 1)|(p == n_v)|(q == 1)|(q == n_h)     % 对第一类边界条件的处理
                            GN(p,q) = GN(p,q) + 1;
                            nn = nn + 1;
                            p = i;
                            q = j;
                        end
                    end
                end
                GN = GN/N;              % 用算术平均代替数学期望求各内点的电位值
                V(i,j) = sum(V(:,1).* GN(:,1) + V(:,n_h).* GN(:,n_h));
                V(i,j) = V(i,j) + sum(V(1,:).* GN(1,:) + V(n_v,:).* GN(n_v,:));
            end
        end
        if isempty(s1)            % 对第二类边界条件的边界点进行处理
            V(1,2:n_h-1) = V(1,2:n_h-1) + V(2,2:n_h-1);
        end
        if isempty(s2)
            V(n_v,2:n_h-1) = V(n_v,2:n_h-1) + V(n_v-1,2:n_h-1);
        end
        if isempty(s3)
            V(2:n_v-1,1) = V(2:n_v-1,1) + V(2:n_v-1,2);
        end
        if isempty(s4)
            V(2:n_v-1,n_h) = V(2:n_v-1,n_h) + V(2:n_v-1,n_h-1);
        end
end
[px,py] = gradient(V);
figure
contour(V)
set(gca,'Ydir','Reverse')
hold on,quiver(-px,-py),hold off
fprintf('\nend of this program')
```

2. 有限差分法源程序

```
% % % % % % % % % % % % %  用有限差分法计算静电场问题  % % % % % % % % % % % % %
% 两平行的无限大极板接地,在它们中间平行放置一半极大的极板,该极板接电位 V,求
% 解该静电场的分布
```

```
%  电位函数 fai 满足拉普拉斯方程,并构成第一类边值问题
%  laplacian(fai) = 0;
%  fai(0,y) = fai(a,y) = fai(x,0) = 0 , fai(x,a) = 10
%  求解过程
%  (1) 离散化场域,正方形网格
%  (2) 采用超松弛迭代法求解差分方程
%  fai(i,j,n+1) = fai(i,j,n) + w/4(fai(i+1,j,n) + fai(i,j+1,n) + fai(i-1,j,n+1) + fai
%  (i,j-1,n+1) - 4 * fai(i,j,n));
%  w = 1.17;松弛因子
%  (3) 给出边界条件:fai(1,:) = fai(:,1) = fai(n,:) = 0; fai(2:n-1,m) = 10
%  (4) 给定初值:0
%  (5) 确定迭代解收敛的指标:各网格内点相邻二次迭代近似值的决定误差的绝对值均小于
%  10^(-5)时,终止迭代
% % % % % % % % % % % % % % % % % % % % % % % % % % % % % % % % % % % %
% % % % % % % % % % % % % % % % % % % % % % % % % % % % % % % % % % % %
function FDM                 %  函数调用
FDM(0,0,0.5,0.25,20,'0','0',",")


% % % % % % % % % % % % % % % % %  预处理 % % % % % % % % % % % % % % % %
function FDM(x0,y0,a,b,Nn,s1,s2,s3,s4)

% % % % % % % % % 参数定义 % % % % % % % % % % % %
w = 1.17;                    %松弛因子
aerr = 1e-5;                 %相邻两次迭代值的绝对误差
if a>b
    n_h = ceil(a/b * Nn);
    n_v = Nn;
else
    n_h = Nn;                %水平方向上的网格结点数
    n_v = ceil(b/a * Nn);    %垂直方向上的网格结点数
end
x = linspace(x0,x0 + a,n_h);
y = linspace(y0,y0 + b,n_v);
N = 0;                       %迭代次数
N_max = 1000;                %最大迭代次数

INs = zeros(3,round(n_h/2));
INs(1,:) = [1:round(n_h/2)];
INs(2,:) = [round(n_v/2)];
INs(3,:) = [10];
% % % % % % % % % % %  生成初始的电位分布矩阵 % % % % % % % % % % % %
V = zeros(n_v,n_h);
if ~isempty(s3)
    V(:,1) = eval(s3);       % 左侧面赋值
end
if ~isempty(s4)
    V(:,n_h) = eval(s4);     % 右侧面赋值
end
if ~isempty(s1)
    V(1,:) = eval(s1);       % 顶面赋值
end
if ~isempty(s2)
    V(n_v,:) = eval(s2);     % 底面赋值
end
    % % % % % % % % % % % %  内部点的电位值 % % % % % % % % % % % %
```

```
if size(INs,1) == 3
    for i = 1:size(INs,2)
        V(INs(2,i),INs(1,i)) = INs(3,i);
    end
end
%%%%%%%%%%%%%%  迭代计算电位分布 %%%%%%%%%%%%%%%%%%%%%%%%%
end_sw = 0;         % 结束开关量1:表示满足结束条件而正常结束
while (N<N_max)&(~end_sw)
    end_sw = 1;
    if isempty(s3)
        for i = 2:n_v - 1
            V_avg = 0.25 * (2 * V(i,2) + V(i-1,1) + V(i+1,1));
            V(i,1) = V(i,1) + w * (V_avg - V(i,1));
        end
    end
    if isempty(s4)
        for i = 2:n_v - 1
            V_avg = 0.25 * (2 * V(i,n_h-1) + V(i-1,n_h) + V(i+1,n_h));
            V(i,n_h) = V(i,n_h) + w * (V_avg - V(i,n_h));
        end
    end

    if isempty(s1)
        for j = 2:n_h - 1
            V_avg = 0.25 * (2 * V(2,j) + V(1,j-1) + V(1,j+1));
            V(1,j) = V(1,j) + w * (V_avg - V(1,j));
        end
    end
    if isempty(s2)
        for j = 2:n_h - 1
            V_avg = 0.25 * (2 * V(n_v-1,j) + V(n_v,j-1) + V(n_v,j+1));
            V(n_v,j) = V(n_v,j) + w * (V_avg - V(n_v,j));
        end
    end

    for i = 2:n_v - 1
        for j = 2:n_h - 1
            if (size(INs,1) == 3)&(sum(i == INs(2,:))>0)&(sum(j == INs(1,:))>0)
                V(i,j) = V(i,j);
            else
                V_avg = 0.25 * (V(i+1,j) + V(i,j+1) + V(i-1,j) + V(i,j-1));
                % 用超松弛迭代法计算 V(i,j)
                V(i,j) = V(i,j) + w * (V_avg - V(i,j));
            end
            if (abs(V_avg - V(i,j))>aerr)
                end_sw = 0;
            end
        end
    end
    N = N + 1;
end
[px,py] = gradient(V);
figure
contour(V)
set(gca,'Ydir','Reverse')
```

```
hold on, quiver( - px, - py), hold off
sprintf('end of the programm\n')
```

3. 有限元法源程序

```
%  该程序用有限元法来处理标量亥姆霍兹方程,其实例是脊形介质光波导中的光波
% % % % % % % % % % % %  预处理 % % % % % % % % % % % % % % % % %
function FEM
FEM(1.5,1.5,0.2,2,600);

function FEM(a,h,t,b,Ne)
% 参数说明
%a:波导半宽度;h:脊形部分波导高度;t:脊形层外波导厚度;b:匹配层的边长(考虑为正
% 方形);Ne:三角单元个数
%区域的划分:在脊形部分采用细分,在脊形部分之外采用粗分
% 由于波导左右对称分布,所以只考虑右边半部分。将区域划分成为6个大区域,横向两种划
% 分尺度,纵向三种划分尺度
% 各区域中三角单元数分别占总数的 15 % ,20 % ,15 % ,15 % ,20 % ,15 %
nc = 1;                     % cladding refractive index
nw = 3.38;                  % waveguide refractive index
ns = 3.17;                  % substrate refractive index
w = 1.55;                   % wave length:um
kv = 2 * pi * a/w;          % wave constant:1/um
ar1 = 0.15;
ar3 = 0.15;
ar4 = 0.15;
ar5 = 0.20;
d_wguide = 1;
Nh1 = ((1 + a/h) + ((1 + a/h)^2 + 4 * (Ne * ar3/2 - 1) * a/h)^0.5) * 0.5;
Nh1 = round(Nh1);                  %3 区水平方向结点数
Nv2 = round(h/a * Nh1);            %3 区垂直方向结点数
Nh2 = ceil((Nh1 - 1) * ar4/ar3 + 1);
Nh = Nh1 + Nh2 - 1;                % 对称区水平方向的结点数
Nv1 = ceil((Nv2 - 1) * ar1/ar3 + 1);    %1、2 区垂直方向结点数
Nv3 = ceil((Nv2 - 1) * ar5/ar3 + 1);    %5、6 区垂直方向结点数
Nv = Nv1 + Nv2 + Nv3 - 2;          % 垂直方向的总结点数
x1 = linspace(0,a,Nh1)/a;
y2 = linspace(h,0,Nv2)/a;
r = 1.0001;                        % 网格步不等分划分因子
if Nh 2>1                          % 产生各个尺度的坐标 x2,y1,y3
    s1 = (r - 1) * b/(r^(Nh2 - 1) - 1)/a;
    x2 = zeros(1,Nh2 - 1);
    x2(1) = x1(Nh1) + s1;
    for i = 2:Nh2 - 1
        x2(i) = x2(i - 1) + s1 * r^(i - 1);
    end
else
    x2 = (a + b)/a;
end

if Nv1>1
    s1 = (1/r - 1) * (b + t - h)/((1/r)^(Nv1 - 1) - 1)/a;
    y1 = zeros(1,Nv1 - 1);
    y1(1) = (b + t - h)/a;
    for i = 2:Nv1 - 1
        y1(i) = y1(i - 1) - s1 * (1/r)^(i - 1);
```

```
            end
        else
            y1 = (b + t)/a;
        end

        if Nv > 1
            s1 = (r - 1) * (b - t)/(r^(Nv3 - 1) - 1)/a;
            y3 = zeros(1, Nv3 - 1);
            y3(1) = y2(Nv2) - s1;
            for i = 2:Nv3 - 1
                    y3(i) = y3(i - 1) - s1 * r^(i - 1);
            end
        else
            y3 = (t - b)/a;
        end
        %%%%%%%%%%%%%%%%%% 结点矩阵准备 %%%%%%%%%%%%%%%%%%%
        Ni = zeros(2, Nh * Nv);    % Ni向量,第一行表示横坐标,第二行表示纵坐标
        % area 1
        for i = 1:Nv1 - 1
            Ni(1,(i - 1) * Nh + 1:(i - 1) * Nh + Nh1) = x1;              %横坐标赋值
            Ni(2,(i - 1) * Nh + 1:(i - 1) * Nh + Nh1) = y1(i);           %纵坐标赋值
        end
        % area 2
        for i = 1:Nv1 - 1
            Ni(1,(i - 1) * Nh + Nh1 + 1:i * Nh) = x2;                    %横坐标赋值
            Ni(2,(i - 1) * Nh + Nh1 + 1:i * Nh) = y1(i);                 %纵坐标赋值
        end
        % area 3
        for i = Nv1:Nv1 + Nv2 - 1
            Ni(1,(i - 1) * Nh + 1:(i - 1) * Nh + Nh1) = x1;              %横坐标赋值
            Ni(2,(i - 1) * Nh + 1:(i - 1) * Nh + Nh1) = y2(i - Nv1 + 1); %纵坐标赋值
        end
        % area 4
        for i = Nv1:Nv1 + Nv2 - 1
            Ni(1,(i - 1) * Nh + Nh1 + 1:i * Nh) = x2;                    %横坐标赋值
            Ni(2,(i - 1) * Nh + Nh1 + 1:i * Nh) = y2(i - Nv1 + 1);       %纵坐标赋值
        end
        % area 5
        for i = Nv1 + Nv2:Nv
            Ni(1,(i - 1) * Nh + 1:(i - 1) * Nh + Nh1) = x1;                   %横坐标赋值
            Ni(2,(i - 1) * Nh + 1:(i - 1) * Nh + Nh1) = y3(i - Nv1 - Nv2 + 1); %纵坐标赋值
        end
        % area 6
        for i = Nv1 + Nv2:Nv
            Ni(1,(i - 1) * Nh + Nh1 + 1:i * Nh) = x2;                    %横坐标赋值
            Ni(2,(i - 1) * Nh + Nh1 + 1:i * Nh) = y3(i - Nv1 - Nv2 + 1); %纵坐标赋值
        end
        ti = find(y2 >= t/a);
        ti = ti(length(ti));
            %%%%%%%%%%%%%% 三角形单元矩阵准备 %%%%%%%%%%%%%%%%%
        Nt = zeros(3,(Nh - 1) * (Nv - 1));   % 前三行表示逆时针方向排列的三个顶点的标号
        K = zeros((2 * Nh - 1) * Nv,(2 * Nh - 1) * Nv);       % 刚度矩阵
        H = zeros((2 * Nh - 1) * Nv,(2 * Nh - 1) * Nv);       % 常数项矩阵
        for i = 1:2 * (Nh - 1) * (Nv - 1)
        % 由三角形编号得到顶点编号,对于对称结构只准备对称部分的三角单元,由其编号可以
```

```
% 推出另一半的编号
    m = floor((i - 1)/2/(Nh - 1));
    n = mod(i - 1,2 * (Nh - 1));
    if n >= (Nh - 1)                              % 下三角形
            n = n - Nh + 1;
            Nt(1,i) = m * Nh + n + 1;
            Nt(2,i) = (m + 1) * Nh + n + 1;
            Nt(3,i) = (m + 1) * Nh + n + 2;
            NNt1 = m * (2 * Nh - 1) + (Nh + n);          % 对称点的标号 m * (2 * Nh - 1) + (Nh - n)
            NNt2 = (m + 1) * (2 * Nh - 1) + (Nh + n); % 对称点的标号(m + 1) * (2 * Nh - 1) + (Nh - n)
            NNt3 = (m + 1) * (2 * Nh - 1) + (Nh + n + 1);    % 对称点的标号(m + 1) * (2 * Nh - 1) +
                                                             % (Nh - n - 1);
            delt2 = 0;
            if m <= Nv1 - 2                       % area 1 and 2
                neff = nc;
            elseif m >= Nv1 + Nv2 - 2             % area 5 and 6
                neff = ns;
            else
                if m <= Nv1 + ti - 1              % area 2 in waveguide part
                    neff = nw;
                elseif n >= Nh1 - 1
                    neff = nc;
                else                              % area 3
                    neff = nw;
                end
            end
    else                                          % 上三角形
            Nt(1,i) = m * Nh + n + 1;
            Nt(2,i) = (m + 1) * Nh + n + 2;
            Nt(3,i) = m * Nh + n + 2;
            NNt1 = m * (2 * Nh - 1) + (Nh + n);          % 对称点的标号 m * (2 * Nh - 1) + (Nh - n);
            NNt2 = (m + 1) * (2 * Nh - 1) + (Nh + n + 1); % 对称点的标号(m + 1) * (2 * Nh - 1) + (Nh -
                                                          % n - 1);
            NNt3 = m * (2 * Nh - 1) + (Nh + n + 1);    % 对称点的标号 m * (2 * Nh - 1) + (Nh - % n - 1);
            delt2 = 2;
            if m <= Nv1 - 2                       % area 1 and 2
                neff = nc;
            elseif m >= Nv1 + Nv2 - 2
                neff = ns;
            else
                if m >= ti + Nv1 - 2              % area 2 in waveguide part
                    neff = nw;
                elseif n >= Nh1 - 1
                    neff = nc;
                else
                    neff = nw;
                end
            end
    end
end
bi = Ni(2,Nt(2,i)) - Ni(2,Nt(3,i));          % bi
bj = Ni(2,Nt(3,i)) - Ni(2,Nt(1,i));          % bj
bm = Ni(2,Nt(1,i)) - Ni(2,Nt(2,i));          % bm
ci = Ni(1,Nt(2,i)) - Ni(1,Nt(3,i));          % ci
cj = Ni(1,Nt(3,i)) - Ni(1,Nt(1,i));          % cj
cm = Ni(1,Nt(1,i)) - Ni(1,Nt(2,i));          % cm
```

```
s = 0.5 * abs((bi * cj - bj * ci));
if d_wguide~ = 1
    neff = 0;
end
% % % % % % % % % %  生成有限元系数矩阵   % % % % % % % % % % %
K(NNt1,NNt1) = K(NNt1,NNt1) + (bi * bi + ci * ci)/s - 2 * (kv * neff)^2 * s/3;
        % Kii
K(NNt2,NNt2) = K(NNt2,NNt2) + (bj * bj + cj * cj)/s - 2 * (kv * neff)^2 * s/3;
        % Kjj
K(NNt3,NNt3) = K(NNt3,NNt3) + (bm * bm + cm * cm)/s - 2 * (kv * neff)^2 * s/3;
        % Kmm
K(NNt1,NNt2) = K(NNt1,NNt2) + (bi * bj + ci * cj)/s - (kv * neff)^2 * s/4;
            % Kij = Kji
K(NNt2,NNt1) = K(NNt1,NNt2);
K(NNt1,NNt3) = K(NNt1,NNt3) + (bi * bm + ci * cm)/s - (kv * neff)^2 * s/4;    % Kim = Kmi
K(NNt3,NNt1) = K(NNt1,NNt3);
K(NNt2,NNt3) = K(NNt2,NNt3) + (bj * bm + cj * cm)/s - (kv * neff)^2 * s/4;    % Kjm = Kjm
K(NNt3,NNt2) = K(NNt2,NNt3);

H(NNt1,NNt1) = H(NNt1,NNt1) + 2 * s/3;                                    % Hii
H(NNt2,NNt2) = H(NNt2,NNt2) + 2 * s/3;                                    % Hjj
H(NNt3,NNt3) = H(NNt3,NNt3) + 2 * s/3;                                    % Hmm
H(NNt1,NNt2) = H(NNt1,NNt2) + s/4;                                        % Hij = Hji
H(NNt2,NNt1) = H(NNt1,NNt2);
H(NNt1,NNt3) = H(NNt1,NNt3) + s/4;                                        % Him = Hmi
H(NNt3,NNt1) = H(NNt1,NNt3);
H(NNt2,NNt3) = H(NNt2,NNt3) + s/4;                                        % Hjm = Hjm
H(NNt3,NNt2) = H(NNt2,NNt3);
% 对对称点的操作
NNt1 = NNt1 - n - n;
NNt2 = NNt2 - n - n - delt2;
NNt3 = NNt3 - n - n - 2;

K(NNt1,NNt1) = K(NNt1,NNt1) + (bi * bi + ci * ci)/s - 2 * (kv * neff)^2 * s/3;
        % Kii
K(NNt2,NNt2) = K(NNt2,NNt2) + (bj * bj + cj * cj)/s - 2 * (kv * neff)^2 * s/3;
        % Kjj
K(NNt3,NNt3) = K(NNt3,NNt3) + (bm * bm + cm * cm)/s - 2 * (kv * neff)^2 * s/3;
        % Kmm
K(NNt1,NNt2) = K(NNt1,NNt2) + (bi * bj + ci * cj)/s - (kv * neff)^2 * s/4;
            % Kij = Kji
K(NNt2,NNt1) = K(NNt1,NNt2);
K(NNt1,NNt3) = K(NNt1,NNt3) + (bi * bm + ci * cm)/s - (kv * neff)^2 * s/4;    % Kim = Kmi
K(NNt3,NNt1) = K(NNt1,NNt3);
K(NNt2,NNt3) = K(NNt2,NNt3) + (bj * bm + cj * cm)/s - (kv * neff)^2 * s/4;    % Kjm = Kjm
K(NNt3,NNt2) = K(NNt2,NNt3);

H(NNt1,NNt1) = H(NNt1,NNt1) + 2 * s/3;                                    % Hii
H(NNt2,NNt2) = H(NNt2,NNt2) + 2 * s/3;                                    % Hjj
H(NNt3,NNt3) = H(NNt3,NNt3) + 2 * s/3;                                    % Hmm
H(NNt1,NNt2) = H(NNt1,NNt2) + s/4;                                        % Hij = Hji
H(NNt2,NNt1) = H(NNt1,NNt2);
H(NNt1,NNt3) = H(NNt1,NNt3) + s/4;                                        % Him = Hmi
H(NNt3,NNt1) = H(NNt1,NNt3);
H(NNt2,NNt3) = H(NNt2,NNt3) + s/4;                                        % Hjm = Hjm
```

```matlab
        H(NNt3,NNt2) = H(NNt2,NNt3);
end


% % % % % % % % % % % % %  求解方程  % % % % % % % % % % % %
if d_wguide == 1
    [EVC,EL] = eig(K, - H,'chol');
else
    [EVC,EL] = eig(K,H,'chol');
end
% % % % % % % % % % % %  边界条件处理 % % % % % % % % % % %
clear Nt;
[indexi,indexj] = find(EL>(kv * ns)^2);                              % 寻找导模
if length(indexj)>0
    j = 1;
    s = input('\nshow next eigenmode? ','s');
    while (s == 'y'|s == 'Y')&(j<= length(indexj))
        if d_wguide == 1
            norm_b = (EL(indexj(j),indexj(j))/kv/kv - ns * ns)/(nw * nw - ns * ns);
            fprintf('normalized b = % f\n',norm_b)
        else
            lamda = 2 * pi * a./sqrt(EL(indexj(j),indexj(j)));        % 截止波长
            fprintf('cut off wavelength wc = % f\n',lamda)
        end
        V = zeros(Nv,2 * Nh - 1);
        for i = 1:Nv
            V(i,:) = (EVC((i - 1) * (2 * Nh - 1) + 1:i * (2 * Nh - 1),indexj(j))).^2;
                                                                % 求解功率分布
        end
        x = [ - x2(length(x2): - 1:1) - x1(length(x1): - 1:2) x1 x2];
        [px,py] = gradient(V,x,[y1 y2 y3]);
        figure('Color','W'),hold on
        contour(x,[y1 y2 y3],V)
        xlim([x(1) x(length(x))])
        ylim([y3(length(y3)) y1(1)])
        if d_wguide == 1                                        % 画波导的外形状
            h = line(x(Nh - Nh1 + 1:Nh + Nh1 - 1),y2(1) * ones(1,2 * Nh1 - 1));
                                                                % top line
            set(h,'LineWidth',3,'Color','k')
            h = line(x1(length(x1)) * ones(1,ti),y2(1:ti));      % right line
            set(h,'LineWidth',3,'Color','k')
            h = line( - x1(length(x1)) * ones(1,ti),y2(1:ti));    % left line
            set(h,'LineWidth',3,'Color','k')
            h = line(x(Nh + Nh1 - 1:2 * Nh - 1),y2(ti) * ones(1,Nh - Nh1 + 1));
                                                                % right mediate line
            set(h,'LineWidth',3,'Color','k')
            h = line(x(1:Nh - Nh1 + 1),y2(ti) * ones(1,Nh - Nh1 + 1));  % left mediate line
            set(h,'LineWidth',3,'Color','k')
            h = line(x,y2(length(y2)) * ones(1,2 * Nh - 1));        % bottom line
            set(h,'LineWidth',3,'Color','k')
        end
        xlabel('x/a')
        ylabel('y/b')
        j = j + 1;
        if j>length(indexj)
                fprintf('\null modes is showed')
```

```
        else
                s = input('show next eigenmode? ','s');
        end
    end
else
    fprintf('no guide mode exists,maybe there is some error of your problem! ')
end
fprintf('\nend of this program')
```

4. FD-BPM 法程序

```
function BPM
% 计算基于 FD 的 BPM,二维情况
% 定义差分格式
% fai(m,i-1) + q(m,i) * fai(m,i) + fai(m,i+1) = -fai(m+1,i-1) + s(m,i) * fai(m+1,i) -
% fai(m+1,i+1) = d(m,i)
% define Gauss beam
dz = 0.1;
dx = 0.02;
z = 0.01:dz:10;
x = -4:dx:4;
d = 0.3;
w0 = 2.0;
lamda = 1.3;
Z0 = pi * w0 ^ 2/lamda;
k = 2 * pi/lamda;
n0 = 1;
alphaxy = 0;                    % 衰减系数
theta = pi/180 * 10;           % 斜交角

Er = zeros(length(z),length(x));
Ei = zeros(length(z),length(x));
j = sqrt(-1);
figure                         % 理论计算
for i = 1:length(z)
        wz = w0 * (1 + (z(i) * cos(theta)/Z0) ^ 2) ^ 0.5;
        Er(i,:) = 1/wz * exp(-x.^ 2/wz^ 2);
Ei(i,:) = 180/pi * angle(exp(-j * pi * x.^ 2/lamda/z(i) * cos(theta)/(1 + (Z0/z(i)/
        cos(theta)) ^ 2) + j * atan(z(i) * cos(theta)/Z0)));
        plot3(x,z(i) * ones(size(x)),Er(i,:))
        axis([x(1) x(length(x)) z(1) z(length(z)) 0 0.8])
        grid on
        M(:,i) = getframe;
end
figure('Color','W')
mesh(x,z,Er);
figure('Color','W')
mesh(x,z,Ei);
movie(M,1)
clear M;

N = length(x);                                    % N>3
dmi = zeros(1,N-2);
alphai = zeros(1,N-2);
betai = zeros(1,N-2);
```

```
nxy = zeros(1,N-2);
alphaxy = zeros(1,N-2);
U = zeros(length(z),length(x));
U(1,:) = Er(1,:).* exp(j * pi/180 * Ei(1,:));      % 数值计算
for m = 2:length(z)
     nxy(1,:) = 1;
     index2 = fix((-d + z(m) * sin(theta))/dx):fix((d + z(m) * sin(theta))/dx);
     nxy(index2 + floor((N+1)/2)) = 3.4 * ones(size(index2));
     alphaxy(1,:) = 0;
     pmi = -2 + (k * dx)^2 * (nxy.^2 - n0^2) - j * 2 * k * n0 * dx^2 * alphaxy;
     qmi = pmi + j * 4 * k * n0 * dx^2/dz;
     smi = -pmi + j * 4 * k * n0 * dx^2/dz;
     Kr = -log(U(m-1,N)/U(m-1,N-1))/j/dx;
     Amp = abs(Kr)/100;
     Ang = angle(Kr);
     Kr = Amp * exp(j * Ang);                        % 右边界条件
     Kl = -log(U(m-1,2)/U(m-1,1))/j/dx;
     Amp = abs(Kl)/100;
     Ang = angle(Kl);
     Kl = Amp * exp(j * Ang);                        % 左边界条件
     smi(1) = smi(1) - exp(-j * Kl * dx);
     smi(N-2) = smi(N-2) - exp(-j * Kr * dx);
     dmi = U(m-1,1:N-2) + qmi.* U(m-1,2:N-1) + U(m-1,3:N);
     alphai(1) = 1/smi(1);
     betai(1) = dmi(1)/smi(1);
     a = 1;c = 1;
     for i = 2:N-2                                   % 求解系数 alphai,betai 后可直接解得 U
         alphai(i) = c/(smi(i) - a * alphai(i-1));
         betai(i) = (dmi(i) + a * betai(i-1))/(smi(i) - a * alphai(i-1));
     end
     alphai(N-2) = 0;
     U(m,N-1) = betai(N-2);
     for i = N-2:-1:2
         U(m,i) = alphai(i-1) * U(m,i+1) + betai(i-1);
     end
         U(m,1) = U(m,2) * exp(j * Kl * dx);
         U(m,N) = U(m,N-1) * exp(-j * Kr * dx);
end
Ur = abs(U);
Ua = 180/pi * angle(U);
figure('Color','W')
mesh(x,z,Ur)
figure('Color','W')
mesh(x,z,Ua)
fprintf('end of this program')
```

10.3　利用矩量法计算对称振子上的电流分布[*]

10.3.1　矩量法简介

矩量法(moment method)是近年来在天线、微波技术和电磁波发射等方面广泛应用的一

---

[*] 由程春悦完成。

种数值方法。矩量法将待求的积分方程问题转换为一个矩阵方程问题，借助计算机，求得其数值解，从而在所得激励源分布的数值解基础上，可算出辐射场的分布及输入阻抗等特性参数。

10.3.2 波克林顿方程

在有电流源 $\boldsymbol{J}$ 和磁流源 $\boldsymbol{M}$ 的区域 V 中，麦克斯韦方程组中旋度方程如下：

$$\boldsymbol{\nabla} \times \boldsymbol{E} = -\mathrm{j}\omega\mu\boldsymbol{H} - \boldsymbol{M}$$

$$\boldsymbol{\nabla} \times \boldsymbol{H} = \mathrm{j}\omega\varepsilon\boldsymbol{E} + \boldsymbol{J}$$

电场强度 $\boldsymbol{E}$ 和磁场强度 $\boldsymbol{H}$ 可以通过电流 $\boldsymbol{J}$、磁流 $\boldsymbol{M}$、电荷 ρ、磁荷 m 来表示：

$$\boldsymbol{E} = -\mathrm{j}\omega\boldsymbol{A} - \boldsymbol{\nabla}\phi - \frac{1}{\varepsilon}\boldsymbol{\nabla} \times \boldsymbol{F}$$

$$\boldsymbol{H} = \frac{1}{\mu}\boldsymbol{\nabla} \times \boldsymbol{A} - \boldsymbol{\nabla}\phi - \mathrm{j}\omega\boldsymbol{F}$$

式中，$\boldsymbol{A} = \varepsilon\displaystyle\int_{\tau}\boldsymbol{J}(\boldsymbol{r}')\frac{\mathrm{e}^{-\mathrm{j}\boldsymbol{k}\cdot\boldsymbol{R}}}{4\pi R}\mathrm{d}\tau'$，$\boldsymbol{F} = \mu\displaystyle\int_{\tau}\boldsymbol{M}(\boldsymbol{r}')\frac{\mathrm{e}^{-\mathrm{j}\boldsymbol{k}\cdot\boldsymbol{R}}}{4\pi R}\mathrm{d}\tau'$，$\phi = \displaystyle\int_{\tau}\frac{\rho(\boldsymbol{r}')\mathrm{e}^{-\mathrm{j}\boldsymbol{k}\cdot\boldsymbol{R}}}{4\pi\varepsilon R}\mathrm{d}\tau'$，$R$ 为场点 $\boldsymbol{r}$ 和源点 $\boldsymbol{r}'$ 之间的距离，即 $|\boldsymbol{r} - \boldsymbol{r}'|$。

电流与电荷及磁流与磁荷的连续性方程为

$$\boldsymbol{\nabla} \cdot \boldsymbol{J} = -\mathrm{j}\omega\rho$$

$$\boldsymbol{\nabla} \cdot \boldsymbol{M} = -\mathrm{j}\omega m$$

矢量位 $\boldsymbol{A}$ 及 $\boldsymbol{F}$ 与标量位 ϕ 及 ψ 约束方程为

$$\boldsymbol{\nabla} \cdot \boldsymbol{A} = -\mathrm{j}\sigma\mu\varepsilon\phi$$

$$\boldsymbol{\nabla} \cdot \boldsymbol{F} = -\mathrm{j}\sigma\mu\varepsilon\psi$$

式中，$\psi = \displaystyle\int_{\tau}\frac{\mathrm{e}^{-\mathrm{j}\boldsymbol{k}\cdot\boldsymbol{R}}}{4\pi\mu R}\mathrm{d}\tau'$。在自由空间，有 $\mu = \mu_0$，$m = 0$，$\boldsymbol{M} = 0$，$\boldsymbol{A}$、ϕ、$\boldsymbol{E}$ 的微分方程为

$$(\boldsymbol{\nabla}^2 + k^2)\boldsymbol{A} = -\mu\boldsymbol{J}$$

$$(\boldsymbol{\nabla}^2 + k^2)\phi = -\frac{\rho}{\varepsilon}$$

$$\boldsymbol{E} = \frac{\boldsymbol{\nabla} \times \boldsymbol{\nabla} \times \boldsymbol{A}}{\mathrm{j}\omega\varepsilon\mu} - \frac{\boldsymbol{J}}{\mathrm{j}\omega\varepsilon}$$

一般来说，在天线振子或线形散射体表面的电流有 J_z、J_ϕ、J_ρ 3 个分量。在导线很细（$\rho \ll a$，$a \ll \lambda$）的情况下，J_z 和 J_ϕ 消失，仅剩下 J_z 一个分量。

$$\frac{\partial A_z}{\partial z} = -\mathrm{j}\omega\mu\varepsilon\phi$$

$$(\boldsymbol{\nabla}^2 + k^2)A_z = -\mu I_z$$

$$E_z = -\frac{1}{\mathrm{j}\omega\mu\varepsilon}\left(\frac{\partial^2}{\partial z^2} + k^2\right)A_z$$

对于电流 I_z，A_z 可写作

$$A_z = \mu\int\frac{I_z(z')\mathrm{e}^{-\mathrm{j}\boldsymbol{k}\cdot\boldsymbol{R}}}{4\pi R}\mathrm{d}z'$$

代入电场微分方程，可得

$$E_z = \frac{1}{\mathrm{j}\omega\varepsilon}\left(\frac{\partial^2}{\partial z^2} + k^2\right)\int_l\frac{I_z(z')\mathrm{e}^{-\mathrm{j}\boldsymbol{k}\cdot\boldsymbol{R}}}{4\pi r}\mathrm{d}z'$$

此方程即波克林顿方程。

令格林函数 $\boldsymbol{G}(z,z')=-\dfrac{\mathrm{e}^{-jk\cdot R}}{4\pi R}$，则在任意点的场强为

$$E_z=\frac{1}{j\omega\varepsilon}\left(\frac{\partial^2}{\partial z^2}+k^2\right)\int_l\boldsymbol{G}(z,z')\cdot I_z\mathrm{d}z'$$

该方程可写成如下形式：

$$E_z=L(J)$$

算子 L 的形式为

$$L=-\frac{1}{j\omega\varepsilon}\left(\frac{\partial^2}{\partial z^2}+k^2\right)\int_l\boldsymbol{G}(z,z')\mathrm{d}z'$$

对于给定的源有且只有一个 J 存在，便得

$$J=L^{-1}(E_z)$$

用矩量法求解的过程分为以下 4 步。

（1）将未知量 J 在算子的定义域内展开成由基函数 J_n 所组成的级数。

（2）确定合适的内积和一个权函数。

（3）取内积建立矩阵方程。

（4）解矩阵方程，求得未知量。

选择脉冲函数作为展开函数，δ 函数作为检验函数（点匹配法），有

$$\boldsymbol{J}=\sum I_n\boldsymbol{J}_n$$
$$J_j(z')=p_j(z')$$
$$p_j(z')=1,\text{在第 } j \text{ 分段上}$$
$$p_j(z')=0,\text{在其他位置上}$$

波克林顿方程变为

$$E_{zi}=-\frac{1}{j\omega\varepsilon}\left(\frac{\partial^2}{\partial z^2}+k^2\right)\sum_{j=1}^N I_j\int_{\Delta l_j}\frac{\mathrm{e}^{-jk\cdot(r_i-r')}}{4\pi\mid r_i-r'\mid}\mathrm{d}z'$$

在元段 Δl_i 上的场强为 $\boldsymbol{E}(r_i)$，于是元段 Δl_i 上的外加广义电压就可表示为

$$V_i=\Delta l_iE_z^i=\sum_{j=1}^N I_j\cdot\frac{-\Delta l_i}{j\omega\varepsilon}\left(\frac{\partial^2}{\partial z^2}+k^2\right)\sum_{j=1}^N I_j\int_{\Delta l_j}\frac{\mathrm{e}^{-jk\cdot(r_i-r')}}{4\pi\mid r_i-r'\mid}\mathrm{d}z'$$

10.3.3　广义阻抗 Z_{ij}

令广义阻抗 Z_{ij} 为

$$Z_{ij}=\frac{-\Delta l_i}{j\omega\varepsilon}\left(\frac{\partial^2}{\partial z^2}+k^2\right)\sum_{j=1}^N I_j\int_{\Delta l_j}\frac{\mathrm{e}^{-jk\cdot(r_i-r')}}{4\pi\mid r_i-r'\mid}\mathrm{d}z'$$

$i=j$，表示自阻抗，$i\neq j$，表示互阻抗，于是就得到

$$V_i=\sum_{j=1}^N Z_{ij}I_j$$

矩阵方程变为

$$[V]=[Z][I]$$

令 $\psi=\dfrac{1}{\Delta l_j}\int_{\Delta l_j}\dfrac{\mathrm{e}^{-jk\cdot(r_i-r')}}{4\pi\mid r_i-r'\mid}\mathrm{d}z'$，则广义阻抗 Z_{ij} 可表示为

$$Z_{ij} = \frac{-\Delta l_i \Delta l_j}{j\omega\varepsilon}\left(\frac{\partial^2}{\partial z^2} + k^2\right)\psi = j\omega\mu\Delta l_i\Delta l_j\psi - \frac{-\Delta l_i\Delta l_j}{j\omega\varepsilon}\cdot\frac{\partial^2\psi}{\partial z^2}$$

利用有限差分法，$\dfrac{\partial\psi}{\partial z}$ 可近似表示为

$$\frac{\partial\psi}{\partial z} = \frac{\psi\left(x, y, z + \dfrac{\Delta z}{2}\right) - \psi\left(x, y, z - \dfrac{\Delta z}{2}\right)}{\Delta z}$$

式中，Δz 是微小长度增量，不一定要等于 Δl_i 或 Δl_j，于是

$$\frac{\partial^2\psi}{\partial z^2} = -\frac{1}{\Delta z\Delta z'}\left[\psi\left(+\frac{\Delta z'}{2}, +\frac{\Delta z}{2}\right) - \psi\left(+\frac{\Delta z'}{2}, -\frac{\Delta z}{2}\right) - \right.$$
$$\left.\psi\left(-\frac{\Delta z'}{2}, +\frac{\Delta z}{2}\right) + \psi\left(-\frac{\Delta z'}{2}, -\frac{\Delta z}{2}\right)\right]$$

代入广义阻抗 Z_{ij} 公式，可得

$$Z_{ij} = \frac{-\Delta l_i\Delta l_j}{j\omega\varepsilon}\left(\frac{\partial^2}{\partial z^2} + k^2\right)\psi, \quad k = \omega\sqrt{\mu\varepsilon}$$

$$= jk\eta\Delta l_i\Delta l_j\psi - j\frac{\eta}{k}\left[\psi(+, +) - \psi(+, -) - \psi(-, +) + \psi(-, -)\right]$$

$$= j\frac{2\pi}{\lambda}\eta\Delta l_i\Delta l_j\psi - j\frac{\eta\lambda}{2\pi}\left[\psi(+, +) - \psi(+, -) - \psi(-, +) + \psi(-, -)\right]$$

$$= j\frac{2\pi}{\lambda}\eta\Delta l_i\Delta l_j\psi - j60\lambda\left[\psi(+, +) - \psi(+, -) - \psi(-, +) + \psi(-, -)\right]$$

式中，$\eta = 377\Omega$，为自由空间波阻抗，在 Z_{ij} 的推导过程中设 $\Delta z = \Delta l_i$，$\Delta z' = \Delta l_j$。

在 Z_{ij} 的表达式中，需要计算的积分是 $\psi = \dfrac{1}{\Delta l_j}\displaystyle\int_{\Delta l_j}\frac{e^{-jk\cdot(r_i-r')}}{4\pi|r_i - r'|}dz'$，可通过将 $e^{-jk\cdot(r_i-r')}$

展开为 Taylor 级数，根据精度要求用前 n 项的和进行近似求得近似解。

10.3.4 计算电流分布

将天线沿 z 轴放置，把它分为 m 个区间，即 $l = m\Delta l$。采用中心馈电方式，即天线在第 j 元也就是中心点上被激励，如图 10.22 所示。

在第 j 元以外的元段上外加电压为 0，在中心点上的电压为 V_j，则广义电压矩阵可表示为 $\boldsymbol{V} = [0\cdots V_j\cdots 0]$。于是有广义导纳矩阵

$$\boldsymbol{I} = \boldsymbol{YV}, \quad \boldsymbol{Y} = \boldsymbol{V}^{-1}$$

在第 j 元外加电压时，$\boldsymbol{Y}$ 中只有第 j 行有用，即

$$\begin{bmatrix} I_1 \\ I_2 \\ \vdots \\ I_N \end{bmatrix} = V_j\begin{bmatrix} Y_{1j} \\ Y_{2j} \\ \vdots \\ Y_{Nj} \end{bmatrix}$$

在馈电点第 j 元上的输入阻抗即为

$$Z_{jj} = \frac{V_j}{I_j}$$

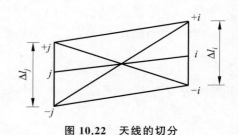

图 10.22　天线的切分

10.3.5　对称振子电流分布

半波振子归一化电流分布曲线如图 10.23 所示。

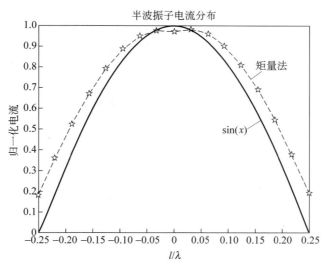

图 10.23　半波振子归一化电流分布曲线

全波振子归一化电流分布曲线如图 10.24 所示。

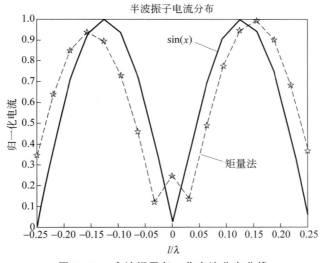

图 10.24　全波振子归一化电流分布曲线

10.3.6　误差分析

运用矩量法计算出的对称振子电流分布曲线与正弦曲线较为相似。半波振子的电流分布近似于半个周期的正弦曲线，而全波振子的电流分布近似于一个周期的正弦曲线，只是在中心馈电处略有波动。因此，在工程上通常认为对称振子上的电流分布为正弦分布。

在把课题设计中的曲线与已有计算结果进行比较后发现，本节的结果在趋势上与文献结果较为吻合，但在某些具体点上的数值有一点出入，主要原因可能有以下几点。

（1）在进行阻抗矩阵计算时，取的某些近似可能不太精确。

（2）分段不够细，得到的数据点不太充足。

（3）具体参数与文献可能有差异（如天线直径）。

总之，只要概念清晰，用矩量法编写的程序相对其他基于数值方法编写的程序要简单一些；阻抗矩阵的求逆是非常关键的，这是限制计算问题尺度的瓶颈；MATLAB 结合 C++ 或 FORTRAN 的混合编程将会在越来越多的大型计算中显示出巨大的优势。

10.3.7　计算对称振子上电流分布的源程序

FORTRAN 源程序：

```
a = 0.005;
sum = 0;
lambta = 1;

m = 21;
v = [0 0 0 0 0 0 0 0 0 0 1 0 0 0 0 0 0 0 0 0 0];
 l = 1;
for n = 1:21;
    for k = 1:21;

        h1 = exp( - i * 2 * pi * (l * (abs((k - n) + 0.005))/(lambta * m)));
        h4 = exp( - i * 2 * pi * (l * (abs((k - n) + 0.005))/(lambta * m)));

        if (n > k)
            h2 = exp( - i * 2 * pi * (l * (abs(k - n) - 1)/(lambta * m)));
        end

        if (n == k)
            h2 = exp( - i * 2 * pi * (l/(lambta * m)));
        end

        if (n < k)
            h2 = exp( - i * 2 * pi * (l * (abs((k - n) + 1))/(lambta * m)));
        end

        if (n > k)
            h3 = exp( - i * 2 * pi * (l * (abs((k - n) + 1))/(lambta * m)));
        end

        if (n == k)
            h3 = exp( - i * 2 * pi * (l/(lambta * m)));
        end

        if (n < (k))
            h3 = exp( - i * 2 * pi * (l * (abs(k - n) - 1)/(lambta * m)));
        end


        r1 = abs(n - k) + 0.005;
        r4 = abs(n - k) + 0.005;
```

```
        if (n>(k))   r2 = (abs(n-k)-1)+0.005;        end

        if (n == k) r2 = 1;                           end
        if (n<k)    r2 = abs(n-k)+1;                  end
        if (n>k)    r3 = abs(n-k)+1;                  end

        if (n == k) r3 = 1;                           end
        if (n<k)    r3 = (abs(n-k)-1)+0.005;          end
%     z(n,k) = -i*4.775*(lambta/l)*m*((h1-h2-h3+h4)/(abs(k-n)+0.005));

        if (n == k)

            z(n,k) =
i.*377*l/(2*lambta*m )*(h1/r1)-i*4.775*m*(lambta/l)*(h1/r1-h2/r2-h3/r3+h4/r4);

        else
            z(n,k) =
i*377*l/(2*lambta*m )*(log((abs(n-k)+1/2)/(abs(n-k)-1/2))-i*((2*pi*l)/(lambta
*m)))-i*4.775*m*(lambta/l)*(h1/r1-h2/r2-h3/r3+h4/r4);

        end

    end

end

z(11,11);

p = 11;
y = inv(z);
for q = 1 : 21;

c(q) = abs((y(q,11)))

end
% 1/y(8,8)
q = 1 : 21;
% plot(q,c(q))


plot((q-9)/32,1.15*10^4*c(q),'k:p');
%
hold on

i = 1 : 21;
plot((i-9)/32,abs(sin((i-1)/3.2)),'r')
ylabel('归一化电流')
title('全波振子电流分布')
text(0.2,0.3,'矩量法')
text(0,0.9,'sin(x)')
```

10.4 有限元法和蒙特卡罗法实践[*]

10.4.1 应用有限元法求解静电场

MATLAB 软件工具箱提供了偏微分方程的求解工具，利用它可处理二维区域的静电场等问题。设某传输线横截面如图 10.25 所示，内导体宽 2.8 单位，外导体为边长 3.0 单位的正方形。当内导体为正电势，外导体接地（即零电势）时，内外导体间的静电场用关于电势的拉普拉斯方程描述。一旦明确边界条件和方程参数，电势或电场分布就能方便求解。当内导体电势为 10 个单位时，求出的电势和电场分布分别如图 10.26 和图 10.27 所示。

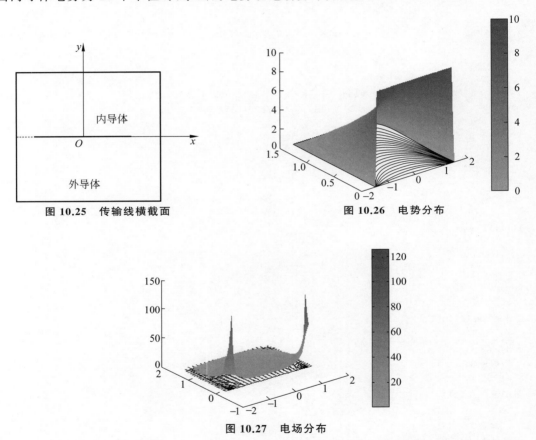

图 10.25   传输线横截面   图 10.26   电势分布

图 10.27   电场分布

图 10.26 中灰色和高度均表示电势大小，黑线为等势线；图 10.27 中颜色和高度均表示电场大小，箭头表示方向，黑线为场等值线。

10.4.2 应用蒙特卡罗法计算多重积分

利用蒙特卡罗法计算多重积分，涉及几个问题：随机数的产生、检验（尤其是均匀度）和实施积分计算。本节讨论不同方法产生的随机数序列及其检验，图示化给出具体结果。在此基

---

[*]   由许献国完成。

础上,对两种一维算例分别使用随机投点法和平均值法进行计算。

1. 随机数的产生

图 10.28 是多种方法产生的随机数序列(长度均为 1000)。

2. 随机数检验

各种随机序列的均匀度和独立性检验显示于图 10.29 中,各分图中上半部是均匀性检验得到的均匀偏度,下半部是独立性检验得到的序列的相关系数(间距为 1、11、51 时相关系数中的最大值)。图 10.29 中横坐标是随机序列长度。

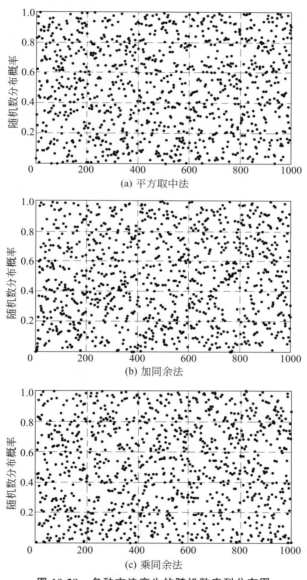

图 10.28 多种方法产生的随机数序列分布图

注:长度均为 1000。

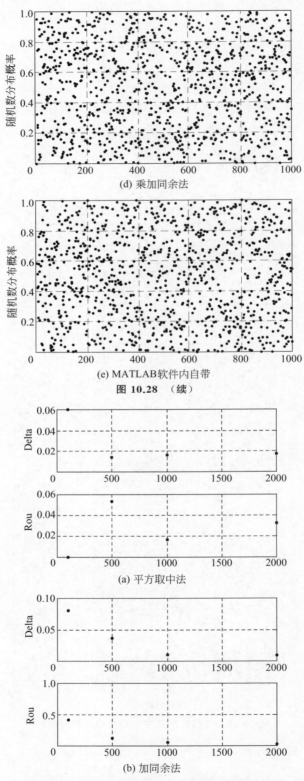

图 10.29　多种随机数的均匀度和独立性检验结果

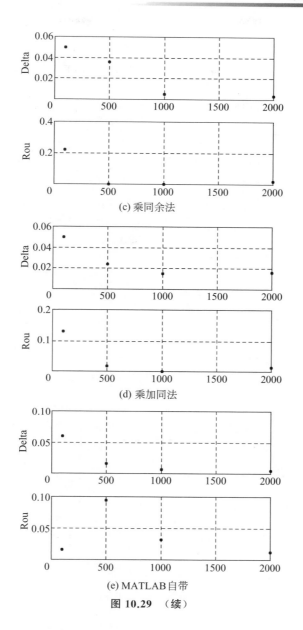

(c) 乘同余法

(d) 乘加同法

(e) MATLAB自带

图 **10.29**　（续）

3. 积分算例

用蒙特卡罗法计算 $\exp(x-1)$ 和 $\tan(x)$ 在区间$(0,1)$上的积分（准确值分别为6.32和0.616），结果如图 10.30 和图 10.31 所示。＊表示不同随机序列长度对应的积分计算值。计算时采用随机投点法和平均值法，采用后者时还估计了误差。计算结果表明，平均值法精度较高，且随着随机序列长度的增加，计算精度逐渐增加。

10.4.3　应用蒙特卡罗法的源程序

1. 求静电场 **MATLAB** 源程序

源程序如下：

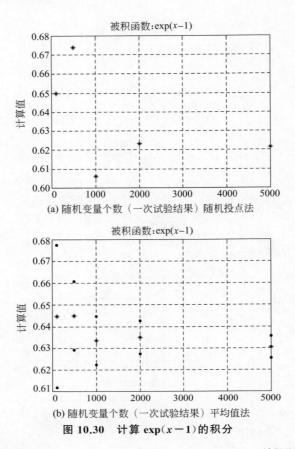

图 10.30　计算 $\exp(x-1)$ 的积分

图 10.31　计算 $\tan(x)$ 的积分

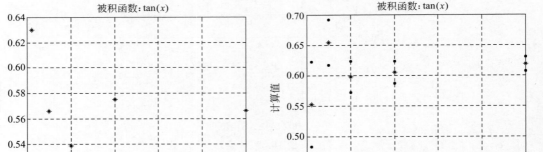

```
function pdemodel
[pde_fig,ax] = pdeinit;
pdetool('appl_cb',5);
set(ax,'DataAspectRatio',[1 0.84375 1]);
set(ax,'PlotBoxAspectRatio',[1.7777777777777779 1.1851851851851851 1.1111111111111112]);
set(ax,'XLim',[-1.6000000000000001 1.6000000000000001]);
set(ax,'YLim',[-0.20000000000000001 1.6000000000000001]);
```

```
set(ax,'XTick',[ - 1.6000000000000001,...
    - 1.4000000000000001,...
    - 1.2000000000000002,...
    - 1,...
    - 0.80000000000000004,...
    - 0.60000000000000009,...
    - 0.39999999999999991,...
    - 0.19999999999999996,...
    0,...
    0.19999999999999996,...
    0.39999999999999991,...
    0.60000000000000009,...
    0.80000000000000004,...
    1,...
    1.2000000000000002,...
    1.4000000000000001,...
    1.6000000000000001,...
]);
set(ax,'YTick',[ - 1.6000000000000001,...
    - 1.4000000000000001,...
    - 1.2000000000000002,...
    - 1,...
    - 0.80000000000000004,...
    - 0.60000000000000009,...
    - 0.39999999999999991,...
    - 0.19999999999999996,...
    0,...
    0.19999999999999996,...
    0.39999999999999991,...
    0.60000000000000009,...
    0.80000000000000004,...
    1,...
    1.2000000000000002,...
    1.4000000000000001,...
    1.6000000000000001,...
]);
pdetool('gridon','on');

% Geometry description:
pdepoly([ - 1.5,...
    - 1.3999999999999999,...
    1.3999999999999999,...
    1.5,...
    1.5,...
```

```
          -1.5,...
],...
[0,...
 0,...
 0,...
 0,...
 1.5,...
 1.5,...
],...
 'P1');
set(findobj(get(pde_fig,'Children'),'Tag','PDEEval'),'String','P1')

% Boundary conditions:
pdetool('changemode',0)
pdesetbd(6,...
'neu',...
1,...
'0',...
'0')
pdesetbd(5,...
'dir',...
1,...
'1',...
'10')
pdesetbd(4,...
'neu',...
1,...
'0',...
'0')
pdesetbd(3,...
'dir',...
1,...
'1',...
'0')
pdesetbd(2,...
'dir',...
1,...
'1',...
'0')
pdesetbd(1,...
'dir',...
1,...
'1',...
'0')
```

```
% Mesh generation：
setuprop(pde_fig,'Hgrad',1.3)；
setuprop(pde_fig,'refinemethod','regular')；
pdetool('initmesh')
pdetool('refine')
pdetool('refine')

% PDE coefficients：
pdeseteq(1,...
'1.0',...
'0.0',...
'0',...
'1.0',...
'0：10',...
'0.0',...
'0.0',...
'[0  100]')
setuprop(pde_fig,'currparam',...
['1.0';...
'0  '])

% Solve parameters：
setuprop(pde_fig,'solveparam',...
str2mat('0','4776','10','pdeadworst',...
'0.5','longest','0','1E - 4',' ','fixed','Inf'))

% Plotflags and user data strings：
setuprop(pde_fig,'plotflags',[2 1 2 1 1 1 1 1 0 0 0 1 1 1 0 1 0 1])；
setuprop(pde_fig,'colstring',' ')；
setuprop(pde_fig,'arrowstring',' ')；
setuprop(pde_fig,'deformstring',' ')；
setuprop(pde_fig,'heightstring',' ')；
% Solve PDE：
pdetool('solve')
```

2. 随机数产生程序

```
function [Prand] = prod_rand(Num,Method)
% Prand = prod_rand（Num,Method）
% 产生维数为 Num 的随机数向量 Prand, Method 指定随机数产生方法
% 1--平方取中法,2--加同余法,3--乘同余法,4--乘加同法,5--MATLAB 自带
S = 10；% 产生 S 位随机数
Numb = Num；% 随机数产生维数
method = Method；% 1--平方取中法,2--加同余法,3--乘同余法,4--乘加同法
if method == 1 % 1--平方取中法
    Xseed = 71793773797137975979；              % floor(rand * 10^S)
```

```matlab
        X1s = 10^(-S);X2s = 10^(2*S);
        for i = 1:Numb
            Xmid = Xseed^2;                     % 先平方
            Xmid = mod(floor(X1s*Xmid),X2s);    % 去尾 S 位,去头 2S 位,产生 S 位
            Xseed = Xmid;
            kesai(i) = Xmid/X2s;                % 随机数归一化
        end
        Prand = kesai;
    elseif method == 2                          % 2--加同余法
        Xseed1 = 1;Xseed2 = 1;M = 2^S;          % 初始化
        for i = 1:Numb
            Xmid = mod(Xseed1 + Xseed2,M);      % 产生一个随机数
            Xseed1 = Xseed2;Xseed2 = Xmid;      % 准备下一个随机数的产生
            kesai(i) = Xmid/M;                  % 随机数归一化
        end
        Prand = kesai;
    elseif method == 3                          % 3--乘同余法
        k = 1;q = 1;                            % k--使 a 达到机器允许的最大奇数,q--任意整数
        a = 5^(2*k+1);Xseed = 4*q+1;M = 127731; % M 与 Xseed 为互素关系
        for i = 1:Numb
            Xmid = mod(a*Xseed,M);              % 产生一个随机数
            Xseed = Xmid;
            kesai(i) = Xmid/M;                  % 随机数归一化
        end
        Prand = kesai;
    elseif method == 4                          % 4--乘加同法
        C = 0;a = 16087;M = 2^31-1;             % C--非负整数,通常选 0,a--小于模 M
        % C = 0 时,M 为素数,a 为 M 的一个原根,则周期为 M-1,通常 M 取 2^31-1,a 取 16087 或 630630016
        Xseed = 11;
        for i = 1:Numb
            Xmid = mod(a*Xseed + C,M);          % 产生一个随机数
            Xseed = Xmid;                       % 准备下一个随机数的产生
            kesai(i) = Xmid/M;                  % 随机数归一化
        end
        Prand = kesai;
    elseif method == 5                          % MATLAB 自带伪随机数发生器
        for i = 1:Numb
            kesai(i) = rand;
        end
        Prand = kesai;
end
% % 下面语句以图示法显示随机序列
% plot(Prand,'.');grid on;
% if method == 1
%   xlabel('(a)平方取中法');
% elseif method == 2
%   xlabel('(b)加同余法');
% elseif method == 3
%   xlabel('(c)乘同余法');
% elseif method == 4
%   xlabel('(d)乘加同法');
% elseif method == 5
%   xlabel('(e)MATLAB 自带');
% end
% ylabel('Prand');
```

3. 随机序列检验程序

```
function [Pass,Delta_Rou] = veri_rand(Prand,method)
% [Pass,delta or Rou] = veri_rand(Prand,method)
% 伪随机数序列 Prand,检验方法 method,通过检验 Pass = 1,否则为零
% 伪随机数检验;method = 1 为均匀性检验,method = 2 为独立性检验
% 根据不同方法 Delta_Rou 为 Delta 或 Rou
Method = method;               % (1) 均匀性检验;(2) 独立性检验
kesai = Prand;                              % 随机数序列
if Method == 1                              % 均匀性检验
    Nkesai = length(kesai);                 % 随机序列长度
    Delta = 0;                              % 均匀偏度初始化
    err = 0.025;                            % 均匀性偏度限
    X = [0.25  0.5  0.75];                  % 随机变量检验值
    for i = 1:length(X)
        Count = 0;                          % 计数器
        for j = 1:Nkesai
            if kesai(j)<X(i)
                Count = Count + 1;          % 对小于 X 的随机数进行计数
            end
        end
        Dmid = abs(Count/Nkesai - X(i));    % 计算某给定 X 值的均匀性偏度
        if Delta<Dmid
            Delta = Dmid;                   % 均匀偏度认定为其中的最大偏度值
        end
    end
    if Delta>err                            % 均匀偏度超过规定值,检验未通过
        Pass = 0;
    else
        Pass = 1;
    end
    Delta_Rou = Delta;
elseif Method == 2                          % 独立性检验
    Nkesai = length(kesai);                 % 随机序列长度
    Rou = 0;                                % 相关系数初始化
    err = 0.025;                            % 相关系数限,相关系数超过它则独立性检验未通过
    dis = [1,11,51];                        % 随机变量序列间距设定值可以不只一个
    for i = 1:length(dis)                   % 相关序列距离设定
        for j = 1 + dis(i):1:Nkesai
            kesaid(j - dis(i)) = kesai(j);  % 获得间隔 dis 距离后的序列
        end
        Nkesaid = length(kesaid);           % 待求的相关序列长度,比原随机序列短
        kmid1 = 0;kmid2 = 0;kmid3 = 0;      % 相关系数求解初始化
        for j = 1:Nkesaid                   % 相关系数求解之间步骤
            kmid1 = kmid1 + kesai(j) * kesaid(j);
            kmid2 = kmid2 + kesai(j);
            kmid3 = kmid3 + kesai(j)^2;
        end
        kmid1 = kmid1/Nkesaid;
        kmid2 = (kmid2/Nkesaid)^2;
        kmid3 = kmid3/Nkesaid;
        Rmid = (kmid1 - kmid2)/(kmid3 - kmid2);  % 某特定距离求解得到的相关系数
        if Rou<Rmid
            Rou = Rmid;                     % 相关系数认定为其中最大的
        end
    end                                     % 相关系数求解结束
```

```
        if Rou>err
            Pass = 0;                           % 相关系数超过规定值,独立性检验未通过
        else
            Pass = 1;
        end
        Delta_Rou = Rou;

elseif Method == 3

end
```

4. 积分计算程序

```
function inte_func(method)
% 利用随机投点法和平均值法求多重积分
methodN = method;                           % (1)采用随机投点法;(2)采用平均值法
areaA = [0];                                % 积分区域下限,多重积分时为多维行向量
areaB = [1];                                % 积分区域上限,多重积分时为多维行向量
Sdim = length(areaA);                       % 被积函数维数
maxf = 1;                                   % 积分区间内函数值上界
endI = 0;                                   % 积分计算完成
Npoint = 0;Result = 0;                      % 初始化
Npoint = [100 500 1000 2000 5000];          % 随机数数目矩阵
Ierr = 0;                                   % 积分偏差
areaD = areaB - areaA;
area = 1;
for i = 1:Sdim
    area = area * areaD(i);                 % 区域比例因子
end
if methodN == 1
    while ~endI                             % 积分未完成
        for i = 1:length(Npoint);
            Nmax = Npoint(i);
            Ntotal = 0;Npass = 0;           % 初始化
            while Nmax                      % 对各组点计算积分值
                kesai = prod_rand(Sdim,5).*(areaB - areaA) + areaA;   % 随机变量阵列
                yieta = prod_rand(1,5) * maxf;      % 函数值对应的随机变量
                Ntotal = Ntotal + 1;        % 随机变量计数器
                if yieta<= gfunc(kesai)
                    Npass = Npass + 1;      % 通过检验符合要求则增1
                end
                Nmax = Nmax - 1;
            end
            Result(i) = Npass/Ntotal * area * maxf;   % 积分结果存储
        end                                 % 依次计算
        endI = 1;                           % 积分全部完成
    end
    plot(Npoint,Result,'*');grid on;
    % 输出随机变量个数与积分计算结果关系图(一次试验结果)
    xlabel('随机变量个数(一次试验结果)随机投点法');
    ylabel('VALUE COMPUTED');
    title('被积函数：tan(x)');

elseif methodN == 2
    bmean = 0;% 计算结果的标准差初始化
    while ~endI
```

```
    for i = 1:length(Npoint);
        Nmax = Npoint(i);
        bmid = 0;                          % 标准差计算中间变量
        Imid = 0;                          % 积分计算中间变量
        while Nmax                         % 对各组点计算积分值
            kesai = prod_rand(Sdim,5).*(areaB - areaA) + areaA;   % 随机变量阵列
            Imid = Imid + gfunc(kesai);        % 计算对应的函数值并累计
            bmid = bmid + gfunc(kesai)^2;      % 标准差计算中间变量
            Nmax = Nmax - 1;
        end
        Result(i) = Imid/Npoint(i) * area；ā% 积分结果存储
        bmean(i) = sqrt(bmid/Npoint(i) - (Imid/Npoint(i))^2);   % 计算结果标准差
        XX = 1.96;                         % 对应置信度 alpha = 0.05
        Ierr(i) = XX * bmean(i)/sqrt(Npoint(i));
    end
    endI = 1;                             % 积分全部完成
    end
    plot(Npoint,Result,'*',Npoint,Result + Ierr,'.',Npoint,Result - Ierr,'.');
    grid on;
    % 输出随机变量个数与积分计算结果关系图(一次试验结果)
    xlabel('随机变量个数(一次试验结果)平均值法');
    ylabel('VALUE COMPUTED');
    title('被积函数:tan(x)');
end                                        % 多种方法积分计算结束
```

5. 被积函数描述和计算

被积函数描述和计算程序用于被积函数的描述和函数值计算。

```
function y = gfunc(x)
% 被积函数描述,x 为自变量,可以是多维向量
% y = exp(x(1) - 1);
y = tan(x(1));                            % 一元函数 tan(x)
```

通过实际编程计算可以看出,用蒙特卡罗法进行积分计算,精度较差。尽管本节提供了两个一维算例,实际上,10.4.3 节计算积分程序可以计算有界区域内、函数值存在上界的多元函数积分。

10.5 时域有限差分法模拟 TM 波的传播 *

10.5.1 问题提出

模拟二维空间中 TM 波的传播过程。网格空间为 100×100 的二维空间,在中心点 $(51,51)$ 设置一个线源(假设为无限长),令其激发一窄脉冲波。当在该网格空间中执行 TM 波的时域有限差分格式时,就能在网格空间中模拟该脉冲的传播过程。

10.5.2 问题分析

$$E^n(51,51) = \begin{cases} \alpha(10 - 15\cos\omega_1\xi + 6\cos\omega_2\xi - \cos\omega_3\xi), & \xi \leqslant \tau \\ 0, & \xi > \tau \end{cases}$$

---

* 由邓波完成。

运行时时间步 $\Delta t = 2.5 \times 10^{-11}$ s，而空间步 $\Delta s = 2v\Delta t$，满足 $\Delta t \leqslant \dfrac{\Delta s}{v\sqrt{n}}$（其中 $n = 2$）的稳定条件，v 为自由空间中的光速。激励源的脉冲波形如图 10.32 所示。

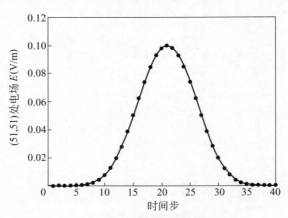

图 10.32　激励源的脉冲波形

二维的 Yee 单元网格如图 10.33 所示。

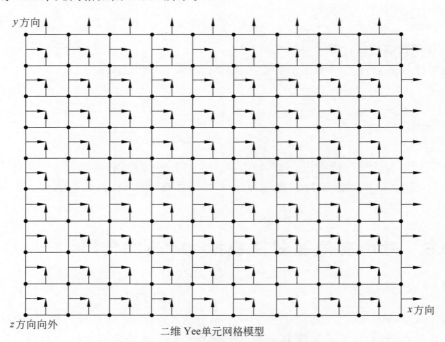

二维 Yee 单元网格模型

图 10.33　二维的 Yee 单元网格

TM 波的时域有限差分方程如下（E_z 采取了规约化，即 E_z/η_0）：

$$E_z^{n+1}(i,j) = E_z^n(i,j) + \frac{1}{2} \cdot [H_y^{n+1/2}(i+1/2,j) - H_y^{n+1/2}(i-1/2,j) + H_x^{n+1/2}(i,j-1/2) - H_x^{n+1/2}(i,j+1/2)]$$

$$H_x^{n+1/2}(i,j+1/2) = H_x^{n-1/2}(i,j+1/2) + \frac{1}{2} \cdot [E_z^n(i,j) - E_z^n(i,j+1)]$$

$$H_y^{n+1/2}(i+1/2,j)=H_y^{n-1/2}(i+1/2,j)+\frac{1}{2}\cdot[E_z^n(i+1,j)-E_z^n(i,j)]$$

采用 Mur 建议的二维空间二阶近似吸收边界条件(其中 temp_Ez_this 表示当前时间步的 Ez 分量,temp_Ez_last2 表示上两个时间步的 Ez 分量)。

对第一行的处理:

```
P0 = -1,P2 = 1/2;
A1 = temp_Ez_this(2,j) - temp_Ez_last2(2,j) + temp_Ez_last2(1,j);
A2 = temp_Ez_this(2,j) - 2 * temp_Ez_last(2,j) - 2 * temp_Ez_last(1,j) +
    temp_Ez_last2(2,j) + temp_Ez_last2(1,j);
A3 = temp_Ez_last(2,(j+1)) - 2 * temp_Ez_last(2,j) + temp_Ez_last(2,(j-1)) +
    temp_Ez_last(1,(j+1)) - 2 * temp_Ez_last(1,j) + temp_Ez_this(1,(j-1));
temp_Ez_this(1,j) = 1/(2 * p0 + 1) * A1 - 2 * p0/(2 * p0 + 1) * A2 - p2/(4 * p0 + 2) * A3
```

对第一列的处理:

```
p0 = 1,p2 = -1/2;
A1 = temp_Ez_this(i,2) - temp_Ez_last2(i,2) + temp_Ez_last2(i,1);
A2 = temp_Ez_this(i,2) - 2 * temp_Ez_last(i,2) - 2 * temp_Ez_last(i,1) +
    temp_Ez_last2(i,2) + temp_Ez_last2(i,1);

A3 = temp_Ez_last((i-1),2) - 2 * temp_Ez_last(i,2) + temp_Ez_last((i+1),2) +
    temp_Ez_last((i-1),1) - 2 * temp_Ez_last(i,1) + temp_Ez_this((i+1),1);
temp_Ez_this(i,1) = 1/(2 * p0 + 1) * A1 - 2 * p0/(2 * p0 + 1) * A2 - p2/(4 * p0 + 2) * A3;
```

对第 101 列的处理:

```
p0 = -1,p2 = 1/2;
A1 = temp_Ez_this(i,Ez_N-1) - temp_Ez_last2(i,Ez_N-1) + temp_Ez_last2(i,Ez_N);
A2 = temp_Ez_this(i,Ez_N-1) - 2 * temp_Ez_last(i,Ez_N-1) - 2 * temp_Ez_last(i,Ez_N) +
    temp_Ez_last2(i,Ez_N-1) + temp_Ez_last2(i,Ez_N);
A3 = temp_Ez_last(i-1,Ez_N-1) - 2 * temp_Ez_last(i,Ez_N-1) + temp_Ez_last(i+1,Ez_N-1) +
    temp_Ez_last(i-1,Ez_N) - 2 * temp_Ez_last(i,Ez_N) + temp_Ez_this(i+1,Ez_N);
temp_Ez_this(i,Ez_N) = 1/(2 * p0 + 1) * A1 - 2 * p0/(2 * p0 + 1) * A2 - p2/(4 * p0 + 2) * A3;
```

对第 101 行的处理:

```
p0 = 1,p2 = -1/2;
A1 = temp_Ez_this(Ez_M-1,j) - temp_Ez_last2(Ez_M-1,j) + temp_Ez_last2(Ez_M,j);
A2 = temp_Ez_this(Ez_M-1,j) - 2 * temp_Ez_last(Ez_M-1,j) - 2 * temp_Ez_last(Ez_M,j) +
    temp_Ez_last2(Ez_M-1,j) + temp_Ez_last2(Ez_M,j);
A3 = temp_Ez_last(Ez_M-1,j+1) - 2 * temp_Ez_last(Ez_M-1,j) + temp_Ez_last(Ez_M-1,j-1) +
    temp_Ez_last(Ez_M,j+1) - 2 * temp_Ez_last(Ez_M,j) + temp_Ez_this(Ez_M,j-1);
temp_Ez_this(Ez_M,j) = 1/(2 * p0 + 1) * A1 - 2 * p0/(2 * p0 + 1) * A2 - p2/(4 * p0 + 2) * A3;
```

吸收边界条件中角点的处理如图 10.34 所示。下面只列举一个角点,其他 3 个角点的处理类似。

如图 10.34 所示,角点 $E_z^{n+1}(0,0)=\left(\dfrac{D_c}{D_c+1}\right)^{1/2}\cdot$

E_z^{n-1},其中:

$$E_z^{n-1}=(1-\sin\alpha)(1-\cos\alpha)E_z^{n-1}(0,0)+$$

$$(1-\sin\alpha)\cos\alpha E_z^{n-1}(1,0)+$$

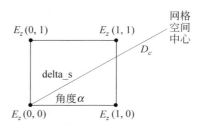

图 10.34　吸收边界条件中角点的处理

$$sin\alpha(1-cos\alpha)E_z^{n-1}(0,1)+sin\alpha cos\alpha E_z^{n-1}(1,1)$$

10.5.3　程序流程图及说明

1. 程序流程图

建立的二维网格空间为 100×100，那么每个时间步上 E_z 分量就是一个 101×101 的矩阵，H_x 分量是一个 100×101 的矩阵，H_y 分量是一个 101×100 的矩阵。观察的时间步数为 100 个时间步，那么整个程序循环计算的次数为 circle_N=$2\times100+1$。程序的流程图如图 10.35 所示，其中用 circle_n 来表示当前循环的次数。

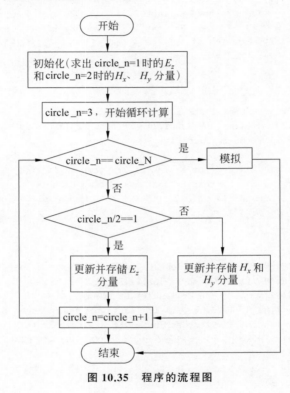

图 10.35　程序的流程图

2. 程序的简单说明

程序清单中的 main.m 是主程序，它计算出了 101 帧的 E_z 值、100 帧的 H_x 和 H_y 值；source.m 是计算每个时间步激励源处 E_z 值的子函数；Ez_demo 是将生成的 E_z 的帧组合成模拟动画的子函数。

10.5.4　模拟 TM 波传播的 MATLAB 源程序

主程序如下：

```
% function main
fprintf('Please wait patiently,some files are being created...\n');
v = 3 * 10^8;
delta_t = 2.5 * 10^(-11);
delta_s = 2 * v * delta_t;
steps_t = 100;                        % 有 100 个时间步
```

```
circle_N = 2 * steps_t + 1;                    % 循环的次数
source_location_x = 51;
source_location_y = 51;
grids_M = 100;
grids_N = 100;
Ez_M = grids_M + 1;                            % number of rows;
Ez_N = grids_N + 1;                            % number of column;
Hx_M = grids_M;                                % number of rows;
Hx_N = grids_N + 1;                            % number of column;
Hy_M = grids_M + 1;                            % number of rows;
Hy_N = grids_N;                                % number of column;


% 初始化
temp = zeros(Ez_M,Ez_N);
temp(source_location_x,source_location_y) = source(0);
Ez_data_getfile;
fid = fopen(Ez_data_file{1},'w');
fprintf(fid,'% e   ',temp);
fclose(fid);
% value_Ez(1) = temp;                          % circle_n = 1


Hx_data_getfile;
fid = fopen(Hx_data_file{1},'w');
fprintf(fid,'% e   ',zeros(Hx_M,Hx_N));
fclose(fid);
% value_Hx(1) = zeros(Hx_M,Hx_N);             % circle_n = 2


Hy_data_getfile;
fid = fopen(Hy_data_file{1},'w');
fprintf(fid,'% e   ',zeros(Hy_M,Hy_N));
fclose(fid);
% value_Hy(1) = zeros(Hy_M,Hy_N);             % circle_n = 2


for circle_n = 3:circle_N

% * * * * * * * * * * * * * * * * * * * * 计算 Ez * * * * * * * * * * * * * * * * * * * *
% 下面将所有的电场分量都更新
if mod(circle_n,2) == 1
    temp_Ez_this = zeros(Ez_M,Ez_N);              % 初始化 temp_Ez_this;
    fid = fopen(Ez_data_file{(circle_n + 1)/2 - 1},'r');
    temp_Ez_last = fscanf(fid,'% e',[Ez_M,Ez_N]);
    fclose(fid);
    fid = fopen(Hx_data_file{(circle_n - 1)/2},'r');
    temp_Hx_last = fscanf(fid,'% e',[Hx_M,Hx_N]);
    fclose(fid);
    fid = fopen(Hy_data_file{(circle_n - 1)/2},'r');
    temp_Hy_last = fscanf(fid,'% e',[Hy_M,Hy_N]);
    fclose(fid);
    for i = 1:Ez_M
        for j = 1:Ez_N
% 第一行的处理
            if i == 1
% 第一行第一列的处理
                if j == 1
                    if circle_n == 3
```

```
                                temp_Ez_this(1,1) = 0;
                         else
                                f_rad = sqrt(1 - 1/(50 * sqrt(2)));
                                alfa_11 = pi/4;
                                fid = fopen(Ez_data_file{(circle_n + 1)/2 - 2},'r');
                                temp_Ez_last2 = fscanf(fid,'% e',[Ez_M,Ez_N]);
                                fclose(fid);
  %                             temp_Ez_last2 = value_Ez((circle_n + 1)/2 - 2);
temp_Ez_this(1,1) = f_rad * ((1 - sin(alfa_11)) * (1 - cos(alfa_11)) * temp_Ez_last2(1,1) +
(1 - sin(alfa_11)) * cos(alfa_11) * temp_Ez_last2(1,2) + sin(alfa_11) * (1 - cos(alfa_11)) *
temp_Ez_last2(2,1) + sin(alfa_11) * cos(alfa_11) * temp_Ez_last2(2,2));
                         end
  % 第一行,第二列到第 Ez_N - 1 列的处理
                         els/eif j > = 2&&j <= (Ez_N - 1)
  % 先求出第二行第 j 列的值
temp_Ez_this(2,j) = temp_Ez_last(2,j) + delta_t * v/delta_s * (temp_Hy_last(2,j) -
temp_Hy_last(2,(j - 1)) + temp_Hx_last(2,j) - temp_Hx_last(1,j));
                             if circle_n == 3
A1 = temp_Ez_this(2,j);
A2 = temp_Ez_this(2,j) - 2 * temp_Ez_last(2,j) - 2 * temp_Ez_last(1,j);
A3 = temp_Ez_last(2,(j + 1)) - 2 * temp_Ez_last(2,j) + temp_Ez_last(2,(j - 1)) +
    temp_Ez_last(1,(j + 1)) - 2 * temp_Ez_last(1,j) + temp_Ez_this(1,(j - 1));
                         else
                                fid = fopen(Ez_data_file{(circle_n + 1)/2 - 2},'r');
                                temp_Ez_last2 = fscanf(fid,'% e',[Ez_M,Ez_N]);
                                fclose(fid);
  %                             temp_Ez_last2 = value_Ez((circle_n + 1)/2 - 2);
                                A1 = temp_Ez_this(2,j) - temp_Ez_last2(2,j) + temp_Ez_last2(1,j);
A2 = temp_Ez_this(2,j) - 2 * temp_Ez_last(2,j) - 2 * temp_Ez_last(1,j) +
    temp_Ez_last2(2,j) + temp_Ez_last2(1,j);
A3 = temp_Ez_last(2,(j + 1)) - 2 * temp_Ez_last(2,j) + temp_Ez_last(2,(j - 1)) +
    temp_Ez_last(1,(j + 1)) - 2 * temp_Ez_last(1,j) + temp_Ez_this(1,(j - 1));
                         end
                         p0 = - 1;
                         p2 = 1/2;
temp_Ez_this(1,j) = 1/(2 * p0 + 1) * A1 - 2 * p0/(2 * p0 + 1) * A2 - p2/(4 * p0 + 2) * A3;
  % 第一行第 Ez_N 列的处理
                         elseif j == Ez_N
                             if circle_n == 3
                                temp_Ez_this(1,Ez_N) = 0;
                             else
                                f_rad = sqrt(1 - 1/(50 * sqrt(2)));
                                alfa_11 = pi/4;
                                fid = fopen(Ez_data_file{(circle_n + 1)/2 - 2},'r');
                                temp_Ez_last2 = fscanf(fid,'% e',[Ez_M,Ez_N]);
                                fclose(fid);
temp_Ez_this(1,Ez_N) = f_rad * ((1 - sin(alfa_11)) * (1 - cos(alfa_11)) * temp_Ez_last2(1,Ez_N) + (1 -
sin(alfa_11)) * cos(alfa_11) * temp_Ez_last2(1,(Ez_N - 1)) + sin(alfa_11) *
(1 - cos(alfa_11)) * temp_Ez_last2(2,Ez_N) + sin(alfa_11) * cos(alfa_11) *
temp_Ez_last2(2,(Ez_N - 1)));
                             end
                         end

  % 第二行到第 Ez_M - 1 行的处理
                 elseif i > = 2&&i <= (Ez_M - 1)
```

```
% 第二行到第 Ez_M - 1 行,第一列的处理
                    if j == 1
% 先求出第 i 行,第二列的值
temp_Ez_this(i,2) = temp_Ez_last(i,2) + delta_t * v/delta_s * (temp_Hy_last(i,2) - temp_Hy_last
(i,1) + temp_Hx_last(i,2) - temp_Hx_last((i - 1),2));
                    if circle_n == 3
                        A1 = temp_Ez_this(i,2);
A2 = temp_Ez_this(i,2) - 2 * temp_Ez_last(i,2) - 2 * temp_Ez_last(i,1);
A3 = temp_Ez_last((i - 1),2) - 2 * temp_Ez_last(i,2) + temp_Ez_last((i + 1),2) + temp_Ez_last((i -
    1),1) - 2 * temp_Ez_last(i,1) + temp_Ez_this((i + 1),1);
                    else
                        fid = fopen(Ez_data_file{(circle_n + 1)/2 - 2},'r');
                        temp_Ez_last2 = fscanf(fid,'% e',[Ez_M,Ez_N]);
                        fclose(fid);
                        A1 = temp_Ez_this(i,2) - temp_Ez_last2(i,2) + temp_Ez_last2(i,1);
A2 = temp_Ez_this(i,2) - 2 * temp_Ez_last(i,2) - 2 * temp_Ez_last(i,1) + temp_Ez_last2(i,2) + temp
    _Ez_last2(i,1);
A3 = temp_Ez_last((i - 1),2) - 2 * temp_Ez_last(i,2) + temp_Ez_last((i + 1),2) + temp_Ez_last((i -
    1),1) - 2 * temp_Ez_last(i,1) + temp_Ez_this((i + 1),1);
                    end
                    p0 = 1;
                    p2 = - 1/2;
temp_Ez_this(i,1) = 1/(2 * p0 + 1) * A1 - 2 * p0/(2 * p0 + 1) * A2 - p2/(4 * p0 + 2) * A3;
% 第三行到第 Ez_M - 2 行,第三列到第 Ez_N - 2 列的处理
                elseif j >= 3&&j <= Ez_N - 2
% 如果是激励源的位置
                    if i == source_location_x&&j == source_location_y
                        temp_Ez_this(i,j) = source((circle_n - 1)/2);
                    else
temp_Ez_this(i,j) = temp_Ez_last(i,j) + delta_t * v/delta_s * (temp_Hy_last(i,j) -
                temp_Hy_last(i,(j - 1)) + temp_Hx_last(i,j) - temp_Hx_last((i - 1),j));
                    end
% 第二行到第 Ez_M - 1 行,第 Ez_N 列的处理
                elseif j == Ez_N
% 先求出第二行到第 Ez_M - 1 行,第 Ez_N - 1 列的值
temp_Ez_this(i,Ez_N - 1) = temp_Ez_last(i,Ez_N - 1) + delta_t * v/delta_s * (temp_Hy_last(i,Ez_N
                - 1) - temp_Hy_last(i,Ez_N - 2) + temp_Hx_last(i,Ez_N - 1) -
                temp_Hx_last(i - 1,Ez_N - 1));
                    if circle_n == 3
                        A1 = temp_Ez_this(i,Ez_N - 1);
A2 = temp_Ez_this(i,Ez_N - 1) - 2 * temp_Ez_last(i,Ez_N - 1) - 2 * temp_Ez_last(i,Ez_N);
A3 = temp_Ez_last(i - 1,Ez_N - 1) - 2 * temp_Ez_last(i,Ez_N - 1) + temp_Ez_last(i + 1,Ez_N - 1) +
    temp_Ez_last(i - 1,Ez_N) - 2 * temp_Ez_last(i,Ez_N) + temp_Ez_this(i + 1,Ez_N);
                    else
                        fid = fopen(Ez_data_file{(circle_n + 1)/2 - 2},'r');
                        temp_Ez_last2 = fscanf(fid,'% e',[Ez_M,Ez_N]);
                        fclose(fid);
A1 = temp_Ez_this(i,Ez_N - 1) - temp_Ez_last2(i,Ez_N - 1) + temp_Ez_last2(i,Ez_N);
A2 = temp_Ez_this(i,Ez_N - 1) - 2 * temp_Ez_last(i,Ez_N - 1) - 2 * temp_Ez_last(i,Ez_N) +
    temp_Ez_last2(i,Ez_N - 1) + temp_Ez_last2(i,Ez_N);
A3 = temp_Ez_last(i - 1,Ez_N - 1) - 2 * temp_Ez_last(i,Ez_N - 1) + temp_Ez_last(i + 1,Ez_N - 1) +
    temp_Ez_last(i - 1,Ez_N) - 2 * temp_Ez_last(i,Ez_N) + temp_Ez_this(i + 1,Ez_N);
                    end
                    p0 = - 1;
                    p2 = 1/2;
```

```
temp_Ez_this(i,Ez_N) = 1/(2 * p0 + 1) * A1 - 2 * p0/(2 * p0 + 1) * A2 - p2/(4 * p0 + 2) * A3;
                            end
    % 第 Ez_M 行的处理
            elseif i == Ez_M
    % 第 Ez_M 行第一列的处理
                    if j == 1
                        if circle_n == 3
                            temp_Ez_this(Ez_M,1) = 0;
                        else
                            f_rad = sqrt(1 - 1/(50 * sqrt(2)));
                            alfa_11 = pi/4;
                            fid = fopen(Ez_data_file{(circle_n + 1)/2 - 2},'r');
                            temp_Ez_last2 = fscanf(fid,'% e',[Ez_M,Ez_N]);
                            fclose(fid);
temp_Ez_this(Ez_M,1) = f_rad * ((1 - sin(alfa_11)) * (1 - cos(alfa_11)) * temp_Ez_last2(Ez_M,1) +
(1 - sin(alfa_11)) * cos(alfa_11) * temp_Ez_last2(Ez_M,2) + sin(alfa_11) * (1 - cos(alfa_11)) *
temp_Ez_last2((Ez_M - 1),1) + sin(alfa_11) * cos(alfa_11) * temp_Ez_last2((Ez_M - 1),2));
                        end
    % 第 Ez_M 行第二列到第 Ez_N - 1 列的处理
                    elseif j >= 2&&j <= (Ez_N - 1)
                        if circle_n == 3
                            A1 = temp_Ez_this(Ez_M - 1,j);
A2 = temp_Ez_this(Ez_M - 1,j) - 2 * temp_Ez_last(Ez_M - 1,j) - 2 * temp_Ez_last(Ez_M,j);
A3 = temp_Ez_last(Ez_M - 1,j + 1) - 2 * temp_Ez_last(Ez_M - 1,j) + temp_Ez_last(Ez_M - 1,j - 1) +
    temp_Ez_last(Ez_M,j + 1) - 2 * temp_Ez_last(Ez_M,j) + temp_Ez_this(Ez_M,j - 1);
                        else
                            fid = fopen(Ez_data_file{(circle_n + 1)/2 - 2},'r');
                            temp_Ez_last2 = fscanf(fid,'% e',[Ez_M,Ez_N]);
                            fclose(fid);
A1 = temp_Ez_this(Ez_M - 1,j) - temp_Ez_last2(Ez_M - 1,j) + temp_Ez_last2(Ez_M,j);
A2 = temp_Ez_this(Ez_M - 1,j) - 2 * temp_Ez_last(Ez_M - 1,j) - 2 * temp_Ez_last(Ez_M,j) +
    temp_Ez_last2(Ez_M - 1,j) + temp_Ez_last2(Ez_M,j);
A3 = temp_Ez_last(Ez_M - 1,j + 1) - 2 * temp_Ez_last(Ez_M - 1,j) + temp_Ez_last(Ez_M - 1,j - 1) +
    temp_Ez_last(Ez_M,j + 1) - 2 * temp_Ez_last(Ez_M,j) + temp_Ez_this(Ez_M,j - 1);
                        end
                        p0 = 1;
                        p2 = - 1/2;
temp_Ez_this(Ez_M,j) = 1/(2 * p0 + 1) * A1 - 2 * p0/(2 * p0 + 1) * A2 - p2/(4 * p0 + 2) * A3;
    % 第 Ez_M 行第 Ez_N 列的处理
                    elseif j == Ez_N
                        if circle_n == 3
                            temp_Ez_this(Ez_M,Ez_N) = 0;
                        else
                            f_rad = sqrt(1 - 1/(50 * sqrt(2)));
                            alfa_11 = pi/4;
                            fid = fopen(Ez_data_file{(circle_n + 1)/2 - 2},'r');
                            temp_Ez_last2 = fscanf(fid,'% e',[Ez_M,Ez_N]);
                            fclose(fid);
temp_Ez_this(Ez_M,Ez_N) = f_rad * ((1 - sin(alfa_11)) * (1 - cos(alfa_11)) * temp_Ez_last2(Ez_M,
Ez_N) + (1 - sin(alfa_11)) * cos(alfa_11) * temp_Ez_last2(Ez_M,(Ez_N - 1)) + sin(alfa_11) * (1 -
cos(alfa_11)) * temp_Ez_last2((Ez_M - 1),Ez_N) + sin(alfa_11) * cos(alfa_11) * temp_Ez_last2((Ez
_M - 1),(Ez_N - 1)));
                        end
                    end
                end
            end
```

```
        end
    end
    fid = fopen(Ez_data_file{(circle_n + 1)/2},'w');
    fprintf(fid,'% e  ',temp_Ez_this);
    fclose(fid);
%         value_Ez((circle_n + 1)/2) = temp_Ez_this;
```

% * * * * * * * * * * * * * * * * 计算 Hx 和 Hy * * * * * * * * * * * * * *
% 下面将所有的磁场分量都更新
```
    else
        % 初始化 Hx
        temp_Hx_this = zeros(Hx_M,Hx_N);
        fid = fopen(Hx_data_file{circle_n/2 - 1},'r');
        temp_Hx_last = fscanf(fid,'% e',[Hx_M,Hx_N]);
        fclose(fid);
        % 初始化 Hy
        temp_Hy_this = zeros(Hy_M,Hy_N);
        fid = fopen(Hy_data_file{circle_n/2 - 1},'r');
        temp_Hy_last = fscanf(fid,'% e',[Hy_M,Hy_N]);
        fclose(fid);
        fid = fopen(Ez_data_file{circle_n/2},'r');
        temp_Ez_last = fscanf(fid,'% e',[Ez_M,Ez_N]);
        fclose(fid);

        for i = 1:Hx_M
            for j = 1:Hx_N
temp_Hx_this(i,j) = temp_Hx_last(i,j) + delta_t * v/delta_s * (temp_Ez_last(i + 1,j) -
                temp_Ez_last(i,j));
            end
        end
        fid = fopen(Hx_data_file{circle_n/2},'w');
        fprintf(fid,'% e  ',temp_Hx_this);
        fclose(fid);
        for i = 1:Hy_M
            for j = 1:Hy_N
temp_Hy_this(i,j) = temp_Hy_last(i,j) + delta_t * v/delta_s * (temp_Ez_last(i,j + 1) -
                temp_Ez_last(i,j));
            end
        end
        fid = fopen(Hy_data_file{circle_n/2},'w');
        fprintf(fid,'% e  ',temp_Hy_this);
        fclose(fid);
    end
end
fprintf('Done! \n');
```

10.6　用蒙特卡罗法进行分形图形的计算机模拟*

蒙特卡罗法的起源最早可以追溯到 17 世纪著名的浦丰针问题,但其正式被确立是在 20

---

* 由杜鹃、王海兰、吴晓君完成。

世纪 40 年代。蒙特卡罗法是计算数学中的一种计算方法，它的基本特点在于以概率和统计中的理论和方法为基础，以是否适合在计算机上使用为重要标志。

10.6.1　概述

1. 蒙特卡罗法的优势

（1）收敛速度与问题维数无关。

（2）受问题条件的影响不大。

（3）不必进行离散化处理。

（4）具有直接解决问题的能力。

（5）误差容易确定。

（6）具有同时计算多个问题的能力。

2. 蒙特卡罗法与计算机模拟

1）相同点

二者都是适用于计算机的数值计算方法；二者都通过计算机建立数学模型，进行模拟试验，并用试验结果作为原始问题的近似解。

2）不同点

二者对时间的"依赖"和"敏感"程度不同。计算机模拟就是模拟系统的动态运动，而蒙特卡罗法是在建立概率模型后，用统计抽样得出的统计估值作为原始问题的近似解。

一般来说，在计算机模拟中都要用到随机数，而按照冯·诺依曼的看法，蒙特卡罗法就是使用随机数的计算方法，因而可以把计算机模拟看作蒙特卡罗法的一种应用。

3. 分形

经典的欧氏几何所能处理的图形都是相当规则和光滑的，并且有通常意识下的整数维数。但像空中变幻莫测的云彩、犬牙交错的海岸线、复杂的地貌图、涨落无常的股价曲线，所有这些不规则的图形，欧氏几何就无能为力了。分形几何是由美国数学家 B.H. Mandelbrot 于 1975 年创立的一门几何新分支，它的研究对象就是这些极不规则的几何图形，其核心概念是分维和自相似性。分形作为新兴学科已被广泛应用于许多自然和社会科学的许多领域，包括物理学、气象学、材料学、分形地貌学及生命科学等。我们这次所做课程设计主要是针对分形在生命科学中的应用。

4. 分形的特点

（1）分形集合具有精细的结构，即在任意小的尺度下，它总有复杂的细节。

（2）分形集合是非常不规范的，用传统几何语言都无法描述它的局部和整体。

（3）分形集合通常具有某种自相似性，多半是近似的或统计意义下的。

（4）以某种方式定义的分形集合的分形维数通常都是大于它的拓扑维数。

（5）在大多数令人感兴趣的情况下，分形集合是以非常简单的递归方法产生的。

10.6.2　生物分形与人工生命

20 世纪 90 年代兴起的"人工生命"是生命科学的一个分支，将分形技术与人工生命科学相结合是分形技术应用的一个新方向。采用分形技术模拟人工生命的方法主要包括 L 系统、IFS 系统、分形生长（DLA）、细胞自动机。

对于心电图、肺图等生命现象的模拟早已被大家所熟知，本设计的内容主要是采用 L 系统和 IFS 系统模拟海岸线和分形树的生长,并对混沌领域的 Lorenz 吸引子进行模拟。

1. 分形与蒙特卡罗法

正如前面对蒙特卡罗法的特点进行介绍时所提及的,蒙特卡罗法不仅可以用于解决线性/非线性代数方程、重积分、逆矩阵等确定性问题,它的一大优势是可以直接解决一些非确定性问题,诸如中子输运过程、随机游动和分形生长等。

我们做的设计针对随机性的分形生长过程进行了计算机模拟,是对基于随机的蒙特卡罗法与分形的结合。

2. IFS 的嵌套

IFS 系统运算中,可以以一个 IFS 系统迭代生成的点作为下一个迭代系统的初始点进行新的 IFS 迭代运算,即 IFS 系统可以进行嵌套。利用 IFS 系统的这一特点,编写生成"果园"的程序(见 3.6.4 节)。

设计思路:采用随机迭代算法,每计算出一棵大树上的点,把它作为迭代后面变换的初始点,边计算边绘制,这样就得到了在"果园"中该点所对应的所有点。

3. 奇异吸引子

奇异吸引子是系统稳定性和局部不稳定性共同作用的产物,是混沌动力系统中运动的轨道在相空间中的某个区域内无穷次折叠构成的无穷层次的自相似结构,具有分维性质。

不论是自然界中的个体分形形态,还是数学方法产生的分形图案,都有无穷嵌套、细分再细分的自相似的几何结构。换言之,谈到分形,我们事实上是开始了一个动态过程。从这个意义上说,分形反映了结构的进化和生长过程。它刻画的不仅仅是静止不变的形态,更重要的是进化的动力学机制。生长中的植物不断生长出新枝、新根。同样,山脉的几何学形状是以往造山运动、侵蚀等过程自然形成的,现在和今后还会不断变化。

4. L 系统模拟自然景观

L 系统是林德梅叶于 1968 年为模拟生物形态而设计的,实际上是字符串重写系统。我们把字符串解释成曲线(或者更准确地说,称作图形),于是只要能生成字符串,也就等于生成了图形。用这种方法能够生成许多经典的分形,也可以模拟植物形态,特别是能很好地表达植物的分枝结构。此设计参见 3.6.4 节。

10.7　时域有限差分法解介质球散射场[*]

本节介绍介质球散射场问题的时域有限差分法的基本原理,并给出 C 语言程序。程序具有一定的通用性,可为解决其他类似问题提供借鉴。

10.7.1　理论基础概述

电磁场的数值计算方法是一种应用范围很广的工具。因为电磁场涉及的内容非常丰富,所以数值计算的直接应用课题就很多。例如,天线技术、微波器件、RCS 计算、电磁兼容分析、电子集成技术和生物体内的 SAR(specific absorption rate)计算等,这些内容几乎包括雷达检测、通信、地下勘探、计算机技术和生物医疗等各个方面。

电磁场问题可以用相应的算子方程和边界条件来描述。目前,矩量法(MoM)、有限元法

---

　* 由张勇、韩宇南、王野秋完成。

（FEM）、边界元法（BEM）、时域有限差分方法（FDTD）及 TLM 方法已被广泛用于电磁场问题的数值计算中。在解决实际的电磁场问题时，希望用小的计算量和存储空间以求得更接近真值的精确解。

目前可用于电磁计算的方法很多，遇到具体问题时就存在一个选择的问题了。在解决某个具体电磁计算问题时，要根据具体问题的特点，采用最适合解决它的方法。当然，一个问题可能有几种方法都可以得出解，但如选择了最适合它的方法就会使问题的难度最低，计算的效率最高，得到的解最精确。因此，先对几种主要方法做一简单比较。矩量法是在频率域中近似求解支配问题的积分或微分方程，它需要求解一很大的矩阵方程，并要对其进行求逆计算，而且经常会遇到病态矩阵。有限元法需要微分方程的变分形式，但这不适用所有的问题。两者的主要缺点是需要较多的存储空间和计算时间。传输线矩阵法则是利用场在空间的传播过程与传输线网络中电压和电流传播的类似性，并按 Huygens 原理的多次散射过程进行描述。时域积分方程的直接解法是使空间积分域和时间域都离散化，把积分方程转化为线性方程组。与频率域中求解不同的是，不进行矩阵求逆计算，而是从初始起按时间步进求各时间采样点的电磁场值。而时域有限差分方法则是众多方法中比较好的，它最早由 Kane S.Yee 在 1966 年提出，是一种在时间域中求解的数值计算方法，也是一种非常简洁的电磁场问题的数值计算方法，不需要用到位函数。这种方法首先将解域离散化成直角立方体（或正方体）网格，并将直角坐标系中的 Maxwell 旋度（矢量）方程用有限差分方程来代替（也是一种离散化——方程离散化过程），然后在相应的边界条件和初始条件下解有限差分方程。Yee 采用在空间和时间都差半个步长的一种网格，通过类似蛙步跳跃式的步骤用前一时刻的磁、电场值得到当前时刻的电、磁场值，并在每一时刻上将此过程算遍整个空域，于是可得到整个空域中随时间变化的电、磁场值的解。这些随时间变化的电、磁场值是在用傅里叶变换后变到相应频域中的解，这就是 FDTD。时域有限差分的特点是把各类问题都当作初值问题来处理，使电磁波的时域特性直接反映出来。这一特点使它能直接给出非常丰富的电磁场问题的时域信息，用清晰的图像描述复杂的物理过程。要获得宽频带的信息，只需在宽频谱的脉冲激励下进行一次计算。FDTD 方法模拟空间电磁性质的参数是按空间网格给出的，因此只需给定相应空间点的媒质参数，就可模拟复杂的电磁结构，如具有非均匀媒质、各向异性媒质、色散媒质和非线型媒质特性的电磁结构均可得到精确的模拟。当然，还需要对源进行正确的模拟，这样 FDTD 方法最终就能精确地给出问题的解答。不管问题是散射、辐射、传输、穿透或吸收，也不论是瞬态问题还是稳态问题。除此之外，FDTD 方法还有节省存储空间和计算时间、简明和计算程序通用性等优点。

一般求解电磁场问题的 FDTD 方法，是基于在时间和空间域中对 Maxwell 旋度方程的有限差分离散化——以具有两阶精度的中心有限差分格式来近似地代替原来微分形式的方程。这里的两阶精度是指方程的时、空导数一阶误差项在方程中不存在，仅保留两阶和高阶误差项。在 Yee 的算法中，采用的是均匀空间（直角六面体或正立方体）网格把一给定几何空间离散化和经此格式离散化后所得的直角坐标系中的电磁场有限差分方程。FDTD 的任务就是在适当的边界和初始条件下解此有限差分方程。

任意一点场矢量分量的值，仅仅依赖于该点前一时刻的值和相邻点上场矢量分量的前一时刻的值。因此，在任意给定时间步长上，场矢量的计算可以一个时刻计算一点或一个时刻计算 P 点（同时处理 P 点）。编程时，要注意 Yee 单元上的场的方向关系，如图 10.36 所示。

10.7.2　编程参数确定

1. 数值色散

数值色散会导致非物理原因引起的诸如脉冲失真、人为各向异性和假折射现象。数值色散是一个在 FDTD 建模中必须考虑的因素,因为它最终将影响计算精度。事实上,Yee 算法中存在一种低通滤波效应,即网格尺寸与波长之比必须小于某一数值的波才能传播。这就是通常选择空间步长 $\delta \leqslant \lambda/10$ 的根据。

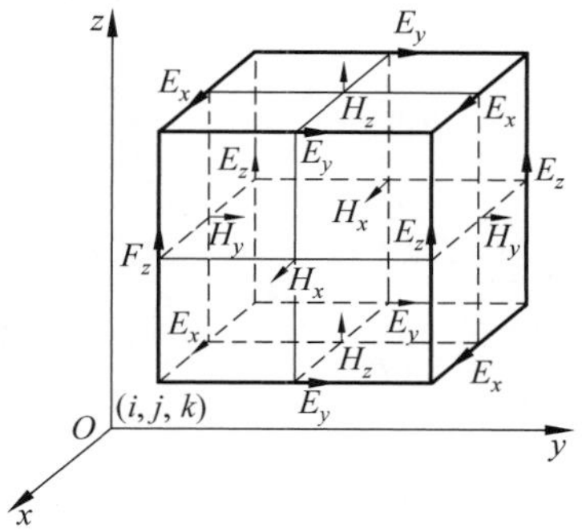

图 10.36　Yee 单元网格中的场

2. 初始条件——初始场(源)

一般有两种情况,一是正弦波入射情况,通常是求解稳态问题的,二是脉冲波入射情况,既能求解稳态问题又能求解瞬态问题,这里是第二种情况。

为了从散射体对脉冲的时域响应中获得宽频带散射特性,较常用的是高斯脉冲波,因为它能提供很宽且非常光滑的频谱,这就是入射波。高斯脉冲的形式是

$$g(t,z) = \exp\left[-\left(t - t_0 - \frac{z - z_0}{v_0}\right)^2 \cdot T^2\right]$$

式中,v_0 是相速,高斯脉冲在 $z = z_0$、$t = t_0$ 时达到最大值。散射场高斯脉冲的傅里叶变换也是高斯型,因此能提供非常宽的频率特性,这里参数 T、t_0 和 Δz 的选择要服从条件;脉冲宽度 T 是指脉冲最大值 5% 的两个幅度之间的宽度,则 Δz 的选择直接决定了最高工作频率。另外,z_0 和 t_0 的选择要使高斯脉冲在 $t = 0$ 接通时非常小和平滑。

3. 吸收边界条件

吸收边界是完全吸收所到达的散射的表面,它用来替代问题的外(辐射)边界。吸收边界可以在外边界的反射回到和数据恶化之前通过终止时间延续来达到,在大多数情况下这种方法是行不通的。吸收边界的基本想法是利用 FDTD 标准方程去估算在这个边界上的场值。然而,因为某些分量的估算需要知道前一时刻和邻近网格(点)上的场分量值,估算在 FDTD 空间之外的场分量值的依据为假定波是以平面波传播的。通常采用一阶 Mur 和二阶 Mur 吸收边界条件。一阶 Mur 是时间回退一步,向空间推出一格,二阶则将时间回退二步,空间推出两格。这个程序用的是三维二阶的 Mur 的吸收边界条件。

另外还有色散吸收边界条件,完全匹配层(perfectly matched layer,PML)吸收边界条件等,这里不再讨论。

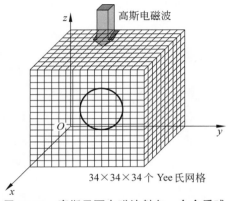

图 10.37　高斯平面电磁波射向一个介质球

10.7.3　问题描述

自由空间中,高斯平面电磁波射向一个介质球(如图 10.37 所示)。该电磁波为 TE 波。求出电磁波经介质球散射后的散射场情况。

10.7.4　编程设计

1. 本设计需解决的问题

(1) 计算常数系数。

(2) 定义散射体。

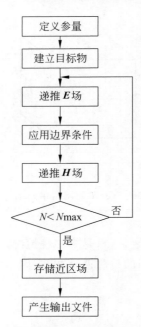

图 10.38　程序流程图

（3）建立问题空间。首先,设定问题场域空间尺寸,设定 Yee 单元个数,设定元的尺寸 Δx、Δy、Δz。其次,按 Courant 稳定条件和单元尺寸计算时间步长。

（4）$\boldsymbol{E}$、$\boldsymbol{H}$ 场算法。由前一时刻值和最近邻场值计算出场的响应,要考虑所研究点的材料特性和计算条件（自由空间、有耗介质、理想导体）。

（5）吸收边界条件。这里采用二阶 Mur 吸收边界条件。

2. 程序流程

程序流程如图 10.38 所示。

（1）调用问题空间设定子程序、散射物体定义子程序。

（2）用标码 N 设定时间步长和时间。

（3）对时间 N 循环调用 $\boldsymbol{E}$、$\boldsymbol{H}$ 子程序,调用吸收边界条件。

（4）在完成所有时间步后,启动相应的子程序写入输出数据。

3. 程序中用到的公式

（1）损耗媒质中 $\boldsymbol{E}$ 散射场 x 方向值。

损耗媒质中 $\boldsymbol{E}$ 散射场 x 方向值由下式求出（$\boldsymbol{E}$ 场其他方向及 $\boldsymbol{H}$ 场可由下式类推得出）：

$$
E_x^s(I,J,K)^n = \frac{\varepsilon}{\varepsilon+\sigma\Delta t}E_x^s(I,J,K)^{n-1} - \frac{\sigma\Delta t}{\varepsilon+\sigma\Delta t}E_x^i(I,J,K)^n -
$$

$$
\frac{(\varepsilon-\varepsilon_0)\Delta t}{\varepsilon+\sigma\Delta t}\boldsymbol{E}_x^{s,n}(I,J,K)^n +
$$

$$
\frac{\Delta t}{\varepsilon+\sigma\Delta t}\frac{H_z^s(I,J,K)^{n-\frac{1}{2}}-H_z^s(I,J-1,K)^{n-\frac{1}{2}}}{\Delta y} +
$$

$$
\frac{\Delta t}{\varepsilon+\sigma\Delta t}\frac{H_y^s(I,J,K)^{n-\frac{1}{2}}-H_y^s(I,J-1,K-1)^{n-\frac{1}{2}}}{\Delta z}
$$

即

$$
\begin{aligned}
\text{EXS(I,J,K)} = &\text{EXS(I,J,K)}\times\text{ESCTC(IDONE(I,J,K))} - \text{EINCC(IDONE(I,J,K))}\times \\
&\text{EXI(I,J,K)} - \text{EDEVCN(IDONE(I,J,K))}\times\text{DEXI(I,J,K)} + \\
&(\text{HZS(I,J,K)} - \text{HZS(I,J-1,K)})\times\text{ECRLY(IDONE(I,J,K))} - \\
&(\text{HYS(I,J,K)} - \text{HYS(I,J,K-1)})\times\text{ECRLZ(IDONE(I,J,K))}
\end{aligned}
$$

其中

$$
\text{ECRLY(M)} = \frac{\text{DT}}{(\text{EPS(M)}+\text{SIGMA(M)}\times\text{DT})\times\text{DY}} = \frac{\Delta t}{(\varepsilon+\sigma\Delta t)\Delta y}
$$

$$
\text{ECRLZ(M)} = \frac{\text{DT}}{(\text{EPS(M)}+\text{SIGMA(M)}\times\text{DT})\times\text{DZ}} = \frac{\Delta t}{(\varepsilon+\sigma\Delta t)\Delta z}
$$

$$
\text{ESCTC(M)} = \frac{\text{EPS(M)}}{(\text{EPS(M)}+\text{SIGMA(M)}\times\text{DT})} = \frac{\Delta t}{\varepsilon+\sigma\Delta t}
$$

$$
\text{EINCC(M)} = \frac{\text{SIGMA(M)}\times\text{DT}}{\text{EPS(M)}+\text{SIGMA(M)}\times\text{DT}} = \frac{\sigma\Delta t}{\varepsilon+\sigma\Delta t}
$$

$$
\text{EDEVCN(M)} = \frac{\text{DT}\times(\text{EPS(M)}-\text{EPS0})}{\text{EPS(M)}+\text{SIGMA(M)}\times\text{DT}} = \frac{\varepsilon-\varepsilon_0}{\varepsilon+\sigma\Delta t}
$$

（2）**H** 场递推公式。

磁场可由电场值递推得出,下面仅给出程序中磁场 x 方向的求解公式（y、z 方向可由此式参考得出）。

$$\text{HXS[I][J][K]} = \text{HXS[I][J][K]} - (\text{EZS[I][J+1][K]} - \text{EZS[I][J][K]}) \times$$
$$\text{DTMDY} + (\text{EYS[I][J][K+1]} - \text{EYS[I][J][K]}) \times \text{DTMDZ}$$

其中

$$\text{DTMDY} = \text{DT}/(\text{XMU0} \times \text{DELY})$$
$$\text{DTMDZ} = \text{DT}/(\text{XMU0} \times \text{DELZ})$$

根据 Courant 准则,三维空间时间步长由下式判定:

$$\Delta t \leqslant \frac{1}{\sqrt{\dfrac{1}{(\Delta x)^2} + \dfrac{1}{(\Delta y)^2} + \dfrac{1}{(\Delta z)^2}}}$$

媒质编号：IDONE(I,J,K)、IDTWO(I,J,K)、IDTHRE(I,J,K)。

4. 程序说明

程序中一些变量说明如下。

（1）媒质编号：IDONE(I,J,K)、IDTWO(I,J,K)、IDTHRE(I,J,K)。

（2）最大时间步：NSTOP。

（3）**E** 场分量数组：EXS[I][J][K]、EYS[I][J][K]、EZS[I][J][K]。

（4）**H** 场分量数组：HXS[I][J][K]、HYS[I][J][Z]、HZS[I][J][K]。

（5）二阶 Mur 吸收边界条件中由下列数组记录上一时间步的值：EYSX1[][][],EZSX1[][][],EZSY1[][][],EXSY1[][][],EXSZ1[][][],EYSZ1[][][]。

（6）二阶 Mur 吸收边界条件中由下列数组记录上两时间步的值：EYSX2[][][],EZSX2[][][],EZSY2[][][],EXSY2[][][],EXSZ2[][][],EYSZ2[][][]。

（7）入射信号强度：AMP=1000.0。

（8）时间标度：BETA=64.0。

程序由 16 个主要子函数及一个主函数组成。各函数作用如下。

（1）ZERO()——初始化问题空间,将其场初值全部设为 0。

（2）BUILD()——初始化介质球及问题空间的媒质参数。

（3）SETUP()——计算出运算中需要用到的一些全局变量。

（4）EXSFLD(),EYSFLD(),EZSFLD()——递推 X/Y/Z 方向电场值。

（5）RADEYX(),RADEZX(),RADEZY(),RADEXY(),RADEXZ(),RADEYZ()——应用吸收边界条件。

（6）HXSFLD(),HYSFLD(),HZSFLD()——递推 X/Y/Z 方向磁场值。

（7）DATSAV()——数据采样与存储。

此外,还有一些子函数这里没有说明,它们仅供运算中提高代码有效性使用。

10.7.5 建模与条件设置

1. 激励源的建模和设置

用 FDTD 数值法分析解决问题时,无论是研究媒质的散射问题还是吸收问题,或是耦合问题等,除在足够的网格空间中模拟被研究的媒质存在外,另一个重要的任务就是模拟激励

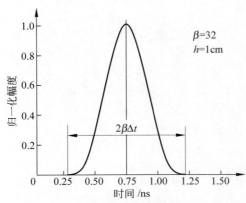

图 10.39　归一化的高斯脉冲激励源

源。好的激励源可以用比较短的时间,使所求场趋于稳定。

　　本节选用高斯脉冲作为激励源,如图 10.39 所示。高斯脉冲是由 0 到无穷远无限延伸的,但在计算中,受到计算机的限制,必须进行截断。为了选择合适问题的时间步长,我们要确定 α、β 和 τ,以保证要求的带宽。为此,首先选定 $\beta=64$ 为截断点到高斯脉冲峰值的时间步数。高斯脉冲将由 $\tau=0$ 持续到 $\tau=2\beta\Delta t$,顶峰在 $\beta\Delta t$ 处。取 $\alpha=[4/(\beta\Delta t)]^2$,以免由于高频或为了确定入射场花费过多的时间。各处的场值就可由 $E_x^i(i,j,k)=E_x\exp(-\alpha(t-\beta\Delta t)^2)$ 确定。对于有介质的情况,可以对空间抽样加倍,以保证高斯脉冲宽度和频带宽度不变。

　　对于入射波的方向设定两个角度来描述,在程序中,都取为 180°,相当于从 z 轴的反向入射,看起来好像缺乏一般性,但是从其他方向的入射波可以通过坐标旋转来转换到设定的方向上。

2. 吸收边界条件的设定

　　吸收边界是完全吸收所到达的散射的表面,它用来替代问题的外(辐射)边界。吸收边界可以在外边界的反射回到和数据恶化之前通过终止时间延续来达到,在大多数情况下这种方法是行不通的。吸收边界的基本思想是利用 FDTD 标准方程去估算在这个边界上的场值。然而,因为某些分量的估算需要知道前一时刻和邻近网格(点)上的场分量值,估算在 FDTD 空间之外的场分量值的依据为假定波是以平面波传播的。吸收边界有很多形式,应用最广和最方便的是 Mur 一阶吸收边界条件,Mur 的一阶吸收边界条件需用到两个时间步长和两个空间步长内的网格点上的场值。Mur 一阶边界条件的具体形式如下:

$$\left(\frac{\partial}{\partial z}+\frac{1}{c}\frac{\partial}{\partial t}\right)E=0$$

其差分形式是

$$E_m^n=E_{m-1}^{n-1}+\frac{c\Delta t-\Delta z}{c\Delta t+\Delta z}(E_{m-1}^n-E_m^{n-1})$$

吸收边界条件由下式确定:

$$E_z^{n+1}\left(0,J,K+\frac{1}{2}\right)=-E_z^{n-1}\left(1,J,K+\frac{1}{2}\right)+\frac{c\Delta t-\Delta x}{c\Delta t+\Delta x}\left[E_z^{n+1}\left(1,J,K+\frac{1}{2}\right)+\right.$$

$$\left.E_z^{n-1}\left(0,J,K+\frac{1}{2}\right)\right]+\frac{2\Delta x}{c\Delta t+\Delta x}\left(E_z^n\left(1,J,K+\frac{1}{2}\right)+\right.$$

$$\left.E_z^n\left(0,J,K+\frac{1}{2}\right)\right]+\frac{(c\Delta t)^2\Delta x}{2(\Delta y)^2(c\Delta t+\Delta x)}\left[E_z^n\left(0,J+1,K+\frac{1}{2}\right)-\right.$$

$$2E_z^n\left(0,J,K+\frac{1}{2}\right)+E_z^n\left(0,J-1,K+\frac{1}{2}\right)+$$

$$E_z^n\left(0,J+1,K+\frac{1}{2}\right)-2E_z^n\left(1,J,K+\frac{1}{2}\right)+$$

$$E_z^n\left(0,J,K-\frac{1}{2}\right)+E_z^n\left(1,J,K+\frac{3}{2}\right)-2E_z^n\left(1,J,K+\frac{1}{2}\right)+$$

$$E_z^n\left(1,J,K-\frac{1}{2}\right)\bigg]$$

Mur 一阶吸收边界条件的效果：对于外网格平面距反射目标表面 10～20 空间步长，假反射的误差是 1%～5%。Mur 二阶也是同理。一阶构造的是一条棱，二阶构造的是一个面。吸收边界的布置如图 10.40 所示。

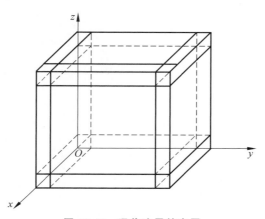

图 10.40　吸收边界的布置

吸收边界条件的作用，用一个形象的比喻，相当于形成了一个全波暗室，如图 10.41 所示。

图 10.41　吸收边界条件的作用相当于全波暗室的墙壁

吸收边界条件的设定正确与否对结果的影响至关重要，在实际编程过程中曾出现几处程序错误，导致结果相差非常大。

3. 估算所需的条件

程序中有 6 个 $34\times34\times34$ 的场分量，媒质参数存入 2 字节的 IDONE(I,J,K)，IDTWO(I,J,K)，IDTHREE(I,J,K) 矩阵中。在这些前提下，估算需要的存储字节空间的大小。用 VC++ 双精度(double)型 16 字节存储，有

存储空间 $=16\times6\times34\times34\times34+2\times34\times34\times34\times6=424\ 4032\approx4$MB

时间步数为 256 时，执行时间 30s。其中，写文件占用了一半的时间。所以，可以看出算法的效率还是很可观的。影响结果的主要原因是时间步数 NSTOP，程序的执行时间与它成

正比,程序的运行结果与它的关系也非常紧密,当小于 64 时,根本不会有正确的结果,因为必须要大于高斯脉冲的采样点数目。另外,其值也并非越大越好,过大反而会出现误差增大的反常现象。

程序的输出对结果进行了采样,也可以不采样直接输出但要耗费更多的时间。

10.7.6　求解介质球散射场的源程序

1. VC ++ 程序清单

```
include "stdio.h"
# include "math.h"
# include "stdlib.h"
//NX,NY,NZ 定义了问题空间尺寸
# define NX 34
# define NY 34
# define NZ 34
# define NX1 33
# define NY1 33
# define NZ1 33
//Define the field output quantities here.ntest
//Specifies the number of field sample locations for
//Near zone fields.
# define NTEST 4                          //采样点数
# define NSTOP 256                        //最大时间步

double DELX = 1.0/17,DELY = 1.0/17,DELZ = 1.0/17;
double THINC = 180.0,PHINC = 180.0;       //THINC 是与 z 轴夹角,PHINC 是与 x 轴夹角
double ETHINC = 1.0,EPHINC = 0.0;         //定义极化方向
double AMP = 1000.0,BETA = 64.0;          //AMP 入射信号强度
double EPS0 = 8.854E - 12,XMU0 = 1.2566306E - 6,ETA0 = 376.733341;
        //EPS0 真空介电常数 XMU0 磁导率   ETA0 真空中波阻抗
int
IDONE[NX + 1][NY + 1][NZ + 1],IDTWO[NX + 1][NY + 1][NZ + 1],IDTHRE[NX + 1][NY + 1][NZ + 1];
//IDONE EX 媒质参量 IDTWO EY 媒质参量 IDTHRE EZ 媒质参量
double EXS[NX + 1][NY + 1][NZ + 1],EYS[NX + 1][NY + 1][NZ + 1],EZS[NX + 1][NY + 1][NZ + 1];
double HXS[NX + 1][NY + 1][NZ + 1],HYS[NX + 1][NY + 1][NZ + 1],HZS[NX + 1][NY + 1][NZ + 1];
// +1 是因为 FORTRAN 数组下标从 1 开始到 X,C 数组下标从 0 到 X
double CXD,CXU,CYD,CYU,CZD,CZU;
double CXX,CYY,CZZ,CXFYD,CXFZD,CYFXD,CYFZD,CZFXD,CZFYD;
double EYSX1[4 + 1][NY1 + 1][NZ1 + 1],EZSX1[4 + 1][NY1 + 1][NZ1 + 1],
        EZSY1[NX1 + 1][4 + 1][NZ1 + 1],EXSY1[NX1 + 1][4 + 1][NZ1 + 1],
        EXSZ1[NX1 + 1][NY1 + 1][4 + 1],EYSZ1[NX1 + 1][NY1 + 1][4 + 1];
//二阶 Mur 吸收边界条件中记录上一时间步的值
double EYSX2[4 + 1][NY1 + 1][NZ1 + 1],EZSX2[4 + 1][NY1 + 1][NZ1 + 1],
        EZSY2[NX1 + 1][4 + 1][NZ1 + 1],EXSY2[NX1 + 1][4 + 1][NZ1 + 1],
        EXSZ2[NX1 + 1][NY1 + 1][4 + 1],EYSZ2[NX1 + 1][NY1 + 1][4 + 1];
//二阶 Mur 吸收边界条件中记录上两时间步的值
double AMPX,AMPY,AMPZ,XDISP,YDISP,ZDISP,DELAY,TAU,OFF;
int N;
double DT,T,NPTS,C,PI,ALPHA,PERIOD,BETADT,W1,W2,W3;
double ESCTC[10],EINCC[10],EDEVCN[10],ECRLX[10],ECRLY[10],ECRLZ[10],
        DTEDX,DTEDY,DTEDZ,DTMDX,DTMDY,DTMDZ;
double EPS[10],SIGMA[10];
int IOBS[NTEST + 1],JOBS[NTEST + 1],KOBS[NTEST + 1], NTYPE[NTEST + 1];
double DTXI,DTYI,DTZI;
```

```
double COSTH,SINTH,COSPH,SINPH,WPS[10];
double DIST;
double RA,SC;
int MTYPE = 2;
double SOURCE();
double DSRCE();
/ * * * * * * * * * * * * * * * * * * * * * * * * * * 若干函数定义
 * * * * * * * * * * * * * * * * * * * * * * * * * * * * * * * * * * * * * * /
/ *                       入射波定义                               * /
double EXI(int I,int J,int K)
{//This function computes the X component of the incident electric field
     double EXI;
     DIST = ((I-1) * DELX + 0.5 * DELX * OFF) * XDISP + ((J-1)
          * DELY) * YDISP + ((K-1) * DELZ) * ZDISP + DELAY;
     EXI = AMPX * SOURCE();
     return EXI;
}
double EYI(int I,int J,int K)
{//This function computes the Y component of the incident electric field
     double EYI;
     DIST = ((I-1) * DELX) * XDISP + ((J-1) * DELY + 5 * DELY * OFF) * YDISP + ((K-1) * DELZ)
          * ZDISP + DELAY;
     EYI = AMPY * SOURCE();
     return EYI;
}
double EZI(int I,int J,int K)
{
//This function computes the Z component of the incident electric field
     double EZI;
     DIST = ((I-1) * DELX) * XDISP + ((J-1) * DELY) * YDISP + ((K-1) * DELZ + 0.5 * DELZ * OFF) *
          ZDISP + DELAY;
     EZI = AMPZ * SOURCE();
     return EZI;
}/ *                     入射波定义结束                             * /
double SOURCE()
{//This function defines the functional form of the incident field
     double SOURCE = 0.0;
//Execute following for incident E field
     TAU = T - DIST/C;
     if(TAU<0.0) return SOURCE;
     SOURCE = exp( - ALPHA * pow((TAU - BETADT),2));
     return SOURCE;
}//入射波源场定义
/ * * * * * * * * * * * * * * * * * * * * * * * * * * * * * * * * * * * * * * * * * /
double DEXI(int I,int J,int K)
{//Time derivative of incident EX field for dielectrics
     double DEXI;
     DIST = ((I-1) * DELX + 0.5 * DELX * OFF) * XDISP + ((J-1) * DELY) * YDISP + ((K-1)
          * DELZ) * ZDISP + DELAY;
     DEXI = AMPX * DSRCE();
     return DEXI;
}
/ * * * * * * * * * * * * * * * * * * * * * * * * * * * * * * * * * * * * * * * * * /
double DEYI(int I,int J,int K)
{//Time derivative of incident EY field for dielectrics
```

```
        double DEYI;
        DIST = ((I - 1) * DELX) * XDISP + ((J - 1) * DELY + 0.5 * DELY * OFF) * YDISP + ((K - 1)
             * DELZ) * ZDISP + DELAY;
        DEYI = AMPY * DSRCE();
        return DEYI;
}
/* * * * * * * * * * * * * * * * * * * * * * * * * * * * * * * * * * * * * * * * * * * */
double DEZI(int I,int J,int K)//
{//Time derivative of incident EZ field for dielectrics
        double DEZI;
        DIST = ((I - 1) * DELX) * XDISP + ((J - 1) * DELY) * YDISP + ((K - 1) * DELZ + 0.5 * DELZ
             * OFF) * ZDISP + DELAY;
        DEZI = AMPZ * DSRCE();
        return DEZI;
}
/* * * * * * * * * * * * * * * * * * * * * * * * * * * * * * * * * * * * * * * * * * * */
double DSRCE()
{// Time derivative of incident field for dielectrics
        double DSRCE = 0.0;
        TAU = T - DIST/C;
        if(TAU<0.0) return DSRCE;
        if(TAU>PERIOD) return DSRCE;
        DSRCE = exp( - ALPHA * (pow((TAU - BETADT),2))) * ( - 2.0 * ALPHA * (TAU - BETADT));
        return DSRCE;
}
/* * * * * * * * * * * * * * * * * * * * * * * * * * * * * * * * * * * * * * * * * * * */
void ZERO()
{
        int I,J,K,L;
        T = 0.0;
        for(K = 1;K<= NZ;K ++ )
            for(J = 1;J<= NY;J ++ )
                for(I = 1;I<= NX;I ++ )
                {
                EXS[I][J][K] = 0;
                EYS[I][J][K] = 0;
                EZS[I][J][K] = 0;
                HXS[I][J][K] = 0;
                HYS[I][J][K] = 0;
                HZS[I][J][K] = 0;
                IDONE[I][J][K] = 0;
                IDTWO[I][J][K] = 0;
                IDTHRE[I][J][K] = 0;
                }
        for(K = 1;K<= NZ1;K ++ )
            for(J = 1;J<= NY1;J ++ )
                for(I = 1;I<= 4;I ++ )
                {
                    EYSX1[I][J][K] = 0;
                    EYSX2[I][J][K] = 0;
                    EZSX1[I][J][K] = 0;
                    EZSX2[I][J][K] = 0;
                }
        for(K = 1;K<= NZ1;K ++ )
            for(J = 1;J<= 4;J ++ )
```

```
                for(I = 1;I<NX1;I ++ )
                {
                    EXSY1[I][J][K] = 0;
                    EXSY2[I][J][K] = 0;
                    EZSY1[I][J][K] = 0;
                    EZSY2[I][J][K] = 0;
                }
        for(K = 1;K<= 4;K ++ )
            for(J = 1;J<= NY1;J ++ )
                for(I = 1;I<= NX1;I ++ )
                {
                    EXSZ1[I][J][K] = 0;
                    EXSZ2[I][J][K] = 0;
                    EYSZ1[I][J][K] = 0;
                    EYSZ2[I][J][K] = 0;
                }
        for(L = 1;L<= 9;L ++ )
            {
                ESCTC[L] = 0;
                EINCC[L] = 0;
                EDEVCN[L] = 0;
                ECRLX[L] = 0;
                ECRLY[L] = 0;
                ECRLZ[L] = 0;
            }
}//初始化问题空间,将其初始化为 0
/* * * * * * * * * * * * * * * * * * * * * * * * * * * * * * * * * * * * * * * * * */
void BUILD()
{
    double R;
    int I,J,K;
    MTYPE = 2;
    RA = 8.2;
    SC = 17.5;
    for(I = 1;I<= NX;I ++ )
        for(J = 1;J<= NY;J ++ )
            for(K = 1;K<= NZ;K ++ )
            {
                R = sqrt(pow((I - SC),2) + pow((J - SC),2) + pow((K - SC),2));//28.5788
                 if(R<RA)
                {
                        IDONE[I][J][K] = MTYPE;
                        IDONE[I][J][K + 1] = MTYPE;
                        IDONE[I][J + 1][K + 1] = MTYPE;
                        IDONE[I][J + 1][K] = MTYPE;
                        IDTWO[I][J][K] = MTYPE;
                        IDTWO[I + 1][J][K] = MTYPE;
                        IDTWO[I + 1][J][K + 1] = MTYPE;
                        IDTWO[I][J][K + 1] = MTYPE;
                        IDTHRE[I][J][K] = MTYPE;
                        IDTHRE[I + 1][J][K] = MTYPE;
                        IDTHRE[I + 1][J + 1][K] = MTYPE;
                        IDTHRE[I][J + 1][K] = MTYPE;
                }
            }
```

<c</c>

```
        for(K = 1;K<= NZ;K ++ )
            for(J = 1;J<= NY;J ++ )
                for(I = 1;I<= NX;I ++ )
                {
                    if(IDONE[I][J][K]> = 10||IDTWO[I][J][K]> = 10||IDTHRE[I][J][K]> = 10)
                    {
                    printf("error occured, illegal value for\n");
                    printf("dielectric type (idone - idthree\n");
                    printf("at location:i = % d,j = % d,k = % d,idone = % f,idtwo = % f,idthree = % f\n",
                            I,J,K,IDONE[I][J][K],IDTWO[I][J][K],IDTHRE[I][J][K]);
                    printf("excution halted ");
                    exit(0);
                    }
                }
}
/* * * * * * * * * * * * * * * * * * * * * * * * * * * * * * * * * * * * * */
void SETUP(FILE * fp)
    {
    int I;
    C = 300000000.0;
    PI = 4.0 * atan(1.0);
    DTXI = C/DELX;
    DTXI = C/DELY;
    DTZI = C/DELZ;//0.058823
    DT = 1.0/sqrt(DTXI * DTXI + DTYI * DTYI + DTZI * DTZI);//最大时间步
    DT = 0.000000000113205935;
    ALPHA = pow((1.0/(BETA * DT/4.0)),2);//3.04e17
    BETADT = BETA * DT;//7.24e - 9
    PERIOD = 2.0 * BETADT;//1.449e - 8
    OFF = 1.0;
    W1 = 2.0 * PI/PERIOD;//433611411
    W2 = 2.0 * W1;//867222822
    W3 = 3.0 * W1;
    COSTH = cos(PI * THINC/180.0);//0
    SINTH = sin(PI * THINC/180.0);
    COSPH = cos(PI * PHINC/180.0);
    SINPH = sin(PI * PHINC/180.0);
    AMPX = AMP * (ETHINC * COSTH * COSPH - EPHINC * SINPH);
    AMPY = AMP * (ETHINC * COSTH * SINPH + EPHINC * COSPH);
    AMPZ = AMP * ( - ETHINC * SINTH);
    XDISP = - COSPH * SINTH;
    YDISP = - SINPH * SINTH;
    ZDISP = - COSTH;
    for(I = 1;I<= 9;I ++ )
    {
        EPS[I] = EPS0;
        SIGMA[I] = 0.0;
    }
    EPS[2] = 4.0 * EPS0;
    SIGMA[2] = 0.005;
    DTEDX = DT/(EPS0 * DELX);//217.35
    DTEDY = DT/(EPS0 * DELY);
    DTEDZ = DT/(EPS0 * DELZ);
    DTMDX = DT/(XMU0 * DELX);
    DTMDY = DT/(XMU0 * DELY);
```

```
    DTMDZ = DT/(XMU0 * DELZ);
    for(I = 2;I<= 9;I ++ )
    {
        ESCTC[I] = EPS[I]/(EPS[I] + SIGMA[I] * DT);
        EINCC[I] = SIGMA[I] * DT/(EPS[I] + SIGMA[I] * DT);
        EDEVCN[I] = DT * (EPS[I] - EPS0)/(EPS[I] + SIGMA[I] * DT);
        ECRLX[I] = DT/((EPS[I] + SIGMA[I] * DT) * DELX);
        ECRLY[I] = DT/((EPS[I] + SIGMA[I] * DT) * DELY);
        ECRLZ[I] = DT/((EPS[I] + SIGMA[I] * DT) * DELZ);
    }
    DELAY = 0.0;
    if(XDISP<0)    DELAY = DELAY - XDISP * NX1 * DELX;
    if(YDISP<0)    DELAY = DELAY - YDISP * NY1 * DELY;
    if(ZDISP<0)    DELAY = DELAY - ZDISP * NZ1 * DELZ;
    CXD = (C * DT - DELX)/(C * DT + DELX);
    CYD = (C * DT - DELY)/(C * DT + DELY);
    CZD = (C * DT - DELZ)/(C * DT + DELZ);
    CXU = CXD;
    CYU = CYD;
    CZU = CZD;
    CXX = 2.0 * DELX/(C * DT + DELX);
    CYY = 2.0 * DELY/(C * DT + DELY);
    CZZ = 2.0 * DELZ/(C * DT + DELZ);
    CXFYD = DELX * C * DT * C * DT/(2.0 * DELY * DELY * (C * DT + DELX));
    CXFZD = DELX * C * DT * C * DT/(2.0 * DELZ * DELZ * (C * DT + DELX));
    CYFZD = DELY * C * DT * C * DT/(2.0 * DELZ * DELZ * (C * DT + DELY));
    CYFXD = DELY * C * DT * C * DT/(2.0 * DELX * DELX * (C * DT + DELY));
    CZFXD = DELZ * C * DT * C * DT/(2.0 * DELX * DELX * (C * DT + DELZ));
    CZFYD = DELZ * C * DT * C * DT/(2.0 * DELY * DELY * (C * DT + DELZ));
    printf("NX = % d,NY = % d,NZ = % d\n",NX,NY,NZ);
    printf("DELX = % f,DELY = % f,DELZ = % f\n",DELX,DELY,DELZ);
    printf("DT = % 1.16f,NSTOP = % d\n",DT,NSTOP);
    printf("AMP = % f,ALPHA = % f,BETA = % f\n",AMP,ALPHA,BETA);
    printf("THINC = % f,PHINC = % f\n",THINC,PHINC);
    printf("The incident Ex amplitude = % fV/m\n",AMPX);
    printf("The incident Ey amplitude = % fV/m\n",AMPY);
    printf("The incident Ez amplitude = % fV/m\n",AMPZ);
    printf("setup is done\n");
    fprintf(fp,"NX = % d,NY = % d,NZ = % d\n",NX,NY,NZ);
    fprintf(fp,"DELX = % f,DELY = % f,DELZ = % f\n",DELX,DELY,DELZ);
    fprintf(fp,"DT = % 1.16f,NSTOP = % d\n",DT,NSTOP);
    fprintf(fp,"AMP = % f,ALPHA = % f,BETA = % f\n",AMP,ALPHA,BETA);
    fprintf(fp,"THINC = % f,PHINC = % f\n",THINC,PHINC);
    fprintf(fp,"The incident Ex amplitude = % fV/m\n",AMPX);
    fprintf(fp,"The incident Ey amplitude = % fV/m\n",AMPY);
    fprintf(fp,"The incident Ez amplitude = % fV/m\n",AMPZ);
    fprintf(fp,"setup is done\n");
//写一些设置数据到 DIAGS3D.DAT 文件中,这里省略
}
void EXSFLD()
{
    int I,J,K,II,JJ,KK;
    for(K = 2;K<= NZ1;K ++ )
    {
        KK = K;
```

```
        for(J = 2;J<= NY1;J ++ )
    {
        JJ = J;
        for(I = 1;I<= NX1;I ++ )
        {
            if(IDONE[I][J][K] == 0)
            {EXS[I][J][K] = EXS[I][J][K] + (HZS[I][J][K] - HZS[I][J - 1][K]) * DTEDY -
                        (HYS[I][J][K] - HYS[I][J][K - 1]) * DTEDZ;
                continue;
            }//真空中
            if(IDONE[I][J][K] == 1)
            {II = I;
             EXS[I][J][K] = - EXI(II,JJ,KK);
             continue;
            }//良导体
            else
            {
                EXS[I][J][K] = EXS[I][J][K] * ESCTC[IDONE[I][J][K]] -
                            EINCC[IDONE[I][J][K]] * EXI(II,JJ,KK) -
                            EDEVCN[IDONE[I][J][K]] * DEXI(II,JJ,KK) +
                            (HZS[I][J][K] - HZS[I][J - 1][K]) *
                            ECRLY[IDONE[I][J][K]] -
                            (HYS[I][J][K] - HYS[I][J][K - 1]) *
                            ECRLZ[IDONE[I][J][K]];
                continue;
            }//普通媒质
        }
    }
    }
}//更新 EX 散射场分量
void EYSFLD()
{
    int I,J,K,II,JJ,KK;
    for(K = 2;K<= NZ1;K ++ )
    {
        KK = K;
        for(J = 2;J<= NY1;J ++ )
        {
            JJ = J;
            for(I = 1;I<= NX1;I ++ )
            {
                if(IDTWO[I][J][K] == 0)
                {   EYS[I][J][K] = EYS[I][J][K] + (HXS[I][J][K] - HXS[I][J][K - 1]) *
                            DTEDZ - (HZS[I][J][K] - HZS[I - 1][J][K]) * DTEDX;
                continue;
                }
                if(IDTWO[I][J][K] == 1)
                {   II = I;
                    EYS[I][J][K] = - EYI(II,JJ,KK);
                    continue;
                }
                else
                {
                    II = I;
                    EYS[I][J][K] = EYS[I][J][K] * ESCTC[IDTWO[I][J][K]] -
```

```
                                EINCC[IDTWO[I][J][K]] * EYI(II,JJ,KK) -
                                EDEVCN[IDTWO[I][J][K]] * DEYI(II,JJ,KK) +
        (HXS[I][J][K] - HXS[I][J][K - 1]) * ECRLZ[IDTWO[I][J][K]] -
        (HZS[I][J][K] - HZS[I - 1][J][K]) * ECRLX[IDTWO[I][J][K]];
                            continue;
                        }
                    }
                }
            }
}//更新 EY 散射场分量
void EZSFLD()
{
    int I,J,K,II,JJ,KK;
    for(K = 1;K<= NZ1;K ++ )
    {
        KK = K;
        for(J = 2;J<= NY1;J ++ )
        {
            JJ = J;
            for(I = 2;I<= NX1;I ++ )
            {
                if(IDTHREE[I][J][K] == 0)
                {EZS[I][J][K] = EZS[I][J][K] + (HYS[I][J][K] - HYS[I - 1][J][K]) *
                                DTEDX - (HXS[I][J][K] - HXS[I][J - 1][K]) * DTEDY;
                    continue;
                }
                if(IDTHREE[I][J][K] == 1)
                {   II = I;
                    EZS[I][J][K] = - EZI(II,JJ,KK);
                    continue;
                }
                else
                {
                    II = I;
                    EZS[I][J][K] = EZS[I][J][K] * ESCTC[IDTHRE[I][J][K]] -
                                EINCC[IDTHRE[I][J][K]] * EZI(II,JJ,KK) -
                                EDEVCN[IDTHRE[I][J][K]] * DEZI(II,JJ,KK) +
                        (HYS[I][J][K] - HYS[I - 1][J][K]) * ECRLX[IDTHRE[I][J][K]] -
                        (HXS[I][J][K] - HXS[I][J - 1][K]) * ECRLY[IDTHRE[I][J][K]];
                    continue;
                }
            }
        }
    }
}//更新 EZ 散射场分量
void RADEZX()
{
    int J,K;
    for(K = 1;K<= NZ1;K ++ )
    {
        J = 2;
        EZS[1][J][K] = EZSX1[2][J][K] + CXD * (EZS[2][J][K] - EZSX1[1][J][K]);
        EZS[NX][J][K] = EZSX1[3][J][K] + CXU * (EZS[NX1][J][K] - EZSX1[4][J][K]);
        J = NY1;
        EZS[1][J][K] = EZSX1[2][J][K] + CXD * (EZS[2][J][K] - EZSX1[1][J][K]);
```

```
                    EZS[NX][J][K] = EZSX1[3][J][K] + CXU * (EZS[NX1][J][K] - EZSX1[4][J][K]);
            }
        for(J = 3;J<NY1;J ++ )
        {
            K = 1;
            EZS[1][J][K] = EZSX1[2][J][K] + CXD * (EZS[2][J][K] - EZSX1[1][J][K]);
            EZS[NX][J][K] = EZSX1[3][J][K] + CXU * (EZS[NX1][J][K] - EZSX1[4][J][K]);
            K = NZ1;
            EZS[1][J][K] = EZSX1[2][J][K] + CXD * (EZS[2][J][K] - EZSX1[1][J][K]);
            EZS[NX][J][K] = EZSX1[3][J][K] + CXU * (EZS[NX1][J][K] - EZSX1[4][J][K]);
        }
        for(K = 2;K<= NZ1 - 1;K ++ )
            for(J = 3;J<= NY1 - 1;J ++ )
            {
                EZS[1][J][K] = - EZSX2[2][J][K] + CXD * (EZS[2][J][K] + EZSX2[1][J][K]) +
                    CXX * (EZSX1[1][J][K] + EZSX1[2][J][K]) +
                    CXFYD * (EZSX1[1][J + 1][K] - 2.0 * EZSX1[1][J][K] + EZSX1[1][J - 1][K] +
                    EZSX1[2][J + 1][K] - 2.0 * EZSX1[2][J][K] + EZSX1[2][J - 1][K]) +
                    CXFZD * (EZSX1[1][J][K + 1] - 2 * EZSX1[1][J][K] + EZSX1[1][J][K - 1] +
                    EZSX1[2][J][K + 1] - 2.0 * EZSX1[2][J][K] + EZSX1[2][J][K - 1]);
                EZS[NX][J][K] = - EZSX2[3][J][K] + CXD * (EZS[NX1][J][K] + EZSX2[4][J][K]) +
                    CXX * (EZSX1[4][J][K] + EZSX1[3][J][K]) +
                    CXFYD * (EZSX1[4][J + 1][K] - 2.0 * EZSX1[4][J][K] + EZSX1[4][J - 1][K] +
                    EZSX1[3][J + 1][K] - 2.0 * EZSX1[3][J][K] + EZSX1[3][J - 1][K]) +
                    CXFZD * (EZSX1[4][J][K + 1] - 2.0 * EZSX1[4][J][K] + EZSX1[4][J][K - 1] +
                    EZSX1[3][J][K + 1] - 2.0 * EZSX1[3][J][K] + EZSX1[3][J][K - 1]);
            }
        for(K = 1;K<= NZ1;K ++ )
            for(J = 2;J<= NY1;J ++ )
            {
                EZSX2[1][J][K] = EZSX1[1][J][K];
                EZSX2[2][J][K] = EZSX1[2][J][K];
                EZSX2[3][J][K] = EZSX1[3][J][K];
                EZSX2[4][J][K] = EZSX1[4][J][K];
                EZSX1[1][J][K] = EZS[1][J][K];
                EZSX1[2][J][K] = EZS[2][J][K];
                EZSX1[3][J][K] = EZS[NX1][J][K];
                EZSX1[4][J][K] = EZS[NX][J][K];
            }
    }
    void RADEYX()
    {
        int J,K;
        for(K = 2;K<= NZ1;K ++ )
        {
            J = 1;
            EYS[1][J][K] = EYSX1[2][J][K] + CXD * (EYS[2][J][K] - EYSX1[1][J][K]);
            EYS[NX][J][K] = EYSX1[3][J][K] + CXU * (EYS[NX1][J][K] - EYSX1[4][J][K]);
            J = NY1;
            EYS[1][J][K] = EYSX1[2][J][K] + CXD * (EYS[2][J][K] - EYSX1[1][J][K]);
            EYS[NX][J][K] = EYSX1[3][J][K] + CXU * (EYS[NX1][J][K] - EYSX1[4][J][K]);
        }
        for(J = 2;J<= NY1 - 1;J ++ )
        {
            K = 2;
```

```
            EYS[1][J][K] = EYSX1[2][J][K] + CXD * (EYS[2][J][K] - EYSX1[1][J][K]);
            EYS[NX][J][K] = EYSX1[3][J][K] + CXU * (EYS[NX1][J][K] - EYSX1[4][J][K]);
            K = NZ1;
            EYS[1][J][K] = EYSX1[2][J][K] + CXD * (EYS[2][J][K] - EYSX1[1][J][K]);
            EYS[NX][J][K] = EYSX1[3][J][K] + CXU * (EYS[NX1][J][K] - EYSX1[4][J][K]);
        }
    for(K = 3;K<= NZ1 - 1;K ++ )
        for(J = 2;J<= NY1 - 1;J ++ )
        {
            EYS[1][J][K] = - EYSX2[2][J][K] + CXD * (EYS[2][J][K] + EYSX2[1][J][K]) +
                CXX * (EYSX1[1][J][K] + EYSX1[2][J][K]) +
                CXFYD * (EYSX1[1][J + 1][K] - 2.0 * EYSX1[1][J][K] + EYSX1[1][J - 1][K] +
                EYSX1[2][J + 1][K] - 2.0 * EYSX1[2][J][K] + EYSX1[2][J - 1][K]) +
                CXFZD * (EYSX1[1][J][K + 1] - 2.0 * EYSX1[1][J][K] + EYSX1[1][J][K - 1] +
                EYSX1[2][J][K + 1] - 2.0 * EYSX1[2][J][K] + EYSX1[2][J][K - 1]);
            EYS[NX][J][K] = - EYSX2[3][J][K] + CXD * (EYS[NX1][J][K] + EYSX2[4][J][K]) +
                CXX * (EYSX1[4][J][K] + EYSX1[3][J][K]) +
                CXFYD * (EYSX1[4][J + 1][K] - 2.0 * EYSX1[4][J][K] + EYSX1[4][J - 1][K] +
                EYSX1[3][J + 1][K] - 2.0 * EYSX1[3][J][K] + EYSX1[3][J - 1][K]) +
                CXFZD * (EYSX1[4][J][K + 1] - 2.0 * EYSX1[4][J][K] + EYSX1[4][J][K - 1] +
                EYSX1[3][J][K + 1] - 2.0 * EYSX1[3][J][K] + EYSX1[3][J][K - 1]);
        }
        for(K = 2;K<= NZ1;K ++ )
            for(J = 1;J<= NY1;J ++ )
            {
                EYSX2[1][J][K] = EYSX1[1][J][K];
                EYSX2[2][J][K] = EYSX1[2][J][K];
                EYSX2[3][J][K] = EYSX1[3][J][K];
                EYSX2[4][J][K] = EYSX1[4][J][K];
                EYSX1[1][J][K] = EYS[1][J][K];
                EYSX1[2][J][K] = EYS[2][J][K];
                EYSX1[3][J][K] = EYS[NX1][J][K];
                EYSX1[4][J][K] = EYS[NX][J][K];
            }
}
void RADEZY( )
{
    int I,K;
    for(K = 1;K<= NZ1;K ++ )
    {
        I = 2;
        EZS[I][1][K] = EZSY1[I][2][K] + CYD * (EZS[I][2][K] - EZSY1[I][1][K]);
        EZS[I][NY][K] = EZSY1[I][3][K] + CYD * (EZS[I][NY1][K] - EZSY1[I][4][K]);
        I = NX1;
        EZS[I][1][K] = EZSY1[I][2][K] + CYD * (EZS[I][2][K] - EZSY1[I][1][K]);
        EZS[I][NY][K] = EZSY1[I][3][K] + CYD * (EZS[I][NY1][K] - EZSY1[I][4][K]);
    }

    for(I = 3;I<= NX1 - 1;I ++ )
    {
        K = 1;
        EZS[I][1][K] = EZSY1[I][2][K] + CYD * (EZS[I][2][K] - EZSY1[I][1][K]);
        EZS[I][NY][K] = EZSY1[I][3][K] + CYD * (EZS[I][NY1][K] - EZSY1[I][4][K]);
        K = NZ1;
        EZS[I][1][K] = EZSY1[I][2][K] + CYD * (EZS[I][2][K] - EZSY1[I][1][K]);
```

```
                    EZS[I][NY][K] = EZSY1[I][3][K] + CYD * (EZS[I][NY1][K] - EZSY1[I][4][K]);
            }
        for(K = 2;K<= NZ1 - 1;K ++ )
            for(I = 3;I<= NX1 - 1;I ++ )
            {
                EZS[I][1][K] = - EZSY2[I][2][K] + CYD * (EZS[I][2][K] + EZSY2[I][1][K]) +
                        CYY * (EZSY1[I][1][K] + EZSY1[I][2][K]) +
                        CYFXD * (EZSY1[I + 1][1][K] - 2.0 * EZSY1[I][1][K] + EZSY1[I - 1][1][K] +
                        EZSY1[I + 1][2][K] - 2.0 * EZSY1[I][2][K] + EZSY1[I - 1][2][K]) +
                        CYFZD * (EZSY1[I][1][K + 1] - 2.0 * EZSY1[I][1][K] + EZSY1[I][1][K - 1] +
                        EZSY1[I][2][K + 1] - 2.0 * EZSY1[I][2][K] + EZSY1[I][2][K - 1]);
                EZS[I][NY][K] = - EZSY2[I][3][K] + CYD * (EZS[I][NY1][K] + EZSY2[I][4][K]) +
                        CYY * (EZSY1[I][4][K] + EZSY1[I][3][K]) +
                        CYFXD * (EZSY1[I + 1][4][K] - 2.0 * EZSY1[I][4][K] + EZSY1[I - 1][4][K] +
                        EZSY1[I + 1][3][K] - 2.0 * EZSY1[I][3][K] + EZSY1[I - 1][3][K]) +
                        CYFZD * (EZSY1[I][4][K + 1] - 2.0 * EZSY1[I][4][K] + EZSY1[I][4][K - 1] +
                        EZSY1[I][3][K + 1] - 2.0 * EZSY1[I][3][K] + EZSY1[I][3][K - 1]);
            }
// Now save past values
    for(K = 1;K<= NZ1;K ++ )
        for(I = 2;I<= NX1;I ++ )
        {
            EZSY2[I][1][K] = EZSY1[I][1][K];
            EZSY2[I][2][K] = EZSY1[I][2][K];
            EZSY2[I][3][K] = EZSY1[I][3][K];
            EZSY2[I][4][K] = EZSY1[I][4][K];
            EZSY1[I][1][K] = EZS[I][1][K];
            EZSY1[I][2][K] = EZS[I][2][K];
            EZSY1[I][3][K] = EZS[I][NY1][K];
            EZSY1[I][4][K] = EZS[I][NY][K];
        }
}
void RADEXY()
{
// Do edges with first order ORBC
    int I,K;
    for(K = 2;K<= NZ1;K ++ )
    {
        I = 1;
        EXS[I][1][K] = EXSY1[I][2][K] + CYD * (EXS[I][2][K] - EXSY1[I][1][K]);
        EXS[I][NY][K] = EXSY1[I][3][K] + CYD * (EXS[I][NY1][K] - EXSY1[I][4][K]);
        I = NX1;
        EXS[I][1][K] = EXSY1[I][2][K] + CYD * (EXS[I][2][K] - EXSY1[I][1][K]);
        EXS[I][NY][K] = EXSY1[I][3][K] + CYD * (EXS[I][NY1][K] - EXSY1[I][4][K]);
    }
    for(I = 2;I<= NX1 - 1;I ++ )
    {
        K = 2;
        EXS[I][1][K] = EXSY1[I][2][K] + CYD * (EXS[I][2][K] - EXSY1[I][1][K]);
        EXS[I][NY][K] = EXSY1[I][3][K] + CYD * (EXS[I][NY1][K] - EXSY1[I][4][K]);
        K = NZ1;
        EXS[I][1][K] = EXSY1[I][2][K] + CYD * (EXS[I][2][K] - EXSY1[I][1][K]);
        EXS[I][NY][K] = EXSY1[I][3][K] + CYD * (EXS[I][NY1][K] - EXSY1[I][4][K]);
    }
// Now do 2nd order ORBC on remaining portions of faces
```

```
    for(K = 3;K<= NZ1 - 1;K ++ )
        for(I = 2;I<= NX1 - 1;I ++ )
        {
            EXS[I][1][K] = - EXSY1[I][2][K] + CYD * (EXS[I][2][K] + EXSY2[I][1][K]) +
                        CYY * (EXSY1[I][1][K] + EXSY1[I][2][K]) +
                CYFXD * (EXSY1[I + 1][1][K] - 2.0 * EXSY1[I][1][K] + EXSY1[I - 1][1][K] +
                        EXSY1[I + 1][2][K] - 2.0 * EXSY1[I][2][K] + EXSY1[I - 1][2][K]) +
                CYFZD * (EXSY1[I][1][K + 1] - 2.0 * EXSY1[I][1][K] + EXSY1[I][1][K - 1] +
                        EXSY1[I][2][K + 1] - 2.0 * EXSY1[I][2][K] + EXSY1[I][2][K - 1]);
            EXS[I][NY][K] = - EXSY2[I][3][K] + CYD * (EXS[I][NY1][K] + EXSY2[I][4][K]) +
                        CYY * (EXSY1[I][4][K] + EXSY1[I][3][K]) +
                CYFXD * (EXSY1[I + 1][4][K] - 2.0 * EXSY1[I][4][K] + EXSY1[I - 1][4][K] +
                        EXSY1[I + 1][3][K] - 2.0 * EXSY1[I][3][K] + EXSY1[I - 1][3][K]) +
                CYFZD * (EXSY1[I][4][K + 1] - 2.0 * EXSY1[I][4][K] + EXSY1[I][4][K - 1] +
                        EXSY1[I][3][K + 1] - 2.0 * EXSY1[I][3][K] + EXSY1[I][3][K - 1]);
        }
// Now save past values
    for(K = 2;K<= NZ1;K ++ )
        for(I = 1;I<= NX1;I ++ )
        {
            EXSY2[I][1][K] = EXSY1[I][1][K];
            EXSY2[I][2][K] = EXSY1[I][2][K];
            EXSY2[I][3][K] = EXSY1[I][3][K];
            EXSY2[I][4][K] = EXSY1[I][4][K];
            EXSY1[I][1][K] = EXS[I][1][K];
            EXSY1[I][2][K] = EXS[I][2][K];
            EXSY1[I][3][K] = EXS[I][NY1][K];
            EXSY1[I][4][K] = EXS[I][NY][K];
        }//存储当前时间步的值和上一时间步的值作为下次计算使用
}
void RADEXZ()
{// Do edges with first order ORBC
    int I,J;
    for(J = 2;J<= NY1;J ++ )
    {
        I = 1;
        EXS[I][J][1] = EXSZ1[I][J][2] + CZD * (EXS[I][J][2] - EXSZ1[I][J][1]);
        EXS[I][J][NZ] = EXSZ1[I][J][3] + CZD * (EXS[I][J][NZ1] - EXSZ1[I][J][4]);
        I = NX1;
        EXS[I][J][1] = EXSZ1[I][J][2] + CZD * (EXS[I][J][2] - EXSZ1[I][J][1]);
        EXS[I][J][NZ] = EXSZ1[I][J][3] + CZD * (EXS[I][J][NZ1] - EXSZ1[I][J][4]) ;
    }
    for(I = 2;I<= NX1 - 1;I ++ )
    {
        J = 2;
        EXS[I][J][1] = EXSZ1[I][J][2] + CZD * (EXS[I][J][2] - EXSZ1[I][J][1]);
        EXS[I][J][NZ] = EXSZ1[I][J][3] + CZD * (EXS[I][J][NZ1] - EXSZ1[I][J][4]);
        J = NY1;
        EXS[I][J][1] = EXSZ1[I][J][2] + CZD * (EXS[I][J][2] - EXSZ1[I][J][1]);
        EXS[I][J][NZ] = EXSZ1[I][J][3] + CZD * (EXS[I][J][NZ1] - EXSZ1[I][J][4]);
    }
// Now do 2nd order ORBC on remaining portions of faces
    for(J = 3;J<= NY1 - 1;J ++ )
        for(I = 2;I<= NX1 - 1;I ++ )
        {
```

```
                            EXS[I][J][1] = - EXSZ2[I][J][2] + CZD * (EXS[I][J][2] + EXSZ2[I][J][1]) +
                                CZZ * (EXSZ1[I][J][1] + EXSZ1[I][J][2]) +
                            CZFXD * (EXSZ1[I + 1][J][1] - 2.0 * EXSZ1[I][J][1] + EXSZ1[I - 1][J][1] +
                                EXSZ1[I + 1][J][2] - 2.0 * EXSZ1[I][J][2] + EXSZ1[I - 1][J][2]) +
                                CZFYD * (EXSZ1[I][J + 1][1] - 2.0 * EXSZ1[I][J][1] + EXSZ1[I][J - 1][1] +
                                    EXSZ1[I][J + 1][2] - 2.0 * EXSZ1[I][J][2] + EXSZ1[I][J - 1][2]);
                    EXS[I][J][NZ] = - EXSZ2[I][J][3] + CZD * (EXS[I][J][NZ1] + EXSZ2[I][J][4]) +
                            CZZ * (EXSZ1[I][J][4] + EXSZ1[I][J][3]) +
                            CZFXD * (EXSZ1[I + 1][J][4] - 2.0 * EXSZ1[I][J][4] + EXSZ1[I - 1][J][4] +
                                EXSZ1[I + 1][J][3] - 2.0 * EXSZ1[I][J][3] + EXSZ1[I - 1][J][3]) +
                            CZFXD * (EXSZ1[I][J + 1][4] - 2.0 * EXSZ1[I][J][4] + EXSZ1[I][J - 1][4] +
                                EXSZ1[I][J + 1][3] - 2.0 * EXSZ1[I][J][3] + EXSZ1[I][J - 1][3]);
                }
// Now save past values
        for(J = 2;J <= NY1;J ++ )
            for(I = 1;I <= NX1;I ++ )
            {
                EXSZ2[I][J][1] = EXSZ1[I][J][1];
                EXSZ2[I][J][2] = EXSZ1[I][J][2];
                EXSZ2[I][J][3] = EXSZ1[I][J][3];
                EXSZ2[I][J][4] = EXSZ1[I][J][4];
                EXSZ1[I][J][1] = EXS[I][J][1];
                EXSZ1[I][J][2] = EXS[I][J][2];
                EXSZ1[I][J][3] = EXS[I][J][NZ1];
                EXSZ1[I][J][4] = EXS[I][J][NZ];
            }
    }
void RADEYZ()
{ //Do edges with first order ORBC
    int I,J;
    for(J = 1;J <= NY1;J ++ )
    {
        I = 2;
        EYS[I][J][1] = EYSZ1[I][J][2] + CZD * (EYS[I][J][2] - EYSZ1[I][J][1]);
        EYS[I][J][NZ] = EYSZ1[I][J][3] + CZD * (EYS[I][J][NZ1] - EYSZ1[I][J][4]);
        I = NX1;
        EYS[I][J][1] = EYSZ1[I][J][2] + CZD * (EYS[I][J][2] - EYSZ1[I][J][1]);
        EYS[I][J][NZ] = EYSZ1[I][J][3] + CZD * (EYS[I][J][NZ1] - EYSZ1[I][J][4]);
    }
    for(I = 3;I <= NX1 - 1;I ++ )
    {
        J = 1;
        EYS[I][J][1] = EYSZ1[I][J][2] + CZD * (EYS[I][J][2] - EYSZ1[I][J][1]);
        EYS[I][J][NZ] = EYSZ1[I][J][3] + CZD * (EYS[I][J][NZ1] - EYSZ1[I][J][4]);
        J = NY1;
        EYS[I][J][1] = EYSZ1[I][J][2] + CZD * (EYS[I][J][2] - EYSZ1[I][J][1]);
        EYS[I][J][NZ] = EYSZ1[I][J][3] + CZD * (EYS[I][J][NZ1] - EYSZ1[I][J][4]);
    }
// Now do 2nd order ORBC on remaining portions of faces
    for(J = 2;J <= NY1 - 1;J ++ )
        for(I = 3;I <= NX1 - 1;I ++ )
        {
            EYS[I][J][1] = - EYSZ2[I][J][2] + CZD * (EYS[I][J][2] + EYSZ2[I][J][1]) +
                CZZ * (EYSZ1[I][J][1] + EYSZ1[I][J][2]) +
                CZFXD * (EYSZ1[I + 1][J][1] - 2.0 * EYSZ1[I][J][1] + EYSZ1[I - 1][J][1] +
```

```
                     EYSZ1[I + 1][J][2] - 2.0 * EYSZ1[I][J][2] + EYSZ1[I - 1][J][2]) +
                     CZFYD * (EYSZ1[I][J + 1][1] - 2.0 * EYSZ1[I][J][1] + EYSZ1[I][J - 1][1] +
                     EYSZ1[I][J + 1][2] - 2.0 * EYSZ1[I][J][2] + EYSZ1[I][J - 1][2]);
            EYS[I][J][NZ] = - EYSZ2[I][J][3] + CZD * (EYS[I][J][NZ1] + EYSZ2[I][J][4]) +
                     CZZ * (EYSZ1[I][J][4] + EYSZ1[I][J][3]) +
                     CZFXD * (EYSZ1[I + 1][J][4] - 2.0 * EYSZ1[I][J][4] + EYSZ1[I - 1][J][4] +
                     EYSZ1[I + 1][J][3] - 2.0 * EYSZ1[I][J][3] + EYSZ1[I - 1][J][3])
                     CZFYD * (EYSZ1[I][J + 1][4] - 2.0 * EYSZ1[I][J][4] + EYSZ1[I][J - 1][4] +
                     EYSZ1[I][J + 1][3] - 2.0 * EYSZ1[I][J][3] + EYSZ1[I][J - 1][3]);
        }
// Now save past values
    for(J = 1;J <= NY1;J ++ )
        for(I = 2;I <= NX1;I ++ )
        {
            EYSZ2[I][J][1] = EYSZ1[I][J][1];
            EYSZ2[I][J][2] = EYSZ1[I][J][2];
            EYSZ2[I][J][3] = EYSZ1[I][J][3];
            EYSZ2[I][J][4] = EYSZ1[I][J][4];
            EYSZ1[I][J][1] = EYS[I][J][1];
            EYSZ1[I][J][2] = EYS[I][J][2];
            EYSZ1[I][J][3] = EYS[I][J][NZ1];
            EYSZ1[I][J][4] = EYS[I][J][NZ];
        }
}
void HXSFLD()
{//This subroutine updates the HX scattered field components
    int I,J,K;
    for(K = 1;K <= NZ1;K ++ )
        for(J = 1;J <= NY1;J ++ )
            for(I = 2;I <= NX1;I ++ )
        HXS[I][J][K] = HXS[I][J][K] - (EZS[I][J + 1][K] - EZS[I][J][K]) * DTMDY +
                     (EYS[I][J][K + 1] - EYS[I][J][K]) * DTMDZ;
}
/* * * * * * * * * * * * * * * * * * * * * * * * * * * * * * * * * * * * * */
void HYSFLD()
{
    int I,J,K;
    for(K = 1;K <= NZ1;K ++ )
        for(J = 2;J <= NY1;J ++ )
            for(I = 1;I <= NX1;I ++ )
        HYS[I][J][K] = HYS[I][J][K] - (EXS[I][J][K + 1] - EXS[I][J][K]) * DTMDZ +
                     (EZS[I + 1][J][K] - EZS[I][J][K]) * DTMDX;
}
void HZSFLD()
{//This subroutine updates the HZ scattered field components
    int I,J,K;
    for(K = 2;K <= NZ1;K ++ )
        for(J = 1;J <= NY1;J ++ )
            for(I = 1;I <= NX1;I ++ )
        HZS[I][J][K] = HZS[I][J][K] - (EYS[I + 1][J][K] - EYS[I][J][K]) * DTMDX +
                     (EXS[I][J + 1][K] - EXS[I][J][K]) * DTMDY;
}
void DATSAV(FILE * fp)
{
    int II,JJ,KK;
```

```
        int I,J,K;
        double STORE[NTEST + 1];
        int NPT;
        if(N = 1)
         {
             NTYPE[1] = 1;
             NTYPE[2] = 1;
             NTYPE[3] = 5;
             NTYPE[4] = 5;

             IOBS[1] = 17;
             JOBS[1] = 18;
             KOBS[1] = 25;
             IOBS[2] = 17;
             JOBS[2] = 18;
             KOBS[2] = 18;
             IOBS[3] = 17;
             JOBS[3] = 18;
             KOBS[3] = 24;
             IOBS[4] = 17;
             JOBS[4] = 18;
             KOBS[4] = 17;
             for(II = 1;II<= NTEST;II ++ )
                  STORE[II] = 0;
             NPTS = NTEST;
        //printf("DELX = % f,DELY = % f,DELZ = % f,DT = % f,NSTOP = % d,NPTS = % d\n",DELX,DELY,DELZ,
DT,NSTOP,NPTS);
             for(NPT = 1;NPT<= NPTS;NPT ++ )
                  {
        fprintf(fp,"NPT = % d,NTYPE[NPT] = % d,IOBS[NPT] = % d,JOBS[NPT] = % d,KOBS[NPT] =
% d\n",NPT,NTYPE[NPT],IOBS[NPT],JOBS[NPT],KOBS[NPT]);
if(IOBS[NPT]>NX||IOBS[NPT]<1||JOBS[NPT]>NY||JOBS[NPT]<1||KOBS[NPT]>NZ||KOBS[NPT]<1)
                  {
                  fprintf(fp,"error in IOBS,JOBS,or KOBS for sampling\n");
                  fprintf(fp,"point,NPT = % d\n",NPT);
                  fprintf(fp,"execution halted\n");
                  }
             }
         }
    for(NPT = 1;NPT<= NTEST;NPT ++ )
         {
             if(NTYPE[NPT]> = 10||NTYPE[NPT]<= 0)
             {
                  printf("error in NTYPE for sampling point NPT = % f\n",NPT);
                  printf("execution halted\n");
             }
         }
    for(NPT = 1;NPT<= NTEST;NPT ++ )
         {
             I = IOBS[NPT];
             J = JOBS[NPT];
             K = KOBS[NPT];
             if(NTYPE[NPT] == 1) STORE[NPT] = EXS[I][J][K];
             if(NTYPE[NPT] == 2) STORE[NPT] = EYS[I][J][K];
             if(NTYPE[NPT] == 3) STORE[NPT] = EZS[I][J][K];
```

```
            if(NTYPE[NPT] == 4) STORE[NPT] = HXS[I][J][K];
            if(NTYPE[NPT] == 5) STORE[NPT] = HYS[I][J][K];
            if(NTYPE[NPT] == 6) STORE[NPT] = HZS[I][J][K];
            //x方向
            if(NTYPE[NPT] == 7)
            {
                STORE[NPT] = 0;
                for(KK = K;KK<= K + 1;KK ++ )
                    for(JJ = J;JJ<= J + 1;JJ ++ )
                STORE[NPT] = STORE[NPT] + ( - HYS[I][JJ][KK] + HYS[I][JJ][KK - 1]) * DELY +
                        (HZS[I][JJ][KK] - HZS[I][JJ - 1][KK]) * DELZ;
            }
            //y方向
            if(NTYPE[NPT] == 8)
            {
                STORE[NPT] = 0;
                for(KK = K;KK<= K + 1;KK ++ )
                    for(II = I;II<= I + 1;II ++ )
        STORE[NPT] = STORE[NPT] + ( - HZS[II][J][KK] + HZS[II - 1][J][KK]) * DELZ +
                    (HXS[II][J][KK] - HXS[II][J][KK - 1]) * DELX;
            }
            //z方向
            if(NTYPE[NPT] == 9)
            {
                STORE[NPT] = 0;
                for(JJ = J;JJ<= J + 1;JJ ++ )
                    for(II = I;II<= I + 1;II ++ )
        STORE[NPT] = STORE[NPT] + ( - HXS[II][JJ][K] + HXS[II][JJ - 1][K]) * DELX +
                        (HYS[II][JJ][K] - HYS[II - 1][JJ][K]) * DELY;
            }
            fprintf(fp,"STORE[II]:\n");
            if(NPT == 4)
            for(II = 1;II<= NPTS;II ++ )
            {
                if(fabs(STORE[II])<0.0001)
                fprintf(fp," % e\t",STORE[II]);
                else
                fprintf(fp," % f\t",STORE[II]);
                if(II == 4)
                fprintf(fp,"\n");
                //fprintf(fp,"store[ % d] = % f ",II,STORE[II]);
            }
        }
    printf(".");
}
void main()
{
    int I,J,K;
    int N;
    FILE * fp;
    if((fp = fopen("result.txt","w")) == NULL)
    {
     printf("cannot open file\n");
     exit(0);
    }
```

```
    ZERO();          //初始化问题空间,将其场初值全部设为 0
    BUILD();         //初始化介质球及问题空间的媒质参数
    SETUP(fp);       //计算出运算中需要用到的一些全局变量
    T = 0.0;
    printf("Executing");
    for(N = 1;N<= NSTOP;N ++ )
    {
        EXSFLD();//递推 X 方向电场值
        EYSFLD();//递推 Y 方向电场值
        EZSFLD();//递推 Z 方向电场值
        RADEYX();//计算立方体 X 平面上 EY 的吸收边界条件
        RADEZX();//计算立方体 X 平面上 EZ 的吸收边界条件
        RADEZY();//计算立方体 Y 平面上 EZ 的吸收边界条件
        RADEXY();//计算立方体 Y 平面上 EX 的吸收边界条件
        RADEXZ();//计算立方体 Z 平面上 EX 的吸收边界条件
        RADEYZ();//计算立方体 Z 平面上 EY 的吸收边界条件
        //目前一些现有的吸收边界子程序也需要进行调试
        T = T + DT/2;
        HXSFLD();//递推 X 方向磁场值
        HYSFLD();//递推 Y 方向磁场值
        HZSFLD();//递推 Z 方向磁场值
        DATSAV(fp);//采样问题场空间数据,并进行存储
    }
    printf("\ndone");
    T = NSTOP * DT;
    printf("\nT = % f,NSTPOP = % d",T,NSTOP);
    printf("\nend,success\n");
/*    以下代码是输出全空间数据
    for(I = 1;I<= NX;I ++ )
        for(J = 1;J<= NY;J ++ )
            for(K = 1;K<= NY;K ++ )
            {
                fprintf(fp,"    % f",EXS[I][J][K]);
                fprintf(fp,"    % f",EYS[I][J][K]);
                fprintf(fp,"    % f",EZS[I][J][K]);
                fprintf(fp,"    % f",HXS[I][J][K]);
                fprintf(fp,"    % f",HYS[I][J][K]);
                fprintf(fp,"    % f",HZS[I][J][K]);
                fprintf(fp,"\n");
            } * /
}
```

2. 实验数据

0.000000	0.000000	0.000000	0.000000
0.000000	0.000000	0.000000	0.000000
0.000000	0.000000	0.000000	0.000000
0.000000	0.000000	0.000000	0.000000
0.000000	0.000000	0.000000	0.000000
0.000000	0.000000	0.000000	0.000000
0.000000	0.000000	0.000000	0.000000
0.000000	0.000000	0.000000	0.000000
0.000000	0.000000	0.000000	0.000000
0.000000	0.000000	0.000000	0.000000

0.000000	0.000000	0.000000	0.000000
0.000000	0.000000	0.000000	0.000000
0.000000	0.000000	0.000000	0.000000
0.000000	0.000000	0.000000	0.000000
0.000000	0.000000	0.000000	0.000000
0.000000	0.000000	0.000000	0.000000
0.000000	0.000000	0.000000	0.000000
0.000000	0.000000	0.000000	0.000000
0.000000	0.000000	0.000000	0.000000
0.000000	0.000000	0.000000	0.000000
0.000000	0.000000	0.000000	0.000000
0.000000	0.000000	0.000000	0.000000
0.000000	0.000000	0.000000	0.000000
0.000000	0.000000	0.000000	0.000000
0.000000	0.000000	0.000000	0.000000
0.000000	0.000000	0.000000	0.000000
0.000000	0.000000	0.000000	0.000000
0.000000	0.000000	0.000000	0.000000
0.000000	0.000000	0.000000	0.000000
0.000000	0.000000	0.000000	0.000000
0.000000	0.000000	0.000000	0.000000
0.000000	0.000000	0.000000	0.000000
0.000000	0.000000	0.000000	0.000000
0.000000	0.000000	0.000000	0.000000
0.000000	0.000000	0.000000	0.000000
0.000000	0.000000	0.000000	0.000000
0.000000	0.000000	0.000000	0.000000
0.000000	0.000000	0.000000	0.000000
0.000000	0.000000	0.000000	− 0.000000
0.000000	− 0.000000	0.000000	− 0.000000
0.000000	− 0.000000	0.000000	− 0.000000
0.000000	− 0.000000	0.000000	− 0.000000
0.000000	− 0.000000	0.000000	− 0.000000
0.000000	− 0.000000	0.000000	− 0.000000
0.000000	− 0.000000	0.000000	− 0.000000
0.000000	− 0.000000	− 0.000000	− 0.000000
− 0.000000	− 0.000000	− 0.000000	− 0.000000
− 0.000000	− 0.000000	− 0.000000	− 0.000000
− 0.000000	− 0.000000	− 0.000000	− 0.000000
− 0.000000	− 0.000001	− 0.000000	− 0.000000
− 0.000000	− 0.000002	− 0.000000	− 0.000000
− 0.000000	− 0.000004	− 0.000000	− 0.000000
− 0.000000	− 0.000008	− 0.000000	− 0.000000

− 0.000000	− 0.000016	− 0.000000	− 0.000000
− 0.000000	− 0.000033	− 0.000000	− 0.000001
− 0.000000	− 0.000063	− 0.000000	− 0.000001
− 0.000000	− 0.000118	− 0.000000	− 0.000002
− 0.000000	− 0.000209	− 0.000000	− 0.000003
− 0.000000	− 0.000392	− 0.000000	− 0.000005
− 0.000000	− 0.000634	− 0.000000	− 0.000006
− 0.000000	− 0.000934	− 0.000000	− 0.000008
− 0.000000	− 0.001292	− 0.000000	− 0.000011
− 0.000000	− 0.001710	− 0.000000	− 0.000013
− 0.000000	− 0.002198	− 0.000000	− 0.000016
− 0.000000	− 0.002776	− 0.000000	− 0.000020
− 0.000000	− 0.003467	− 0.000000	− 0.000025
− 0.000000	− 0.004308	− 0.000000	− 0.000031
− 0.000000	− 0.005341	− 0.000000	− 0.000038
− 0.000000	− 0.006618	− 0.000000	− 0.000047
− 0.000000	− 0.008202	− 0.000000	− 0.000058
− 0.000001	− 0.010167	− 0.000000	− 0.000071
− 0.000001	− 0.012599	− 0.000000	− 0.000088
− 0.000003	− 0.015600	− 0.000000	− 0.000108
− 0.000005	− 0.019290	− 0.000000	− 0.000133
− 0.000010	− 0.023812	− 0.000000	− 0.000163
− 0.000018	− 0.029333	− 0.000000	− 0.000199
− 0.000031	− 0.036053	− 0.000001	− 0.000243
− 0.000053	− 0.044212	− 0.000001	− 0.000296
− 0.000090	− 0.054094	− 0.000001	− 0.000359
− 0.000149	− 0.066038	− 0.000002	− 0.000435
− 0.000243	− 0.080447	− 0.000004	− 0.000527
− 0.000390	− 0.097799	− 0.000005	− 0.000636
− 0.000605	− 0.118657	− 0.000008	− 0.000767
− 0.000955	− 0.143681	− 0.000010	− 0.000923
− 0.001404	− 0.173643	− 0.000014	− 0.001108
− 0.001955	− 0.209440	− 0.000018	− 0.001327
− 0.002617	− 0.252114	− 0.000022	− 0.001587
− 0.003405	− 0.302870	− 0.000028	− 0.001893
− 0.004346	− 0.363104	− 0.000034	− 0.002254
− 0.005478	− 0.434424	− 0.000042	− 0.002678
− 0.006855	− 0.518687	− 0.000052	− 0.003175
− 0.008541	− 0.618023	− 0.000064	− 0.003756
− 0.010623	− 0.734878	− 0.000079	− 0.004435
− 0.013200	− 0.872044	− 0.000097	− 0.005225
− 0.016392	− 1.032704	− 0.000119	− 0.006143
− 0.020341	− 1.220476	− 0.000146	− 0.007207
− 0.025210	− 1.439454	− 0.000179	− 0.008438

− 0.031188	− 1.694265	− 0.000218	− 0.009858
− 0.038496	− 1.990115	− 0.000266	− 0.011492
− 0.047391	− 2.332846	− 0.000324	− 0.013369
− 0.058178	− 2.728993	− 0.000394	− 0.015519
− 0.071225	− 3.185847	− 0.000479	− 0.017976
− 0.086981	− 3.711521	− 0.000582	− 0.020777
− 0.105985	− 4.315018	− 0.000705	− 0.023964
− 0.128890	− 5.006295	− 0.000853	− 0.027579
− 0.156473	− 5.796336	− 0.001029	− 0.031671
− 0.189651	− 6.697205	− 0.001241	− 0.036290
− 0.229495	− 7.722108	− 0.001492	− 0.041494
− 0.277251	− 8.885446	− 0.001789	− 0.047339
− 0.334360	− 10.202859	− 0.002141	− 0.053888
− 0.402491	− 11.691280	− 0.002557	− 0.061209
− 0.483575	− 13.368968	− 0.003046	− 0.069369
− 0.579839	− 15.255548	− 0.003620	− 0.078443
− 0.693851	− 17.372026	− 0.004294	− 0.088505
− 0.828563	− 19.740795	− 0.005083	− 0.099634
− 0.987363	− 22.385618	− 0.006003	− 0.111909
− 1.174127	− 25.331592	− 0.007076	− 0.125411
− 1.393292	− 28.605094	− 0.008322	− 0.140222
− 1.649919	− 32.233698	− 0.009767	− 0.156422
− 1.949775	− 36.246082	− 0.011439	− 0.174091
− 2.299412	− 40.671898	− 0.013369	− 0.193307
− 2.706244	− 45.541627	− 0.015591	− 0.214142
− 3.178623	− 50.886389	− 0.018143	− 0.236665
− 3.725921	− 56.737734	− 0.021066	− 0.260937
− 4.358610	− 63.127386	− 0.024407	− 0.287011
− 5.088354	− 70.086965	− 0.028215	− 0.314931
− 5.928104	− 77.647664	− 0.032546	− 0.344729
− 6.892208	− 85.839906	− 0.037458	− 0.376422
− 7.996524	− 94.692965	− 0.043015	− 0.410013
− 9.258528	− 104.234558	− 0.049287	− 0.445487
− 10.697425	− 114.490413	− 0.056348	− 0.482809
− 12.334243	− 125.483815	− 0.064276	− 0.521923
− 14.191917	− 137.235122	− 0.073153	− 0.562749
− 16.295358	− 149.761270	− 0.083068	− 0.605183
− 18.671514	− 163.075265	− 0.094112	− 0.649091
− 21.349411	− 177.185675	− 0.106379	− 0.694315
− 24.360183	− 192.096123	− 0.119968	− 0.740662
− 27.737082	− 207.804789	− 0.134978	− 0.787911
− 31.515476	− 224.303942	− 0.151511	− 0.835807
− 35.732804	− 241.579486	− 0.169669	− 0.884066
− 40.428515	− 259.610550	− 0.189554	− 0.932366

− 45.643957	− 278.369120	− 0.211264	− 0.980358
− 51.422234	− 297.819727	− 0.234896	− 1.027656
− 57.808007	− 317.919200	− 0.260538	− 1.073847
− 64.847256	− 338.616494	− 0.288275	− 1.118488
− 72.586984	− 359.852600	− 0.318181	− 1.161108
− 81.074876	− 381.560556	− 0.350316	− 1.201214
− 90.358897	− 403.665541	− 0.384731	− 1.238290
− 100.486845	− 426.085084	− 0.421457	− 1.271805
− 111.505834	− 448.729381	− 0.460509	− 1.301213
− 123.461735	− 471.501719	− 0.501878	− 1.325963
− 136.398543	− 494.299023	− 0.545534	− 1.345499
− 150.357705	− 517.012516	− 0.591417	− 1.359269
− 165.377381	− 539.528493	− 0.639442	− 1.366731
− 181.491673	− 561.729203	− 0.689488	− 1.367359
− 198.729800	− 583.493840	− 0.741403	− 1.360649
− 217.115250	− 604.699625	− 0.794996	− 1.346128
− 236.664901	− 625.222975	− 0.850041	− 1.323358
− 257.388131	− 644.940746	− 0.906269	− 1.291945
− 279.285923	− 663.731535	− 0.963372	− 1.251549
− 302.349981	− 681.477025	− 1.021000	− 1.201883
− 326.561872	− 698.063353	− 1.078761	− 1.142727
− 351.892209	− 713.382486	− 1.136222	− 1.073931
− 378.299888	− 727.333586	− 1.192908	− 0.995419
− 405.731408	− 739.824331	− 1.248307	− 0.907198
− 434.120273	− 750.772186	− 1.301869	− 0.809356
− 463.386511	− 760.105595	− 1.353013	− 0.702073
− 493.436317	− 767.765075	− 1.401126	− 0.585617
− 524.161848	− 773.704180	− 1.445572	− 0.460350
− 555.441173	− 777.890340	− 1.485696	− 0.326724
− 587.138415	− 780.305533	− 1.520832	− 0.185286
− 619.104079	− 780.946783	− 1.550306	− 0.036669
− 651.175585	− 779.826480	− 1.573447	0.118404
− 683.178019	− 776.972495	− 1.589597	0.279127
− 714.925104	− 772.428092	− 1.598115	0.444616
− 746.220396	− 766.251632	− 1.598391	0.613916
− 776.858699	− 758.516070	− 1.589854	0.786006
− 806.627708	− 749.308237	− 1.571981	0.959809
− 835.309862	− 738.727929	− 1.544309	1.134201
− 862.684397	− 726.886801	− 1.506443	1.308019
− 888.529581	− 713.907090	− 1.458068	1.480073
− 912.625116	− 699.920163	− 1.398955	1.649156
− 934.754663	− 685.064942	− 1.328971	1.814055
− 954.708482	− 669.486192	− 1.248089	1.973564
− 972.286139	− 653.332731	− 1.156389	2.126495

− 987.299248	− 636.755562	− 1.054069	2.271687
− 999.574205	− 619.905977	− 0.941447	2.408023
− 1008.954876	− 602.933643	− 0.818961	2.534433
− 1015.305190	− 585.984722	− 0.687175	2.649913
− 1018.511593	− 569.200035	− 0.546775	2.753527
− 1018.485317	− 552.713311	− 0.398564	2.844423
− 1015.164421	− 536.649546	− 0.243466	2.921837
− 1008.515550	− 521.123498	− 0.082508	2.985100
− 998.535395	− 506.238338	0.083178	3.033647
− 985.251789	− 492.084486	0.252369	3.067022
− 968.724433	− 478.738645	0.423767	3.084880
− 949.045198	− 466.263050	0.596005	3.086990
− 926.338008	− 454.704939	0.767665	3.073240
− 900.758268	− 444.096261	0.937295	3.043633
− 872.491838	− 434.453617	1.103428	2.998292
− 841.753556	− 425.778433	1.264594	2.937453
− 808.785314	− 418.057365	1.419342	2.861464
− 773.853705	− 411.262922	1.566262	2.770783
− 737.247267	− 405.354293	1.703996	2.665973
− 699.273356	− 400.278363	1.831264	2.547694
− 660.254682	− 395.970902	1.946876	2.416698
− 620.525576	− 392.357895	2.049751	2.273824
− 580.428005	− 389.357001	2.138932	2.119988
− 540.307436	− 386.879100	2.213600	1.956175
− 500.508578	− 384.829920	2.273086	1.783433
− 461.371089	− 383.111692	2.316878	1.602860
− 423.225306	− 381.624821	2.344634	1.415599
− 386.388070	− 380.269542	2.356182	1.222829
− 351.158713	− 378.947529	2.351527	1.025752
− 317.815279	− 377.563427	2.330846	0.825587
− 286.611033	− 376.026301	2.294492	0.623560
− 257.771323	− 374.250957	2.242985	0.420898
− 231.490843	− 372.159131	2.177004	0.218816
− 207.931352	− 369.680530	2.097382	0.018509
− 187.219867	− 366.753704	2.005087	− 0.178851
− 169.447384	− 363.326739	1.901215	− 0.372127
− 154.668125	− 359.357779	1.786972	− 0.560224
− 142.899333	− 354.815354	1.663656	− 0.742094
− 134.121610	− 349.678523	1.532638	− 0.916742
− 128.279793	− 343.936844	1.395347	− 1.083236
− 125.284344	− 337.590161	1.253249	− 1.240706
− 125.013224	− 330.648237	1.107824	− 1.388354
− 127.314220	− 323.130226	0.960552	− 1.525455
− 132.007676	− 315.064021	0.812890	− 1.651366

− 138.889581	− 306.485483	0.666256	− 1.765520
− 147.734947	− 297.437563	0.522010	− 1.867439
− 158.301435	− 287.969352	0.381440	− 1.956728
− 170.333139	− 278.135068	0.245748	− 2.033083
− 183.564483	− 267.992997	0.116034	− 2.096286
− 197.724148	− 257.604419	− 0.006708	− 2.146211
− 212.538975	− 247.032521	− 0.121607	− 2.182817
− 227.737766	− 236.341338	− 0.227914	− 2.206156
− 243.054936	− 225.594721	− 0.325012	− 2.216364
− 258.233946	− 214.855370	− 0.412413	− 2.213660
− 273.030479	− 204.183934	− 0.489765	− 2.198348
− 287.215316	− 193.638196	− 0.556844	− 2.170810
− 300.576859	− 183.272365	− 0.613555	− 2.131501
− 312.923305	− 173.136463	− 0.659923	− 2.080951
− 324.084416	− 163.275826	− 0.696091	− 2.019752
− 333.912894	− 153.730714	− 0.722308	− 1.948561
− 342.285344	− 144.536019	− 0.738921	− 1.868088
− 349.102830	− 135.721080	− 0.746367	− 1.779093
− 354.291020	− 127.309577	− 0.745157	− 1.682380
− 357.799951	− 119.319524	− 0.735870	− 1.578786
− 359.603419	− 111.763350	− 0.719141	− 1.469180
− 359.698038	− 104.648060	− 0.695645	− 1.354450
− 358.102000	− 97.975499	− 0.666090	− 1.235501
− 354.853579	− 91.742710	− 0.631206	− 1.113243
− 350.009434	− 85.942383	− 0.591731	− 0.988588
− 343.642761	− 80.563383	− 0.548406	− 0.862440

10.8 三维有限差分法对线馈矩形微带天线的分析

10.8.1 用三维有限差分法分析线馈矩形微带天线 *

使用三维 FDTD 算法实现对线馈矩形微带天线的分析,这里应用文献[111]中一个矩形微带贴片天线的 S11 参数的计算。采用 MATLAB 编程完成数值计算,并与文中的结果进行了比较。

1. 概述

本节主要采用 MATLAB 程序完成数值计算过程,画出时间步为 200、400、600、800 时介质内的电场分布图形。天线的尺寸如图 10.42 所示。

2. 理论基础

支配方程:

$$\mu \frac{\partial H}{\partial t} = - \nabla \times E$$

---

* 由毕战红完成。

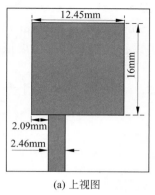

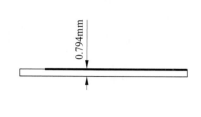

(a) 上视图   (b) 侧视图

图 10.42 线馈矩形微带天线结构

$$\varepsilon \frac{\partial E}{\partial t} = \mathbf{\nabla} \times \boldsymbol{H}$$

由此推导出有限差分方程：

$$H_{x,i,j,k}^{n+1/2} = H_{x,i,j,k}^{n-1/2} + \frac{\Delta t}{\mu \Delta z}(E_{y,i,j,k}^{n} - E_{y,i,j,k-1}^{n}) - \frac{\Delta t}{\mu \Delta y}(E_{z,i,j,k}^{n} - E_{z,i,j-1,k}^{n})$$

$$H_{y,i,j,k}^{n+1/2} = H_{y,i,j,k}^{n-1/2} + \frac{\Delta t}{\mu \Delta x}(E_{z,i,j,k}^{n} - E_{z,i-1,j,k}^{n}) - \frac{\Delta t}{\mu \Delta z}(E_{x,i,j,k}^{n} - E_{x,i,j,k-1}^{n})$$

$$H_{z,i,j,k}^{n+1/2} = H_{z,i,j,k}^{n-1/2} + \frac{\Delta t}{\mu \Delta y}(E_{x,i,j,k}^{n} - E_{x,i,j-1,k}^{n}) - \frac{\Delta t}{\mu \Delta x}(E_{y,i,j,k}^{n} - E_{y,i-1,j,k}^{n})$$

$$E_{x,i,j,k}^{n+1/2} = E_{x,i,j,k}^{n} + \frac{\Delta t}{\varepsilon \Delta y}(H_{z,i,j+1,k}^{n+1/2} - H_{z,i,j,k}^{n+1/2}) - \frac{\Delta t}{\varepsilon \Delta z}(H_{y,i,j,k+1}^{n+1/2} - H_{y,i,j,k}^{n+1/2})$$

$$E_{y,i,j,k}^{n+1} = E_{y,i,j,k}^{n} + \frac{\Delta t}{\varepsilon \Delta z}(H_{x,i+1,j,k}^{n+1/2} - H_{x,i,j,k}^{n+1/2}) - \frac{\Delta t}{\varepsilon \Delta x}(H_{z,i+1,j,k}^{n+1/2} - H_{z,i,j,k}^{n+1/2})$$

$$E_{z,i,j,k}^{n+1} = E_{z,i,j,k}^{n} + \frac{\Delta t}{\varepsilon \Delta x}(H_{y,i+1,j,k}^{n+1/2} - H_{y,i,j,k}^{n+1/2}) - \frac{\Delta t}{\varepsilon \Delta y}(H_{x,i,j+1,k}^{n+1/2} - H_{x,i,j,k}^{n+1/2})$$

3. 数值计算分析

1）网格划分与时间步确定

由于感兴趣的频段范围是 0~20GHz，不妨将 25GHz 取为频段的上限，则波长 λ 的最小值应该是 $\lambda_{\min} = c/f_{\max} = 12\text{mm}$，考虑到 Δ 的取值应该小于或等于 $\lambda_{\min}/20$，所以仅从频带的角度考虑，应该有

$$\Delta_{\max} \leqslant \lambda_{\min}/20 = 0.6\text{mm} \tag{10.8.1}$$

z 方向上的介质厚度为 0.794mm，可以将其分为 3 个网格，Δz 近似有 $\Delta z = 0.265\text{mm}$，符合 $\Delta z \leqslant \Delta_{\max}$ 的要求。y 方向上的长度为 16mm，可以将其分得 40 个网格或 80 个网格。如果分为 80 个网格，则 $\Delta y = 0.2\text{mm}$，由于 y 方向上的场分布不是我们特别关注的，所以不必将其分得太细，取 40 个网格就可以。这样就有 $\Delta y = 0.4\text{mm}$，符合 $\Delta y \leqslant \Delta_{\max}$。

比较困难的是确定 Δx 的值，由于在 x 方向上有 3 个尺寸，12.45mm、2.09mm 和 2.46mm，如果想将每个尺寸都恰好分为整数个网格数比较困难。考虑到天线的尺寸 12.45mm 要尽量准确，因此先从这个入手。$\Delta x = 0.389\text{mm}$，天线区域分为 32 个网格，这样有 $0.389 \times 32 = 12.448\text{mm}$，与实际的尺寸有 0.002mm 的误差，而微带馈线的宽度为 $0.389 \times 6 = 2.334\text{mm}$，误差为 -0.126mm，微带馈线的位置为 $0.389 \times 5 = 1.945\text{mm}$，误差为 -0.115mm。

可以考虑的另外一种方法：取 $\Delta x = 0.207\,5\text{mm}$，这样天线区域刚好分为 60 个网格，没有误差，微带馈线的宽度为 12 个网格，即 $12 \times \Delta x = 2.49\text{mm}$。误差为 0.03mm，微带馈线的位置为 10 个网格，误差为 -0.015mm。这样的网格划分可以得到更加精确的模拟，缺点是增加了计算量。

这里采用第一种分法，即矩形切片尺寸为 $32\Delta x \times 40\Delta y$，总的尺寸为 $60\Delta x \times 100\Delta y \times 16\Delta z$。

确定了 Δx、Δy、Δz 以后，可以用稳定性准则确定 Δt。

稳定性条件为

$$\Delta t \leqslant \frac{1}{v_{\max}}\left(\frac{1}{\Delta x^2} + \frac{1}{\Delta y^2} + \frac{1}{\Delta z^2}\right)^{-1/2}$$

式中，Δt 取值为 0.441ps。

2）源的处理

在导带口加强迫激励源，采用了高斯脉冲：

$$E_z = \mathrm{e}^{-(t-t_0)^2/T^2}$$

式中，t_0 为延迟时间，T 为高斯脉冲半宽度时间，馈源边界处理为磁壁，T 的取值可由下面公式得出：

$$T = 1/f$$

式中，f 为高斯有效频谱的最高频率。

取 $T = 15\text{ps}$，延迟时间 t_0 取为 $3T$。同时为了消除不希望出现的影响，如虚假反射，该源在存在一定时间后用吸收边界代替（取为大于 220 时间步）。

3）导体的处理

在本节导体看作无厚度的理导体，在其上的电场切向分量为 0。

4）吸收边界

采用 Mur 一阶吸收边界条件：

$$E_0^{n+1} = E_1^n + \frac{v\Delta t - \Delta y}{v\Delta t + \Delta y}(E_1^{n+1} - E_0^n)$$

式中，E_0 表示网格壁上的切向电场分量，E_1 表示为网格内一点的切向电场分量。

5）S 参数

电场求出后，计算入射波电压 $[V]^i$ 与反射波电压 $[V]^r$。由微波网络理论有 $[V]^r = [S][V]^i$。通过傅里叶变换可以求出 S 参数：

$$S_{ij}(\omega) = \frac{fft\{V_j(t)\}}{fft\{V_i(t)\}}$$

10.8.2　用时域有限差分法分析线馈矩形微带天线*

1. 概述

Yee 单元网格是 FDTD 方法的基本计算单元，它一方面考虑到了物理上的合理性，即切分和运算方法符合实际物理规律，另一方面考虑到在计算机上进行数值计算的可实现性。

用 FDTD 对加激励源的矩形微带天线进行进场计算，用 PML 法进行边界吸收，得出近场

---

* 由代子为、韩春元、白波、赵洪涛、路鹏完成。

各点的电磁场量数据。

2. 分析

难点:一是 Yee 单元网格内场点与空间坐标的对应,在计算机中,三维数组的下标都是整数的;二是 PML 层的计算引入了 B 矢量和 D 矢量,以及沿 x、y、z 3 个方向的电导率,公式繁杂,处理比较困难。

3. 实现过程

首先建立坐标,坐标如图 10.43 所示。

选取网格步长为 $\lambda/20$,则微带天线厚度为 2 个网格,用介质填充。对于介质上表面的导体贴片和下表面的接地底板按理想导体处理,则只需要令介质表面有金属的地方切向电场为 0,法向磁场为 0。激励源加在微带天线边缘,为 z 方向的电场,用解析方法进行近似处理,认为 E_z 与信号源电压呈线性关系,信号源采用单频正弦信号。选取 PML 层和计算空间为立方体,尺寸为 $3\lambda \times 3\lambda \times 3\lambda$,其中 PML 层为 9 层网格,微带天线放置在计算空间的正中间。时间步长由空间步长推出。

采用 PML 作为吸收边界条件加大了工作量。计算主要的变量所占用的内存大小可以有一个直观的认识。

电磁场量 E_x、E_y、E_z、H_x、H_y、H_z 用单精度浮点数存储需要的内存空间为 $6 \times n^3 \times 32$,当 $n = 61$ 时,为 43 580 352bit,合 41.6Mb。

采用 PML,额外需要两组 B 矢量和 D 矢量,需要的内存空间为 $12 \times n^3 \times 32$,当 $n = 61$ 时,为 87 160 704bit,合 83.1Mb。

场量与空间坐标的对应映射到三维数组各分量值与数组下标的对应(见图 10.44)。

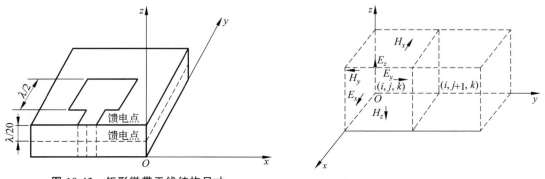

图 10.43 矩形微带天线结构尺寸   图 10.44 Yee 单元网格的数组下标安排

数组下标不能为非整数,同时一个 Yee 单元网格里有很多重复的场量,例如有 4 个 E_x,为 4 个网格所共用,必须使网格和场量一一对应。用整数点 (i, j, k) 标识网格,将网格内一组不重复的场量与网格绑定。做如下规定:存储的三维数组 $E_x[i][j][k]$、$E_y[i][j][k]$、$E_z[i][j][k]$、$H_x[i][j][k]$、$H_y[i][j][k]$、$H_z[i][j][k]$ 在 Yee 单元网格空间的位置如图 10.44 所示。这样做的目的是给出 Yee 单元网格空间与数组空间的对应规则。编程时应遵循这样的规则。这样做的结果是将 Yee 单元网格进一步拆分,拆分是无缝的。

需注意的是,计算介质和自由空间边界的场量时,要进行介质平均。

4. 编程

1）流程图

流程图如图 10.45 所示。

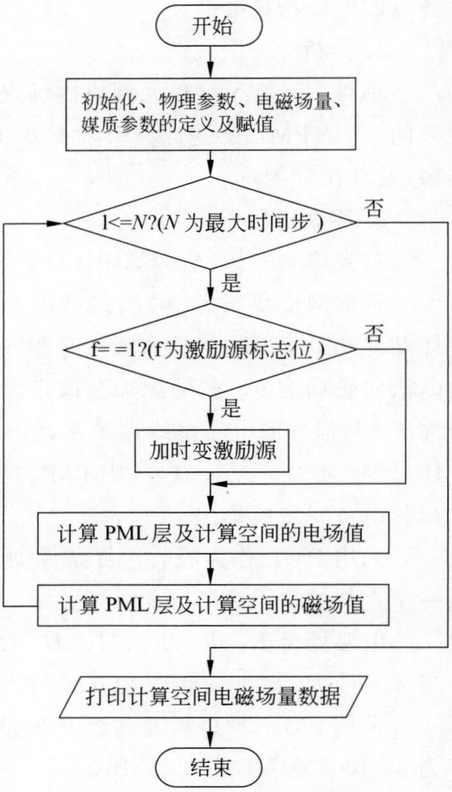

计算电磁场量可以以任意方式在空间遍历。以 n 时刻 $E_x(i,j,k)$ 为例，它只与 $n-1/2$ 时刻磁场值和 $n-1$ 时刻的 $E_x(i,j,k)$ 有关。

2）计算结果的检验方法

（1）微带天线和激励源都是对称分布的，任意两个对称点的场值应该相等。

（2）取消激励源，若干时间步后，计算空间场量值应该趋于 0，能量被 PML 层吸收。

10.8.3　分析线馈矩形微带天线的源程序

1. 三维有限差分法[*]

MATLAB 程序如下。

```
v = 3e8;dt = 0.441e - 12;dx = 0.389e - 3;dy = 0.400e - 3;
dz = 0.265e - 3;r = 2.2;m = (1 + r)/2;
A = v * dt/dz;
B = v * dt/dy;
C = v * dt/dx;
D = v * dt/(r * dy);
E = v * dt/(r * dz);
F = v * dt/(r * dx);
G = v * dt/(m * dy);
H = v * dt/(m * dz);
I = v * dt/(m * dx);
J = v * dt/dy;K = v * dt/dz;
L = v * dt/dx;
a = (v * dt/sqrt(r) - dx)/(v * dt/sqrt(r) + dx);
b = (v * dt/sqrt(m) - dx)/(v * dt/sqrt(m) + dx);
c = (v * dt - dx)/(v * dt + dx);
d = (v * dt/sqrt(r) - dy)/(v * dt/sqrt(r) + dy);
e = (v * dt/sqrt(m) - dy)/(v * dt/sqrt(m) + dy);
f = (v * dt - dy)/(v * dt + dy);
g = (v * dt - dz)/(v * dt + dz);
% 输入初始值
i = 2 : 62;j = 2 : 102;k = 2 : 18;
Ex1(i,j,k) = 0;Ey1(i,j,k) = 0;Ez1(i,j,k) = 0;
Ex2(i,j,k) = 0;Ey2(i,j,k) = 0;Ez2(i,j,k) = 0;
Hx1(i,j,k) = 0;Hy1(i,j,k) = 0;Hz1(i,j,k) = 0;
Hx2(i,j,k) = 0;Hy2(i,j,k) = 0;Hz2(i,j,k) = 0;
% 时间迭代(200,400,600,800)
for n = 0 : 200
% 计算磁场
```

图 10.45　流程图

开始

初始化、物理参数、电磁场量、媒质参数的定义及赋值

l<=N?(N 为最大时间步)　否

是

f= =1?(f为激励源标志位)　否

是

加时变激励源

计算 PML 层及计算空间的电场值

计算 PML 层及计算空间的磁场值

打印计算空间电磁场量数据

结束

---

[*]　由毕战红完成。

```
    i = 2 : 62;j = 2 : 101;k = 2 : 17;
Hx2(i,j,k) = Hx1(i,j,k) + A * (Ey1(i,j,k + 1) - Ey1(i,j,k)) - B * (Ez1(i,j + 1,k) -
        Ez1(i,j,k));
    i = 2 : 61;j = 2 : 102;k = 2 : 17;
Hy2(i,j,k) = Hy1(i,j,k) + C * (Ez1(i + 1,j,k) - Ez1(i,j,k)) - A * (Ex1(i,j,k + 1) -
        Ex1(i,j,k));
    i = 2 : 61;j = 2 : 101;k = 2 : 18;
Hz2(i,j,k) = Hz1(i,j,k) + B * (Ex1(i,j + 1,k) - Ex1(i,j,k)) - C * (Ey1(i + 1,j,k) -
        Ey1(i,j,k));
% 计算电场
    i = 2 : 61;j = 3 : 101;k = 3 : 4;        % 介质层
Ex2(i,j,k) = Ex1(i,j,k) + D * (Hz2(i,j,k) - Hz2(i,j - 1,k)) - E * (Hy2(i,j,k) -
        Hy2(i,j,k - 1));
    i = 3 : 61;j = 2 : 101;k = 3 : 4;
Ey2(i,j,k) = Ey1(i,j,k) + E * (Hx2(i,j,k) - Hx2(i,j,k - 1)) - F * (Hz2(i,j,k) -
        Hz2(i - 1,j,k));
    i = 3 : 61;j = 3 : 101;k = 2 : 4;
Ez2(i,j,k) = Ez1(i,j,k) + F * (Hy2(i,j,k) - Hy2(i - 1,j,k)) - D * (Hx2(i,j,k) -
        Hx2(i,j - 1,k));
    i = 2 : 61;j = 3 : 101;k = 5;        % 交界面
Ex2(i,j,k) = Ex1(i,j,k) + G * (Hz2(i,j,k) - Hz2(i,j - 1,k)) - H * (Hy2(i,j,k) -
        Hy2(i,j,k - 1));
    i = 3 : 61;j = 2 : 101;k = 5;
Ey2(i,j,k) = Ey1(i,j,k) + H * (Hx2(i,j,k) - Hx2(i,j,k - 1)) - I * (Hz2(i,j,k) -
        Hz2(i - 1,j,k));
    i = 2 : 61;j = 3 : 101;k = 6 : 17;        % 空气层
Ex2(i,j,k) = Ex1(i,j,k) + J * (Hz2(i,j,k) - Hz2(i,j - 1,k)) - K * (Hy2(i,j,k) -
        Hy2(i,j,k - 1));
    i = 3 : 61;j = 2 : 101;k = 6 : 17;
Ey2(i,j,k) = Ey1(i,j,k) + K * (Hx2(i,j,k) - Hx2(i,j,k - 1)) - L * (Hz2(i,j,k) -
        Hz2(i - 1,j,k));
    i = 3 : 61;j = 3 : 101;k = 5 : 17;
Ez2(i,j,k) = Ez1(i,j,k) + L * (Hy2(i,j,k) - Hy2(i - 1,j,k)) - J * (Hx2(i,j,k) -
        Hx2(i,j - 1,k));
    % 边界 1—接地板
i = 2 : 61;j = 2 : 102;
    Ex2(i,j,2) = 0;
i = 2 : 62;j = 2 : 101;
    Ey2(i,j,2) = 0;
    % 边界 2—微带线贴片
i = 21 : 27;j = 2 : 52;
Ex2(i,j,5) = 0;Ey2(i,j,5) = 0;
    % 矩形切片
i = 16 : 48;j = 52 : 92;
Ex2(i,j,5) = 0;Ey2(i,j,5) = 0;
    % 边界 3—左侧吸收边界
j = 2 : 101;k = 3 : 4;
    Ey2(2,j,k) = Ey1(3,j,k) + a * (Ey2(3,j,k) - Ey1(2,j,k));
j = 3 : 101;k = 2 : 4;
    Ez2(2,j,k) = Ez1(3,j,k) + a * (Ez2(3,j,k) - Ez1(2,j,k));
j = 2 : 101;
    Ey2(2,j,5) = Ey1(3,j,5) + b * (Ey2(3,j,5) - Ey1(2,j,5));
```

```
j = 2 : 101;k = 6 : 17;
    Ey2(2,j,k) = Ey1(3,j,k) + c * (Ey2(3,j,k) − Ey1(2,j,k));
j = 3 : 101;k = 5 : 17;
    Ez2(2,j,k) = Ez1(3,j,k) + c * (Ez2(3,j,k) − Ez1(2,j,k));
% 边界 4—右侧吸收边界
j = 2 : 101;k = 3 : 4;
    Ey2(62,j,k) = Ey1(61,j,k) + a * (Ey2(61,j,k) − Ey1(62,j,k));
j = 3 : 101;k = 2 : 4;
    Ez2(62,j,k) = Ez1(61,j,k) + a * (Ez2(61,j,k) − Ez1(62,j,k));
j = 2 : 101;
    Ey2(62,j,5) = Ey1(61,j,5) + b * (Ey2(61,j,5) − Ey1(62,j,5));
j = 2 : 101;k = 6 : 17;
    Ey2(62,j,k) = Ey1(61,j,k) + c * (Ey2(61,j,k) − Ey1(62,j,k));
j = 3 : 101;k = 5 : 17;
    Ez2(62,j,k) = Ez1(61,j,k) + c * (Ez2(61,j,k) − Ez1(62,j,k));
% 边界 5—后侧吸收边界
i = 2 : 61;k = 3 : 4;
    Ex2(i,102,k) = Ex1(i,101,k) + d * (Ex2(i,101,k) − Ex1(i,102,k));
i = 3 : 61;k = 2 : 4;
    Ez2(i,102,k) = Ez1(i,101,k) + d * (Ez2(i,101,k) − Ez1(i,102,k));
i = 2 : 61;
    Ex2(i,102,5) = Ex1(i,101,5) + e * (Ex2(i,101,5) − Ex1(i,102,5));
i = 2 : 61;k = 6 : 17;
    Ex2(i,102,k) = Ex1(i,101,k) + f * (Ex2(i,101,k) − Ex1(i,102,k));
i = 3 : 61;k = 5 : 17;
    Ez2(i,102,k) = Ez1(i,101,k) + f * (Ez2(i,101,k) − Ez1(i,102,k));
% 边界 6—上侧吸收边界
i = 2 : 61;j = 3 : 101;
    Ex2(i,j,18) = Ex1(i,j,17) + g * (Ex2(i,j,17) − Ex1(i,j,18));
i = 3 : 61;j = 2 : 101;
    Ey2(i,j,18) = Ey1(i,j,17) + g * (Ey2(i,j,17) − Ey1(i,j,18));
% 边界 7—z 方向的棱
k = 2 : 17;
    Ez2(2,2,k) = Ez2(2,3,k) + Ez2(3,2,k) − Ez2(3,3,k);
    Ez2(62,2,k) = Ez2(62,3,k) + Ez2(61,2,k) − Ez2(61,3,k);
    Ez2(2,102,k) = Ez2(2,101,k) + Ez2(3,102,k) − Ez2(3,101,k);
    Ez2(62,102,k) = Ez2(62,101,k) + Ez2(61,102,k) − Ez2(61,101,k);
% 边界 8—x 方向的棱
i = 2 : 61;
    Ex2(i,2,18) = Ex2(i,3,18) + Ex2(i,2,17) − Ex2(i,3,17);
    Ex2(i,102,18) = Ex2(i,101,18) + Ex2(i,102,17) − Ex2(i,101,17);
% 边界 9—y 方向的棱
j = 2 : 101;
    Ey2(2,j,18) = Ey2(3,j,18) + Ey2(2,j,17) − Ey2(3,j,17);
    Ey2(62,j,18) = Ey2(61,j,18) + Ey2(62,j,17) − Ey2(61,j,17);
% 边界 9—源平面
 if (n>220),
    i = 2 : 61;k = 3 : 4;
    Ex2(i,2,k) = Ex1(i,3,k) + d * (Ex2(i,3,k) − Ex1(i,2,k));
    i = 3 : 61;k = 2 : 4;
    Ez2(i,2,k) = Ez1(i,3,k) + d * (Ez2(i,3,k) − Ez1(i,2,k));
    i = 2 : 61;
```

```
        Ex2(i,2,5) = Ex1(i,3,5) + e * (Ex2(i,3,5) - Ex1(i,2,5));
        i = 2 : 61;k = 6 : 17;
        Ex2(i,2,k) = Ex1(i,3,k) + f * (Ex2(i,3,k) - Ex1(i,2,k));
        i = 3 : 61;k = 5 : 17;
        Ez2(i,2,k) = Ez1(i,3,k) + f * (Ez2(i,3,k) - Ez1(i,2,k));
    else
        i = 2 : 61;k = 3 : 4;
Ex2(i,2,k) = Ex1(i,2,k) + D * (2 * Hz2(i,2,k)) - E * (Hy2(i,2,k) - Hy2(i,2,k - 1));
        i = 2 : 61;
Ex2(i,2,5) = Ex1(i,2,5) + G * (2 * Hz2(i,2,5)) - H * (Hy2(i,2,5) - Hy2(i,2,4));
        i = 2 : 61;k = 6 : 17;
Ex2(i,2,k) = Ex1(i,2,k) + J * (2 * Hz2(i,2,k)) - K * (Hy2(i,2,k) - Hy2(i,2,k - 1));
        i = 3 : 61;k = 2 : 4;
Ez2(i,2,k) = Ez1(i,2,k) + F * (Hy2(i,2,k) - Hy2(i - 1,2,k)) - D * (2 * Hx2(i,2,k));
        i = 3 : 61;k = 5 : 17;
Ez2(i,2,k) = Ez1(i,2,k) + L * (Hy2(i,2,k) - Hy2(i - 1,2,k)) - J * (2 * Hx2(i,2,k));
        i = 21 : 27;k = 2 : 4;
Ez2(i,2,k) = exp( - (0.441 * n - 45)^2/225);
    end
    Ein(n + 1) = Ez2(23,40,5);
    Esc(n + 1) = Ez1(23,40,5) - Ez2(23,40,5);
    % 交换不同时刻的场值
    Hx1 = Hx2;Hy1 = Hy2;Hz1 = Hz2;Ex1 = Ex2;Ey1 = Ey2;Ez1 = Ez2;
end
figure;
i = 2 : 62;j = 2 : 102;
mesh(Ez1(i,j,3));
% % % % % % % 计算 s11 参数(计算 8000 步)
N = 8000;M = 0 : N;
A = fft(Ein);
B = fft(Esc);
df = 1/N/dt;f = M * df;
A = abs(A);
B = abs(B);
s11 = 20 * (log10(A(1 : 71)) - log10(B(1 : 71)));
plot(f(1 : 71),s11);
```

结果如图 10.46～图 10.50 所示。

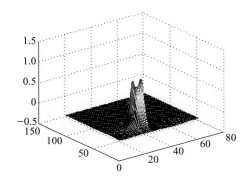

图 10.46　200 时间步

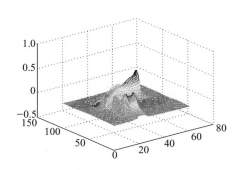

图 10.47　400 时间步

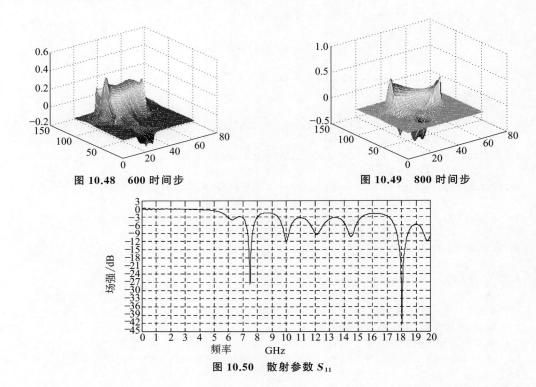

图 10.48　600 时间步　　　　　　　　　　图 10.49　800 时间步

图 10.50　散射参数 S_{11}

结果与给出的场分布图形很吻合，其 S_{11} 参数图形也基本一致。该天线的第一谐振频率在 7.5GHz 左右，与理论值基本一致。

2. 时域有限差分法

```c
# include "stdio.h"
# include "math.h"
# include "time.h"
# define G 6E9          /* * * * * * * * !!!!!! * * * * * * * */
char f;   /* power source flag */
/* * * * * * * phisical parameter used in fdtd * * * * * * * * * * * * * * * * * * * */
float c;     /* in fact,c = 1/sqrt(mu * ep),in vacuum,c is 3E8 */
float mu0;
float ep0;
float epr;
float wal;  /*   wavelength,assume that wavelength is 6GHz */
float freq; /*   frequency   */
float dx_,dy_,dz_,ds;
float dt;   /*   dt = ds/(v * sqrt(3)) */
/* * * * * * * * * * * Yee gridding parameter * * * * * * * * * * * * * * * * * */
float ex[61][61][61];
float ey[61][61][61];
float ez[61][61][61];
float hx[61][61][61];
float hy[61][61][61];
float hz[61][61][61];
float dx[61][61][61];
float dy[61][61][61];
float dz[61][61][61];
float bx[61][61][61];
```

```
float by[61][61][61];
float bz[61][61][61];
float dx2[61][61][61];
float dy2[61][61][61];
float dz2[61][61][61];
float bx2[61][61][61];
float by2[61][61][61];
float bz2[61][61][61];
char idex[61][61][61];
char idey[61][61][61];
char idez[61][61][61];
/* * * * * * * * * * * * * * used in PML process * * * * * * * * * * * * * */
float sigma_max;
int m;
float r;
float sigma_pml[10];      /* sigma_pml[9] is universal */
float sigma_ex;
float sigma_ey;
float sigma_ez;
float sigma_hx;
float sigma_hy;
float sigma_hz;
char sigex[61][61][61];
char sigey[61][61][61];
char sigez[61][61][61];
char sighx[61][61][61];
char sighy[61][61][61];
char sighz[61][61][61];

float f1,f2;      /* for predigest computation */
float dt_mu;      /* for predigest computation */

void initial();
float dt_ep_ex(int i,int j,int k);
float dt_ep_ey(int i,int j,int k);
float dt_ep_ez(int i,int j,int k);
void computed_field_e();
void computed_field_h();
void pml_field_e();
void pml_field_h();
void power_source(int t);

void main()
{
 int l;
 int i,j,k;
 FILE *fp;
 time_t t1,t2,t;
 initial();
 fp = fopen("d:\\haha1.txt","w + ");
 printf("the program is runing");
 for(l = 0;l<3;l ++ )
 {
  t1 = time(NULL);
  while(1)
```

```
    {
        t = time(NULL);
        if(t! = t1)
            break;
    }
    printf(".");
}
t1 = time(NULL);
fprintf(fp,"second since 1970-1-1 00:00:00 is: % ld\n",t1);
printf("\nsecond since 1970-1-1 00:00:00 is: % ld\n",t1);
f = 1;   /* enable the power source */
for(l = 1;l<= 80;l ++ )
{
    power_source(l);
    computed_field_h();
    pml_field_h();
    computed_field_e();
    pml_field_e();
}
/ *
f = 0;
ez[30 - 1][21 - 1][30 - 1] = 0;
ez[31 - 1][21 - 1][30 - 1] = 0;
ez[32 - 1][21 - 1][30 - 1] = 0;
ez[30 - 1][21 - 1][31 - 1] = 0;
ez[31 - 1][21 - 1][31 - 1] = 0;
ez[32 - 1][21 - 1][31 - 1] = 0;
for(l = 1;l<= 256;l ++ )
{

    computed_field_h();
    pml_field_h();
    computed_field_e();
    pml_field_e();
    }
* /
for(i = 21;i<= 40;i ++ )
{
    for(j = 21;j<= 40;j ++ )
    {
        for(k = 21;k<= 40;k ++ )
        {

            fprintf(fp,"\nex[ % d][ % d][ % d] = % f ",i,j,k,ex[i - 1][j - 1][k - 1]);
            fprintf(fp,"\ney[ % d][ % d][ % d] = % f ",i,j,k,ey[i - 1][j - 1][k - 1]);
            fprintf(fp,"\nez[ % d][ % d][ % d] = % f ",i,j,k,ez[i - 1][j - 1][k - 1]);
        }
    }
}
t2 = time(NULL);
fprintf(fp,"\nsecond since 1970-1-1 00:00:00 is: % ld\n",t2);
printf("second since 1970-1-1 00:00:00 is: % ld\n",t2);
 fprintf(fp,"\nit took % ld seconds to run this program! \n",t2 - t1);
printf("it took % ld seconds to run this program!",t2 - t1);
fclose(fp);
```

```
}

void initial()
{
  int i,j,k;
  mu0 = 4E - 7 * 4 * atan(1);
  ep0 = 1E - 9/(36 * 4 * atan(1));   / * it seems that this value is not exact * /
  epr = 4;
  freq = G;
  c = 1/sqrt(mu0 * ep0);
  wal = c/freq;
  ds = wal/20;
  dx_ = ds;
  dy_ = ds;
  dz_ = ds;
  dt = ds/(c * sqrt(3));
  / * * * * * * * * * * * * * * * * * * * PML * * * * * * * * * * * * * * * /
  m = 4;
  r = 0.01;
  sigma_max = ( - 1) * (m + 1) * log(r)/(2 * sqrt(mu0/ep0));
  for(i = 1;i <= 8;i ++ )
  {
      sigma_pml[i - 1] = sigma_max * pow((9 - i)/8,m);
  }
  sigma_pml[8] = 0;
  sigma_pml[9] = 0;
  for(i = 0;i <= 60;i ++ )
  {
    for(j = 0;j <= 60;j ++ )
    {
      for(k = 0;k <= 60;k ++ )
      {
          sigex[i][j][k] = 10;
          sigey[i][j][k] = 10;
          sigez[i][j][k] = 10;
          sighx[i][j][k] = 10;
          sighy[i][j][k] = 10;
          sighz[i][j][k] = 10;
      }
    }
  }
  for(i = 1;i <= 9;i ++ )
  {
      for(j = 1;j <= 61;j ++ )
      {
          for(k = 1;k <= 61;k ++ )
          {
              sigex[i - 1][j - 1][k - 1] = i;
          }
      }
  }
    / * !!!!! There is a problem.The edge of the PML is perfect
          conductor. Taking ex for example,ex on the edge of PML
          is assigned by sigma,because of the use of the "for" circle.
          I think it is not troublesome that the edge of PML is assigned
```

```
                    by sigma,though it is wrong,because the sigma on the edge has
                    never been used.So just let it be.Otherwise it will be
                    difficult to modify the "for" circle. */
    for(i = 52;i<= 60;i ++ )
    {
        for(j = 1;j<= 61;j ++ )
        {
            for(k = 1;k<= 61;k ++ )
            {
                sigex[i - 1][j - 1][k - 1] = 61 - i;
            }
        }
    }
    for(j = 1;j<= 9;j ++ )
    {
        for(i = 1;i<= 61;i ++ )
        {
            for(k = 1;k<= 61;k ++ )
            {
                sigey[i - 1][j - 1][k - 1] = j;
            }
        }
    }
    for(j = 52;j<= 60;j ++ )
    {
        for(i = 1;i<= 61;i ++ )
        {
            for(k = 1;k<= 61;k ++ )
            {
                sigey[i - 1][j - 1][k - 1] = 61 - j;
            }
        }
    }
    for(k = 1;k<= 9;k ++ )
    {
        for(i = 1;i<= 61;i ++ )
        {
            for(j = 1;j<= 61;j ++ )
            {
                sigez[i - 1][j - 1][k - 1] = k;
            }
        }
    }
    for(k = 52;k<= 60;k ++ )
    {
        for(i = 1;i<= 61;i ++ )
        {
            for(j = 1;j<= 61;j ++ )
            {
                sigez[i - 1][j - 1][k - 1] = 61 - k;
            }
        }
    }
    for(i = 1;i<= 9;i ++ )
    {
```

```
            for(j = 1;j <= 60;j ++ )
            {
                for(k = 1;k <= 60;k ++ )
                {
                    sighx[i - 1][j - 1][k - 1] = i;
                }
            }
        }
    for(i = 53;i <= 61;i ++ )
    {
        for(j = 1;j <= 60;j ++ )
        {
            for(k = 1;k <= 60;k ++ )
            {
                sighx[i - 1][j - 1][k - 1] = 62 - i;
            }
        }
    }
for(j = 1;j <= 9;j ++ )
{
    for(i = 1;i <= 60;i ++ )
    {
        for(k = 1;k <= 60;k ++ )
        {
            sighy[i - 1][j - 1][k - 1] = j;
        }
    }
}
for(j = 53;j <= 61;j ++ )
{
    for(i = 1;i <= 60;i ++ )
    {
        for(k = 1;k <= 60;k ++ )
        {
            sighy[i - 1][j - 1][k - 1] = 62 - j;
        }
    }
}
for(k = 1;k <= 9;k ++ )
{
    for(i = 1;i <= 60;i ++ )
    {
        for(j = 1;j <= 60;j ++ )
        {
            sighz[i - 1][j - 1][k - 1] = k;
        }
    }
}
for(k = 53;k <= 61;k ++ )
{
    for(i = 1;i <= 60;i ++ )
    {
        for(j = 1;j <= 60;j ++ )
        {
            sighz[i - 1][j - 1][k - 1] = 62 - k;
```

```
            }
        }
    }

    for(i = 0;i<= 60;i ++ )
    {
      for(j = 0;j<= 60;j ++ )
      {
       for(k = 0;k<= 60;k ++ )
       {
            dx[i][j][k] = 0;
            dy[i][j][k] = 0;
            dz[i][j][k] = 0;
            bx[i][j][k] = 0;
            by[i][j][k] = 0;
            bz[i][j][k] = 0;
            dx2[i][j][k] = 0;
            dy2[i][j][k] = 0;
            dz2[i][j][k] = 0;
            bx2[i][j][k] = 0;
            by2[i][j][k] = 0;
            bz2[i][j][k] = 0;
       }
      }
    }

    /* * * * * * * * for predigesting computation * * * * * * * * */
    f1 = dt/ep0;
    f2 = dt/(ep0 * epr);
    /* * * * * * * assigning physical parameter value * * * * * */
    for(i = 0;i<= 60;i ++ )
    {
      for(j = 0;j<= 60;j ++ )
      {
       for(k = 0;k<= 60;k ++ )
       {
            ex[i][j][k] = 0;
            ey[i][j][k] = 0;
            ez[i][j][k] = 0;
            hx[i][j][k] = 0;
            hy[i][j][k] = 0;
            hz[i][j][k] = 0;
       }
      }
    }
    /* * * * * * * * * * * * assigning Yee gridding parameter value * * * * * * * * * * */
    for(i = 0;i<= 60;i ++ )
    {
        for(j = 0;j<= 60;j ++ )
        {
            for(k = 0;k<= 60;k ++ )
            {
                idex[i][j][k] = 0;
                idey[i][j][k] = 0;
                idez[i][j][k] = 0;
```

```
            }
        }
    }
    for(i = 21;i<= 40;i ++ )
    {
        for(j = 21;j<= 40;j ++ )
        {
            for(k = 30;k<= 31;k ++ )
            {
                idex[i - 1][j - 1][k - 1] = 1;
                idey[i - 1][j - 1][k - 1] = 1;
                idez[i - 1][j - 1][k - 1] = 1;
            }
            idex[i - 1][j - 1][32 - 1] = 1;
            idey[i - 1][j - 1][32 - 1] = 1;
        }
        idex[i - 1][41 - 1][30 - 1] = 1;
        idez[i - 1][41 - 1][30 - 1] = 1;
        idex[i - 1][41 - 1][31 - 1] = 1;
        idez[i - 1][41 - 1][31 - 1] = 1;
        idex[i - 1][41 - 1][32 - 1] = 1;
    }
    for(j = 21;j<= 40;j ++ )
    {
        idey[41 - 1][j - 1][30 - 1] = 1;
        idez[41 - 1][j - 1][30 - 1] = 1;
        idey[41 - 1][j - 1][31 - 1] = 1;
        idez[41 - 1][j - 1][31 - 1] = 1;
        idey[41 - 1][j - 1][32 - 1] = 1;
    }
    idez[41 - 1][41 - 1][30 - 1] = 1;
    idez[41 - 1][41 - 1][31 - 1] = 1;

    dt_mu = dt/mu0;

    /* * * * * * * * * * * * how to average the madium value * * * * * * * * * * * * * * * */
}
float dt_ep_ex(int i,int j,int k)
{
    if(idex[i - 1][j - 1][k - 1] == 1)
        return f2;
 /* * * * *    if(idex[i - 1][j - 1][k - 1] == 0)        * * * * */
            return f1;
}
float dt_ep_ey(int i,int j,int k)
{
    if(idey[i - 1][j - 1][k - 1] == 1)
        return f2;
 /* * * * * *  if(idey[i - 1][j - 1][k - 1] == 0)        * * * * */
        return f1;
}
float dt_ep_ez(int i,int j,int k)
{
    if(idez[i - 1][j - 1][k - 1] == 1)
        return f2;
```

```
/ * * * * * * if(idez[i-1][j-1][k-1] == 0)         !!!!!! */
        return f1;
}
void computed_field_e()
{
    int i,j,k;
    for(i = 10;i<= 51;i ++ )
    {
        for(j = 10;j<= 52;j ++ )
        {
            for(k = 10;k<= 52;k ++ )
            {
if(!((((k == 30)&&(i> = 21)&&(i<= 40)&&(j> = 21)&&(j<= 41))||
    ((k == 32)&&(i> = 26)&&(i<= 35)&&(j> = 26)&&(j<= 36))||
    ((k == 32)&&(i> = 30)&&(i<= 31)&&(j> = 21)&&(j<= 25)))  )
{
ex[i-1][j-1][k-1] = ex[i-1][j-1][k-1] + dt_ep_ex(i-1,j-1,k-1) *
((hz[i-1][j-1][k-1] - hz[i-1][j-1-1][k-1])/dy_ - (hy[i-1][j-1][k-1]
 - hy[i-1][j-1][k-1-1])/dz_);
}
            }
        }
    }
    for(i = 10;i<= 52;i ++ )
    {
        for(j = 10;j<= 51;j ++ )
        {
            for(k = 10;k<= 52;k ++ )
            {
if(!((((k == 30)&&(i> = 21)&&(i<= 41)&&(j> = 21)&&(j<= 40))||
    ((k == 32)&&(i> = 26)&&(i<= 36)&&(j> = 26)&&(j<= 35))||
    ((k == 32)&&(i> = 30)&&(i<= 32)&&(j> = 21)&&(j<= 25)))  )
{
ey[i-1][j-1][k-1] = ey[i-1][j-1][k-1] + dt_ep_ey(i-1,j-1,k-1) *
((hx[i-1][j-1][k-1] - hx[i-1][j-1][k-1-1])/dz_ - (hz[i-1][j-1][k-1]
 - hy[i-1-1][j-1][k-1])/dx_);
}
            }
        }
    }
    for(i = 10;i<= 52;i ++ )
    {
        for(j = 10;j<= 52;j ++ )
        {
            for(k = 10;k<= 51;k ++ )
            {
if(!(((j == 21)&&(i> = 30)&&(i<= 32)&&(k> = 30)&&(k<= 31)&&(f == 1)) )
/ * make sure the power resource is independent,if f = 1,enable
the power source;if f = 0,disable the power source,
it consumes a lot of time!! */
{
ez[i-1][j-1][k-1] = ez[i-1][j-1][k-1] + dt_ep_ex(i-1,j-1,k-1)
 * ((hy[i-1][j-1][k-1] - hy[i-1-1][j-1][k-1])/dx_ - (hx[i-1][j-1][k-1]
 - hx[i-1][j-1-1][k-1])/dy_);
}
```

```
                    }
                }
            }
}
void computed_field_h()
{
    int i,j,k;
    for(i = 10;i<= 52;i ++ )
    {
        for(j = 10;j<= 51;j ++ )
        {
            for(k = 10;k<= 51;k ++ )
            {
hx[i - 1][j - 1][k - 1] = hx[i - 1][j - 1][k - 1] + dt_mu * ((ey[i - 1][j - 1][k + 1 - 1] -
ey[i - 1][j - 1][k - 1])/dz_ - (ez[i - 1][j + 1 - 1][k - 1] -
ez[i - 1][j - 1][k - 1])/dy_);
            }
        }
    }
    for(i = 10;i<= 51;i ++ )
    {
        for(j = 10;j<= 52;j ++ )
        {
            for(k = 10;k<= 51;k ++ )
            {
hy[i - 1][j - 1][k - 1] = hy[i - 1][j - 1][k - 1] + dt_mu * ((ez[i + 1 - 1][j - 1][k - 1] -
ez[i - 1][j - 1][k - 1])/dx_ - (ex[i - 1][j - 1][k + 1 - 1] -
ex[i - 1][j - 1][k - 1])/dz_);
            }
        }
    }
    for(i = 10;i<= 51;i ++ )
    {
        for(j = 10;j<= 51;j ++ )
        {
            for(k = 10;k<= 52;k ++ )
            {
if(!((((k == 30)&&(i> = 21)&&(i<= 40)&&(j> = 21)&&(j<= 40))||
    ((k == 32)&&(i> = 26)&&(i<= 35)&&(j> = 26)&&(j<= 35))||
    ((k == 32)&&(i> = 30)&&(i<= 31)&&(j> = 21)&&(j<= 25))) )
{
    hz[i - 1][j - 1][k - 1] = hz[i - 1][j - 1][k - 1] + dt_mu * ((ex[i - 1][j + 1 - 1][k - 1] -
                        ex[i - 1][j - 1][k - 1])/dy_ - (ey[i + 1 - 1][j - 1][k - 1] -
                        ey[i - 1][j - 1][k - 1])/dx_);
}
            }
        }
    }
}
void pml_field_e()
{
 int i,j,k;
 for(i = 1;i<= 60;i ++ )
 {
     for(j = 2;j<= 60;j ++ )
```

```
        {
            for(k = 2;k<= 60;k ++ )
            {
                if(!((i> = 10)&&(i<= 51)&&(j> = 10)&&(j<= 52)&&(k> = 10)
                    &&(k<= 52)) )
                {sigma_ez = sigma_pml[sigez[i - 1][j - 1][k - 1] - 1];
                 sigma_ey = sigma_pml[sigey[i - 1][j - 1][k - 1] - 1];
                 sigma_ex = sigma_pml[sigex[i - 1][j - 1][k - 1] - 1];
                 dx2[i - 1][j - 1][k - 1] = (2 * ep0 - sigma_ez * dt) * dx[i - 1][j - 1][k - 1]/
                 (2 * ep0 + sigma_ez * dt) + 2 * ep0 * dt * ((hz[i - 1][j - 1][k - 1] -
                 hz[i - 1][j - 1 - 1][k - 1])/dy_ - (hy[i - 1][j - 1][k - 1] -
                 hy[i - 1][j - 1][k - 1 - 1])/dz_)/(2 * ep0 + sigma_ez * dt);
                 ex[i - 1][j - 1][k - 1] = (2 * ep0 - sigma_ey * dt) * ex[i - 1][j - 1][k - 1]/
                 (2 * ep0 + sigma_ey * dt) + ((2 * ep0 + sigma_ex * dt) *
                 dx2[i - 1][j - 1][k - 1] - (2 * ep0 - sigma_ex * dt) * dx[i - 1][j - 1][k - 1])/
                 ((2 * ep0 + sigma_ey * dt) * ep0);
                 dx[i - 1][j - 1][k - 1] = dx2[i - 1][j - 1][k - 1];
                }
            }
        }
    }


for(j = 1;j<= 60;j ++ )
{
    for(i = 2;i<= 60;i ++ )
    {
        for(k = 2;k<= 60;k ++ )
        {
            if(!((j> = 10)&&(j<= 51)&&(i> = 10)&&(i<= 52)&&(k> = 10)
                &&(k<= 52)) )
            {sigma_ex = sigma_pml[sigex[i - 1][j - 1][k - 1] - 1];
             sigma_ey = sigma_pml[sigey[i - 1][j - 1][k - 1] - 1];
             sigma_ez = sigma_pml[sigez[i - 1][j - 1][k - 1] - 1];
             dy2[i - 1][j - 1][k - 1] = (2 * ep0 - sigma_ex * dt) * dy[i - 1][j - 1][k - 1]/
             (2 * ep0 + sigma_ex * dt) + 2 * ep0 * dt * ((hx[i - 1][j - 1][k - 1] -
             hx[i - 1][j - 1][k - 1 - 1])/dz_ - (hz[i - 1][j - 1][k - 1] -
             hz[i - 1 - 1][j - 1][k - 1])/dx_)/(2 * ep0 + sigma_ex * dt);
             ey[i - 1][j - 1][k - 1] = (2 * ep0 - sigma_ez * dt) * ey[i - 1][j - 1][k - 1]/
             (2 * ep0 + sigma_ez * dt) + ((2 * ep0 + sigma_ey * dt) *
             dy2[i - 1][j - 1][k - 1] - (2 * ep0 - sigma_ey * dt) * dy[i - 1][j - 1][k - 1])/
             ((2 * ep0 + sigma_ez * dt) * ep0);
             dy[i - 1][j - 1][k - 1] = dy2[i - 1][j - 1][k - 1];
            }
        }
    }
}

for(k = 1;k<= 60;k ++ )
{
    for(j = 2;j<= 60;j ++ )
    {
        for(i = 2;i<= 60;i ++ )
        {
            if(!((k> = 10)&&(k<= 51)&&(i> = 10)&&(i<= 52)&&(j> = 10)
```

```
                       &&(j<= 52)))
            {sigma_ey = sigma_pml[sigey[i-1][j-1][k-1]-1];
             sigma_ez = sigma_pml[sigez[i-1][j-1][k-1]-1];
             sigma_ex = sigma_pml[sigex[i-1][j-1][k-1]-1];
             dz2[i-1][j-1][k-1] = (2*ep0-sigma_ey*dt)*dz[i-1][j-1][k-1]/
             (2*ep0+sigma_ey*dt)+2*ep0*dt*((hy[i-1][j-1][k-1]-
             hy[i-1-1][j-1][k-1])/dx_-(hx[i-1][j-1][k-1]-
             hx[i-1][j-1-1][k-1])/dy_)/(2*ep0+sigma_ey*dt);
             ez[i-1][j-1][k-1] = (2*ep0-sigma_ex*dt)*ez[i-1][j-1][k-1]/
             (2*ep0+sigma_ex*dt)+((2*ep0+sigma_ez*dt)
             *dz2[i-1][j-1][k-1]-(2*ep0-sigma_ez*dt)*dz[i-1][j-1][k-1])
             /((2*ep0+sigma_ex*dt)*ep0);
             dz[i-1][j-1][k-1] = dz2[i-1][j-1][k-1];
             }
          }
       }
    }
}
void pml_field_h()
{
int i,j,k;
 for(i=2;i<=60;i++)
 {
     for(j=1;j<=60;j++)
     {
         for(k=1;k<=60;k++)
         {
             if(!((i>=10)&&(i<=52)&&(j>=10)&&(j<=51)&&(k>=10)
                 &&(k<=51)))
             {sigma_hz = sigma_pml[sighz[i-1][j-1][k-1]-1];
              sigma_hy = sigma_pml[sighy[i-1][j-1][k-1]-1];
              sigma_hx = sigma_pml[sighx[i-1][j-1][k-1]-1];
              bx2[i-1][j-1][k-1] = (2*ep0-sigma_hz*dt)*bx[i-1][j-1][k-1]
              /(2*ep0+sigma_hz*dt)-2*ep0*dt*((ez[i-1][j+1-1][k-1]-
              ez[i-1][j-1][k-1])/dy_-(ey[i-1][j-1][k+1-1]-
              ey[i-1][j-1][k-1])/dz_)/(2*ep0+sigma_hz*dt);
              hx[i-1][j-1][k-1] = (2*ep0-sigma_hy*dt)*hx[i-1][j-1][k-1]
              /(2*ep0+sigma_hy*dt)+((2*ep0+sigma_hx*dt)
              *bx2[i-1][j-1][k-1]-(2*ep0-sigma_hx*dt)
              *bx[i-1][j-1][k-1])/((2*ep0+sigma_hy*dt)*mu0);
              bx[i-1][j-1][k-1] = bx2[i-1][j-1][k-1];
              }
          }
       }
    }

    for(j=2;j<=60;j++)
    {
        for(i=1;i<=60;i++)
        {
            for(k=1;k<=60;k++)
            {
                if(!((j>=10)&&(j<=52)&&(i>=10)&&(i<=51)&&(k>=10)
                    &&(k<=51)))
                {sigma_hx = sigma_pml[sighx[i-1][j-1][k-1]-1];
```

```
                    sigma_hy = sigma_pml[sighy[i-1][j-1][k-1]-1];
                    sigma_hz = sigma_pml[sighz[i-1][j-1][k-1]-1];
                    by2[i-1][j-1][k-1] = (2 * ep0 - sigma_hx * dt) * by[i-1][j-1][k-1]
                    /(2 * ep0 + sigma_hx * dt) - 2 * ep0 * dt * ((ex[i-1][j-1][k+1-1] -
                    ex[i-1][j-1][k-1])/dz_ - (ez[i+1-1][j-1][k-1] -
                    ez[i-1][j-1][k-1])/dx_)/(2 * ep0 + sigma_hx * dt);
                    hy[i-1][j-1][k-1] = (2 * ep0 - sigma_hz * dt) * hy[i-1][j-1][k-1]
                    /(2 * ep0 + sigma_hz * dt) + ((2 * ep0 + sigma_hy * dt) *
                    by2[i-1][j-1][k-1] - (2 * ep0 - sigma_hy * dt) *
                    by[i-1][j-1][k-1])/((2 * ep0 + sigma_hz * dt) * mu0);
                    by[i-1][j-1][k-1] = by2[i-1][j-1][k-1];
                }
            }
        }
    }

    for(k = 2;k <= 60;k ++ )
    {
        for(j = 1;j <= 60;j ++ )
        {
            for(i = 1;i <= 60;i ++ )
            {
                if(!((k > = 10)&&(k <= 52)&&(j > = 10)&&(j <= 51)&&(i > = 10)
                    &&(i <= 51)) )
                {sigma_hy = sigma_pml[sighy[i-1][j-1][k-1]-1];
                 sigma_hz = sigma_pml[sighz[i-1][j-1][k-1]-1];
                 sigma_hx = sigma_pml[sighx[i-1][j-1][k-1]-1];
                 bz2[i-1][j-1][k-1] = (2 * ep0 - sigma_hy * dt) * bz[i-1][j-1][k-1]
                 /(2 * ep0 + sigma_hy * dt) - 2 * ep0 * dt * ((ey[i+1-1][j-1][k-1] -
                 ey[i-1][j-1][k-1])/dx_ - (ex[i-1][j+1-1][k-1] -
                 ex[i-1][j-1][k-1])/dy_)/(2 * ep0 + sigma_hy * dt);
                 hz[i-1][j-1][k-1] = (2 * ep0 - sigma_hx * dt) * hz[i-1][j-1][k-1]
                 /(2 * ep0 + sigma_hx * dt) + ((2 * ep0 + sigma_hz * dt) *
                 bz2[i-1][j-1][k-1] - (2 * ep0 - sigma_hz * dt) *
                 bz[i-1][j-1][k-1])/((2 * ep0 + sigma_hx * dt) * mu0);
                 bz[i-1][j-1][k-1] = bz2[i-1][j-1][k-1];
                }
            }
        }
    }
}
void power_source(int t)
{
    /* * * * * * * * * * * * * power source * * * * * * * * * * * * * * * */
    ez[30-1][21-1][30-1] = cos(2 * 4 * atan(1) * freq * dt * t);
    ez[31-1][21-1][30-1] = cos(2 * 4 * atan(1) * freq * dt * t);
    ez[32-1][21-1][30-1] = cos(2 * 4 * atan(1) * freq * dt * t);
    ez[30-1][21-1][31-1] = cos(2 * 4 * atan(1) * freq * dt * t);
    ez[31-1][21-1][31-1] = cos(2 * 4 * atan(1) * freq * dt * t);
    ez[32-1][21-1][31-1] = cos(2 * 4 * atan(1) * freq * dt * t);
}
```

10.9　利用有限差分法分析光纤光栅特性[*]

利用有限差分法推导系数矩阵求解光纤光栅耦合波方程,结果与龙格-库塔法求解的结果进行对比,两种方法数值计算结果相同,在 MATLAB 环境下,利用前一种方法很大程度上减少了循环迭代的次数,速度明显快于龙格-库塔法。

10.9.1　光纤光栅耦合模方程的数值模型的研究

光纤光栅的严格理论是耦合波理论,光波和光纤光栅的耦合作用可以用下面的公式表示:

$$\frac{\mathrm{d}A^+}{\mathrm{d}z} = k(z)\exp\left[-\mathrm{i}\int_0^z B(z')\mathrm{d}z'\right]A^- \tag{10.9.1}$$

$$\frac{\mathrm{d}A^-}{\mathrm{d}z} = k(z)\exp\left[\mathrm{i}\int_0^z B(z')\mathrm{d}z'\right]A^+ \tag{10.9.2}$$

式中,A^+ 和 A^- 分别是前向波和后向波的复振幅,$k(z)$ 是光纤光栅的耦合系数,$B(z)$ 与折射率变化的周期有关,对线性啁啾光栅而言,有

$$B(z) = 2\delta\beta - \frac{Fz}{L^2} \tag{10.9.3}$$

式中,$\delta\beta$ 是光传播常数的偏移量;F 是啁啾系数,它描述光栅啁啾量的大小。假设光纤光栅的耦合区在 $-L/2 \leqslant z \leqslant L/2$,它的边界条件为 $A^+(-L/2)=1$ 和 $A^-(L/2)=0$。反射系数定义为

$$R = |R(\omega)|\exp[-\mathrm{i}\phi(\omega)] = \frac{A^-(-L/2)}{A^+(-L/2)} \tag{10.9.4}$$

透射系数定义为

$$T = \frac{A^+\left(\dfrac{L}{2}\right)}{A^+\left(-\dfrac{L}{2}\right)} \tag{10.9.5}$$

$|R(\omega)|^2$ 是光栅的反射率,光纤光栅中心波长处的反射率可达到 95% 以上,两侧波长的反射率逐渐递减,这实际相当于一个带通光滤波器,带宽的大小与光纤光栅的耦合系数、啁啾系数等参数有关。$\phi(\omega)$ 是光栅引起的光波的相位变化,因此光纤光栅的色散和时延分别表示为

$$\varphi_2 = \frac{\partial^2\phi}{\partial\omega^2} = \frac{n_0^2 L^2}{c^2}\frac{\partial^2\phi}{\partial\Delta^2} \tag{10.9.6}$$

$$\Delta t = \frac{\partial\phi}{\partial\omega} = \frac{n_0 L}{c}\frac{\partial\phi}{\partial\Delta} \tag{10.9.7}$$

式中

$$\Delta = \delta\beta L = \frac{n_0 L}{c}\delta\omega \tag{10.9.8}$$

式中,$\Delta = \delta\beta L$,为归一化的传播常数偏离量;n_0 为中心波长处光波导的有效折射率。对于偏离

---

[*]　由周光涛完成。

量为 Δ 的光波,当相位匹配条件满足 $B(z(\Delta))=0$ 时,发生共振反射,反射点由下式求出:

$$B(z(\Delta))=\frac{2\Delta}{L}-F\frac{z(\Delta)}{L^2}=0 \tag{10.9.9}$$

反射点位置为

$$z(\Delta)=\frac{2L\Delta}{F} \tag{10.9.10}$$

反射波透过的光程为 $2n_0[z(\Delta)+(L/2)]$,所产生的时延和色散分别为

$$\Delta t(\Delta)=\frac{2n_0}{c}\left(\frac{2L\Delta}{F}+\frac{L}{2}\right) \tag{10.9.11}$$

$$\frac{\partial^2\phi}{\partial\omega^2}=\frac{\partial(\Delta)t}{\partial\omega}=\frac{n_0^2L^2}{c^2}\frac{4}{F} \tag{10.9.12}$$

可见,啁啾系数决定了线性光纤光栅的色散特性,$F>0$ 时光纤光栅折射率空间周期前密后疏,光栅色散 $\frac{\partial^2\phi}{\partial\omega^2}>0$;$F<0$ 时,情况相反。

将 L 分成 N 份,则有

$$h=\frac{L}{N},\quad z_n=z_0+nh \tag{10.9.13}$$

式中,$z_0=-L/2$ 为光纤光栅的一端。

10.9.2 有限差分法求解方程

1. 用差分方法求解

用差分方法解耦合波方程式(10.9.1)和式(10.9.2)。

A^+ 分别为 $A_0^+,A_1^+,A_2^+,\cdots,A_{N-1}^+,A_N^+$,令其分别为 $x_0,x_1,x_2,\cdots,x_{N-1},x_N$。

A^- 分别为 $A_0^-,A_1^-,A_2^-,\cdots,A_{N-1}^-,A_N^-$,令其分别为 $x_{N+1},x_{N+2},\cdots,x_{2N},x_{2N+1}$。

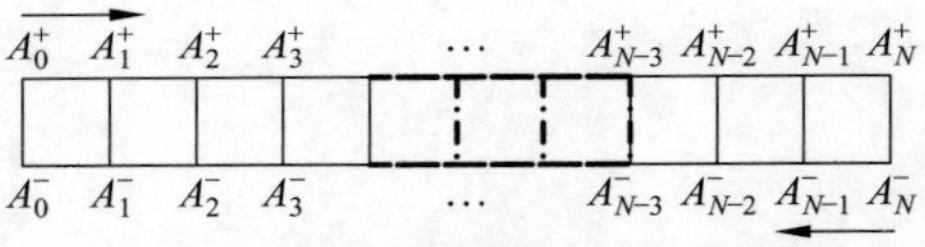

光纤光栅耦合波传输如图 10.51 所示。

图 10.51 光纤光栅耦合波传输示意图

泰勒级数的展开如下:

$$f(x)=P_N(x)+E_N(x) \tag{10.9.14}$$

$$f(x)\approx P_N(x)=\sum_{k=0}^{N}\frac{f^{(k)}(x_0)}{k!}(x-x_0)^k \tag{10.9.15}$$

$$f(x-2h)=f(x)-2hf'(x)+\frac{(2h)^2f^{(2)}(x)}{2!}-\frac{(2h)^3f^{(3)}(x)}{3!}+O(h^4) \tag{10.9.16}$$

$$f(x-h)=f(x)-hf'(x)+\frac{h^2f^{(2)}(x)}{2!}-\frac{h^3f^{(3)}(x)}{3!}+O(h^4) \tag{10.9.17}$$

$$f(x+h)=f(x)+hf'(x)+\frac{h^2f^{(2)}(x)}{2!}+\frac{h^3f^{(3)}(x)}{3!}+O(h^4) \tag{10.9.18}$$

$$f(x+2h)=f(x)+2hf'(x)+\frac{(2h)^2f^{(2)}(x)}{2!}+\frac{(2h)^3f^{(3)}(x)}{3!}+O(h^4) \tag{10.9.19}$$

由上面一组展开式,求得具有相同精度为 $O(h^2)$ 的差分公式

$$\frac{-3f(x) + 4f(x+h) - f(x-2h)}{2h} = f'(x) + O(h^2) \tag{10.9.20}$$

$$\frac{f(x+h) - f(x-h)}{2h} = f'(x) + O(h^2) \tag{10.9.21}$$

$$\frac{3f(x) - 4f(x-h) + f(x-2h)}{2h} = f'(x) + O(h^2) \tag{10.9.22}$$

采用中心差分法方程

$$\frac{x_{n+1} - x_{n-1}}{2h} = C_n x_{N+n+1} \tag{10.9.23}$$

$$\frac{x_{N+n+1} - x_{N+n-1}}{2h} = D_{n-1} x_{n-1} \tag{10.9.24}$$

式中,$C_n = k(z_n)\exp\left[-\mathrm{i}\int_0^{z_n} B(z')\mathrm{d}z'\right], D_n = k(z_n)\exp\left[\mathrm{i}\int_0^{z_n} B(z')\mathrm{d}z'\right]$。

方程式(10.9.23)在 $n=N$ 处采用向后差分:

$$\frac{3x_N - 4x_{N-1} + x_{N-2}}{2h} = C_N x_{2N+1} \tag{10.9.25}$$

方程式(10.9.24)在 $n=1$ 处采用向前差分:

$$\frac{-x_{N+3} + 4x_{N+2} - 3x_{N+1}}{2h} = D_0 x_0 \tag{10.9.26}$$

边界条件为 $x_0 = 1, x_{2N+1} = 0$。

变换差分递推公式为

$$-x_{N+3} + 4x_{N+2} - 3x_{N+1} = 2hD_0 x_0 \tag{10.9.27}$$

$$x_{n+1} - x_{n-1} - 2hC_n x_{N+n+1} = 0, \quad n = 1,2,3,\cdots,N-1 \tag{10.9.28}$$

$$x_{N+n+1} - x_{N+n-1} - 2hD_{n-1} x_{n-1} = 0, \quad n = 2,3,\cdots,N \tag{10.9.29}$$

$$3x_N - 4x_{N-1} + x_{N-2} = 2hC_N x_{2N+1} \tag{10.9.30}$$

这样得到 $2N$ 个 $2N$ 元一次方程组和相应的矩阵方程。

根据此矩阵编写光纤光栅色散特性与滤波特性的 MATLAB 程序,进行求解。

2. 欧拉近似法

基于耦合波方程及边界条件的特殊性,可以利用欧拉近似将双边的边界条件转换为单边的边界条件,计算方法简单易用。

A^+ 分别为 $A_0^+, A_1^+, A_2^+, \cdots, A_{N-1}^+, A_N^+$,令其分别为 $a_0, a_1, a_2, \cdots, a_{N-1}, a_N$。

A^- 分别为 $A_0^-, A_1^-, A_2^-, \cdots, A_{N-1}^-, A_N^-$,令其分别为 $b_0, b_1, b_2, \cdots, b_{N-1}, b_N$。

由传输矩阵理论 $\begin{pmatrix} A_{11} & A_{12} \\ A_{21} & A_{22} \end{pmatrix} \begin{pmatrix} a_0 \\ b_0 \end{pmatrix} = \begin{pmatrix} a_N \\ b_N \end{pmatrix}$,边界条件为 $a_0 = 1, b_N = 0$。

当定义单边界条件 $a_N = 1, b_N = 0$ 时,有 $\begin{cases} A_{11}a_0 + A_{12}b_0 = 1 \\ A_{21}a_0 + A_{22}b_0 = 0 \end{cases}$,则有折射率 $R = b_0/a_0 = -A_{21}/A_{22}$。同双端边界条件求解的结果一样,所以可以利用

$$\begin{cases} a(n+1) - a(n) = hC_n a(n) \\ b(n+1) - b(n) = hD_n b(n) \end{cases}$$

初始条件为 $a(N) = 1, b(N) = 0$,通过迭代求得反射率 $R = A_0^-/A_0^+ = b(0)/a(0)$。利用欧拉

近似法，避免了庞大系数矩阵的推导，降低了求解的复杂度。

10.9.3　龙格-库塔方法求解

经典的四阶龙格-库塔法精确度较高，满足一般工程设计的要求，而且编制程序较简单，但不容易估计截断误差。虽然步长越小，截断误差也越小，但在一个小区间内，计算点数就会增多，不但计算量增大，而且还可能导致舍入误差的严重积累。因此，可将经典的龙格-库塔公式改进得到基尔公式：

$$
\begin{cases}
\rho_{l+1} = \rho_l - \dfrac{h}{6}\Big[T_1 + (2-\sqrt{2})T_2 + (2+\sqrt{2})T_3 + T_4 \Big] \\[2mm]
T_1 = f(z_j, \rho_l) \\[2mm]
T_2 = f\left(z_j - \dfrac{h}{2}, \rho_l - \dfrac{h}{2}T_1 \right) \\[2mm]
T_3 = f\left(z_j - \dfrac{h}{2}, \rho_l - \dfrac{\sqrt{2}-1}{2}hT_1 - \left(1 - \dfrac{\sqrt{2}}{2}\right)hT_2 \right) \\[2mm]
T_4 = f\left(z_j - \dfrac{h}{2}, \rho_l + \dfrac{\sqrt{2}-1}{2}hT_2 - \left(1 + \dfrac{\sqrt{2}}{2}\right)hT_3 \right)
\end{cases}
\tag{10.9.31}
$$

基尔公式具有节省存储单元和控制舍入误差增长的优点。龙格-库塔法是"自开始"的，就是说，直接利用给定的初始值，一步一步算出以后的值，称之为"线性单步法"。这也是龙格-库塔法的优点之一。

设 $\rho = \dfrac{A^-}{A^+}$，求导并化简，得

$$
f = \rho' = k(z) \times \left\{ \exp\left[\mathrm{j}\left(\frac{2\Delta z}{l} - \frac{Fz^2}{2L^2} \right) \right] - \rho^2 \exp\left[-\mathrm{j}\left(\frac{2\Delta z}{l} - \frac{Fz^2}{2L^2} \right) \right] \right\}
\tag{10.9.32}
$$

将式(10.9.32)代入递推公式，利用 $\rho(L/2) = \dfrac{A^-(L/2)}{A^+(L/2)} = 0$ 作为初始值，求解 ρ，经数值模拟可得线性啁啾光纤光栅反射谱、时延特性曲线和色散特性曲线。

10.9.4　数值计算结果分析

式(10.9.32)中的 $k(z)$ 为光纤光栅的耦合系数，它取不同的截止函数，会使光栅的色散特性产生差异，耦合系数选择得当，可以去除光栅旁瓣，使光栅具有较好的色散特性。

$$
k(z) = \begin{cases}
k_0, & \text{常数} \\
k_0 \exp[-16(z/L)^2], & \text{高斯函数}
\end{cases}
$$

龙格-库塔法计算时间如图 10.52 和图 10.53 所示。采样点个数为 1024×1024，使用的计算机 CPU 为奔腾 2.4GHz，用时 4～5min。

耦合系数为常数时，在整个频谱内光栅的时间延迟曲线的振荡较大，这主要是光栅的旁瓣导致的。耦合系数为高斯函数时，在中心波长附近一定带宽内，时间延迟曲线近似于一条平滑的直线。

有限差分计算时间如图 10.54 和图 10.55 所示。采样点个数为 1024×1024，使用的计算机 CPU 为奔腾 2.4GHz，用时 45s。

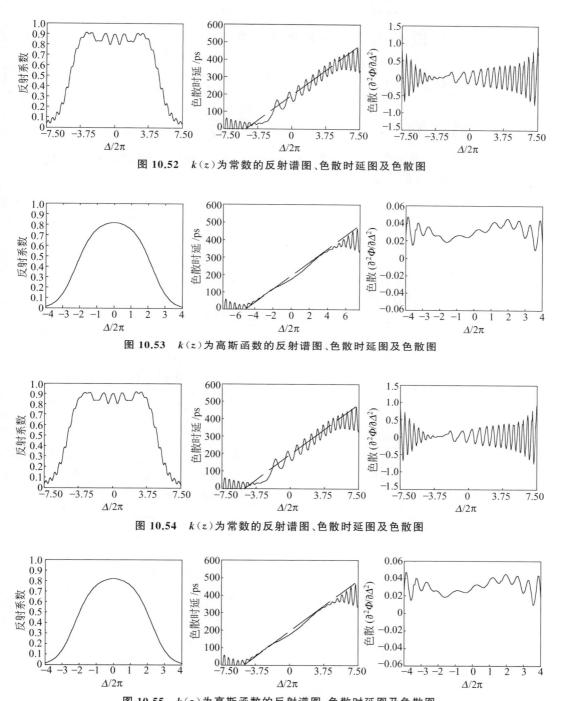

图 10.52　$k(z)$ 为常数的反射谱图、色散时延图及色散图

图 10.53　$k(z)$ 为高斯函数的反射谱图、色散时延图及色散图

图 10.54　$k(z)$ 为常数的反射谱图、色散时延图及色散图

图 10.55　$k(z)$ 为高斯函数的反射谱图、色散时延图及色散图

10.9.5　结论

本节利用龙格-库塔和有限差分法求解光纤光栅耦合波方程,通过两种不同的方法编程求解方程,两种方法计算结果相同,数值计算的程序和方法的正确性得到验证。

10.10　光孤子在光纤中的传输[*]

$$\mathrm{i}\frac{\partial q}{\partial z} + \frac{1}{2}\frac{\partial^2 q}{\partial t^2} + |\,q\,|^2 q = -\mathrm{i}\Gamma q + \mathrm{i}\delta\frac{\partial^3 q}{\partial t^3}$$

10.10.1　传输方程

考虑光纤损耗和三阶色散，光孤子在光纤中的传输满足非线性 Schrödinger 方程（NLS），Γ 为归一化损耗系数，参数 δ 为

$$\delta = \frac{\beta_3}{6\beta_2 T_0}$$

$$\frac{\partial q}{\partial z} = \frac{q_{m+1,n} - q_{m,n}}{\Delta z}$$

$$\frac{\partial^2 q}{\partial t^2} = \frac{q_{m,n+1} - 2q_{m,n} + q_{m,n-1}}{\Delta t^2}$$

$$\frac{\partial^3 q}{\partial t^3} = \frac{q_{m,n+2} - 2q_{m,n+1} + 2q_{m,n-1} - q_{m,n-2}}{\Delta t^3}$$

$$\mathrm{i}\frac{q_{m+1,n} - q_{m,n}}{\Delta z} + \frac{1}{2}\frac{q_{m,n+1} - 2q_{m,n} + q_{m,n-1}}{\Delta t^2} + |\,q_{m,n}\,|^2 q_{m,n}$$

$$= -\mathrm{i}\Gamma q_{m,n} + \mathrm{i}\delta\frac{q_{m,n+2} - 2q_{m,n+1} + 2q_{m,n-1} - q_{m,n-2}}{\Delta t^3}$$

$$|\,q\,|^2 q = |\,q_{m,n}\,|^2 q_{m,n}$$

式中，T_0 为初始脉冲宽度，β_2 为群速度色散，β_3 为三阶色散参量，q 为归一化振幅，t 为归一化时间，z 为归一化距离。取自变量的离散化，Δt 为时间步长，取 0.2，$[-25,+25]$，51 点；Δz 为空间步长，取 0.001，$[0,1000]$，1001 点，代入 NLS 方程，整理后得到显示格式：

$$q_{m+1,n} = r_1 q_{m,n} + r_2 q_{m,n+1} + r_3 q_{m,n+2} + r_4 q_{m,n-1} + r_5 q_{m,n-2} + r_6\,|\,q_{m,n}\,|^2 q_{m,n}$$

$$q_{0,n} = A\,\mathrm{sech}(jn\Delta t),\quad n = -N, 1-N, \cdots, N-1, N$$

式中

$$r_1 = 1 - \Delta z\Gamma - \mathrm{i}\frac{\Delta z}{\Delta t^2}$$

$$r_2 = \mathrm{i}\frac{\Delta z}{2\Delta t^2} - \frac{2\Delta z\delta}{\Delta t^3}$$

$$r_3 = \frac{\Delta z\delta}{\Delta t^3}$$

$$r_4 = \mathrm{i}\frac{\Delta z}{2\Delta t^2} + \frac{2\Delta z\delta}{\Delta t^3}$$

$$r_5 = -\frac{\Delta z\delta}{\Delta t^3}$$

$$r_6 = \mathrm{i}\Delta z$$

---

[*] 由吕召彪完成。

10.10.2　参数 $Z=0$ 处的入射脉冲

其他参数 Δt 为时间步长,在时间域取 $2N+1$ 个点,$[-N\Delta t, N\Delta t]$;Δz 为空间步长,在空间域取 $M+1$ 格点,$[0, M\Delta z]$;Γ 为损耗系数;δ 为三阶色散的影响。

本程序用来分析光孤子在光纤中的传输,考虑初始脉冲振幅(A)、光纤损耗(gamma)的影响。程序代码中的差商方程也考虑了三阶色散项,但此时数值解的稳定性较复杂,与各种参数的具体值关系密切,易出现解的发散。本程序未作数值解,在计算时将该项系数(delta)设置为 0。

source1:$A=1$,gamma$=0$,delta$=0$
source2:$A=2$,gamma$=0$,delta$=0$
source3:$A=1$,gamma$=0.3$,delta$=0$
source4:$A=1.5$,gamma$=0.3$,delta$=0$

10.10.3　源程序和数值解分析

源程序如下:

random1.c　　　产生随机数程序

```c
/* This program is to generate random U(0,1) */
#include <stdio.h>
#include <stdlib.h>
#include <math.h>
#include <time.h>
double main()
{
    long int ia,i15,i16,k,M,ix0,ix1,ix2,ixx;
    unsigned long int M0;
    time_t t;
    static unsigned long int x0;
    double x;

    printf("This program is to generate random U(0,1).\n");
    ia = 16807;
    i15 = 32768;
    i16 = 65536;
    M = 2147483647;
    x0 = (unsigned)time(&t);
    ix0 = x0/i16;
    ix1 = (x0 - ix0 * i16) * ia;
    ix2 = ix1/i16;
    ixx = ix0 * ia + ix2;
    k = ix x/i15;
    x0 = x0 * ia;
    if(x0<0)
        x0 = x0 + M + 1;
```

```
    MO = M − k;
    if(x0<MO)
        x0 = x0 + k;
    else
        x0 = x0 − MO;
    x = (double)x0/(double)M;
    printf("The random is % f\n",x);
}
```

结果(1)～结果(4)如图 10.56～图 10.59 所示。

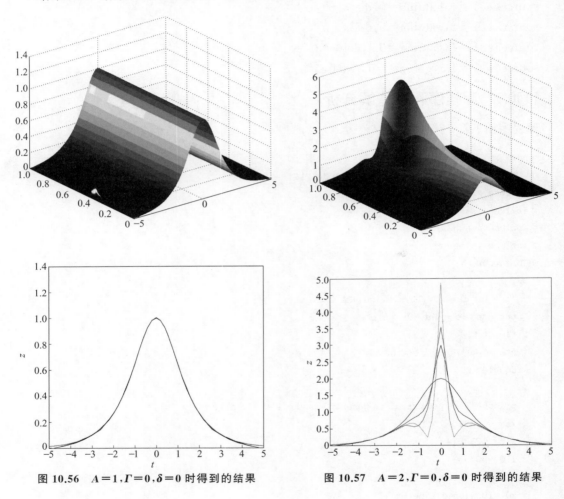

图 10.56　$A=1,\Gamma=0,\delta=0$ 时得到的结果　　　　图 10.57　$A=2,\Gamma=0,\delta=0$ 时得到的结果

10.10.4　结论

（1）$A=1$,gamma$=0$,此时孤子在传输过程中振幅、形状均不发生变化,演示了孤子在光纤中传输的情形。

（2）$A=2$,gamma$=0$,孤子在传输中间会发生压缩,之后会恢复原状,这对应二阶孤子。

（3）$A=1$,gamma$=0.3$,损耗对孤子传输的影响导致振幅下降。

（4）$A=1.5$,gamma$=0$,通过预加重技术可以克服损耗对孤子传输的影响。

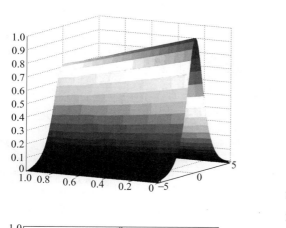

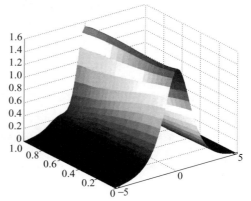

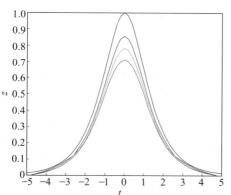

图 10.58　$A=1$，$\Gamma=0.3$，$\delta=0$ 时得到的结果

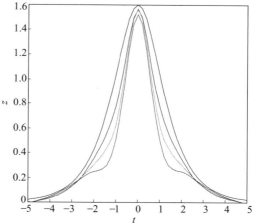

图 10.59　$A=1.5$，$\Gamma=0.3$，$\delta=0$ 时得到的结果

10.11　蒙特卡罗法的计算机仿真试验

计算机仿真是一种基于计算机平台的试验工作，通常可分为 3 个阶段：模型建立阶段、模型变换阶段和模型试验阶段（参见图 10.60）。模型建立阶段主要是根据要实现的目的、系统的原理和数据建立系统模型。模型变换阶段的任务是把实际系统问题的模型根据计算机平台特性将模型变换成适合计算机处理的形式。模型试验阶段的任务是装载计算机，运行计算机并处理计算机结果形成报告，对计算机结果进行解释产生针对实际系统的物理结果。

图 10.60　计算机仿真的 3 个阶段

10.11.1　用计算机的蒙特卡罗法求定积分程序

设有 $y=f(x)\geqslant0(x\in[b,c])$，如图 10.61 所示，试求

$$A=\int_b^a f(x)\mathrm{d}x(x\in[b,c])$$

采用随机投点法：当所得结果为 (x_i,y_i) 时，有 $f(x_i)>y_i$，则点被接受；当结果为 (x_i,y_i) 时，有 $f(x_i)<y_i$，则点被拒绝。则积分为被接受点的概率是 $P=A/h(c-b)=K/N$，于是有 I（积分值）$=A=Kh(c-b)/N$。

流程图如图 10.62 所示。

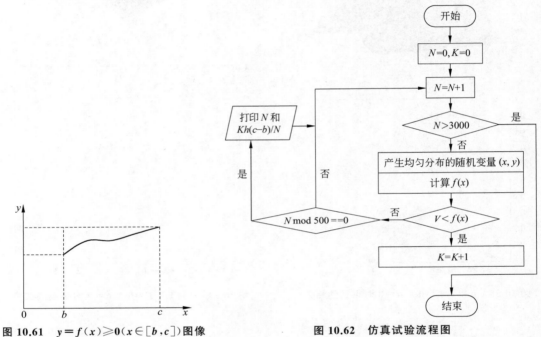

图 10.61　$y=f(x)\geqslant0(x\in[b,c])$图像　　　　图 10.62　仿真试验流程图

C 语言程序如下：

```
# include <stdio.h>
# include <math.h>
//define function by MONTE COLAR
bool functnx(double x,double y)
{
    return(y<= sqrt(1 - x * x);
}
int main()
{
    int N = 0,K = 0,aseed = 0;
    double b = 0,c = 1,h = 1,x,y;
    printf("\n no. of trials N simulation area A\n");
    srand(aseed);
```

```
for(N = 1;N<= 3000;N ++ )
{
  x = ((c - b) * rand() + b)/RAND_MAX;
  y = (h * rand())/RAND_MAX; //get random values for (x,y)
  if(functnx(x,y)) K ++ ;
  if((N % 500) == 0)
          printf(" % 5d        % 19.8\n",N,k * h * (c - b)/N);
}
return 0;
}
```

结果如下：

no.of trials N	simulation area A
500	0.75000000
1000	0.75900000
1500	0.77200000
2000	0.78200000
2500	0.78320000
3000	0.78400000

10.11.2　雷达检测的蒙特卡罗仿真

设信号处理机的信号为 $s=(s_1,s_2,\cdots,s_N)$，干扰为 $x=(x_1,x_2,\cdots,x_N)$，在无信号时，状态设为 H_0，干扰的联合概率密度为 $P_0(x)$，信号的联合概率密度为 $P(s)$。有信号时的状态为 H_1，信号加干扰的联合概率为 $P_1(x,s)$。信号处理机进行 Z 变换，$Z=f(x,s)$，构成检测统计量。将 Z 与门限 L 相比较作出检测判断：若 $Z>L$ 则接受 H，断定有目标信号，否则接受 H_0 断定无目标信号。

首先指定一些具体参数。设雷达目标信号是固定的常值 s_0，假设杂波仅为背景噪声，服从韦伯(Weibull)分布，$P(x)=\alpha/\beta(\alpha/\beta)^{\alpha-1}\exp[-(\alpha/\beta)^{\alpha}]$，$x\geqslant0$。其中，$\alpha$ 为形状参数，β 为比例参数。

目标是求出在杂波中检测出目标信号的概率与信号-杂波的中值比 s_m、x_m 和门限 L 的关系。

首先要产生雷达目标信号和杂波的随机数列，并由它们再产生出雷达目标模拟信号＋杂波的随机数列。将产生的模拟信号＋杂波的随机数列与门限 L 比较作出检测判断。若 N 次试验，超过门限的次数为 M，则待求雷达检测概率 $P_d=M/N$。

模拟雷达韦伯杂波的随机数的抽样公式为 $x=\beta(-\ln\xi)^{1/\alpha}$，$\xi$ 为 $[0,1]$ 的随机数。将式中的 β 用中值 x_m 代替则有 $x=x_m(-\ln\xi/\ln2)^{1/\alpha}$。

模拟信号＋杂波的随机数可采用正交法计算 $s_x=[(x\cos\Phi+s)^2+(x\sin\Phi)^2]^{1/2}$。$\Phi$ 为随机相角可取 $\Phi=2\pi\xi$。所以有 $s_x=\{[x\cos(2\pi\xi)+s]^2+[x\sin2\pi\xi]^2\}^{1/2}$。

韦伯分布：

$$F(x)=\begin{cases}1-\mathrm{e}^{-xm}, & x>0\\0, & x\leqslant0\end{cases}$$

若 ξ' 为 $[0,1]$ 上的随机数，则 $\xi=1-\xi'$ 也为 $[0,1]$ 上的随机数。故可令 $1-\mathrm{e}^{-xm}=\mathrm{e}^{-xm}$，则 $\xi=\mathrm{e}^{-xm}$，$x=(-\ln\xi)^{1/m}$。

程序参见 3.7.2 节 C 语言程序。

10.11.3 邮电所随机服务系统模拟

要解决的问题是：新成员进入建模系统的描述，新成员在模型中发生了什么情况的描述，仿真中止机构。流程图如图 10.63 所示，以下是编程内容。

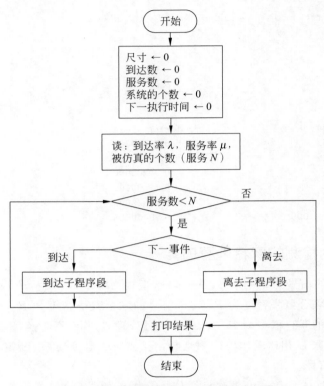

图 10.63　邮电所随机服务系统程序流程图

到达子程序段：

（1）计算事件之间系统中的顾客数和时间长度。

（2）修改仿真时钟到下一个到达时间。

（3）记录这个顾客到达时间。

（4）如果系统是空的，那么开始服务，并为这个顾客记录开始服务的时间；从适当的分布中产生服务时间，计算下一个执行时间。

（5）在系统上数量增 1。

（6）到达数增 1。

（7）从适当的分布中产生到达时间间隔，并计算下一个到达时间。

离去子程序段：

（1）计算事件之间系统中的顾客数和时间长度。

（2）修改仿真时钟到下一个执行时间。

（3）记录对这个顾客服务结束的时间。

（4）服务数增 1。

（5）在系统上数量减 1。

（6）如果系统不空，那么为下一个顾客记录服务开始的时间，从适当的分布中产生服务时间，并计算下一个执行时间。

（7）如果系统为空，那么置下一个执行时间无穷大。

下面主干程序中设 $\lambda = 0.208$，$\mu = 0.352$，$N = 150$，到达时间间隔和服务时间间隔均服从负指数分布。

```c
# include <math.h>
# include <stdio.h>
# include <stdlib.h>
# define   N = 100
double
          u = 0.352
          lamda = 0.208
void main()
{
int j,clock = 0,
arrival_number = 0,
server_number = 0,
delta_time[N],server_time[N],all_time_in_system = 0,queue_time = 0,
n = 1500,
wait_time = 0,wait_all_number = 0,
nt,idle_time = 0;
void(create_data(int * data_time,int * st);
srand(0);
create_data(&delta_time[arrival_number],&server_time[arrival_number]);
j = server_number;
while(j<n)
{
nt = delta_time[arrival_number] - server_time[server_number] - clock;
if(nt> = 0)
{
clock += server_time[server_number];
all_time_in_system = server_time[server_number];
  if(arrival_number == server_number)
  {
  idle_time += nt;
  wait_number = 0;
  clock = delta_time[server_number];
  server_number ++ ;
  arrival_number ++ ;
  j ++ ;
  server_number = arrival_number = 0;
  create_data(&delta_time[arrival_number],&server_time[arrival_number]);
  delta_time[arrival_number] += clock;
  }
  else
  {
  wait_time = clock_delta_time(server_number);
  wait_all_time += wait_time;
  all_time_in_system += wait_time;
  queue_time += (wait_time);
  server_number ++ ;
  j ++ ;
```

```
    wait_all_number += wait_number;
    wait_number -- ;
        }
    }
else
    {
arrival_number ++ ;
create_data(&delta_time[arrival_number],&server_time[arrival_number]);
delta_time[arrival_number] += delta_time[arrival_number - 1];
wait_number ++ ;
        }
    }
server_number = j;
printf("\nthe result is:");
printf("\nthe number of custom is % 5d",server_number);
pritnt("\nL = % 5.3lf",all_time_in_system * 1.0/clock);
pritnt("\nLq = % 5.3lf",all_queue_time * 1.0/clock);
pritnt("\nW = % 5.3lf",all_time_in_system * 1.0/server_number);
pritnt("\nWq = % 5.3lf",wait_all_time * 1.0/wait_all_number);
pritnt("\np = % 5.3lf\n",idle_time * 1.0/clock);
return;
    }
void create_data(int * delta_time,int * st)
    {
do
    {
    * st = ((int)( - log(rand() * 1.0/RAND_MAX)/u));        //服务时间
    delta_time = ((int)( - log(rand() * 1.0/RAND_MAX)/lamda));   //到达时间
    } while * (delta_time == 0||st == 0);
    return;
    }
```

实验结果见表10.2。

表 10.2 程序完成的实验结果

特 性 类 型	近 似 法	理 论 法	仿 真 法
在系统中的平均顾客数 L	1.35	1.43	1.291
在排队中的平均顾客数 L_q	0.79	0.84	0.689
在系统中平均所花时间 W	6.84	6.94	6.937
在排队中平均所花时间 W_q	4.00	4.08	3.258
邮局职员的利用率 ρ	0.59	0.59	0.602

该微分方程的解为

$$P(x,t) = (\lambda t)^x e^{-\lambda t}/x!, \ x = 0,1,2,\cdots$$

在 T 内,服务对象的到达个数 K 是服从泊松分布的。

$$P(K,T) = e^{-\lambda T}(\lambda T)^K/K!, \ K = 0,1,2,\cdots$$

其均值 $m = \lambda T$。

M/M/1/∞/FIFO 排队系统特征量如下。

（1）服务员利用率 ρ = 平均服务时间/平均到达时间间隔 $= \lambda/\mu$,空闲概率为 $1 - \rho$,不需要

概率为 $P_0 = 1 - \rho$。

（2）系统中平均顾客数 $L = \rho/1-\rho$。

（3）平均队长（不包括正服务者）$LQ = \rho^2/1-\rho$。

（4）顾客在系统内停留时间，均值用 W 表示，则在 W 时间内到达的顾客平均数为 λW，$L = \lambda W$，故 $W = L/\lambda = 1/\mu - \lambda$。

（5）平均等待时间，WQ 因 $LQ = \lambda WQ$，所以有 $WQ = LQ = \rho/\mu - \lambda = \lambda/\mu(\mu - \lambda)$。

（6）系统中出现大于 n 个顾客的概率为

$$1 - \sum_{i=1}^{n} \rho^i (1-\rho) = 1 - [(1-\rho) + \rho(1-\rho) + \rho^2(1-\rho) + \cdots +$$
$$\rho^{n-1}(1-\rho) + \rho^n(1-\rho)] = \rho^{n+1}$$

10.12　时域有限差分法模拟二维光子晶体波导特性[*]

10.12.1　问题的提出与分析

光子晶体（photonic crystal，PC）是一种人造的结构，它与一般晶体的不同点在于介电常数在空间以波长量级周期性排列，如图 10.64 所示，不同的颜色代表不同的介电常数。对于这样的结构，最吸引人们注意的莫过于光子禁带（photonic band gap，PBG）。

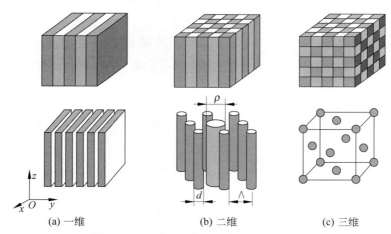

图 10.64　一维、二维和三维光子晶体结构

经研究发现，如果合理设计光子晶体的介电常数及晶格周期，光子晶体会出现带隙，正如半导体材料对电子的能隙一样，光子禁带能抑制频率落在带隙内的光传播，也就是抑制频率落在带隙内的分子和原子的自发辐射。光子晶体的另一个主要特征是光子局域。John 于 1987 年提出：在一种三维光子晶体的无序介电材料组成的超晶格（相当于现在所称的光子晶体）中，光子呈现出很强的局域性。如果在光子晶体中引入某种程度的缺陷，和缺陷态频率吻合的光子有可能被局域在缺陷位置，如果其偏离缺陷处，光就将迅速衰减。当光子晶体理想无缺陷时，根据其边界条件的周期性要求，不存在光的衰减模式。但是，一旦晶体原有的对称性被破

* 由李雪春完成。

坏，在光子晶体的禁带中央就可能出现带宽极窄的缺陷态。光子晶体有点缺陷和线缺陷。在垂直于线缺陷的平面上，光被局域在线缺陷位置，只能沿线缺陷方向传播。点缺陷仿佛是被全反射墙完全包裹起来。利用点缺陷可以将光"俘获"在某一个特定的位置，光就无法从任何一个方向向外传播，这相当于微腔。利用光子晶体的线缺陷原理，可以制成光子晶体光纤。局域态及带隙如图 10.65 所示。

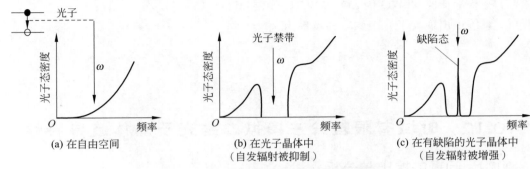

图 10.65　光子禁带对原子自发辐射的影响

　　这样就可以像控制电子一样控制光子，因此光子晶体是实现全光网络及光计算机的潜在器件之一，许多科学家正在努力研究其物理机制、制作材料、制作工艺、器件。在此过程中，数值模拟无疑是一种非常有用的工具之一。用计算机及辅助设计软件可以使对光子晶体的研究事半功倍。时域有限差分方法是数值模拟的方法之一，与其他方法相比（平面波展开法、传输矩阵法等），时域有限差分法能动态显示光在晶体中传播的过程，能得到场的分布及传输特性曲线。不足的是此方法比较耗费时间和内存，特别是模拟三维光子晶体时，缺点更明显。本节主要针对的是二维光子晶体的模拟。

　　在二维情况下，电磁场可以分解成两种极化方式：一种是 E 极化（TM 波），另一种是 H 极化（TE 波），麦克斯韦旋度方程分解为 TE 波和 TM 波（设所有物理量与 z 坐标无关，即 $\partial/\partial z=0$）。

TE 波：

$$\frac{\partial H_z}{\partial y}=\varepsilon\frac{\partial E_x}{\partial t}+\sigma E_x$$

$$-\frac{\partial H_z}{\partial x}=\varepsilon\frac{\partial E_y}{\partial t}+\sigma E_y$$

$$\frac{\partial E_y}{\partial x}-\frac{\partial E_x}{\partial y}=-\frac{\partial H_z}{\partial t}-\sigma_m H_z$$

TM 波：

$$\frac{\partial E_z}{\partial y}=-\mu\frac{\partial H_x}{\partial t}-\sigma_m H_x$$

$$\frac{\partial E_z}{\partial x}=\mu\frac{\partial H_y}{\partial t}+\sigma_m H_y$$

$$\frac{\partial H_y}{\partial x}-\frac{\partial H_x}{\partial y}=\varepsilon\frac{\partial E_z}{\partial t}+\sigma E_z$$

式中，H 为磁场强度，单位为安培/米（A/m）；E 为电场强度，单位为伏特/米（V/m）；下角标表示 x、y 方向，ε 表示介电常数，单位为法拉/米（F/m）；μ 表示磁导系数，单位为亨利/米（H/

m);σ 表示电导率,单位为西门子/米(S/m);σ_m 表示磁导率,单位为欧姆/米(Ω/m)。σ 和 σ_m 分别为介质的电损耗和磁损耗。真空中 $\sigma=0$,$\sigma_m=0$,$\varepsilon=\varepsilon_0=8.85\times10^{-12}$ F/mm,$\mu=\mu_0=4\pi\times10^{-7}$ H/m。

通过 Yee 原胞可以在空间和时间上离散化麦克斯韦方程组,得到一个二维正交网络。在直角坐标系中,对于 TE 波,$H_x=H_y=E_z=0$,FDTD 公式为

$$E_x^{n+1}\left(i+\frac{1}{2},j\right)=\mathrm{CA}(m)\cdot E_x^n\left(i+\frac{1}{2},j\right)+$$

$$\mathrm{CB}(m)\cdot\frac{H_z^{n+\frac{1}{2}}\left(i+\frac{1}{2},j+\frac{1}{2}\right)-H_z^{n+\frac{1}{2}}\left(i+\frac{1}{2},j-\frac{1}{2}\right)}{\Delta y} \tag{10.12.1}$$

$$E_y^{n+1}\left(i,j+\frac{1}{2}\right)=\mathrm{CA}(m)\cdot E_y^n\left(i,j+\frac{1}{2}\right)-$$

$$\mathrm{CB}(m)\cdot\frac{H_z^{n+\frac{1}{2}}\left(i+\frac{1}{2},j+\frac{1}{2}\right)-H_z^{n+\frac{1}{2}}\left(i-\frac{1}{2},j+\frac{1}{2}\right)}{\Delta x} \tag{10.12.2}$$

$$H_z^{n+\frac{1}{2}}\left(i+\frac{1}{2},j+\frac{1}{2}\right)=\mathrm{CP}(m)\cdot H_z^{n-\frac{1}{2}}\left(i+\frac{1}{2},j+\frac{1}{2}\right)-$$

$$\mathrm{CQ}(m)\cdot\left[\frac{E_y^n\left(i+1,j+\frac{1}{2}\right)-E_y^n\left(i,j+\frac{1}{2}\right)}{\Delta x}-\right.$$

$$\left.\frac{E_x^n\left(i+\frac{1}{2},j+1\right)-E_x^n\left(i+\frac{1}{2},j\right)}{\Delta y}\right] \tag{10.12.3}$$

对于 TM 波,$E_x=E_y=H_z=0$,FDTD 公式为

$$H_x^{n+\frac{1}{2}}\left(i,j+\frac{1}{2}\right)=\mathrm{CP}(m)\cdot H_x^{n-\frac{1}{2}}\left(i,j+\frac{1}{2}\right)-\mathrm{CQ}(m)\cdot\frac{E_z^n(i,j+1)-E_z^n(i,j)}{\Delta y} \tag{10.12.4}$$

$$H_y^{n+\frac{1}{2}}\left(i+\frac{1}{2},j\right)=\mathrm{CP}(m)\cdot H_y^{n-\frac{1}{2}}\left(i+\frac{1}{2},j\right)+\mathrm{CQ}(m)\cdot\frac{E_z^n(i+1,j)-E_z^n(i,j)}{\Delta x} \tag{10.12.5}$$

$$E_z^{n+1}(i,j)=\mathrm{CA}(m)\cdot E_z^n(i,j)+$$

$$\mathrm{CB}(m)\cdot\left[\frac{H_y^{n+\frac{1}{2}}\left(i+\frac{1}{2},j\right)-H_y^{n+\frac{1}{2}}\left(i-\frac{1}{2},j\right)}{\Delta x}-\right.$$

$$\left.\frac{H_x^{n+\frac{1}{2}}\left(i,j+\frac{1}{2}\right)-H_x^{n+\frac{1}{2}}\left(i,j-\frac{1}{2}\right)}{\Delta y}\right] \tag{10.12.6}$$

式中,系数分别为

$$\mathrm{CA}(m)=\frac{\dfrac{\varepsilon(m)}{\Delta t}-\dfrac{\sigma(m)}{2}}{\dfrac{\varepsilon(m)}{\Delta t}+\dfrac{\sigma(m)}{2}}=\frac{1-\dfrac{\sigma(m)\Delta t}{2\varepsilon(m)}}{1+\dfrac{\sigma(m)\Delta t}{2\varepsilon(m)}} \tag{10.12.7}$$

$$\mathrm{CB}(m) = \cfrac{1}{\cfrac{\varepsilon(m)}{\Delta t} + \cfrac{\sigma(m)}{2}} = \cfrac{\cfrac{\Delta t}{\varepsilon(m)}}{1 + \cfrac{\sigma(m)\Delta t}{2\varepsilon(m)}} \tag{10.12.8}$$

$$\mathrm{CP}(m) = \cfrac{\cfrac{\mu(m)}{\Delta t} - \cfrac{\sigma_\mathrm{m}(m)}{2}}{\cfrac{\mu(m)}{\Delta t} + \cfrac{\sigma_\mathrm{m}(m)}{2}} = \cfrac{1 - \cfrac{\sigma_\mathrm{m}(m)\Delta t}{2\mu(m)}}{1 + \cfrac{\sigma_\mathrm{m}(m)\Delta t}{2\mu(m)}} \tag{10.12.9}$$

$$\mathrm{CQ}(m) = \cfrac{1}{\cfrac{\mu(m)}{\Delta t} + \cfrac{\sigma_\mathrm{m}(m)}{2}} = \cfrac{\cfrac{\Delta t}{\mu(m)}}{1 + \cfrac{\sigma_\mathrm{m}(m)\Delta t}{2\mu(m)}} \tag{10.12.10}$$

式中，m 的取值与式（10.12.1）～式（10.12.6）左端场分量结点的空间位置相同。

此次模拟针对带有线缺陷的二维光子晶体的 TM 波，如图 10.66 所示，由介质柱在 x、y 方向上以正方形周期性排列而成，在 z 方向是无限伸长的柱子。晶格常数 $a = 0.59\mu\mathrm{m}$，圆柱半

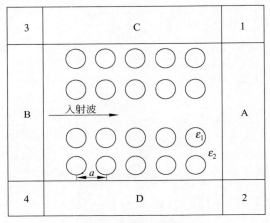

图 10.66　模拟示意图

径 $R = 0.118\mu\mathrm{m}$，圆柱相对介电常数 $\varepsilon_1 = 8.9$，周围介质为空气，相对介电常数 $\varepsilon_2 = 1$，正中间的一行线缺陷为了简化也设为空气，相对介电常数 $\varepsilon_\mathrm{d} = 1$。计算时 x、y 方向各取 5 个周期，每个小周期里又分为 41 个格点进行计算；边界条件采用 12 层完全匹配层（Perfectly Matched Layer，PML），分为 1、2、3、4、A、B、C、D 共 8 个区域；空间步长为

$$\Delta x = \Delta y = \frac{a}{N} = \frac{0.59}{41} = 0.014\mu\mathrm{m}$$

$$\Delta t = \frac{1}{c\sqrt{\left(\cfrac{1}{\Delta x}\right)^2 + \left(\cfrac{1}{\Delta y}\right)^2}} = 3.4 \times 10^{-17}\,\mathrm{s}$$

入射波为调制高斯脉冲函数或平面波，其中调制高斯脉冲函数为

$$E_i(t) = -\cos\omega t \exp\left[-\frac{4\pi(t - t_0)^2}{\tau^2}\right]$$

第一项为基波，中心频率为 $f_0 = \cfrac{\omega}{2\pi}$，第二项为高斯函数；最后计算传输率及动态演示波传输的

过程。程序流程如图 10.67 所示。

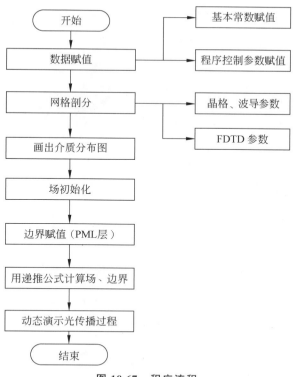

图 10.67　程序流程

图 10.68 就是二维光子晶体波导示意图(由程生成),主要表明介电常数分布的情况,深色区域表明介电常数高,浅色表明介电常数低,本程序的设置为介质柱(深色区域,相对介电常数8.9),周围包围着空气(浅色区域,相对介电常数 1),中间空白的一行即波导的位置,为简单起见,其相对介电常数也为 1,在工艺上只用移走这一行介质柱即可。通过平面波展开法可计算出此波导的带隙频率为 $0.32c/a \sim 0.44c/a$,即频率为 $1.63 \sim 2.24 (\times 10^{14} \text{ Hz})$,对应的波长为 $1.34 \sim 1.84 \mu m$。图 10.69 是动态演示平面波入射的动态画面的截图(同一时间点)。可以看到,当入射波长在带隙中央时(波长为 $1.55 \mu m$),波沿着波导传播,散射很小;当入射波频率不在带

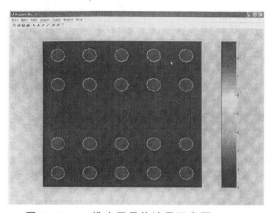

图 10.68　二维光子晶体波导示意图(5×5)

隙中央时（波长为 $0.8\mu m$），入射波很快散射，没有起到波导的作用。

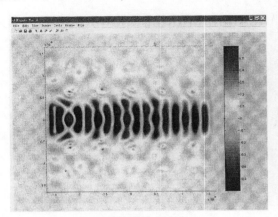 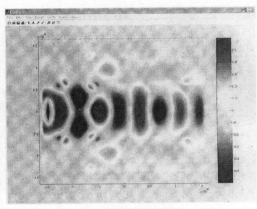

(a) 光在带隙中传播　　　　　　　　　　　　　　　(b) 光在带隙外传播

图 10.69　动态演示平面波入射的动态画面截图

到此程序结束，下一步的工作是根据入射和出射场强的大小计算出光的透射率。基本思想是根据公式 $T = \dfrac{P_{\text{out}}}{P_{\text{m}}} = \dfrac{|E_{\text{out}}|^2}{|E_{\text{m}}|^2}$ 计算。还可以将程序进行改造，使其能计算 TE 波，还能计算不同晶格阵列，比如三角形排列的二维光子晶体。当然最复杂的还是三维光子晶体的模拟，需要更多的时间。

10.12.2　MATLAB 源程序

```
% ************************************
% 此程序用 FDTD 方法计算二维光子晶体波导
% 只计算 TM 波
% ************************************
function fdtd2d
clc
% ************************************
% 基本常数
% ************************************
mu0 = 4 * pi * 1.0e - 7;              % 真空中磁导系数
e0 = 8.85 * 1e - 12;                 % 真空中介电常数
c = 1/sqrt(mu0 * e0);                % 真空中光速
factor = mu0/e0;
% ************************************
% 控制参数
% ************************************
IsMovie = 1;
IsFigure = 1;
Meach = 20;                          % 画图的间隔
Zmax = 0.6;                          % 作图时 z 轴最大值
Colormax = 0.6;                      % 作彩色图最大颜色

srcDefinition = zeros(1,7);          % 定义源
nSrcNum = 1;
srcDefinition = [0 3 1 0.8 0 0 0];
```

```
detDefinition = zeros(2,4);                          % 定义探测源
nDetectorNum = 2;
detDefinition = [1 3 0 0; 5 3 0 0];

defectDefinition = zeros(5,6);                       % 定义缺陷
nDefectNum = 5;
defectDefinition = [1 3 1 3 0.118e - 6 1.0; 2 3 2 3 0.118e - 6 1.0; 3 3 3 3 0.118e - 6 1.0; 4 3 4 3
0.118e - 6 1.0; 5 3 5 3 0.118e - 6 1.0];

nBufSize = 32;

% * * * * * * * * * * * * * * * * * * * * * * * * * * * * * * * * *
% 波导参数
% * * * * * * * * * * * * * * * * * * * * * * * * * * * * * * * * *
MLatx = 5;                                           % x 方向晶格数
MLaty = 5;                                           % y 向晶格数
NMlat = 41;                                          % 每个晶格再细分
if mod(NMlat,2) == 0
    NMlat = NMlat + 1;
end
ea = 1;                                              % 背景相对介电常数
eb = 8.9;                                            % 圆柱相对介电常数
a = 0.59e - 6;                                       % 晶格常数
R = 0.118e - 6;                                      % 圆柱半径
% * * * * * * * * * * * * * * * * * * * * * * * * * * * * * * * * *
% FDTD 网络参数
% * * * * * * * * * * * * * * * * * * * * * * * * * * * * * * * * *
NTx = MLatx * NMlat + 1;                             % x 轴网格数
NTy = MLaty * NMlat + 1;                             % y 轴网格数
NPML = 12;                                           % PML 层数
NTimeSteps = 400;                                    % 时间步数
Dx = a/NMlat;                                        % x 方向空间步长
Dy = Dx;                                             % y 方向空间步长
Dt = 1/sqrt(1/(Dx * Dx) + 1/(Dy * Dy))/c;            % 时间步长
% * * * * * * * * * * * * * * * * * * * * * * * * * * * * * * * * *
% 晶格参数
% * * * * * * * * * * * * * * * * * * * * * * * * * * * * * * * * *
Ep = ones(NTx - 1,NTy - 1) * e0 * ea;
Ep_cell = ones(NMlat,NMlat) * e0 * ea;
x = - (NMlat - 1)/2 * Dx:Dx:(NMlat - 1)/2 * Dx;
[X,Y] = meshgrid(x);
X = X';
Y = Y';
flag = find(sqrt(X.^2 + Y.^2)<R);
Ep_cell(flag) = e0 * eb;
Ep = repmat(Ep_cell,MLatx,MLaty);
% * * * * * * * * * * * * * * * * * * * * * * * * * * * * * * * * *
% 定义缺陷
% * * * * * * * * * * * * * * * * * * * * * * * * * * * * * * * * *
for nIndex = 1:nDefectNum
    Position11 = defectDefinition(nIndex,1);
    Position21 = defectDefinition(nIndex,2);
    Position12 = defectDefinition(nIndex,3);
    Position22 = defectDefinition(nIndex,4);
    Rx = defectDefinition(nIndex,5);
```

```
        ex = defectDefinition(nIndex,6);

        if 2 * Rx/a>1
            Length = 2 * Rx/a;
            Length = ceil(Length * NMlat);
            Height = 2 * Rx/a;
            Height = ceil(Height * NMlat);
        else
            Length = NMlat;
            Height = NMlat;
        end
         %%%%%%%%%%%%%%%%%%%%%%%%%%%%%%%%%%%%
        if mod(Length,2) == 0
            Length = Length + 1;
        end
          if mod(Height,2) == 0
            Height = Height + 1;
        end
        Ep_cell1 = ones(Length,Height) * e0 * ea;
         %%%%%%%%%%%%%%%%%%%%%%%%%%%%%%%%%%%%%%
        X = - (Length - 1)/2 * Dx:Dx:(Length - 1)/2 * Dx;
        [X,Y] = meshgrid(x);
        X = X';
        Y = Y';
        flag 1 = find(sqrt(X.^2 + Y.^2)<Rx);
        Ep_cell 1(flag 1) = e0 * ex;
        Ep 1 = repmat(Ep_cell 1,1,1);
        for Defect_X = Position 11:Position 12
            for Defect_Y = Position21:Position22
            Ep((Defect_X - 1) * NMlat - (Length - NMlat)/2 + 1:(Defect_X) * NMlat + (Length - NMlat)/
        2,(Defect_Y - 1) * NMlat - (Height - NMlat):2 + 1:(Defect_Y) * NMlat + (Height - NMlat)/2)
         = Ep1;
            end
        end
% *****************************************
% 可视化场
% *****************************************
x = 0:Dx:(NMlat * MLatx - 1) * Dx;
x = x - (NMlat * MLatx - 1) * Dx/2;
y = 0:Dy:(NMlat * MLaty - 1) * Dy;
y = y - (NMlat * MLaty - 1) * Dy/2;
[X,Y] = meshgrid(x,y);
X = X';
Y = Y';
surf(X,Y,Ep/e0);
shading interp;
colorbar
 % colormap([1  1  1;0  0  0])
view(0,90);
axis([min(x),max(x),min(y),max(y)])
axis off;
disp('Press any key to continue...');
pause
 % *****************************************
% 定义计算区域
```

```matlab
% * * * * * * * * * * * * * * * * * * * * * * * * * * * * * * * * * * *
x = 0:Dx:(NMlat * MLatx - 1 + 2 * NPML) * Dx;
x = x - (NMlat * MLatx - 1 + 2 * NPML) * Dx/2;
y = 0:Dy:(NMlat * MLaty - 1 + 2 * NPML) * Dy;
y = y - (NMlat * MLaty - 1 + 2 * NPML) * Dy/2;
[X,Y] = meshgrid(x,y);
X = X';
Y = Y';
% * * * * * * * * * * * * * * * * * * * * * * * * * * * * * * * * * * *
% 初始化场
% * * * * * * * * * * * * * * * * * * * * * * * * * * * * * * * * * * *
Ez = zeros(NTx - 1,NTy - 1);
Hx = zeros(NTx - 1,NTy);
Hy = zeros(NTx,NTy - 1);
% * * * * * * * * * * * * * * * * * * * * * * * * * * * * * * * * * * *
% 填充 PML 区域
% * * * * * * * * * * * * * * * * * * * * * * * * * * * * * * * * * * *
n = 4;                                      % 电导率阶数
R = 1e - 10;                                 % 反射系数
Delta = NPML * Dx;
SigmaMax = - (n + 1) * e0 * c * log(R)/(Delta * 2);
NUM = NPML * 2: - 1:1;

Sigmax = SigmaMax * ((NUM * Dx/2 + Dx/2).^(n + 1) - (NUM * Dx/2 - Dx/2).^(n + 1))/(Delta^n * Dx ...
        * (n + 1));
Sigmay = Sigmax;
SigmaBound = SigmaMax * (Dx/2).^(n + 1)/(Delta^n * Dx * (n + 1));

EzxPML1 = zeros(NPML,NPML);
EzyPML1 = zeros(NPML,NPML);
HxPML1 = zeros(NPML,NPML);
HyPML1 = zeros(NPML,NPML);                                          % 区域1

Sigmax_z1 = repmat(Sigmax(2:2:NPML * 2)',1,NPML);
Sigmax_x1 = repmat(Sigmax(2:2:NPML * 2)',1,NPML);
Sigmax_y1 = repmat(Sigmax(1:2:NPML * 2 - 1)',1,NPML);
Sigmay_z1 = fliplr(repmat(Sigmax(2:2:NPML * 2),NPML,1));
Sigmay_x1 = fliplr(repmat(Sigmax(1:2:NPML * 2 - 1),NPML,1));
Sigmay_y1 = fliplr(repmat(Sigmax(2:2:NPML * 2),NPML,1));        % 区域1
......
% * * * * * * * * * * * * * * * * * * * * * * * * * * * * * * * * * * *
% 可视化场
% * * * * * * * * * * * * * * * * * * * * * * * * * * * * * * * * * * *
if IsMovie == 1
    Movie = moviein(NTimeSteps/Meach + 1);
    Mnum = 1;
    EzAll = [EzxPML3 + EzyPML3,EzxPMLC + EzyPMLC,EzxPML1 + EzyPML1;
            EzxPMLB + EzyPMLB,Ez,EzxPMLA + EzyPMLA;
            EzxPML4 + EzyPML4,EzxPMLD + EzyPMLD,EzxPML2 + EzyPML2];
    HxAll = [HxPML3,HxPMLC,HxPML1;HxPMLB,Hx,HxPMLA;HxPML4,HxPMLD,HxPML2];
    HxAll = [HyPML3,HyPMLC,HyPML1;HyPMLB,Hy,HyPMLA;HyPML4,HyPMLD,HyPML2];

    figure(1)
    surf(X,Y,real(EzAll))
    shading interp;
```

```
        axis([ - 0.5 * a * MLatx - Dx * NPML)   0.5 * a * MLatx + Dx * NPML   - 0.5 * a * MLaty - Dx * NPML
0.5 * a * MLaty + Dx * NPML - Zmax Zmax])
        zlabel('Ez');
        Movie(:,1) = getframe;
end


    % * * * * * * * * * * * * * * * * * * * * * * * * * * * * * * * * *
    % 波导
    % * * * * * * * * * * * * * * * * * * * * * * * * * * * * * * * * *
Npx = round(NTx/2);
Npy = round(NTy/2);
expboundary = exp( - SigmaBound * Dt/e0);
    % * * * * * * * * * * * * * * * * * * * * * * * * * * * * * * * * *
    % 计算场
    % * * * * * * * * * * * * * * * * * * * * * * * * * * * * * * * * *
for m = 1:NTimeSteps
    % * * * * * * * * * * * * * * * * * * * * * * * * * * * * * * * *
    %      时间推进循环
    % * * * * * * * * * * * * * * * * * * * * * * * * * * * * * * * *

    Hx(:,2:NTy - 1) = Hx(:,2:NTy - 1) - Dt * (Ez(:,2:NTy - 1) - Ez(:,1:NTy - 2))/(Dy * mu0);
    Hy(2:NTx - 1,:) = Hy(2:NTx - 1,:) + Dt * (Ez(2:NTx - 1,:) - Ez(1:NTx - 2,:))/(Dx * mu0);

    Hx(:,NTy) = expboundary * Hx(:,NTy) - (1 - expboundary) * ...
        (EzxPMLA(:,1) + EzyPMLA(:,1) - Ez(:,NTy - 1))/(SigmaBound * factor * Dy);   % 边界 A
    Hx(:,1) = expboundary * Hx(:,1) - (1 - expboundary) * ...
        (Ez(:,1) - EzxPMLB(:,NPML) - EzyPMLB(:,NPML))/(SigmaBound * factor * Dy);   % 边界 B

    Hy(1,:) = expboundary * Hy(1,:) + (1 - expboundary) * ...
        (Ez(1,:) - EzxPMLC(NPML,:) - EzyPMLC(NPML,:))/(SigmaBound * factor * Dx);   % 边界 C
    Hy(NTx,:) = expboundary * Hy(NTx,:) + (1 - expboundary) * ...
        (EzxPMLD(1,:) + EzyPMLD(1,:) - Ez(NTx - 1,:))/(SigmaBound * factor * Dx);   % 边界 D

    % 计算区域 A,H 分量
    HxPMLA(:,1:NPML - 1) = exp( - Sigmay_xA(:,1:NPML - 1) * Dt/e0). * HxPMLA(:,1:NPML - 1) - ...
        (1 - exp( - Sigmay_xA(:,1:NPML - 1) * Dt/e0))./(Sigmay_xA(:,1:NPML - 1) * factor * Dy). * ...
        (EzxPMLA(:,2:NPML) + EzyPMLA(:,2:NPML) - EzxPMLA(:,1:NPML - 1) - EzyPMLA(:,1:NPML - 1));

    HyPMLA(2:NTx - 1,:) = HyPMLA(2:NTx - 1,:) + ...

Dt * (EzxPMLA(2:NTx - 1,:) + EzyPMLA(2:NTx - 1,:) - EzxPMLA(1:NTx - 2,:) - EzyPMLA(1:NTx - 2,:))/
(mu0 * Dx);

HyPMLA(1,:) = expboundary * HyPMLA(1,:) + (1 - expboundary) * (EzxPMLA(1,:) + EzyPMLA(1,:) -
EzxPML1(NPML,:) - EzyPML1(NPML,:))/(SigmaBound * factor * Dx);                % 左边界
    % 以下程序有省略
    % 计算内部场
    % Ez 分量
    Ez = Ez + Dt * ((Hy(2:NTx,1:NTy - 1) - Hy(1:NTx - 1,1:NTy - 1))/Dx - ...
        (Hx(1:NTx - 1,2:NTy) - Hx(1:NTx - 1,1:NTy - 1))/Dy)./Ep;
    % 源
    for nIndex = 1:nSrcNum
        Position52 = srcDefinition(nIndex,2);
        W = srcDefinition(nIndex,4). * (2 * pi * c/a);
        b = 0;
        if b == 0

Ez(1,(Position52 - 1) * NMlat + 1:Position52 * NMlat) = Ez(1,(Position52 - 1) * NMlat + 1:
```

```
Position52 * NMlat) + srcDefinition(nIndex,3) * sin(W * m * Dt);
        end
        if b == 1

Ez(0 * NMlat + 1,(Position52 - 1) * NMlat + 1:Position52 * NMlat) = Ez(0 * NMlat + 1,(Position52 - 1)
 * NMlat + 1:Position52 * NMlat) + srcDefinition(nIndex,3) * sin(W * m * Dt) * exp( - (m * W * Dt - 10)
^2/2);
        end
    end
    % 以下程序有省略
    % * * * * * * * * * * * * * * * * * * * * * * * * * * * * * * * * *
    % Detector
    % * * * * * * * * * * * * * * * * * * * * * * * * * * * * * * * * *
    for nIndex = 1:nDetectorNum
        Position61 = detDefinition(nIndex,1);
        Position62 = detDefinition(nIndex,2);
        ElectricField(rem(m,nBufSize) + 1) = Ez((Position61 - 1) * NMlat + (NMlat + 1)/2,
(Position62 - 1) * NMlat + (NMlat + 1)/2);
        if mod(m,nBufSize) == 0
            strFileName = strcat('Freq',num2str(nIndex),'.txt');
            fid = fopen(strFileName,'a + ');
            for mIndex = 1:nByfSize
                fprintf(fid,'% g\t\t% g\r\n',Dt * (m - nBufSize + mIndex),ElectricField
(mIndex));
            end
            fclose(fid);
        end
    end


    % * * * * * * * * * * * * * * * * * * * * * * * * * * * * * * * * *
    % Visualize fields
    % * * * * * * * * * * * * * * * * * * * * * * * * * * * * * * * * *
    if mod(m,Meach) == 0
        m
        if IsFigure == 1
            EzAll = [EzxPML3 + EzyPML3,EzxPMLC + EzyPMLC,EzxPML1 + EzyPML1;
                EzxPMLB + EzyPMLB,Ez,EzxPMLA + EzyPMLA;
                EzxPML4 + EzyPML4,EzxPMLD + EzyPMLD,EzxPML2 + EzyPML2];
            HxAll = [HxPML3,HxPMLC,HxPML1;HxPMLB,Hx,HxPMLA;HxPML4,HxPMLD,HxPML2];
            HyAll = [HyPML3,HyPMLC,HyPML1;HyPMLB,Hy,HyPMLA;HyPML4,HyPMLD,HyPML2];

            % save Hx.dat Hx - ascii
            % figure(1);
            clf
            surf(X,Y,real(EzAll));
            caxis([ - Colormax Colormax]);
            shading interp;
            axis([ - 0.5 * a * MLatx - Dx * NPML    0.5 * a * MLatx + Dx * NPML    - 0.5 * a * MLaty -
    Dx * NPML    0.5 * a * MLaty + Dx * NPML])
            zlabel('Ez');
            colorbar
            drawnow
            grid on
        end
    end
end
```

参 考 文 献

电磁工程建模与计算电磁学

［1］ 赵伟,赵永久,路宏敏. 矩形波导不连续性的通用模式匹配法分析[J]. 西安电子科技大学学报(自然科学版),2008,35(5):894-898.

［2］ 张伟静,童玲. 横向谐振法对双 H 形波导的特性分析[J]. 中国测试技术,2007,33(2):112-114.

并行计算机

［3］ Fox G C,Williams R D,Messina P C. Parallel computing works![M]. San Francisco:Morgan Kaufmann,1994.

［4］ 黄铠. 高级计算机体系结构[M]. 北京:机械工业出版社,1999.

［5］ 黄铠,徐志伟. 可扩展并行计算技术、结构与编程[M]. 北京:机械工业出版社,2000.

［6］ 陈景良. 并行算法引论[M]. 北京:石油工业出版社,1992.

［7］ Stone H S. High-performance computer architecture[M]. New York:Addison-Wesley Publishing Company,1990.

［8］ 张宝琳. 数值并行计算原理与方法[M]. 北京:国防工业出版社,1999.

［9］ 周树荃. 有限元结构分析并行计算[M]. 北京:科学出版社,1994.

［10］ 陈国良,吴俊敏,章锋. 并行计算机体系结构[M]. 北京:高等教育出版社,2002.

蒙特卡罗法

［11］ 马文淦,张子平. 计算物理学[M]. 合肥:中国科技大学出版社,1992.

［12］ 康崇禄. 蒙特卡罗方法理论和应用[M]. 北京:科学出版社,2015.

［13］ 包景东. 经典和量子耗散系统的随机模拟方法[M]. 北京:科学出版社,2009.

［14］ Falconer Kenneth,福尔克纳,曾文曲. 分形几何:数学基础及其应用[M]. 北京:人民邮电出版社,2007.

［15］ 茆诗松,王静龙,濮晓龙. 高等数理统计[M]. 北京:高等教育出版社,2006.

［16］ 王国玉. 电子系统建模仿真与评估[M]. 长沙:国防科技大学出版社,1999.

［17］ Thompson B R,Rossi G,Ball R C,et al. Fractals in physics[M]. Amsterdam:Elsevier Science Publisher,1986.

［18］ Harvey G,Jan T. An introduction to computer simulation methods:Applications to physical systems[M]. New York:Addison-Wesley Publishing Company,1988.

有限差分法

［19］ Tosiya T,Katsunobu N. Nonlinear waves[M]. Boston:Pitman Advanced Publishing Program,1983.

［20］ Zienkiewicz O C. The finite element method in engineering sciences[M]. New York:McGraw-Hill Book Company,1971.

［21］ Varga,Young D M. Iterative methods for solving partial differential equations of elliptic type[J]. Trans Math Soc,1954:76.

［22］ Stuben K,Trottenberg U. Multigrid methods:Fundamental algorithms,model problem analysis and applications[J]. Lecture Notes in Mathematics,1982,1-76.

时域有限差分法

［23］ 王长青,祝西里. 时域有限差分法[M]. 北京:北京大学出版社,1998.

［24］ Kunz K S,Luebbers R J. The finite difference time domain method for electromagnetics[M]. Boca Raton:CRC Press,1993.

[25]　高本庆. 时域有限差分法[M]. 北京：国防工业出版社,1999.

[26]　张洪欣,吕英华,贺鹏飞. PML-FDTD 及总场散射场区连接边界条件在三维柱坐标系下的实现及应用[J]. 微波学报,2004,20(3)：19-25.

[27]　包永芳. 负媒质材料的分析与设计[D]. 北京：北京邮电大学,2006.

[28]　Yee K. Numerical solution of initial boundary value problems involving Maxwell's equations in isotropic media[J]. IEEE Transactions on antennas and propagation,1966,14(3)：302-307.

[29]　Mur G. Absorbing boundary conditions for the finite-difference approximation of the time-domain electromagnetic-field equations[J]. IEEE transactions on Electromagnetic Compatibility,1981(4)：377-382.

[30]　Trueman C W,Kubina S J,Luebbers R J,et al. Validation of FDTD RCS computations for PEC targets[C]//IEEE Antennas and Propagation Society International Symposium 1992 Digest. 1992：1984-1987.

[31]　Ramo S,Whinnery J R,Van Duzer T. Fields and waves in communication electronics[M]. New York：John Wiley & Sons,1994.

[32]　Wang Y,Safavi-Naeini S,Chaudhuri S K. A combined ray tracing and FDTD method for modeling indoor radio wave propagation[C]//IEEE Antennas and Propagation Society International Symposium,1998,3：1668-1671.

[33]　Wang Y,Safavi-Naeini S,Chaudhuri S K. A hybrid technique based on combining ray tracing and FDTD methods for site-specific modeling of indoor radio wave propagation[J]. IEEE Transactions on Antennas and Propagation,2000,48(5)：743-754.

[34]　Wang Y,Safavi-Naeini S,Chaudhuri S K. Comparative study of lossy dielectric wedge diffraction for radio wave propagation modeling using UTD and FDTD[C]//IEEE Antennas and Propagation Society International Symposium,1999,4：2826-2829.

[35]　张洪欣,吕英华,黄永明. 柱坐标系下 PML-FDTD 及总场-散射场区连接条件[J]. 重庆邮电学院学报：自然科学版,2003,15(3)：4-8.

[36]　Hongxin Z,Yinghua L,Jiangang L. The application of PML-FDTD and boundary consistency conditions of total-scattered fields in three dimension cylindrical coordinates[C]//IEEE 6th International Symposium on Antennas,Propagation and EM Theory,2003：698-702.

积分方法的数学基础

[37]　崔锦泰. 小波分析导论[M]. 西安：西安交通大学出版社,1996.

[38]　克雷斯齐格. 泛函分析导论及应用[M]. 蒋正忻,吕善伟,张式淇,译. 北京：北京航空学院出版社,1988.

[39]　章文勋. 电磁场工程中的泛函方法[M]. 上海：上海科技文献出版社,1965.

有限元法

[40]　Silvester P P,Pelosi G. Finite elements for wave electromagnetics：Methods and techniques[M]. Piscataway：IEEE Press,1994.

[41]　盛剑霓. 工程电磁场数值分析[M]. 西安：西安交通大学出版社,1991.

[42]　曾余庆. 电磁场的有限单元法[M]. 西安：西安交通大学出版社,1991.

[43]　斯特朗,费克斯. 有限元分析[M]. 崔俊芝,关著铭,译. 北京：科学出版社,1983.

[44]　李德茂. 有限元数学基础和误差估计[M]. 呼和浩特：内蒙古大学出版社,1991.

[45]　Bull A. Variational methods for the solution of problems of equilibrium and vibrations[J]. Lecture Notes in Pure and Applied Mathematics,1994：1-1.

矩量法

[46]　哈林登. 计算电磁场的矩量法[M]. 王尔杰,译. 北京：国防工业出版社,1964.

［47］ Harrington R F. Field computation by moment methods［M］. New York：IEEE Press,1992.

［48］ 李世智. 电磁辐射与散射问题的矩量法［M］. 北京：电子工业出版社,1985.

［49］ Bailey M,Deshpande M. Integral equation formulation of microstrip antennas［J］. IEEE Transactions on Antennas and Propagation,1982,30(4)：651-656.

［50］ Peterson A F,Ray S L,Mittra R,et al. Computational methods for electromagnetics［M］. New York：IEEE Press,1998.

［51］ Christopoulos C. The transmission-line modeling method：TLM［J］. IEEE Antennas and Propagation magazine,1997,39(1)：90-92.

［52］ Rumsey V H. Reaction concept in electromagnetic theory［J］. Physical Review,1954,94(6)：1483.

［53］ Dally W J. Performance analysis of k-ary n-cube interconnection networks［J］. IEEE Transactions on Computers,1990,39(6)：775-785.

［54］ Lee K S H,Marin L,Castillo J P. Limitations of wire-grid modeling of a closed surface［J］. IEEE Transactions on Electromagnetic Compatibility,1976(3)：123-129.

［55］ Pocklington H E. Electrical oscillation in wires［J］. Cambridge Phil. Soci. Proc.,1897,9：324-332.

［56］ Hallen E. Theoretical investigations into the transmitting and receiving qualities of antennae［J］. Nova ACTA Regiae Societatis Scientiarum Upsaliensis IV,1938,11(4)：3-44.

［57］ Mei K. On the integral equations of thin wire antennas［J］. IEEE Transactions on Antennas and Propagation,1965,13(3)：374-378.

［58］ Richmond J H. Computer program for thin-wire structures in a homogeneous conducting medium［R］. NASA,1974.

［59］ Sayre E. Junction discontinuities in wire antenna and scattering problems［J］. IEEE Transactions on Antennas and Propagation,1973,21(2)：216-217.

［60］ Lu Y,Mohamed A G,Harrington R F. Implementation of electromagnetic scattering from conductors containing loaded slots on the Connection Machine CM-2［R］. Society for Industrial and Applied Mathematics (SIAM),Philadelphia,PA (United States),1993.

［61］ Lu Y,Harrington R F. Electromagnetic scattering from a plane conductor containing two slots terminated by a microwave network,TE case［J］. IEEE Transactions on Antennas and Propagation,1993,41(9)：1258-1264.

［62］ Yinghua L,Xinwei W,Jian C. Electromagnetic scattering from multiple slots in thick conducting screen terminated by a common load［C］//IEEE 1997 Proceedings of International Symposium on Electromagnetic Compatibility. 1997：459-462.

［63］ Lu Y,Jian C,Yu X. Computational electromagnetic on distributed systems［C］//IEEE 1999 International Conference on Computational Electromagnetics and its Applications. Proceedings (ICCEA'99)(IEEE Cat. No. 99EX374). 1999：557-560.

射线跟踪和室内电波传播

［64］ Robert C H. Geometric theory of diffraction［M］. New York：IEEE Press,1981.

［65］ Poljak D,Drissi K E K. Computational methods in electromagnetic compatibility：Antenna theory approach versus transmission line models［M］. New York：John Wiley & Sons,2018.

［66］ Kouyoumjian R G,Pathak P H. A uniform geometrical theory of diffraction for an edge in a perfectly conducting surface［J］. Proceedings of the IEEE,1974,62(11)：1448-1461.

［67］ Pathak P,Burnside W,Marhefka R. A uniform GTD analysis of the diffraction of electromagnetic waves by a smooth convex surface［J］. IEEE Transactions on Antennas and Propagation,1980,28(5)：631-642.

［68］ Zhang X,Inagaki N,Kikuma N. Radiation pattern analysis of major angle corner reflector antenna by GTD including corner diffraction［C］//Antennas and Propagation Society Symposium 1991 Digest.

IEEE,1991：10-13.

[69] Luebbers R. Finite conductivity uniform GTD versus knife edge diffraction in prediction of propagation path loss[J]. IEEE Transactions on Antennas and Propagation,1984,32(1)：70-76.

[70] Demetrescu C,Constantinou C C,Mehler M J. Corner and rooftop diffraction in radiowave propagation prediction tools：A review[C]//VTC'98. 48th IEEE Vehicular Technology Conference. Pathway to Global Wireless Revolution (Cat. No. 98CH36151). IEEE,1998,1：515-519.

[71] De Adana F S,Blanco O G,Diego I G,et al. Propagation model based on ray tracing for the design of personal communication systems in indoor environments[J]. IEEE Transactions on Vehicular Technology,2000,49(6)：2105-2112.

[72] Saeidi C,Hodjatkashani F. Modified angular Z-buffer as an acceleration technique for ray tracing[J]. IEEE Transactions on Antennas and Propagation,2010,58(5)：1822-1825.

[73] Agelet F A,Formella A,Rabanos J M H,et al. Efficient ray-tracing acceleration techniques for radio propagation modeling[J]. IEEE transactions on Vehicular Technology,2000,49(6)：2089-2104.

[74] O'Brien W M,Kenny E M,Cullen P J. An efficient implementation of a three-dimensional microcell propagation tool for indoor and outdoor urban environments[J]. IEEE Transactions on Vehicular Technology,2000,49(2)：622-630.

[75] Schettino D N,Moreira F J S,Rego C G. Efficient ray tracing for radio channel characterization of urban scenarios[J]. IEEE Transactions on Magnetics,2007,43(4)：1305-1308.

[76] Liang G,Bertoni H L. A new approach to 3-D ray tracing for propagation prediction in cities[J]. IEEE Transactions on Antennas and Propagation,199,46(6)：853-863.

[77] Yun Z,Iskander M F,Zhang Z. A fast ray tracing procedure using space division with uniform rectangular grid[C]//IEEE Antennas and Propagation Society International Symposium,2000,1：430-433.

[78] Zhang Z,Yun Z,Iskander M F. Ray tracing method for propagation models in wireless communication systems[J]. Electronics Letters,2000,36(5)：464-465.

[79] Aschrafi A,Wertz P,Layh M,et al. Impact of building database accuracy on predictions with wave propagation models in urban scenarios[C]//2006 IEEE 63rd Vehicular Technology Conference. IEEE,2006,6：2681-2685.

[80] 吕英华. 计算电磁学的数值方法[M]. 北京：清华大学出版社,2006.

[81] 王楠. 现代一致性几何绕射理论[M]. 西安：西安电子科技大学出版社,2011.

[82] 贾坤. 移动通信中电波传播预测模型的改进研究[D]. 成都：四川大学,2003.

[83] 程勇,吴剑锋,曹伟. 一种用于移动系统场强预测的准三维射线跟踪模型[J]. 电波科学学报,2002,17(2)：151-159.

[84] 张洪欣. 电磁场与电磁波[M]. 3 版. 北京：清华大学出版社,2021.

[85] 张艳芳,马力,邹澎,等. 反向射线跟踪的三维路径搜索方法[J]. 电子设计工程,2011,19(7):88-91.

[86] 马蕾. 基于射线跟踪的毫米波车联网信道仿真与分析[D]. 北京：北京交通大学,2021.

[87] 丁鹤. 基于射线跟踪的室内毫米波信道特性研究[D]. 北京：北京邮电大学,2021.

[88] 张伟. 射线跟踪算法的研究与实现[D]. 北京：北京邮电大学,2013.

[89] 唐朝汉. 基于射线追踪技术的复杂电磁环境仿真算法的研究与实现[D]. 北京：北京邮电大学,2017.

[90] 汪茂光. 几何绕射理论[M]. 西安：西北电讯工程学院出版社,1985.

[91] 王尔杰.几何绕射理论的工程应用[M]. 西安：西北电讯工程学院出版社,1983.

[92] Seidel S Y,Rappaport T S. Site-specific propagation prediction for wireless in-building personal communication system design[J]. IEEE Transactions on Vehicular Technology,1994,43(4)：879-891.

[93] Gedney S D. An anisotropic perfectly matched layer-absorbing medium for the truncation of FDTD lattices[J]. IEEE Transactions on Antennas and Propagation,1996,44(12)：1630-1639.

[94] Huang Y M,Lu Y H,Xu L,et al. Improving a hybrid method of indoor propagation modeling for wireless

communications systems[J]. The Journal of China Universities of Posts and Telecommunications,2003, 10(3)：41-45.

课题设计参考

[95] Ouellette F. Dispersion cancellation using linearly chirped Bragg grating filters in optical waveguides[J]. Optics letters,1987,12(10)：847-849.

[96] 孙英志,钱颖,柏葆华. 色散补偿啁啾光纤光栅耦合模方程理论探讨[J]. 长春邮电学院学报,1998,16 (1)：9-14.

[97] 王世儒. 计算方法[M]. 西安：西安电子科技大学出版社,2004.

[98] 裴鹿成. 计算机随机模拟[M]. 长沙：湖南科学技术出版社,1989.

[99] 倪光正,钱秀英. 电磁场数值计算[M]. 北京：高等教育出版社,1996.

[100] 盛剑霓. 电磁场数值分析[M]. 北京：科学出版社,1984.

[101] 曾余庚,徐国华,宋国乡. 电磁场有限元法[M]. 北京：科学出版社,1982.

[102] Binns K J,Lawrenson P J. Analysis and computation of electric and magnetic field problems[M]. 2nd ed. Rushcutters Bay：Pergamon Press,1973.

[103] 张克潜,李德杰. 微波与光电子学中的电磁理论[M]. 北京：电子工业出版社,1994.

[104] Okamoto K. Fundamentals of optical waveguides[M].New York：Elsevier,2021.

[105] Hadley G R. Transparent boundary condition for the beam propagation method[J]. IEEE Journal of Quantum Electronics,1992,28(1)：363-370.

[106] Burden R L,Faires J D,Burden A M. Numerical analysis[M]. Stamford：Cengage Learning,2015.

[107] 徐士良. 常用算法程序集[M]. 2 版. 北京：清华大学出版社,1996.

[108] Agrawal G P. Nonlinear fiber optics[M]. 2nd ed.New York：1996.

[109] 马汉炎. 天线技术[M]. 哈尔滨：哈尔滨工业大学出版社,1997.

[110] Harrington F. Field computation by moment methods[M].New York：Macmillan,1968.

[111] Sheen D M,Ali S M,Abouzahra M D,et al. Application of the three-dimensional finite-difference time-domain method to the analysis of planar microstrip circuits[J]. IEEE Transactions on Microwave Theory and Techniques,1990,38(7)：849-857.

[112] 葛德彪,闫玉波. 电磁波时域有限差分方法[M]. 2 版. 西安：西安电子科技大学出版社,2005.

[113] John S. Strong localization of photons in certain disordered dielectric superlattices[J]. Physical Review Letters,1987,58(23)：2486.

[114] Lin S Y,Chow E,Hietala V,et al. Experimental demonstration of guiding and bending of electromagnetic waves in a photonic crystal[J]. Science,1998,282(5387)：274-276.

[115] Taflove A,Hagness S C,Piket-May M. Computational electromagnetics：the finite-difference time-domain method[J]. The Electrical Engineering Handbook,2005,3：629-670.